# 洪錦魁簡介

一位跨越電腦作業系統與科技時代的電腦專家，著作等身的作家。

❑ DOS 時代他的代表作品是 IBM PC 組合語言、C、C++、Pascal、資料結構。
❑ Windows 時代他的代表作品是 Windows Programming 使用 C、Visual Basic。
❑ Internet 時代他的代表作品是網頁設計使用 HTML。
❑ 大數據時代他的代表作品是 R 語言邁向 Big Data 之路。

除了作品被翻譯為簡體中文、馬來西亞文外，2000 年作品更被翻譯為 Mastering HTML 英文版行銷美國，近年來作品則是在北京清華大學和台灣深智同步發行：

1：Java 最強入門邁向頂尖高手之路王者歸來
2：Python 最強入門邁向頂尖高手之路王者歸來
3：Python 最強入門邁向數據科學之路王者歸來
4：Python 網路爬蟲：大數據擷取、清洗、儲存與分析王者歸來
5：演算法最強彩色圖鑑 + Python 程式實作王者歸來
6：網頁設計 HTML+CSS+JavaScript+jQuery+Bootstrap+Google Map 王者歸來
7：機器學習彩色圖解 + 基礎數學篇 + Python 實作王者歸來
8：R 語言邁向 Big Data 之路
9：Excel 完整學習邁向最強職場應用王者歸來

他的近期著作分別登上天瓏、博客來、Momo 電腦書類暢銷排行榜第一名，他的著作最大的特色是，所有程式語法會依特性分類，同時以實用的程式範例做解說，讓整本書淺顯易懂，讀者可以由他的著作事半功倍輕鬆掌握相關知識。

# Java 最強入門邁向頂尖高手之路 王者歸來 第二版 序

相較於第一版這一版新增下列內容：

❑ 更完整解說輸入與輸出
❑ 溫度轉換與高斯數學
❑ 生肖系統程式
❑ 火箭升空程式
❑ 圓周率
❑ 雞兔同籠
❑ 國王的麥粒
❑ 線性搜尋
❑ 計算器
❑ 基礎統計
❑ 最基礎的 JavaFX 入門
❑ 其他修訂約 50 處

　　過去 20 年 Java 可以說是電腦領域最重要的程式語言之一，幾乎所有資訊領域的學生、程式設計師皆需學習這個程式語言。除了課堂教學，這個語言也進入了我們的生活，例如：智慧手機、網路遊戲、汽車導航、家電應用 … 等皆可以看到 Java 的蹤跡。

　　很早就想改版第一版的書籍，歷經多時的醞釀與投入，終於完成這本書的改版，心情是愉快的，因為我相信只要讀者購買本書遵循本書實例，一定可以輕輕鬆鬆快快樂樂學會 Java 語法與應用，逐步讓自己往 Java 頂尖高手之路邁進，這也是撰寫本書的目的。

　　這本 Java 書將是國內講解 Java 內容最完整的書籍，全書有 32 個章節，以約 407 張彩色圖解說明，677 個彩色程式實例，講解了下列知識：

- ❏ 完整解說物件導向程式設計
- ❏ 類別與物件
- ❏ 物件建構與封裝
- ❏ 繼承與多形
- ❏ Math 和 Random 類別
- ❏ 日期與時間類別
- ❏ 字元與字串類別
- ❏ Object 類別
- ❏ 抽象類別與介面
- ❏ Java 包裝類別
- ❏ 大型程式設計
- ❏ 正規表達式與文字探勘
- ❏ 程式異常處理
- ❏ 多執行緒，同時簡單說明馬、兔子、烏龜賽跑實例
- ❏ 完整解說匿名陣列、匿名方法與匿名類別
- ❏ Lambda 表達式
- ❏ Java 的工廠方法
- ❏ 檔案輸入與輸出
- ❏ 壓縮與解壓縮檔案設計
- ❏ 解說 Java Collection
- ❏ 使用 Java Collection 處理簡易資料結構的知識
- ❏ 現代 Java 運算
- ❏ 使用 AWT 設計視窗程式
- ❏ 事件處理
- ❏ 使用 Swing 設計視窗程式
- ❏ 繪圖與動畫
- ❏ 網路程式設計
- ❏ 簡易網路聊天室設計
- ❏ JavaFX 最基礎解說

　　全書附有專有名詞和方法索引表，有了這個索引表，未來讀者可以隨時查詢，快速方便，您會發現這將是學習 Java 的寶典。

寫過許多的電腦書著作，本書沿襲筆者著作的特色，程式實例豐富，相信讀者只要遵循本書內容必定可以在最短時間精通 Java 物件導向程式設計，編著本書雖力求完美，但是學經歷不足，謬誤難免，尚祈讀者不吝指正。

洪錦魁 2020-9-30

jiinkwei@me.com

## 臉書粉絲團

歡迎加入：王者歸來電腦專業圖書系列

## 讀者資源說明

本書籍的所有程式實例與偶數編號的實作題解答，可以在深智公司網站下載。

本書前 25 章節均附是非與選擇的電子書與習題解答，這些可以在深智公司網站下載。

## 教學資源說明

如果您是學校老師同時使用本書教學，歡迎與本公司聯繫，本公司將提供教學投影片與完整的實作題習題解答。請老師聯繫時提供任教學校、科系、Email、和手機號碼，以方便本公司業務單位協助您。

# 目錄

第一章

# Java 基本觀念

## 1-1 認識 Java

Java 是一種可以免費使用，應用在跨平台的程式語言，目前廣泛的應用在行動裝置的開發、科學計算、遊戲平台的設計、個人或企業網頁開發與應用。

標榜著一次編寫 (write once)，到處執行 (run anywhere) 的特色，是過去 20 年電腦領域最重要的程式語言。

## 1-2 Java 的起源

1990 年代 Sun 電腦公司 (Sun MicroSystems) 預估未來科技主流是將嵌入式系統應用在智慧型家電，公司內部有了 Stealth 計劃，後來改名為 Green 計劃。這時計劃團隊成員想設計一個新的程式語言，原先架構想以 C++ 為基礎，後來發現 C++ 太複雜，最後團隊放棄了。

不過設計全新程式語言的計畫持續進行，這個團隊重要成員詹姆斯高林斯 (James Gosling) 首先將此全新設計的程式語言稱 Oak( 橡樹 )，其實是以他辦公室外的橡樹命名，這也是 Java 的前身。Oak 程式語言曾被用於電視機上盒投標，但是失敗收場。由於 Oak 已經被一家顯示卡製造商註冊，在幾位開發者於喝咖啡閒聊期間，有了後來將 Oak 程式語言改名為 Java 的靈感。

1994 年 6 月團隊經歷了一場 3 天的腦力激盪，決定將所開發的全新程式語言應用在 Internet 上，同時獲得了當年瀏覽器霸主 Netscape 公司的支持。程式初期是將 Java 應用在網頁與使用者的互動，稱 Java Applet，在筆者 1999 年所撰寫的 HTML 程式設計書時，就曾經設計 Java Applet 方面的應用。

1995 年 3 月 SunWorld 大會上第一次公開發佈 Java 技術，隨即獲得市場一片好評，1996 年 1 月 Sun 公司成立了 Java 業務集團，專心開發 Java 技術。

2009 年 4 月甲骨文 (Oracle) 公司併購 Sun 公司，所以 Java 也成了甲骨文公司的產品。

## 1-3　Java 之父

　　詹姆斯高林斯 (James Gosling) 是 Java 的共同
開發者之一，一般公認他是 Java 之父。他是 1955
年出生在加拿大的軟體專家，1983 年獲得美國卡內
基美隆大學 (Carnegie Mellon University) 的計算機
科學博士。

Java 之父 James Gosling 本圖片取材自
https://commons.wikimedia.org/wiki/
File%3AJames_Gosling_2008.jpg

## 1-4　Java 發展史

| 日期 | 版本 | 說明 |
|---|---|---|
| 1995/5/23 | Java | Java 語言的誕生 |
| 1996/1 | JDK 1.0 | Java Development Kit(JDK) 誕生 |
| 1997/2/18 | JDK 1.1 | 正式發表 1.1 版的 JDK |
| 1998/12/8 | Java 2 | 發表 J2EE(Java 企業版 ) |
| 1999/6 | Java 的 3 個版本 | 發表 J2SE 標準版、J2EE 企業版、J2ME 微型版 |
| 2000/5/8 | JDK 1.3 | |
| 2000/5/29 | JDK 1.4 | |
| 2001/9/24 | J2EE 1.3 | |
| 2002/2/26 | J2SE 1.4 | Java 計算能力大幅提升 |
| 2004/9/30 | J2SE 1.5 | 更名為 Java SE 5.0，代號 Tiger |
| 2005/6 | Java SE 6 | 取消 2，J2EE 更名為 Java EE、J2SE 更名為 Java SE、J2ME 更名為 Java ME，代號 Mustang |
| 2009/12 | Java EE 6 | |
| 2011/7/28 | Java SE 7 | 代號 Dolphin |
| 2014/3/18 | Java SE 8 | |
| 2017/9/21 | Java SE 9 | |
| 2018/3/20 | Java SE 10 | |
| 2018/9/25 | Java SE 11 | |
| 2019/3/22 | Java SE 12 | |
| 2019/9/13 | Java SE 13 | |
| 2020/3/17 | Java SE 14 | |

## 1-5　Java 的三大平台

1999 年 6 月在美國 San Franscio 的 Java 大會上，Sun 公司依據使用者的需求層次，發表 J2SE 標準版、J2EE 企業版、J2ME 微型版。這三大平台的版本衍生至今天，我們可以用下列方式表達。

### 1-5-1　Java SE

全名是 Java Standard Edition，目前一般個人電腦上的 Java 應用執行環境就算是這一類的平台，而這也是本書撰寫的主要平台。

### 1-5-2　Java EE

全名是 Java Enterprise Edition，這是主要應用在企業服務的平台，這個平台是以 SE 平台為基礎，另外增加了一系列企業級的服務、協定與 API。

### 1-5-3　Java ME

全名是 Java Micro Edition，這是一個簡化版本的 Java，主要是應用在消費性電子產品或是一些行動裝置上。例如：手機程式開發、機上盒、股票機的程式開發，… 等。

## 1-6　認識 Java SE 平台的 JDK/JRE/JVM

進入 http://www.oracle/com/technetwork/java/javase/tech/，可以看到 Java SE 平台的說明圖片。

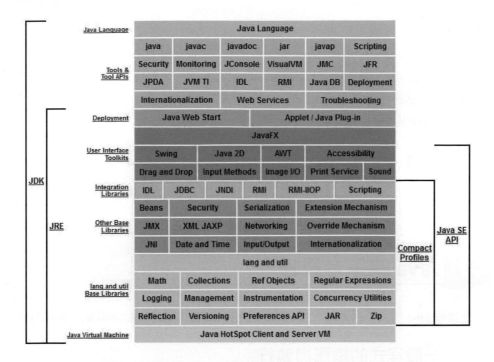

其實看到上述圖片不用緊張，上述主要需認識的是 JDK/JRE/JVM。若是以簡化方式處理，JDK/JRE/JVM 關係圖如下：

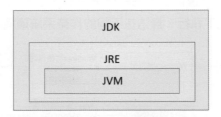

當讀者學習本書中後半段後，其實可以隨時進入上述網頁，會發現上述是學習 Java 的寶藏，每一個項目皆是一個主題的超連結，點選後可以進入各主題瞭解更多內容。

## 1-6-1　JDK

JDK 全名是 Java Development Kit，這是開發 Java 程式的免費工具包，在這個工具包內包涵許多工具程式，例如：java、javac、javadoc、jar、javap、類別庫 … 等，當然工具包內也包含 JRE( 下一小節解釋 )。所以你設計程式，如果除了要執行一般 Java 程式，同時想要使用各種資源與工具，那麼就需要安裝 JDK。

### 1-6-2　JRE

JRE 全名是 Java Runtime Environment，簡單的說就是 Java 的執行環境，在這個執行環境包含 Java API、類別庫 (Class Library)、JVM( 下一節解釋 )，… 等。未來我們設計的 Java 程式就是在這個環境下運行，如果我們所開發的 Java 程式只用到 JRE 內的資源，也可以只安裝 JRE 即可。

### 1-6-3　JVM

JVM 全名是 Java Virtual Machine，也可以翻譯為 Java 虛擬機，Java 跨平台工作原理就是利用 JVM 完成的，1-7-2 節會更完整解釋。

## 1-7　Java 跨平台原理

在講解 Java 的跨平台之前，筆者想先介紹一般程式語言的編譯與執行運作方式。

### 1-7-1　一般程式的編譯與執行

一般程式語言在不同的作業系統會有不同的編譯器 (compiler)，程式在撰寫完成後，使用編譯器編譯程式時會依據不同的作業系統產生不同的機器碼，所產生的機器碼只能在所屬的作業系統下執行，無法在不同的作業系統環境執行。

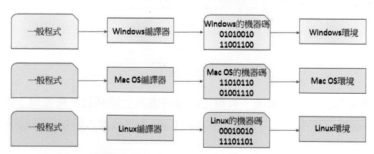

一般程式語言在不同環境編譯與執行圖

### 1-7-2　Java 程式的編譯與執行

所謂的 Java 跨平台特性，是指使用 Java 語言所編寫的程式可以在編譯後不用經過任何修改，就可以在任何硬體的作業系統下執行，我們也可以稱一次編寫 (write once)，到處執行 (run anywhere)，為了完成跨平台所需藉助的就是 JVM。

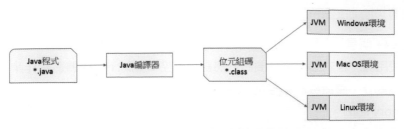

**Java 語言在不同環境編譯與執行圖**

Java 程式的副檔名是 java，如果程式是 ch1_1，則此 Java 程式的全名是 ch1_1.java。Java 編譯器會將 Java 程式編譯為半成品的位元組碼 (Bytecode)，此位元組碼的副檔名是 class，如果程式是 ch1_1.java，經編譯後則此位元組碼的名稱是 ch1_1.class。不同的作業系統平台有不同的 JVM，如果想要執行位元組碼，目標平台需要有屬於此平台的 JVM，然後這個 JVM 會將位元組碼翻譯為屬於此平台的機器碼，再予以執行。

所以我們也可以說 JVM 就是位元組碼 (*.class) 與作業系統平台的翻譯員，有的 Java 程式設計師甚至說，Java 程式的作業系統是 JVM，位元組碼 (*.class) 其實就是 JVM 的可執行檔案。

## 1-8 Java 語言的特色

有的程式語言發表後，須經歷一段時間碰上某個時機點才廣泛的流行，例如：R 語言，歷經了 20 多年，在 Big Data 時代瞬間竄紅。Python 語言也發表了 20 多年了，在 Big Data、Machine Learning、Artifical Intelligent 時代於最近幾年爆紅。Java 則是第一次發表後，就成為舉世程式設計師的焦點，已經火紅了 20 多年了。下列是 Java 語言的特色，也是這個語言可以風行全球的原因。

❑ 簡單易學

Java 團隊最初是考慮使用 C++ 語言，但是後來發現 C++ 的指標以及部分功能太複雜，特別是指標的使用，常常會誤用造成錯誤。可是 C++ 的精華功能已經被萃取出來應用在 Java 了，相較之下，Java 是比較容易學習的。

❑ 物件導向特性

物件導向 (object oriented) 是目前主流程式設計的方法，在這個方法下可以讓大型軟體設計變得簡單與容易管理，本書將一步一步解說。

❏　自動垃圾回收 (Garbage collection)

　　使用 C++ 語言，在物件初始化時程式設計師需要設計分配記憶體空間給物件，當物件不再使用時，程式設計師需要設計將記憶體空間刪除 ( 或稱歸還給作業系統 )，如果不做歸還動作，會造成許多空的未使用空間，造成記憶體空間的浪費，又稱記憶體洩漏 (Memory leak)。

　　Java 語言會自動將不再使用的記憶體空間刪除，也可稱釋回給作業系統，這樣就不會有記憶體洩漏的問題。同時程式設計師可以專注程式設計，不用考慮記憶體方面的問題。

❏　標準萬國碼 Unicode

　　Java 程式語言本身是使用 Unicode 處理各國文字，所以 Java 程式語言可以在不同語言的作業系統下執行。Unicode 是一種適合多語系的編碼規則，有 3 種編碼方式，分別是 utf-8、utf-16、utf-32。

　　utf-8 是可變長度的編碼方式：主要精神是使用可變長度位元組方式儲存字元，以節省記憶體空間。例如，對於英文字母而言是使用 1 個位元組空間儲存即可，對於含有附加符號的希臘文、拉丁文或阿拉伯文 … 等則用 2 個位元組空間儲存字元，兩岸華人所使用的中文字則是以 3 個位元組空間儲存字元，只有極少數的平面輔助文字需要 4 個位元組空間儲存字元。也就是說這種編碼規則已經包含了全球所有語言的字元了，所以採用這種編碼方式，可以適用所有的語言的作業系統環境。

　　utf-16 是大部分的文字固定以 16 位元長度進行編碼。

　　utf-32 是以 32 位元長度進行編碼，缺點是比較浪費空間。

❏　資源免費

　　Java 開發工具免費提供給程式設計師使用，協助程式設計師省下荷包，當然也助長了更多個人與單位投入使用。

❏　跨平台

　　可參考 1-7 節。

　　在閱讀本章前，建議讀者先閱讀本書附錄 A，瞭解 Java 的下載安裝與環境設定，特別是 path 環境變數的設定。

# 第二章

# Java 程式從零開始

## 2-1 我的第一個 Java 程式

### 2-1-1　程式設計流程

設計 Java 程式的流程如下：

### 2-1-2　編輯 Java 程式碼

Java 程式碼是一個純文字文件 (txt)，儲存時副檔名是 java，可以使用 Windows 作業系統的記事本編輯 Java 程式碼，或是使用網路上的 Eclipse、Notepad++、Sublime，… 等文字編輯器 (text editor) 編輯 Java 程式碼。

讀者可能會想是否可以使用最常用的 Word 編輯 Java 程式碼，其實是不可以，因為 Word 所儲存的文件含有大量段落、文字樣式資訊，造成所編輯的文件不是純文字文件 (txt)，它是以二元碼儲存文件。

程式實例 ch2_1.java：輸出字串 My first Java Program。

```
1  public class ch2_1 {
2      public static void main(String[] args) {
3          System.out.println("My first Java Program");
4      }
5  }
```

上述左邊的程式行號是筆者另外加上去的，方便讀者閱讀與教學，正式 Java 程式是沒有行號的。

### 2-1-3　編譯 Java 程式

當我們安裝 JDK 後，在 bin 資料夾下有工具程式 javac.exe，這個工具程式主要是將我們所編寫的 Java 程式編譯為位元組碼 (Bytecode)，筆者是將所寫的 Java 程式放在 D:\Java\ch2，所以首先要進入 ch2_1.java 程式所在的資料夾，可以使用下列方式切換工作目錄。

```
C:\Users\Jiin-Kwei>d: ◄────── 切換到D:磁碟

D:\>cd Java\ch2 ◄────── 切換到Java\ch2目錄

D:\Java\ch2>▃
```

然後輸入下列敘述，可以編譯 ch2_1.java。下列是程式正確的編譯過程與結果。

```
D:\Java\ch2>javac ch2_1.java

D:\Java\ch2>
微軟注音 半 :
```

如果上述執行時，看到下列錯誤：

'javac' 不是內部或外部命令、可執行的程式或批次檔。

表示 path 設定有問題，請參考附錄 A-3-1，重新設定 path 環境變數。

當編譯過程正確時，在相同資料夾下可以產生 ch2_1.java 的位元組碼 ch2_1.class，class 為副檔名的檔案就是 JVM 環境的可執行檔案。

如果程式編譯時有錯會列出錯誤，這時讀者可能看到下列類似訊息。

```
D:\Java\ch2>javac ch2_1.java
ch2_1.java:3: error: ';' expected
                System.out.println("My first Java Program")
                                                           ^
1 error
```

這時讀者就需要重新檢查程式了。

## 2-1-4　執行 Java 程式

當我們安裝 JDK 後，在 bin 資料夾下有工具程式 java.exe，這個工具程式就是我們前一章所講的是 Windows 作業系統下的 JVM 程式，我們可以使用這個程式讓前一節產生的 ch2_1.class 在我們目前的 Windows 作業系統平台下工作。留意：執行時不需要包含副檔名 class。

```
D:\Java\ch2>java ch2_1
My first Java Program

D:\Java\ch2>▃
微軟注音 半 :
```

如果執行時設定副檔名，會看到下列錯誤。

```
D:\Java\ch2>java ch2_1.class          ◄──────── 多了副檔名
錯誤: 找不到或無法載入主要類別 ch2_1.class
原因: java.lang.ClassNotFoundException: ch2_1.class
```

## 2-1-5　認識 classpath

假設我們目前所在工作目錄不是 ch2_1.class 所在目錄，如果此時執行 java，將看到下列錯誤，下列是假設目前工作目錄在 D:\ 的執行結果。

```
D:\>java ch2_1
錯誤: 找不到或無法載入主要類別 ch2_1
原因: java.lang.ClassNotFoundException: ch2_1
```

對於 JVM 而言，副檔名 class 是 Java 的可執行檔，執行 "java ch2_1" 時原則上會在目前工作目錄尋找 ch2_1.class 然後去執行，如果我們有設定 classpath 時，如果在目前工作目錄找不到，Java 會去 classpath 所設定的路徑去尋找這個可執行檔，然後去執行。可參考下列實例。

```
D:\>java -classpath D:\Java\ch2 ch2_1
My first Java Program
```

上述相當於導引了到 "D:\Java\ch2" 去找尋 ch2_1 的 class 檔案，所以可以得到上述正確結果。"-classpath" 太長了使用上容易拼錯，也可以用 "-cp" 取代。

```
D:\>java -cp D:\Java\ch2 ch2_1
My first Java Program
```

下列是 path 與 classpath 的觀念圖表。

| 作業系統平台 | 搜尋路徑 | 可執行檔案 |
|---|---|---|
| Windows | path | *.exe, *.bat |
| JVM | classpath | *.class |

如果你執行時發生在目前工作目錄也找不到可執行檔 ch2_1.class，表示你 classpath 設定失敗，可以參考下列方式設定與執行。

```
D:\Java\ch2>set classpath=.          ◄──────── 設定到目前工作目
                                               錄找尋可執行檔

D:\Java\ch2>java ch2_1
My first Java Program
```

上述會引導 JVM 到目前工作目錄找尋 ch2_1.class 可執行檔，然後執行。除非你關閉作業系統，否則持續有效。

## 2-2 解析 Java 的程式結構

為了方便解析 Java 的程式結構，筆者再列印一次 ch2_1.java 程式碼。

```
1  public class ch2_1 {
2      public static void main(String[] args) {
3          System.out.println("My first Java Program");
4      }
5  }
```

❑ 物件導向設計

Java 是純物件導向程式語言，所有的 Java 程式碼皆是在類別區塊內，一個完整的 Java 程式至少需要有一個類別。

❑ 類別區塊

類別區塊是用左大括號 "{ "和右大括號 "}" 括起來，一個類別區塊內可以有其它方法 ( 或稱函數 ) 區塊，例如：第 1-5 行是一個類別區塊，內部的第 2-4 行是一個方法區塊。

```
1  public class ch2_1 {
2      public static void main(String[] args) {
3          System.out.println("My first Java Program");
4      }
5  }
```

❑ 公有類別 (public)

一個 Java 程式只能有一個公有類別 (public class)，同時這個類別名稱需與 Java 程式名稱相同。這也是為何筆者將程式第 1 行的類別名稱取名 ch2_1。

```
1  public class ch2_1 {
```

❑ 縮排類別內容

如果讀者仔細看，筆者適度的縮排類別內的資料，這是為了未來方便閱讀程式內容，例如：對前面的 ch2_1.java 而言，第 2-4 行是一個方法，筆者將第 2 行開始的類別內容縮排了 4 個字元。如果不縮排語法不會有錯誤，但是未來程式的可讀性將比較差，如下所示。

```
1  public class ch2_1 {
2  public static void main(String[] args) {
3  System.out.println("My first Java Program");
4  }
5  }
```

❑ main( ) 方法

每個獨立的 Java 程式必須要有 main( ) 方法，這是 Java 程式執行的起點。設計 main( ) 方法時，必須是 public static void 類型，參數則是字串陣列 "String[ ] args"。

```
2      public static void main(String[] args) {
```

在上述方法中，void 代表這個方法沒有傳回值。

❑ 敘述的結尾

Java 程式內每道敘述的結尾是分號 ";"。

```
3          System.out.println("My first Java Program");
```

在上述代碼中 System.out 又稱標準輸出流 (standard output stream) 目的是程式的輸出 (stdout)，println( ) 是物件的方法目的是列印訊息，所要輸出的訊息需用雙引號 (") 包夾，未來還會有這方面的更多說明。同時輸出後，下次輸出時會換行輸出。

❑ 空白符號的使用

適度的使用空白符號可以讓程式的可讀性更高，下列可以增加程式的可讀性。

有空白符號增加程式可讀性

```
1   public class ch2_1 {
```

下列語法雖然正確，但是將讓程式可讀性變的比較差。

少了空白符號降低程式可讀性

```
1   public class ch2_1{
```

下列雖可執行，但是不恰當增加空白符號，降低了程式的可讀性。

多了空白符號降低程式可讀性

```
3          System.out.println          ("My first Java Program");
```

# 2-3 程式註解

　　程式註解 (Program comment) 主要功能是讓你所設計的程式可讀性更高，更容易瞭解。在企業工作，一個實用的程式可以很輕易超過幾千或上萬行，此時你可能需設計好幾個月，程式加上註解，可方便你或他人，未來較便利瞭解程式內容，Java 有 3 種註解格式。

❑ 單行註解

　　凡是某一行 "//" 符號右邊的文字皆是註解。

程式實例 ch2_2.java：輸出 2 行資料的應用，這個程式的重點是認識單行註解。

```
1  public class ch2_2 {
2      // main是程式的起點
3      public static void main(String[] args) {
4          // 字串輸出
5          System.out.println("Hello! Java");
6          System.out.println("I love Java");   // 第2筆字串輸出
7      }
8  }
```

執行結果
```
D:\Java\ch2>java ch2_2
Hello! Java
I love Java
```

❑ 多行註解

　　Java 是用 "/* … */" 執行多行註解。

程式實例 ch2_3.java：本程式的重點是第 1-4 行，使用 "/* … */" 執行多行註解。

```
1  /*
2      程式實例ch2_3.java
3      作者:洪錦魁
4  */
5  public class ch2_3 {
6      // main是程式的起點
7      public static void main(String[] args) {
8          // 字串輸出
9          System.out.println("Hello! Java");
10         System.out.println("I love Java");   // 第2筆字串輸出
11     }
12 }
```

執行結果　與 ch2_2.java 相同。

❑　文件註解

　　文件註解的規則與多行註解類似，它的語法是 "/** … */"。通常我們在設計類別或方法時，為了要更詳細的解說用途，可以使用文件註解。編寫文件註解後，可以使用 javadoc.exe 工具程式，將此文件註解處理成 Java API 文件，所產生的文件格式是 HTML 文件檔案。使用格式如下，細節可參考下列 ch2_4.java：

　　　javadoc –d 文件存放的目錄 文件檔名

程式實例 ch2_4.java：建立文件註解檔案的應用。

```
1  /**
2   *  exercise : ch2_4.java
3   *  author:JK Hung
4   */
5  public class ch2_4 {
6      // main是程式的起點
7      public static void main(String[] args) {
8          // 字串輸出
9          System.out.println("Hello! Java");
10         System.out.println("I love Java");   // 第2筆字串輸出
11     }
12 }
```

執行結果　與 ch2_3.java 相同，但更重要的是產生文件註解檔案。

```
D:\Java\ch2>javadoc -d .\api ch2_4.java
Loading source file ch2_4.java...
Constructing Javadoc information...
Standard Doclet version 9.0.1
Building tree for all the packages and classes...
Generating .\api\ch2_4.html...
Generating .\api\package-frame.html...
Generating .\api\package-summary.html...
Generating .\api\package-tree.html...
Generating .\api\constant-values.html...
Building index for all the packages and classes...
Generating .\api\overview-tree.html...
Generating .\api\index-all.html...
Generating .\api\deprecated-list.html...
Building index for all classes...
Generating .\api\allclasses-frame.html...
Generating .\api\allclasses-frame.html...
Generating .\api\allclasses-noframe.html...
Generating .\api\allclasses-noframe.html...
Generating .\api\index.html...
Generating .\api\help-doc.html...

D:\Java\ch2>
```

經上述執行後，會在 .\api 目錄下建立屬於 ch2_4.java 的文件註解 index.html 檔案，開啟此 index.html 可以得到下列執行結果。

上述只是文件註解檔案的最基本，事實上文件註解檔案的應用比上述複雜，讀者可以參考相關文件。

Java 所有文件註解檔案皆是由 HTML 文件組成，當我們安裝 JDK 後，可以看到 src.jar 和 src.zip，解壓縮後可以發現所有的 Java 文件皆是 HTML 格式，事實上所有 Java 文件皆是來自這些註釋。

## 習題實作題

1： 請設計程式依下列格式輸出下列資料。

```
D:\Java\ex>java ex2_1
我愛Java
Java是一個功能強大的程式語言
```

2： 請設計程式輸出下列格式資料。

```
D:\Java\ex>java ex2_2
李白
花間一壺酒，
獨酌無雙親；
舉杯邀明月，
對影成三人。
```

3： 請設計程式輸出下列資料。

```
D:\Java\ex>java ex2_3
aa
aaaa
aaaaaa
aaaaaaaa
aaaaaaaaaa
```

4： 請修訂下列程式。

```
1 public class ex2_4 {
2     public static void main(String[] args) {
3         System.ou.println("I love Java Program")
4     }
5 }
```

然後印出執行結果。

```
D:\Java\ex>java ex2_4
I love Java Program
```

5： 請修訂下列程式。

```
1 private class ex2_5 {
2     private static void main(String[] args) {
3         System.out.println("I love Java Program")
4         System.out.println("I love Java Program")
5         System.out.println("I love Java Program");
6     }
7 }
```

然後印出執行結果。

```
D:\Java\ex>java ex2_5
I love Java Program
I love Java Program
I love Java Program
```

# 第三章

# Java 語言基礎

這一章將講解 Java 程式語言最基礎的部分變數 (variable)，同時也將介紹 Java 的資料類型。

## 3-1 認識變數 (Variable)

假設讀者到麥當勞打工，一小時可以獲得 120 元時薪，如果想計算一天工作 8 小時，可以獲得多少工資？我們可以用計算機執行 "120 * 8"，然後得到執行結果。

如果一年實際工作天數是 300 天，可以用 "120 * 8 * 300" 方式計算一年所得。如果讀者一個月花費是 9000 元，可以用下列方式計算一年可以儲存多少錢。

120 * 8 * 300 – 900 * 12               // 計算一年可以儲存多少錢

雖然以上公式可以運作，但是已經顯得稍微複雜了，特別是如果過幾天再看上述運算式，可能我們已經忘記上述公式的意義了。同時如果你今天的時薪由 120 元調整到 150 元，上述整個運算又將重新開始，非常不便利。

變數是一個暫時儲存資料的地方，為了讓我們的程式清晰易懂，建議可以使用變數紀錄每一段落的執行過程，這將是本節的重點。

### 3-1-1 變數的宣告

Java 語言變數在使用前是需要宣告，可以在程式中任意地方宣告變數然後使用。3-2 節筆者將講解 Java 資料型態，在此先說明最簡單的資料整數 (int)。宣告整數變數 x 的語法如下：

int x;   // 宣告變數 x

經過上述宣告後，相當於記憶體內有一個變數 x 的空間。

變數x

變數宣告完成後，在 Java 中可以用 "=" 等號設定變數的內容，在這個實例中，我們建立了一個變數 x，假設時薪是 120，可以用下列方式設定時薪。

x = 120;                      // 變數 x 代表時薪

經過上述設定後，相當於記憶體內有一個變數 x 的空間內容是 120。

```
120
```
變數x

程式實例 ch3_1.java：每小時時薪是 120 元，一天工作 8 小時，一年工作 300 天，請計算一年可以賺多少錢，用變數 z 儲存一年所賺的錢。

```
1  public class ch3_1 {
2      public static void main(String[] args) {
3          int x;
4          int z;
5          x = 120;
6          z = x * 8 * 300;
7          System.out.println("一年可以賺：" + z);
8      }
9  }
```

執行結果
```
D:\Java\ch3>java ch3_1
一年可以賺：288000
```

上述第 7 行的 "+" 符號是字串連接運算子，可以將 " 一年可以賺：" 字串與變數 x 連接起來輸出。

程式實例 ch3_2.java：延續上一個實例，如果每個月花費是 9000 元，用變數 y 儲存一年所花的錢，用變數 s 儲存一年可以儲存多少錢。

```
1  public class ch3_2 {
2      public static void main(String[] args) {
3          int x;
4          int y;
5          int z;
6          int s;
7          x = 120;
8          z = x * 8 * 300;
9          y = 9000 * 12;
10         s = z - y;
11         System.out.println("一年可以儲存：" + s);
12     }
13 }
```

執行結果
```
D:\Java\ch3>java ch3_2
一年可以儲存：180000
```

在宣告變數時，可以同一行內宣告多個變數，各變數間用逗號隔開。

程式實例 ch3_3.java：使用同一行內宣告多個變數重新設計 ch3_2.java，第 3 行設定了 4 個變數，各變數間用逗號隔開。

```
 1  public class ch3_3 {
 2      public static void main(String[] args) {
 3          int x, y, z, s;
 4
 5          x = 120;
 6          z = x * 8 * 300;
 7          y = 9000 * 12;
 8          s = z - y;
 9          System.out.println("一年可以儲存 : " + s);
10      }
11  }
```

執行結果 　與 ch3_2.java 相同，程式設計時也可以為了讓程式容易閱讀，自行空行，可參考第 4 行。

　　設定變數時也可以直接設定變數的內容。

程式實例 ch3_4.java：設定變數時也可以直接設定變數的內容重新設計 ch3_3.java，可以參考第 3 行。

```
 1  public class ch3_4 {
 2      public static void main(String[] args) {
 3          int x = 120;
 4          int y, z, s;
 5
 6          z = x * 8 * 300;
 7          y = 9000 * 12;
 8          s = z - y;
 9          System.out.println("一年可以儲存 : " + s);
10      }
11  }
```

執行結果 　與 ch3_3.java 相同。

## 3-1-2　設定有意義的變數名稱

　　從上述我們很順利的使用 Java 計算了每年可以儲存多少錢的訊息了，可是上述使用 Java 做運算潛藏最大的問題是，只要過了一段時間，我們可能忘記當初所有設定的變數是代表什麼意義。因此在設計程式時，如果可以為變數取個有意義的名稱，未來看到程式時，可以比較容易記得。下列是筆者重新設計的變數名稱：

　　時薪：hourly_salary，每小時的薪資。

　　年薪：annual_salary，一年工作所賺的錢。

月支出：monthly_fee，每個月花費。

年支出：annual_fee，每年的花費。

年儲存：annual_savings，每年所儲存的錢。

程式實例 ch3_5.java：用有意義的變數名稱重新設計 ch3_4.java。

```java
1  public class ch3_5 {
2      public static void main(String[] args) {
3          int hourly_salary = 120;
4          int monthly_fee = 9000;
5          int annual_salary, annual_fee, annual_savings;
6
7          annual_salary = hourly_salary * 8 * 300;
8          annual_fee = monthly_fee * 12;
9          annual_savings = annual_salary - annual_fee;
10         System.out.println("一年可以儲存：" + annual_savings);
11     }
12 }
```

執行結果 與 ch3_4.java 相同。

相信經過上述說明，讀者應該了解變數的基本意義了。

## 3-1-3 認識註解 (comment) 的意義

上一節的程式 ch3_5.java，儘管我們已經為變數設定了有意義的名稱，其實時間一久，常常還是會忘記各個指令的內涵。所以筆者建議，設計程式時，適度的為程式碼加上註解。在 2-3 節已經講解註解的方法，下列將直接以實例說明。

程式實例 ch3_6.java：重新設計程式 ch3_5.java，為程式碼加上註解。

```java
1  public class ch3_6 {
2      public static void main(String[] args) {
3          int hourly_salary = 120;                          // 設定時薪
4          int monthly_fee = 9000;                           // 設定每月花費
5          int annual_salary, annual_fee, annual_savings;
6
7          annual_salary = hourly_salary * 8 * 300;          // 計算年薪
8          annual_fee = monthly_fee * 12;                    // 計算每年花費
9          annual_savings = annual_salary - annual_fee;      // 計算每年儲存金額
10         System.out.println("一年可以儲存：" + annual_savings);
11     }
12 }
```

執行結果 與 ch3_5.java 相同。

相信經過上述註解後，即使再過 10 年，只要一看到程式應可輕鬆瞭解整個程式的意義。

## 3-1-4　變數的命名規則

Java 對於變數的命名和使用有一些規則要遵守，否則會造成程式錯誤。

❑ 必須由英文字母、_( 底線 ) 或 $ 字元開頭，建議使用英文字母當變數開頭。雖然可以使用 $ 字元開頭，不過建議不要用，因為容易和 Java 編譯器產生的變數混淆。

❑ 變數名稱只能由英文字母、數字、_( 底線 ) 所組成。

❑ 變數的長度沒有限制。

❑ 英文字母大小寫是敏感的，例如：Name 與 name 被視為不同變數名稱。

❑ 可以使用 Unicode 為變數命名，例如：中文字當作變數。

❑ Java 系統保留字 ( 或稱關鍵字 ) 不可當作變數名稱。

下列是不可當作變數名稱的 Java 系統保留字。

| abstract | assert | boolean | break | byte | case |
|----------|--------|---------|-------|------|------|
| catch | char | class | const | continue | default |
| do | double | else | enum | extends | final |
| finally | float | for | goto | if | implement |
| import | instanceof | int | interface | long | native |
| new | package | private | protected | public | return |
| short | static | strictfp | super | switch | synchronized |
| this | throw | throws | transient | try | void |
| volatile | while | | | | |

實例 1：下列是一些不合法的變數名稱。

```
sum,1       // 變數名稱不可有 ","
3y          // 變數名稱不可由阿拉伯數字開頭
char        // 這是系統保留字不可當作變數名稱
x+y         // 變數名稱不可有 +
a b         // 變數名稱不可有空格
x!          // 變數名稱不可有 ! 字元
```

實例 2：下列是一些合法的變數名稱。
```
SUM
_fg
```

x5

$y

實例 3：下列 3 個代表不同的變數。

SUM

Sum

sum

由於 Java 可以用 Unicode 碼，所以可以用中文當變數名稱，不過程式設計時筆者不鼓勵使用中文當變數名稱。

程式實例 ch3_7.java：使用中文命名變數，可參考下列程式第 3 行。

```
1 public class ch3_7 {
2    public static void main(String[] args) {
3        int 時薪 = 120;                        // 設定時薪
4        System.out.println("工作時薪： " + 時薪);
5    }
6 }
```

執行結果
```
D:\Java\ch3>java ch3_7
工作時薪：120
```

## 3-2 基本資料型態 (Primitive Data Types)

Java 的基本資料型態可以分成下列 3 類：

1： 數值 (Numeric) 資料型態又可分整數 (integer) 與浮點數 (floating point)。

2： 字元 (char)

3： 布林值 (boolean)

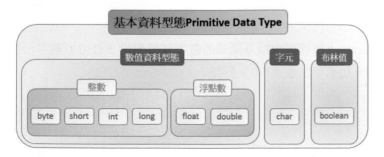

註 在 Unicode 碼規則下，有人也將字元歸類為數值資料型態。

## 3-2-1　整數資料型態

| 型態 | 資料長度 | 資料值範圍 |
|------|---------|-----------|
| byte | 8 位元 | $-2^7 \sim 2^7-1$ 相當於 $(-128 \sim 127)$ |
| short | 16 位元 | $-2^{15} \sim 2^{15}-1$ 相當於 $(-32768 \sim 32767)$ |
| int | 32 位元 | $-2^{31} \sim 2^{31}-1$ 相當於 $(-2147483648 \sim 2147483647)$ |
| long | 64 位元 | $-2^{63} \sim 2^{63}-1$ 相當於<br>$(-9223372036854775808 \sim 9223372036854775807)$ |

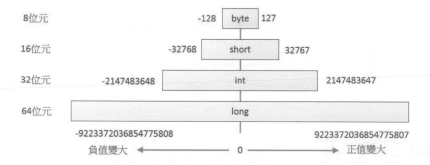

在 Java 程式設計中，上述 8 個位元 (bit) 又稱 1 個位元組 (byte)，整數又有 4 種表示方法：

❑ 10 進位 (Decimal)：這是我們日常生活所使用的表達方式，不做特別設定時，就是屬於 10 進位的表示方法。

❑ 2 進位 (Binary)：在程式中以 0b 或 0B 開頭的數字就是屬於 2 進位的數字，在這種表達方式中，每一位數只能表達 0 或 1。例如：

```
0b111 = 7
0B10 = 2
```

❑ 8 進位 (Octal)：在程式中以 0 開頭的數字就是屬於 8 進位的數字，在這種表達方式中，每一位數可以表達 0-7。例如：

```
010 = 8
022 = 18
```

❏ 16 進位 (Hexadecimal)：在程式中 0x 或 0X 開頭的數字就是屬於 16 進位的數字，在這種表達方式中，每一位數只能表達 0-15，其中 10-15 分別用 A-F(a-f) 表示。例如：

0x1A = 26
0X2B = 43

程式實例 ch3_8.java：不同位數整數輸出的應用。

```
1  public class ch3_8 {
2      public static void main(String[] args) {
3          int x;
4          long y;
5          x = 103;                           //  設定10進位整數
6          System.out.println("列印103   的值 = " + x);
7          x = 0b111;                         //  設定2進位整數
8          System.out.println("列印0b111的值 = " + x);
9          y = 022;                           //  設定8進位整數
10         System.out.println("列印022   的值 =  " + y);
11         y = 0x2B;                          //  設定16進位整數
12         System.out.println("列印0x2B 的值 =  " + y);
13     }
14 }
```

執行結果
```
D:\Java\ch3>java ch3_8
列印103   的值 = 103
列印0b111的值 = 7
列印022   的值 =  18
列印0x2B 的值 =  43
```

另外必須留意：

❏ 在設定整數值時，Java 預設是將整數設為 int 資料型態，如果想用 long( 長整數 ) 代表這個值，必須在值的後面加上 L 或 l。雖然可以用英文小寫 l 表示長整數，但是因為容易和阿拉伯數字 1 搞混，所以程式設計時建議使用大寫的 L。例如：

x = 123456L

❏ 如果位數很多時，可以在數字間適當位置加上底線 ( _ )，方便閱讀。例如：

1_00000 代表 100000，相當於 10 萬
1_000_000 代表 1000000，相當於 1 百萬。

程式實例 ch3_9.java：長整數和加底線數字表示法的應用。

```
1  public class ch3_9 {
2     public static void main(String[] args) {
3        long x;
4
5        x = 10345678L;                      //  設定10進位長整數
6        System.out.println("列印10345678 的值 = " + x);
7        x = 1_000_200;                      //  設定含底線整數
8        System.out.println("列印1_000_200的值 = " + x);
9        x = 2_0000;                         //  設定含底線整數
10       System.out.println("列印2_0000    的值 = " + x);
11    }
12 }
```

執行結果
```
D:\Java\ch3>java ch3_9
列印10345678 的值 = 10345678
列印1_000_200的值 = 1000200
列印2_0000    的值 = 20000
```

❑　數值超出範圍

　　在每一種整數數值資料型態中，每一種數值皆有可以表達的數值範圍，如果程式運算超出範圍時，在編譯程式過程會自動產生錯誤。

程式實例 ch3_10.java：使用短整數 (short) 時，程式設計超出變數資料型態可以表達的範圍 (-32768 ~ 32767)。程式編譯時，就會產生錯誤。

```
1  public class ch3_10 {
2     public static void main(String[] args) {
3        short x, y;
4
5        x = 40000;
6        System.out.println("數值超出變數可以容納範圍 " + x);
7        y = -39999;
8        System.out.println("數值超出變數可以容納範圍 " + y);
9     }
10 }
```

執行結果
```
D:\Java\ch3>javac ch3_10.java
ch3_10.java:5: error: incompatible types: possible lossy conversion from int to
short
        x = 40000;
            ^

ch3_10.java:7: error: incompatible types: possible lossy conversion from int to
short
        y = -39999;
            ^

2 errors
```

程式實例 ch3_11.java：列出 4 種整數資料型態的最大值與最小值。

```
1 public class ch3_11 {
2     public static void main(String[] args) {
3         System.out.printf("byte的值範圍 %d ~ %d%n", Byte.MIN_VALUE, Byte.MAX_VALUE);
4         System.out.printf("short的值範圍 %d ~ %d%n", Short.MIN_VALUE, Short.MAX_VALUE);
5         System.out.printf("int的值範圍 %d ~ %d%n", Integer.MIN_VALUE, Integer.MAX_VALUE);
6         System.out.printf("long的值範圍 %d ~ %d%n", Long.MIN_VALUE, Long.MAX_VALUE);
7     }
8 }
```

執行結果
```
D:\Java\ch3>java ch3_11
byte的值範圍   -128 ~ 127
short的值範圍 -32768 ~ 32767
int的值範圍   -2147483648 ~ 2147483647
long的值範圍 -9223372036854775808 ~ 9223372036854775807
```

在先前的程式實例我們都是使用 System.out.println( )，輸出後會換行，這個實例使用 System.out.printf( )，最大差異是輸出後不會換行，printf( ) 的 f 是 format 可解釋為格式化的意思，主要是將輸出資料格式化後再顯示。

```
System.out.printf("byte的值範圍 %d ~ %d%n", Byte.MIN_VALUE, Byte.MAX_VALUE);
```

上述第一個參數區是字串區，在此字串區有要顯示的字串資料與格式控制符號，第一個出現的格式控制符號會給第一個出現的引數使用，觀念可以依此類推。其中與整數有關的格式控制符號如下：

| 符號 | 說明 |
|------|------|
| %d | 以 10 進位整數方式輸出。 |
| %o | 以 8 進位整數方式輸出。 |
| %h 或 %H | 以 16 進位整數方式輸出。 |
| %f | 格式化浮點數輸出。 |
| %n | 設定下次輸出時換行輸出。 |
| %b 或 %B | 輸出布林值 |
| %s | 輸出字串 |

在上述程式中 Byte、Short、Integer、Long 是 java.lang 套件 Number 的子類別，至於 MIN_VALUE 和 MAX_VALUE 則是這些類別的靜態 (static) 成員，讀者可以先不考慮這麼多，只要了解，可以用上述獲得整數資料型態的最大與最小值即可，未來在第 18 章會做完整說明。

## 3-2-2　浮點數資料型態

程式設計時可以依照資料值的範圍，選擇浮點數的使用，有 2 種浮點數資料型態，可參考下表。分別是浮點數 (float) 或雙倍精度浮點數 (double)。Java 預設環境是使用 double。

| 型態 | 資料長度 | 資料值範圍 |
|---|---|---|
| float | 32 位元 | -3.4E+38 ~ 3.4E+38 |
| double | 64 位元 | -1.79E+308 ~ 1.79E+308 |

在程式設計時，帶小數點的數值就是所謂的浮點數。例如：0.5、9.23、0.0129 … 等。如果整數部分是 0 可以省略整數部分，例如：0.0129 可以用 .0129 表示。如果所設定的數值是沒有小數點的整數值經設定後也將變為浮點數，可參考 ch3_12.java 第 9-10 行。

另外，可以使用科學符號方式表示浮點數，例如：0.0129 可以用 1.29E-2 表示，1780.0 可以用 1.78E3 表示。

程式實例 ch3_12.java：浮點數輸出的應用。

```
1 public class ch3_12 {
2    public static void main(String[] args) {
3        double x;
4
5        x = 1.05;
6        System.out.println("變數x的值 = " + x);
7        x = .789;
8        System.out.println("變數x的值 = " + x);
9        x = 5;
10       System.out.println("變數x的值 = " + x);
11       x = 1.29E-2;
12       System.out.println("變數x的值 = " + x);
13       x = 1.78E3;
14       System.out.println("變數x的值 = " + x);
15   }
16 }
```

執行結果
```
D:\Java\ch3>java ch3_12
變數x的值 = 1.05
變數x的值 = 0.789
變數x的值 = 5.0
變數x的值 = 0.0129
變數x的值 = 1780.0
```

Java 在預設的環境下會將所有帶小數點的數值設為 double，有的程式設計師習慣會用在數值後面將上 D 或 d 強調這是 double。如果想要將某一帶小數點的數值設為 float，可以在該數值後面加上 F 或 f。

程式實例 ch3_13.java：float 浮點數的應用。

```java
1  public class ch3_13 {
2      public static void main(String[] args) {
3          float x1, x2, x3;
4
5          x1 = 1.05F;
6          System.out.println("變數x1的值 = " + x1);
7          x2 = .789F;
8          System.out.println("變數x2的值 = " + x2);
9          x3 = x1 + x2;
10         System.out.println("變數x3的值 = " + x3);
11     }
12 }
```

執行結果
```
D:\Java\ch3>java ch3_13
變數x1的值 = 1.05
變數x2的值 = 0.789
變數x3的值 = 1.839
```

在程式設計時，如果感覺含小數點的數值所需的空間不用太大，可以將變數設為 float，在這種情況下可以節省記憶體空間與程式執行效率。例如：你有 2 個大小不同的行李箱，假設要出差日本 3 天很輕便，可以使用小行李箱放置行也可以使用大行李箱放置。當我們選擇小行李箱時，可以讓我們自己行動更迅速。

程式設計時最常發生的錯誤是，當宣告變數是 float 資料型態時，在設定變數值的過程中忘了在此數值後面將上 F 或 f，這時會因為數值本身是 double，變數宣告為 float，因為放不下所以產生錯誤。

程式實例 ch3_14.java：變數是 float 數值是 double，所以程式錯誤。

```java
1  public class ch3_14 {
2      public static void main(String[] args) {
3          float x;
4
5          x = 1.05;
```

```
6          System.out.println("變數x的值 = " + x);
7      }
8 }
```

執行結果
```
D:\Java\ch3>javac ch3_14.java
ch3_14.java:5: error: incompatible types: possible lossy conversion from double
to float
          x = 1.05;
          ^
      1 error
```

程式實例 ch3_15.java：列出 float 和 double 資料的 2 的指數最大值與最小值。

```
1 public class ch3_15 {
2     public static void main(String[] args) {
3         System.out.printf("float  精度範圍 %d ~ %d%n", Float.MIN_EXPONENT, Float.MAX_EXPONENT);
4         System.out.printf("doouble精度範圍 %d ~ %d%n", Double.MIN_EXPONENT, Double.MAX_EXPONENT);
5     }
6 }
```

執行結果
```
D:\Java\ch3>java ch3_15
float  精度範圍  -126 ~ 127
doouble精度範圍  -1022 ~ 1023
```

## 3-2-3　字元 (char) 資料型態

　　Java 語言是用 16 位元空間的 Unicode 儲存字元資料與執行編碼方式，所以全球所有語言的字元皆可以表達，Unicode 碼值的範圍在 0-65535 間，以英文字而言一個英文字母就是一個 Unicode 字元，若以中文字而言一個中文字是一個 Unicode 字元，使用時需用單引號括起來。

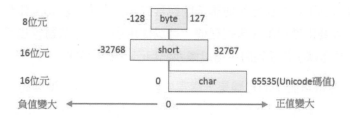

註 1：人與電腦之間的溝通主要就是靠字元，由於每個字元均有 Unicode 碼值，電腦就是靠每個字元的 Unicode 碼值識別字元。

註 2：字元的編碼有許多種，Java 是使用 Unicode 碼，這個編碼特色它是獨立存在與作業系統平台或程式語言沒有關聯。

程式實例 ch3_16.java：字元資料輸出的應用。

```
1 public class ch3_16 {
2     public static void main(String[] args) {
3         char ch;
4         ch = 'a';
5         System.out.println("變數ch的內容 = " + ch);
6         ch = '洪';
7         System.out.println("變數ch的內容 = " + ch);
8     }
9 }
```

執行結果　D:\Java\ch3>java ch3_16
變數ch的內容 = a
變數ch的內容 = 洪

　　程式設計時也可以使用一個 Unicode 的數值代表一個字元，這個數值又稱 Unicode 碼，在執行列印此字元時，會列印此 Unicode 碼所代表的字元。

程式實例 ch3_17.java：設定一個 Unicode 碼給一個字元變數，然後列印此 Unicode 碼所代表的字元。

```
1 public class ch3_17 {
2     public static void main(String[] args) {
3         char ch;
4         ch = 65;
5         System.out.println("變數ch的內容 = " + ch);
6     }
7 }
```

執行結果　D:\Java\ch3>java ch3_17
變數ch的內容 = A

　　雖然上述程式可以執行，不過在複雜的 Java 程式中很容易讓人誤以為 ch 是整數變數，造成對程式內容的誤判。一般 Java 程式設計師會用逸出字元 (Escape Character) 序列 '\uXXXX' 方式處理 Unicode 碼值，其中 X 是 16 進位數值。

程式實例 ch3_18.java：以 '\uXXXX' 方式擴充設計 ch3_17.java。

```
1 public class ch3_18 {
2     public static void main(String[] args) {
3         char ch;
4         ch = '\u0041';
5         System.out.println("變數ch的內容 = " + ch);
6         ch = '\u9B41';
7         System.out.println("變數ch的內容 = " + ch);
8     }
9 }
```

**執行結果**　`D:\Java\ch3>java ch3_18`
變數ch的內容 = A
變數ch的內容 = 魁

在上述程式設計中，原先65的16進位表示法是 `0x41`，當我們轉成逸出字元 (Escape Character) 序列 '\uXXXX' 方式處理時，`0x` 需捨去，同時需用 4 個 16 進位數字填入逸出字元序列，在此是用 00 填補 41 前方，所以第 4 行是 '\u0041'，另外在 Unicode 碼值中 '\u9B41' 是中文字的 ' 魁 '，所可以得到上述執行結果。

## 逸出字元 (Escape Character)

在字串使用中，如果字串內有一些特殊字元，例如：單引號、雙引號 … 等，必須在此特殊字元前加上 '\'( 反斜線 )，才可正常使用，這種含有 '\' 符號的字元稱逸出字元 (Escape Character)。

| 逸出字元 | Unicode 碼值 | 意義 |
|---|---|---|
| \a | \u0007 | 響鈴 |
| \b | \u0008 | BackSpace 鍵 |
| \t | \u0009 | Tab 鍵 |
| \n | \u000A | 換行 |
| \v | \u000B | 垂直定位 |
| \f | \u000C | 換頁 |
| \r | \u000D | 游標移至最左 |
| \" | \u0022 | 雙引號 |
| \' | \u0027 | 單引號 |
| \\ | \u005C | 反斜線 |

程式實例 ch3_19.java：逸出字元的應用。

```java
1  public class ch3_19 {
2      public static void main(String[] args) {
3          char ch;
4          ch = '\u0022';
5          System.out.println("變數ch的內容 = " + ch);
6          ch = '\'';
7          System.out.println("變數ch的內容 = " + ch);
8          ch = '\\';
9          System.out.println("變數ch的內容 = " + ch);
10     }
11 }
```

D:\Java\ch3>java ch3_19
變數ch的內容 = "
變數ch的內容 = '
變數ch的內容 = \

程式實例 ch3_20.java：列出 Unicode 的值範圍。

```
1 public class ch3_20 {
2     public static void main(String[] args) {
3         System.out.printf("Unicode的範圍 %h ~ %h%n", Character.MIN_VALUE, Character.MAX_VALUE);
4     }
5 }
```

D:\Java\ch3>java ch3_20
Unicode的範圍 0 ~ ffff

程式實例 ch3_20_1.java：測試逸出字元的 "\r" 符號，由於游標會返回最左邊，所以可以覆蓋先前輸出的字元。

```
1 public class ch3_20_1 {
2     public static void main(String[] args) {
3         System.out.printf("abcdefghijklmnopq");
4         System.out.println("\rAAA");
5     }
6 }
```

D:\Java\ch3>java ch3_20_1
AAAdefghijklmnopq

程式實例 ch3_20_2.java：測試逸出字元的 "\t" 符號，可以依 Tab 鍵預設位移空間輸出。

```
1 public class ch3_20_2 {
2     public static void main(String[] args) {
3         System.out.printf("明志工專\t明志科大");
4     }
5 }
```

D:\Java\ch3>java ch3_20_2
明志工專        明志科大

## 3-2-4 布林值 (Boolean)

　　布林值常用在程式的流程控制，它的資料值有 true 或 false，未來在程式流程控制中我們會更詳細說明它的應用。

程式實例 ch3_21.java：列出布林值的應用。

```
1  public class ch3_21 {
2      public static void main(String[] args) {
3          boolean bo = true;
4          System.out.println("列出布林值 = " + bo);
5          bo = false;
6          System.out.println("列出布林值 = " + bo);
7      }
8  }
```

執行結果
```
D:\Java\ch3>java ch3_21
列出布林值 = true
列出布林值 = false
```

程式實例 ch3_22.java：列出布林值的範圍。

```
1  public class ch3_22 {
2      public static void main(String[] args) {
3          System.out.printf("Boolean的值 %b ~ %b%n", Boolean.TRUE, Boolean.FALSE);
4      }
5  }
```

執行結果
```
D:\Java\ch3>java ch3_22
Boolean的值  true ~ false
```

## 3-3 字串 (String) 資料型態

所謂的字串 (string) 資料是指兩個雙引號 (") 之間任意個數字元符號的資料，它的資料型態代號是 String。在字串使用中，如果用 "+" 符號可以執行字串的結合。

程式實例 ch3_23.java：字串輸出的應用。

```
1  public class ch3_23 {
2      public static void main(String[] args) {
3          String str1 = "I like Java";
4          String str2 = "I'm Jiin-Kwei Hung";
5          System.out.println("列出字串值 = " + str1);      // 單獨列出字串str1
6          System.out.println(str1 + str2);                 // 字串相加等於字串結合
7          System.out.println(str1 + '\t' + str2);          // 字串結合中間是定位符號
8          System.out.println(str1 + '\n' + str2);          // 字串結合中間是換行符號
9      }
10 }
```

執行結果

第5行輸出 → 列出字串值 = I like Java
第6行輸出 → I like JavaI'm Jiin-Kwei Hung
第7行輸出 → I like Java    I'm Jiin-Kwei Hung    \t產生的Tab空間
第8行輸出 → I like Java
I'm Jiin-Kwei Hung    \n產生的換行輸出

```
D:\Java\ch3>java ch3_23
```

上述程式第 5 行將獲得第一筆輸出的結果。程式第 6 行會輸出 str1 和 str2 相結合的字串，可以獲得第二筆輸出的結果。程式第 7 行會輸出 str1 和 str2 相結合的字串，但是字串中間用 Tab 定位符號隔開，可以獲得第三筆輸出的結果。程式第 8 行會輸出 str1 和 str2 相結合的字串，但是字串中間用換行符號隔開，可以獲得第四和五筆輸出的結果。

由於接下來的章節有許多程式實例需使用字串觀念，所以筆者在此節先簡單介紹，未來筆者還會有一章是完整講解字串。

## 3-4 常數 (Constant) 的觀念

在 Java 程式設計中有變數 (Variable) 的觀念，本章第一節已經說明，另一個觀念是常數 (Constant)，它們彼此間最大差異是變數可以隨時改變內容。

常數有 2 種，一種是字面常數 (Literal Constant)，可以隨時改變內容。另一個是具名常數 (Named Constant)，不可以隨時改變內容。例如：在程式 ch3_6.java 中，我們定義了時薪是 120，可以用常數觀念設定此變數，這種用法就是所謂的字面常數 (Literal Constant)。

```
3           int hourly_salary = 120;                          // 設定時薪
```

具名常數則是固定的內容。在程式設計中，如果我們知道某一個數值是不會更改的，可以將這個數值設為具名常數。在程式設計時具名常數 (Named Constant) 的設定方式如下，注意是 final 開頭：

final 資料類型 常數名稱 = 初始值；    // 設定具名常數時同時設定初值

程式實例 ch3_24.java：使用具名常數觀念重新設計 ch3_6.java。

```
1  public class ch3_24 {
2      public static void main(String[] args) {
3          final int hourly_salary = 120;              // 設定時薪
4          int monthly_fee = 9000;                     // 設定每月花費
5          int annual_salary, annual_fee, annual_savings;
6
7          annual_salary = hourly_salary * 8 * 300;    // 計算年薪
8          annual_fee = monthly_fee * 12;              // 計算每年花費
9          annual_savings = annual_salary - annual_fee;  // 計算每年儲存金額
10         System.out.println("一年可以儲存：" + annual_savings);
11     }
12 }
```

執行結果 與 ch3_6.java 相同。

上述程式在設定具名常數時同時設定初值，其實也可以先定義具名常數，在程式中再設定它的值。另一個常見的應用是定義圓周率是 3.14159，我們可以將此圓周率設為 PI。

程式實例 ch3_25.java：使用具名常數 PI，將它應用在計算圓面積和圓周長。

```
1 public class ch3_25 {
2     public static void main(String[] args) {
3         final double PI;                    // 設定具名常數PI
4         int r = 5;                          // 圓半徑半徑
5         PI = 3.14159;                       // 實際設定PI值
6         System.out.println("圓周長 = " + 2 * PI * r);
7         System.out.println("圓面積 = " + PI * r * r);
8     }
9 }
```

執行結果
```
D:\Java\ch3>java ch3_25
圓周長 = 31.4159
圓面積 = 78.53975
```

雖然上述 ch3_25.java 程式可以執行，不過筆者還是建議不要在程式中設定具名常數的值，應該直接在定義具名常數時設定其初值，避免程式混亂，可參考 ch3_26.java。

程式實例 ch3_26.java：重新設計 ch3_25.java，定義具名常數 PI 時同時設定其初值。

```
1 public class ch3_26 {
2     public static void main(String[] args) {
3         final double PI = 3.14159;          // 設定具名常數PI和其值
4         int r = 5;                          // 圓半徑半徑
5         System.out.println("圓周長 = " + 2 * PI * r);
6         System.out.println("圓面積 = " + PI * r * r);
7     }
8 }
```

執行結果　與 ch3_25.java 相同。

再次提醒具名常數 (Named Constant)，經設定值後，未來不可更改其值，否則編譯時會有錯誤產生。

# 3-5 精準控制格式化的輸出

在 3-2-1 節的程式實例 ch3_11.java 中，我們有了格式化輸出的經驗，printf( ) 在格式化過程中，有提供功能可以讓我們設定保留多少格的空間讓資料做輸出，此時格式化的語法如下：

❑ %(+|-)nd：格式化整數輸出。

❑ %(+|-)m.nf：格式化浮點數輸出。

❑ %(+|-)nx：格式化 16 進位整數輸出。

❑ %(+|-)no：格式化 8 進位整數輸出。

❑ %(-)ns：格式化字串輸出。

上述對浮點數而言，m 代表保留多少格數供輸出 ( 包含小數點 )，n 則是小數資料保留格數。至於其它的資料格式 n 則是設定保留多少格數空間，如果保留格數空間不足將完整輸出資料，如果保留格數空間太多則資料靠右對齊。

如果是格式化數值資料符號有加上負號 (-)，表示保留格數空間有多時，資料將靠左輸出。如果是格式化數值資料符號有加上正號 (+)，如果輸出資料是正值時，將在左邊加上正值符號。

程式實例 ch3_27.java：格式化輸出的應用。

```
1  public class ch3_27 {
2      public static void main(String[] args) {
3          int x = 100;
4          double y = 10.5;
5          String s = "Deep";
6          System.out.printf("x=/%6d/%n", x);
7          System.out.printf("y=/%6.2f/%n", y);
8          System.out.printf("s=/%6s/%n", s);
9          System.out.println("以下是保留格數空間不足的實例");
10         System.out.printf("x=/%2d/%n", x);
11         System.out.printf("y=/%2.1f/%n", y);
12         System.out.printf("s=/%2s/%n", s);
13     }
14 }
```

執行結果
```
D:\Java\ch3>java ch3_27
x=/   100/
y=/ 10.50/
s=/  Deep/
以下是保留格數空間不足的實例
x=/100/
y=/10.5/
s=/Deep/
```

程式實例 ch3_28.java：格式化輸出，靠左對齊的實例。

```
 1 public class ch3_28 {
 2    public static void main(String[] args) {
 3        int x = 100;
 4        double y = 10.5;
 5        String s = "Deep";
 6        System.out.printf("x=/%-6d/%n", x);
 7        System.out.printf("y=/%-6.2f/%n", y);
 8        System.out.printf("s=/%-6s/%n", s);
 9    }
10 }
```

執行結果
```
D:\Java\ch3>java ch3_28
x=/100   /
y=/10.50 /
s=/Deep  /
```

程式實例 ch3_29.java：格式化輸出，正值資料將出現正號 (+)。

```
 1 public class ch3_29 {
 2    public static void main(String[] args) {
 3        int x = 100;
 4        double y = 10.5;
 5        System.out.printf("x=/%+6d/%n", x);
 6        System.out.printf("y=/%+6.2f/%n", y);
 7    }
 8 }
```

執行結果
```
D:\Java\ch3>java ch3_29
x=/  +100/
y=/+10.50/
```

## 習題實作題

1： 請設計程式可以輸出下列資料。

```
D:\Java\ex>java ex3_1
程式實例ex3_1.java
```

2： 請修改程式實例 ch3_6.java，將時薪改為 150 元，每個月花費改為 10000 元，請計算一年可以儲存多少錢。

```
D:\Java\ex>java ex3_2
一年可以儲存 : 240000
```

3： 請設定矩形的高是 5 公尺和寬是 10 公尺，然後列出此矩形的面積和周長。

```
D:\Java\ex>java ex3_3
 面積 : 50
 周長 : 30
```

4： 請列出 Unicode 碼值從 65 至 70 間的字元。

```
D:\Java\ex>java ex3_4
變數ch的內容 = A
變數ch的內容 = B
變數ch的內容 = C
變數ch的內容 = D
變數ch的內容 = E
變數ch的內容 = F
```

5： 請宣告具名常數 PI 等於 3.14159，當 r( 半徑 ) 是 10 和 20 時，求圓面積和圓周長。

```
D:\Java\ex>java ex3_5
r = 10, 圓周長 = 62.8318
r = 10, 圓面積 = 314.159
r = 20, 圓周長 = 125.6636
r = 20, 圓面積 = 1256.636
```

6： 請將下列數值轉成 10 進位。

(a) 0b11110010　　(b) 07654　　　　　(c) 0xaaabbb

```
D:\Java\ex>java ex3_6
242
4012
11185083
```

# 第四章

# 程式基本運算

## 4-1 程式設計的專有名詞

　　這一節筆者將講解程式設計的相關專有名詞，未來讀者閱讀一些學術性的程式文件時，方便理解這些名詞的含義。

### 4-1-1　運算式 (Expression)

　　在程式設計時，難免會有一些運算，這些運算就稱運算式 (experssion)。

例如：若是以 ch3_2.java 為例，程式第 9 行等號右邊內容如下：

9000 * 12

上述 "9000 * 12" 就稱運算式。

### 4-1-2　運算子 (Operator) 與運算元 (Operand)

　　所謂的運算子 (operator) 指的是運算式操作的符號，運算元 (operand) 指的是運算式操作的資料。

例如：若是以 ch3_2.java 為例，程式第 9 行等號右邊內容如下：

9000 * 12

上述 "*" 就是所謂的運算子，上述 "9000" 和 "12" 就是所謂的運算元。

### 4-1-3　運算元也可以是一個運算式

例如：若是以 ch3_1.java 為例，程式第 5 行內容如下：

x * 8 * 300

"x * 8" 是一個運算式，計算完成後的結果稱運算元，再將此運算元乘以 300( 運算元 )。

### 4-1-4　指定運算子 (Assignment Operator)

　　在程式設計中所謂的指定運算字 (assignment operator)，就是 "=" 符號，這也是程式設計最基本的操作，基本觀念是將等號右邊的運算式 (expression) 結果或運算元

(operand) 設定給等號左邊的變數。

變數 = 運算式或運算元 ;

例如：若是以 ch3_1.java 為例，程式第 5 行內容如下：

x = 120;

x 就是等號左邊的變數，120 就是所謂運算元。

例如：若是以 ch3_1.java 為例，程式第 5 行內容如下：

z = x * 8 * 300;

z 就是等號左邊的變數，"x * 8 * 300" 就是所謂運算式。

## 4-1-5 二元運算子 (Binary Operator)

若是以 ch3_2.java 為例，程式第 9 行等號右邊內容如下：

9000 * 12

對乘法運算符號而言，它必須要有 2 個運算子才可以執行運算，我們可以用下列語法說明。

operand operator operand

9000 是左邊的運算元 (operand)，乘法 "*" 是運算子 (operator)，12 是右邊的運算元 (operand)，類似需要有 2 個運算子才可以運算的符號稱二元運算子 (binary operator)。其實同類型的 + 、- 、/ , … 等皆算是二元運算子。

## 4-1-6 單元運算子 (Unary Operator)

在程式設計時，有些運算符號只需要一個運算子就可以運算，這類運算子稱單元運算子。例如：

i++

或

i--

上述 ++( 執行 i 加 1) 或 --( 執行 i 減 1)，由於只需要一個運算元即可以運算，這就是所謂單元運算子，有關上述運算式的說明與應用後面章節會做實例解說。

### 4-1-7　三元運算子 (Ternary Operator)

在程式設計時，有些運算符號 ( ? : ) 需要三個運算子就可以運算，這類運算子稱三元運算子。例如：

運算式 ? X : Y

上述運算式必須是布林值，觀念是如果運算式是 true 則傳回 X，如果是 false 則傳回 Y。有關上述運算式的說明與應用 4-5-5 節會做實例解說。

## 4-2 指定運算子的特殊用法說明

程式設計時，可以一次指定多個變數。

程式實例 ch4_1.java：一次設定多個變數的應用，下列程式第 4 行首先將 z 設為 100，然後將 z 值設給 y 所以 y 是 100，再將 y 值設給 x 所以 x 值也是 100。

```
1  public class ch4_1 {
2      public static void main(String[] args) {
3          int x, y, z;
4          x = y = z = 100;
5          System.out.println("x = " + x);
6          System.out.println("y = " + y);
7          System.out.println("z = " + z);
8      }
9  }
```

執行結果
```
D:\Java\ch4>java ch4_1
x = 100
y = 100
z = 100
```

另外，Java 也支援將一個含等號的運算式當作運算元操作。

程式實例 ch4_2.java：將運算式當作運算元的操作。

```
1  public class ch4_2 {
2      public static void main(String[] args) {
3          int x, y, z;
4          x = (y = 10) + (z = 100);
5          System.out.println("x = " + x);
```

```
6         System.out.println("y = " + y);
7         System.out.println("z = " + z);
8    }
9 }
```

執行結果
```
D:\Java\ch4>java ch4_2
x = 110
y = 10
z = 100
```

# 4-3 基本數學運算

## 4-3-1 四則運算與求餘數

Java 的四則運算是指加 ( + )、減 ( - )、乘 ( * ) 和除 ( / )。

程式實例 ch4_3.java：Java 四則運算的實例。

```
1 public class ch4_3 {
2    public static void main(String[] args) {
3         int x = 25, y = 3, z;
4         double f;
5         z = x + y;
6         System.out.println("加法結果z = " + z);
7         z = x - y;
8         System.out.println("減法結果z = " + z);
9         z = x * y;
10        System.out.println("乘法結果z = " + z);
11        z = x / y;
12        System.out.println("除法結果z = " + z);
13        f = x / y;
14        System.out.println("整數除法結果f = " + f);
15        f = 25.0 / 3.0;
16        System.out.println("浮點數除法結果f = " + f);
17        System.out.printf("格式化浮點數除法結果f = %5.2f", f);
18    }
19 }
```

執行結果
```
D:\Java\ch4>java ch4_3
加法結果z = 28
減法結果z = 22
乘法結果z = 75
除法結果z = 8
整數除法結果f = 8.0
浮點數除法結果f = 8.333333333333334
格式化浮點數除法結果f =  8.33
```

上述最需要注意的是除法部分,第 11 行是整數除法同時將結果指定給整數,在整數除法中餘數會被捨去,所以第 12 行結果是 8。第 13 行是整數除法同時將結果指定給浮點數,在整數除法中餘數會被捨去,所以第 14 行結果是 8.0。第 15 行是浮點數除法同時將結果指定給浮點數,在浮點數除法中餘數會被保留,所以第 16 行結果是 8.33...34。第 17 行是格式化浮點數的輸出結果。

求餘數符號是 %,可計算出除法運算中的餘數。

程式實例 ch4_4.java:求餘數運算。

```
1  public class ch4_4 {
2      public static void main(String[] args) {
3          int x = 9 % 5;
4          System.out.println("x = " + x);
5      }
6  }
```

執行結果
```
D:\Java\ch4>java ch4_4
x = 4
```

程式實例 ch4_5.java:幼稚園班上有 20 人,有 90 顆葡萄,請問每位幼稚園學生可以分幾顆葡萄,同時會剩下多少顆葡萄。

```
1  public class ch4_5 {
2      public static void main(String[] args) {
3          int students = 20;
4          int grapes = 90;
5          int count = grapes / students;   // 每人分幾顆
6          int left = grapes % students;    // 剩下幾顆
7          System.out.println("每人分幾顆 = " + count);
8          System.out.println("剩下幾顆   = " + left);
9      }
10 }
```

執行結果
```
D:\Java\ch4>java ch4_5
每人分幾顆 = 4
剩下幾顆   = 10
```

## 4-3-2 次方運算

如果想計算次方,可以使用下列方式:

Math.pow(x, y);

上述是計算 x 的 y 次方,回傳是 double 資料型態。

程式實例 ch4_5_1.py：計算 2 的 3 次方。

```
 1  public class ch4_5_1 {
 2      public static void main(String[] args) {
 3          int x1 = 2;
 4          int x2 = 3;
 5          double y;
 6
 7          y = Math.pow(x1, x2);
 8          System.out.println(y);
 9      }
10  }
```

執行結果
```
D:\Java\ch4>java ch4_5_1
8.0
```

上述 Math 是數學類別，筆者將在第 10 章講解這方面的更多應用。

## 4-3-3 遞增與遞減運算子

++ 是遞增運算子 (Increment Operator) 可以讓變數值加 1，-- 是遞減運算子 (Decrement Operator) 可以讓變數值減 1。

程式實例 ch4_6.java：遞增和遞減運算的基本應用。

```
 1  public class ch4_6 {
 2      public static void main(String[] args) {
 3          int i = 10;
 4          System.out.println("i = " + i);
 5          i++;                            // 相當於 i = i + 1
 6          System.out.println("i = " + i);
 7          i--;                            // 相當於 i = i - 1
 8          System.out.println("i = " + i);
 9      }
10  }
```

執行結果
```
D:\Java\ch4>java ch4_6
i = 10
i = 11
i = 10
```

遞增運算子 (++) 或是遞減運算子 (--) 可以放在變數的前面，也可以放在變數的後面。若是放在變數的前面會先執行遞增或遞減再執行運算式，這時我們將此運算子稱前置運算子 (Prefix Operator)。若是放在變數的後面會先執行運算式再執行遞增或遞減，這時我們將此運算子稱後置運算子 (Postfix Operator)。

程式實例 ch4_7.java：前置與後置運算子的應用。

```
1  public class ch4_7 {
2      public static void main(String[] args) {
3          int i, j, value;
4          i = j = 10;
5          value = ++i * 10;                    // 前置運算
6          System.out.println("value = " + value);
7          value = j++ * 10;                    // 後置運算
8          System.out.println("value = " + value);
9      }
10 }
```

執行結果
```
D:\Java\ch4>java ch4_7
value = 110
value = 100
```

　　對上述第 5 行而言，++ 是放在 i 的左邊，這是前置運算所以會先執行 i 加 1，得到 i 等於 11，再將 i 乘以 10，所以最後得到第 6 行印出 value 的值是 110。對上述第 7 行而言，++ 是放在 j 的右邊，這是後置運算所以會先執行 j 乘以 10，這時 value 的值是 100，然後 j 加 1，得到 j 等於 11，所以最後得到第 8 行印出 value 的值是 100。

## 4-3-4　正負號

　　+ 符號在程式設計中可以當作加法符號，也可以當作正號。- 符號在程式設計中可以當作減法符號，也可以當作負號。

程式實例 ch4_8.java：負號應用的實例。

```
1  public class ch4_8 {
2      public static void main(String[] args) {
3          int x, value;
4          x = -10;
5          value = - ( x + 5 ) * 3;
6          System.out.println("value = " + value);
7      }
8  }
```

執行結果
```
D:\Java\ch4>java ch4_8
value = 15
```

　　上述第 5 行 x 是 -10，-10+5 結果是 -5，經過負號轉換得到 5，5*3 是 15。

## 4-3-5　無限大 Infinite

　　Java 運算時是會出現正或負無限大 (Infinite)，例如：正浮點數除以 0，可以得到 Infinite。負浮點數除以 0，可以得到負 Infinite。

程式實例 ch4_9.java：正無限大 Infinite 與負無限大 -Infinite。

```
1  public class ch4_9 {
2      public static void main(String[] args) {
3          double x;
4          x = 100.0 / 0;
5          System.out.println("x = " + x);
6          x = -100.0 / 0;
7          System.out.println("x = " + x);
8      }
9  }
```

執行結果
```
D:\Java\ch4>java ch4_9
x = Infinity
x = -Infinity
```

## 4-3-6　異常發生

如果將整數除以 0，會得到程式異常，然後程式中止。

程式實例 ch4_10.java：將整數除以 0，造成程式異常中止運作。

```
1  public class ch4_10 {
2      public static void main(String[] args) {
3          double x;
4          x = 100 / 0;          // 整數除以0造成程式異常而中止
5          System.out.println("x = " + x);
6      }
7  }
```

執行結果
```
D:\Java\ch4>java ch4_10
Exception in thread "main" java.lang.ArithmeticException: / by zero
        at ch4_10.main(ch4_10.java:4)
```

## 4-3-7　非數字 NaN

NaN 全意是 Not a Number，如果我們將浮點數取 0 的餘數，將得到 NaN。

程式實例 ch4_11.java：浮點數取 0 的餘數。

```
1  public class ch4_11 {
2      public static void main(String[] args) {
3          double x;
4          x = 5.5 % 0;
5          System.out.println("x = " + x);
6          x = -5.5 % 0;
7          System.out.println("x = " + x);
8      }
9  }
```

執行結果
```
D:\Java\ch4>java ch4_11
x = NaN
x = NaN
```

## 4-3-8　Java 語言控制運算的優先順序

　　Java 語言碰上計算式同時出現在一個指令內時，其計算優先次序如下，優先順序 1 最高，優先順序 4 最低，如果出現在同一運算式則由左到右順序運算。

1：　括號 ( )。

2：　遞增 (++)、遞減 (--)、正號、負號。

3：　乘法、除法、求餘數 (%)，彼此依照出現順序運算。

4：　加法、減法，彼此依照出現順序運算。

程式實例 ch4_12.java：Java 語言控制運算的優先順序的應用。

```
1  public class ch4_12 {
2     public static void main(String[] args) {
3        int x;
4        x = ( 5 + 6 ) * 8 - 2;
5        System.out.println("x = " + x);
6        x = 5 + 6 * 8 - 2;
7        System.out.println("x = " + x);
8     }
9  }
```

執行結果
```
D:\Java\ch4>java ch4_12
x = 86
x = 51
```

## 4-4　複合指定運算子 (Compound Assignment Operator)

　　常見的複合指定運算子如下：

| 運算子 | 實例 | 說明 |
|---|---|---|
| += | a += b | a = a + b |
| -= | a -= b | a = a - b |
| *= | a *= b | a = a * b |
| /= | a /= b | a = a / b |
| %= | a %= b | a = a % b |

程式實例 ch4_13.java：複合指定運算子的實例說明。

```java
1 public class ch4_13 {
2     public static void main(String[] args) {
3         int a, b = 5;
4         a = 10;
5         a += b;
6         System.out.println("x = " + a);
7         a = 10;
8         a -= b;
9         System.out.println("x = " + a);
10        a = 10;
11        a *= b;
12        System.out.println("x = " + a);
13        a = 10;
14        a /= b;
15        System.out.println("x = " + a);
16        a = 10;
17        a %= b;
18        System.out.println("x = " + a);
19    }
20 }
```

執行結果
```
D:\Java\ch4>java ch4_13
x = 15
x = 5
x = 50
x = 2
x = 0
```

## 4-5　布林運算、反向運算、比較運算與邏輯運算

### 4-5-1　布林值運算 (Boolean Operation)

在設計程式流程控制時，會使用到布林值的觀念，下一章會有完整的應用。布林值 (boolean) 的資料只有 2 種，一種是 true 另一種是 false。

程式實例 ch4_14.java：列出布林值的應用。

```java
1 public class ch4_14 {
2     public static void main(String[] args) {
3         boolean bo;
4         bo = true;
5         System.out.println("bo = " + bo);
6         bo = false;
7         System.out.println("bo = " + bo);
8     }
9 }
```

```
D:\Java\ch4>java ch4_14
bo = true
bo = false
```

## 4-5-2　反向運算子 (Logical Complement Operator)

反向運算子符號是 !，通常會搭配布林值變數使用，可以獲得反效果的布林值，當然這個運算子主要也是要配合程式流程控制。

程式實例 ch4_15.java：反向運算子的應用。

```java
1 public class ch4_15 {
2     public static void main(String[] args) {
3         boolean success;
4         success = true;
5         System.out.println("bo = " + success);
6         System.out.println("bo = " + !success);        // 反向運算
7     }
8 }
```

```
D:\Java\ch4>java ch4_15
bo = true
bo = false
```

## 4-5-3　比較運算子 (Comparison Operator)

Java 比較運算子有下列幾種，比較結果如果是真，則傳回 true，如果是偽，則傳回 false。

> 大於，例如：18 > 9，傳回 true。例如：8 > 9，傳回 false。

< 小於，例如：18 < 9，傳回 false。例如：8 < 9，傳回 true。

>= 大於或等於，例如：18 >= 18，傳回 true。

<= 小於或等於，例如：18 <= 18，傳回 true。

== 等於，例如：18 == 18，傳回 true。例如：18 == 9 ，傳回 false。

!= 不等於，例如：'x' != 'X'，傳回 true。

程式實例 ch4_16.java：比較運算子的應用。

```java
1 public class ch4_16 {
2     public static void main(String[] args) {
3         int x = 18;
4         int y = 9;
5         System.out.println("18 > 9      = " + (x > y));
```

```
 6          System.out.println("18 < 9     = " + (x < y));
 7          System.out.println("18 >= 18    = " + (x >= x));
 8          System.out.println("18 <= 18    = " + (x <= x));
 9          System.out.println("18 == 18    = " + (x == x));
10          System.out.println("18 == 9     = " + (x == y));
11          System.out.println("'x' == 'X' = " + ('x' == 'X'));
12          System.out.println("18 != 18    = " + (x != x));
13          System.out.println("18 != 9     = " + (x != y));
14          System.out.println("'x' != 'X' = " + ('x' != 'X'));
15      }
16  }
```

執行結果
```
D:\Java\ch4>java ch4_16
18 > 9      = true
18 < 9      = false
18 >= 18    = true
18 <= 18    = true
18 == 18    = true
18 == 9     = false
'x' == 'X' = false
18 != 18    = false
18 != 9     = true
'x' != 'X' = true
```

## 4-5-4　邏輯運算子 (Logical Operator)

Java 的邏輯運算子有 2 個，如下所示：

❑　&& 或是 &

相當於 and 運算，可參考下表。

| a | b | a && b |
|---|---|--------|
| true | true | true |
| true | false | false |
| false | true | false |
| false | false | false |

❑　|| 或是 |

相當於 or 運算。

| a | b | a \|\| b |
|---|---|--------|
| true | true | true |
| true | false | true |
| false | true | true |
| false | false | false |

□　^

相當於 XOR，如果運算元值相同傳回 false，否則傳回 true。

| a | b | a ^ b |
|---|---|---|
| true | true | false |
| true | false | true |
| false | true | true |
| false | false | false |

程式實例 ch4_17.java：邏輯運算子 && 的應用。

```
1  public class ch4_17 {
2      public static void main(String[] args) {
3          boolean a = true;
4          boolean b = false;
5          System.out.println("true  && true  = " + (a && a));
6          System.out.println("true  && false = " + (a && b));
7          System.out.println("false && true  = " + (b && a));
8          System.out.println("false && false = " + (b && b));
9      }
10 }
```

執行結果
```
D:\Java\ch4>java ch4_17
true  && true  = true
true  && false = false
false && true  = false
false && false = false
```

讀者可能會感到奇怪，為何 Java 提供了 &&( 或 ||) 邏輯運算子，還要提供好像功能完全相同的 &( 或 |) 邏輯運算子？雖然運算結果相同，但是過程還是有差異，使用 &&( 或 ||) 時，如果 &&( 或 ||) 左邊的運算元可以決定結果，程式會忽略右邊運算元的操作。在 Java 專業術語又將 &&( 或 ||) 符號稱邏輯運算短路 (Logical Short Circuit) 符號。

程式實例 ch4_18.java：列出 && 和 & 運算時的差異。

```
1  public class ch4_18 {
2      public static void main(String[] args) {
3          boolean a = false;
4          int i = 5;
5          System.out.println("操作 &&  結果 = " + (a && (i++ == 5)));
6          System.out.println("i = " + i);
7          System.out.println("操作 &   結果 = " + (a & (i++ == 5)));
8          System.out.println("i = " + i);
9      }
10 }
```

執行結果
```
D:\Java\ch4>java ch4_18
操作 &&  結果 = false
i = 5
操作  &  結果 = false
i = 6
```

對於第 5 行而言，由於 && 左邊的 a 是 false 已經可以預知運算結果了，所以將省略右邊的 i++ 運算，所以第 6 行列出結果 i 等於 5。對於第 7 行而言，由於是使用 & 運算子，因為左右兩邊的運算元需執行完畢，所以會執行到 i++，所以第 8 行列出的結果是 i 等於 6。

程式實例 ch4_19.java：邏輯運算子 || 的應用。

```
 1 public class ch4_19 {
 2     public static void main(String[] args) {
 3         boolean a = true;
 4         boolean b = false;
 5         System.out.println("true  || true  = " + (a || a));
 6         System.out.println("true  || false = " + (a || b));
 7         System.out.println("false || true  = " + (b || a));
 8         System.out.println("false || false = " + (b || b));
 9     }
10 }
```

執行結果
```
D:\Java\ch4>java ch4_19
true  || true  = true
true  || false = true
false || true  = true
false || false = false
```

程式實例 ch4_20.java：邏輯運算子 ^ 的應用。

```
 1 public class ch4_20 {
 2     public static void main(String[] args) {
 3         boolean a = true;
 4         boolean b = false;
 5         System.out.println("true  ^ true  = " + (a ^ a));
 6         System.out.println("true  ^ false = " + (a ^ b));
 7         System.out.println("false ^ true  = " + (b ^ a));
 8         System.out.println("false ^ false = " + (b ^ b));
 9     }
10 }
```

執行結果
```
D:\Java\ch4>java ch4_20
true  ^ true  = false
true  ^ false = true
false ^ true  = true
false ^ false = false
```

## 4-5-5　再談三元運算子

在 4-1-7 節筆者有說明三元運算子的意義，當時尚未介紹比較運算子 (4-5-3 節 )，所以無法以實例說明，下列是三元運算子的公式：

運算式？ X : Y

程式實例 ch4_21.java：三元運算子的應用，分別列出較大值與較小值。

```java
1  public class ch4_21 {
2      public static void main(String[] args) {
3          int x, y, larger, smaller;
4          x = 100;
5          y = 50;
6          larger = x > y? x:y;
7          System.out.println("較大值 : " + larger);
8          smaller = x < y? x:y;
9          System.out.println("較小值 : " + smaller);
10      }
11  }
```

執行結果
```
D:\Java\ch4>java ch4_21
較大值 : 100
較小值 : 50
```

# 4-6　位元運算 (Bitwise Operation)

在程式設計時，為了方便通常是用 10 進位方式表達數字，其實在電腦內部是使用 2 進位方式表達數字，也就是 0 或 1，儲存這個數字的空間稱位元 (bit)，這也是最小的電腦記憶體單位。

例如：若是以 Byte 資料型態，佔據 8 個位元空間，我們可以用下圖方式表達。

| | | | | | | | |
|---|---|---|---|---|---|---|---|
| | | | | | | | |

如果 10 進位數字是 6，表達方式如下：

| 0 | 0 | 0 | 0 | 0 | 1 | 1 | 0 |
|---|---|---|---|---|---|---|---|

從 3-2-1 節可知 byte 資料最大值是 127，它在記憶體空間表達方式如下：

| 0 | 1 | 1 | 1 | 1 | 1 | 1 | 1 |
|---|---|---|---|---|---|---|---|

其中最左邊的位元是代表正值或負值，有時候也可以稱正負號。當此位元是 0 時代表這個空間是正數 (Positive Number)，當位元是 1 時代表這個空間是負數 (Negative Number)。

## 認識二補數 (2's complement)

所謂二補數就是將數字由正值轉換為負值 ( 或是由負值轉換為正值 ) 的運算方式，基本觀念是在二進制表達的數字中，將位元進行反向 ( 將 0 轉 1 或是將 1 轉 0) 運算，然後將結果加 1。例如：byte 整數的 1 表達方式如下：

| 0 | 0 | 0 | 0 | 0 | 0 | 0 | 1 |
|---|---|---|---|---|---|---|---|

下列是求 -1 的計算過程 ( 二補數 )，首先反向運算後結果如下：

| 1 | 1 | 1 | 1 | 1 | 1 | 1 | 0 |
|---|---|---|---|---|---|---|---|

將上述加 1 後結果如下，下列就是 -1 的表達方式：

| 1 | 1 | 1 | 1 | 1 | 1 | 1 | 1 |
|---|---|---|---|---|---|---|---|

註　以上規則的例外是 0 和 -128。

從 3-2-1 節可知 byte 資料最小值是 -128，它在記憶體空間表達方式如下：

| 1 | 0 | 0 | 0 | 0 | 0 | 0 | 0 |
|---|---|---|---|---|---|---|---|

下列是 byte 資料從最大值到最小值的記憶體空間表示法。

| | | | | | | | | |
|---|---|---|---|---|---|---|---|---|
| 0 | 1 | 1 | 1 | 1 | 1 | 1 | 1 | 127 |
| 0 | 1 | 1 | 1 | 1 | 1 | 1 | 0 | 126 |
| | | | ··· | | | | | ··· |
| 0 | 0 | 0 | 0 | 0 | 0 | 0 | 1 | 1 |
| 0 | 0 | 0 | 0 | 0 | 0 | 0 | 0 | 0 |
| 1 | 1 | 1 | 1 | 1 | 1 | 1 | 1 | -1 |
| | | | ··· | | | | | ··· |
| 1 | 0 | 0 | 0 | 0 | 0 | 0 | 1 | -127 |
| 1 | 0 | 0 | 0 | 0 | 0 | 0 | 0 | -128 |

其實以上觀念可以擴展到 int、short 或 long 型態的資料。

程式實例 ch4_22.java：驗證上述 byte 資料從 127 …-128 之間的二進位表示法，需留意是當我們表達負數時，在 0b 前方要加上 (byte)，可參考第 12、14、16 行這是強制將 0b11111111 整數 int 資料轉成 byte，筆者將在 4-8 節做更進一步說 (byte) 的意義。

```
1  public class ch4_22 {
2      public static void main(String[] args) {
3          byte i;
4          i = 0B01111111;
5          System.out.println("10進位輸出 : " + i);
6          i = 0b01111110;
7          System.out.println("10進位輸出 : " + i);
8          i = 0b00000001;
9          System.out.println("10進位輸出 : " + i);
10         i = 0b00000000;
11         System.out.println("10進位輸出 : " + i);
12         i = (byte)0b11111111;
13         System.out.println("10進位輸出 : " + i);
14         i = (byte)0b10000001;
15         System.out.println("10進位輸出 : " + i);
16         i = (byte)0b10000000;
17         System.out.println("10進位輸出 : " + i);
18     }
19 }
```

執行結果
```
D:\Java\ch4>java ch4_22
10進位輸出 : 127
10進位輸出 : 126
10進位輸出 : 1
10進位輸出 : 0
10進位輸出 : -1
10進位輸出 : -127
10進位輸出 : -128
```

## Java 位元運算

| 符號 | 意義 | 運算式 | 2 進位意義 | 結果 |
|---|---|---|---|---|
| & | 相當於 and | 5 & 1 | 0101 & 0001 | 0001 |
| \| | 相當於 or | 5 \| 1 | 0101 \| 0001 | 0101 |
| ^ | 相當於 xor | 5 ^ 1 | 0101 ^ 0001 | 0100 |
| ~ | 相當於 not | ~5 | ~0101 | 1010 |
| << | 位元左移 | 5 << 1 | 0101 << 1 | 1010 |
| >> | 位元右移 ( 最左位元不變 ) | 5 >> 1 | 0101 >> 1 | 0010 |
| >>> | 位元右移 ( 最左位元補 0) | 5 >>> 1 | 0101 >>> 1 | 0010 |

## 4-6-1 ~ 運算子

這個運算子相當於是將位元執行 not 運算，也就是如果位元是 1 則改為 0，如果位元是 0 則改為 1。

程式實例 ch4_23.java：~ 運算子的應用，整個結果說明如下：

第 4-5 行 ~i 結果是：10000000 =-128

第 6-7 行 ~i 結果是：11111110 =-2

第 8-9 行 ~i 結果是：11111111 =-1

第 10-11 行 ~i 結果是：00000000= 0

第 12-13 行 ~i 結果是：01111110= 126

第 14-15 行 ~i 結果是：01111111=-127

```
1  public class ch4_23 {
2      public static void main(String[] args) {
3          byte i;
4          i = 0B01111111;
5          System.out.println("10進位輸出： " + ~i);
6          i = 0b00000001;
7          System.out.println("10進位輸出： " + ~i);
8          i = 0b00000000;
9          System.out.println("10進位輸出： " + ~i);
10         i = (byte)0b11111111;
11         System.out.println("10進位輸出： " + ~i);
12         i = (byte)0b10000001;
13         System.out.println("10進位輸出： " + ~i);
14         i = (byte)0b10000000;
15         System.out.println("10進位輸出： " + ~i);
16     }
17 }
```

執行結果
```
D:\Java\ch4>java ch4_23
10進位輸出： -128
10進位輸出： -2
10進位輸出： -1
10進位輸出： 0
10進位輸出： 126
10進位輸出： 127
```

## 4-6-2 位元邏輯運算子 (Logical-Bitwise Operators)

4-5-4 節筆者有介紹邏輯運算子，這節主要是將此邏輯運算的規則應用在二進位系統的位元上。

程式實例 ch4_24.java：位元邏輯運算子的應用。

第 6 行 x & y 結果是：00000001 = 1

第 7 行 x | y 結果是：00000101 = 5

第 8 行 x ^ y 結果是：00000100= 4

```
1  public class ch4_24 {
2      public static void main(String[] args) {
3          byte x, y;
4          x = 0b00000101;
5          y = 0b00000001;
6          System.out.println("x & y = " + (x & y));
7          System.out.println("x | y = " + (x | y));
8          System.out.println("x ^ y = " + (x ^ y));
9      }
10 }
```

執行結果
```
D:\Java\ch4>java ch4_24
x & y = 1
x | y = 5
x ^ y = 4
```

## 4-6-3　位元移位運算子 (Bitwise Shift Operators)

基本上有 3 種位元移位方式，特色是不論是 byte 或 short 整數資料在執行位元位移前會被自動提升為 32 位整數，語法格式如下：

operand 移位運算子 operand

左邊的運算元 (operand) 是要處理的資料，右邊的運算元 (operand) 是移位的次數，下列是 3 種位元移位方式。

❑　位元左移 <<

在位元左移過程中最右邊的位元會用 0 遞補，所以位元左移有將數字乘以 2 的效果，但是需留意，如果位元左移過程中更改最左邊的位元也可稱正負號，則數字乘 2 的效果將不再存在。

程式實例 ch4_25.java：驗證 byte 資料在執行位移前被自動提升為 32 位元整數。

```
1  public class ch4_25 {
2      public static void main(String[] args) {
3          byte x, y;
4          int z;
5          x = 0b01000101;
```

```
6          y = (byte)0b10001010;                              // byte type -118
7          z = 0b11111111111111111111111110001010;           // int type -118
8          System.out.println("x = " + x);
9          System.out.println("x << 1 = " + (x << 1));
10         System.out.println("y = " + y);
11         System.out.println("y << 1 = " + (y << 1));
12         System.out.println("z = " + z);
13         System.out.println("z << 1 = " + (z << 1));
14     }
```

執行結果
```
D:\Java\ch4>java ch4_25
x = 69
x << 1 = 138
y = -118
y << 1 = -236
z = -118
z << 1 = -236
```

上述如果 x 仍是 byte 資料，則獲得的結果是 0b10001010，結果將是 -118，但是因為在執行位移前被自動提升為 32 位元整數，所以得到 138 的結果。第 6-7 行則是筆者使用 byte 和 int 資料型態測試 y 和 z 變數資料獲得的結果。

程式實例 ch4_26.java：位元左移的應用。

第 6 行 x 值是 00000000 … 00000101 = 5
第 7 行移位結果是 00000000 … 00001010 = 10
第 8 行移位結果是 00000000 … 00010100 = 20
第 9 行 y 值是 00100000 … 00000001 = 536870913
第 10 行移位結果是 01000000 … 00000010 = 1073741826
第 11 行移位結果是 10000000 … 00000100 =-2147483644( 正負號更動 )
第 12 行移位結果是 00000000 … 00001000= 8( 正負號更動 )

```
1  public class ch4_26 {
2      public static void main(String[] args) {
3          int x, y;
4          x = 0b00000000000000000000000000000101;
5          y = 0b00100000000000000000000000000001;
6          System.out.println("x = " + x);
7          System.out.println("x << 1 = " + (x << 1));
8          System.out.println("x << 2 = " + (x << 2));
9          System.out.println("y = " + y);
10         System.out.println("y << 1 = " + (y << 1));
11         System.out.println("y << 2 = " + (y << 2));
12         System.out.println("y << 3 = " + (y << 3));
13     }
14 }
```

| 執行結果 | D:\Java\ch4>java ch4_26 |
|---|---|
| | x = 5 |
| | x << 1 = 10 |
| | x << 2 = 20 |
| | y = 536870913 |
| | y << 1 = 1073741826 |
| | y << 2 = -2147483644 |
| | y << 3 = 8 |

❑　位元右移 >>

位元右移時左邊空出來的位元均補上原先的位元值，所以位元右移時將不會更動到原先的正或負值。

程式實例 ch4_27.java：>> 運算子的應用，位元右移時最左位元不變的應用。

第 6 行 x 值是 00000000 … 00000101 = 5

第 7 行移位結果是 00000000 … 00000010 = 2

第 8 行移位結果是 00000000 … 00000001 = 1

第 9 行 y 值是 11111111 … 11111000 =-8

第 10 行移位結果是 11111111 … 11111100 =-4

第 11 行移位結果是 11111111 … 11111110 =-2

第 12 行移位結果是 11111111 … 11111111 =-1

```java
1  public class ch4_27 {
2      public static void main(String[] args) {
3          int x, y;
4          x = 0b00000000000000000000000000000101;
5          y = 0b11111111111111111111111111111000;
6          System.out.println("x = " + x);
7          System.out.println("x >> 1 = " + (x >> 1));
8          System.out.println("x >> 2 = " + (x >> 2));
9          System.out.println("y = " + y);
10         System.out.println("y >> 1 = " + (y >> 1));
11         System.out.println("y >> 2 = " + (y >> 2));
12         System.out.println("y >> 3 = " + (y >> 3));
13     }
14 }
```

| 執行結果 | D:\Java\ch4>java ch4_27 |
|---|---|
| | x = 5 |
| | x >> 1 = 2 |
| | x >> 2 = 1 |
| | y = -8 |
| | y >> 1 = -4 |
| | y >> 2 = -2 |
| | y >> 3 = -1 |

❑ 位元右移 >>>

位元右移時左邊空出來的位元會補上 0，所以如果原先是負值的數字，經過處理後將變為正值。

程式實例 ch4_28.java：>>> 運算子的應用，位元右移時最左位元補 0 的應用。

第 6 行 x 值是 00000000 … 00000101 = 5
第 7 行移位結果是 00000000 … 00000010 = 2
第 8 行移位結果是 00000000 … 00000001 = 1
第 9 行 y 值是 11111111 … 11111000 = -8
第 10 行移位結果是 01111111 … 11111100 = 2147483644
第 11 行移位結果是 01111111 … 11111110 = 1073741822
第 12 行移位結果是 01111111 … 11111111 = 536870911

```
1  public class ch4_28 {
2      public static void main(String[] args) {
3          int x, y;
4          x = 0b00000000000000000000000000000101;
5          y = 0b11111111111111111111111111111000;
6          System.out.println("x = " + x);
7          System.out.println("x >>> 1 = " + (x >>> 1));
8          System.out.println("x >>> 2 = " + (x >>> 2));
9          System.out.println("y = " + y);
10         System.out.println("y >>> 1 = " + (y >>> 1));
11         System.out.println("y >>> 2 = " + (y >>> 2));
12         System.out.println("y >>> 3 = " + (y >>> 3));
13     }
14 }
```

執行結果
```
D:\Java\ch4>java ch4_28
x = 5
x >>> 1 = 2
x >>> 2 = 1
y = -8
y >>> 1 = 2147483644
y >>> 2 = 1073741822
y >>> 3 = 536870911
```

## 4-6-4 位元運算的複合指定運算子

4-4 節複合指定運算子的觀念也可以應用在這節的位元運算子。

| 運算子 | 實例 | 說明 |
|--------|--------|--------|
| &= | a &= b | a = a & b |
| \|= | a \|= b | a = a \| b |
| ^= | a ^= b | a = a ^ b |
| <<= | a <<= b | a = a << b |
| >>= | a >>= b | a = a >> b |
| >>>= | a >>>= b | a = a >>> b |

程式實例 ch4_29.java：複合指定運算子在位元運算的應用。

```
 1  public class ch4_29 {
 2      public static void main(String[] args) {
 3          int x, y;
 4          x = 0b00000000000000000000000000000101;
 5          y = 0b11111111111111111111111111111000;
 6          x &= y;
 7          System.out.println("x = " + x);
 8          x = 0b00000000000000000000000000000101;
 9          x |= y;
10          System.out.println("x = " + x);
11          x = 0b00000000000000000000000000000101;
12          x ^= y;
13          System.out.println("x = " + x);
14          y = 1;
15          x = 0b00000000000000000000000000000101;
16          x <<= y;
17          System.out.println("x = " + x);
18          x = 0b00000000000000000000000000000101;
19          x >>= y;
20          System.out.println("x = " + x);
21          x = 0b00000000000000000000000000000101;
22          x >>>= y;
23          System.out.println("x = " + x);
24      }
25  }
```

執行結果　D:\Java\ch4>java ch4_29
x = 0
x = -3
x = -3
x = 10
x = 2
x = 2

# 4-7 Java 運算子優先順序

　　在 4-3-8 節,當我們講解完簡單的運算子後,曾經大致列出運算子的優先順序,下列是 Java 所有運算子的優先順序表。

| 優先等級 | 運算子 | 同等級順序 |
|---|---|---|
| 1 | ( )、[ ] | 右至左 |
| 2 | 負號 -、Not!、補數 ~、遞增 ++、遞減 -- | 左至右 |
| 3 | 乘法 *、除法 /、求餘數 % | 左至右 |
| 4 | 加法 +、減法 - | 左至右 |
| 5 | 移位運算子 <<、>>、>>> | 左至右 |
| 6 | 小於 <、小於等於 <=、大於 >、大於等於 >= | 左至右 |
| 7 | 等於 ==、不等於 != | 左至右 |
| 8 | AND 運算子 & | 左至右 |
| 9 | XOR 運算子 ^ | 左至右 |
| 10 | OR 運算子 | 左至右 |
| 11 | 簡化 AND 運算子 && | 左至右 |
| 12 | 簡化 OR 運算子 \|\| | 左至右 |
| 13 | 三元運算子 ?: | 右至左 |
| 14 | 指定運算子 | 右至左 |
| 15 | +=、-=、*=、/=、%=、&=、\|=、^=、<<=、>>=、>>>= | 右至左 |

程式實例 ch4_30.java:一個含多個運算子的程式應用,同時建議寫法。下列第 4 行是一個運算式,如果讀者初學尚不熟練,建議可以用括號方式改成第 6 行的寫法。

```
1  public class ch4_30 {
2      public static void main(String[] args) {
3          int x;
4          x = 9 * 4 << 3 + 2;
5          System.out.println("x = " + x);
6          x = (9 * 4) << (3 + 2);          // 建議寫法
7          System.out.println("x = " + x);
8      }
9  }
```

執行結果
```
D:\Java\ch4>java ch4_30
x = 1152
x = 1152
```

程式實例 ch4_31.java：一個含多個運算子的程式應用。

```
1  public class ch4_31 {
2      public static void main(String[] args) {
3          int x, i, j;
4          i = j = 5;
5          x = ++i + j++ * 3;
6          System.out.println("x = " + x);
7          x = i++ + ++j * 3;
8          System.out.println("x = " + x);
9      }
10 }
```

執行結果　D:\Java\ch4>java ch4_31
　　　　　x = 21
　　　　　x = 27

　　在執行上述第 5 行時，++i 會在執行運算式前將 i 變為 6，所以結果是：

　　　　x = 6 + 5 * 3　　　--- 結果是 21

　　得到上述結果後，然後執行 j++，此時 j 也將變為 6。在執行上述第 7 行時，++j 會在執行運算式前將 j 變為 7，所以結果是：

　　　　x = 6 + 7 * 3　　　--- 結果是 27

　　上述第 7 行運算後，然後會執行 i++，然後 i 也將變為 7。

程式實例 ch4_32.java：一個含多個運算子的程式應用。

```
1  public class ch4_32 {
2      public static void main(String[] args) {
3          int x;
4          x = 5 * 4 + 8 % 3 << 3;
5          System.out.println("x = " + x);
6          x = ((5 * 4) + ( 8 % 3)) << 3;   // 建議寫法
7          System.out.println("x = " + x);
8      }
9  }
```

執行結果　D:\Java\ch4>java ch4_32
　　　　　x = 176
　　　　　x = 176

　　我們可以用下列方式拆解第 4 行的執行順序：

x = 5 * 4 + 8 % 3 << 3;

x = 20 + 8 % 3 << 3;

x = 20 + 2 << 3;

```
x = 22 << 3;
x = 176;
```

再次強調如果不太熟練運算子優先順序,建議可以使用括號方式處理,例如:程式實例的第 6 行。

# 4-8 資料型態的轉換 (Data Type Conversion)

設計 Java 語言時,常常會碰上不同資料型態轉換的問題,有些 Java 編譯程式會處理,有些則需要我們自行處理,這將是本節的重點。

## 4-8-1 指定運算子自動資料型態的轉換

程式設計時常看到運算式如下:

variable = operand

❏ 寬化型態轉換 (Widening Primitive Conversion)

如果左邊變數運算元的資料型態數值範圍較廣,則右邊的運算元會被自動轉成左邊的變數運算元資料型態。

程式實例 ch4_33.java:左邊變數運算元的資料型態數值範圍較廣的應用。

```
1 public class ch4_33 {
2     public static void main(String[] args) {
3         int x;
4         byte i = 10;
5         char ch = 'A';
6         float y;
7         x = i;                          // 將byte轉為int
8         System.out.println("x = " + x);
9         x = ch;                         // 將ch轉為int
10        System.out.println("x = " + x);
11        y = 10;                         // 將int 10轉為float
12        System.out.println("y = " + y);
13    }
14 }
```

執行結果
```
D:\Java\ch4>java ch4_33
x = 10
x = 65
y = 10.0
```

❏　窄化型態轉換 (Narrowing Primitive Conversion)

如果左邊變數運算元的資料型態數值範圍較窄，而右邊的運算元會被自動轉成左邊的變數運算元資料型態，但是必須符合右邊的運算元結果是在左邊型態資料的變數範圍之內。

程式實例 ch4_34.java：左邊變數運算元的資料型態數值範圍較窄的應用。

```
 1  public class ch4_34 {
 2      public static void main(String[] args) {
 3          byte x;
 4          char ch;
 5          x = 5;                                  // int轉成byte
 6          System.out.println("x = " + x);
 7          ch = 65;                                // int轉成char
 8          System.out.println("ch = " + ch);
 9      }
10  }
```

執行結果
```
D:\Java\ch4>java ch4_34
x = 5
ch = A
```

❏　常見的錯誤

右邊運算元的值超出左邊變數資料型態的範圍，這時編譯時會看到下列錯誤 ( 意義是可能有損精確度 )。

error: incompatible types: possible lossy conversions from XXX to XXX

程式實例 ch4_35.java：常見的程式錯誤範例。

```
 1  public class ch4_35 {
 2      public static void main(String[] args) {
 3          byte x;
 4          int y;
 5          float z;
 6          x = 300;                                // 超出範圍
 7          System.out.println("x = " + x);
 8          x = 0b11111111;                         // 超出範圍
 9          System.out.println("x = " + x);
10          x = 3.5;                                // 超出範圍
11          System.out.println("x = " + x);
12          y = 3.5;                                // 超出範圍
13          System.out.println("x = " + x);
14          z = 3.5;                                // 超出範圍
15          System.out.println("x = " + x);
16      }
17  }
```

這個程式可以看到 5 個錯誤，第 6 行錯誤訊息如下：

error: incompatible types: possible lossy conversions from int to byte

因為 byte 的整數範圍是 -128-127，300 超出範圍所以錯誤。第 8 行錯誤訊息如下：

error: incompatible types: possible lossy conversions from int to byte

如果我們將 0b11111111 數值當作是 byte，則這是 -1，理論上語法正確。可是在 3-2-1 節筆者有說過，Java 會將所有整數設為 int 資料型態，所以 0b11111111 會被 Java 編譯程式視為是 255，所以超出 byte 的範圍，這也是筆者在程式實例 ch4_22.java 起多個程式範例的應用中在設定二進位負值的 byte 時，增加 (byte) 強制型態轉換的目的，我們在 4-8-3 節還會介紹強制型態轉換。第 10、12、14 行錯誤訊息分別如下：

error: incompatible types: possible lossy conversions from double to byte
error: incompatible types: possible lossy conversions from double to int
error: incompatible types: possible lossy conversions from double to float

由於 double 資料型態的值 3.5 超出 byte、int、float 的範圍所以分別出現上述錯誤。

## 4-8-2　自動資料型態的轉換

在程式設計時常看到運算式如下：

operand  operator  operand

如果上述左邊 operand 和右邊 operand 的資料型態不同時，Java 編譯程式會自動依下列規則執行資料型態的轉換。

1： 如果有一個 operand 的資料型態是 double，則將另一個 operand 資料型態也轉成 double。

2： 否則，如果有一個 operand 的資料型態是 float，則將另一個 operand 資料型態也轉成 float。

3： 否則，如果有一個 operand 的資料型態是 long，則將另一個 operand 資料型態也轉成 long。

4： 如果以上皆不符合，則將 2 個 operand 轉成 int。

程式實例 ch4_36.java：自動資料型態轉換的應用。

```
1  public class ch4_36 {
2      public static void main(String[] args) {
3          int x;
4          double y;
5          float z;
6          long a;
7          short x1 = 10;
8          byte x2 = 5;
9
10         y = (x = 10) + 3.3;              // 將x轉成double
11         System.out.println("y = " + y);
12         z = x + 5.5F;                    // 將x轉成float
13         System.out.println("z = " + z);
14         a = x + 10L;                     // 將x轉成long
15         System.out.println("a = " + a);
16         x = x1 + x2;                     // 將x1和x2轉成int
17         System.out.println("x = " + x);
18     }
19 }
```

執行結果
```
D:\Java\ch4>java ch4_36
y = 13.3
z = 15.5
a = 20
x = 15
```

程式實例 ch4_37.java：常見的錯誤 1。

```
1  public class ch4_37 {
2      public static void main(String[] args) {
3          short a, b, c;
4          a = 5;
5          b = 10;
6          c = a + b;       // a和b皆轉成int所以超出範圍
7          System.out.println("c = " + c);
8      }
9  }
```

　　根據規則 4，2 個 operand 將轉成 int，但是左邊變數是 short 所以上述將產生下列錯誤：

error: incompatible types: possible lossy conversions from int to short

程式實例 ch4_38.java：常見的錯誤 2。

```
1  public class ch4_38 {
2      public static void main(String[] args) {
3          int a;
4          float x;
5          a = 5;
6          x = a * 10.0;    // a轉成double結果是double所以超出範圍
```

```
7        System.out.println("x = " + x);
8    }
9 }
```

上述第 6 行 10.0 是 double，所以 a 會被提升至 double，所以計算結果是 double 資料型態，但是左邊的 x 是 float 資料型態，所以將產生下列錯誤：

error: incompatible types: possible lossy conversions from double to float

## 4-8-3 強制資料型態的轉換

其實我們從 ch4_22.java 起就用了這個觀念，這相當於強制轉換資料型態，若是簡化 ch4_22.java，改寫成 ch4_39.java，如下：

程式實例 ch4_39.java：強制轉換資料型態的應用。

```
1 public class ch4_39 {
2    public static void main(String[] args) {
3        byte i;
4        i = (byte)0b11111111;
5        System.out.println("10進位輸出：" + i);
6    }
7 }
```

執行結果
```
D:\Java\ch4>java ch4_39
10進位輸出：-1
```

上述程式第 4 行的 (byte) 就是強制將整數 0b11111111，轉成 byte 資料，所以可以順利執行。

程式實例 ch4_40.java：修訂 ch4_38.java 的錯誤，第 6 行將 10.0 強制改為 10.0F，相當於將 double 改為 float。

```
1 public class ch4_40 {
2    public static void main(String[] args) {
3        int a;
4        float x;
5        a = 5;
6        x = a * 10.0F;   // 強制設10.0為float
7        System.out.println("x = " + x);
8    }
9 }
```

執行結果
```
D:\Java\ch4>java ch4_40
x = 50.0
```

強制轉型需留意的錯誤，可參考下列實例。

程式實例 ch4_41.java：強制轉型產生的錯誤，下列程式第 5 行 int 資料 x 值是 128，在
程式第 7 行將 x 強制轉型為 byte 時，結果 x 值 0b10000000 被 byte 資料解讀為 -128。

```
 1  public class ch4_41 {
 2      public static void main(String[] args) {
 3          int x;
 4          byte y;
 5          x = 0b10000000;
 6          System.out.println("x = " + x);
 7          y = (byte) x;    // 強制轉為byte
 8          System.out.println("y = " + y);
 9      }
10  }
```

執行結果
```
D:\Java\ch4>java ch4_41
x = 128
y = -128
```

下列是其他強制型態轉換的用法：

(int)：強制轉成整數。

(float)：強制轉成浮點數。

(double)：強制轉成雙倍精度浮點數。

程式實例 ch4_41_1.py：強制型態轉換的應用。

```
 1  public class ch4_41_1 {
 2      public static void main(String[] args) {
 3          int x = 7;
 4          int y = 2;
 5          double z;
 6
 7          z = x / y;
 8          System.out.println("x = " + z);
 9          z = (double) x / y;
10          System.out.println("z = " + z);
11          System.out.println("z = " + (int)z);
12      }
13  }
```

執行結果
```
D:\Java\ch4>java ch4_41_1
x = 3.0
z = 3.5
z = 3
```

## 4-9 資料的轉換與輸入

其實我們還沒有進入 Java 的核心，但是在說明程式時又需使用幾個簡單的工具，所以筆者在此傾向先教讀者如何使用一些有用的工具，未來讀者進入核心時，自然可以理解這些工具的使用原理。

### 4-9-1 將整數轉成字串方式輸出

在 3-2-1 節使用 printf( ) 格式化輸出時，讀者應該注意到可以格式化整數以 8 進位、16 進位輸出，可是卻無法格式化 2 進位輸出。在 Java 如果想以二進位方式輸出，可以使用將整數轉為字串的方法。

```
Integer.toBinaryString( a );        // 將整數轉為 2 進位字串輸出，假設 a 是整數
```

其實 Java 也可以使用將整數轉成 8 進位或 16 進位字串輸出，方法如下：

```
Integer.toOctalString( a );         // 將整數轉為 8 進位整數輸出，假設 a 是整數
Integer.toHexString( a );           // 將整數轉為 16 進位整數輸出，假設 a 是整數
```

程式實例 ch4_42.java：將整數轉為字串輸出的應用。

```java
1  public class ch4_42 {
2      public static void main(String[] args) {
3          int x1, x2;
4          x1 = 17;
5          x2 = -2;
6          System.out.println("x1的2進位是 : " + Integer.toBinaryString(x1));
7          System.out.println("x2的2進位是 : " + Integer.toBinaryString(x2));
8          System.out.println("x1的8進位是 : " + Integer.toOctalString(x1));
9          System.out.println("x2的8進位是 : " + Integer.toOctalString(x2));
10         System.out.println("x1的16進位是 : " + Integer.toHexString(x1));
11         System.out.println("x2的16進位是 : " + Integer.toHexString(x2));
12     }
13 }
```

執行結果
```
D:\Java\ch4>java ch4_42
x1的2進位是  : 10001
x2的2進位是  : 11111111111111111111111111111110
x1的8進位是  : 21
x2的8進位是  : 37777777776
x1的16進位是 : 11
x2的16進位是 : fffffffe
```

## 4-9-2 螢幕輸入

目前所有的程式皆是在程式中設定資料值，比較不靈活。其實 Java 的螢幕輸入比較複雜，在此筆者決定先用簡單的方式講解螢幕輸入，讀者只要會用即可，未來章節再講解更多這方面的知識。

在 Java 輸出時我們是使用 System.out 物件，System 是 java.lang 套件 (package)下的層級的類別。輸入可以使用 System.in，這是與鍵盤有關的標準輸入流 (standard input stream)，主要是讀取使用者的輸入然後傳遞給 Scanner 物件。

使用的時候要用 import 將 java.util 套件名稱 Scanner 匯入程式的名稱空間，未來則可以在程式內直接以類別名稱引用，在程式中直接使用的類別名稱我們又稱簡名 (simple name)。例如：以此例而言未來程式可以使用 Scanner 做識別，不需要加上 java.util，這樣可以簡化程式的撰寫，Scanner 就是簡名 (simple name)。下一節還會有程式實例做說明。import 有 2 種使用方式，一是匯入單一類別名稱，另一是依需求匯入套件名稱相當於是匯入程式內需求的套件類別名稱。下列是匯入單一類別名稱。

```
import java.util.Scanner;        // 匯入單一 java.util.Scanner 類別名稱
```

有時候可以看到有些程式設計師或有些書籍使用下列方式匯入此類別，這也是可以的，這種觀念是稱依需求匯入類別名稱：

```
import java.util.*;              // 依需求匯入程式有使用 java.util 套件的類別名稱
```

在本書第 19 章會針對套件的觀念做一個完整的說明，另外使用前要先宣告 Scanner 物件，如下所示：

```
Scanner scanner = new Scanner(System.in)        // scanner 是筆者自行取名
```

經上述宣告後，基本輸入流程觀念圖如上，未來可以用下列方法讀取螢幕輸入：

| | |
|---|---|
| nextByte( ); | // 讀取 byte 值 |
| nextShort( ); | // 讀取 short 值 |
| nextInt( ); | // 讀取 int 值 |
| nextLong( ); | // 讀取 Long 值 |
| nextBoolean( ); | // 讀取 Boolean 值 |
| nextFloat( ); | // 讀取 float 值 |
| nextDouble( ); | // 讀取 double 值 |
| next( ); | // 讀取 String 值 |
| next.Line( ); | // 讀取整行文字 |

如果讀取的資料多於一筆，各筆資料間可用空白字元或 Tab 鍵的字元隔開。

程式實例 ch4_43.java：請輸入 2 個數字，程式將列出數字的和。

```
1  import java.util.Scanner;
2  public class ch4_43 {
3      public static void main(String[] args) {
4          int x1, x2;
5          Scanner scanner = new Scanner(System.in);
6
7          System.out.println("請輸入2個整數(數字間用空白隔開) : ");
8          x1 = scanner.nextInt();
9          x2 = scanner.nextInt();
10         System.out.println("你輸入的第一個數字是: " + x1);
11         System.out.println("你輸入的第二個數字是: " + x2);
12         System.out.println("數字總和是        : " + (x1 + x2));
13     }
14 }
```

執行結果
```
D:\Java\ch4>java ch4_43
請輸入2個整數(數字間用空白隔開) :
10 20
你輸入的第一個數字是 : 10
你輸入的第二個數字是 : 20
數字總和是        : 30
```

上述程式第 7 行的 pirntln( ) 會促使游標移至下一行讀取資料，我們可以使用 print()，此時可以讓游標保持在同一行供輸入，下列是標準輸入流程觀念。

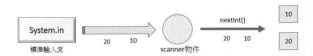

程式實例 ch4_44.java：程式第 7 行使用 print( ) 取代 println( )。

```
7          System.out.print("請輸入2個整數(數字間用空白隔開) ： ");
```

執行結果
```
D:\Java\ch4>java ch4_44
請輸入2個整數(數字間用空白隔開) ：(10 20)
你輸入的第一個數字是 ： 10
你輸入的第二個數字是 ： 20
數字總和是          ： 30
```

程式實例 ch4_45.java：使用 next( ) 讀取字串資料的應用。

```
 1  import java.util.Scanner;
 2  public class ch4_45 {
 3      public static void main(String[] args) {
 4          String x;
 5          Scanner scanner = new Scanner(System.in);
 6
 7          System.out.print("請輸入姓名： ");
 8          x = scanner.next();
 9          System.out.printf("嗨! %s 歡迎使用本系統", x);
10      }
11  }
```

執行結果
```
D:\Java\ch4>java ch4_45
請輸入姓名 ： 洪錦魁
嗨! 洪錦魁 歡迎使用本系統
```

上述讀取是一個字串，所讀取的資料碰上空格即終止，例如：可以參考下列實例：

```
D:\Java\ch4>java ch4_45
請輸入姓名 ： JK Hung
嗨! JK 歡迎使用本系統
```

筆者輸入了 JK Hung，但是只讀到 JK，我們若是想要讀取整行文字，上述第 8 行應改用 nextLine( )。

程式實例 ch4_45_1.java：使用 nextLine( ) 讀取整行字串的應用。

```
 1  import java.util.Scanner;
 2  public class ch4_45_1 {
 3      public static void main(String[] args) {
 4          String x;
 5          Scanner scanner = new Scanner(System.in);
 6
 7          System.out.print("請輸入姓名： ");
 8          x = scanner.nextLine();
 9          System.out.printf("嗨! %s 歡迎使用本系統", x);
10      }
11  }
```

D:\Java\ch4>java ch4_45_1
請輸入姓名 : JK Hung
嗨! JK Hung 歡迎使用本系統

如果要讀取字元,可以使用 scanner.next( ) 先讀取字串,再使用下列方式擷取字元:

```
char ch;                              // 建立字元變數
ch = scanner.next( ).charAt(0);       // 返回索引 0 的字元
```

讀者目前只需瞭解 charAt(0) 可以返回字串的索引 0 之字元即可,未來第 12-3-3 節會完整解說。

程式實例 ch4_45_2.py:簡單讀取字元並輸出的應用。

```
1  import java.util.Scanner;
2  public class ch4_45_2 {
3      public static void main(String[] args) {
4          char ch;
5          Scanner scanner = new Scanner(System.in);
6
7          System.out.printf("請輸入字元 : ");
8          ch = scanner.next().charAt(0);
9          System.out.println("你輸入的字元是 = " + ch);
10     }
11 }
```

D:\Java\ch4>java ch4_45_2
請輸入字元 : k
你輸入的字元是 = k

上述程式即使所輸入的是字串,基本上也只有第 1 個字元被讀取至 ch 變數。

# 4-10 淺談 import 與 java.lang 套件

## 4-10-1 再談 import

在 4-9-2 節筆者介紹了 java.util 套件層級下的 Scanner 類別,同時在該節的程式實例也說明在使用 Scanner 類別的 System.in 物件時,需在程式前面匯入 Scanner 類別名稱。

```
import java.util.Scanner;     // 匯入單一類別名稱
```

或

import java.util.*;　　　　　　// 依需求匯入程式有使用 java.util 套件的類別名稱

　　其實嚴格說 import 只是讓 Java 編譯程式幫助我們簡化程式設計，或是說幫助我們打字，我們也可以不要使用 import，只要程式設計時用完整名稱稱呼套件和類別名稱即可 " 套件名稱 . 類別名稱 "，通常我們之為完整名稱 (fully qualified name)。

程式實例 ch4_46.java：不使用 import，重新設計程式 ch4_45.java，這個程式的重點是，程式開始時筆者沒有 import java.util.Scanner，在程式第 4 行筆者需用完整名稱呼叫類別。

```
 1  public class ch4_46 {
 2      public static void main(String[] args) {
 3          String x;
 4          java.util.Scanner scanner = new java.util.Scanner(System.in);
 5
 6          System.out.print("請輸入姓名 : ");
 7          x = scanner.next();
 8          System.out.printf("嗨! %s 歡迎使用本系統", x);
 9      }
10  }
```

執行結果　與 ch4_45.java 相同。

　　另外讀者可能會感到奇怪，我們先前使用的 java.lang 套件層級下的 System 類 ( 執行輸出 )，在程式設計時卻不使用下列方式導入。

import java.lang.System;

或

import java.lang.*;

　　原因是 java.lang 是 Java 最基礎的套件，這個套件的所有類別名稱在程式編譯時會自動依需求匯入了，所以我們不需手動匯入。當然如果我們在程式設計時，也可以 import java.lang.*，程式也可以執行。

程式實例 ch4_47.java：增加 "import java.lang.*" 重新設計 ch4_46.java，其實這一行是多餘的，只是讓讀者了解 import 的真實意義。

```
 1  import java.lang.*;
 2  public class ch4_47 {
 3      public static void main(String[] args) {
 4          String x;
 5          java.util.Scanner scanner = new java.util.Scanner(System.in);
 6
 7          System.out.print("請輸入姓名：");
 8          x = scanner.next();
 9          System.out.printf("嗨！%s 歡迎使用本系統", x);
10      }
11  }
```

執行結果　與 ch4_46.java 相同。

此外，如果 Java 編譯程式沒有幫助我們將 Java 最基礎 java.lang 套件在編譯程式時依需求匯入類別名稱，則我們設計程式時需要完整敘述每個類別名稱。

程式實例 ch4_48.java：用完整名稱處理 System.out.println( ) 方法，重新設計 ch4_46.java，讀者可參考第 6 行和第 8 行。

```
 1  public class ch4_48 {
 2      public static void main(String[] args) {
 3          String x;
 4          java.util.Scanner scanner = new java.util.Scanner(System.in);
 5
 6          java.lang.System.out.print("請輸入姓名：");
 7          x = scanner.next();
 8          java.lang.System.out.printf("嗨！%s 歡迎使用本系統", x);
 9      }
10  }
```

執行結果　與 ch4_46.java 相同。

## 4-10-2　java.lang 套件

在閱讀 Java 文件時常可看到 Java API，API 的全名是 Application Programming Interface，若是從字義來看可以稱之為 Java 應用程式介面，其實所謂的 API 就是一些已經寫好可以直接使用的類別庫。如果你想學好 Java，熟悉 API 是必經之路。下列筆者列出常用的 java.lang 套件的類別，讀者可以不必強記，只要有這些類別不用 import 即可使用的觀念即可，未來本書會一一介紹常用的類別。

java.lang.Boolean 類別　　　　– 可參考 10-1 節
java.lang.Byte 類別　　　　　　– 可參考 18-2 節
java.lang.Character 類別　　　　– 可參考 12-1 節

| | |
|---|---|
| java.lang.Double 類別 | – 可參考 18-2 節 |
| java.lang.Error 類別 | – 可參考 20-3-3 節 |
| java.lang.Exception 類別 | – 可參考 20-3-3 節 |
| java.lang.Float 類別 | – 可參考 18-2 節 |
| java.lang.Integer 類別 | – 可參考 18-2 節 |
| java.lang.Long 類別 | – 可參考 18-2 節 |
| java.lang.Math 類別 | – 可參考 10-1 節 |
| java.lang.Number 類別 | – 可參考 18-2 節 |
| java.lang.Object 類別 | – 可參考 15 章 |
| java.lang.Short 類別 | – 可參考 18-2 節 |
| java.lang.String 類別 | – 可參考 12-2 和 12-3 節 |
| java.lang.StringBuffer 類別 | – 可參考 12-4 節 |
| java.lang.StringBuilder 類別 | – 可參考 12-5 節 |
| java.lang.System 類別 | – 可參考 4-9 和 4-10 節 |
| java.lang.Thread 類別 | – 可參考 21-1 節 |
| java.lang.Throwable 類別 | – 可參考 20-3-3 節 |

上述是 Java 的基礎類別，Java 之所以可以縱橫計算機領域 20 餘年，它的其他類別功能更是多且廣，未來章節將一一介紹常用的部分。當然未來筆者也將教導讀者學習如何設計套件，也許你就是高手未來可以設計套件供其他讀者使用。

## 4-11　程式敘述的結合與分行

### 4-11-1　敘述的結合

在 Java 程式設計時，語法是允許將 2 行敘述結合為 1 行，只要彼此間有用 ";" 隔開即可。

例如：有 2 道敘述如下：

x = 5;
y = 10;

也可寫成：

x = 5; y = 10;

程式實例 ch4_49.java：運算式結合為 1 行的應用，下列程式第 4 行是由 2 道敘述組成。

```
1 public class ch4_49 {
2     public static void main(String[] args) {
3         int x, y;
4         x = 5; y = 10;
5         System.out.println("x + y = " + (x + y));
6     }
7 }
```

執行結果
```
D:\Java\ch4>java ch4_49
x + y = 15
```

## 4-11-2　敘述的分行

在 Java 敘述中如果很長想用 2 行表達，除了字串中間不能隨便分行外，建議可以在運算子後方執行分行。

程式實例 ch4_50.java：這個程式基本上是重新設計 ch3_11.java，但是原先 3-6 行分別採用不同的分行。

```
1 public class ch4_50 {
2     public static void main(String[] args) {
3         System.out.printf("byte的值範圍 %d ~ %d%n"
4                         , Byte.MIN_VALUE, Byte.MAX_VALUE);
5         System.out.printf("short的值範圍 %d ~ %d%n",
6                         Short.MIN_VALUE, Short.MAX_VALUE);
7         System.out.printf("int的值範圍 %d ~ %d%n", Integer.MIN_VALUE,
8                         Integer.MAX_VALUE);
9         System.out.printf("long的值範圍 %d ~ %d%n", Long.MIN_VALUE, Long.MAX_VALUE);
10    }
11 }
```

執行結果　與 ch3_11.java 相同。

上述程式第 4 行是 "," 前方分行，第 6 和 8 行是在 "," 後方分行。

# 4-12　專題 - 溫度轉換 / 高斯數學

## 4-12-1　設計攝氏溫度和華氏溫度的轉換

攝氏溫度 (Celsius，簡稱 C) 的由來是在標準大氣壓環境，純水的凝固點是 0 度、沸點是 100 度，中間劃分 100 等份，每個等份是攝氏 1 度。這是紀念瑞典科學家安德斯‧攝爾修斯 (Anders Celsius) 對攝氏溫度定義的貢獻，所以稱攝氏溫度 (Celsius)。

華氏溫度 (Fahrenheit，簡稱 F) 的由來是在標準大氣壓環境，水的凝固點是 32 度、水的沸點是 212 度，中間劃分 180 等份，每個等份是華氏 1 度。這是紀念德國科學家丹尼爾‧加布里埃爾‧華倫海特 (Daniel Gabriel Fahrenheit) 對華氏溫度定義的貢獻，所以稱華氏溫度 (Fahrenheit)。

攝氏和華氏溫度互轉的公式如下：

攝氏溫度 = ( 華氏溫度 − 32 ) * 5 / 9
華氏溫度 = 攝氏溫度 * ( 9 / 5 ) + 32

程式實例 ch4_51.py：請輸入攝氏溫度，這個程式會輸出華氏溫度。

```
1  import java.util.Scanner;
2  public class ch4_51 {
3      public static void main(String[] args) {
4          int c;
5          double f;
6          Scanner scanner = new Scanner(System.in);
7
8          System.out.print("請輸入攝氏溫度： ");
9          c = scanner.nextInt();
10         f = c * 9 / 5 + 32;
11         System.out.printf("華氏溫度是： %6.2f", f);
12     }
13 }
```

執行結果
```
D:\Java\ch4>java ch4_51
請輸入攝氏溫度： 40
華氏溫度是 ： 104.00
```

## 4-12-2　高斯數學 – 計算等差數列和

約翰‧卡爾‧佛里德里希 – 高斯 (Johann Karl Friedrich GauB)(1777 – 1855) 是德國數學家，被認為是歷史上最重要的數學家之一。他在 9 歲時就發明了等差數列求和的計算技巧，他在很短的時間內計算了 1 到 100 的整數和。使用的方法是將第 1 個數字與最後 1 個數字相加得到 101，將第 2 個數字與倒數第 2 個數字相加得到 101，然後依此類推，可以得到 50 個 101，然後執行 50 * 101，最後得到解答。

程式實例 ch4_52.py：使用等差數列計算 1 – 100 的總和。

```
1  import java.util.Scanner;
2  public class ch4_52 {
3      public static void main(String[] args) {
4          int starting = 1;
```

```
5          int ending = 100;
6          int d = 1;
7          int sum;
8
9          sum = ((starting + ending) * (ending - starting + 1) / 2);
10         System.out.println("1 到 100 總和是 : " + sum);
11     }
12 }
```

執行結果　D:\Java\ch4>java ch4_52
1 到 100 總和是 : 5050

# 習題實作題

1： 請計算下列執行結果。

(a)　x = 6 * 8 − 7 * 6 >> 2

(b)　x = 6 >> 5 * 8 − 10 * 4 + 1

(c)　x = 5 + 6 << 2

(d)　x = 7 * 3 + 8 >> 3

D:\Java\ex>java ex4_1
1
3
44
3

2： 假設 a 是 10，b 是 18，c 是 5，請計算下列執行結果，取整數結果。

(a) s = a + b − c

(b) s = 2 * a + 3 − c

(c) s = b * c + 18 / b

(d) s = a % c * b + 10

(e) s = a * c − a * b * c

D:\Java\ex>java ex4_2
23
18
91
10
-135

3： 請輸入一個小於 10 的數字，然後列出這個數字的平方和立方。

```
D:\Java\ex>java ex4_3
請輸入小於10的整數：5
平方是：25.0
立方是：125.0
```

4： 重新設計上一個程式修訂輸出格式如下：

```
D:\Java\ex>java ex4_4
請輸入小於10的整數：5
5 的平方是： 25.00
5 的立方是：125.00
```

5： 1 英里等於 1.609 公里，請輸入英里數，此程式可以列出公里。

```
D:\Java\ex>java ex4_5
請輸入英里：3
公里是： 4.83
```

6： 華氏溫度轉攝氏溫度公式如下：

C = ( F − 32 ) * 5 / 9

請輸入華氏溫度，此程式可以轉成攝氏溫度。

```
D:\Java\ex>java ex4_6
請輸入華氏溫度：104
攝氏溫度是： 40.00
```

7： 高斯數學之等差數列運算，請輸入等差數列起始值、終點值與差值，這個程式可以計算數列總和。

```
D:\Java\ex>java ex4_7
請輸入數列起始值：1
請輸入數列終點值：99
請輸入數列差異值：2
1 到 99 差值是 2 的數列總和是：2500
D:\Java\ex>java ex4_7
請輸入數列起始值：2
請輸入數列終點值：100
請輸入數列差異值：2
2 到 100 差值是 2 的數列總和是：2550
D:\Java\ex>java ex4_7
請輸入數列起始值：1
請輸入數列終點值：10
請輸入數列差異值：3
1 到 10 差值是 3 的數列總和是：22
```

8： 圓周率 PI 是一個數學常數，常常使用希臘字 $\pi$ 表示，在計算機科學則使用 PI 代表。它的物理意義是圓的周長和直徑的比率。歷史上第一個無窮級數公式稱萊布尼茲公式，它的計算公式如下： (2-4 至 2-11 節 )

$$PI = 4 * (1 - \frac{1}{3} + \frac{1}{5} - \frac{1}{7} + \frac{1}{9} - \frac{1}{11} + \cdots)$$

請分別設計下列級數的執行結果。

(a)： $PI = 4 * (1 - \frac{1}{3} + \frac{1}{5} - \frac{1}{7} + \frac{1}{9})$

(b)： $PI = 4 * (1 - \frac{1}{3} + \frac{1}{5} - \frac{1}{7} + \frac{1}{9} - \frac{1}{11})$

(c)： $PI = 4 * (1 - \frac{1}{3} + \frac{1}{5} - \frac{1}{7} + \frac{1}{9} - \frac{1}{11} + \frac{1}{13})$

註 上述級數要收斂到我們熟知的 3.14159 要相當長的級數計算。

```
D:\Java\ex>java ex4_8
4 * (1 - 1/3 + 1/5 - 1/7 + 1/9) = 3.33968253968253403
4 * (1 - 1/3 + 1/5 - 1/7 + 1/9 - 1/11) = 2.9760461760461765
4 * (1 - 1/3 + 1/5 - 1/7 + 1/9 - 1/11 + 1/13) = 3.2837384837384844
```

萊布尼茲 (Leibniz)(1646 - 1716 年 ) 是德國人，在世界數學舞台佔有一定份量，他本人另一個重要職業是律師，許多數學公式皆是在各大城市通勤期間完成。數學歷史有一個 2 派說法的無解公案，有人認為他是微積分的發明人，也有人認為發明人是牛頓 (Newton)。

9： 尼拉卡莎級數也是應用於計算圓周率 PI 的級數，此級數收斂的數度比萊布尼茲集數更好，更適合於用來計算 PI，它的計算公式如下： (2-4 至 2-11 節 )

$$PI = 3 + \frac{4}{2 * 3 * 4} - \frac{4}{4 * 5 * 6} + \frac{4}{6 * 7 * 8} - \cdots$$

請分別設計下列級數的執行結果。

(a)： $PI = 3 + \frac{4}{2 * 3 * 4} - \frac{4}{4 * 5 * 6} + \frac{4}{6 * 7 * 8} - \cdots$

(b)： $PI = 3 + \frac{4}{2 * 3 * 4} - \frac{4}{4 * 5 * 6} + \frac{4}{6 * 7 * 8} - \frac{4}{8 * 9 * 10} \cdots$

```
D:\Java\ex>java ex4_9
3 + 4/(2*3*4) - 4/(4*5*6) + 4/(6*7*8) = 3.145238095238095
3 + 4/(2*3*4) - 4/(4*5*6) + 4/(6*7*8) - 4/(8*9*10) = 3.1396825396825396
```

# 第五章

# 程式流程控制

　　一個程式如果是按部就班從頭到尾，中間沒有轉折，其實是無法完成太多工作。設計過程難免會需要轉折，這個轉折在程式設計的術語稱流程控制，本章將完整講解與流程控制有關的 if 和 switch 敘述。

　　前 4 章所講解的程式，是由上往下順序執行，如下方左圖所示：

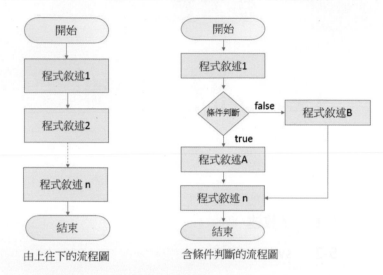

由上往下的流程圖　　　含條件判斷的流程圖

　　其實在真實的環境中，我們很可能需要需要面對抉擇，抉擇也可以稱作條件判斷，當條件判斷是 true 時我們可以執行敘述 A，如果條件判斷是 false 時我們可以執行敘述 B，這個時候我們的程式流程將如上方右圖所示：

# 5-1　if 敘述

　　依據 Java 語法規則，我們可以將 if 敘述分成 3 種形式，下面將分成 3 小節說明。

## 5-1-1　基本 if 敘述

這個 if 敘述的基本語法如下：

```
if ( 條件判斷 ) {
    程式敘述區塊；
}
```

上述觀念是如果條件判斷是 true，則執行程式敘述區塊，如果條件判斷是 false，則不執行程式碼區塊。下列左或右圖皆是上述基本語法的流程圖。

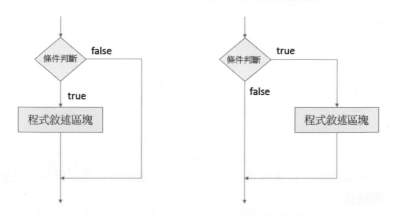

程式實例 ch5_1.java：if 敘述的基本應用，由輸入年齡判斷輸出。

```
1  import java.util.Scanner;
2  public class ch5_1 {
3      public static void main(String[] args) {
4          int age;
5          Scanner scanner = new Scanner(System.in);
6
7          System.out.print("請輸入年齡 : ");
8          age = scanner.nextInt();              // 讀取年齡資料
9          if (age < 20) {
10             System.out.println("你的年齡太小");
11             System.out.println("需滿20歲才以購買菸酒");
12         }
13     }
14 }
```

執行結果
```
D:\Java\ch5>java ch5_1
請輸入年齡 : 18
你的年齡太小
需滿20歲才以購買菸酒

D:\Java\ch5>java ch5_1
請輸入年齡 : 20
```

上述程式如果輸入小於 20，將獲得第 1 次執行結果。如果輸入資料大於或等於 20，程式將不執行任何動作，如第 2 次的執行結果所述。下列是上述實例的流程圖。

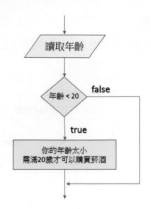

在使用 if 敘述過程，如果程式敘述區塊只有一道指令，可以省略大括號，將上述語法寫成下列格式。

> if ( 條件判斷 )
> 　　程式敘述區塊 ( 只有一道指令 );

程式實例 ch5_2.java：重新設計 ch5_1.java，將敘述區塊改成只有一道敘述，同時省略 if 敘述的大括號。

```
1  import java.util.Scanner;
2  public class ch5_2 {
3      public static void main(String[] args) {
4          int age;
5          Scanner scanner = new Scanner(System.in);
6
7          System.out.print("請輸入年齡 : ");
8          age = scanner.nextInt();                // 讀取年齡資料
9          if (age < 20)
10             System.out.println("你的年齡太小需滿20歲才可以購買菸酒");
11     }
12 }
```

執行結果　D:\Java\ch5>java ch5_2
　　　　　請輸入年齡 : 19
　　　　　你的年齡太小需滿20歲才可以購買菸酒

另外，如果程式敘述區塊只有一道敘述，也可以將此道敘述放在 if 敘述的右邊，此時語法可以寫成下列格式。

> if ( 條件判斷 ) 程式敘述區塊;　　　　// ( 只有一道指令 )

程式實例 ch5_3.java：將程式敘述移至 ( 條件判斷 ) 右邊，重新設計 ch5_2.java。

```
1  import java.util.Scanner;
2  public class ch5_3 {
3      public static void main(String[] args) {
4          int age;
5          Scanner scanner = new Scanner(System.in);
6
7          System.out.print("請輸入年齡：");
8          age = scanner.nextInt();               // 讀取年齡資料
9          if (age < 20) System.out.println("你的年齡太小需滿20歲才可以購買菸酒");
10     }
11 }
```

執行結果 與 ch5_2.java 相同。

讀者應該注意第 9 行的寫法。

程式實例 ch5_4.java：程式新手常犯的錯誤，讀者可參考程式第 9-11 行，由於未加上大括號，所以不論 (age < 20) 是 true 或 false 皆會執行第 11 行。

```
1  import java.util.Scanner;
2  public class ch5_4 {
3      public static void main(String[] args) {
4          int age;
5          Scanner scanner = new Scanner(System.in);
6
7          System.out.print("請輸入年齡：");
8          age = scanner.nextInt();                       // 讀取年齡資料
9          if (age < 20)
10             System.out.println("你的年齡太小");
11             System.out.println("需滿20歲才可以購買菸酒");  // 不論true或false皆會執行
12     }
13 }
```

執行結果

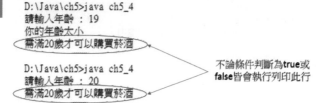

```
D:\Java\ch5>java ch5_4
請輸入年齡：19
你的年齡太小
需滿20歲才可以購買菸酒

D:\Java\ch5>java ch5_4
請輸入年齡：20
需滿20歲才可以購買菸酒
```

不論條件判斷為**true**或**false**皆會執行列印此行

## 5-1-2 if … else 敘述

程式設計時更常用的功能是條件判斷為 true 時執行某一段程式敘述區塊，當條件判斷為 false 時執行另一段程式敘述區塊，此時可以使用 if … else 敘述，它的語法格式如下：

```
if ( 條件判斷 ) {
    程式敘述區塊 A;
} else {
    程式敘述區塊 B;
}
```

上述觀念是如果條件判斷是 true，則執行程式敘述區塊 A，如果條件判斷是 false，則執行程式敘述區塊 B。可以用下列流程圖說明這個 if … else 敘述：

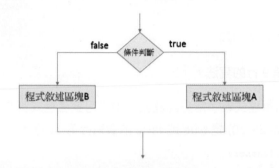

程式實例 ch5_5.py：重新設計 ch5_1.py，多了年齡滿 20 歲時的輸出。

```java
1  import java.util.Scanner;
2  public class ch5_5 {
3      public static void main(String[] args) {
4          int age;
5          Scanner scanner = new Scanner(System.in);
6
7          System.out.print("請輸入年齡：");
8          age = scanner.nextInt();                // 讀取年齡資料
9          if (age < 20) {
10             System.out.println("你的年齡太小");
11             System.out.println("需滿20歲才可以購買菸酒");
12         } else
13             System.out.println("歡迎購買菸酒");
14     }
15 }
```

執行結果
```
D:\Java\ch5>java ch5_5
請輸入年齡：19
你的年齡太小
需滿20歲才可以購買菸酒

D:\Java\ch5>java ch5_5
請輸入年齡：20
歡迎購買菸酒
```

上述程式的流程圖觀念如下：

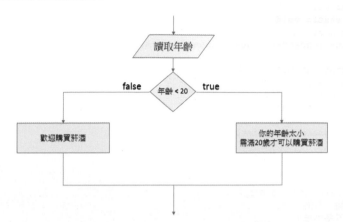

程式實例 ch5_6.py：輸出絕對值的應用。

```
1  import java.util.Scanner;
2  public class ch5_6 {
3      public static void main(String[] args) {
4          int x;
5          Scanner scanner = new Scanner(System.in);
6          System.out.println("輸出絕對值的應用");
7          System.out.print("請輸入任意整數：");
8          x = scanner.nextInt();        // 讀取螢幕輸入
9          if (x > 0)
10             System.out.println("絕對值是" + x);
11         else
12             System.out.println("絕對值是" + -x);
13     }
14 }
```

執行結果
```
D:\Java\ch5>java ch5_6
輸出絕對值的應用
請輸入任意整數：99
絕對值是99

D:\Java\ch5>java ch5_6
輸出絕對值的應用
請輸入任意整數：-99
絕對值是99
```

程式實例 ch5_7.java：世界衛生組織 (WHO，World Health Organization) 定義 45 – 59 歲的人是中年人，請輸入年齡此程式將判斷你是否是中年人。其實這個程式的重點是程式第 9 行條件判斷除了有比較運算子外，還有邏輯運算子 &&。

```
 1  import java.util.Scanner;
 2  public class ch5_7 {
 3⊖     public static void main(String[] args) {
 4          int age;
 5          Scanner scanner = new Scanner(System.in);
 6
 7          System.out.print("請輸入年齡 : ");
 8          age = scanner.nextInt();                // 讀取年齡資料
 9          if (age <= 59 && age >= 45)
10              System.out.println("你是中年人");
11          else
12              System.out.println("你不是中年人");
13      }
14  }
```

執行結果
```
D:\Java\ch5>java ch5_7
請輸入年齡 : 60
你不是中年人

D:\Java\ch5>java ch5_7
請輸入年齡 : 59
你是中年人
```

## 5-1-3 　再看三元運算子

在 if … else 敘述中，我們經常可以看到下列敘述：

```
if ( a > b ) {
    c = a;
}
else {
    c = b;
}
```

其實上述是求較大值的運算，上述會比較 a 是否大於 b，如果是，則令 c 等於 a，否則令 c 等於 b。在 4-1-7 節筆者介紹了三元運算子，在 4-5-5 節筆者講解了此三元運算子的實例。

```
e1 ? e2 : e3;
```

它的執行情形是，如果 e1 為 true，則執行 e2，否則執行 e3。如果我們想求兩數的最大值，若是用這個三元運算子，則其指令寫法如下：

```
c = ( a > b ) ? a : b;
```

上述不論是使用三元運算子或 if … else 敘述，最後所獲得的結果是一樣的，其實三元運算子就是由這個 if … else 敘述演變來的。

## 5-1-4　if … else if …else 敘述

這是一個多重判斷，程式設計時需要多個條件作比較時就比較有用，例如：在美國成績計分是採取 A、B、C、D、F … 等，通常 90-100 分是 A，80-89 分是 B，70-79 分是 C，60-69 分是 D，低於 60 分是 F。若是使用 Java 可以用這個敘述，很容易就可以完成這個工作。這個敘述的基本語法如下：

```
if ( 條件判斷一 ) {
    程式敘述區塊一 ;
} else if ( 條件判斷二 ) {
    程式敘述區塊二 ;
}
…                               // 可以有多個 else if 敘述
else {                          // 當所有條件判斷皆是 false
    程式敘述區塊 n;              // 執行此程式敘述區塊 n
}
```

上述觀念是，如果條件判斷一是 true 則執行程式敘述區塊一，然後離開條件判斷。否則檢查條件判斷二，如果是 true 則執行程式敘述區塊二，然後離開條件判斷。如果條件判斷是 false 則持續進行檢查，上述 else if 的條件判斷可以不斷擴充，如果所有條件判斷是 false 則執行程式碼 n 區塊。下列流程圖是假設只有 2 個條件判斷說明這個 if … else if … else 敘述。

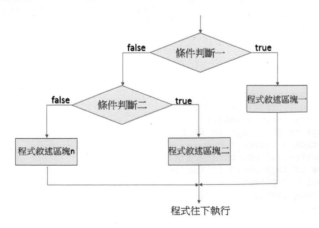

程式實例 ch5_8.py：請輸入數字分數，系統將回應 A、B、C、D 或 F 等級。

```
1  import java.util.Scanner;
2  public class ch5_8 {
3      public static void main(String[] args) {
4          int score;
5          Scanner scanner = new Scanner(System.in);
6          System.out.println("計算最終成績");
7          System.out.print("請輸入分數： ");
8          score = scanner.nextInt();              // 讀取成績資料
9          if (score >= 90)
10             System.out.println("A");
11         else if (score >= 80)
12             System.out.println("B");
13         else if (score >= 70)
14             System.out.println("C");
15         else if (score >= 60)
16             System.out.println("D");
17         else
18             System.out.println("F");
19     }
20 }
```

執行結果

```
D:\Java\ch5>java ch5_8   D:\Java\ch5>java ch5_8   D:\Java\ch5>java ch5_8
計算最終成績             計算最終成績             計算最終成績
請輸入分數：90          請輸入分數：77          請輸入分數：59
A                        C                        F
```

程式實例 ch5_9.py：有一地區的票價收費標準是 100 元。

❏ 但是如果小於等於 6 歲或大於等於 80 歲，收費是打 2 折。

❏ 但是如果是 7-12 歲或 60-79 歲，收費是打 5 折。

　　請輸入歲數，程式會計算票價。

```
1  import java.util.Scanner;
2  public class ch5_9 {
3      public static void main(String[] args) {
4          double price;
5          int age;
6          int ticket = 100;                       // 標準票價
7          Scanner scanner = new Scanner(System.in);
8
9          System.out.println("計算票價");
10         System.out.print("請輸入年齡： ");
11         age = scanner.nextInt();                // 讀取年齡資料
12         if (age >= 80 || age <= 6) {
13             price = ticket * 0.2;               // 計算打2折票價
14             System.out.println("票價是： " + price);
15         } else if (age >= 60 || age <= 12) {
16             price = ticket * 0.5;               // 計算打5折票價
17             System.out.println("票價是： " + price);
18         } else {
```

```
19              price = ticket;                      // 不打折票價
20              System.out.println("票價是 : " + ticket);
21          }
22      }
23  }
```

```
D:\Java\ch5>java ch5_9   D:\Java\ch5>java ch5_9   D:\Java\ch5>java ch5_9
計算票價                  計算票價                  計算票價
請輸入年齡 : 81          請輸入年齡 : 77          請輸入年齡 : 13
票價是 : 20.0            票價是 : 50.0            票價是 : 100
```

在 4-9-2 節說明了螢幕讀取資料，結果發現唯獨缺讀取字元，要讀取字元需要使用讀取字串 scanner.next( )，然後再調用 String.charAt(0) 方法讀取字元，可參考 ch5_10.java 的第 8 行。

程式實例 ch5_10.py：這個程式會要求輸入字元，然後會告知所輸入的字元是大寫字母、小寫字母、阿拉伯數字或特殊字元。這個程式主要是用字元碼值的比較觀念，了解輸入字元是否是屬於特定字元。大寫字母的碼值是在 65(A)~90(Z) 間，小寫字母的碼值是在 97(a)~122(z) 間，阿拉伯數字的碼值是在 48(0)~57(9) 間。

```java
1  import java.util.Scanner;
2  public class ch5_10 {
3      public static void main(String[] args) {
4          char ch;
5          Scanner scanner = new Scanner(System.in);
6
7          System.out.println("判斷輸入字元類別");
8          System.out.print("請輸入任意字元 : ");
9          ch = scanner.next().charAt(0);                  // 讀取字元資料
10         if (ch >= 'A' && ch <= 'Z')
11             System.out.println("這是大寫字元");
12         else if (ch >= 'a' && ch <= 'z')
13             System.out.println("這是小寫字元");
14         else if (ch >= '0' && ch <= '9')
15             System.out.println("這是數字");
16         else
17             System.out.println("這是特殊字元");
18      }
19  }
```

```
D:\Java\ch5>java ch5_10   D:\Java\ch5>java ch5_10
判斷輸入字元類別           判斷輸入字元類別
請輸入任意字元 : A        請輸入任意字元 : k
這是大寫字元               這是小寫字元

D:\Java\ch5>java ch5_10   D:\Java\ch5>java ch5_10
判斷輸入字元類別           判斷輸入字元類別
請輸入任意字元 : 5        請輸入任意字元 : @
這是數字                   這是特殊字元
```

下列 2 張表格是取材自 www.LookupTable.com，第一張表是 ASCII 碼值的內容。

| Dec | Hx | Oct | Char | | Dec | Hx | Oct | Html | Chr | | Dec | Hx | Oct | Html | Chr | | Dec | Hx | Oct | Html | Chr |
|---|---|---|---|---|---|---|---|---|---|---|---|---|---|---|---|---|---|---|---|---|
| 0 | 0 | 000 | NUL | (null) | 32 | 20 | 040 | &#32; | Space | 64 | 40 | 100 | &#64; | @ | 96 | 60 | 140 | &#96; | ` |
| 1 | 1 | 001 | SOH | (start of heading) | 33 | 21 | 041 | &#33; | ! | 65 | 41 | 101 | &#65; | A | 97 | 61 | 141 | &#97; | a |
| 2 | 2 | 002 | STX | (start of text) | 34 | 22 | 042 | &#34; | " | 66 | 42 | 102 | &#66; | B | 98 | 62 | 142 | &#98; | b |
| 3 | 3 | 003 | ETX | (end of text) | 35 | 23 | 043 | &#35; | # | 67 | 43 | 103 | &#67; | C | 99 | 63 | 143 | &#99; | c |
| 4 | 4 | 004 | EOT | (end of transmission) | 36 | 24 | 044 | &#36; | $ | 68 | 44 | 104 | &#68; | D | 100 | 64 | 144 | &#100; | d |
| 5 | 5 | 005 | ENQ | (enquiry) | 37 | 25 | 045 | &#37; | % | 69 | 45 | 105 | &#69; | E | 101 | 65 | 145 | &#101; | e |
| 6 | 6 | 006 | ACK | (acknowledge) | 38 | 26 | 046 | &#38; | & | 70 | 46 | 106 | &#70; | F | 102 | 66 | 146 | &#102; | f |
| 7 | 7 | 007 | BEL | (bell) | 39 | 27 | 047 | &#39; | ' | 71 | 47 | 107 | &#71; | G | 103 | 67 | 147 | &#103; | g |
| 8 | 8 | 010 | BS | (backspace) | 40 | 28 | 050 | &#40; | ( | 72 | 48 | 110 | &#72; | H | 104 | 68 | 150 | &#104; | h |
| 9 | 9 | 011 | TAB | (horizontal tab) | 41 | 29 | 051 | &#41; | ) | 73 | 49 | 111 | &#73; | I | 105 | 69 | 151 | &#105; | i |
| 10 | A | 012 | LF | (NL line feed, new line) | 42 | 2A | 052 | &#42; | * | 74 | 4A | 112 | &#74; | J | 106 | 6A | 152 | &#106; | j |
| 11 | B | 013 | VT | (vertical tab) | 43 | 2B | 053 | &#43; | + | 75 | 4B | 113 | &#75; | K | 107 | 6B | 153 | &#107; | k |
| 12 | C | 014 | FF | (NP form feed, new page) | 44 | 2C | 054 | &#44; | , | 76 | 4C | 114 | &#76; | L | 108 | 6C | 154 | &#108; | l |
| 13 | D | 015 | CR | (carriage return) | 45 | 2D | 055 | &#45; | - | 77 | 4D | 115 | &#77; | M | 109 | 6D | 155 | &#109; | m |
| 14 | E | 016 | SO | (shift out) | 46 | 2E | 056 | &#46; | . | 78 | 4E | 116 | &#78; | N | 110 | 6E | 156 | &#110; | n |
| 15 | F | 017 | SI | (shift in) | 47 | 2F | 057 | &#47; | / | 79 | 4F | 117 | &#79; | O | 111 | 6F | 157 | &#111; | o |
| 16 | 10 | 020 | DLE | (data link escape) | 48 | 30 | 060 | &#48; | 0 | 80 | 50 | 120 | &#80; | P | 112 | 70 | 160 | &#112; | p |
| 17 | 11 | 021 | DC1 | (device control 1) | 49 | 31 | 061 | &#49; | 1 | 81 | 51 | 121 | &#81; | Q | 113 | 71 | 161 | &#113; | q |
| 18 | 12 | 022 | DC2 | (device control 2) | 50 | 32 | 062 | &#50; | 2 | 82 | 52 | 122 | &#82; | R | 114 | 72 | 162 | &#114; | r |
| 19 | 13 | 023 | DC3 | (device control 3) | 51 | 33 | 063 | &#51; | 3 | 83 | 53 | 123 | &#83; | S | 115 | 73 | 163 | &#115; | s |
| 20 | 14 | 024 | DC4 | (device control 4) | 52 | 34 | 064 | &#52; | 4 | 84 | 54 | 124 | &#84; | T | 116 | 74 | 164 | &#116; | t |
| 21 | 15 | 025 | NAK | (negative acknowledge) | 53 | 35 | 065 | &#53; | 5 | 85 | 55 | 125 | &#85; | U | 117 | 75 | 165 | &#117; | u |
| 22 | 16 | 026 | SYN | (synchronous idle) | 54 | 36 | 066 | &#54; | 6 | 86 | 56 | 126 | &#86; | V | 118 | 76 | 166 | &#118; | v |
| 23 | 17 | 027 | ETB | (end of trans. block) | 55 | 37 | 067 | &#55; | 7 | 87 | 57 | 127 | &#87; | W | 119 | 77 | 167 | &#119; | w |
| 24 | 18 | 030 | CAN | (cancel) | 56 | 38 | 070 | &#56; | 8 | 88 | 58 | 130 | &#88; | X | 120 | 78 | 170 | &#120; | x |
| 25 | 19 | 031 | EM | (end of medium) | 57 | 39 | 071 | &#57; | 9 | 89 | 59 | 131 | &#89; | Y | 121 | 79 | 171 | &#121; | y |
| 26 | 1A | 032 | SUB | (substitute) | 58 | 3A | 072 | &#58; | : | 90 | 5A | 132 | &#90; | Z | 122 | 7A | 172 | &#122; | z |
| 27 | 1B | 033 | ESC | (escape) | 59 | 3B | 073 | &#59; | ; | 91 | 5B | 133 | &#91; | [ | 123 | 7B | 173 | &#123; | { |
| 28 | 1C | 034 | FS | (file separator) | 60 | 3C | 074 | &#60; | < | 92 | 5C | 134 | &#92; | \ | 124 | 7C | 174 | &#124; | | |
| 29 | 1D | 035 | GS | (group separator) | 61 | 3D | 075 | &#61; | = | 93 | 5D | 135 | &#93; | ] | 125 | 7D | 175 | &#125; | } |
| 30 | 1E | 036 | RS | (record separator) | 62 | 3E | 076 | &#62; | > | 94 | 5E | 136 | &#94; | ^ | 126 | 7E | 176 | &#126; | ~ |
| 31 | 1F | 037 | US | (unit separator) | 63 | 3F | 077 | &#63; | ? | 95 | 5F | 137 | &#95; | _ | 127 | 7F | 177 | &#127; | DEL |

第二張表是擴充的 ASCII 碼。

| 128 | Ç | 144 | É | 160 | á | 176 | ░ | 192 | └ | 208 | ╨ | 224 | α | 240 | ≡ |
|---|---|---|---|---|---|---|---|---|---|---|---|---|---|---|
| 129 | ü | 145 | æ | 161 | í | 177 | ▒ | 193 | ┴ | 209 | ╤ | 225 | ß | 241 | ± |
| 130 | é | 146 | Æ | 162 | ó | 178 | ▓ | 194 | ┬ | 210 | ╥ | 226 | Γ | 242 | ≥ |
| 131 | â | 147 | ô | 163 | ú | 179 | │ | 195 | ├ | 211 | ╙ | 227 | π | 243 | ≤ |
| 132 | ä | 148 | ö | 164 | ñ | 180 | ┤ | 196 | ─ | 212 | ╘ | 228 | Σ | 244 | ⌠ |
| 133 | à | 149 | ò | 165 | Ñ | 181 | ╡ | 197 | ┼ | 213 | ╒ | 229 | σ | 245 | ⌡ |
| 134 | å | 150 | û | 166 | ª | 182 | ╢ | 198 | ╞ | 214 | ╓ | 230 | µ | 246 | ÷ |
| 135 | ç | 151 | ù | 167 | º | 183 | ╖ | 199 | ╟ | 215 | ╫ | 231 | τ | 247 | ≈ |
| 136 | ê | 152 | ÿ | 168 | ¿ | 184 | ╕ | 200 | ╚ | 216 | ╪ | 232 | Φ | 248 | ° |
| 137 | ë | 153 | Ö | 169 | ⌐ | 185 | ╣ | 201 | ╔ | 217 | ┘ | 233 | Θ | 249 | ∙ |
| 138 | è | 154 | Ü | 170 | ¬ | 186 | ║ | 202 | ╩ | 218 | ┌ | 234 | Ω | 250 | · |
| 139 | ï | 155 | ¢ | 171 | ½ | 187 | ╗ | 203 | ╦ | 219 | █ | 235 | δ | 251 | √ |
| 140 | î | 156 | £ | 172 | ¼ | 188 | ╝ | 204 | ╠ | 220 | ▄ | 236 | ∞ | 252 | ⁿ |
| 141 | ì | 157 | ¥ | 173 | ¡ | 189 | ╜ | 205 | ═ | 221 | ▌ | 237 | φ | 253 | ² |
| 142 | Ä | 158 | ₧ | 174 | « | 190 | ╛ | 206 | ╬ | 222 | ▐ | 238 | ε | 254 | ■ |
| 143 | Å | 159 | ƒ | 175 | » | 191 | ┐ | 207 | ╧ | 223 | ▀ | 239 | ∩ | 255 | |

上述也是 Unicode 碼值前 255 的內容。

## 5-1-5 巢狀的 if 敘述

所謂的巢狀的 if 敘述是指在 if 敘述內有其它的 if 敘述，下列是一種情況的實例。

```
if (條件判斷一) {
    if (條件判斷A) {
        程式敘述區塊A;
    } else {
        程式敘述區塊B;
    }
} else {
    程式敘述區塊;
}
```

這應是原先程式敘述區塊，
結果出現另一個if條件判斷

其實 Java 允許加上許多層，不過層次一多時，未來程式維護會變得比較困難。

程式實例 ch5_11.py：測試某一年是否潤年，潤年的條件是首先可以被 4 整除 ( 相當於沒有餘數 )，這個條件成立時，還必須符合，它除以 100 時餘數不為 0 或是除以 400 時餘數為 0，當 2 個條件皆符合才算潤年。

```
1  import java.util.Scanner;
2  public class ch5_11 {
3      public static void main(String[] args) {
4          int year;
5          int rem4, rem100, rem400;
6          Scanner scanner = new Scanner(System.in);
7
8          System.out.println("判斷輸入年份是否潤年");
9          System.out.print("請輸入任意字元： ");
10         year = scanner.nextInt();                  // 讀取年份資料
11         rem4 = year % 4;
12         rem100 = year % 100;
13         rem400 = year % 400;
14         if (rem4 == 0)
15             if (rem100 != 0 || rem400 == 0)
16                 System.out.printf("%d 是潤年", year);
17             else
18                 System.out.printf("%d 不是潤年", year);
19         else
20             System.out.printf("%d 不是潤年", year);
21     }
22 }
```

執行結果
```
D:\Java\ch5>java ch5_11    D:\Java\ch5>java ch5_11
判斷輸入年份是否潤年        判斷輸入年份是否潤年
請輸入任意字元： 2018       請輸入任意字元： 2020
2018 不是潤年              2020 是潤年
```

## 5-2 switch 敘述

switch 也是一種程式流程控制的指令，它的基本使用語法如下：

switch ( 變數或運算式 ) {
    case valueA:
        程式敘述區塊 A;        // 如果變數或運算式結果是 valueA 則執行此區塊
        break;
    case valueB:
        程式敘述區塊 B;        // 如果變數或運算式結果是 valueB 則執行此區塊

```
        break;
    ...
    ...
        default:                        // 可有可無，若有當以上皆不符合則執行此區塊
        default 程式敘述區塊;
    }
```

上述語法的流程圖如下所示：

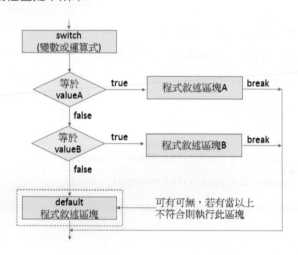

　　上述程式執行時，會依 switch( 變數或運算式 ) 的結果值，由上往下找尋符合條件的 case，當找到時 Java 會去執行與該 case 有關的敘述，直到碰到 break 或是遇上 switch 敘述的結束符號，才結束 switch 敘述。上述 default 是可有可無，如果有 default 時，當所有條件的 case 皆不符合，則執行 default 底下的敘述。例如：switch 的變數或運算式可以是考試分數 ( 假設是在 1-99 分之間 )，將分數除以 10，取整數，幾種可能情況如下：

9----- 得 A
8----- 得 B
7----- 得 C
6----- 得 D
default 得 F

switch 敘述幾個關鍵整理說明如下：

❑ switch：在 switch 的變數或運算式的結果必須是 char、byte、short、int、String 類型的資料型態。

❑ case：一般 case 的值是常數，偶爾也會看到是由常數組成的運算式，switch 會根據變數或運算式的結果執行符合 case 值的相關程式敘述區塊，直到遇上 break 或是遇上 switch 敘述的結束符號。

❑ default：可有可無，如果沒有相當於若是 switch 的變數或運算式的結果找不到相對應的 case 時，則不執行任何工作。若是想要找不到相對應的 case 時可以執行一些工作，則可以設計 default，然後執行特定工作。

程式實例 ch5_12.java：重新設計 ch5_8.java，輸入分數然後產生 A-F 的成績。

```
1  import java.util.Scanner;
2  public class ch5_12 {
3      public static void main(String[] args) {
4          int score;
5          Scanner scanner = new Scanner(System.in);
6          System.out.println("計算最終成績");
7          System.out.print("請輸入分數(0-99) : ");
8          score = scanner.nextInt();                // 讀取成績資料
9          switch (score / 10) {                     // 取整數
10             case 9:
11                 System.out.println("A");
12                 break;
13             case 8:
14                 System.out.println("B");
15                 break;
16             case 7:
17                 System.out.println("C");
18                 break;
19             case 6:
20                 System.out.println("D");
21                 break;
22             default:
23                 System.out.println("F");
24         }
25     }
26 }
```

執行結果　與 ch5_8.java 相同。

　　程式設計時不同 case 是可以有相同的結果，在上一個程式實例，筆者先排除了分數是 100 分，下列將重新設計此程式。

程式實例 ch5_13.java：這個程式允許成績是 100 分，如果 100 分時回應是 A。

```
7            System.out.print("請輸入分數(1-100) : ");
8            score = scanner.nextInt();              // 讀取成績資料
9            switch (score / 10) {                   // 取整數
10               case 10:
11                   System.out.println("A");
12                   break;
13               case 9:
14                   System.out.println("A");
15                   break;
```

執行結果
```
D:\Java\ch5>java ch5_13      D:\Java\ch5>java ch5_13
計算最終成績                  計算最終成績
請輸入分數(1-100) : 100       請輸入分數(1-100) : 90
A                            A
```

　　對於上述程式而言，當 case 的值是 10 或 9 時，回應是列印 A，碰上這類程式我們可以省略第 11 行的列印 A 敘述和 12 行的 break。這時當程式得到 case 是 10 時，執行相對應的敘述，若是沒看到 break，程式會往下執行，相當於會執行到 14 和 15 行，也就是執行碰上 15 行的 break 才會跳出 switch。

程式實例 ch5_14.java：重新設計 ch5_13.java，主要是省略 case 是 10 時的敘述，讓程式執行 case 是 9 的敘述。

```
9            switch (score / 10) {                   // 取整數
10               case 10:
11               case 9:
12                   System.out.println("A");
13                   break;
```

執行結果　與 ch5_13.java 相同。

程式實例 ch5_15.java：這個程式會要求輸入姓氏，如果是前 5 大姓氏會列出在中國的人數佔比和約有多少人是此姓氏，若是其他姓氏則列出不在前 5 大。

```
1  import java.util.Scanner;
2  public class ch5_15 {
3      public static void main(String[] args) {
4          String lastname;
5          Scanner scanner = new Scanner(System.in);
6          System.out.println("百家姓排名");
7          System.out.print("請輸入你的姓氏 : "); // 以字串方式讀取
8          lastname = scanner.next();              // 讀取姓
9          switch (lastname) {
10             case "李":
11                 System.out.println("百家姓排名第1,約占中國7.94%總人口約95000000人");
12                 break;
```

```
13              case "王":
14                  System.out.println("百家姓排名第2,約占中國7.41%總人口約89000000人");
15                  break;
16              case "張":
17                  System.out.println("百家姓排名第3,約占中國7.07%總人口約85000000人");
18                  break;
19              case "劉":
20                  System.out.println("百家姓排名第4,約占中國5.38%總人口約65000000人");
21                  break;
22              case "陳":
23                  System.out.println("百家姓排名第5,約占中國4.53%總人口約54000000人");
24                  break;
25              default:
26                  System.out.println("百家姓氏排名不在前5大");
27          }
28      }
29 }
```

**執行結果**　D:\Java\ch5>java ch5_15 　　　　　　　　D:\Java\ch5>java ch5_15
百家姓排名 　　　　　　　　　　　　　　　　　　百家姓排名
請輸入你的姓氏 : 李 　　　　　　　　　　　　　請輸入你的姓氏 : 洪
百家姓排名第1,約占中國7.94%總人口約95000000人　百家姓氏排名不在前5大

　　　上述筆者以讀取字串方式讀取姓氏資料,其實我們也可以使用讀取字元方式讀取
姓氏資料,筆者將這個當作是本章習題供讀者練習。

程式實例 ch5_16.java:超商買水果計價程式設計,這個程式會列出所銷售水果供選擇,
然後輸入購買數量,最後列出總金額。

```
 1  import java.util.Scanner;
 2  public class ch5_16 {
 3      public static void main(String[] args) {
 4          int fruit, k;
 5          Scanner scanner = new Scanner(System.in);
 6          System.out.println("水果銷售");
 7          System.out.println("1:蘋果(20元/斤)   2:香蕉(18元/斤)   3:西瓜(10元/斤)");
 8          System.out.print("請輸入所選水果(1, 2或3) : ");
 9          fruit = scanner.nextInt();                    // 讀取所選水果
10          System.out.print("請輸入購買幾斤 : ");
11          k = scanner.nextInt();                        // 讀取購買幾斤
12          switch (fruit) {
13              case 1:
14                  System.out.println("總金額" + (k * 20));
15                  break;
16              case 2:
17                  System.out.println("總金額" + (k * 18));
18                  break;
19              case 3:
20                  System.out.println("總金額" + (k * 10));
21                  break;
22              default:
23                  System.out.println("水果選單錯誤");
```

```
24          }
25      }
26 }
```

D:\Java\ch5>java ch5_16　　　　　　　D:\Java\ch5>java ch5_16
水果銷售　　　　　　　　　　　　　　　水果銷售
1:蘋果(20元/斤) 2:香蕉(18元/斤) 3:西瓜(10元/斤)　1:蘋果(20元/斤) 2:香蕉(18元/斤) 3:西瓜(10元/斤)
請輸入所選水果(1, 2或3)：2　　　　　請輸入所選水果(1, 2或3)：3
請輸入購買幾斤：3　　　　　　　　　　請輸入購買幾斤：5
總金額54　　　　　　　　　　　　　　　總金額50

## 5-3　專題 -BMI/ 生肖 / 火箭升空

### 5-3-1　設計人體體重健康判斷程式

　　BMI(Body Mass Index) 指數又稱身高體重指數 ( 也稱身體質量指數 )，是由比利時的科學家凱特勒 (Lambert Quetelet) 最先提出，這也是世界衛生組織認可的健康指數，它的計算方式如下：

　　BMI = 體重 (Kg) / 身高 $^2$( 公尺 )

　　如果 BMI 在 18.5 – 23.9 之間，表示這是健康的 BMI 值。請輸入自己的身高和體重，然後列出是否在健康的範圍，中國官方針對 BMI 指數公布更進一步資料如下：

| 分類 | BMI |
|------|-----|
| 體重過輕 | BMI < 18.5 |
| 正常 | 18.5 <= BMI and BMI < 24 |
| 超重 | 24 <= BMI and BMI < 28 |
| 肥胖 | BMI >= 28 |

程式實例 ch5_17.java：人體健康體重指數判斷程式，這個程式會要求輸入身高與體重，然後計算 BMI 指數，同時列印 BMI，由這個 BMI 指數判斷體重是否正常。

```java
1  import java.util.Scanner;
2  public class ch5_17 {
3      public static void main(String[] args) {
4          Scanner scanner = new Scanner(System.in);
5          System.out.printf("請輸入身高(公分)：");
6          double height = scanner.nextDouble();
7          System.out.printf("請輸入體重(公斤)：");
8          double weight = scanner.nextDouble();
9          double bmi;
10         bmi = weight / ((height / 100) * (height / 100));
```

```
11        System.out.println("BMI = " + bmi);
12        if (bmi >= 18.5 && bmi < 24)
13            System.out.println("體重正常");
14        else
15            System.out.println("體重不正常");
16    }
17 }
```

執行結果
```
D:\Java\ch5>java ch5_17        D:\Java\ch5>java ch5_17
請輸入身高(公分)：170          請輸入身高(公分)：170
請輸入體重(公斤)：60           請輸入體重(公斤)：70
BMI = 20.761245674740486       BMI = 24.221453287197235
體重正常                        體重不正常
```

上述專題程式可以擴充為輸入身高體重，程式可以列出中國官方公佈的各 BMI 分類敘述。

## 5-3-2　12 生肖系統

在中國除了使用西元年份代號，也使用鼠、牛、虎、兔、龍、蛇、馬、羊、猴、雞、狗、豬，當作十二生肖，每 12 年是一個週期，1900 年是鼠年。

程式實例 ch5_18.java：請輸入你出生的西元年 19xx 或 20xx，本程式會輸出相對應的生肖年。

```
1 import java.util.Scanner;
2 public class ch5_18 {
3     public static void main(String[] args) {
4         Scanner scanner = new Scanner(System.in);
5         System.out.printf("請輸入西元出生年：");
6         int year = scanner.nextInt();
7         year -= 1900;
8         switch (year % 12) {
9             case 0: System.out.printf("你的生肖是：鼠"); break;
10            case 1: System.out.printf("你的生肖是：牛"); break;
11            case 2: System.out.printf("你的生肖是：虎"); break;
12            case 3: System.out.printf("你的生肖是：兔"); break;
13            case 4: System.out.printf("你的生肖是：龍"); break;
14            case 5: System.out.printf("你的生肖是：蛇"); break;
15            case 6: System.out.printf("你的生肖是：馬"); break;
16            case 7: System.out.printf("你的生肖是：羊"); break;
17            case 8: System.out.printf("你的生肖是：猴"); break;
18            case 9: System.out.printf("你的生肖是：雞"); break;
19            case 10: System.out.printf("你的生肖是：狗"); break;
20            case 11: System.out.printf("你的生肖是：豬"); break;
21        }
22    }
23 }
```

執行結果
```
D:\Java\ch5>java ch5_18
請輸入西元出生年：1961
你的生肖是：牛
```

**註** 以上是用西元日曆，十二生肖年是用農曆年，所以年初或年尾會有一些差異。

## 5-3-3　火箭升空

地球的天空有許多人造衛星，這些人造衛星是由火箭發射，由於地球有地心引力、太陽也有引力，火箭發射要可以到達人造衛星繞行地球、脫離地球進入太空，甚至脫離太陽系必須要達到宇宙速度方可脫離，所謂的宇宙速度觀念如下：

❏　第一宇宙速度

所謂的第一宇宙速度可以稱環繞地球速度，這個速度是 7.9km/s，當火箭到達這個速度後，人造衛星即可環繞著地球做圓形移動。當火箭速度超過 7.9km/s 時，但是小於 11.2km/s，人造衛星可以環繞著地球做橢圓形移動。

❏　第二宇宙速度

所謂的第二宇宙速度可以稱脫離速度，這個速度是 11.2km/s，當火箭到達這個速度尚未超過 16.7km/s 時，人造衛星可以環繞太陽，成為一顆類似地球的人造行星。

❏　第三宇宙速度

所謂的第三宇宙速度可以稱脫逃速度，這個速度是 16.7km/s，當火箭到達這個速度後，就可以脫離太陽引力到太陽系的外太空。

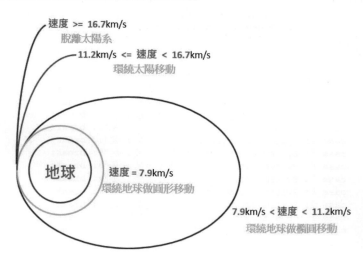

程式實例 ch5_19.java：請輸入火箭速度 (km/s)，這個程式會輸出人造衛星飛行狀態。

```java
1  import java.util.Scanner;
2  public class ch5_19 {
3      public static void main(String[] args) {
4          Scanner scanner = new Scanner(System.in);
5          System.out.printf("請輸入火箭速度 : ");
6          double v = scanner.nextDouble();
7
8          if (v < 7.9)
9              System.out.println("人造衛星無法進入太空");
10         else if (v == 7.9)
11             System.out.println("人造衛星可以環繞地球作圓形運動");
12         else if (v > 7.9 && v < 11.2)
13             System.out.println("人造衛星可以環繞地球作橢圓形運動");
14         else if (v >= 11.2 && v < 16.7)
15             System.out.println("人造衛星可以環繞太陽移動");
16         else
17             System.out.println("人造衛星可以脫離太陽系");
18     }
19 }
```

執行結果

```
D:\Java\ch5>java ch5_19          D:\Java\ch5>java ch5_19
請輸入火箭速度 : 9.9             請輸入火箭速度 : 11.8
人造衛星可以環繞地球作橢圓形運動   人造衛星可以環繞太陽移動
```

## 習題實作題

1： 請輸入數值，本程式可以判斷輸入是奇數或是偶數或是 0。

```
D:\Java\ex>java ex5_1
請輸入整數 : 0
輸入是 0

D:\Java\ex>java ex5_1
請輸入整數 : 8
輸入是偶數

D:\Java\ex>java ex5_1
請輸入整數 : 11
輸入是奇數
```

2： 請輸入 3 個數字，本程式可以將數字由大到小輸出。

```
D:\Java\ex>java ex5_2
請輸入3個整數(數字間用空白隔開) : 6 9 3
大到小分別是 9, 6, 3

D:\Java\ex>java ex5_2
請輸入3個整數(數字間用空白隔開) : 1 10 100
大到小分別是 100, 10, 1
```

3 ：　有一個圓半徑是 20，圓中心在座標 (0,0) 位置，請輸入任意點座標，這個程式可以
　　　判斷此點座標是不是在圓內部。

　　　提示：可以計算點座標距離圓中心的長度是否小於半徑。

```
D:\Java\ex>java ex5_3
請輸入點座標(數字間用空白隔開)：10 10
座標在圓內
D:\Java\ex>java ex5_3
請輸入點座標(數字間用空白隔開)：21 21
座標在圓外
```

4 ：　假設麥當勞打工每週領一次薪資，工作基本時薪是 150 元，其它規則如下：

　　　小於 40 小時 ( 週 )，每小時是基本時薪的 0.8 倍。

　　　等於 40 小時 ( 週 )，每小時是基本時薪。

　　　大於 40 至 50( 含 ) 小時 ( 週 )，每小時是基本時薪的 1.2 倍。

　　　大於 50 小時 ( 週 )，每小時是基本時薪的 1.6 倍。

　　　請輸入工作時數，然後可以計算週薪。

```
D:\Java\ex>java ex5_4
請輸入本週工作時數：20
本週薪資：2400.0
D:\Java\ex>java ex5_4
請輸入本週工作時數：40
本週薪資：6000.0
D:\Java\ex>java ex5_4
請輸入本週工作時數：45
本週薪資：8100.0
D:\Java\ex>java ex5_4
請輸入本週工作時數：60
本週薪資：14400.0
```

5 ：　假設今天是星期日，請輸入天數 days，本程式可以回應 days 天後是星期幾。

```
D:\Java\ex>java ex5_5
今天是星期日 請輸入天數：5
5 天後是星期五
D:\Java\ex>java ex5_5
今天是星期日 請輸入天數：10
3 天後是星期三
```

6： 請擴充 ch5_17.java，列出中國 BMI 指數區分的結果表。

```
D:\Java\ex>java ex5_6
請輸入身高(公分)： 170
請輸入體重(公斤)： 49
BMI = 16.96 體重過輕

D:\Java\ex>java ex5_6
請輸入身高(公分)： 170
請輸入體重(公斤)： 62
BMI = 21.45 體重正常

D:\Java\ex>java ex5_6
請輸入身高(公分)： 170
請輸入體重(公斤)： 80
BMI = 27.68 體重超重

D:\Java\ex>java ex5_6
請輸入身高(公分)： 170
請輸入體重(公斤)： 90
BMI = 31.14 體重肥胖
```

7： 一般籃球教練會依球員身高然後決定適合的位置，假設基本規則如下：

❑ 200 公分 ( 含 ) 以上位置是中鋒。

❑ 192 公分 ( 含 ) 至 199 公分 ( 含 ) 是前鋒。

❑ 191 公分 ( 含 ) 以下是後衛。

請輸入身高，然後程式會列出適合位置。

```
D:\Java\ex>java ex5_7
請輸入身高(公分)： 188
這是後衛人選
D:\Java\ex>java ex5_7
請輸入身高(公分)： 195
這是前鋒人選
D:\Java\ex>java ex5_7
請輸入身高(公分)： 205
這是中鋒人選
```

# 第六章

# 迴圈控制

假設現在筆者要求讀者設計一個 1 加到 10 的程式，然後列印結果，讀者可能用下列方式設計這個程式。

程式實例 ch6_1.java：從 1 加到 10。

```
1  public class ch6_1 {
2      public static void main(String[] args) {
3          int sum;
4          sum = 1 + 2 + 3 + 4 + 5 + 6 + 7 + 8 + 9 + 10;
5          System.out.println("總和 = " + sum);
6      }
7  }
```

執行結果
```
D:\Java\ch6>java ch6_1
總和 = 55
```

如果現在筆者要求各位從 1 加到 100 或 1000，此時若是仍用上述方法設計程式，就顯得很不經濟。本章重點在於將有規律重複執行的工作，用迴圈方式完成。

## 6-1 for 迴圈

for 迴圈主要觀念是，在滿足條件判斷的情況，重複執行相關的程式敘述區塊，它的語法如下：

for ( 初始運算式 ; 條件判斷運算式 ; 迭代運算式 ) {
　　程式敘述區塊 ;
}

上述語法的流程圖如下所示：

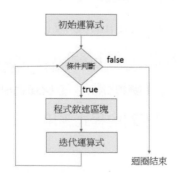

整個 for 迴圈說明如下：

❑ 初始運算式：在 for 迴圈中最先執行的就是初始運算式，而這個運算式只執行 1 次，在這個運算式中主要是設定條件判斷變數的初值。

❑ 條件判斷運算式：其實我們可以將這個條件判斷當作是經過初始運算式後每次迴圈的起點，這個條件判斷運算式會傳回布林值，如果布林值是 true 迴圈繼續執行，如果布林值是 false 迴圈執行結束。

❑ 程式敘述區塊：這是迴圈所要重複執行的內容，如果這個敘述區塊只有 1 行，則可以省略前後的大括號。

❑ 迭代運算式：這裡主要是更新條件判斷運算式要用的變數值，未來條件判斷運算式可由此更新的變數值，判斷迴圈是否繼續。

程式實例 ch6_2.java：用 for 迴圈方式重新設計 ch6_1.java。

```
1 public class ch6_2 {
2     public static void main(String[] args) {
3         int sum = 0;                    // 總和變數
4         int i;                          // for迴圈的變數
5         for ( i = 1; i <= 10; i++ )
6             sum += i;
7         System.out.println("總和 = " + sum);
8     }
9 }
```

執行結果
```
D:\Java\ch6>java ch6_2
總和 = 55
```

上述迴圈的變數是 i，變數 i 初始值是 1，首先會執行條件判斷 "i<=10"，如果是 true 迴圈繼續，如果是 false 迴圈結束。每次執行完 1 次迴圈後迴圈變數 i 值會增加 1( 因為迭代運算式是 "i++")，然後新的迴圈變數 i 會執行條件判斷 "i<=10"，如果是 true 迴圈繼續，如果是 false 迴圈結束。

程式實例 ch6_3.java：擴充 ch6_2.java 的應用，同時列出總和，這個程式在執行迴圈時，會列出迴圈指標 ( 變數 i) 和總和 ( 變數 sum)，這個程式另一個特色是第 4 行，筆者在 for 迴圈內宣告變數 i，然後使用此變數。

```
1 public class ch6_3 {
2     public static void main(String[] args) {
3         int sum = 0;                         // 總和變數
4         for ( int i = 1; i <= 10; i++ ) {    // 迴圈內宣告索引變數
5             sum += i;                         // 計算每個迴圈的總和
```

```
6                  System.out.printf("Loop = %2d,   總和 = %2d%n", i, sum);
7            }
8        }
9  }
```

執行結果　D:\Java\ch6>java ch6_3
```
Loop =  1,  總和 =  1
Loop =  2,  總和 =  3
Loop =  3,  總和 =  6
Loop =  4,  總和 = 10
Loop =  5,  總和 = 15
Loop =  6,  總和 = 21
Loop =  7,  總和 = 28
Loop =  8,  總和 = 36
Loop =  9,  總和 = 45
Loop = 10,  總和 = 55
```

# 6-2 巢狀 for 迴圈

一個迴圈之內可以有另一個迴圈存在，這個觀念稱巢狀迴圈 (Nest loop)，下列是基本語法格式。

```
for ( 初始運算式 ; 條件判斷運算式 ; 迭代運算式 ) {          // 外層迴圈
    …
    for ( 初始運算式 ; 條件判斷運算式 ; 迭代運算式 ) {       // 內層迴圈
        程式敘述區塊 ;
    }
    …
}
```

程式實例 ch6_4.java：列出 9*9 的乘法表。

```
1  public class ch6_4 {
2      public static void main(String[] args) {
3          int i, j;                              // i是外層,j是內層迴圈變數
4          for ( i = 1; i <= 9; i++ ) {           // 外層迴圈
5              for ( j = 1; j <= 9; j++ )         // 內層迴圈
6                  System.out.printf("%d*%d=%2d  ", i, j, (i*j));
7              System.out.println("");            // 換行輸出
8          }
9      }
10 }
```

執行結果
```
D:\Java\ch6>java ch6_4
1*1= 1  1*2= 2  1*3= 3  1*4= 4  1*5= 5  1*6= 6  1*7= 7  1*8= 8  1*9= 9
2*1= 2  2*2= 4  2*3= 6  2*4= 8  2*5=10  2*6=12  2*7=14  2*8=16  2*9=18
3*1= 3  3*2= 6  3*3= 9  3*4=12  3*5=15  3*6=18  3*7=21  3*8=24  3*9=27
4*1= 4  4*2= 8  4*3=12  4*4=16  4*5=20  4*6=24  4*7=28  4*8=32  4*9=36
5*1= 5  5*2=10  5*3=15  5*4=20  5*5=25  5*6=30  5*7=35  5*8=40  5*9=45
6*1= 6  6*2=12  6*3=18  6*4=24  6*5=30  6*6=36  6*7=42  6*8=48  6*9=54
7*1= 7  7*2=14  7*3=21  7*4=28  7*5=35  7*6=42  7*7=49  7*8=56  7*9=63
8*1= 8  8*2=16  8*3=24  8*4=32  8*5=40  8*6=48  8*7=56  8*8=64  8*9=72
9*1= 9  9*2=18  9*3=27  9*4=36  9*5=45  9*6=54  9*7=63  9*8=72  9*9=81
```

上述列印 9*9 乘法表的巢狀迴圈如下所示：

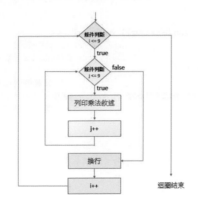

# 6-3　while 迴圈

這也是一個迴圈敘述，與 for 迴圈最大的差異在於它沒有初始運算式和迭代運算式，它的語法格式如下：

```
while ( 條件判斷運算式 ) {
        程式敘述區塊；
}
```

上述觀念是如果條件判斷運算式的布林值是 true 則迴圈繼續，如果條件判斷運算式的布林值是 false，則迴圈結束。在這個 while 迴圈中，每次執行完一個迴圈後，皆會執行條件判斷運算式，然後由布林值結果判斷迴圈是否繼續。為了希望可以順利讓程式走出迴圈，在設計 while 迴圈內的程式敘述區塊時，要特別留意迴圈變數的設計。

下列是語法流程圖：

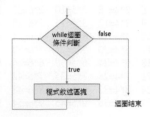

程式實例 ch6_5.java：使用 while 迴圈重新設計 ch6_3.java。

```
1  public class ch6_5 {
2     public static void main(String[] args) {
3        int sum = 0;                           // 總和變數
4        int i = 1;                             // while迴圈的變數
5        while ( i <= 10 ) {
6           sum += i;                           // 計算每個迴圈的總和
7           System.out.printf("Loop = %2d,  總和 = %2d%n", i, sum);
8           i++;                                // 讓迴圈變數加1
9        }
10    }
11 }
```

執行結果　與 ch6_3.java 相同。

在上述實例中使用 i 當作迴圈變數，由 i 值當作條件判斷的依據，有時候我們也可以將 i 稱為迴圈指標變數。

## 6-4　巢狀 while 迴圈

在 6-2 節所述的巢狀 for 迴圈觀念也可以應用在 while 迴圈，也就是 while 迴圈內可以有另一個 while 迴圈，我們稱巢狀 while 迴圈。

程式實例 ch6_6.java：使用巢狀 while 迴圈方式重新設計 ch6_4.java。

```
1  public class ch6_6 {
2     public static void main(String[] args) {
3        int i, j;                              // i是外層,j是內層迴圈變數
4        i = j = 1;
5        while ( i <= 9 ) {                      // 外層迴圈
6           while ( j <= 9 ) {                   // 內層迴圈
7              System.out.printf("%d*%d=%2d  ", i, j, (i*j));
8              j++;                              // 讓內層迴圈變數加1
9           }
10          i++;                                // 讓外層迴圈變數加1
```

```
10                i++;                          // 讓外層迴圈差數加1
11                j = 1;                        // 復原內層迴圈變數為1
12                System.out.println("");       // 換行輸出
13            }
14        }
15 }
```

執行結果　與 ch6_4.java 相同。

# 6-5　do … while 迴圈

這也是一個迴圈敘述，它的語法格式如下：

```
do {
        程式敘述區塊 ;
} while ( 條件判斷運算式 );
```

與 while 敘述最大的差別在，這是先執行迴圈內容 ( 程式敘述區塊 )，然後再執行條件判斷運算式，如果布林值是 true 則迴圈繼續，如果布林值是 false 則迴圈結束，在這種設計下，迴圈至少會執行一次。當然為了希望可以順利讓程式走出迴圈，在設計 do … while 迴圈內的程式敘述區塊時，要特別留意迴圈變數的設計。下列是語法流程圖：

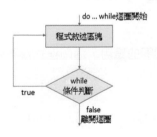

程式實例 ch6_7.java：使用 do … while 迴圈重新設計 ch6_3.java。

```
1 public class ch6_7 {
2     public static void main(String[] args) {
3         int sum = 0;                       // 總和變數
4         int i = 1;                         // while迴圈的變數
5         do {
6             sum += i;                      // 計算每個迴圈的總和
7             System.out.printf("Loop = %2d,   總和 = %2d%n", i, sum);
8             i++;                           // 讓迴圈變數加1
9         } while ( i <= 10 );
10     }
11 }
```

執行結果 與 ch6_3.java 相同。

當然 do … while 迴圈也是允許巢狀迴圈，觀念與 for 或 while 迴圈相同，不過一般比較少如此使用，若是程式有需要，大多是使用 for 或 while 迴圈處理。

# 6-6 無限迴圈

在程式設計過程我們可能會想讓迴圈可以持續進行，直到某個特定狀況產生再讓迴圈結束，這時可以考慮先使用無限迴圈 (Infinite loop)，讓迴圈持續進行。未來可以使用 break 敘述中斷迴圈，有關這方面的知識將在下一節說明。

要建立無限迴圈很容易，可以讓 while 條件判斷永遠為 true 即可，例如：下列是一個無限迴圈。

```
while ( true ) {                        // 無限迴圈
    程式敘述區塊；
}
```

在無限迴圈狀態，如果想要離開可以同時按 Ctrl + C 鍵。其實有些程式設計的新手也常常會因為處理迴圈變數不當，造成無限迴圈，此時只好同時按 Ctrl + C 鍵離開無限迴圈了。

程式實例 ch6_8：while 無限迴圈的應用，這個程式會不停的輸出 Java 王者歸來字串，直到同時按 Ctrl + C 鍵。

```
1 public class ch6_8 {
2    public static void main(String[] args) {
3       while ( true )            // 這是無限迴圈
4          System.out.printf("Java王者歸來");
5    }
6 }
```

執行結果
```
Java王者歸來Java王者歸來Java王者歸來Java王者歸來Java王者歸來Java王者歸來Java王者
歸來Java王者歸來Java王者歸來Java王者歸來Java王者歸來Java王者歸來Java王者歸來Java
王者歸來Java王者歸來Java王者歸來Java王者歸來Java王者歸來Java王者歸來Java王者歸來
Java王者歸來Java王者歸來Java王者歸來Java王者歸來Java王者歸來Java王者歸來Java王者
歸來Java王者歸來Java王者歸來Java王者歸來Java王者歸來Java王者歸來Java王者歸來Java
```

另外使用 for 迴圈也可以產生無限迴圈,語法如下:

```
for ( ; ; ) {                  // 無限迴圈
    程式敘述區塊;
}
```

程式實例 ch6_9.java:使用 for 建立無限迴圈重新設計 ch6_8.java。

```
1  public class ch6_9 {
2      public static void main(String[] args) {
3          for ( ; ; )              // 這是無限迴圈
4              System.out.printf("Java王者歸來");
5      }
6  }
```

執行結果 與 ch6_8.java 相同。

## 6-7 迴圈與 break 敘述

在設計迴圈時,如果期待某些條件發生時可以離開迴圈,可以在迴圈內執行 break 指令,即可立即離開迴圈,這個指令通常是和 if 敘述配合使用。下列是以 for 迴圈為例做說明:

```
for ( 初始運算式 ; 條件判斷運算式 ; 迭代運算式 ) {
    程式敘述區塊 1;
    if ( 條件判斷 ) {               // 條件判斷運算式
        程式敘述區塊 2;
        break;                  // 如果 if 的條件判斷是 true 則離開 for 迴圈
    }
    程式敘述區塊 3;
}
```

下列是流程圖,其中在 for 迴圈內的 if 條件判斷,也許前方有程式碼區塊 1、if 條件內有程式碼區塊 2 或是後方有程式碼區塊 3,只要 if 條件判斷是 True,則執行 if 條件內的程式碼區塊 2 後,可立即離開迴圈。

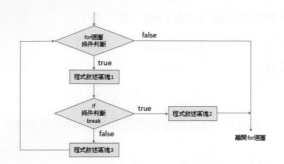

程式實例 ch6_10.java：猜數字遊戲，這個程式所猜的數字是在第 4 行 pwd 變數內設定，這個程式基本上是一個無限迴圈，只有答對時 ( 第 11 行判斷 ) 首先會列印 " 恭喜猜對了 !"( 第 12 行 ) 然後執行 "break;" 離開迴圈。

```java
1  import java.util.Scanner;
2  public class ch6_10 {
3      public static void main(String[] args) {
4          final int pwd = 70;                // 密碼數字
5          int num;                           // 儲存所猜的數字
6          Scanner scanner = new Scanner(System.in);
7
8          for ( ; ; ) {                      // 這是無限迴圈
9              System.out.print("請猜0-99的數字 : ");
10             num = scanner.nextInt();       // 讀取輸入數字
11             if ( num == pwd ) {
12                 System.out.println("恭喜猜對了!!");
13                 break;
14             }
15             System.out.println("猜錯了請再答一次!");
16         }
17     }
18 }
```

執行結果
```
D:\Java\ch6>java ch6_10
請猜0-99的數字 : 99
猜錯了請再答一次!
請猜0-99的數字 : 5
猜錯了請再答一次!
請猜0-99的數字 : 70
恭喜猜對了!!
```

　　其實上述程式仍有許多改良空間，例如：可由所猜的數字給使用者提醒猜大一點或猜小一點。或是答錯時，可以先詢問是否繼續，如果不想繼續也可以輸入 Q 或 q 跳出迴圈讓程式結束。或是最後答對時，可以列出猜幾次才答對。這些將是各位的習題，請參考實作題第 3 題。

當然迴圈的 break 敘述不是一定要搭配無限迴圈使用，例如：下列是修改 ch6_10. java，增加條件為最多猜 5 次。若是 5 次沒猜對，迴圈將自行結束。

程式實例 ch6_11.java：使用 while 迴圈重新設計 ch6_10.java，同時增加條件為最多猜 5 次。若是 5 次沒猜對，迴圈將自行結束。

```java
1  import java.util.Scanner;
2  public class ch6_11 {
3      public static void main(String[] args) {
4          final int pwd = 70;                // 密碼數字
5          int count = 1;                     // 計算所猜的次數
6          int num;                           // 儲存所猜的數字
7          Scanner scanner = new Scanner(System.in);
8
9          while ( count <= 5 ) {             // 最多可以猜5次
10             System.out.print("請猜0-99的數字 : ");
11             num = scanner.nextInt();       // 讀取輸入數字
12             if ( num == pwd ) {
13                 System.out.println("恭喜猜對了!!");
14                 break;
15             }
16             if ( count == 5 )              // 依猜測次數輸出字串
17                 System.out.println("最多只能猜5次, bye!");
18             else
19                 System.out.println("猜錯了請再答一次!");
20             count++;                       // 將while迴圈變數加1
21         }
22     }
23 }
```

執行結果
```
D:\Java\ch6>java ch6_11       D:\Java\ch6>java ch6_11
請猜0-99的數字 : 1            請猜0-99的數字 : 70
猜錯了請再答一次!              恭喜猜對了!!
請猜0-99的數字 : 2
猜錯了請再答一次!
請猜0-99的數字 : 3
猜錯了請再答一次!
請猜0-99的數字 : 4
猜錯了請再答一次!
請猜0-99的數字 : 5
最多只能猜5次, bye!
```

# 6-8 迴圈與 continue 敘述

在設計迴圈時，如果期待某些條件為 true 時可以不往下執行迴圈內容，也可以解釋為結束這一個迴圈，此時可以用 continue 指令，這個指令通常是和 if 敘述配合使用。下列是以 for 迴圈為例做說明：

```
for ( 初始運算式 ; 條件判斷運算式 ; 迭代運算式 ) {
    程式敘述區塊 1;
    if ( 條件判斷運算式 ) {      // 如果條件判斷是 true 不執行程式敘述區塊 3
        程式敘述區塊 2;
        continue;
    }
    程式敘述區塊 3;
}
```

下列是流程圖，相當於如果發生 if 條件判斷是 True 時，則不執行程式敘述區塊 3 內容。

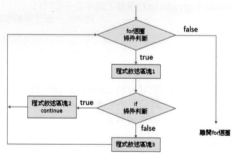

程式實例 ch6_12.java：計算 1-10 的奇數和。

```
1  public class ch6_12 {
2      public static void main(String[] args) {
3          int sum = 0;                    // 總和
4          for ( int i = 1; i <= 10; i++ ) {
5              if ( i % 2 == 0 )           // 如果等於0則是偶數
6                  continue;
7              sum += i;                   // 與目前總和相加
8          }
9          System.out.println("1-10奇數總和是： " + sum);
10     }
11 }
```

執行結果
```
D:\Java\ch6>java ch6_12
1-10奇數總和是： 25
```

# 6-9　迴圈標籤與 break/continue

在巢狀迴圈的設計中，我們可能會想用 break 跳出迴圈或是用 continue 終止該輪迴圈往下執行，此時如果用傳統方法可能容易造成程式不易閱讀與理解。所以 Java 提供了迴圈標籤 (loop label) 的觀念，迴圈設計時在左邊增加標籤，然後在 break 或 continue 右邊增加標籤，主要是指出這個 break 或 continue 是應用在那一個標籤。語法規則如下：

下列是可能的應用實例之一。

```
testing: for ( ... ) {
    xxx;
    for ( ... ) {
        xxx;
        if ( ... )
            break testing;          指名跳出此外層的testing迴圈
    }
    xxx;
}
```

程式實例 ch6_13.java：列印趣味圖案。

```
 1  public class ch6_13 {
 2      public static void main(String[] args) {
 3          outerloop: for ( int i = 1; i <= 10; i++ ) {    // 有outerloop迴圈標記
 4              for ( int j = 1; j <= 10; j++ ) {
 5                  System.out.print("*");                  // 列印乘號
 6                  if ( j >= i ) {
 7                      System.out.println("");             // 下次輸出跳行
 8                      continue outerloop;                 // 這一輪outerloop迴圈中止
 9                  }
10              }
11          }
12      }
13  }
```

執行結果
```
D:\Java\ch6>java ch6_13
*
**
***
****
*****
******
*******
********
*********
**********
```

# 6-10 將迴圈觀念應用在 Scanner 類別的輸入檢查

在先前章節有關輸入的程式設計中，如果我們輸入了不是預期的資料型態，將造成程式例外 (Exception) 而終止執行，例如：程式實例 ch4_43.java，若是我們輸入一般英文字元，將造成程式例外 (Exception) 而終止執行。

```
D:\Java\ch4>java ch4_43
請輸入2個整數(數字間用空白隔開)：
a 3y
Exception in thread "main" java.util.InputMismatchException
        at java.base/java.util.Scanner.throwFor(Unknown Source)
        at java.base/java.util.Scanner.next(Unknown Source)
        at java.base/java.util.Scanner.nextInt(Unknown Source)
        at java.base/java.util.Scanner.nextInt(Unknown Source)
        at ch4_43.main(ch4_43.java:8)
```

上述程式預期輸入是 2 個整數，但是筆者輸入了字元 a 和 3y 結果造成錯誤。為了避免這種現象產生，在 Java 的 Scanner 類別下有一系列的方法可以讓程式執行檢查是否是輸入預期的資料型態。

| | |
|---|---|
| hasNextByte( ); | // 檢查是否 byte 值 |
| hasNextShort( ); | // 檢查是否 short 值 |
| hasNextInt( ); | // 檢查是否 int 值 |
| hasNextLong( ); | // 檢查是否 Long 值 |
| hasNextBoolean( ); | // 檢查是否 Boolean 值 |
| hasNextFloat( ); | // 檢查是否 float 值 |
| hasNextDouble( ); | // 檢查是否 double 值 |
| hasNext( ); | // 檢查是否 String 值 |

如果上述檢查結果是真則傳回 true，如果是偽則傳回 false。有了這個檢查後，我們可以在設計程式讀取資料時先檢查，如果是符合的資料型態才執行讀取工作。這樣可以避免有程式例外 (Exception) 終止的情況發生。

程式實例 ch6_13_1.java：重新設計 ch4_43.java，這個程式增加了檢查輸入功能，如果輸入不是整數，將要求重新數入。這個程式的關鍵點是第 8-11 行，這是讀第 1 筆整數，如果經過 scanner.hasNextInt( ) 檢查不是整數將傳回 false，由於此 scanner.hasNextInt( ) 左邊有 !，所以整個條件結果是 true 將造成迴圈持續運作，在迴圈持續運作時程式第

10 行是將非整數資料以字串方式讀取，由於這是錯誤的資料所以只讀取，沒有其他作用。迴圈會持續運作，一定要讀到整數資料迴圈才會終止。第 13-16 行是讀第 2 筆資料的迴圈，其觀念相同。

```java
1  import java.util.Scanner;
2  public class ch6_13_1 {
3      public static void main(String[] args) {
4          int x1, x2;
5          Scanner scanner = new Scanner(System.in);
6
7          System.out.println("請輸入2個整數(數字間用空白隔開) : ");
8          while ( !scanner.hasNextInt() ) {      // 如果不是讀到整數迴圈將繼續
9              System.out.println("輸入第一筆資料型態錯誤請輸入整數");
10             scanner.next();                    // 用讀字串方是將此錯誤資料讀取
11         }
12         x1 = scanner.nextInt();
13         while ( !scanner.hasNextInt() ) {      // 如果不是讀到整數迴圈將繼續
14             System.out.println("輸入第二筆資料型態錯誤請輸入整數");
15             scanner.next();                    // 用讀字串方是將此錯誤資料讀取
16         }
17         x2 = scanner.nextInt();
18         System.out.println("你輸入的第一個數字是 : " + x1);
19         System.out.println("你輸入的第二個數字是 : " + x2);
20         System.out.println("數字總和是        : " + (x1 + x2));
21     }
22 }
```

執行結果
```
D:\Java\ch6>java ch6_13_1
請輸入2個整數(數字間用空白隔開) :
9 p
輸入第二筆資料型態錯誤請輸入整數
33
你輸入的第一個數字是 : 9
你輸入的第二個數字是 : 33
數字總和是         : 42
```

# 6-11 迴圈相關的程式應用

傳統數學中測試某一個數字 n 是否是質數 (Prime number)，的方法是：

❑ 2 是質數。

❑ n 不可被 2 至 n-1 的數字整除。

程式實例 ch6_14.java：輸入一個數字，本程式可以判斷是不是質數。

```
1  import java.util.Scanner;
2  public class ch6_14 {
3    public static void main(String[] args) {
4      boolean  prime = true;                     // 最初質數旗標是true
5      int num;                                    // 輸入數字
6      Scanner scanner = new Scanner(System.in);
7
8      System.out.print("請輸入大於1的整數做質數測試 : ");
9      num = scanner.nextInt();
10     if ( num == 2 )                             // 2是質數
11         System.out.printf("%d 是質數", num);
12     else {
13         for ( int i = 2; i < num; i++ ) {      // 測試從2至num-1
14             if ( (num % i) == 0 ) {            // 可以整除就不是質數
15                 System.out.printf("%d 不是質數", num);
16                 prime = false;                 // 更改質數旗標為false
17                 break;
18             }
19         }
20         if ( prime )                            // 如果質數旗標是true
21             System.out.printf("%d 是質數", num);
22     }
23   }
24 }
```

執行結果
```
D:\Java\ch6>java ch6_14           D:\Java\ch6>java ch6_14
請輸入大於1的整數做質數測試 : 2    請輸入大於1的整數做質數測試 : 3
2 是質數                          3 是質數

D:\Java\ch6>java ch6_14           D:\Java\ch6>java ch6_14
請輸入大於1的整數做質數測試 : 12   請輸入大於1的整數做質數測試 : 13
12 不是質數                       13 是質數
```

程式實例 ch6_15.py：這個程式會輸出你所輸入的內容，當輸入 q 時，程式才會執行結束，這個程式第 16 行會將所讀取字串的第一個字元設定給 again 變數。

```
1  import java.util.Scanner;
2  public class ch6_15 {
3    public static void main(String[] args) {
4      String msg, msg1, msg2, input_msg;
5      char again;
6      Scanner scanner = new Scanner(System.in);
7      msg1 = "人機對話專欄,告訴我心事吧,我會重複你告訴我的心事!";
8      msg2 = "輸入q 可以結束對話 = ";
9      msg = msg1 + '\n' + msg2;
10     again = ' ';                               // 是否繼續字元,預設為空字元
11
12     while ( again != 'q' ) {                   // 如果是q則不執行迴圈
13         System.out.print(msg);                 // 列出提示訊息
14         input_msg = scanner.next();            // 讀取輸入字串
15         System.out.println(input_msg);         // 列出所輸入訊息
```

```
16              again = input_msg.charAt(0);          // 取得所輸入的第1個字元
17          }
18      }
19  }
```

執行結果
```
D:\Java\ch6>java ch6_15
人機對話專欄,告訴我心事吧,我會重複你告訴我的心事!
輸入 q 可以結束對話 = 我愛明志工專
我愛明志工專
人機對話專欄,告訴我心事吧,我會重複你告訴我的心事!
輸入 q 可以結束對話 = q
q
```

# 6-12 專題　圓周率 / 雞兔同籠 / 國王的麥粒

## 6-12-1　計算圓周率

在第 4 章的習題 8 筆者有說明計算圓周率的知識,筆者使用了萊布尼茲公式,當時筆者也說明了此級數收斂速度很慢,這一節我們將用迴圈處理這類的問題。我們可以用下列公式說明萊布尼茲公式:

$$pi = 4(1 - \frac{1}{3} + \frac{1}{5} - \frac{1}{7} + \cdots + \frac{(-1)^{i+1}}{2i - 1})$$

程式實例 ch6_16.java:使用萊布尼茲公式計算圓周率,這個程式會計算到 1 百萬次,同時每 10 萬次列出一次圓周率的計算結果。

```
1  import java.util.Scanner;
2  public class ch6_16 {
3      public static void main(String[] args) {
4          int loop = 1000000;
5          int i;
6          double pi = 0.0;
7          for (i = 1; i <= loop; i++) {
8              pi += 4 * (Math.pow(-1, i+1) / (2*i - 1));
9              if (i % 100000 == 0)
10                 System.out.printf("i = %7d 時 PI =%15.14f%n", i, pi);
11         }
12     }
13 }
```

```
D:\Java\ch6>java ch6_16
i =  100000 時 PI =3.14158265358972
i =  200000 時 PI =3.14158765358976
i =  300000 時 PI =3.14158932025646
i =  400000 時 PI =3.14159015358974
i =  500000 時 PI =3.14159065358969
i =  600000 時 PI =3.14159098692301
i =  700000 時 PI =3.14159122501826
i =  800000 時 PI =3.14159140358972
i =  900000 時 PI =3.14159154247865
i = 1000000 時 PI =3.14159165358977
```

## 6-12-2　雞兔同籠 – 使用迴圈計算

古代孫子算經有一句話，" 今有雞兔同籠，上有三十五頭，下有百足，問雞兔各幾何 ? "，這是古代的數學問題，表示有 35 個頭，100 隻腳，然後籠子裡面有幾隻雞與幾隻兔子。雞有 1 個頭、2 隻腳，兔子有 1 個頭、4 隻腳。我們可以使用基礎數學解此題目，也可以使用迴圈解此題目這也是本小節的重點。

程式實例 ch6_17.java：這個問題可以使用迴圈計算，我們可以先假設雞 (chicken) 有 0 隻，兔子 (rabbit) 有 35 隻，然後計算腳的數量，如果所獲得腳的數量不符合，可以每次增加 1 隻雞。

```java
 1 import java.util.Scanner;
 2 public class ch6_17 {
 3     public static void main(String[] args) {
 4         int chicken = 0;
 5         int rabbit;
 6         int i;
 7         while (true) {
 8             rabbit = 35 - chicken;
 9             if (2 * chicken + 4 * rabbit == 100) {
10                 System.out.printf("雞有 = %2d, 兔有 = %2d 隻%n", chicken, rabbit);
11                 break;
12             }
13             chicken += 1;
14         }
15     }
16 }
```

```
D:\Java\ch6>java ch6_17
雞有 = 20, 兔有 = 15 隻
```

## 6-12-3 國王的麥粒

程式實例 ch6_18.java：古印度有一個國王很愛下棋，打遍全國無敵手，昭告天下只要能打贏他，即可以協助此人完成一個願望。有一位大臣提出挑戰，結果國王真的輸了，國王也願意信守承諾，滿足此位大臣的願望。結果此位大臣提出想要麥粒：

第 1 個棋盤格子要 1 粒---- 其實相當於 $2^0$

第 2 個棋盤格子要 2 粒---- 其實相當於 $2^1$

第 3 個棋盤格子要 4 粒---- 其實相當於 $2^2$

第 4 個棋盤格子要 8 粒---- 其實相當於 $2^3$

第 5 個棋盤格子要 16 粒---- 其實相當於 $2^4$

...

第 64 個棋盤格子要 xx 粒---- 其實相當於 $2^{63}$

國王聽完哈哈大笑的同意了，管糧的大臣一聽大驚失色，不過也想出一個辦法，要贏棋的大臣自行到糧倉計算麥粒和運送，結果國王沒有失信天下，贏棋的大臣無法取走天文數字的所有麥粒，這個程式會計算到底這位大臣要取走多少麥粒。註：這一題已經超出 Java 的 double 數字範圍，所以筆者簡化為計算到第 20 格棋盤。

```java
1  import java.util.Scanner;
2  public class ch6_18 {
3      public static void main(String[] args) {
4          int sum = 0;
5          double wheat = 1;
6          int i;
7          for (i = 0; i < 20; i++) {
8              if (i == 0)
9                  wheat = 1;
10             else
11                 wheat = Math.pow(2, i);
12             sum += wheat;
13         }
14         System.out.println("麥粒總共 = " + sum);
15     }
16 }
```

執行結果
```
D:\Java\ch6>java ch6_18
麥粒總共 = 1048575
```

## 習題實作題

1： 使用 for 迴圈計算 1-100 內所有奇數的總和。

```
D:\Java\ex>java ex6_1
2500
```

2： 使用 for 迴圈計算 1-100 內所有偶數的總和。

```
D:\Java\ex>java ex6_2
2550
```

3： 重新設計 ch6_10.java，增加如果猜太小需輸出 " 請猜大一點 "，如果猜太大需輸出 " 請猜小一點 "。猜錯時會詢問是否繼續，如果要放棄猜數字，請輸入 'Q' 或 'q'。猜對時需列出總共猜了幾次。

```
D:\Java\ex>java ex6_3
請猜0-99的數字 : 50
請猜大一點!
請猜0-99的數字 : 75
請猜小一點!
請猜0-99的數字 : 70
恭喜猜對了!!
總共猜了 3 次
```

4： 複利計算存款的本金和，請輸入利率與本金，以及儲存年數，本程式會列出每年的本金和的軌跡。

```
D:\Java\ex>java ex6_4
請輸入存款本金 : 50000
請輸入存款年數 : 5
請輸入存款年利率 : 0.015
第 1 年本金和   50750.0
第 2 年本金和   51511.2
第 3 年本金和   52283.9
第 4 年本金和   53068.2
第 5 年本金和   53864.2
```

5： 假設你今年體重是 50 公斤，每年可以增加 1.2 公斤，請列出未來 10 年的體重變化。

```
D:\Java\ex>java ex6_5
第 1 年本體重 51.2
第 2 年本體重 52.4
第 3 年本體重 53.6
第 4 年本體重 54.8
第 5 年本體重 56.0
```

6： 請寫程式可以輸出執行下列輸出。

```
D:\Java\ex>java ex6_6
**********
*********
********
*******
******
*****
****
***
**
*
```

7： 請寫程式可以輸出執行下列輸出。

```
D:\Java\ex>java ex6_7
987654321
98765432
9876543
987654
98765
9876
987
98
9
```

8： 請輸入寬度與高度本程式會列出此數字組成的矩形，例如：如果輸入寬度是 8，高
度是 5，輸出結果如下：

```
D:\Java\ex>java ex6_8
請輸入高度：5
請輸入寬度：8
********
********
********
********
********
```

9：列出小於 20 的所有質數。

```
D:\Java\ex>java ex6_9
列出小於20的質數
2
3
5
7
11
13
17
19
```

10：計算數學常數 e 值，它的全名是 Euler's number，又稱歐拉數，主要是紀念瑞士數學家歐拉，這是一個無限不循環小數，我們可以使用下列級數計算 e 值。

$$e = 1 + \frac{1}{1!} + \frac{1}{2!} + \frac{1}{3!} + \cdots + \frac{1}{i!}$$

這個程式會計算到 i=100，同時每隔 10，列出一次計算結果。

```
D:\Java\ex>java ex6_10
👑 i =  10, e = 2.71828180114638
👑 i =  20, e = 2.71828182845905
👑 i =  30, e = 2.71828182845905
👑 i =  40, e = 2.71828182845905
👑 i =  50, e = 2.71828182845905
👑 i =  60, e = 2.71828182845905
👑 i =  70, e = 2.71828182845905
👑 i =  80, e = 2.71828182845905
👑 i =  90, e = 2.71828182845905
👑 i = 100, e = 2.71828182845905
```

# 第七章

# 陣列

假設現在筆者要求讀者設計一個計算一週平均溫度的程式，然後列印結果，讀者可能用下列方式設計這個程式。

程式實例 ch7_1.java：計算一週平均溫度的程式。

```
 1 public class ch7_1 {
 2     public static void main(String[] args) {
 3         double deg1 = 25, deg2 = 22, deg3 = 24, deg4 = 20;
 4         double deg5 = 26, deg6 = 21, deg7 = 21;
 5         double average;
 6
 7         average = (deg1 + deg2 + deg3 + deg4 + deg5 + deg6 + deg7) / 7;  // 計算平均溫度
 8         System.out.printf("一週平均溫度：%5.2f", average);
 9     }
10 }
```

執行結果
```
D:\Java\ch7>java ch7_1
一週平均溫度：22.71
```

如果現在筆者要求各位計算一個月或一年的平均溫度，此時若是仍用上述方法設計程式，就顯得很不經濟，同時在輸入溫度變數或是溫度常數本身容易出現輸入錯誤。上述程式是用 double 資料型態儲存每天溫度，所以基本上我們的認知是要處理一系列相同型態的資料，本章重點在於將相同類別的資料使用新的資料型態儲存與管理，這個新的資料型態是陣列 (array)。

## 7-1 認識陣列 (Array)

如果我們在程式設計時，是用變數儲存資料各變數間沒有互相關聯，可以將資料想像成下列圖示，筆者用散亂方式表達相同資料型態的各個變數，在真實的記憶體中讀者可以想像各變數在記憶體內並沒有依次序方式排放。：

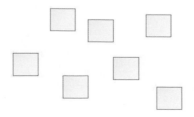

如果我們將相同型態資料組織起來形成陣列，可以將資料想像成下列圖示，讀者可以想像各變數在記憶體內是依次序方式排放：

當資料排成陣列後，我們未來可以用索引值 (index) 存取此陣列特定位置的內容，在 Java 索引是從 0 開始，所以第一個元素的索引是 0，第 2 個元素的索引是 1，可依此類推，所以如果一個陣列若是有 n 筆元素，此陣列的索引是在 0 和 (n-1) 之間。

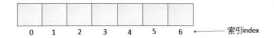

# 7-2 陣列的宣告與應用

## 7-2-1 陣列的宣告

在 Java 中陣列的符號是 [ ]，讀者可以將 [ ] 想成是中括號。陣列在使用前需要先宣告，宣告語法如下：

資料類型 [ ] 陣列名稱；　　　　// 物件導向程式設計師喜歡這類宣告

或是

資料類型　陣列名稱 [ ]；　　　　// 也接受舊式 C/C++ 語言宣告方式

讀者可以將上述陣列名稱想成是陣列變數，例如：下列是一系列陣列宣告的實例。

int[ ] score;　　　　　　　// 宣告整數陣列 score
float[ ] average;　　　　　// 宣告浮點數陣列 average
char[ ] ch;　　　　　　　 // 宣告字元陣列 ch
double[ ] degree;　　　　　// 宣告雙倍精度浮點數陣列 degree
boolean[ ] flag;　　　　　 // 宣告布林值陣列 boolean

## 7-2-2 陣列的空間配置

陣列宣告完成後還不能使用，接著我們必須為陣列配置一定的空間 ( 長度 )，陣列空間配置的語法如下：

陣列名稱 ＝ new 資料類型 [n]　　　　　　　// 配置長度是 n 的陣列

例如：我們想配置 double 資料類型，陣列名稱是 degree，可以容納 7 筆資料的陣列，陣列的宣告與配置如下：

```
double[ ] degree;                    // 宣告雙倍精度浮點數陣列 degree
degree = new double[7];              // 配置長度是 7 的陣列
```

上述 new 是一個關鍵字，主要功能是配置空間大小 ( 也可稱配置陣列長度 )，我們可以將上述解釋為可以配置存放 7 筆雙倍精度浮點數的記憶體空間。當陣列宣告與配置完成後，陣列的名稱與空間大小 ( 陣列長度 ) 就是確定，未來程式應用時不能再更改陣列的空間大小。在使用上，索引值是在 0-(n-1) 之間，由於有 7 筆資料所以索引值是在 0 至 6 間，在存取資料時如果超出此索引值範圍，程式會產生異常。

程式實例 ch7_2.java：使用陣列方式重新設計 ch7_1.java。

```
 1  public class ch7_2 {
 2      public static void main(String[] args) {
 3          double average;              // 存放平均溫度
 4          double total = 0;            // 存放溫度總和
 5          double[] degree;
 6          degree = new double[7];      // 每天溫度
 7
 8          degree[0] = 25;
 9          degree[1] = 22;
10          degree[2] = 24;
11          degree[3] = 20;
12          degree[4] = 26;
13          degree[5] = 21;
14          degree[6] = 21;
15          for ( int i = 0; i < 7; i++ )
16              total += degree[i];      // 計算溫度總和
17          average =  total / 7;        // 計算平均溫度
18          System.out.printf("一週平均溫度 : %5.2f", average);
19      }
20  }
```

執行結果　與 ch7_1.java 相同。

上述程式在執行時經過第 6 行宣告後，記憶體內建立了陣列空間，如下所示：

經過第 8-14 行設定陣列內容後，上述陣列的空間內容如下所示：

第 15 行後就剩下簡單的運算了，從上述程式實例讀者應該充分體會使用陣列有下列好處：

- 變數的省略，我們只使用了一個變數，配合索引值，設定一週溫度。
- 用了一個迴圈計算總和 (15 和 16 行 )，另一道指令計算平均 (17 行 )，程式精簡許多。
- 程式實例 ch7_1.java 是一個星期的溫度使用 7 個變數，在多個變數環境是無法使用迴圈執行計算統計工作。
- 使用陣列讓程式設計的擴展性變得很強，例如：如果延伸至計算一個月 (30 天計 ) 的平均溫度，只要將程式第 15 行和 17 行的 7 改為 30，其他部分不用更動，輕鬆就算出平均溫度了。

## 7-2-3　同時執行陣列的宣告與配置

從 7-2-1 節和 7-2-2 節我們分別執行了陣列的宣告與配置陣列空間，在 Java 程式設計中可以將這 2 個工作用一道指令表示。

程式實例 ch7_3.java：重新設計 ch7_2.java，主要是將陣列的宣告與配置用一道指令表示。原先第 5 和 6 行濃縮成第 5 行。

```
5        double[] degree = new double[7];     // 每天溫度
6
```

執行結果　與 ch7_2.java 相同。

## 7-2-4　陣列的屬性 length

在程式實例 ch7_3.java 中，我們計算一週溫度總和與平均時特別使用數字 7，因為我們知道陣列長度是 7，如果未來將程式改為計算一個月的平均溫度時，需要將 7 改為 30 或 31，有一些不便利，常常會漏改一些部分造成程式計算錯誤。在 Java 中其實陣列是一個物件，有一個屬性是 length，這個屬性記錄了陣列的長度，所以我們可以充分利用這個屬性簡化程式設計。

程式實例 ch7_4.java：使用陣列屬性 length 重新設計 ch7_3.java。

```
15        for ( int i = 0; i < degree.length; i++ )
16           total += degree[i];              // 計算溫度總和
17        average =  total / degree.length;    // 計算平均溫度
```

執行結果 與 ch7_3.java 相同。

上述筆者使用了下列方式獲得陣列長度。

物件 .length　　　　// 陣列變數名稱在 Java 中也算是一個物件

此例物件是 degree，所以相當於使用 degree.length 獲得了陣列長度，未來我們還會講解更多物件與屬性的相關知識。

## 7-2-5　陣列初值的設定

Java 也允許我們在宣告陣列時同時設定陣列的初值，初值設定時所使用的是大括號 "{"，"}"。下列將直接以實例說明。

程式實例 ch7_5.java：以設定陣列初值方式，重新設計 ch7_4.java。

```
1  public class ch7_5 {
2      public static void main(String[] args) {
3          double average;              // 存放平均溫度
4          double total = 0;            // 存放溫度總和
5          double[] degree = {25, 22, 24, 20, 26, 21, 21};
6
7          for ( int i = 0; i < degree.length; i++ )
8              total += degree[i];                  // 計算溫度總和
9          average =  total / degree.length;        // 計算平均溫度
10         System.out.printf("一週平均溫度：%5.2f", average);
11     }
12 }
```

執行結果 與 ch7_4.java 相同。

從上述看到當設定陣列初值時，可以省略用 new 運算子宣告陣列長度，因為建立初值時，已經同時指定了此陣列所需的記憶體空間。同時也可以發現，整個程式變的比較簡潔。

## 7-2-6　特殊陣列宣告與初值設定

本節會列出一些不常見但是 Java 可以使用的陣列宣告與應用。

程式實例 ch7_6.java：宣告與配置陣列時以變數當做陣列長度。

```
1  public class ch7_6 {
2      public static void main(String[] args) {
3          int x = 3;
4          int[]  z = new int[x];                  // 以變數宣告陣列空間
5          z[0] = z[1] = z[2] = 2;
```

```
6          int sum = z[0] + z[1] + z[2];
7          System.out.println("sum : " + sum);
8      }
9 }
```

D:\Java\ch7>java ch7_6
           sum : 6

　　上述程式的重點是第 4 行，筆者先設定第 3 行 x 變數值，然後在第 4 行以變數 x 當作宣告陣列的長度，所以上述第 4 行的陣列長度是 3，第 6 行是 2+2+2 所以總和是 6。

程式實例 ch7_7.java：宣告與配置陣列時以運算式當做陣列長度。

```
1 public class ch7_7 {
2     public static void main(String[] args) {
3         int x = 3;
4         int y = 5;
5         int[] z = new int[y-x];          // 以運算式宣告陣列空間
6         z[0] = z[1] = 2;
7         int sum = z[0] + z[1];
8         System.out.println("sum : " + sum);
9     }
10 }
```

D:\Java\ch7>java ch7_7
           sum : 4

　　上述程式的重點是第 5 行，筆者在第 3、4 行分別設定 x、y 變數值，然後在第 5 行以變數 y-x 當作宣告陣列的長度，運算式 y-x 的計算結果就是陣列的長度，所以上述經計算後陣列長度是 2。

程式實例 ch7_8.java：宣告陣列變數時，同時以運算式當作陣列初值。

```
1 public class ch7_8 {
2     public static void main(String[] args) {
3         int x = 3;
4         int y = 5;
5         int[] z = {1, 2, x + y};          // 以運算式當作陣列初值
6         int sum = z[0] + z[1] + z[2];
7         System.out.println("sum : " + sum);
8     }
9 }
```

D:\Java\ch7>java ch7_8
           sum : 11

　　上述程式第 5 行陣列 z[2] 的元素內容宣告是 x+y 運算式，由於第 3 和 4 行已經宣告了 x 和 y 的值分別是 3 和 5，所以經計算後 z[2] 相當於是 8。

## 7-2-7　常見的陣列使用錯誤 – 索引值超出陣列範圍

筆者多年程式設計經驗觀察，存取陣列最常見的錯誤是索引值超出宣告的範圍，這種現象在程式編譯時不會錯誤，但是在執行時就會有錯誤產生。

程式實例 ch7_9.java：這個程式的陣列有 3 個元素，索引值範圍是 0-2，但是程式第 4 行卻嘗試設定 z[3] 元素內容。

```
1  public class ch7_9 {
2      public static void main(String[] args) {
3          int[] z = new int[3];                // 以變數宣告陣列空間
4          z[0] = z[1] = z[2] = z[3] = 2;
5          int sum = z[0] + z[1] + z[2] + z[3];
6          System.out.println("sum : " + sum);
7      }
8  }
```

執行結果
```
D:\Java\ch7>java ch7_9
Exception in thread "main" java.lang.ArrayIndexOutOfBoundsException: 3
        at ch7_9.main(ch7_9.java:4)
```

上述第 4 行的陣列索引 3 超出範圍造成異常 ArrayIndexOutBoundsException，所以程式終止，其實第 5 行也是如此，可是程式執行到第 4 行就中止不再往下編譯，所以還看不到第 5 行的錯誤。

## 7-2-8　foreach 迴圈遍歷陣列

這是一種遍歷陣列更簡潔的 for 迴圈，有時候可以表示為 for( : )，在這個語法下可以不使用陣列的長度和索引，然後遍歷整個陣列。它的語法如下：

　　for ( 資料類型 變數名稱 : 陣列名稱 )

上述資料類型必須與陣列名稱的資料類型相同。

程式實例 ch7_10.java：遍歷陣列與列印內容。

```
1  public class ch7_10 {
2      public static void main(String[] args) {
3          int[] numList = {5, 15, 10};            // 定義整數陣列
4          for ( int num:numList )                 // foreach迴圈
5              System.out.println("numList : " + num);
6      }
7  }
```

```
D:\Java\ch7>java ch7_10
  numList : 5
  numList : 15
  numList : 10
```

上述每一輪執行時會從 ":" 後面的 numList 陣列中取出一個元素，將值設定給 num 變數，然後執行迴圈，所以最後可以列印出所有陣列內容。

程式實例 ch7_11.java：計算成績的平均，成績是儲存在第 3 行的 score 陣列。

```
 1 public class ch7_11 {
 2    public static void main(String[] args) {
 3       double[] score = {90, 95, 80, 79, 92};    // 定義學生成績陣列
 4       double total = 0;
 5       for ( double sc:score )                    // foreach迴圈
 6          total += sc;                            // 先計算總分
 7       double average = total / score.length;     // 計算平均
 8       System.out.printf("average = %5.2f", average);
 9    }
10 }
```

執行結果 
```
D:\Java\ch7>java ch7_11
  average = 87.20
```

## 7-2-9 與陣列有關的程式實例

當相同類型的數值資料存放在一個陣列時，除了可以計算總和、平均外，常見的其他應用有找出最大值、最小值、符合特定條件的值、重新排列數據。

程式實例 ch7_12.java：找出陣列的最大值與最小值。

```
 1 public class ch7_12 {
 2    public static void main(String[] args) {
 3       int[] score = {90, 95, 80, 79, 92};        // 定義學生成績陣列
 4       int max, min;
 5       max = min = score[0];                       // 暫定最大值與最小值
 6       for ( int sc:score ) {                      // foreach迴圈
 7          if ( sc > max )                          // 如果目前元素大於最大值
 8             max = sc;                             // 將目前元素設為最大值
 9          if ( sc < min )                          // 如果目前元素小於最小值
10             min = sc;                             // 將目前元素設為最小值
11       }
12       System.out.println("Max = " + max);         // 列印最大值
13       System.out.println("Min = " + min);         // 列印最小值
14    }
15 }
```

執行結果 
```
D:\Java\ch7>java ch7_12
Max = 95
Min = 79
```

程式實例 ch7_13.java：第 3 行定義了 score 陣列，這個陣列儲存了一系列學生成績，及格分數變數是 passingScore = 60 分是在第 4 行定義，這個程式會列出不及格的學生成績，同時列出此學生的索引值。

```
 1  public class ch7_13 {
 2     public static void main(String[] args) {
 3        int[] score = {90, 58, 80, 49, 92};              // 定義學生成績陣列
 4        int passingScore = 60;                           // 最低標準分數
 5        for ( int i = 0; i < score.length; i++ ) {
 6           if ( score[i] < passingScore )                // 如果低於最低標準分數
 7              System.out.printf("score[%d] = %d\n", i, score[i]);   // 列印分數
 8        }
 9     }
10  }
```

執行結果
```
D:\Java\ch7>java ch7_13
score[1] = 58
score[3] = 49
```

　　接著筆者要講解資料結構中最基礎的應用陣列排序，使用的觀念是泡沫排序法 (Bubble Sort)。

程式實例 ch7_14.java：陣列排序的應用，這個程式會將陣列由大到小排序。

```
 1  public class ch7_14 {
 2     public static void main(String[] args) {
 3        int[] score = {90, 58, 80, 49, 92};              // 定義學生成績陣列
 4        int tmp;                                         // 暫時儲存分數
 5        for ( int i = 0; i < (score.length - 1); i++ )  {
 6           for ( int j = 0; j < (score.length - 1); j++ ) {
 7              if ( score[j] < score[j+1] ) {             // 發生前面元素比後面元素小
 8                 tmp = score[j];
 9                 score[j] = score[j+1];                  // 較大的元素值放前面
10                 score[j+1] = tmp;                       // 較小的元素值放後面
11              }
12           }
13           System.out.printf("列出第 %d 次迴圈排序結果\n", (i+1));
14           for ( int sc:score )
15              System.out.printf("%d ", sc);              // 列印目前排序狀況
16           System.out.println("");
17        }
18     }
19  }
```

執行結果
```
D:\Java\ch7>java ch7_14
列出第 1 次迴圈排序結果
90 80 58 92 49
列出第 2 次迴圈排序結果
90 80 92 58 49
列出第 3 次迴圈排序結果
90 92 80 58 49
列出第 4 次迴圈排序結果
92 90 80 58 49
```

這個程式設計的基本觀念是將陣列相鄰元素作比較，由於是要從大排到小，所以只要發生左邊元素值比右邊元素值小，就將相鄰元素內容對調，由於是 5 筆資料所以每次迴圈比較 4 次即可。上述所列出的執行結果是每個外層迴圈的執行結果，下列是第一個外層迴圈每個內層迴圈的執行結果。

```
90   58   80   49   92      這是原始數據
90   58   80   49   92      第 1 次內層迴圈的比較與調整
90   80   58   49   92      第 2 次內層迴圈的比較與調整
90   80   58   49   92      第 3 次內層迴圈的比較與調整
90   80   58   92   49      第 4 次內層迴圈的比較與調整
```

所以我們得到了第一次外層迴圈的執行結果，讀者可以將上述資料與執行結果的第一行輸出做比較。下列是第二個外層迴圈每個內層迴圈的執行結果。

```
90   80   58   92   49      這是第二個外層迴圈執行前的初始數據
90   80   58   92   49      第 1 次內層迴圈的比較與調整
90   80   58   92   49      第 2 次內層迴圈的比較與調整
90   80   92   58   49      第 3 次內層迴圈的比較與調整
90   80   92   58   49      第 4 次內層迴圈的比較與調整（這是多餘的比較）
```

所以我們得到了第二次外層迴圈的執行結果，讀者可以將上述資料與執行結果的第二行輸出做比較。另外，讀者應該發現在上述的程式設計中，當執行完第一次外層迴圈時最小值已經在最右邊了，所以第二次外層迴圈的第 4 次內層迴圈的比較是多餘的，這個觀念可以應用到第三次或第四次外層迴圈。下列是第三個外層迴圈每個內層迴圈的執行結果。

```
90   80   92   58   49      這是第三個外層迴圈執行前的初始數據
90   80   92   58   49      第 1 次內層迴圈的比較與調整
90   92   80   58   49      第 2 次內層迴圈的比較與調整
90   92   80   58   49      第 3 次內層迴圈的比較與調整（這是多餘的比較）
90   92   80   58   49      第 4 次內層迴圈的比較與調整（這是多餘的比較）
```

所以我們得到了第三次外層迴圈的執行結果，讀者可以將上述資料與執行結果的第三行輸出做比較。下列是第四個外層迴圈每個內層迴圈的執行結果。

```
90   92   80   58   49      這是第四個外層迴圈執行前的初始數據
92   90   80   58   49      第 1 次內層迴圈的比較與調整
```

| 92 | 90 | 80 | 58 | 49 | 第 2 次內層迴圈的比較與調整 ( 這是多餘的比較 ) |
| 92 | 90 | 80 | 58 | 49 | 第 3 次內層迴圈的比較與調整 ( 這是多餘的比較 ) |
| 92 | 90 | 80 | 58 | 49 | 第 4 次內層迴圈的比較與調整 ( 這是多餘的比較 ) |

　　所以我們得到了第四次外層迴圈的執行結果，讀者可以將上述資料與執行結果的第四行輸出做比較。從上述執行分析可以看到程式實例 ch7_14.java 的內層迴圈比較有些是多餘的，如果你設計程式想要節省效率，可以每一次內層迴圈比較時少比較一次，這樣就可以節省效率了。

程式實例 ch7_15.java：以更有效率方式重新設計 ch7_14.java，主要觀念是每一次內層迴圈的比較會少一次。

```
6                    for ( int j = 0; j < (score.length - i - 1); j++ ) {
```

執行結果　與 ch7_14.java 相同。

　　上述程式的重點是 "score.length – i – 1"，i 是外層迴圈的索引變數，當 i 等於 0 時，相當於是內層迴圈執行次數不變，當 i 值每次增加 1 時內層迴圈執行次數就少一次，意義是可以少比較一次，如此就可以達到節省效率的目的了。

# 7-3 Java 參照資料型態 (Reference Data Types)

　　Java 有關變數資料處理可以分成原始資料型態 (Primitive Data Types) 與參照資料型態 (Reference Data Types)。

## 7-3-1　原始資料型態 (Primitive Data Types)

　　所謂的原始資料型態 (Primitive Data Types) 指的是 byte、short、int、long、float、double、boolean、char 等 8 種，這 8 種原始資料型態最大的特色是當我們定義變數同時設定變數值時，變數值內容是直接放在變數內，觀念如下方左圖。

| 變數內容 | 80 |
| :---: | :---: |
| 變數 | score |

例如：有一個宣告如下：

　　int score = 80;

這時觀念圖形如上方右圖，如果我們執行下列等號運算。

　　int x;

　　x = score;

觀念圖形如下所示：

如果這時我們執行下列運算。

　　x = 50;

觀念圖形如下所示：

程式實例 ch7_16.java：使用程式設計驗證上述執行結果。

```
1  public class ch7_16 {
2      public static void main(String[] args) {
3          int score = 80;
4          int x ;
5          x = score;
6          x = 50;
7          System.out.println("score = " + score);
8          System.out.println("    x = " + x);
9      }
10 }
```

執行結果
```
D:\Java\ch7>java ch7_16
score = 80
    x = 50
```

## 7-3-2　參照資料型態 (Reference Data Types)

除了原始資料型態 (Primitive Data Types) 以外的資料型態皆是參照資料型態，例如：目前我們已經學習的字串 (String)、陣列 (Array)，未來筆者還會介紹類別物件 (class object) 皆算是參照資料型態。參照資料型態最大的特色是使用間接方式存取變數內容，這一章的重點是陣列，所以就用陣列做說明。

例如：有一個整數陣列宣告如下：

　　int[ ] score = {90, 79, 92};

宣告完後這時的記憶體觀念如下：

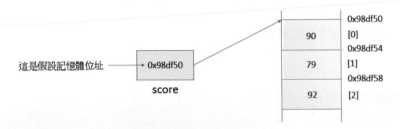

對於陣列變數 score 而言，所存的內容並不是陣列的元素內容，而是一個記憶體位置，此記憶體位置才是真正存放陣列元素內容的起始位址，在該記憶體的連續空間才是真正存放元素內容。由於這個範例的陣列是整數 (32 位元 )，8 個位元代表一個記憶體位置，所以記憶體位置以每次遞增 4 的方式存放整數，如果陣列內容是其它的原始資料型態，每次遞增的數字將會不一樣。

參照資料型態在執行指定運算式 (=) 時，並不是採用複製整個資料方式，而是採用複製所指記憶體位址。延續 score 陣列，如果我們執行下列設定：

　　int[ ] myscore = score;

這時記憶體觀念如下：

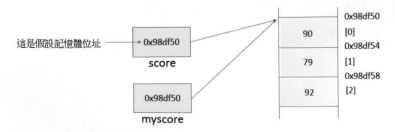

假設我們執行下列敘述：

myscore[1] = 100;

這時記憶體觀念如下：

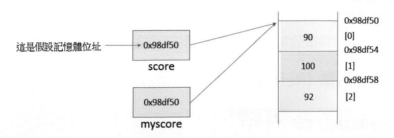

如果這時我們列印 score[1] 或 myscore[1] 皆可以獲得 100 的結果，其實我們並沒有更改 score[1] 的值，但是因為這個記憶體內容被更改了，所以也獲得 100 的結果。這也是參照資料型態的一大特色，所以程式設計時一定要特別留意。

程式實例 ch7_17.java：上述參照資料型態的驗證。

```
1  public class ch7_17 {
2      public static void main(String[] args) {
3          int[] score = {90, 79, 92};              // 定義學生成績陣列
4          int[] myscore = score;
5
6          System.out.printf("score[1]   = %d\n", score[1]);
7          System.out.printf("myscore[1] = %d\n", myscore[1]);
8          System.out.printf("更改myscore[1]內容後\n");
9          myscore[1] = 100;
10         System.out.printf("score[1]   = %d\n", score[1]);
11         System.out.printf("myscore[1] = %d\n", myscore[1]);
12     }
13 }
```

執行結果
```
D:\Java\ch7>java ch7_17
score[1]   = 79
myscore[1] = 79
更改myscore[1]內容後
score[1]   = 100
myscore[1] = 100
```

# 7-4 Java 垃圾回收 (Garbage Collection)

在本書 1-8 節筆者介紹 Java 語言的一個特色是自動垃圾回收 (Garbage Collection)，多數的文章或程式會用 GC 或 gc 當作垃圾回收的縮寫，在 Java 的 JVM 環境中有一個執行緒 GC threads，主要工作內容就是執行垃圾回收。它的基本觀念就是將已經不再使用的記憶體空間回收，本節將簡單的說明 Java 的垃圾回收。

## 7-4-1 參照計數 (Reference Counting)

請再看一次下列陣列的基本記憶體圖形。

對上圖右邊的陣列記憶體圖形而言，目前有 score 陣列變數參照它，這種情況我們稱此記憶體的參照計數是 1，請再看一次另一個記憶體參考圖形。

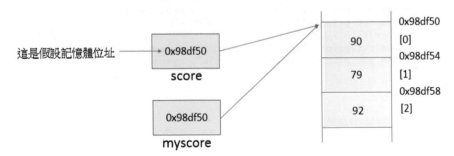

對上圖右邊的陣列記憶體圖形而言，目前有 score 和 myscore 陣列變數參照它，這種情況我們稱此記憶體的參照計數是 2。

## 7-4-2 更改參照

Java 在宣告陣列變數完成後，未來也可以重新為所宣告的陣列配置新的記憶體空間，這個行為稱更改參照。

程式實例 ch7_18.java：先定義一個陣列 x，列出此陣列內容。然後重新定義陣列 x，再列印一次內容。

```
1  public class ch7_18 {
2      public static void main(String[] args) {
3          int[] x = {6, 9, 2};                // 定義整數陣列
4          System.out.println("原先x陣列內容");
5          for (int num:x)
6              System.out.printf("%d\t", num);
7
8          System.out.printf("\n更改參照和新的x陣列內容\n");
9          x = new int[2];                     // 更改參照
10         x[0] = 10;
11         x[1] = 20;
12         for (int num:x)
13             System.out.printf("%d\t", num);
14     }
15 }
```

執行結果

```
D:\Java\ch7>java ch7_18
原先x陣列內容
6          9          2
更改參照和新的x陣列內容
10         20
```

在 Java 系統中宣告完陣列 x 後記憶體圖形如下：

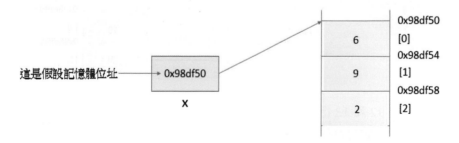

對上述陣列的記憶體內容而言，目前的參照計數是 1。程式第 9 行是重新配置 x 陣列變數，此時記憶體圖形如下：

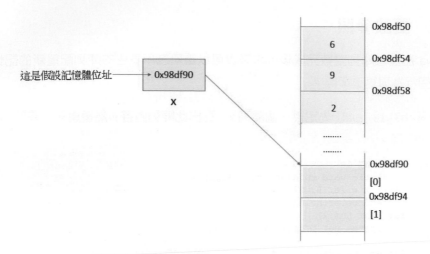

當重新配置 x 陣列變數後，一個重大的影響是是原先存放 6、9、2 記憶體內容的參照計數變為 0，同時新增一塊記憶體供存放新 x 陣列變數使用。程式第 10 和 11 行，執行後記憶體內容如下：

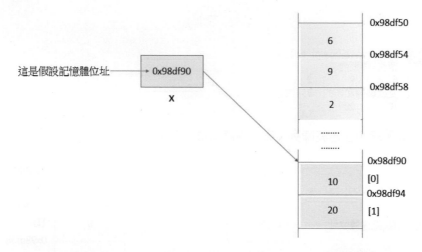

所以程式第 12 和 13 行可以得到 20、30 的結果，從上述實例讀者應該瞭解更改參照的意義。另一種常見更改參照的方式如下：

```
int[ ]  x = {6, 9, 2};
int[ ]  y = {10, 20};
…

x = y;
```

這時對於 {6, 9, 2} 陣列記憶體而言，它的參照計數就少 1 了，而對於 {10, 20} 陣列記憶體而言，它的參照計數就加 1。

### 7-4-3 參照計數減少的其它可能

在 Java 中除了更改參照可以減少參照計數，另外還有下列 2 種常見減少參照計數的方式：

❑ 將陣列變數設為 null，例如：

int[ ] x = {6, 9, 2};
…
x = null;          // {6, 9, 2} 陣列記憶體參照數少 1

❑ 參照資料型態的變數已經離開了變數的有效範圍，8-7 節筆者還會說明什麼是變數的有效範圍。

### 7-4-4 垃圾回收

從前面的說明我們已經可以了解當記憶體有被參照時，表示這是有用的記憶體，當然有用的記憶體是不可回收的，否則將導致程式錯誤。相反的記憶體沒有被參照，表示這是沒有用的記憶體，這也是垃圾回收的主要對象。

不過，並不是記憶體沒有被參照時就立刻回收，這可能會導致正在執行的程式有錯誤，Java 還是會等待適當的時機執行回收工作，例如：在網路連線等待另一方回應時。

當然以上只是概述，讀者可以使用 Java Garbage Collection 當關鍵字查詢更多垃圾回收的相關知識。

## 7-5 多維陣列的原理

本章前面所介紹的陣列是一維陣列 (One Dimensional Array)，如果有一個陣列它的元素皆是指向另一個陣列，那麼我們可以將這個陣列稱作二維陣列 (Two Dimensional Array)。這個觀念可以擴充為，如果有一個陣列它的元素皆是指向一個二維陣列，那麼我們可以將這個陣列稱作三維陣列 (Three Dimensional Array)。

## 7-5-1　多維陣列元素的宣告

宣告多維陣列與宣告一維陣列觀念相同，其實只是宣告一維陣列的擴充，下列是宣告二維陣列的語法。

資料類型 [ ][ ] 陣列名稱；

例如：下列是宣告 x 為整數的二維陣列。

int[ ][ ]  x;

其實以上觀念可以擴充到更高維的陣列宣告，例如：下列是宣告 y 為整數的三維陣列。

int[ ][ ][ ]  y;

## 7-5-2　配置多維陣列的空間

配置多維陣列空間的觀念與配置一維陣列觀念相同，下列是配置 2 行 (row)3 欄 (column) 的二維陣列方式。

int[ ][ ]  x;
x = new int[2][3];

上述 2 行也可以簡化為下列表示法，直接宣告與配置。

int[ ][ ]  x = new int[2][3];

程式實例 ch7_19.java：宣告與配置二維陣列。

```
1  public class ch7_19 {
2      public static void main(String[] args) {
3          int[][] x;
4          x = new int[2][3];
5
6          System.out.println("x 元素數量 = " + x.length);
7          for (int i =0; i < x.length; i++)
8              System.out.printf("x[%d]元素數量 = %d\n", i, x[i].length);
9      }
10 }
```

執行結果
```
D:\Java\ch7>java ch7_19
x 元素數量 = 2
x[0]元素數量 = 3
x[1]元素數量 = 3
```

程式實例 ch7_20.java：簡化二維陣列的宣告與配置，這個程式基本上是將 ch7_19.java
的第 3 和 4 行簡化為下列表示法。

```
3            int[][] x = new int[2][3];
```

執行結果 與 ch7_19.java 相同。

## 7-5-3　宣告與設定二維陣列元素的初值

7-2-5 節是設定一維陣列的初值，設定二維陣列的初值其觀念是類似。

程式實例 ch7_21.java：設定二維陣列的初值，同時列印此二維陣列的內容。

```
1  public class ch7_21 {
2      public static void main(String[] args) {
3          int[][] x = { {1, 2, 3}, {4, 5, 6} };   // 定義二維陣列同時設定初值
4
5          for (int i = 0; i < x.length; i++) {
6              for (int j = 0; j < x[i].length; j++ )
7                  System.out.printf("x[%d][%d] = %d\t", i, j, x[i][j]);
8              System.out.println("");
9          }
10     }
11 }
```

執行結果
```
D:\Java\ch7>java ch7_21
x[0][0] = 1     x[0][1] = 2     x[0][2] = 3
x[1][0] = 4     x[1][1] = 5     x[1][2] = 6
```

上述二維陣列經執行後記憶體圖形如下：

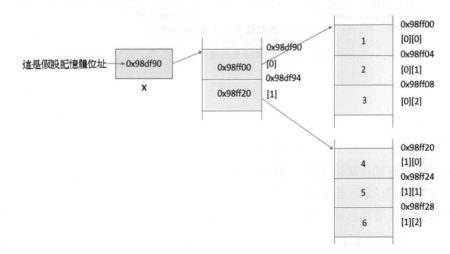

程式實例 ch7_22.java：在程式中設定二維陣列的元素值，重新設計 ch7_21.java。

```
1  public class ch7_22 {
2      public static void main(String[] args) {
3          int[][] x = new int[2][3];          // 定義二維陣列同時宣告配置
4
5          x[0][0] = 1;                         // 直接設定二維陣列元素值
6          x[0][1] = 2;
7          x[0][2] = 3;
8          x[1][0] = 4;
9          x[1][1] = 5;
10         x[1][2] = 6;
11         for (int i = 0; i < x.length; i++) {
12             for (int j = 0; j < x[i].length; j++ )
13                 System.out.printf("x[%d][%d] = %d\t", i, j, x[i][j]);
14             System.out.println("");
15         }
16     }
17 }
```

執行結果　與 ch7_21.java 相同。

## 7-5-4　分層的配置二維陣列

先前的二維陣列宣告與配置是同時進行，Java 也允許分層方式配置第二維的陣列空間。

程式實例 ch7_23.java：使用分層方式建立二維陣列，重新設計 ch7_20.java。

```
1  public class ch7_23 {
2      public static void main(String[] args) {
3          int[][] x = new int[2][];          // 宣告二維陣列但是先配置第一維空間
4          for (int i = 0; i < x.length; i++)
5              x[i] = new int[3];              // 配置第二維空間
6          System.out.println("x 元素數量 = " + x.length);
7          for (int i = 0; i < x.length; i++)
8              System.out.printf("x[%d]元素數量 = %d\n", i, x[i].length);
9      }
10 }
```

執行結果　與 ch7_20.java 相同。

上述程式我們在第 3 行先宣告整數的二維陣列 x，同時為第一維度陣列配置 2 個元素，這種宣告方式相當於是告訴編譯程式第一維度的元素，主要是儲存未來要指向第二維度的記憶體位址，但是第二維度則尚未配置元素空間。程式第 4-5 行則是一個迴圈，這個迴圈主要是為第一維度的每個元素配置陣列空間，也就是第二維的陣列，此次是配置含 3 個元素的空間。

## 7-5-5 不同長度的二維陣列

Java 允許我們配置不同長度的二維陣列，由於第二維的長度不同，所以一般無法使用迴圈方式設定第二維的長度。

程式實例 ch7_24：建立第二維長度不同的陣列，同時設定陣列元素內容和列印結果。

```
1  public class ch7_24 {
2      public static void main(String[] args) {
3          int[][] x = new int[2][];          // 宣告二維陣列但是先配置第一維空間
4          x[0] = new int[3];                 // 配置3個元素長度
5          x[1] = new int[2];                 // 配置2個元素長度
6          System.out.println("x 元素數量 = " + x.length);
7          for (int i = 0; i < x.length; i++)
8              System.out.printf("x[%d]元素數量 = %d\n", i, x[i].length);
9          x[0][0] = 1;                       // 直接設定二維陣列元素值
10         x[0][1] = 2;
11         x[0][2] = 3;
12         x[1][0] = 4;
13         x[1][1] = 5;
14         for (int i = 0; i < x.length; i++) {
15             for (int j = 0; j < x[i].length; j++ )
16                 System.out.printf("x[%d][%d] = %d\t", i, j, x[i][j]);
17             System.out.println("");
18         }
19     }
20 }
```

執行結果
```
D:\Java\ch7>java ch7_24
x 元素數量 = 2
x[0]元素數量 = 3
x[1]元素數量 = 2
x[0][0] = 1    x[0][1] = 2    x[0][2] = 3
x[1][0] = 4    x[1][1] = 5
```

上述二維陣列經執行後記憶體圖形如下：

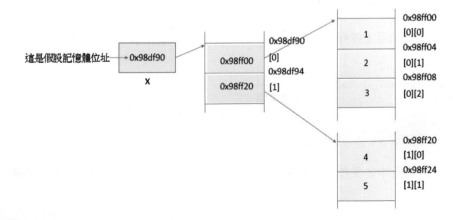

# 7-6 Java 命令列參數

在 2-2 節筆者有介紹 main( ) 方法，這是 Java 程式執行的起點，在這個方法中的參數是 "String[ ] args"，經過本章內容說明相信讀者可以了解 args 是一個字串陣列。這個設計表示，Java 允許我們在執行程式時，可以在命令提示環境輸入一些額外參數，例如：如果想設計螢幕顯示文件程式，可以在此讀入文件名稱。

## 7-6-1　Java 程式執行的參數數量

過去我們可以在命令提示環境輸入下列指令執行程式：

　　java ch7_25

上述是假設所執行的程式是 ch7_25.java，然後從 main( ) 開始執行程式，在沒有參數的情況，如果這時我們列印 args.length，可以得到 0，因為我們沒有在 "java ch7_25" 後面加上任何參數。如果有加入參數，args.length 會記載參數數量，當有多個參數時，各參數字串間需用空格隔開。

程式實例 ch7_25.java：列印 args.length 的應用，筆者同時測試沒有參數，1 個參數或 2 個參數的結果。

```
1 public class ch7_25 {
2     public static void main(String[] args) {
3         System.out.println("參數數量 " + args.length);
4     }
5 }
```

執行結果　D:\Java\ch7>java ch7_25
　　　　　參數數量 0

如果我們執行上述程式，在末端加上 readme.txt 或更多字串，將有不同的執行結果。

D:\Java\ch7>java ch7_25 readme.txt　D:\Java\ch7>java ch7_25 readme.txt Java王者歸來
參數數量 1　　　　　　　　　　　　　參數數量 2

## 7-6-2　命令列參數內容

在上述設計中如果我們想要獲得輸入參數的內容，可以使用 args[i] 方式取得，i 是參數的索引。

程式實例 ch7_26.java：顯示程式執行時命令列的參數內容。

```
1  public class ch7_26 {
2      public static void main(String[] args) {
3          System.out.println("參數數量 " + args.length);
4          for (int i = 0; i < args.length; i++)
5              System.out.println("第 " + i + " 個參數 " + args[i]);
6      }
7  }
```

執行結果
```
D:\Java\ch7>java ch7_26 readme.txt Java王者歸來    D:\Java\ch7>java ch7_26 My name is JK Hung
參數數量 2                                           參數數量 5
第 0 個參數 readme.txt                               第 0 個參數 My
第 1 個參數 Java王者歸來                             第 1 個參數 name
                                                    第 2 個參數 is
                                                    第 3 個參數 JK
                                                    第 4 個參數 Hung
```

在上述右方執行中，如果想將多個參數 My name is JK Hung 用一個字串表示，可以在字串左右加上雙引號符號，可參考下列執行結果。

```
D:\Java\ch7>java ch7_26 "My name is JK Hung" Good
參數數量 2
第 0 個參數 My name is JK Hung
第 1 個參數 Good
```

# 7-7 二維陣列的程式應用

程式實例 ch7_27.java：有一個二維陣列記載了一週天氣每天的最高溫、平均溫和最低溫，請計算一週溫度的最高溫、最低溫和平均溫度的平均。

```
1  public class ch7_27 {
2      public static void main(String[] args) {
3          int[][] degree = {
4                  {25, 27, 29, 28, 26, 30, 28},    // 最高溫度
5                  {23, 25, 27, 26, 24, 28, 26},    // 平均溫度
6                  {21, 23, 25, 24, 22, 26, 24}     // 最低溫度
7          };
8          double sum, average;                     // 總計溫度和平均溫度
9          String str = "";
10         for (int i = 0; i < degree.length; i++) {
11             sum = 0;                             // 最初化總計溫度
12             for (int de:degree[i])
13                 sum += de;                       // 溫度總和
14             average = sum / degree[i].length;    // 溫度平均
15             switch (i) {
16                 case 0:
17                     str = "最高溫平均：";
```

```
18                    break;
19                case 1:
20                    str = "平均溫平均：";
21                    break;
22                case 2:
23                    str = "最低溫平均：";
24                    break;
25            }
26            System.out.printf("%s %5.2f\n", str, average);
27        }
28    }
29 }
```

執行結果　D:\Java\ch7>java ch7_27
　　　　　最高溫平均：　27.57
　　　　　平均溫平均：　25.57
　　　　　最低溫平均：　23.57

　　在上述第 15-25 行設計中，筆者使用索引 i 判斷所計算的是那一種溫度，有時候也可以多增加設計一個字串陣列，用元素索引標明 str 所代表的意義。

程式實例 ch7_28.java：重新設計 ch7_27.java，將 str 用字串陣列方式處理。

```
1 public class ch7_28 {
2     public static void main(String[] args) {
3         String[] str = {"最高溫平均：", "平均溫平均：", "最低溫平均："};
4         int[][] degree = {
5             {25, 27, 29, 28, 26, 30, 28},        // 最高溫度
6             {23, 25, 27, 26, 24, 28, 26},        // 平均溫度
7             {21, 23, 25, 24, 22, 26, 24}         // 最低溫度
8         };
9         double sum, average;                     // 總計溫度和平均溫度
10        for (int i = 0; i < degree.length; i++) {
11            sum = 0;                             // 最初化總計溫度
12            for (int de:degree[i])
13                sum += de;                       // 溫度總和
14            average = sum / degree[i].length;    // 溫度平均
15            System.out.printf("%s %5.2f\n", str[i], average);
16        }
17    }
18 }
```

執行結果　與 ch7_27.java 相同。

# 7-8 專題　線性搜尋 / 計算器

## 7-8-1　線性搜尋

這是非常容易的搜尋方法，通常是應用在序列資料沒有排序的情況，主要是將搜尋值 (key) 與序列資料一個一個拿來與做比對，直到找到與搜尋值相同的資料或是所有資料搜尋結束為止。

有一系列數字如下：

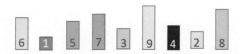

假設現在要搜尋 3，首先將 3 和序列索引 0 的第 1 個數字 6 做比較：

3 不等於 6

當不等於發生時可以繼續往右邊比較，在繼續比較過程中會找到 3 做較，如下所示：

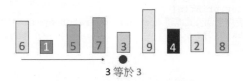

3 等於 3

現在 3 找到了，程式可以執行結束。如果找到最後還沒找到，就表示此數列沒有 3。由於在找尋過程，很可能會需要找尋 n 次，平均是找尋 n / 2 次。

程式實例 ch7_29.java：請輸入搜尋號碼，如果找到此程式會傳回索引值，同時列出搜尋次數，如果找不到會傳回查無此搜尋號碼。

```java
1 import java.util.Scanner;
2 public class ch7_29 {
3     public static void main(String[] args) {
4         int[] data = {6, 1, 5, 7, 3, 9, 4, 2, 8};
5         Scanner scanner = new Scanner(System.in);
6         System.out.printf("請輸入搜尋值: ");
```

```
7              int key = scanner.nextInt();
8              boolean notfind = true;
9
10             for ( int i = 0; i < data.length; i++ )
11                 if (key == data[i]) {
12                     System.out.printf("找到的索引值是 %d%n", i);
13                     notfind = false;
14                 }
15             if (notfind == true)
16                 System.out.println("找不到此搜尋值");
17     }
18 }
```

執行結果　D:\Java\ch7>java ch7_29
　　　　　請輸入搜尋值: 5
　　　　　找到的索引值是 2

## 7-8-2　計算器

程式實例 ch7_30.java：這是一個計算器程式，在執行時使用命令列參數觀念可以執行
運算公式計算。執行時可以使用下列方式，即可以計算執行結果。

　　　java ch7_30 data1 operator data2

　　更多細節可以參考本實例的執行結果。

```
1  public class ch7_30 {
2      public static void main(String[] args) {
3          if (args.length != 3) {
4              System.out.println(
5                  "請使用這個公式處理 operand1 operator operand2");
6              System.exit(0);                        // 執行結束
7          }
8          int ans = 0;
9
10         switch (args[1].charAt(0)) {
11           case '+': ans = Integer.parseInt(args[0]) + Integer.parseInt(args[2]);
12                 break;
13           case '-': ans = Integer.parseInt(args[0]) - Integer.parseInt(args[2]);
14                 break;
15           case '.': ans = Integer.parseInt(args[0]) * Integer.parseInt(args[2]);
16                 break;
17           case '/': ans = Integer.parseInt(args[0]) / Integer.parseInt(args[2]);
18         }
19         System.out.printf("%s %s %s = %d%n", args[0], args[1], args[2], ans);
20     }
21 }
```

執行結果　D:\Java\ch7>java ch7_30 6 + 8
　　　　　6 + 8 = 14

上述第 11、13、15、17 行的 Interger.parseInt(args[0]) 主要是將 arge[0] 字串轉成整數 int 資料型態。

## 7-8-3 基礎統計應用

假設有一組數據，此數據有 n 筆資料，我們可以使用下列公式計算它的平均值 (Mean)、變異數 (Variance)、標準差 (Standard Deviation，縮寫 SD，數學符號稱 sigma)。

平均值：$\bar{x} = \dfrac{1}{n}\displaystyle\sum_{i=1}^{n} x_i = \dfrac{x_1 + x_2 + \cdots + x_n}{n}$

變異數：$variance = \dfrac{1}{n}\displaystyle\sum_{i=1}^{n} (x_i - \bar{x})^2$

標準差：$standard\ deviation = \sqrt{\dfrac{1}{n}\displaystyle\sum_{i=1}^{n} (x_i - \bar{x})^2}$

由於統計數據將不會更改，所以可以用元組儲存處理。如果未來可能調整此數據，則建議使用串列儲存處理。下列實例筆者用元組儲存數據。

程式實例 ch7_31.java：計算 5,6,8,9 的平均值、變異數和標準差。

```java
1  public class ch7_31 {
2      public static void main(String[] args) {
3          double[] data = {5, 6, 8, 9};
4          double sum = 0;
5          for ( int i = 0; i < data.length; i++ )
6              sum += data[i];
7          double average = sum / data.length;            // 計算平均值
8          System.out.printf("平均值 = %4.2f%n", average);
9
10         double var = 0;
11         for (int i = 0; i < data.length; i++)
12             var += Math.pow((data[i] - average), 2);
13         var = var / data.length;                       // 計算變異數
14         System.out.printf("變異數 = %4.2f%n", var);
15
16         double dev = 0;
17         for (int i = 0; i < data.length; i++)
18             dev += Math.pow((data[i] - average), 2);
19         dev = Math.pow((dev / data.length), 0.5);       // 計算標準差
20         System.out.printf("標準差 = %4.2f%n", dev);
21     }
22 }
```

執行結果　D:\Java\ch7>java ch7_31
平均值 = 7.00
變異數 = 2.50
標準差 = 1.58

## 習題實作題

1： 有一個陣列資料如下：

23, 33, 43, 53, 63, 73

請將上述陣列資料依相反順序輸出、計算總和、計算平均。

D:\Java\ex>java ex7_1
相反順序輸出： 73 63 53 43 33 23
總和 = 288
平均 =　48.0

2： 有一個陣列資料如下：

23, 99, 38, 9, 10, 22, 87, 25, 77

請列出上述陣列的最大值、最小值、中間值。

D:\Java\ex>java ex7_2
最大值 = 99
最小值 = 9
中間值 = 25

3： 有一個超商統計一週來入場人數分別是 1100、652、946、821、955、1024、1155。請計算平均值、變異數和標準差。

D:\Java\ex>java ex7_3
平均值 = 950.43
變異數 = 25069.39
標準差 = 158.33

4： 氣象局使用元組 (tuple) 紀錄了台北過去一週的最高溫和最低溫度：

最高溫度：30, 28, 29, 31, 33, 35, 32

最低溫度：20, 21, 19, 22, 23, 24, 20

請列出過去一週的最高溫、最低溫和每天的平均溫度。

```
D:\Java\ex>java ex7_4
最高溫 = 35.0
最低溫 = 19.0
每天平均溫度： 25.00  24.50  24.00  26.50  28.00  29.50  26.00
```

5： 請設計一個程式可以連續讀取成績分數，當輸入負分數，此項讀取才會結束，最後列出分數筆數、平均分數、高於與低於平均分數的人數。

```
D:\Java\ex>java ex7_5
如果輸入負分數則輸入結束
請輸入分數： 96
請輸入分數 ： 72
請輸入分數 ： 65
請輸入分數 ： 80
請輸入分數 ： 91
請輸入分數 ： -1
分數筆數 = 5
平均分數 = 80.80
高於平均分數人數 = 2
低於平均分數人數 = 3
```

# 第八章

# 類別與物件

Java 的基本資料型態,可參考 3-2 節,這一章所介紹的是可自行定義的資料型態稱類別資料型態,這也是 Java 語言最核心的部分。

當我們了解類別基礎觀念後,其實就進入物件導向程式設計 (Object Oriented Programming) 的殿堂了,在物件導向程式設計中,最重要的 4 個特色是封裝 (Encapsulation)、繼承 (Inheritance)、抽象 (Abstraction)、多形 (Polymorphism)。

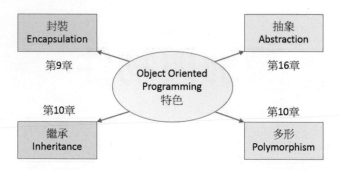

未來章節筆者將一步一步引導讀者 Java 語言最重要的特色物件導向程式設計。

## 8-1　認識物件與類別

Java 其實是一種物件導向程式 (Object Oriented Programming),強調的是以物件 (object) 為中心思考與解決問題。在我們生活的周遭,可以很容易將一些事物使用物件來思考。例如:貓、狗、銀行、車子 … 等。

用狗做實例,它的特性有名字、年齡、顏色 … 等,它的行為有睡覺、跑、叫、搖尾巴 … 等。

用銀行做實例,它的特性有銀行名字、存款者名字、存款金額 … 等,它的行為有存款、提款、買外幣、賣外幣 … 等。

當我們使用 Java 設計程式的時候,物件的特性就是所謂的屬性 (attributes) 或是稱欄位 (fields),物件的行為就是所謂的方法 (method)。我們可以用下圖表達。

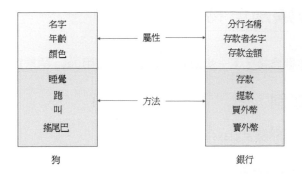

我們可以將類別 (class) 想成是建立物件的模組,當以物件導向思考問題時,我們必須將物件的屬性與方法組織起來,所組織的結果就稱為是類別 (class)。可以用下圖表達。

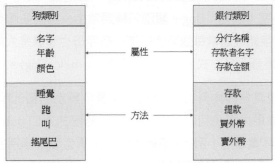

在程式設計時,為了要使用上述類別,我們需要真正定義實體 (instance),我們也將此實體稱作物件 (object)。未來我們可以使用此物件存取屬性與操作方法。可以用下圖表達。

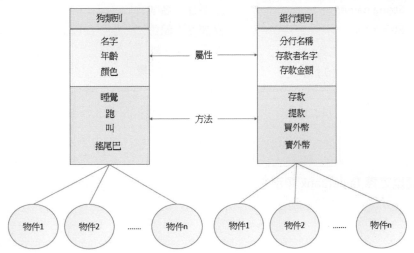

## 8-2 定義類別與物件

有了上述基本觀念後，下一步筆者將教導如何使用 Java 語言定義類別與物件。

### 8-2-1 定義類別

定義類別需使用關鍵字 class，其語法如下：

```
class 類別名稱 {
    敘述區塊；              // 包含屬性和方法
}
```

類別名稱的命名規則須遵守變數的命名規則，但是第一個字母建議用大寫其餘則不限制，通常會是小寫，例如：Dog。類別名稱通常由一個到多個有意義的英文單字組成，如果是由多個單字組成通常每個單字的第一個字母也建議是大寫，其餘則是小寫，例如：TaipeiBank。這種命名方式又稱駝峰式命名 (camelcasing)。

註 許多網路文章或其他國內外 Java 相關文件表示類別名稱的第一個字母需大寫，其實筆者測試沒用大寫也可以。甚至本書所有程式入口 public class 類別名稱是 chXX_XX.java，其實是用小寫 c，不過筆者建議讀者設計類別名稱時第一個字母使用大寫，筆者未來所設計的類別也將是採用大寫字母開頭。

下列是定義狗 Dog 類別的實例，筆者先簡化定義方法 (method)：

```
class Dog {                    // 類別名稱 Dog，D 用大寫
    String name;               // 屬性：名字
    String color;              // 屬性：顏色
    int age;                   // 屬性：年齡
    void sleeping( ) {         // 方法：在睡覺
    }
    void barking( ) {          // 方法：在叫
    }
}
```

下列是定義 TaipeiBank 類別的實例，筆者先簡化定義方法 (method)：

```
class TaipeiBank {
    String branchtitle;                // 屬性：分行名稱
    String user;                       // 屬性：用戶名稱
    int balance;                       // 屬性：存款餘額
    void saving( ) {                   // 方法：存款
    }
    void withdraw( ) {                 // 方法：提款
    }
}
```

## 8-2-2　宣告與建立類別物件

類別定義完成後，接著我們必須宣告與建立這個類別的物件，可以使用下列方法：

```
Dog myDog;                            // 宣告 Dog 物件
myDog = new Dog( );                   // 配置 myDog 物件空間
```

如果讀者仔細看，這個與我們宣告陣列變數方法時是一樣的，不過，在類別中我們稱此為建構方法 (constructor)( 有的文章也稱為構造方法或建構元或建構子 )，未來筆者還會講解這個知識。另外我們也可以與陣列變數相同，一道敘述同時執行宣告和建立類別物件。

```
Dog myDog = new Dog( );               // 同時執行宣告和建立 Dog 類別物件 myDog
```

# 8-3　類別的基本實例

## 8-3-1　建立類別的屬性

類別屬性 (attributes)，記載著類別的特色，有時候也可將它稱作類別的欄位，使用時我們必須為屬性建立變數 (variables)，然後才可以存取它們，這個變數又可以稱是屬於此類別的成員變數 (member variables)，下列是定義屬性的實例。

```
class Dog {
    String name;                      // 屬性：名字
    String color;                     // 屬性：顏色
    int age;                          // 屬性：年齡
}
```

## 8-3-2　存取類別的成員變數

存取類別成員變數語法如下：

物件變數 . 成員變數

程式實例 ch8_1.java：建立類別的成員變數，然後列印成員變數內容。

```
1  class Dog {
2      String name;        // 名字
3      String color;       // 顏色
4      int age;            // 年齡
5  }
6
7  public class ch8_1 {
8      public static void main(String[] args) {
9          Dog myDog = new Dog();          // 宣告與建立myDog物件
10         myDog.name = "Lily";            // 設定myDog的name屬性
11         myDog.color = "White";          // 設定myDog的color屬性
12         myDog.age = 5;                  // 設定myDog的age屬性
13         System.out.println("我的狗名字是： " + myDog.name);
14         System.out.println("我的狗顏色是： " + myDog.color);
15         System.out.println("我的狗年齡是： " + myDog.age);
16     }
17 }
```

執行結果
```
D:\Java\ch8>java ch8_1
我的狗名字是：Lily
我的狗顏色是：White
我的狗年齡是：5
```

## 8-3-3　呼叫類別的方法

類別的方法 (method) 其實就是物件的行為，在一些非物件導向的程式設計中這個方法 (method) 又稱為函數 (function)。方法的命名規則第一個字母是小寫，如果後面出現單字則是使用大寫，例如：myBook( ) 方法。它的基本語法如下：

傳回值類型 方法名稱 ( [ 參數列表 ] ) {
　　方法敘述區塊；　　　　// 方法的主體功能
}

如果這個方法沒有傳回值，則傳回值類型是 void。如果有傳回值，則可依傳回值資料型態設定，例如：傳回值是整數可以設定 int，這個觀念可以擴充到其它 Java 的資料型態。至於參數列表可以解析為參數 1 ⋯ 參數 n，我們將資訊用參數傳入方法 (method) 中。呼叫方法的語法如下：

> 物件變數 . 方法

程式實例 ch8_2.java：基本上是 ch8_1.java 的擴充，類別內含屬性與方法的應用。

```
 1  class Dog {
 2      String name;          // 名字
 3      String color;         // 顏色
 4      int age;              // 年齡
 5      void barking( ) {     // 方法barking()
 6          System.out.println("我的狗在叫");
 7      }
 8  }
 9
10  public class ch8_2 {
11      public static void main(String[] args) {
12          Dog myDog = new Dog();        // 宣告與建立myDog物件
13          myDog.name = "Lily";          // 設定myDog的name屬性
14          myDog.color = "White";        // 設定myDog的color屬性
15          myDog.age = 5;                // 設定myDog的age屬性
16          System.out.println("我的狗名字是： " + myDog.name);
17          System.out.println("我的狗顏色是： " + myDog.color);
18          System.out.println("我的狗年齡是： " + myDog.age);
19          myDog.barking();              // 呼叫方法barking()
20      }
21  }
```

執行結果
```
D:\Java\ch8>java ch8_2
我的狗名字是 ： Lily
我的狗顏色是 ： White
我的狗年齡是 ： 5
我的狗在叫
```

# 8-4 類別含多個物件的應用

　　如果一個類別只能有一個物件，那對實際的程式幫助不大，所幸 Java 是允許類別有多個物件，這也將是本章的主題。

## 8-4-1 類別含多個物件的應用

　　其實只要在宣告時，用相同方式建立不一樣的物件即可。

程式實例 ch8_3.java：一個類別含 2 個物件的應用。

```
 1 class Dog {
 2     String name;        // 名字
 3     String color;       // 顏色
 4     int age;            // 年齡
 5     void barking( ) {   // 方法barking()
 6         System.out.println("正在叫");
 7     }
 8     void sleeping( ) {  // 方法sleeping()
 9         System.out.println("正在睡覺");
10     }
11 }
12
13 public class ch8_3 {
14     public static void main(String[] args) {
15         Dog myDog = new Dog();        // 宣告與建立myDog物件
16         Dog TomDog = new Dog();       // 宣告與建立TomDog物件
17
18         myDog.name = "Lily";          // 設定myDog的name屬性
19         System.out.print("我的狗名字是 " + myDog.name + " ");
20         myDog.barking();              // 呼叫方法barking()
21
22         TomDog.name = "Hali";         // 設定TomDog的name屬性
23         System.out.print("Tom的狗名字是 " + TomDog.name + " ");
24         myDog.sleeping();             // 呼叫方法sleeping()
25     }
26 }
```

執行結果　D:\Java\ch8>java ch8_3
我的狗名字是 Lily 正在叫
Tom的狗名字是 Hali 正在睡覺

　　從上述讀者可以看到第 15 和 16 行分別建立 myDog 和 TomDog 物件，這是 2 個獨立的物件，因此雖然使用相同的屬性和方法，但是彼此是獨立的。然後第 18-20 行是建立 myDog 的屬性、列印、呼叫方法 barking( )。第 22-24 行是建立 TomDog 的屬性、列印、呼叫方法 sleeping( )。

## 8-4-2　建立類別的物件陣列

　　如果我們建立了一間銀行的類別，用戶可能幾百萬或更多，使用 8-4-1 節方式為每一個客戶建立物件變數是一個不可能的事務，碰上這類情形我們可以用陣列方式處理。

程式實例 ch8_4.java：建立類別物件陣列的應用，此物件陣列有 5 個元素。

```
1  class TaipeiBank {
2      int account;                                      // 帳號
3      int balance;                                      // 存款金額
4      void printInfo( ) {                               // 方法printInfo()
5          System.out.printf("帳戶 : %d, 餘額 : %d\n", account, balance);
6      }
7  }
8
9  public class ch8_4 {
10     public static void main(String[] args) {
11         TaipeiBank[] shilin = new TaipeiBank[5];       // 類別物件陣列
12
13         for ( int i = 0; i < shilin.length; i++ ) {    // 建立帳號訊息
14             shilin[i] = new TaipeiBank();              // 建立物件
15             shilin[i].account = 10000001 + i;          // 設定帳號
16             shilin[i].balance = 0;                     // 最初化存款是0
17         }
18         for ( TaipeiBank sh:shilin )                   // 列印帳號訊息
19             sh.printInfo();
20     }
21 }
```

執行結果
```
D:\Java\ch8>java ch8_4
帳戶 : 10000001, 餘額 : 0
帳戶 : 10000002, 餘額 : 0
帳戶 : 10000003, 餘額 : 0
帳戶 : 10000004, 餘額 : 0
帳戶 : 10000005, 餘額 : 0
```

上述程式有 2 個新觀念，首先在類別內 printInfo( ) 方法內引用此類別的屬性時，例如：第 5 行內的 account 和 balance 屬性，同時可以直接呼叫屬性名稱。這個 printInfo( ) 方法可以列印帳戶和餘額。

至於 main( ) 方法的第 11 行筆者宣告了 TaipeiBank 類別的陣列，由於每一個陣列元素皆是一個類別，所以在第 14 行必須建立此物件，然後第 15 和 16 行才可以設定此物件的帳號和最初化存款金額。第 18 和 19 行是 foreach 迴圈可以列印帳號訊息。

## 8-5 類別的參照資料型態

### 8-5-1 類別的參照記憶體圖形

在 7-3-2 節筆者有介紹物件 (object) 是一個參照資料型態，假設有一個物件宣告如下：

```
class Dog {
    String name;              // 屬性：名字
    String color;             // 屬性：顏色
    int age;                  // 屬性：年齡
}
```

當執行下列敘述建立物件：

```
Dog myDog = new Dog( );
```

Java 會動態的配置記憶體空間，整個 myDog 物件的記憶體觀念圖形如下：

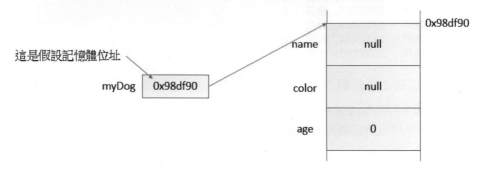

### 8-5-2 類別物件屬性的初值

讀者可能會覺得奇怪，為何在上一小節的類別記憶體圖形中，筆者在宣告 myDog 物件完成後，沒有任何設定 myDog 物件屬性值，卻在記憶體內寫出 myDog 物件屬性的初值，這個觀念不符合我們前幾章所述的基本資料型態觀念。其實 Java 當使用 new 建立物件後，每個類別物件的屬性變數具有 Java 自動設定初值個功能，一般整數變數屬性的初值是 0，一般浮點數變數屬性的初值是 0.0，布林值的初值是 false，其它類型資料的初值是 null。所以 name 和 color 是字串類型其初值是 null，age 是整數類型其初值是 0。

程式實例 ch8_5.java：驗證類別屬性的初值。

```
1  class Dog {
2      String name;           // 名字
3      String color;          // 顏色
4      int age;               // 年齡
5      void printInfo() {
6          System.out.println("狗名字是 : " + name);
7          System.out.println("狗顏色是 : " + name);
8          System.out.println("狗年齡是 : " + age);
9      }
10 }
11
12 public class ch8_5 {
13     public static void main(String[] args) {
14         Dog myDog = new Dog();          // 宣告與建立myDog物件
15         myDog.printInfo();
16     }
17 }
```

執行結果
```
D:\Java\ch8>java ch8_5
狗名字是 : null
狗顏色是 : null
狗年齡是 : 0
```

其實讀者可以擴充上述程式，以便可以了解與驗證其他資料型態的初值。

## 8-5-3  細讀類別參照的記憶體圖形

這一小節主要是用詳細的記憶體圖形講解類別參照的更深一層內涵。

程式實例 ch8_6.java：類別參照的記憶體圖形與觀念完整解說。

```
1  class Dog {
2      String name = "Lily";              // 名字
3      void printInfo() {
4          System.out.println("狗名字是 : " + name);
5      }
6  }
7
8  public class ch8_6 {
9      public static void main(String[] args) {
10         Dog aDog, bDog, cDog;          // 宣告aDog, bDog, cDog物件
11         aDog = new Dog();
12         bDog = new Dog();
13         cDog = new Dog();
14         System.out.println("aDog == bDog : " + (aDog == bDog) + "  " + aDog.name);
15         System.out.println("aDog == cDog : " + (aDog == cDog) + "  " + bDog.name);
16         System.out.println("bDog == cDog : " + (bDog == cDog) + "  " + cDog.name);
17
18         bDog = cDog;                    // bDog和cDog指向相同位置
```

```
19          System.out.println("bDog == cDog : " + (bDog == cDog));
20
21          bDog.name = "Hali";            // 更改bDog的name屬性
22
23          aDog.printInfo();              // 列印狗名字
24          bDog.printInfo();              // 列印狗名字
25          cDog.printInfo();              // 列印狗名字
26      }
27 }
```

執行結果　D:\Java\ch8>java ch8_6
　　　　　aDog == bDog : false  Lily
　　　　　aDog == cDog : false  Lily
　　　　　bDog == cDog : false  Lily
　　　　　bDog == cDog : true
　　　　　狗名字是 : Lily
　　　　　狗名字是 : Hali
　　　　　狗名字是 : Hali

　　　這個程式有不一樣的地方是，筆者在類別內設定了屬性的初值，在建立物件後 name 屬性值就是 Lily。程式第 10-13 行執行完成後，其實 3 個物件分別是指向不同的記憶體，記憶體圖形如下所示：

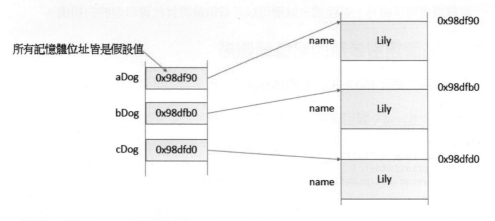

　　　雖然 " 物件 .name" 皆是 Lily，但是因為指向不同記憶體，所以第 14-16 行列出的結果皆是 false。第 18 行，筆者將 bDog 指向 cDog，這時記憶體圖形如下：

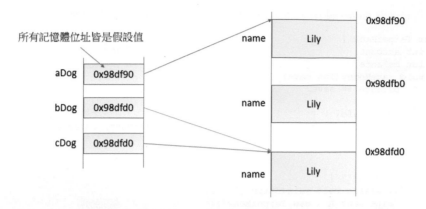

所以第 19 行的結果是 True。第 21 行筆者更改了 bDog.name 的值，這時的記憶體圖形將如下所示：

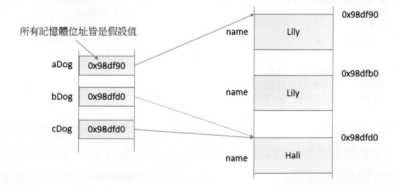

所以雖然我們沒有更改 cDog.name 的內容，但是因為它和 bDog.name 指向相同位址，所以最後第 23-25 行可以分別得到 "Lily"、"Hali"、"Hali" 的執行結果。

# 8-6　再談方法 (method)

在前面各節的類別實例中，所有的方法皆是簡單沒有傳遞任何參數或是沒有任何傳回值，這一節筆者將講解更多方法的應用。

## 8-6-1　基本參數的傳送

在設計類別的方法時，也可以增加傳遞資料給方法。

程式實例 ch8_7.java：使用銀行存款了解基本參數傳送的方法與意義。

```
1  class TaipeiBank {
2      int account;                                    // 帳號
3      int balance;                                    // 存款金額
4      void saveMoney(int save) {                      // 存款
5          balance += save;
6      }
7      void printInfo( ) {                             // 列印帳號與餘額
8          System.out.printf("帳戶 : %d, 餘額 : %d\n", account, balance);
9      }
10 }
11
12 public class ch8_7 {
13     public static void main(String[] args) {
14         TaipeiBank A = new TaipeiBank();            // 類別物件
15         A.account = 10000001;                       // 設定帳號
16         A.balance = 0;                              // 最初化存款是0
17
18         A.printInfo();                              // 存款前
19         A.saveMoney(100);                           // 存款金額100
20         A.printInfo();                              // 存款後
21     }
22 }
```

執行結果
```
D:\Java\ch8>java ch8_7
帳戶 : 10000001, 餘額 : 0
帳戶 : 10000001, 餘額 : 100
```

　　上述第 18 行是列印存款前的帳戶餘額，第 19 行是存款 100 元，這時 A.saveMoney(100) 會將 100 傳給類別內的 saveMoney(int save ) 方法，程式第 5 行會執行將此 100 與原先的餘額加總。第 20 行是列印存款後的帳戶餘額。上述是傳遞整數參數，其實讀者可以將它擴充，可以傳遞任何 Java 合法的資料型態。

## 8-6-2　認識形參 (Formal Parameter) 與實參 (Actual Parameter)

　　有時候看一些網路文章或是中文簡體書籍，有些作者會將所傳遞的參數或是方法內的參數做更細的描述。

　　通常是將方法內定義的參數稱形參，以實例 ch8_7.java 為例，指的是第 4 行的 save。將 main( ) 內的參數稱實參，以實例 ch8_7.java 為例，指的是第 19 行的 100。在此筆者統稱參數 (Parameter)。

## 8-6-3　參數傳遞的方法

　　參數傳遞有兩種，分別是傳遞值 (call by value) 或是傳遞位址 (call by address)。

❏ 傳遞值 call by value

main( ) 內呼叫方法時，main( ) 的實參值會傳給方法的形參，在記憶體內 main( ) 的實參與方法的形參各自有不同的記憶體空間。

程式實例 ch8_8.java：傳遞值的應用，一個資料交換但是失敗的實例，這個程式第 2 行筆者使用下列方式宣告 swap( ) 方法。

```
public static void swap( int x, int y ) {
    …
}
```

在下一章 9-3 節筆者會完整說明在 void 前面加上 public static 的目的與意義，在此讀者只要了解先加上 public static 即可。

```
1 public class ch8_8 {
2     public static void swap(int x, int y) {
3         int tmp = x;                                    // 以下2行可以達到x,y資料對調
4         x = y;
5         y = tmp;
6         System.out.printf("swap方法內部  x = %d,  y = %d\n", x, y);
7     }
8     public static void main(String[] args) {
9         int x, y;
10        x = 10;
11        y = 20;
12        System.out.printf("呼叫swap方法前 x = %d,  y = %d\n", x, y);
13        swap(x, y);                                      // 呼叫swap方法前
14        System.out.printf("呼叫swap方法後 x = %d,  y = %d\n", x, y);
15    }
16 }
```

執行結果
```
D:\Java\ch8>java ch8_8
呼叫swap方法前 x = 10,  y = 20
swap方法內部   x = 20,  y = 10
呼叫swap方法後 x = 10,  y = 20
```

上述程式執行至第 13 行時，剛進入第 2 行 swap( ) 時，記憶體圖形如下所示：

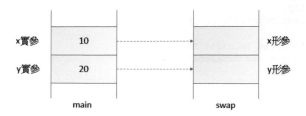

進入到 swap( ) 方法的第 3 行後，記憶體圖形如下：

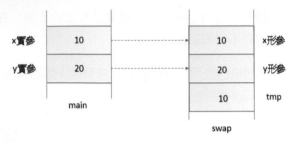

執行完第 5 行後，記憶體圖形如下：

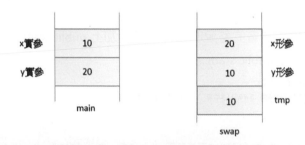

所以執行第 6 行時，可以得到 x=20, y=10。但是返回 main( ) 的第 14 行列印 x 和 y 時，因為 main( ) 的 x 和 y 內容未改變，所以得到 x=10, y=20。

❑ 傳遞位址 call by address

在 Java 程式當所傳遞的參數是陣列 (Array) 或類別 (class) 時，此時是參照資料型態 (Reference Data Type)，所傳遞的就是位址，下列將以實例配合記憶體圖形說明。

程式實例 ch8_9.java：傳遞位址的應用，一個資料交換成功的實例。

```
1  class DataBank {
2      int x, y;
3  }
4  public class ch8_9 {
5      public static void swap(DataBank B) {
6          int tmp = B.x;                              // 以下2行可以達到x,y資料對調
7          B.x = B.y;
8          B.y = tmp;
9          System.out.printf("swap方法內部  x = %d,  y = %d\n", B.x, B.y);
10     }
11     public static void main(String[] args) {
12         DataBank A = new DataBank();
13         A.x = 10;
14         A.y = 20;
15         System.out.printf("呼叫swap方法前 x = %d,  y = %d\n", A.x, A.y);
16         swap(A);                                    // 呼叫swap方法前
```

```
17          System.out.printf("呼叫swap方法後 x = %d,  y = %d\n", A.x, A.y);
18      }
19 }
```

執行結果 D:\Java\ch8>java ch8_9
呼叫swap方法前 x = 10,  y = 20
swap方法內部    x = 20,  y = 10
呼叫swap方法後 x = 20,  y = 10

上述程式執行到第 14 行時，記憶體圖形如下：

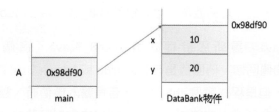

當執行第 16 行進入 swap( ) 方法，然後進入第 6 行執行完畢時，記憶體圖形如下：

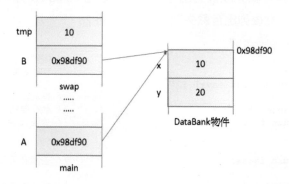

第 8 行執行完畢後，記憶體圖形如下：

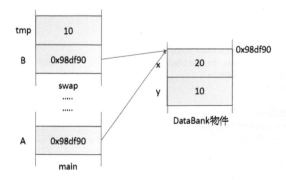

所以執行第 9 行和返回 main( ) 執行第 17 行時，可以得到 x=20, y=10。

## 8-6-4　方法的傳回值

在 Java 也可以讓方法傳回執行結果，此時語法格式如下：

傳回值類型　方法名稱 ( [ 參數列表 ] ) {
　　　方法敘述區塊；　　　　// 方法的主體功能
　　　return 傳回值；　　　　// 傳回值可以是變數或運算式
}

有關傳回值可以是運算式的觀念，可以參考 ch8_11.java 的 sub( ) 方法。

程式實例 ch8_10.java：重新設計程式實例 ch8_7.java，這個程式主要是增加 saveMoney( ) 方法的傳回值，傳回值是布林值 true 或 false。如果我們執行存款時，存款金額一定是正值，但是程式實例 ch8_7.java 若是輸入負值時，程式仍可運作此時存款金額會變少，這就是語意上的錯誤，所以這個程式會對存款金額做檢查，如果是正值則執行存款，同時存款完成後列出存款成功可參考 24 和 25 行。如果存款金額是負值，將不執行存款，然後列出存款失敗可參考 27 和 28 行。

```
1  class TaipeiBank {
2      int account;                               // 帳號
3      int balance;                               // 存款金額
4      Boolean saveMoney(int save) {              // 存款
5          if (save > 0) {                        // 存款金額大於0
6              balance += save;                   // 執行存款
7              return true;                       // 傳回true
8          }
9          else
10             return false;                      // 否則傳回false
11     }
12     void printInfo( ) {                        // 列印帳號與餘額
13         System.out.printf("帳戶 : %d, 餘額 : %d\n", account, balance);
14     }
15 }
16
17 public class ch8_10 {
18     public static void main(String[] args) {
19         TaipeiBank A = new TaipeiBank();        // 類別物件
20         A.account = 10000001;                   // 設定帳號
21         A.balance = 0;                          // 最初化存款是0
22
23         A.printInfo();                          // 存款前
24         System.out.println("存款" +
25             ((A.saveMoney(100)) ? "成功":"失敗"));  // 存款金額100
26         A.printInfo();                          // 存款100後
27         System.out.println("存款" +
28             ((A.saveMoney(-100)) ? "成功":"失敗")); // 存款金額-100
29         A.printInfo();                          // 存款-100後
```

```
30      }
31  }
```

執行結果
```
D:\Java\ch8>java ch8_10
帳戶：10000001，餘額：0
存款成功
帳戶：10000001，餘額：100
存款失敗
帳戶：10000001，餘額：100
```

程式實例 ch8_11.java：設計一個小型運算的類別 SmallMath，這個類別內有 2 個整數方法分別是可以執行加法的 add( ) 和可以執行減法的 sub( )，可以分別傳回加法和減法的運算結果。在 add( ) 方法設計中筆者使用中規中矩方式，設立變數 z，然後傳回 z。在 sub( ) 方法，則是使用更有效率的方法，直接傳回 "x-y" 的運算結果。

```
1  class SmallMath {
2      int add(int x, int y) {              // 整數加法
3          int z = x + y;
4          return z;                        // 單純傳回整數值
5      }
6      int sub(int x, int y) {              // 整數減法
7          return x - y;                    // 傳回整數運算式
8      }
9  }
10
11 public class ch8_11 {
12     public static void main(String[] args) {
13         SmallMath A = new SmallMath();
14         System.out.println(A.add(10, 20));
15         System.out.println(A.sub(10, 20));
16     }
17 }
```

執行結果
```
D:\Java\ch8>java ch8_11
30
-10
```

## 8-6-5  可變參數的設計

前面所介紹的 Java 所傳遞的參數數量是固定的，Java 也接受所傳遞的參數數量是可變的，只需在最後一個參數型態右邊加上 3 個點 (…) 即可，語法格式如下：

傳回值類型 方法名稱 ( [ 參數列表 ], 資料類型 … 變數 ) {
　　方法敘述區塊；　　　// 方法的主體功能
}

實例 1：下列是一個可變參數設計。

```
int add(int x, int … y) {
        方法敘述區塊 ;              // 方法的主體功能
    }
```

上述 "int … y" 表示可以接受多個參數，這些參數會被當作陣列方式輸入，另外設計時須留意下列事項。

- 一個方法只能有一個可變參數，同時必須在最右邊。
- 可變參數本質是一個陣列，因此在呼叫此方法時，可以傳遞多個參數，也可以傳遞一個陣列。

程式實例 ch8_11_1.java：可變參數的應用，這個程式將用 3 組不同的數據測試可變參數的執行結果。

```
 1  class SmallMath {
 2      int add(int x, int...y) {                    // 可變參數的應用
 3          int total = x;
 4          for ( int num:y )
 5              total += num;
 6          return total;                            // 單純傳回整數值
 7      }
 8  }
 9  public class ch8_11_1 {
10      public static void main(String[] args) {
11          SmallMath A = new SmallMath();           // 定義類別SmallMath的物件A
12          int[] values = {1, 2, 3, 4, 5, 6, 7, 8, 9, 10};
13          System.out.println(A.add(1, 3));         // 計算1 + 3
14          System.out.println(A.add(1, 3, 5));      // 計算1 + 3 + 5
15          System.out.println(A.add(5, values));    // 計算5 + values陣列
16      }
17  }
```

執行結果
```
D:\Java\ch8>java ch8_11_1
4
9
60
```

## 8-7 變數的有效範圍

在 7-4-3 節筆者有討論參照計數減少的可能，其中一項是參照資料型態的變數已經離開了程式的有效範圍 (Effective range)，這一節將對此知識做一個完整的說明。

設計 Java 程式時，可以隨時在使用前宣告變數，可是每個變數並不是永遠可以使用，通常我們將這個變數可以使用的區間稱為變數的有效範圍，這也是本節的主題。

## 8-7-1　for 迴圈的索引變數

下列是一個常見的 for 迴圈設計：

```
for ( int i = 1; i < n; i++ ) {
    xxxx;
}
```

對上述迴圈而言，索引用途的整數變數 i 的有效範圍就是在這個迴圈，如果離開迴圈繼續使用變數 i 就會產生錯誤。

程式實例 ch8_12.java：這個程式第 8 行嘗試在 for 迴圈外使用迴圈內宣告的索引變數 i，結果產生 cannot find symbol 的錯誤。

```
1  public class ch8_12 {
2      public static void main(String[] args) {
3          int sum = 0;                       // 總和變數
4          for ( int i = 1; i <= 10; i++ ) {  // 迴圈內宣告索引變數
5              sum += i;                      // 計算每個迴圈的總和
6              System.out.printf("Loop = %2d,  總和 = %2d%n", i, sum);
7          }
8          System.out.println("i = " + i);    // 錯誤錯誤
9      }
10 }
```

執行結果
```
D:\Java\ch8>javac ch8_12.java
ch8_12.java:8: error: cannot find symbol
                System.out.println("i = " + i);          // 錯誤錯誤
                                            ^
    symbol:   variable i
    location: class ch8_12
1 error
```

## 8-7-2　foreach 迴圈

foreach 迴圈內所宣告的變數，與 for 迴圈相同，只能在此迴圈範圍內使用。

程式實例 ch8_13.java：這個程式嘗試在 foreach 迴圈外使用迴圈內宣告的變數 num，結果產生 cannot find symbol 的錯誤。

```
1  public class ch8_13 {
2      public static void main(String[] args) {
3          int[] numList = {5, 15, 10};                    // 定義整數陣列
4          for ( int num:numList )                         // foreach迴圈
5              System.out.println("numList : " + num);
6          System.out.println("num = " + num);            // 錯誤錯誤
7      }
8  }
```

**執行結果**
```
D:\Java\ch8>javac ch8_13.java
ch8_13.java:6: error: cannot find symbol
                System.out.println("num = " + num);                 // 錯誤錯誤
                                              ^
    symbol:    variable num
    location: class ch8_13
1 error
```

## 8-7-3 區域變數 (Local Variable)

其實在程式區塊內宣告的變數皆算是區域變數，所謂的程式區塊可能是一個方法內的敘述，或者是大括號 "{" 和 "}" 間的區塊，這時所設定的變數只限定在此區塊內有效。

程式實例 ch8_14.java：在區域外使用變數產生錯誤的實例，第 6 行設定的 y 變數只能在第 5-8 行間的區塊使用，由於第 9 行列印 y 時，已經超出 y 的區域範圍，所以產生錯誤。

```
1  public class ch8_14 {
2      public static void main(String[] args) {
3          int x = 10;                                     // main內的變數
4          System.out.println("main內的變數 x = " + x);
5          {                                               // 自訂區塊起點
6              int y = 20;                                 // 區塊內的變數
7              System.out.println("區塊內的變數 y = " + y);
8          }                                               // 自訂區塊終點
9          System.out.println("main內的變數 y = " + y);   // error!變數y超出有效範圍
10     }
11 }
```

**執行結果**
```
D:\Java\ch8>javac ch8_14.java
ch8_14.java:9: error: cannot find symbol
                System.out.println("main內的變數 y = " + y);    // error!變數y超
出有效範圍
                                                   ^
    symbol:    variable y
    location: class ch8_14
1 error
```

在設計 Java 程式時，外層區塊宣告的變數可以供內層區塊使用。

程式實例 ch8_15.java：外層區塊宣告的變數供內層區塊使用的實例，程式第 3 行宣告
變數 x，在內層區塊第 7 行仍可使用。

```
1  public class ch8_15 {
2      public static void main(String[] args) {
3          int x = 10;                                    // main內的變數
4          System.out.println("main內的變數 x = " + x);
5          {                                              // 自訂區塊起點
6              int y = 20;                                // 區塊內的變數
7              System.out.println("main宣告的變數 x = " + x);
8              System.out.println("區塊內的變數 y = " + y);
9          }                                              // 自訂區塊終點
10     }
11 }
```

執行結果　D:\Java\ch8>java ch8_15
　　　　　main內的變數 x = 10
　　　　　main宣告的變數 x = 10
　　　　　區塊內的變數 y = 20

　　對上述程式而言，如果我們想在第 5-9 行區塊結束後使用變數 y，則必須重新宣告，
此時新宣告的 y 變數與原先區塊內的變數 y，基本上是不同的變數。

程式實例 ch8_16.java：離開區塊後，重新宣告相同名稱變數的應用，這個程式的第 9
行是重新宣告變數 y 然後列印。

```
1  public class ch8_16 {
2      public static void main(String[] args) {
3          int x = 10;                                    // main內的變數
4          System.out.println("main內的變數 x = " + x);
5          {                                              // 自訂區塊起點
6              int y = 20;                                // 區塊內的變數
7              System.out.println("區塊內的變數 y = " + y);
8          }                                              // 自訂區塊終點
9          int y = 30;                                    // 區塊外的變數
10         System.out.println("區塊外的變數 y = " + y);
11     }
12 }
```

執行結果　D:\Java\ch8>java ch8_16
　　　　　main內的變數 x = 10
　　　　　區塊內的變數 y = 20
　　　　　區塊外的變數 y = 30

　　如果前面已經宣告變數時，不可以在內圈重新宣告相同的變數。其實我們可以解
釋為當一個變數仍在有效範圍時，不可以宣告相同名稱的變數。

程式實例 ch8_17.java：這個程式第 6 行重複宣告第 3 行已經宣告的變數 x，且此變數仍在有效範圍內使用，所以產生錯誤。

```
1  public class ch8_17 {
2      public static void main(String[] args) {
3          int x = 10;                                          // main內的變數
4          System.out.println("main內的變數 x = " + x);
5          {                                                    // 自訂區塊起點
6              int x = 15;                                      // error!因為重複宣告
7              int y = 20;                                      // 區塊內的變數
8              System.out.println("區塊內的變數 y = " + y);
9          }                                                    // 自訂區塊終點
10     }
11 }
```

執行結果
```
D:\Java\ch8>javac ch8_17.java
ch8_17.java:6: error: variable x is already defined in method main(String[])
                int x = 15;
                // error!因為重複宣告
                    ^
1 error
```

## 8-7-4　類別內成員變數與方法變數有相同的名稱

在程式設計時，有時候會發生方法內的區域變數與類別的屬性變數 ( 或是稱成員變數 ) 有相同的名稱，這時候在方法內的變數有較高優先使用，這種現象稱名稱遮蔽 (Shadowing of Name)。

程式實例 ch8_18.java：名稱遮蔽的基本現象，這個程式的 ShadowingTest 類別有一個成員變數 x，在方法 printInfo( ) 內也有區域變數 x，依照名稱遮蔽原則，所以第 4 行列印結果是 main( ) 方法 A.printInfo(20) 傳來的 20。如果想要列印目前物件的成員變數可以使用 this 關鍵字，這個關鍵字可以獲得目前物件的成員變數的內容，它的使用方式如下：

　　　this. 成員變數

　　所以程式第 5 行會列印第 2 行成員變數設定的 10。

```
1  class ShadowingTest {
2      int x = 10;
3      void printInfo(int x) {
4          System.out.println("區域變數 " + x);
5          System.out.println("成員屬性 " + this.x);
6      }
```

```
 7  }
 8  public class ch8_18 {
 9      public static void main(String[] args) {
10          ShadowingTest A = new ShadowingTest();
11          A.printInfo(20);
12      }
13  }
```

執行結果 D:\Java\ch8>java ch8_18
區域變數 20
成員屬性 10

下列以銀行 TaipeiBank 類別為例，再次說明名稱遮蔽現象。

程式實例 ch8_19.java：這個程式基本上是重新設計 ch8_7.java，筆者將程式第 4 行的 saveMoney( ) 的區域變數設為與成員變數 balance 相同名稱，因為名稱遮蔽現象，這時第 5 行的執行結果不會影響到成員變數 balance。所以第 20 行執行列印所獲得的結果仍是 0。

```
 1  class TaipeiBank {
 2      int account;                              // 帳號
 3      int balance;                              // 存款金額
 4      void saveMoney(int balance) {             // 存款
 5          balance += balance;
 6      }
 7      void printInfo( ) {                       // 列印帳號與餘額
 8          System.out.printf("帳戶 : %d, 餘額 : %d\n", account, balance);
 9      }
10  }
11
12  public class ch8_19 {
13      public static void main(String[] args) {
14          TaipeiBank A = new TaipeiBank();      // 類別物件
15          A.account = 10000001;                 // 設定帳號
16          A.balance = 0;                        // 最初化存款是0
17
18          A.printInfo();                        // 存款前
19          A.saveMoney(100);                     // 存款金額100
20          A.printInfo();                        // 存款後
21      }
22  }
```

執行結果 D:\Java\ch8>java ch8_19
帳戶 : 10000001, 餘額 : 0
帳戶 : 10000001, 餘額 : 0

程式實例 ch8_20.java：重新設計 ch8_19.java，在第 5 行修訂增加 this 關鍵字，就可以獲得有將存款金額加總到成員變數 balance 內了。

```
4       void saveMoney(int balance) {                // 存款
5           this.balance += balance;
```

執行結果
```
D:\Java\ch8>java ch8_20
帳戶：10000001，餘額：0
帳戶：10000001，餘額：100
```

# 8-8 匿名陣列 (Anonymous Array)

在執行呼叫方法時，有時候要傳遞的是一個陣列，可是這個陣列可能使用一次以後就不需要再使用，如果我們為此陣列重新宣告然後配置記憶體空間，似乎有點浪費系統資源，此時可以考慮使用匿名陣列方式處理。匿名陣列的完整意義是，一個可以讓我們動態配置有初值但是沒有名稱的陣列。

程式實例 ch8_21.java：以普通宣告陣列方式，然後呼叫 add( ) 方法，參數是陣列，執行陣列數值的加總運算。

```
1  public class ch8_21 {
2      public static void main(String[] args) {
3          int[] data = {1, 2, 3, 4, 5};
4          System.out.println(add(data));
5      }
6      public static int add(int[] nums) {
7          int sum = 0;
8          for (int num:nums)
9              sum += num;
10         return sum;
11     }
12 }
```

執行結果
```
D:\Java\ch8>java ch8_21
15
```

在上述實例中，很明顯所宣告的陣列 data 可能用完就不再需要了，此時可以考慮不要宣告陣列，直接用匿名陣列方式處理，將匿名陣列當作參數傳遞。對上述程式的 data 陣列而言，如果處理成匿名陣列其內容如下：

new int[ ] {1, 2, 3, 4, 5};

程式實例 ch8_22.java：以匿名陣列方式重新設計 ch8_21.java。

```
 1  public class ch8_22 {
 2      public static void main(String[] args) {
 3          System.out.println(add(new int[] {1,2,3,4,5}));
 4      }
 5      public static int add(int[] nums) {
 6          int sum = 0;
 7          for (int num:nums)
 8              sum += num;
 9          return sum;
10      }
11  }
```

執行結果　與 ch8_21.java 相同。

# 8-9 遞迴式方法設計 recursive

　　一個方法 ( 也可以解釋為函數 ) 可以呼叫其它方法也可以呼叫自己，其中呼叫本身的動作稱遞迴式 (recursive) 呼叫，遞迴式呼叫有下列特色：

❑ 每次呼叫自己時，都會使範圍越來越小。

❑ 必須要有一個終止的條件來結束遞迴函數。

　　遞迴方法可以使程式變得很簡潔，但是設計這類程式如果一不小心很容易掉入無限迴圈的陷阱，所以使用這類函數時一定要特別小心。遞迴方法最常見的應用是處理正整數的階乘 (factorial)，一個正整數的階乘是所有小於以及等於該數的正整數的積，同時如果正整數是 0 則階乘為 1，依照觀念正整數是 1 時階乘也是 1。此階乘數字的表示法為 n!，

實例 1：n 是 3，下列是階乘數的計算方式。

　　n! = 1 * 2 * 3

　　結果是 6

實例 2：n 是 5，下列是階乘數的計算方式。

　　n! = 1 * 2 * 3 * 4 * 5

　　結果是 120

階乘數觀念是由法國數學家克里斯蒂安‧克蘭普 (Christian Kramp, 1760-1826) 法國數學家所發表，他是學醫但是卻同時對數學感興趣，發表許多數學文章。

程式實例 ch8_23.py：使用遞迴方法執行階乘 (factorial) 運算。

```
1  public class ch8_23 {
2      public static void main(String[] args) {
3          System.out.println("3的階乘結果是 = " + factorial(3));
4          System.out.println("5的階乘結果是 = " + factorial(5));
5      }
6      public static int factorial(int n) {
7          if ( n == 1 )
8              return 1;
9          else
10             return (n * factorial(n-1));
11     }
12 }
```

執行結果
```
D:\Java\ch8>java ch8_23
3的階乘結果是 = 6
5的階乘結果是 = 120
```

上述 factorial( ) 方法的終止條件是參數值為 1 的情況，由第 7 行判斷然後傳回 1，下列是正整數為 3 時遞迴函數的情況解說。

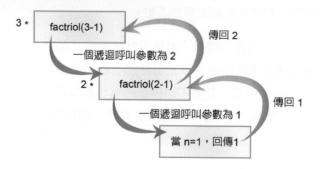

# 8-10 河內塔問題

## 8-10-1 了解河內塔問題

在電腦界學習程式語言，碰上遞迴式呼叫時，最典型的應用是河內塔 (Tower of Hanoi) 問題，這是由法國數學家愛德華‧盧卡斯 (François Édouard Anatole Lucas) 在

1883 年發明的問題。河內塔問題如果使用遞迴 (revursive) 非常容易解決，如果不使用遞迴則是一個非常難的問題。

它的觀念是有 3 根木樁，我們可以定義為 A、B、C，在 A 木樁上有 n 個穿孔的圓盤，從上到下的圓盤可以用 1, 2, 3, … n 做標記，圓盤的尺寸由下到上依次變小，它的移動規則如下：

1： 每次只能移動一個圓盤。

2： 只能移動最上方的圓盤。

3： 必須保持小的圓盤在大的圓盤上方。

只要保持上述規則，圓盤可以移動至任何其它 2 根木樁。這個問題是借助 B 木樁，將所有圓盤移到 C。

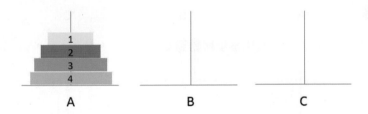

上述左邊圓盤中央的阿拉伯數字代表圓盤編號，移動結果將如下所示：

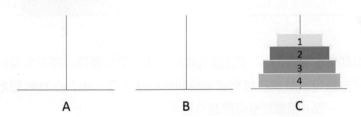

此外，設計這個問題，通常又將 A 木樁稱來源木樁 (source，簡稱 src)，B 木樁稱輔助木樁 (auxiliary，簡稱 aux)，C 木樁稱目的木樁 (destination，簡稱 dst)。

相傳古印度有間寺院內有 3 根木樁，其中 A 木樁上有 64 個金盤，僧侶間有一個古老的預言，如果遵照以上規則移動盤子，當盤子移動結束後，世界末日就會降臨。假設我們想將這 64 個金盤從 A 木樁搬到 C 木樁，程式設計時可以設定 n = 64，然後我們可以將問題拆解為，將 n−1 個金盤 ( 此例是 63 個金盤 ) 先移動至輔助木樁 B。

1：　借用 C 木樁當輔助，然後將 n-1(63) 個盤子由 A 木樁移動到 B 木樁。

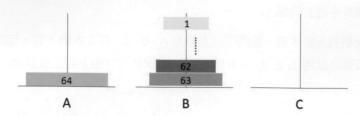

2：　將最大的圓盤 64 由 A 移動到 C。

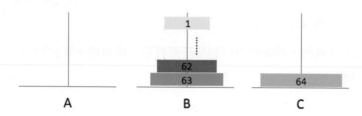

3：　將 B 木樁的 63 個盤子依規則逐步移動到 C。

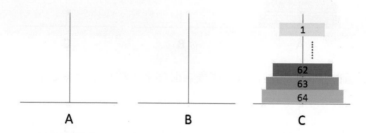

　　　上述是以印度古寺院的 64 個圓盤為實例說明，可以應用在任何數量的圓盤。其實我們分析上述方法可以發現已經有遞迴呼叫的的樣子了，因為在拆解的方法 3 中，圓盤數量已經少了一個，相當於整個問題有變小了。

　　　假設圓盤有 n 個，這個題目每次圓盤移動的次數是 $2^n-1$ 次，一般真實玩具 n 是 8，將需移動 255 次。如果依照古代僧侶所述的 64 個圓盤，需要 $2^{64}-1$ 次，如果移動一次要 1 秒，這個數字是約 5849 億年，依照宇宙大爆炸理論推估，目前宇宙年齡約 137 億年。

## 8-10-2　手動實作河內塔問題

　　　看了上一小節的敘述，讀者應該了解，如果圓盤數量 n 是 1，則直接將此圓盤從木樁 A 移至木樁 C。當圓盤數量大於 1(n > 1)，演算法的基本規則如下：

1： 將 n-1 個盤子，從來源 (src) 木樁 A 移動到輔助 (aux) 木樁 B。

2： 將第 n 個盤子，從來源 (src) 木樁 A 移動到目的 (dst) 木樁 C。

3： 將 n-1 個盤子，從輔助 (aux) 木樁 B 移動到目的 (dst) 木樁 C。

　　其實從上述規則我們體會可以用遞迴方式處理，終止條件是當 n=0 時，讓遞迴函數結束、返回。使用手動解河內塔問題時，另一個觀念是當 n 是奇數時第 1 次盤子是移向目的木樁。當 n 是偶數時第 1 次盤子是移向輔助木樁，下一小節筆者解析程式時會說明。

❑　河內塔的圓盤有 1 個

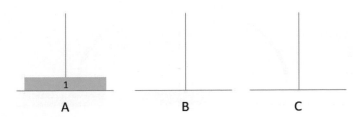

直接將圓盤 1 從 A 移到 C。

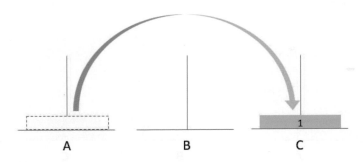

移動次數 = $2^2 - 1 = 1$

❑　河內塔的圓盤有 2 個

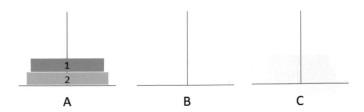

步驟 1：將圓盤 1 從 A 移到 B。

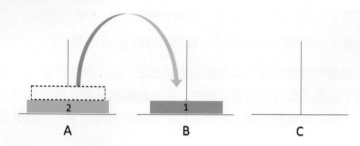

步驟 2：將圓盤 2 從 A 移到 C。

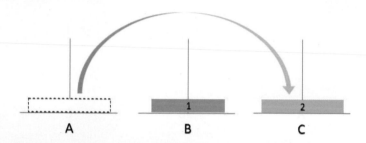

步驟 3：將圓盤 1 從 B 移到 C。

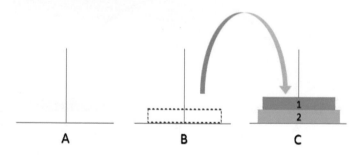

移動次數 = $2^2 - 1 = 3$

❑　河內塔的圓盤有 3 個

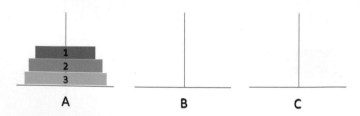

步驟 1：將圓盤 1 從 A 移到 C，這和河內塔有 2 個圓盤時不同。

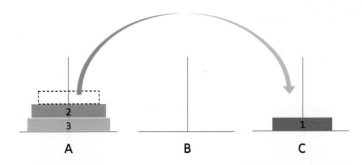

步驟 2：將圓盤 2 從 A 移到 B。

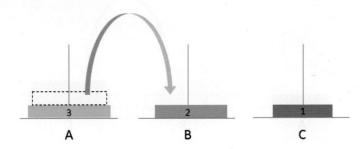

步驟 3：將圓盤 1 從 C 移到 B。

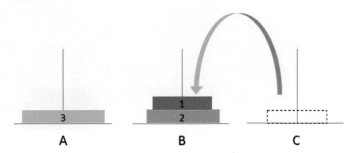

步驟 4：將圓盤 3 從 A 移到 C。

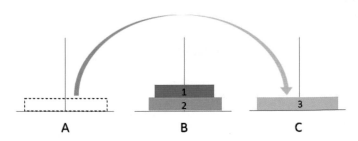

步驟 5：將圓盤 1 從 B 移到 A。

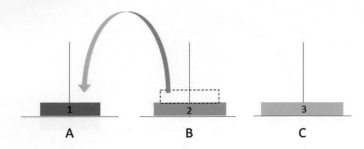

步驟 6：將圓盤 2 從 B 移到 C。

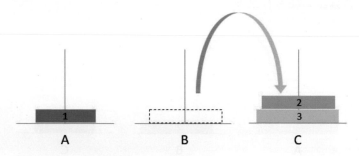

步驟 7：將圓盤 1 從 A 移到 C。

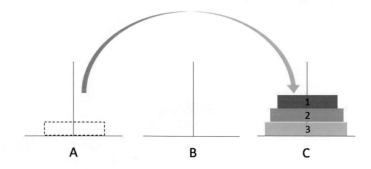

移動次數 = $2^3 - 1 = 7$

程式實例 ch8_24.java：以遞迴式呼叫處理河內塔問題。

```
1  import java.util.Scanner;
2  public class ch8_24 {
3      public static void hannoi(int discNum, char from, char buffer, char to) {
4          if (discNum == 1) {                          // 遞迴呼叫的中止條件
5              System.out.printf("將碟子從 %C ", from);
6              System.out.printf("移動到 %C \n", to);
7          }
8          else {
9              hannoi(discNum-1, from, to, buffer);     // 將上方discNum-1圓盤由A移動到B
10             System.out.printf("將碟子從 %C ", from);
11             System.out.printf("移動到 %C \n", to);
12             hannoi(discNum-1, buffer, from, to);     // 將上方discNum-1圓盤由B移動到C
13         }
14     }
15     public static void main(String[] args) {
16         int discNum;
17         Scanner scanner = new Scanner(System.in);
18         System.out.print("請輸入圓盤數量 : ");
19         discNum = scanner.nextInt();
20         hannoi(discNum, 'A', 'B', 'C');
21     }
22 }
```

執行結果
```
D:\Java\ch8>java ch8_24
請輸入圓盤數量 : 3
將碟子從 A 移動到 C
將碟子從 A 移動到 B
將碟子從 C 移動到 B
將碟子從 A 移動到 C
將碟子從 B 移動到 A
將碟子從 B 移動到 C
將碟子從 A 移動到 C
```

上述程式的重點是第 3-14 行的 hannoi( ) 方法，這個方法的重點是先看看是否是只剩下一個圓盤，如果是則將圓盤移至 C。否則將最大圓盤上方所有的圓盤搬走，然後將最大圓盤搬到 C，遵循以上原則做遞迴式呼叫。最後讀者須留意，筆者用敘述方式第 5-6 行和 10-11 行說明圓盤的移動方式。

## 習題實作題

1： 請參考 ch8_2.java，增加設計方法 void eating( )，內容是 " 我的狗在吃東西 "，然後在 main( ) 中呼叫此方法。

```
D:\Java\ex>java ex8_1
我的狗名字是 ： Lily
我的狗顏色是 ： White
我的狗年齡是 ： 5
我的狗在叫
我在吃東西
```

2： 擴充設計 ch8_10.java，增加 withdraw_money( )，這是提款方法，讓程式可以執行提款功能，同時執行提款時要檢查提款金額必須小於或等於存款金額，此例，請設計先提款 90 元，再提款 20 元，最後程式必須列出提款成功或提款失敗。

```
D:\Java\ex>java ex8_2
帳戶 ： 10000001, 餘額 ： 0
存款成功
帳戶 ： 10000001, 餘額 ： 100
提款成功
帳戶 ： 10000001, 餘額 ： 10
提款失敗
帳戶 ： 10000001, 餘額 ： 10
```

3： 擴充設計 ch8_11.java，增加整數乘法 int mul( ) 和整數除法 int div( ) 的方法，呼叫乘法與除法時使用相同的參數。

```
D:\Java\ex>java ex8_3
30
-10
200
0
```

4： 擴充設計 ch8_22.java，增加求最大值、最小值、平均值的方法。

```
D:\Java\ex>java ex8_4
總和  = 15
最大值 = 5
最小值 = 1
```

5： Fibonacci 數列的起源最早可以追朔到 1150 年印度數學家 Gopala，在西方最早研究這個數列的是義大利科學家費波納茲李奧納多 (Leonardo Fibonacci)，後來人們將此數列簡稱費式數列。

請設計遞迴函數 fib(n)，產生前 10 個費式數列 Fibonacci 數字，fib(n) 的 n 主要是
此數列的索引，費式數列數字的規則如下：(11-7 節 )

$F_0 = 0$                                     # 索引是 0
$F_1 = 1$                                     # 索引是 1
…

$F_n = F_{n-1} + F_{n-2}$ ( n >= 2)            # 索引是 n

最後值應該是 0, 1, 1, 2, 3, 5, 8, 13, 21, 34, …

```
D:\Java\ex>java ex8_5
 0  1  1  2  3  5  8  13  21  34
```

6: 請輸入整數成績，請設計一個方法 grade( )，可以回應此分數成績，大於或等於 90
分回傳 A，小於 90 分但是大於或等於 80 分回傳 B，小於 80 分但是大於或等於 70
分回傳 C，小於 70 分但是大於或等於 60 分回傳 D，小於 60 分回傳 F。

```
D:\Java\ex>java ex8_6   D:\Java\ex>java ex8_6
請輸入分數：76          請輸入分數：56
C                       F
```

7: 請完成設計下列程式。

```
 1 class Teacher {
 2     String school = "明志科大";
 3     String job = "老師";
 4     void work() {
 5         System.out.println("教書");
 6     }
 7 }
 8 public class ex8_7 {
 9     public static void main(String[] args) {
10         String course = "計算機概論";
11         //
12         // 請完成這個部分
13         //
14     }
15 }
```

執行結果如下：

```
D:\Java\ex>java ex8_7
明志科大
老師
教書
計算機概論
```

8： 請完成設計下列程式。

```
 1 class demoOverload {
 2     void show(char ch) {
 3         // 請設計這個部分
 4     }
 5     void show(char ch, int n) {
 6         // 請設計這個部分
 7     }
 8 }
 9 public class ex8_8 {
10     public static void main(String[] args) {
11         demoOverload obj = new demoOverload();
12         // 請設計這個部分
13     }
14 }
```

執行結果如下：

```
D:\Java\ex>java ex8_8
A
B 90
```

# 第九章

# 物件建構與封裝

前一章筆者講解了類別最基礎的知識，每當我們建立好類別，在 main( ) 方法中宣告類別物件以及配置記憶體完成後，接著就是自行定義類別的初值。例如：可參考程式實例 ch8_7.java，第 16 行可以看到需為所開的帳戶設定帳戶最初的餘額是 0。

```
12  public class ch8_7 {
13      public static void main(String[] args) {
14          TaipeiBank A = new TaipeiBank();      // 類別物件
15          A.account = 10000001;                  // 設定帳號
16          A.balance = 0;                         // 最初化存款是0
```

其實上述不是好方法，一個好的程式當我們宣告類別的物件配置記憶體空間後，其實類別應該就可以自行完成初始化的工作，這樣可以減少人為初始化所可能引導的疏失，這將是本章的第一個主題，接著筆者會講解物件封裝 (encapsulation) 的知識。

# 9-1 建構方法 (Constructor)

所謂的建構方法 (Constructor) 就是設計類別物件建立完成後，自行完成的初始化工作，例如：當我們為 TaipeiBank 類別建立物件後，初始化的工作應該是將該物件的存款餘額設為 0。

請參考程式實例 ch8_7.java 的第 8 行內容：

TaipeiBank A = new TaipeiBank( );

上述類別名稱是 TaipeiBank，當我們使用 new 運算子然後接 TaipeiBank( )，注意有 "( )" 存在，其實這是呼叫建構方法 (Constructor)，類別中預設的建構方法名稱應該與類別名稱相同。讀者可能會想，我們在設計 TaipeiBank 類別時沒有建立 TaipeiBank( ) 方法，程式為何沒有錯誤？為何會如此？

## 9-1-1 預設的建構方法

如果我們在設計類別時，沒有設計與類別相同名稱的建構方法，Java 編譯會自動協助建立這個預設的建構方法。

程式實例 ch9_1.java：簡單說明建構方法。

```
1  class TaipeiBank {
2      int account;                              // 帳號
3      int balance;                              // 存款金額
4  }
5
6  public class ch9_1 {
7      public static void main(String[] args) {
8          TaipeiBank A = new TaipeiBank();      // 類別物件
9      }
10 }
```

執行結果 這個程式沒有輸出。

上述程式沒有建構方法，其實 Java 在編譯時會自動為上述程式建立一個預設的建構方法。

程式實例 ch9_2.java：Java 編譯程式為 ch9_1.java 建立一個預設的建構方法，其實第 4 和 5 行就是 Java 編譯程式建立的預設建構方法。

```
1  class TaipeiBank {
2      int account;                              // 帳號
3      int balance;                              // 存款金額
4      TaipeiBank() {                            // Java編譯程式預設構造方法
5      }
6  }
7
8  public class ch9_2 {
9      public static void main(String[] args) {
10         TaipeiBank A = new TaipeiBank();      // 類別物件
11     }
12 }
```

執行結果 這個程式沒有輸出。

## 9-1-2 自建建構方法

所謂的自建建構方法就是在建立類別時，建立一個和類別相同名稱的方法，這個方法還有幾個特色，分別是沒有資料型態和傳回值。另外，當 Java 編譯程式看到類別內有自建建構方法後，它就不會再建預設的建構方法了。

❑ 無參數的建構方法

就如同標題說明，在建構方法中是沒有任何參數。

程式實例 ch9_3.java：建立 BankTaipei 類別時增加設計預設建構方法，這個程式主要是建立好物件 A 後，同時列印 A 物件的存款餘額。

```
1  class TaipeiBank {
2      int balance;                          // 存款金額
3      TaipeiBank() {                        // 自建建構方法
4          balance = 0;                      // 存款餘額初值是0
5      }
6      void printBalance() {                 // 列印存款餘額
7          System.out.println("存款餘額 : " + balance);
8      }
9  }
10
11 public class ch9_3 {
12     public static void main(String[] args) {
13         TaipeiBank A = new TaipeiBank();   // 類別物件
14         A.printBalance();                  // 列印存款餘額
15     }
16 }
```

執行結果
```
D:\Java\ch9>java ch9_3
存款餘額 : 0
```

❑　有參數的建構方法

所謂的有參數的建構方法是，當我們在宣告與建立物件時需傳遞參數，此時這些參數會傳送給建構方法。

程式實例 ch9_4.java：在建構方法中需要傳送 2 個整數值，然後執行整數加法和乘法輸出。

```
1  class SmallMath {
2      int x, y;
3      SmallMath(int a, int b) {             // 自建建構方法
4          x = a;
5          y = b;
6      }
7      void add() {                          // 執行和列印加法運算
8          System.out.println("加法結果 : " + (x + y));
9      }
10     void mul() {                          // 執行和列印乘法運算
11         System.out.println("乘法結果 : " + (x * y));
12     }
13 }
14
15 public class ch9_4 {
16     public static void main(String[] args) {
17         SmallMath A = new SmallMath(5, 10); // 類別物件
18         A.add();                          // 列印加法結果
19         A.mul();                          // 列印乘法結果
20     }
21 }
```

執行結果 D:\Java\ch9>java ch9_4
加法結果 ： 15
乘法結果 ： 50

## 9-1-3 多重定義 (Overload)

所謂的多重定義 (Overload) 是同時有多個名稱相同的方法，然後 Java 編譯程式會依據所傳遞的參數數量或是資料型態，選擇符合的建構方法處理。其實多重定義的用法也可以應用在一般類別內的方法。在正式用實例講解前，請先思考我們使用許多次的 System.out.println( ) 方法，讀者應該發現不論我們傳入什麼類型的資料，皆可以列印適當的執行結果。

程式實例 ch9_5.java：認識 System.out.println( ) 的多重定義。

```
1 public class ch9_5 {
2     public static void main(String[] args) {
3         char ch = 'A';
4         int num = 100;
5         double pi = 3.14;
6         boolean bo = true;
7         String str = "Java";
8         System.out.println(ch);
9         System.out.println(num);
10         System.out.println(pi);
11         System.out.println(bo);
12         System.out.println(str);
13     }
14 }
```

執行結果 D:\Java\ch9>java ch9_5
A
100
3.14
true
Java

其實以上就是因為 System.out.println( ) 是一個多重定義的方法，才可以不論我們輸入那一類型的資料皆可以順利列印，下列是上述實例的圖形說明。

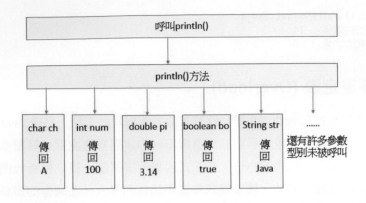

上述多重定義方法是可以增加程式的可讀性，也增加程式設計師與使用者的便利性，如果我們沒有這個功能，就上述實例而言，我們必須設計 5 種不同名稱的列印方法，造成冗長的程式設計負荷與使用者需熟記多種方法的負荷。

❑　多重定義應用在建構方法

程式實例 ch9_6.java：將多重定義應用在建構方法，這個程式的建構方法有 3 個，分別可以處理含有一個整數參數代表年齡、一個字串參數代表姓名、二個參數分別是整數代表年齡、字串代表姓名。建立物件完成後，隨即列印結果，下列是本程式的圖形說明。

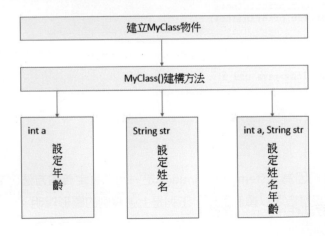

```
1  class MyClass {
2      int age;                        // 年齡
3      String name;                    // 姓名
4      MyClass(int a) {                // 建構方法參數是一個整數
5          age = a;                    // 設定年齡
6      }
7      MyClass(String str) {           // 建構方法參數是一個字串
```

```
 8          name = str;                          // 設定姓名
 9      }
10      MyClass(int a, String str) {             // 建構方法參數是一個整數和字串
11          age = a;                             // 設定年齡
12          name = str;                          // 設定姓名
13      }
14      void printInfo( ) {                      // 列印成員變數
15          System.out.println(name);            // 列印姓名
16          System.out.println(age);             // 列印年齡
17      }
18 }
19 public class ch9_6 {
20      public static void main(String[] args) {
21          MyClass A = new MyClass(20);
22          A.printInfo();
23          MyClass B = new MyClass("John");
24          B.printInfo();
25          MyClass C = new MyClass(25, "Lin");
26          C.printInfo();
27      }
28 }
```

執行結果
```
D:\Java\ch9>java ch9_6
null
20
John
0
Lin
25
```

在上述執行結果中，如果沒有為 MyClass 類別物件的屬性建立初值，可參考 8-5-2 節說明，則編譯程式會為字串變數建立 null 為初值，為整數變數建立 0 為初值，所以當我們只有一個參數時，可以看到第 22 行會列印 name 的初值是 null，第 24 行會列印 age 的初值是 0。

其實建議程式設計時，可以增加一個不含參數的建構方法，這個方法可以設定沒有參數時的預設值，這樣未來程式可以有比較多的彈性。

程式實例 ch9_7.java：重新設計 ch9_6.java，主要是增加沒有參數的預設值，可參考第 4-7 行，讓整個程式使用上更有彈性。

```
1 class MyClass {
2      int age;                                  // 年齡
3      String name;                              // 姓名
4      MyClass() {                               // 建構方法的預設
5          age = 50;
6          name = "Curry";
7      }
8      MyClass(int a) {                          // 建構方法參數是一個整數
```

```
9           age = a;                                      // 設定年齡
10      }
11      MyClass(String str) {                             // 建構方法參數是一個字串
12          name = str;                                   // 設定姓名
13      }
14      MyClass(int a, String str) {                      // 建構方法參數是一個整數和字串
15          age = a;                                      // 設定年齡
16          name = str;                                   // 設定姓名
17      }
18      void printInfo() {                                // 列印成員變數
19          System.out.println(name);                     // 列印姓名
20          System.out.println(age);                      // 列印年齡
21      }
22 }
23 public class ch9_7 {
24      public static void main(String[] args) {
25          MyClass A = new MyClass();
26          A.printInfo();
27      }
28 }
```

執行結果
```
D:\Java\ch9>java ch9_7
Curry
50
```

❑　多重定義應用在一般方法

程式實例 ch9_8.java：將多重定義的觀念應用在類別內的一般方法，這個實例有 3 個相同名稱的方法 math，可以分別接受 1-3 個整數參數，如果只有 1 個整數參數 x 等於該參數，如果有 2 個整數參數 x 等於 2 個參數的積，如果有 3 個整數參數 x 等於 3 個參數的積。

```
1 class MyMath {
2      int x;
3      void math(int a) {                                // 合1個整數參數
4          x = a;
5      }
6      void math(int a, int b) {                         // 合2個整數參數
7          x = a * b;
8      }
9      void math(int a, int b, int c) {                  // 合3個整數參數
10          x = a * b * c;
11      }
12      void printInfo( ) {
13          System.out.println(x);
14      }
15 }
16 public class ch9_8 {
17      public static void main(String[] args) {
18          MyMath A = new MyMath();
```

```
19        A.math(10);
20        A.printInfo();
21        A.math(10, 10);
22        A.printInfo();
23        A.math(10, 10, 10);
24        A.printInfo();
25    }
26 }
```

執行結果　D:\Java\ch9>java ch9_8
10
100
1000

下列是本程式的說明圖形：

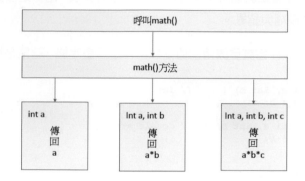

❏　方法簽章 (Method Signature)

在 Java 的專業術語中有一個名詞是方法簽章 (Method Signature)，這個簽章的意義如下：

方法簽章 (Method Signature) = 方法名稱 + 參數類型 (Parameter types)

其實 Java 編譯程式碰上多重定義 (Overload) 時就是由上述方法簽章判斷方法的唯一性，進而可以使用正確的方法執行想要的結果。若是以 ch9_8.java 為實例，有下列 3 個 math( ) 方法，所謂的方法簽章指的是藍色字的部分。

void math(int a)
void math(int a, int b)
void math(int a, int b, int c)

　　特別須留意的是，方法的傳回值型態和方法內參數名稱並不是方法簽章的一部份，所以不能設計一個方法內容相同只是傳回值型態不同的方法當作程式的一部份，這種作法在編譯時會有錯誤產生。另外也不可以設計方法內容相同只是參數名稱不同的方法當作程式的一部份，這種作法在編譯時也會有錯誤產生。例如：如果已經有上述方法了，下列是錯誤的額外多重定義。

```
void math(int x, int y)          // 錯誤是：只是參數不同名稱
int math(int a)                  // 錯誤是：只是傳回值型態不同
```

❑　傳回值型態不同不是多重定義的方法

　　在 Java 語言在多重定義觀念中不可以更改傳回值型態，當作是多重定義的一部份，因為這會造成程式模糊與錯亂。

程式實例 ch9_8_1.java：嘗試更改傳回值型態當作是多重定義，結果是編譯時產生錯誤。

```
1  class MyMath {
2     int math(int a, int b) {       // int
3        return a * b;
4     }
5     double math(int a, int b) {  // double error
6        return a * b;
7     }
8  }
9  public class ch9_8_1 {
10    public static void main(String[] args) {
11       MyMath A = new MyMath();
12       System.out.println(A.math(10, 10));
13    }
14 }
```

執行結果
```
D:\Java\ch9>javac ch9_8_1.java
ch9_8_1.java:5: error: method math(int,int) is already defined in class MyMath
            double math(int a, int b) {        // double error
            ^
1 error
```

❑　多重定義也可以用在 main( )

　　在 Java 程式設計時，也可以將多重定義應用在 main( ) 方法，不過 JVM 目前只接受 main( ) 的參數是 "String[ ] args"。

程式實例 ch9_8_2.java：測試將多重定義應用在 main( ) 方法。

```
1  public class ch9_8_2 {
2     public static void main(String[] args) {
3        System.out.println("參數是String[] args");    // 參數是字串陣列
```

```
4       }
5       public static void main(String args) {
6           System.out.println("參數是String args");        // 參數是字串
7       }
8       public static void main() {
9           System.out.println("沒有參數是");                // 沒有參數
10      }
11  }
```

執行結果
```
D:\Java\ch9>java ch9_8_2
參數是String[] args
```

❏   多重定義方法與資料類型升級

在設計多重定義方法時，可能會碰上傳遞參數找不到匹配的資料類型，這時編譯程式會嘗試將資料類型升級，下列是升級的方式圖例。

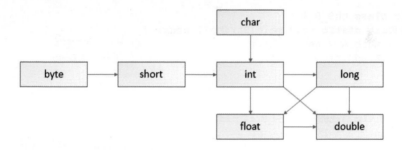

在上述圖例中，char 可以升級為 int、long、float、double，int 可以升級為 long、float、double。

程式實例 ch9_8_3.java：在多重定義方法中資料類型升級的應用，在此實例中的第 12 行的 A.addition( ) 由於找不到匹配方法，此時第一個參數 5 是 int 型態，會被升級為 long 型態而去執行第 2-4 行的 addition( ) 方法。

```
1   class Math {
2       void addition(long x, int y) {           // 2個數字加法
3           System.out.println((x + y));
4       }
5       void addition(int x, int y, int z) {     // 3個數字加法
6           System.out.println((x + y + z));
7       }
8   }
9   public class ch9_8_3 {
10      public static void main(String[] args) {
11          Math A = new Math();                  // Math類別物件
12          A.addition(5, 10);                    // 第1個int升級為long
13          A.addition(5, 10, 15);
14      }
15  }
```

執行結果 D:\Java\ch9>java ch9_8_3
15
30

程式實例 ch9_8_4.java：如果在多重定義中有找到匹配的方法，則不執行資料類型升級。程式第 2-4 行是 int 數字加法方法，第 5-7 行是 long 數字加法方法，第 12 行呼叫 addition( ) 時，由於已經找到第 2-4 行是 int 數字加法方法，所以就不去升級了。

```java
1  class Math {
2      void addition(int x, int y) {              // 2個int數字加法
3          System.out.println("int加法： " + (x + y));
4      }
5      void addition(long x, long y) {            // 2個long數字加法
6          System.out.println("long加法： " + (x + y));
7      }
8  }
9  public class ch9_8_4 {
10     public static void main(String[] args) {
11         Math A = new Math();                    // Math類別物件
12         A.addition(5, 10);                      // 不升級為long
13     }
14 }
```

執行結果 D:\Java\ch9>java ch9_8_4
int加法 ： 15

如果找不到匹配的方法，而每一個方法皆提供相類似可以讓資料類型升級，此時會造模糊 (ambiguous) 而產生錯誤。

程式實例 ch9_8_5.java：在 Math 類別的多重定義方法如果個別獨立存在皆可以提供升級，但是並存時，造成模糊而產生編譯時的錯誤。

```java
1  class Math {
2      void addition(long x, int y) {             // long+int數字加法
3          System.out.println("int加法： " + (x + y));
4      }
5      void addition(int x, long y) {             // int+long數字加法
6          System.out.println("long加法： " + (x + y));
7      }
8  }
9  public class ch9_8_5 {
10     public static void main(String[] args) {
11         Math A = new Math();                    // Math類別物件
12         A.addition(5, 10);                      // 產生ambiguous
13     }
14 }
```

執行結果
```
D:\Java\ch9>javac ch9_8_5.java
ch9_8_5.java:12: error: reference to addition is ambiguous
                A.addition(5, 10);                          // 產生a
mbiguous
                    ^
    both method addition(long,int) in Math and method addition(int,long) in Math m
atch
1 error
```

## 9-1-4　this 關鍵字

在 8-7-4 節筆者在設計一般方法時有提到名稱遮蔽 (Shadowing of Name) 觀念，當類別內的方法所定義的區域變數與類別的成員變數 ( 也可稱屬性 ) 相同時，方法會以區域變數優先。在這個環境下，如果確定要存取類別的成員變數時，可以使用 this 關鍵字，如下：

　　this. 成員變數

以上觀念也可以應用在建構方法。若是以 ch9_6.java 為實例，它的第一個建構方法如下：

```
MyClass(int a) {
    age = a;
}
```

其實上述將區域變數設為 a，從程式設計觀點看最大缺點是程式不容易閱讀，如果我們將區域變數設為 age，整個設計如下所示：

```
MyClass(int age) {
    age = age;
}
```

程式變的比較容易閱讀，但是上述會發生名稱遮蔽 (Shadowing of Name) 現象造成錯誤，在這時就可以使用 this 關鍵字，如下所示：

```
MyClass(int age) {
    this.age = age;
}
```

上述不僅語法正確，同時程式容易閱讀。

程式實例 ch9_9.java：使用 this 關鍵字重新設計 ch9_6.java，在該程式中筆者為了有區隔成員變數和區域變數，所以使用了不同名稱，這個程式將用 this 關鍵字，因為區域變數與成員變數的名稱相同，整個程式應該更容易閱讀。

```
4      MyClass(int age) {                      // 建構方法參數是一個整數
5          this.age = age;                     // 設定年齡
6      }
7      MyClass(String name) {                  // 建構方法參數是一個字串
8          this.name = name;                   // 設定姓名
9      }
10     MyClass(int age, String name) {         // 建構方法參數是一個整數和字串
11         this.age = age;                     // 設定年齡
12         this.name = name;                   // 設定姓名
13     }
```

執行結果 與 ch9_6.java 相同。

this 的另外一個用法是，可以使用它調用另一個建構方法，特別是在建構方法中有一部分設定已經存在另一個建構方法了，這時可以用呼叫另一建構方法，省略這部分的建構。這個用法的主要觀念是讓整個程式的設計具有一致性，可以避免太多設定造成疏忽而產生不協調。

程式實例 ch9_10.java：我們先看沒有用 this 關鍵字調用另一個建構方法的執行結果，假設我們要建立 NBA 球員資料，使用 2 個建構方法，一個是建立球員姓名，另一個是同時建立年齡與姓名，下列是這個程式設計。

```
1  class NBAPlayers {
2      int age = 28;                           // 年齡
3      String name;                            // 姓名
4      NBAPlayers(String name) {               // 建構方法參數是一字串
5          this.name = name;                   // 設定姓名
6      }
7      NBAPlayers(String name, int age) {      // 建構方法參數是一個整數和字串
8          this.name = name;                   // 設定姓名
9          this.age = age;                     // 設定年齡
10     }
11     void printInfo() {                      // 列印成員變數
12         System.out.println(name);           // 列印姓名
13         System.out.println(age);            // 列印年齡
14     }
15 }
16 public class ch9_10 {
17     public static void main(String[] args) {
18         NBAPlayers A = new NBAPlayers("LeBron James", 30);
19         A.printInfo();
20     }
21 }
```

執行結果 D:\Java\ch9>java ch9_10
LeBron James
30

上述第 2 行是隨意預設 NBA 的平均年齡，重點是第 8 行其實所做的事情和 4-6 行的建構方法相同，這時就可以使用 this 關鍵字調用建構方法。

程式實例 ch9_11.java：重新設計 ch9_10.java，在建構方法中使用 this 調用其它建構方法。

```
1  class NBAPlayers {
2      int age = 28;                           // 年齡
3      String name;                            // 姓名
4      NBAPlayers(String name) {               // 建構方法參數是一個字串
5          this.name = name;                   // 設定姓名
6      }
7      NBAPlayers(String name, int age) {      // 建構方法參數是一個整數和字串
8          this(name);                         // 設定姓名
9          this.age = age;                     // 設定年齡
10     }
11     void printInfo() {                      // 列印成員變數
12         System.out.println(name);           // 列印姓名
13         System.out.println(age);            // 列印年齡
14     }
15 }
16 public class ch9_11 {
17     public static void main(String[] args) {
18         NBAPlayers A = new NBAPlayers("LeBron James", 30);
19         A.printInfo();
20     }
21 }
```

執行結果 與 ch9_10.java 相同。

上述第 8 行筆者使用 this(name) 調用原先第 4-6 行的 NBAPlayers(String name) 建構方法。

## 9-2 類別的訪問權限 – 封裝 (Encapsulation)

學習類別至今可以看到我們可以從 main( ) 方法直接引用所設計類別內的成員變數 ( 屬性 ) 和方法，像這種類別內的成員變數可以讓外部引用的稱公有 (public) 屬性，而可以讓外部引用的方法稱公有方法。任何類別的屬性與方法可供外部隨意存取，這個設計觀念最大的風險是會有資訊安全的疑慮。

程式實例 ch9_12.java：這是一個簡單的 TaipeiBank 類別，這個類別建立物件完成後，會將存款金額 (balance) 設為 0，但是可以在 main( ) 方法隨意設定 balance，即可以獲得目前的存款餘額。

```java
 1  class TaipeiBank {
 2      String name;                           // 開戶者姓名
 3      int balance;                           // 存款金額
 4      TaipeiBank(String name) {
 5          this.name = name;                  // 設定開戶者姓名
 6          this.balance = 0;                  // 設定開戶金額是0
 7      }
 8      void get_balance() {                   // 列出開戶者的存款餘額
 9          System.out.println(name + " 目前存款餘額 " + balance);
10      }
11  }
12  public class ch9_12 {
13      public static void main(String[] args) {
14          TaipeiBank A = new TaipeiBank("Hung");
15          A.get_balance();
16          A.balance = 1000;                  // 設定存款金額
17          A.get_balance();
18      }
19  }
```

執行結果
```
D:\Java\ch9>java ch9_12
Hung 目前存款餘額 0
Hung 目前存款餘額 1000
```

上述程式設計最大的風險是可以由 TaipeiBank 類別外的 main( ) 方法可以隨意改變存款餘額，如此造成資訊上的不安全。觀念可以參考下圖：

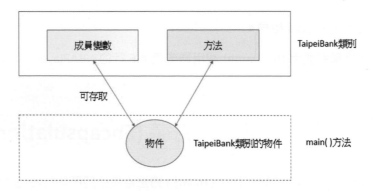

為了確保類別內的成員變數 ( 屬性值 ) 的安全，其實有必要限制外部無法直接存取類別內的成員變數 ( 屬性值 )。這個觀念其實就是將類別的成員變數隱藏起來，未來如果想要存取被隱藏的成員變數時，須使用此類別的方法，外部無法得知類別內是如何

運作,這個觀念就是所謂的封裝 (Encapsulation),有時候也可以稱資訊隱藏 (Information Hiding)。此時程式設計觀念應如下所示:

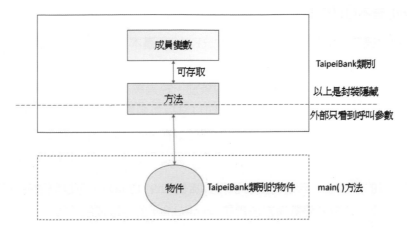

## 9-2-1 類別成員的存取控制

至今筆者所設計類別內的方法大都是沒有加上存取修飾符 (Access Modifier),也可稱 no modifier,其實可以將存取控制分成 4 個等級。

| Modifier | Class | Package | Subclass | World |
|---|---|---|---|---|
| public | Y | Y | Y | Y |
| protected | Y | Y | Y | N |
| no modifier | Y | Y | N | N |
| private | Y | N | N | N |

上述列表指出類別成員有關存取修飾符的權限,下列將分別說明。

❏ public:可解釋為公開,如果我們將類別的成員變數或方法設為 public 時,本身類別 (Class)、同一套件 (Package)、子類別 (Subclass) 或其他類別 (World) 皆可以存取。

❏ protected:可解釋為保護,如果我們將類別的成員變數或方法設為 protected 時,本身類別 (Class)、同一套件 (Package) 或子類別 (Subclass) 可以存取,其他類別 (World) 則不可以存取。

❏ no modifier:如果類別的成員變數或方法沒有修飾詞 no modifier 時,本身類別 (Class)、同一套件 (Package) 可以存取。子類別 (Subclass) 或其他類別 (World) 則不可以存取。

❑ private：可解釋為 私有，如果我們將類別的成員變數或方法設為 private 時，除了本身類別 (Class) 可以存取。同一套件 (Package)、子類別 (Subclass) 或其他類別 (World) 皆不可以存取。

在這裡出現了一個新名詞同一套件 (Package)，基本上筆者將每一章的程式範例皆是放在同一個資料夾，當程式編譯後 .class 皆是在相同資料夾，在相同資料夾的類別就會被視為同一套件。至於程式若是有多個類別，經過編譯後此程式的類別一定是在相同資料夾下，所以一定是同一套件。讀者可以發現每個程式的 main( ) 方法雖然與我們所建立的類別是屬於不同的類別，但是我們可以在 main( ) 方法內存取 no modifier 的成員變數與方法。

經過上述的解說後，若是再度檢視程式實例 ch9_12.java，可以發現在該程式中，TaipeiBank 類別內的成員變數與方法皆是 no modifier 的存取控制等級。

```
1  class TaipeiBank {
2      String name;                                    // 開戶者姓名
3      int balance;                                    // 存款金額
4      TaipeiBank(String name) {
5          this.name = name;                           // 設定開戶者姓名
6          this.balance = 0;                           // 設定開戶金額是0
7      }
8      void get_balance() {                            // 列出開戶者的存款餘額
9          System.out.println(name + " 目前存款餘額 " + balance);
10     }
```

上述表示是no modifier等級

在本章筆者將針對 public 與 private 做說明，有關 protected 則在未來介紹更多觀念時再做解說，可參考 14-1-6 節。

程式實例 ch9_13.java：測試 private 存取修飾符，重新設計 ch9_12.java，將成員變數的 balance 設為 private，此時程式就會有錯誤產生。

```
1  class TaipeiBank {
2      private String name;                            // 開戶者姓名
3      private int balance;                            // 存款金額
4      TaipeiBank(String name) {
5          this.name = name;                           // 設定開戶者姓名
6          this.balance = 0;                           // 設定開戶金額是0
7      }
8      void get_balance() {                            // 列出開戶者的存款餘額
9          System.out.println(name + " 目前存款餘額 " + balance);
10     }
11 }
```

```
12 public class ch9_13 {
13     public static void main(String[] args) {
14         TaipeiBank A = new TaipeiBank("Hung");
15         A.get_balance();
16         A.balance = 1000;                    // 設定存款金額
17         A.get_balance();
18     }
19 }
```

執行結果
```
D:\Java\ch9>javac ch9_13.java
ch9_13.java:16: error: balance has private access in TaipeiBank
                A.balance = 1000;                              // 設定
存款金額
                ^
1 error
```

上述指出 balance 是 private，所以在 main( ) 程式 16 行設定此值時產生錯誤。

了解了本節觀念後，最後要提醒的事，建構方法 (Constructor) 可以是 no modifier 存取控制等級，這是本章至今所使用的設計方式。當然也可以將建構方法設為 public 等級，但是要注意不可將建構方法設為 private 等級，如果設為 private 等級 new 運算子將無法呼叫使用，這樣就無法設定物件的初始狀態。

## 9-2-2　設計具有封裝效果的程式

繼續用 TaipeiBank 的實例說明，程式設計時若是想要類別內的成員變數（屬性）是安全的，無法由外部隨意存取，必須將成員變數設計為 private。為了要可以存取這些 private 的成員變數，我們必須在 TaipeiBank 類別內設計可以供 main( ) 方法內呼叫的 public 的方法執行存取作業。例如：我們可以設計下列 2 個方法分別是存款和提款。

saveMoney( )　　　　　　// 存款
withdrawMoney( )　　　　// 提款

另外有一點要注意的是，建構方法必須設為 public，因為如果設為 private，則 new 就無法呼叫建構方法 (Constructor)。

程式實例 ch9_14.java：設計可以存款與提款的 TaipeiBank 類別，在這個程式的 main( ) 方法中只能執行呼叫存款、提款與列印餘額方法，至於 TaipeiBank 類別內部如何運作，main( ) 方法中無法得知。

```
 1  class TaipeiBank {
 2      private String name;                    // 開戶者姓名
 3      private int balance;                    // 存款金額
 4      public TaipeiBank(String name) {
 5          this.name = name;                   // 設定開戶者姓名
 6          this.balance = 0;                   // 設定開戶金額是0
 7      }
 8      public void saveMoney(int money) {      // 存款
 9          this.balance += money;
10      }
11      public void withdrawMoney(int money) {  // 提款
12          this.balance -= money;
13      }
14      public void get_balance() {             // 列出開戶者的存款餘額
15          System.out.println(name + " 目前存款餘額 " + balance);
16      }
17  }
18  public class ch9_14 {
19      public static void main(String[] args) {
20          TaipeiBank A = new TaipeiBank("Hung");
21          A.get_balance();
22          A.saveMoney(1000);                  // 存款1000
23          A.get_balance();
24          A.withdrawMoney(500);               // 提款500
25          A.get_balance();
26      }
27  }
```

執行結果
```
D:\Java\ch9>java ch9_14
Hung 目前存款餘額 0
Hung 目前存款餘額 1000
Hung 目前存款餘額 500
```

　　最後要留意的是，如果類別內設計的方法很明確是只供此類別內的其他方法呼叫使用，不對外公開也請設為 private，這樣可以避免被外部誤用。

程式實例 ch9_15.java：這是一個擴充 ch9_14.java 的程式，主要是執行匯率計算，假設台幣與美金的匯率是 1:30，在換匯的時候銀行會收總金額 1% 的手續費，但是如果目前存款金額大於或等於 10000 時，手續費將降為總金額的 0.8%。這個程式的重點是，筆者在第 21-25 行建立一個 private double cal_rate( ) 方法，只有 TaipeiBank 的類別的其他方法才可呼叫，這個方法的功能是實際計算美金兌換台幣的結果，然後會回傳 double 類型的計算結果。筆者在第 16-20 行建立一個 public double usa_to_taiwan( ) 方法，這個方法主要是供外界呼叫，外界只能看到這一層的使用參數，無法了解內部如何處理，此例是供 main( ) 方法呼叫，這個方法同時也會回傳 double 類型的計算結果。

```
1  class TaipeiBank {
2      private String name;                      // 開戶者姓名
3      private int balance;                      // 存款金額
4      private int rate = 30;                    // 匯率
5      private double service_charge = 0.01;     // 手續費率
6      public TaipeiBank(String name) {
7          this.name = name;                     // 設定開戶者姓名
8          this.balance = 0;                     // 設定開戶金額是0
9      }
10     public void saveMoney(int money) {        // 存款
11         this.balance += money;
12     }
13     public void withdrawMoney(int money) {    // 提款
14         this.balance -= money;
15     }
16     public double usa_to_taiwan(int usaD) {   // 換匯計算
17         if ( this.balance >= 10000 )          // 如果存款大於或等於10000元
18             this.service_charge = 0.008;      // 手續費率0.008
19         return cal_rate(usaD);
20     }
21     private double cal_rate(int usaD) {       // 真實計算換匯金額
22         double result;
23         result = usaD * rate * (1 - service_charge);   // 換匯結果
24         return result;                        // 回傳換匯結果
25     }
26     public void get_balance() {               // 列出開戶者的存款餘額
27         System.out.println(name + " 目前存款餘額 " + balance);
28     }
29 }
30 public class ch9_15 {
31     public static void main(String[] args) {
32         TaipeiBank A = new TaipeiBank("Hung");
33         int usdallor = 50;
34         A.saveMoney(5000);                    // 存款5000
35         System.out.println(usdallor + " 美金可以兌換 " + A.usa_to_taiwan(usdallor)
36                         + " 台幣 ");
37         A.saveMoney(15000);                   // 存款15000
38         System.out.println(usdallor + " 美金可以兌換 " + A.usa_to_taiwan(usdallor)
39                         + " 台幣 ");
40     }
41 }
```

執行結果
```
D:\Java\ch9>java ch9_15
50 美金可以兌換 1485.0 台幣
50 美金可以兌換 1488.0 台幣
```

# 9-3 static 關鍵字

　　static 有全局與靜態的意義，這是一個修飾詞可以用在修飾成員變數、成員方法或是在程式中有一個獨立的 static 程式碼區塊。其實當用 public 修飾 static 的成員變數和成員方法時，本質上就成了全局變數和全局方法。

　　類別的靜態 (static) 成員與非靜態成員最大的差別是靜態 (static) 成員不需實體 (instance) 就可以直接存取，非靜態成員必須先用 new 建立一個實體 (instance) 才可以訪問，這邊所謂的實體是指物件。

## 9-3-1　static 成員變數

　　如果一個類別的成員變數 (member variables) 有 static 修飾詞時，表示所有此類別的物件可以共享此 static 成員變數，而不是每一個此類別的物件有一份各自獨立的成員變數，也因為如此所以又稱全局變數 (Global variable)。

程式實例 ch9_16.java：沒有 static 修飾詞時，建立物件與列印物件內容。

```
1  class Person {
2      public int age;                                // 每一個物件有一份此資料
3      public String name;                            // 每一個物件有一份此資料
4      public void output() {
5          System.out.println("Name: " + name);
6          System.out.println("Age:  " + age);
7      }
8  }
9
10 public class ch9_16 {
11     public static void main(String[] args) {
12         Person P1 = new Person();
13         P1.name = "Peter";
14         P1.age = 20;
15         Person P2 = new Person();
16         P2.name = "John";
17         P2.age = 30;
18         P1.output();
19         P2.output();
20     }
21 }
```

執行結果
```
D:\Java\ch9>java ch9_16
Name: Peter
Age:  20
Name: John
Age:  30
```

我們可以用下列記憶體圖形說明上述實例。

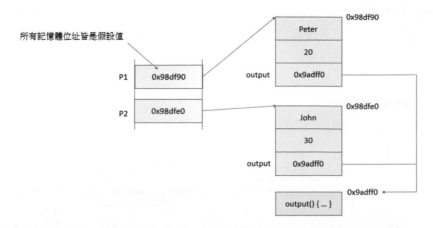

從上圖讀者可以了解，類別物件的成員變數會各自有一份獨立的資料區，至於成員方法則是獨立存在，各類別物件則是有指向此方法的記憶體區。

程式實例 ch9_17.java：重新設計 ch9_16.java，將 age 設為 static，然後我們看他的執行結果。

```
1  class Person {
2      public static int age;            // 所有物件共享此份資料
3      public String name;               // 每一個物件有一份此資料
4      public void output() {
5          System.out.println("Name: " + name);
6          System.out.println("Age:  " + age);
7      }
8  }
9
10 public class ch9_17 {
11     public static void main(String[] args) {
12         Person P1 = new Person();
13         P1.name = "Peter";
14         P1.age = 20;
15         Person P2 = new Person();
16         P2.name = "John";
17         P2.age = 30;
18         P1.output();
19         P2.output();
20     }
21 }
```

執行結果
```
D:\Java\ch9>java ch9_17
Name: Peter
Age:  30
Name: John
Age:  30
```

在上述執行結果可以發現，我們在第 14 行設定 Peter 的年齡是 20，但是執行結果顯示 Peter 的年齡是 30，主要是因為我們在第 2 行將 age 設為 static，這時所有的物件將共享此靜態 (static) 成員變數。我們可以用下列記憶體圖形說明上述實例，當執行完第 14 行後記憶體圖形如下所示：

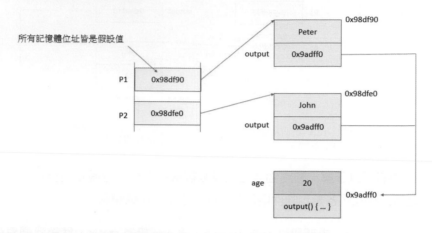

當執行完第 17 行後記憶體圖形如下所示：

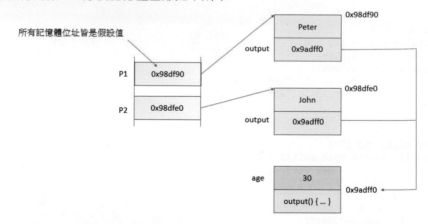

由於靜態 (static) 只有一份，所以最後列出 Peter 和 John 的歲數是 30。

## 9-3-2　使用類別名稱直接存取

在 9-3 節筆者有說明可以不需要實體 (instance) 就可以直接存取靜態 (static) 成員變數，所使用的就是直接用類別名稱存取 static 成員變數。

程式實例 ch9_18.java：這是一個直接使用類別名稱存取 static 成員變數的實例，可參考第 15 行和 20 行，讀者可以發現我們可以在建立物件前或是建立物件後存取 static 成員變數。

```
1  class Person {
2      public static int age;              // 所有物件共享此份資料
3      public String name;                 // 每一個物件有一份此資料
4      public Person(String name) {
5          this.name = name;
6      }
7      public void output() {
8          System.out.println("Name: " + name);
9          System.out.println("Age:  " + age);
10     }
11 }
12
13 public class ch9_18 {
14     public static void main(String[] args) {
15         Person.age = 20;                // 可以在宣告物件前設定age
16         Person P1 = new Person("Peter");
17         Person P2 = new Person("John");
18         P1.output();
19         P2.output();
20         Person.age = 30;                // 也可以在宣告物件後設定age
21         P1.output();
22         P2.output();
23     }
24 }
```

執行結果
```
D:\Java\ch9>java ch9_18
Name: Peter
Age:  20
Name: John
Age:  20
Name: Peter
Age:  30
Name: John
Age:  30
```

## 9-3-3 靜態成員變數的初始區塊

所謂的靜態初始化區塊 (Static Initializer Block) 是指 Java 在類別宣告中，增加 static 左右大括號區塊，然後在這個區塊中可以初始化次類別的 static 成員變數。它的使用語法如下：

```
static {
    XXXX;
}
```

程式實例 ch9_19.java：靜態初始化區塊的使用說明，這個程式的 4-6 行就是靜態初始化區塊。

```java
1  class NBAteam {
2      public static String team;           // 所有物件共享此份資料
3      public String name;                  // 每一個物件有一份此資料
4      static {                             // static的初始區塊
5          team = "Warriors";
6      }
7      public NBAteam(String name) {
8          this.name = name;
9      }
10     public void output() {
11         System.out.println("Team: " + team);
12         System.out.println("Name: " + name);
13     }
14 }
15
16 public class ch9_19 {
17     public static void main(String[] args) {
18         NBAteam t1 = new NBAteam("Curry");
19         NBAteam t2 = new NBAteam("Durant");
20         t1.output();
21         t2.output();
22         NBAteam.team = "Golden State";
23         t1.output();
24         t2.output();
25     }
26 }
```

執行結果
```
D:\Java\ch9>java ch9_19
Team: Warriors
Name: Curry
Team: Warriors
Name: Durant
Team: Golden State
Name: Curry
Team: Golden State
Name: Durant
```

上述第 22 行可以使用 " 類別名稱 . 靜態成員變數 " 存取，我們又稱之為類別變數 (Class Variable)。而需要建立物件，然後使用 " 物件名稱 . 靜態成員變數 " 存取，我們又稱實體變數 (Instance Variable)。

## 9-3-4 將 static 成員變數應用在人數總計

由於 static 成員變數具有共享的特性，所以在使用上應該將它應用在具有全局變數的概念的地方，下列將使用一個實例，將 static 成員變數應用在人數總計。

程式實例 ch9_20.java：這個程式的 static 成員變數 counter 在第 2 行設定，另外還設定了人員 id 和人員姓名 name，每次建立 NBAteam 物件時，會執行建構方法 (8-10 行 )，更新人數總計同時將當時人數總計設定給 id，也當作是 id 編號。

```java
 1 class NBAteam {
 2     public static int counter;           // 所有物件共享此份資料
 3     public int id;                       // 人員id
 4     public String name;                  // 人員姓名
 5     static {                             // static的初始區塊
 6         counter = 0;
 7     }
 8     public NBAteam() {
 9         id = ++counter;                  // 同時設定id和人數總計
10     }
11     public void output() {
12         System.out.println("id:" + id + "  Name: " + name);
13         System.out.println("共有 " + counter + " 名成員");
14     }
15 }
16
17 public class ch9_20 {
18     public static void main(String[] args) {
19         NBAteam t1 = new NBAteam();
20         t1.name = "Durant";
21         t1.output();
22         NBAteam t2 = new NBAteam();
23         t2.name = "Curry";
24         t2.output();
25     }
26 }
```

執行結果
```
D:\Java\ch9>java ch9_20
id:1  Name: Durant
共有 1 名成員
id:2  Name: Curry
共有 2 名成員
```

## 9-3-5　static 方法

static 除了可以應用在類別的成員變數，也可以應用在類別的方法。一個標示為 static 的方法，除了可以使用類別物件名稱呼叫外，也可以使用類別名稱呼叫。

程式實例 ch9_21.java：這個程式主要是展示在沒有建立任何類別物件下，我們仍然可以使用類別名稱呼叫 static 方法，然後這個程式也展示我們正常使用類別物件名稱呼叫 static 方法。

```
1  class PrintSample {
2      public static void output() {
3          System.out.println("測試static方法");
4      }
5  }
6
7  public class ch9_21 {
8      public static void main(String[] args) {
9          PrintSample.output();          // 類別名稱呼叫static方法
10         PrintSample A = new PrintSample();
11         A.output();                    // 類別物件名稱呼叫static方法
12     }
13 }
```

執行結果
```
D:\Java\ch9>java ch9_21
測試static方法
測試static方法
```

在設計 static 方法時須留意不可使用 this 關鍵字、非 static 的成員變數和非 static 的方法，因為我們可以在沒有宣告類別物件情況下使用 static 成員變數和方法，而非 static 的成員變數和非 static 的方法需要在有物件的情況下才可以使用。

## 9-3-6　認識 main( )

當程式載入一個 Java 檔案時，會先去找尋 main( )，所以我們必須將 main( ) 宣告為 public，由於其它方法會回傳資料給 main( )，而 main( ) 則不須回傳任何資料，所以我們將 main( ) 宣告為 void。由於程式一執行時，main( ) 就會載入記憶體內，所以我們必須將它宣告為 static。所以我們看到了下列 main( ) 的宣告。

> public static void main(String[ ] args)

看了以上敘述，我們可以說 main( ) 其實就是 public static void 的方法。另外啟動程式時如果有參數要傳入程式，可以使用參數列 (String[ ] args)，這是字串陣列，args 是 Java 程式設計師習慣用的字串陣列變數名稱，你也可以使用其它任何名稱。

## 9-3-7　final 關鍵字與 static 成員變數

在 3-4 節筆者有介紹 final 關鍵字的用法，其實我們也可以將它應用在 static 成員變數。當設計一個類別時，如果 static 成員變數的資料是固定，未來不再更改，則可以將 final 關鍵字應用在 static 成員變數上。

程式實例 ch9_22.java：假設悠遊卡最多儲值空間是 1000 元，我們使用 final static 成員變數 valueAdd 定義此變數，這是一個嘗試修改 final static 成員變數 valueAdd 造成程式錯誤的實例。

```
 1  class IcCard {
 2      final static int valueAdd = 1000;
 3  }
 4
 5  public class ch9_22 {
 6      public static void main(String[] args) {
 7          IcCard A = new IcCard();
 8          A.valueAdd = 2000;          // 企圖修改final static成員變數產生錯誤
 9      }
10  }
```

執行結果
```
D:\Java\ch9>javac ch9_22.java
ch9_22.java:8: error: cannot assign a value to final variable valueAdd
                A.valueAdd = 2000;                    // 企圖修改final static成員變數
產生錯誤
                ^
1 error
```

## 習題實作題

1： 請重新設計 ch9_8.java，將多重定義改為求傳遞參數的最大值，請設計 3 個名稱相同的方法 getMax，3 組資料輸入分別是，(10)、(5, 10)、(5, 10, 15)，其他觀念可參考該程式。

```
D:\Java\ex>java ex9_1
10
10
15
```

2： 請參考 ch9_15.java 增加台幣換美金功能，相當於設計 taiwan_to_usa( ) 方法，手續費率與美金換台幣功能相同。

```
D:\Java\ex>java ex9_2
當存款是 5000
30000 台幣可以兌換 990.0 美金
當存款是 15000
30000 台幣可以兌換 992.0 美金
```

3: 請完成設計下列程式。

```
 1 class DemoConstructor {
 2     int age;
 3     String name;
 4     DemoConstructor() {
 5         // 設計這個部份
 6     }
 7     DemoConstructor(String name, int age) {
 8         this.age = age;
 9         this.name = name;
10     }
11 }
12 public class ex9_3 {
13     public static void main(String[] args) {
14         // 設計這個部份
15     }
16 }
```

執行結果如下：

```
D:\Java\ex>java ex9_3
John 20
Peter 22
```

# 第十章

# 內建 Math 和 Random 類別

　　講解 Java 至今，相信讀者已經有了一定的基礎了，在繼續往下講解更多物件導向的程式設計觀念時，筆者想要講解幾個在 Java 程式設計時常用的內建標準類別，有了這些內建標準類別的知識，未來筆者舉實例時，可以更加活用所講解的範例。內建標準類別的全名是 Java Standard Class Library( 可翻譯為標準類別庫 )，或是也可以稱為 Java API(Application Programming Interface，應用程式介面 )。這一章的重點是 Math 類別。

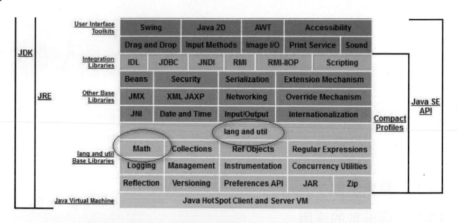

　　Java 的 Math 類別內有許多數學上常用的計算方法，聰明的使用這些工具可以節省我們開發程式的時間。在 Math 類別內的常數與方法皆宣告為靜態 (static)，使用時可以用下列語法：

```
Math.PI                    // 獲得圓周率
Math.random()              // 求隨機數
```

　　未來各節會有實例說明，此外本章也將講解在 java.util 內的 Random 類別，這是一個更有彈性產生隨機數方式的類別。

## 10-1　數學常數

Math 類別有提供 2 個數學 static 常數，如下所示：

| 常數名稱 | 說明 |
|---|---|
| E | 數學的自然數 e，值為 2.718281828459045 |
| PI | 圓周率 π，值為 3.141592653589793 |

程式實例 ch10_1.java：列出 Java 內 Math 類別的自然數 E 和圓周率 PI。

```
1  public class ch10_1 {
2      public static void main(String[] args) {
3          System.out.println("E  = " + Math.E);       // 列印Math.E
4          System.out.println("PI = " + Math.PI );      // 列印Math.PI
5      }
6  }
```

執行結果
```
D:\Java\ch10>java ch10_1
E  = 2.718281828459045
PI = 3.141592653589793
```

# 10-2 隨機數的應用

## 10-2-1 基本觀念

Math 類別內有 random( ) 方法，這個方法可以產生大於或等於 0.0，以及小於 1.0 的雙倍精度浮點數 (double) 隨機數。

0.0 <= Math.random( ) < 1.0

一般程式設計師常用上述方法產生電子遊戲的輸贏，例如：若是期待電腦贏的比率是 60，可以由上述產生的隨機數，設定只要值介於 0.0 ~ 0.6 就算電腦贏。

程式實例 ch10_2.java：產生 10 筆介於 0.0 和 1.0 之間的值。

```
1  public class ch10_2 {
2      public static void main(String[] args) {
3          double[] ran = new double[10];
4
5          for ( int i = 0; i < 10; i++ ) {
6              ran[i] = Math.random();
7              System.out.printf("%5.2f ", ran[i]);       // 列印隨機數
8          }
9      }
10 }
```

執行結果
```
D:\Java\ch10>java ch10_2
 0.08  0.94  0.07  0.84  0.50  0.61  0.48  0.79  0.58  0.54
```

如果我們想要產生某一區間的隨機數字，可以使用下列公式：

Math.random() * ( 區間上限值 – 區間下限值 + 1) + 區間下限值

程式實例 ch10_3.java：產生 10 筆擲骰子產生 1-6 之間的隨機數。

```
1 public class ch10_3 {
2    public static void main(String[] args) {
3        int[] dice = new int[10];
4
5        for ( int i = 0; i < 10; i++ ) {
6            dice[i] = (int) (Math.random() * ( 6 - 1 + 1)) + 1;
7            System.out.printf("%d ", dice[i]);        // 列印骰子隨機數
8        }
9    }
10 }
```

執行結果　D:\Java\ch10>java ch10_3
2 4 5 2 2 4 1 5 5 1

程式實例 ch10_4.java：請輸入購買大樂透彩卷數量，本程式可以產生此數量的開獎號碼，一組大樂透彩卷的號碼有 6 組，每組編號介於 1-49 間。

```
1 import java.util.Scanner;
2 public class ch10_4 {
3    public static void main(String[] args) {
4        int[] lottery = new int[50];
5        Scanner scanner = new Scanner(System.in);
6
7        System.out.print("請輸入購買大樂透卷數量 : ");
8        int num = scanner.nextInt();                       // 讀取購買大樂透卷數量
9
10       for ( int i = 1; i <= num; i++) {                  // 處理購買大樂透卷數量
11           System.out.printf("%d : \t", i);               // 輸出第幾組大樂透資料
12           for ( int n = 1; n <= 49; n++)                 // 處理lottery[n]=n, n = 1-49
13               lottery[n] = n;
14           int counter = 1;                               // 各組大樂透數字編號
15           while ( counter <= 6 ) {                        // 一組大樂透有6個數字
16               int lotteryNum = (int) (Math.random() * (49 - 1 + 1)) + 1;  // 產生大樂透號碼
17               if (lottery[lotteryNum] == 0)              // 如果是0表示此數字已經產生
18                   continue;                              // 返回while迴圈
19               else {
20                   System.out.printf("%d  \t", lotteryNum);   // 產生新的大樂透數字
21                   lottery[lotteryNum] = 0;               // 將此陣列索引設為0
22                   counter++;                             // 將大樂透數字編號加1
23               }
24           }
25           System.out.printf("\n");                       // 換行輸出
26       }
27    }
28 }
```

執行結果　D:\Java\ch10>java ch10_4
請輸入購買大樂透卷數量 : 5

| | | | | | |
|---|---|---|---|---|---|
| 1 : | 5 | 25 | 47 | 31 | 27 | 18 |
| 2 : | 40 | 28 | 20 | 21 | 14 | 45 |
| 3 : | 49 | 20 | 19 | 21 | 31 | 3 |
| 4 : | 18 | 30 | 48 | 17 | 36 | 39 |
| 5 : | 1 | 9 | 38 | 6 | 28 | 18 |

　　這個程式設計觀念是，筆者在 12-13 行建立了 lottery[1]-lottery[49]，其實 lottery[0] 是未使用，主要是將 lottery[n]=n，當此數字出現後便將 lottery[n] 設為 0，未來凡是數字重複出現，便會執行程式第 19 行的 continue，重新產生樂透號碼。

## 10-2-2　隨機函數生成器 java.util.Random

　　Java 有提供隨機函數生成器，可以產生特定區間的隨機數整數。

```
Random rand = new Random( );
rand.nextInt(5) + 1;
```

　　上述 rand.nextInt(5) 可以產生 0 - 5 之間的隨機數整數，加上 1 後可以產生 1- 6 間的隨機數。相關應用可以參考習題 2。

## 10-3　求較大值 max( )/ 較小值方法 min( )

　　雖然我們可以使用 Java 的 if … else 或 ?: 獲得 2 個數字比較的較大值或較小值，不過 Java 的 Math 類別仍有提供下列 2 個方法，可以讓我們求得較大值或較小值。

```
static 資料型態 max( 資料型態 x, 資料型態 y)        // 傳回 x,y 的較大值
static 資料型態 min( 資料型態 x, 資料型態 y)        // 傳回 x,y 的較小值
```

　　上述資料型態可以是 int、long、float、double。

程式實例 ch10_5.java：求 3 個 int 的較大值與 2 個 double 的較小值。

```
1  public class ch10_5 {
2     public static void main(String[] args) {
3        int x1 = 30;                             // 定義3個整數int
4        int x2 = 50;
5        int x3 = 80;
6        int maxV;
7        maxV = Math.max(Math.max(x1, x2), x3);   // 求3個值的較大值
8        System.out.println("3個數值的較大值是：" + maxV);
9        double y1 = 5.5;                         // 定義2個雙倍精度浮點數double
10       double y2 = 3.6;
11       double minV;
12       minV = Math.min(y1, y2);                 // 求2個值的較小值
13       System.out.println("2個數值的較小值是：" + minV);
14    }
15 }
```

執行結果
```
D:\Java\ch10>java ch10_5
3個數值的較大值是：80
2個數值的較小值是：3.6
```

## 10-4 求絕對值方法 abs( )

Math 類別有提供 abs( ) 方法可以讓我們求得絕對值。

　　static 資料型態 abs( 資料型態 x)　　　　　　// 傳回 x 的絕對值

上述資料型態可以是 int、long、float、double。

程式實例 ch10_6.java：列出絕對值。

```
1  public class ch10_6 {
2      public static void main(String[] args) {
3          int x1 = -30;                              // 定義2個整數int
4          int x2 = 50;
5          System.out.println("-30的絕對值是 : " + Math.abs(x1));
6          System.out.println(" 50的絕對值是 : " + Math.abs(x2));
7          double y1 = -5.5;                          // 定義2個雙倍精度浮點數double
8          double y2 = 3.6;
9          System.out.println("-5.5的絕對值是 : " + Math.abs(y1));
10         System.out.println(" 3.6的絕對值是 : " + Math.abs(y2));
11     }
12 }
```

執行結果
```
D:\Java\ch10>java ch10_6
-30的絕對值是 : 30
 50的絕對值是 : 50
-5.5的絕對值是 : 5.5
 3.6的絕對值是 : 3.6
```

## 10-5 四捨五入 round( )

下列是 Math 類別有關四捨五入的 round( ) 方法。

　　static int round(float x)　　　　　　// 傳回四捨五入後的 int 型態 x 整數值
　　static long round(double x)　　　　　// 傳回四捨五入後的 long 型態 x 整數值

程式實例 ch10_7.java：四捨五入 round( ) 的應用。

```
1  public class ch10_7 {
2      public static void main(String[] args) {
3          float x1 = -3.499f;                        // 定義float
4          float x2 = -3.51f;
5          System.out.println("-3.499的round()值是 : " + Math.round(x1));
6          System.out.println("-3.51 的round()值是 : " + Math.round(x2));
```

```
7        double y1 = 5.499;                          // 定義double
8        double y2 = 4.5;
9        System.out.println("5.499 的round()值是： " + Math.round(y1));
10       System.out.println("4.5   的round()值是： " + Math.round(y2));
11   }
12 }
```

執行結果
```
D:\Java\ch10>java ch10_7
-3.499的round()值是 ： -3
-3.51 的round()值是 ： -4
5.499 的round()值是 ： 5
4.5   的round()值是 ： 5
```

# 10-6 返回最接近的整數值 rint( )

下列是 Math 類別的 rint( ) 方法，這是採用演算法則的 Bankers Rounding 觀念，如果處理位數左邊是奇數則使用四捨五入，如果處理位數左邊是偶數則使用五捨六入，可參考 ch10_8.java。

static double rint(double x)　　　　　// 傳回最接近 double 型態 x 整數

程式實例 ch10_8.java：使用 rint( ) 傳回最接近的 double 型態整數，這個程式的關鍵是當小數點後的數字是 5 時，可參考 7-10 行，碰上這種情況如果個位數字的值是奇數則進位傳回，如果個位數字的值是偶數則不進位傳回，相當於個位數字的結果需為偶數值。

```
1  public class ch10_8 {
2     public static void main(String[] args) {
3        double x1 = -3.499;                       // 定義double
4        double x2 = -3.51;
5        System.out.println("-3.49的rint()值是： " + Math.rint(x1));
6        System.out.println("-3.51的rint()值是： " + Math.rint(x2));
7        double y1 = 5.5;                          // 定義double
8        double y2 = 4.5;
9        System.out.println("5.5  的rint()值是： " + Math.rint(y1));
10       System.out.println("4.5  的rint()值是： " + Math.rint(y2));
11    }
12 }
```

執行結果
```
D:\Java\ch10>java ch10_8
-3.49的rint()值是 ： -3.0
-3.51的rint()值是 ： -4.0
5.5  的rint()值是 ： 6.0
4.5  的rint()值是 ： 4.0
```

## 10-7　求近似值 ceil( )/floor( )

下列是 Math 類別有關求近似值的 ceil( ) 和 floor( ) 方法，其實可以將 ceil( ) 方法想成是天花板，可以將小數值無條件進位到整數。其實可以將 floor( ) 方法想成是地板，可以無條件捨去小數值，只取整數。

```
static double ceil(double x)        // 傳回大於或等於 x 的 double 最小整數
static double floor(double x)       // 傳回小於或等於 x 的 double 最大整數
```

程式實例 ch10_9.java：ceil( ) 和 floor( ) 的應用。

```
1  public class ch10_9 {
2      public static void main(String[] args) {
3          double x = -3.49;                      // 定義double
4          System.out.println("-3.49的ceil() 值是 : " + Math.ceil(x));
5          System.out.println("-3.49的floor()值是 : " + Math.floor(x));
6          double y = 5.5;                        // 定義double
7          System.out.println("5.5  的ceil() 值是 : " + Math.ceil(y));
8          System.out.println("5.5  的floor()值是 : " + Math.floor(y));
9      }
10 }
```

執行結果
```
D:\Java\ch10>java ch10_9
-3.49的ceil() 值是 : -3.0
-3.49的floor()值是 : -4.0
5.5  的ceil() 值是 : 6.0
5.5  的floor()值是 : 5.0
```

## 10-8　一般的數學運算方法

Math 類別也有提供一般數學運算的方法，可參考下列說明。

```
static double sqrt(double x)              // 回傳 x 的開根號值
static double cbrt(double x)              // 回傳 x 的立方根值
static double pow(double x, double y)     // 回傳 x 的 y 次方值
static double exp(double x)               // 回傳自然對數 e 的 x 次方值
static double log(double x)               // 回傳 e 為底的 x 對數值
static double log10(double x)             // 回傳 10 為基底的 x 對數值
```

程式實例 ch10_10.java：一般數學方法的應用。

```
 1 public class ch10_10 {
 2     public static void main(String[] args) {
 3         double x = 4.0;                      // 定義double
 4         System.out.println("sqrt(4.0)值是： " + Math.sqrt(x));
 5         x = 8.0;
 6         System.out.println("cbrt(8.0)值是： " + Math.cbrt(x));
 7         x = 3.0;
 8         System.out.println("ceil(3.0, 4)值是： " + Math.pow(x, 4));
 9         x = 2.0;
10         System.out.println("exp(2.0)值是： " + Math.exp(x));
11         x = 2.7;
12         System.out.println("log(2.7)值是： " + Math.log(x));
13         x = 10.0;
14         System.out.println("log10(10.0)值是： " + Math.log10(x));
15     }
16 }
```

執行結果
```
D:\Java\ch10>java ch10_10
sqrt(4.0)值是： 2.0
cbrt(8.0)值是： 2.0
ceil(3.0, 4)值是： 81.0
exp(2.0)值是： 7.38905609893065
log(2.7)值是： 0.9932517730102834
log10(10.0)值是： 1.0
```

其實對上述常用的數學方法而言，最常用的會是 pow( ) 方法，我們可以使用這個方法計算銀行複利或是股票投資報酬的複利計算。

程式實例 ch10_11.java：假設投資第一銀行股票 10 萬每年可以獲得 6% 獲利，所獲得的 6% 獲利次年將變成本金繼續投資，請列出未來 20 年每年本金和。

```
 1 public class ch10_11 {
 2     public static void main(String[] args) {
 3         double rate = 0.06;            // 利率
 4         double capital = 100000;       // 本金
 5         double capitalInfo;
 6         for ( int i = 1; i <= 20; i++ ) {
 7             capitalInfo = capital * Math.pow((1.0 + rate), i);
 8             System.out.printf("第 %2d 年後本金和是 %10.2f\n", i, capitalInfo);
 9         }
10     }
11 }
```

| 執行結果 | D:\Java\ch10>java ch10_11 |

```
D:\Java\ch10>java ch10_11
第  1 年後本金和是  106000.00
第  2 年後本金和是  112360.00
第  3 年後本金和是  119101.60
第  4 年後本金和是  126247.70
第  5 年後本金和是  133822.56
第  6 年後本金和是  141851.91
第  7 年後本金和是  150363.03
第  8 年後本金和是  159384.81
第  9 年後本金和是  168947.90
第 10 年後本金和是  179084.77
第 11 年後本金和是  189829.86
第 12 年後本金和是  201219.65
第 13 年後本金和是  213292.83
第 14 年後本金和是  226090.40
第 15 年後本金和是  239655.82
第 16 年後本金和是  254035.17
第 17 年後本金和是  269277.28
第 18 年後本金和是  285433.92
第 19 年後本金和是  302559.95
第 20 年後本金和是  320713.55
```

　　由以上執行結果可以看到，在經過 20 年後本金和已經達到 320713 了，其實這是我們平時投資複利的威力。建議讀者可以將獲利改成目前銀行利率 1%，然後重新執行此程式，再將 2 者做比較，這樣就可以認知若是平時可以好好利用複利的投資威力了。

## 10-9 三角函數的應用

　　大多數的程式語言都有提供三角函數的運算，Java 的 Math 類別也有提供下列幾個三角函數運算。

```
static double sin(double x)        // 傳回三角函數正弦值
static double cos(double x)        // 傳回三角函數餘弦值
static double tan(double x)        // 傳回三角函數正切值
static double asin(double x)       // 傳回三角函數反正弦值
static double acos(double x)       // 傳回三角函數反餘弦值
static double atan(double x)       // 傳回三角函數反正切值
```

上述 x 是弳度值，這和我們習慣的角度不同，圓周長是 $2\pi$，1 弳度的計算方式如下：

　　1 弳度 = 360 / $2\pi$ ， 約等於 = 57.29 度

為了要協助讀者方便將弳度轉成我們熟細的角度，Math 類別有提供弳度與角度的轉換函數。

static double toDegree(double 弳度 )　　　　　// 將弳度轉成角度
static double toRadians(double 角度 )　　　　// 將角度轉成弳度

程式實例 ch10_12.java：計算 0、45、90 … 315、360 角度的 sin( ) 與 cos( ) 值。

```
1 public class ch10_12 {
2     public static void main(String[] args) {
3         double rad = 0;                   // 弳度
4         for ( int deg = 0; deg <= 360; deg += 45) {
5             rad = Math.toRadians(deg);
6             System.out.printf("角度 %3d \t sin(%5.3f)= %10.8f \t cos(%5.3f) = %10.8f \n",
7                             deg, rad, Math.sin(rad), rad, Math.cos(rad));
8         }
9     }
10 }
```

執行結果
```
D:\Java\ch10>java ch10_12
角度   0        sin(0.000)= 0.00000000        cos(0.000) = 1.00000000
角度  45        sin(0.785)= 0.70710678        cos(0.785) = 0.70710678
角度  90        sin(1.571)= 1.00000000        cos(1.571) = 0.00000000
角度 135        sin(2.356)= 0.70710678        cos(2.356) = -0.70710678
角度 180        sin(3.142)= 0.00000000        cos(3.142) = -1.00000000
角度 225        sin(3.927)= -0.70710678       cos(3.927) = -0.70710678
角度 270        sin(4.712)= -1.00000000       cos(4.712) = -0.00000000
角度 315        sin(5.498)= -0.70710678       cos(5.498) = 0.70710678
角度 360        sin(6.283)= -0.00000000       cos(6.283) = 1.00000000
```

# 10-10 Random 類別

在 java.util 內有 Random 類別也可以產生一系列隨機數，可用下列方式匯入此 Random 類別物件。

import java.util.Random;
 …
Random ran = new Random( );　　　　　// 宣告 Random 物件 ran

宣告上述 Random 物件後，未來可以使用下列方法產生隨機數。

nextInt( )：傳回 int 類型值範圍均勻分佈的隨機數。

nextInt(int n)：傳回大於等於 0 但小於 n 的均勻分佈隨機數。

nextLong( )：傳回 long 類型值均勻分佈範圍的隨機數。

nextFloat( )：傳回大於等於 0.0 但小於 1.0 均勻分佈的 float 型態隨機數。

nextDouble( )：傳回大於等於 0.0 但小於 1.0 均勻分佈的 double 型態隨機數。

nextBoolean( )：傳回均勻分佈的 boolean 值。

程式實例 ch10_13.java：分別產生 10 組 0-99 間和 int 整數值範圍間的隨機數。

```java
1  import java.util.Random;
2  public class ch10_13 {
3      public static void main(String[] args) {
4          Random ran = new Random();
5          for ( int i = 0; i < 10; i++ ) {
6              System.out.printf("%d \t", ran.nextInt(100));   // 產生0-99隨機數
7              System.out.printf("%d \n", ran.nextInt());       // 產生int值範圍隨機數
8          }
9      }
10 }
```

執行結果
```
D:\Java\ch10>java ch10_13
89      1725827362
27      30642201
89      183239339
49      442845719
22      -1970754852
83      -1458837388
1       1396320130
41      -614825985
0       1143185445
49      403898930
```

## 10-11 專題 使用 Math 模組與經緯度計算地球任意兩點的距離

地球是圓的，我們使用經度和緯度單位瞭解地球上每一個點的位置。有了 2 個地點的經緯度後，可以使用下列公式計算彼此的距離。

distance = r*acos(sin(x1)*sin(x2)+cos(x1)*cos(x2)*cos(y1-y2))

上述 r 是地球的半徑約 6371 公里，由於 Python 的三角函數參數皆是弧度 (radians)，我們使用上述公式時，需使用 toRadians( ) 函數將經緯度角度轉成弧度。上述公式西經和北緯是正值，東經和南緯是負值。

　　經度座標是介於 -180 和 180 度間，緯度座標是在 -90 和 90 度間，雖然我們是習慣稱經緯度，在用小括號表達時 ( 緯度 , 經度 )，也就是第一個參數是放緯度，第二個參數放經度 )。

　　最簡單獲得經緯度的方式是開啟 Google 地圖，其實我們開啟後 Google 地圖後就可以在網址列看到我們目前所在地點的經緯度，點選地點就可以在網址列看到所選地點的經緯度資訊，可參考下方左圖：

　　由上圖可以知道台北車站的經緯度是 (25.0452909, 121.5168704)，以上觀念可以應用查詢世界各地的經緯度，上方右圖是香港紅磡車站的經緯度 (22.2838912, 114.173166)，程式為了簡化筆者小數取 4 位。

程式實例 ch10_14.java：香港紅磡車站的經緯度資訊是 (22.2839, 114.1731)，台北車站的經緯度是 (25.0452, 121.5168)，請計算台北車站至香港紅磡車站的距離。

```
 1  public class ch10_14 {
 2      public static void main(String[] args) {
 3          double r = 6371;                            // 地球半徑
 4          double x1 = 22.2838;                        // 香港紅勘車站緯度
 5          double y1 = 114.1731;                       // 香港紅勘車站經度
 6          double x2 = 25.0452;                        // 台北車站緯度
 7          double y2 = 121.5168;                       // 台北車站經度
 8          double d;
 9          d = r * Math.acos(Math.sin(Math.toRadians(x1))*Math.sin(Math.toRadians(x2))+
10                            Math.cos(Math.toRadians(x1))*Math.cos(Math.toRadians(x2))*
11                            Math.cos(Math.toRadians(y1-y2)));
12
13          System.out.println("distance = " + d);
14      }
15  }
```

執行結果　D:\Java\ch10>java ch10_14
distance = 808.3115099471376

## 習題實作題

1： 使用 10-3 節的 Math.max( ) 重新設計習題 ex9_1.java。

```
D:\Java\ex>java ex10_1
10
10
15
```

2： 請使用 java.util.Random 的 rand.nextInt( ) 重新設計 ch10_3.java 產生 10 筆擲骰子
產生 1-6 之間的隨機數。。

```
D:\Java\ex>java ex10_2
3 3 5 2 3 4 4 6 3 4
D:\Java\ex>java ex10_2
6 6 1 3 5 3 2 5 5 2
```

3： 猜數字遊戲，這個程式首先會產生一個 1 到 10 之間的隨機整數，然後如果猜的數
值太小會要求猜大一些，然後如果猜的數值太大會要求猜小一些。

```
D:\Java\ex>java ex10_3
請猜 1- 10 間的數字 : 5
請猜大一點
請猜 1- 10 間的數字 : 8
請猜小一點
請猜 1- 10 間的數字 : 6
恭喜答對了
```

4： 使用 java.util.Random 的 rand.nextInt( ) 重新設計 ch10_4.java，同時增加列出 1 –
8 間的特別號。

```
D:\Java\ex>java ex10_4
請輸入購買威力彩數量 : 5
1 :     6      48     29     41     37     14      特別號 : 5
2 :     42     29     32     30     45     48      特別號 : 4
3 :     49     43     38     17     36     8       特別號 : 6
4 :     45     3      44     37     42     20      特別號 : 7
5 :     3      18     12     45     37     20      特別號 : 7
```

5 : 請擴充程式實例 ch10_11.java,請分別列出獲利是 1.2%、6%、10% 的未來 20 年本金和的結果。

```
D:\Java\ex>java ex10_5
                    1.2       6.0       10.0
第  1 年後本金和是  101200.00 106000.00 110000.00
第  2 年後本金和是  102414.40 112360.00 121000.00
第  3 年後本金和是  103643.37 119101.60 133100.00
第  4 年後本金和是  104887.09 126247.70 146410.00
第  5 年後本金和是  106145.74 133822.56 161051.00
第  6 年後本金和是  107419.49 141851.91 177156.10
第  7 年後本金和是  108708.52 150363.03 194871.71
第  8 年後本金和是  110013.02 159384.81 214358.88
第  9 年後本金和是  111333.18 168947.90 235794.77
第 10 年後本金和是  112669.18 179084.77 259374.25
第 11 年後本金和是  114021.21 189829.86 285311.67
第 12 年後本金和是  115389.46 201219.65 313842.84
第 13 年後本金和是  116774.14 213292.83 345227.12
第 14 年後本金和是  118175.43 226090.40 379749.83
第 15 年後本金和是  119593.53 239655.82 417724.82
第 16 年後本金和是  121028.65 254035.17 459497.30
第 17 年後本金和是  122481.00 269277.28 505447.03
第 18 年後本金和是  123950.77 285433.92 555991.73
第 19 年後本金和是  125438.18 302559.95 611590.90
第 20 年後本金和是  126943.44 320713.55 672749.99
```

6 : 請擴充 ch10_14.py,將程式改為輸入 2 個地點的經緯度,本程式可以計算這 2 個地點的距離。

```
D:\Java\ex>java ex10_6
請輸入第一個座標的緯度 : 22.2828
請輸入第一個座標的經度 : 114.1731
請輸入第二個座標的緯度 : 25.0452
請輸入第二個座標的經度 : 121.5168
distance = 808.3563295077166
```

7 : 北京故宮博物院的經緯度資訊大約是 (39.9196, 116.3669),法國巴黎羅浮宮的經緯度大約是 (48.8595, 2.3369),請計算這 2 博物館之間的距離。

```
D:\Java\ex>java ex10_7
distance = 8214.085890982311
```

# 第十一章

# 日期與時間的類別

在使用 Python 設計應用程式時，難免會需要使用一些時間或日期資訊，本章筆者將介紹 Java 所提供的相關類別講解這方面的應用。

## 11-1 Date 類別

這個類別是在 java.util 下面，我們可以很輕鬆使用使用此類別獲得目前系統日期與時間資訊。

程式實例 ch11_1.java：列印目前系統日期和時間。

```
1  import java.util.*;
2  public class ch11_1 {
3      public static void main(String[] args) {
4          Date date = new Date();                        // 建立Date物件date
5          System.out.println("現在系統日期： " + date);  // 列印現在系統日期
6      }
7  }
```

執行結果
```
D:\Java\ch11>java ch11_1
現在系統日期 : Thu Feb 08 16:44:45 CST 2018
```

過去筆者使用 import 時，常常只是將相關的類別匯入，上述第一行是另一種用法，這個 "java.util.*" 相當於將 java.util 以下所有有需求的類別名稱匯入。建立了 Date 物件後，可以使用下列方法計算自 1970 年 1 月 1 日 00:00:00AM 以來至建立 Date 物件的毫秒數。

long getTime( );　　// 以長整數傳回毫秒數

程式實例 ch11_2.java：計算自 1970 年 1 月 1 日 00:00:00AM 以來至建立 Date 物件的毫秒數。

```
1  import java.util.*;
2  public class ch11_2 {
3      public static void main(String[] args) {
4          Date date = new Date();                            // 建立Date物件date
5          System.out.println("毫秒數： " + date.getTime());  // 列印現在毫秒數
6      }
7  }
```

執行結果
```
D:\Java\ch11>java ch11_2
毫秒數 : 1518093247095

D:\Java\ch11>java ch11_2
毫秒數 : 1518093255560
```

上述程式每次執行，由於執行時間點不同，每次皆會顯示不同遞增結果。

另一個很重要的方法是 System.currentTimeMillis( )，這個方法會傳回自 1970 年 1 月 1 日 00:00:00AM 以來到目前時間點的毫秒數，這個方法最常見的應用是可以協助我們計算執行某個小程式或遊戲所花的時間。

程式實例 ch11_3.java：使用 System.currentTimeMillis( ) 方法計算程式實例 ch6_10.java 猜數字遊戲所花的時間。

```java
 1  import java.util.*;
 2  public class ch11_3 {
 3      public static void main(String[] args) {
 4          long startDate, endDate;                    // 紀錄時間開始與結束
 5          final int pwd = 70;                         // 密碼數字
 6          int num;                                    // 儲存所猜的數字
 7          Scanner scanner = new Scanner(System.in);
 8          startDate = System.currentTimeMillis();        // 紀錄時間開始
 9          for ( ; ; ) {                               // 這是無限迴圈
10              System.out.print("請猜0-99的數字：");
11              num = scanner.nextInt();                // 讀取輸入數字
12              if ( num == pwd ) {
13                  System.out.println("恭喜猜對了!!");
14                  endDate = System.currentTimeMillis();   // 紀錄時間結束
15                  break;
16              }
17              System.out.println("猜錯了請再答一次!");
18          }
19          System.out.printf("所花時間 %d 毫秒", (endDate-startDate));
20      }
21  }
```

執行結果
```
D:\Java\ch11>java ch11_3
請猜0-99的數字：99
猜錯了請再答一次!
請猜0-99的數字：88
猜錯了請再答一次!
請猜0-99的數字：70
恭喜猜對了!!
所花時間 4923
```

其實有關 Date 類別的相關方法與知識還有很多，但是自從 Java 8 後，有提供新的日曆與時間處理方式，所以筆者將不再介紹這些舊的功能。

# 11-2 Java 8 後的新日期與時間類別

從 Java 8 後在 java.time 這個套件 (Package) 內增加了新的與時間和日期相關的 API，最基本特色是將日期與時間區分為不同類別，同時日期與時間格式符合我們平常使用的習慣，支援多種日曆方法。

## 11-2-1 LocalDate 類別

這個類別主要是表示日期，預設格式是 "yyyy-MM-dd"，可以使用 now( ) 方法獲得目前系統日期。

程式實例 ch11_4.java：列出目前系統日期。

```
1 import java.time.*;
2 public class ch11_4 {
3     public static void main(String[] args) {
4         LocalDate today = LocalDate.now();
5         System.out.println("現在日期 : " + today);
6     }
7 }
```

執行結果
```
D:\Java\ch11>java ch11_4
現在日期 : 2018-02-08
```

上述 now( ) 使用時，如果不加入任何參數，如上所示，系統預設是 Clock. systemDefaultZone( )，也就是目前作業系統的預設時區，如果想要更進一步了解時區可以參考 java.time 套件下的 ZoneDateTime 類別。在獲得系統日期後，也可以使用下列方法獲得個別有關日期的資訊。

| | |
|---|---|
| int getYear( ) | // 獲得年份 |
| int getMonth( ) | // 獲得月份，是英文字串月份 |
| int getMonthValue( ) | // 獲得月份，是 1-12 月份 |
| int getDayOfWeek( ) | // 獲得星期，是英文字串星期 |
| int getDayOfMonth( ) | // 獲得當月日期 |
| int getDayofYear( ) | // 獲得當年日期 |

程式實例 ch11_5.java：不僅列出目前系統日期，同時列出個別日期資訊。

```
 1  import java.time.*;
 2  public class ch11_5 {
 3      public static void main(String[] args) {
 4          LocalDate today = LocalDate.now();
 5          System.out.println("現在日期 : " + today);
 6          System.out.println("      年份 : " + today.getYear());
 7          System.out.println("英文月份 : " + today.getMonth());
 8          System.out.println("        月份 : " + today.getMonthValue());
 9          System.out.println("英文星期 : " + today.getDayOfWeek());
10          System.out.println("當月日期 : " + today.getDayOfMonth());
11          System.out.println("當年日期 : " + today.getDayOfYear());
12      }
13  }
```

執行結果
```
D:\Java\ch11>java ch11_5
現在日期 : 2018-09-11
    年份 : 2018
英文月份 : SEPTEMBER
    月份 : 9
英文星期 : TUESDAY
當月日期 : 11
當年日期 : 254
```

　　在 LocalDate 類別中也常常可以使用 of( ) 方法，可以設定年 year、月 month、日 dayOfMonth。

　　　　public static LocalDate.of(int year, int month, int dayOfMonth)
　　　　public static LocalDate.of(int year, Month month, int dayOfMonth)

程式實例 ch11_6.java：以 2 種方式設定年、月、日。

```
 1  import java.time.*;
 2  public class ch11_6 {
 3      public static void main(String[] args) {
 4          LocalDate today = LocalDate.of(2020, 1, 20);
 5          System.out.println("新的日期 : " + today);
 6          LocalDate newtoday = LocalDate.of(2020, Month.FEBRUARY, 20);
 7          System.out.println("新的日期 : " + newtoday);
 8      }
 9  }
```

執行結果
```
D:\Java\ch11>java ch11_6
新的日期 : 2020-01-20
新的日期 : 2020-02-20
```

## 11-2-2　LocalTime 類別

這是一個不含時區的類別，預設格式是 "hh:mm:ss:zzz"，zzz 是奈秒 (nano-of-second)。可以使用 now( ) 方法獲得目前系統時間。

程式實例 ch11_7.java：獲得目前系統時間。

```
1 import java.time.*;
2 public class ch11_7 {
3     public static void main(String[] args) {
4         LocalTime today = LocalTime.now();
5         System.out.println("現在時間 : " + today);
6     }
7 }
```

執行結果　D:\Java\ch11>java ch11_7
　　　　　現在時間 : 00:01:20.979998

當獲得系統時間後，可以使用下列方法獲得個別有關時間的資訊。

int getHour( )　　　　　　　　// 獲得時 Hour
int getMinute( )　　　　　　　// 獲得分
int getSecond( )　　　　　　　// 獲得秒
int getNano( )　　　　　　　　// 獲得奈秒

程式實例 ch11_8.java：不僅列出目前系統時間，同時列出個別時間資訊。

```
1  import java.time.*;
2  public class ch11_8 {
3      public static void main(String[] args) {
4          LocalTime today = LocalTime.now();
5          System.out.println("現在時間 : " + today);
6          System.out.println("      時 : " + today.getHour());
7          System.out.println("      分 : " + today.getMinute());
8          System.out.println("      秒 : " + today.getSecond());
9          System.out.println("    奈秒 : " + today.getNano());
10     }
11 }
```

執行結果　D:\Java\ch11>java ch11_8
　　　　　現在時間 : 14:36:19.408588500
　　　　　　　時 : 14
　　　　　　　分 : 36
　　　　　　　秒 : 19
　　　　　奈秒 : 408588500

在 LocalTime 類別中也常常可以使用 of( ) 方法，可以設定時 hour、分 minute、秒 second、奈秒 nanosecond。

public static LocalTime.of(int hour, int minute)

public static LocalTime.of(int hour, int minute, int second)

public static LocalTime.of(int hour, int minute, int second, int nanoOfSecond)

程式實例 ch11_9.java：使用 3 種參數方法重新設定時間。

```
1  import java.time.*;
2  public class ch11_9 {
3      public static void main(String[] args) {
4          LocalTime timenow = LocalTime.of(11, 30);
5          System.out.println("新的時間 : " + timenow);
6          timenow = LocalTime.of(11, 40, 30);
7          System.out.println("新的時間 : " + timenow);
8          timenow = LocalTime.of(11, 50, 30, 300000000);
9          System.out.println("新的時間 : " + timenow);
10     }
11 }
```

執行結果
```
D:\Java\ch11>java ch11_9
新的時間 : 11:30
新的時間 : 11:40:30
新的時間 : 11:50:30.300
```

## 11-2-3 LocalDateTime 類別

可以同時顯示日期和時間，"yyyy-MM-ddTHH:mm:ss.zzz"，zzz 是奈秒。可以使用 now( ) 方法獲得目前系統日期和時間。

程式實例 ch11_10.java：列出目前系統日期和時間。

```
1  import java.time.*;
2  public class ch11_10 {
3      public static void main(String[] args) {
4          LocalDateTime today = LocalDateTime.now();
5          System.out.println("現在日期與時間 : " + today);
6      }
7  }
```

執行結果
```
D:\Java\ch11>java ch11_10
現在日期與時間 : 2018-02-09T14:17:44.402088400
```

當獲得系統時間後，可以使用下列方法獲得個別有關日期與時間的資訊。

int getYear( )                                   // 獲得年份

int getMonth( )                                  // 獲得月份，是英文字串月份

int getMonthValue( )                             // 獲得月份，是 1-12 月份

| | |
|---|---|
| int getDayOfWeek( ) | // 獲得星期，是英文字串星期 |
| int getDayOfMonth( ) | // 獲得當月日期 |
| int getDayofYear( ) | // 獲得當年日期 |
| int getHour( ) | // 獲得時 Hour |
| int getMinute( ) | // 獲得分 |
| int getSecond( ) | // 獲得秒 |
| int getNano( ) | // 獲得奈秒 |

程式實例 ch11_11.java：不僅列出系統日期與時間，同時也列出個別日期與時間資訊。

```
 1  import java.time.*;
 2  public class ch11_11 {
 3      public static void main(String[] args) {
 4          int year, month, monthValue, dayofWeek, dayofMonth, dayofYear;
 5          LocalDateTime today = LocalDateTime.now();
 6          System.out.println("現在日期 : " + today);
 7          System.out.println("    年份 : " + today.getYear());
 8          System.out.println("英文月份 : " + today.getMonth());
 9          System.out.println("    月份 : " + today.getMonthValue());
10          System.out.println("英文星期 : " + today.getDayOfWeek());
11          System.out.println("當月日期 : " + today.getDayOfMonth());
12          System.out.println("當年日期 : " + today.getDayOfYear());
13          System.out.println("      時 : " + today.getHour());
14          System.out.println("      分 : " + today.getMinute());
15          System.out.println("      秒 : " + today.getSecond());
16          System.out.println("    奈秒 : " + today.getNano());
17      }
18  }
```

執行結果
```
D:\Java\ch11>java ch11_11
現在日期 : 2020-09-10T10:43:56.165499800
    年份 : 2020
英文月份 : SEPTEMBER
    月份 : 9
英文星期 : THURSDAY
當月日期 : 10
當年日期 : 254
      時 : 10
      分 : 43
      秒 : 56
    奈秒 : 165499800
```

在 LocalDateTime 類別中也常常可以使用 of( ) 方法，可以設定年 year、月 month、日 dayOfMonth、時 hour、分 minute、秒 second、奈秒 nanosecond。

public static LocalDateTime.of(int year, int month, int dayOfMonth)
public static LocalDateTime.of(int year, Month month, int dayOfMonth)

public static LocalDateTime.of(int year, Month month, int dayOfMonth, int hour, int minute)

public static LocalDateTime.of(int year, Month month, int dayOfMonth, int hour, int minute,
int second)

public static LocalDateTime.of(int year, Month month, int dayOfMonth, int hour, int minute,
int second, int nanoOfSecond)

public static LocalDateTime.of(LocalDate date, LocalTime time)

程式實例 ch11_12.java：設定日期與時間程式。

```
1  import java.time.*;
2  public class ch11_12 {
3      public static void main(String[] args) {
4          LocalDateTime datetime = LocalDateTime.of(2020, 2, 10, 11, 30);
5          System.out.println("新的日期時間 : " + datetime);
6          datetime = LocalDateTime.of(2020, 2, 10, 11, 40, 30);
7          System.out.println("新的日期時間 : " + datetime);
8          datetime = LocalDateTime.of(2020, 2, 10, 11, 50, 30, 300000000);
9          System.out.println("新的日期時間 : " + datetime);
10     }
11 }
```

執行結果
```
D:\Java\ch11>java ch11_12
新的日期時間 : 2020-02-10T11:30
新的日期時間 : 2020-02-10T11:40:30
新的日期時間 : 2020-02-10T11:50:30.300
```

## 11-2-4 時間戳 Instant 類別

Instant 是一個時間戳類別，可以使用 now( ) 會返回瞬間時間點。

程式實例 ch11_13.java：列出時間戳或稱瞬間時間點。

```
1  import java.time.*;
2  public class ch11_13 {
3      public static void main(String[] args) {
4          Instant datetime = Instant.now();            // 建立Instant物件datetime
5          System.out.println("時間戳 : " + datetime);   // 列印時間戳
6      }
7  }
```

執行結果
```
D:\Java\ch11>java ch11_13
時間戳 : 2018-02-09T09:19:10.786184300Z
```

## 11-2-5　Duration 類別

　　這個類別主要是用在計算 2 個時間戳的間距時間，例如：若是猜數字遊戲可以設定起點時間戳是 from，當遊戲完成可以設定結束點的時間戳是 to，然後可以透過 Duration.between( ) 方法列出間隔時間。對於 Duration 類別而言可以使用 LocalDateTime 類別產生時間戳，也可以使用 Instant 類別產生時間戳。

程式實例 ch11_14.java：使用 Duration 類別配合 LocalDateTime 產生時間戳重新設計 ch11_3.java。

```java
 1  import java.time.*;
 2  import java.util.*;
 3  public class ch11_14 {
 4      public static void main(String[] args) {
 5          LocalDateTime from, to;              // 紀錄時間開始與結束
 6          final int pwd = 70;                  // 密碼數字
 7          int num;                             // 儲存所猜的數字
 8          Scanner scanner = new Scanner(System.in);
 9          from = LocalDateTime.now();          // 紀錄時間開始
10          for ( ; ; ) {                        // 這是無限迴圈
11              System.out.print("請猜0-99的數字 : ");
12              num = scanner.nextInt();         // 讀取輸入數字
13              if ( num == pwd ) {
14                  System.out.println("恭喜猜對了!!");
15                  to = LocalDateTime.now();    // 紀錄時間結束
16                  break;
17              }
18              System.out.println("猜錯了請再答一次!");
19          }
20          Duration dura = Duration.between(from, to);
21          System.out.println("所花時間總天數 " + dura.toDays());
22          System.out.println("所花時間小時數 " + dura.toHours());
23          System.out.println("所花時間分鐘數 " + dura.toMinutes());
24          System.out.println("所花時間總秒數 " + dura.toSeconds());
25          System.out.println("所花時間毫秒數 " + dura.toMillis());
26          System.out.println("所花時間奈秒數 " + dura.toNanos());
27      }
28  }
```

執行結果
```
D:\Java\ch11>java ch11_14
請猜0-99的數字 : 99
猜錯了請再答一次!
請猜0-99的數字 : 98
猜錯了請再答一次!
請猜0-99的數字 : 70
恭喜猜對了!!
所花時間總天數 0
所花時間小時數 0
所花時間分鐘數 0
所花時間總秒數 6
所花時間毫秒數 6250
所花時間奈秒數 6250717000
```

程式實例 ch11_15.java：使用 Duration 類別配合 Instant 產生時間戳重新設計 ch11_14.java，下列只列出與 ch11_14.java 不一樣的地方。

```java
3  public class ch11_15 {
4      public static void main(String[] args) {
5          Instant from, to;                      // 紀錄時間開始與結束
6          final int pwd = 70;                    // 密碼數字
7          int num;                               // 儲存所猜的數字
8          Scanner scanner = new Scanner(System.in);
9          from = Instant.now();                  // 紀錄時間開始
10         for ( ; ; ) {                          // 這是無限迴圈
11             System.out.print("請猜0-99的數字 : ");
12             num = scanner.nextInt();           // 讀取輸入數字
13             if ( num == pwd ) {
14                 System.out.println("恭喜猜對了!!");
15                 to = Instant.now();            // 紀錄時間結束
16                 break;
17             }
18             System.out.println("猜錯了請再答一次!");
19         }
```

執行結果 與 ch11_4.java 類似。

## 11-2-6 Period 類別

它的本質和 Duration 類別類似，可以透過 Period.between( ) 方法列出間隔時間，但是 Period 主要是以年月日列出一段時間，所以它只能接受 LocalDate 類別物件的 of( ) 方法的傳回值當參數。未來如果想要取得個別年月日資訊可以使用下列方法。

```
int getYears( )        // 獲得年資訊
int getMonths( )       // 獲得月資訊
int getDays( )         // 獲得日資訊
```

程式實例 ch11_16.java：獲得 2 個日期戳的間距。

```java
1  import java.time.*;
2  public class ch11_16 {
3      public static void main(String[] args) {
4          Period period = Period.between( LocalDate.of(2020, 5, 1),
5                                          LocalDate.of(2022, 6, 5));
6          System.out.println("年 : " + period.getYears());
7          System.out.println("月 : " + period.getMonths());
8          System.out.println("日 : " + period.getDays());
9      }
10 }
```

執行結果
```
D:\Java\ch11>java ch11_16
年 : 2
月 : 1
日 : 4
```

## 習題實作題

1： 請重新設計 ch11_3.java，首先將第 5 行程式設定的密碼數字改為隨機數產生 0-99 間的數字，當猜太大會提示猜小一點，當猜太小會提示猜大一點，最後列出所花時間，單位改成秒，同時計算到小數第 2 位。

```
D:\Java\ex>java ex11_1
請猜0-99的數字 ： 50
請猜大一點
請猜0-99的數字 ： 75
請猜小一點
請猜0-99的數字 ： 70
恭喜猜對了!!
所花時間　6.83 秒
```

2： 請修改 ch11_14.java，當分鐘數、小時數、天數為 0 時，不顯示此值。

```
D:\Java\ex>java ex11_2
請猜0-99的數字 ： 50
猜錯了請再答一次!
請猜0-99的數字 ： 75
猜錯了請再答一次!
請猜0-99的數字 ： 70
恭喜猜對了!!
所花時間總秒數 8
所花時間毫秒數 8507
所花時間奈秒數 8507987200
```

3： 請使用 ch11_15.java 的觀念重新設計習題 1，但是增加當分鐘數、小時數、天數為 0 時，不顯示此值。

```
D:\Java\ex>java ex11_3
請猜0-99的數字 ： 50
請猜小一點
請猜0-99的數字 ： 25
請猜大一點
請猜0-99的數字 ： 37
請猜小一點
請猜0-99的數字 ： 32
請猜小一點
請猜0-99的數字 ： 28
請猜小一點
請猜0-99的數字 ： 26
恭喜猜對了!!
所花時間總秒數 19
所花時間毫秒數 19825
所花時間奈秒數 19825100200
```

# 第十二章

# 字元與字串類別

這一章筆者將介紹在 Java 程式設計期間常碰上的字元與字串有關的類別，以及相關知識。

# 12-1 字元 Character 類別

在 3-2-3 節筆者有介紹了字元 (char) 資料型態的相關知識了，對於這些字元資料 Java 在 java.lang 下層有提供 Character 類別，我們可以使用 Character 類別內的方法，對字元資料執行更多操作。

| 方法 | 說明 |
|---|---|
| static boolean isDigit(char ch) | 是否是數字字元 |
| static boolean isISOControl(char ch) | 是否是 ISO 控制字元 |
| static boolean isLetter(char ch) | 是否是字母字元 |
| static boolean isLetterOrDigit(char ch) | 是否是數字或字母字元 |
| static boolean isLowerCase(char ch) | 是否是小寫字母字元 |
| static boolean isSpaceChar(char ch) | 是否是 Unicode 的空白字元 |
| static boolean isUpperCase(char ch) | 是否是大寫字母字元 |
| static char toLowerCase(char ch) | 將字元轉成小寫 |
| static char toUpperCase(char ch) | 將字元轉成大寫 |
| static int digit(char ch, int radix) | 將字元轉成指定基底 (radix) 的數值，如果不能轉換則傳回 -1 |
| static char forDigit(int n, int radix) | 傳回數值 n 在基底數值的字元，如果數值不是基底數值的字元則傳回空白字元 |

Character 類別是屬於基本資料類別 (Primitive Data Type Class) 或稱包裝類別 (Wrapping class)，第 18 章筆者會對相關知識做更多說明。

程式實例 ch12_1.java：基本字元的判斷。

```java
 1  public class ch12_1 {
 2      public static void main(String[] args) {
 3          char ch1 = 'A';
 4          char ch2 = '5';
 5          System.out.println("A 是大寫字母 " + Character.isUpperCase(ch1));
 6          System.out.println("A 是小寫字母 " + Character.isLowerCase(ch1));
 7          System.out.println("A 是字母字元 " + Character.isLetter(ch1));
 8          System.out.println("A 是數字字元 " + Character.isDigit(ch1));
 9          System.out.println("5 是數字字元 " + Character.isDigit(ch2));
10          System.out.println("5 是字母或數字 " + Character.isLetterOrDigit(ch2));
11          System.out.println("A 是字母或數字 " + Character.isLetterOrDigit(ch1));
```

```
12     }
13 }
```

D:\Java\ch12>java ch12_1
A 是大寫字母 true
A 是小寫字母 false
A 是字母字元 true
A 是數字字元 false
5 是數字字元 true
5 是字母或數字 true
A 是字母或數字 true

程式實例 ch12_2.java：大小寫字母的轉換。

```
1 public class ch12_2 {
2     public static void main(String[] args) {
3         char ch1 = 'A';
4         char ch2 = 'b';
5         System.out.println("將 b 轉成大寫字母 " + Character.toUpperCase(ch2));
6         System.out.println("將 A 轉成小寫字母 " + Character.toLowerCase(ch1));
7     }
8 }
```

D:\Java\ch12>java ch12_2
將 b 轉成大寫字母 B
將 A 轉成小寫字母 a

在 Java 程式設計中，中文字雖然不是大寫字元 (Uppercase character) 或是小寫字元 (Lowercase character)，但是中文字是屬於字母字元 (letter)。

程式實例 ch12_3.java：測試中文字 ' 魁 ' 是屬於那一類的字元。

```
 1 public class ch12_3 {
 2     public static void main(String[] args) {
 3         char ch = '魁';
 4         System.out.println("魁 是大寫字母 " + Character.isUpperCase(ch));
 5         System.out.println("魁 是小寫字母 " + Character.isLowerCase(ch));
 6         System.out.println("魁 是字母字元 " + Character.isLetter(ch));
 7         System.out.println("魁 是數字字元 " + Character.isDigit(ch));
 8         System.out.println("魁 是字母或數字 " + Character.isLetterOrDigit(ch));
 9     }
10 }
```

D:\Java\ch12>java ch12_3
魁 是大寫字母 false
魁 是小寫字母 false
魁 是字母字元 true
魁 是數字字元 false
魁 是字母或數字 true

　　在 3-2-3 節筆者介紹了字元 char 資料型態，在該節中的逸出字元 (Escape Character)，例如：'\n'、'\t' … 等皆算是控制字元，可以使用 isISOControl( ) 方法測試。

程式實例 ch12_4.java：使用 isISOControl( ) 測試一系列字元是否為控制字元。

```
1 public class ch12_4 {
2    public static void main(String[] args) {
3        char ch1 = '\n';
4        System.out.println("\\n 是控制字元" + Character.isISOControl(ch1));
5        ch1 = '\t';
6        System.out.println("\\t 是控制字元" + Character.isISOControl(ch1));
7        System.out.println("@    是控制字元" + Character.isISOControl('@'));
8        System.out.println("%    是控制字元" + Character.isISOControl('%'));
9    }
10 }
```

執行結果
```
D:\Java\ch12>java ch12_4
\n 是控制字元true
\t 是控制字元true
@    是控制字元false
%    是控制字元false
```

程式實例 ch12_5.java：digit( ) 方法的應用，傳回某一字元在基底數字下所代表的數字，如果此字元不屬於此基底的數字則傳回 -1。在下列實例中，第 8 行的字元 'G' 不屬於 16 進位的數字所以傳回 -1。

```
1 public class ch12_5 {
2    public static void main(String[] args) {
3        char ch = '1';
4        System.out.println("1 在16進位中所代表的數值" + Character.digit(ch, 16));
5        System.out.println("9 在16進位中所代表的數值" + Character.digit('9', 16));
6        System.out.println("A 在16進位中所代表的數值" + Character.digit('A', 16));
7        System.out.println("F 在16進位中所代表的數值" + Character.digit('F', 16));
8        System.out.println("G 在16進位中所代表的數值" + Character.digit('G', 16));
9    }
10 }
```

執行結果
```
D:\Java\ch12>java ch12_5
1 在16進位中所代表的數值1
9 在16進位中所代表的數值9
A 在16進位中所代表的數值10
F 在16進位中所代表的數值15
G 在16進位中所代表的數值-1
```

程式實例 ch12_6.java：forDigit( ) 方法的應用，這個程式會傳回數值 n 在基底數值的字元，如果數值不是基底數值的字元則傳回空白字元，例如：第 7 行由於 16 不屬於 16 進位 (0-15) 系統的字元，所以傳回空白字元。

```
1  public class ch12_6 {
2      public static void main(String[] args) {
3          System.out.println("0 在16進位中所代表的字元" + Character.forDigit(0, 16));
4          System.out.println("9 在16進位中所代表的字元" + Character.forDigit(9, 16));
5          System.out.println("10在16進位中所代表的字元" + Character.forDigit(10, 16));
6          System.out.println("15在16進位中所代表的字元" + Character.forDigit(15, 16));
7          System.out.println("16在16進位中所代表的字元" + Character.forDigit(16, 16));
8      }
9  }
```

執行結果
```
D:\Java\ch12>java ch12_6
0 在16進位中所代表的字元0
9 在16進位中所代表的字元9
10在16進位中所代表的字元a
15在16進位中所代表的字元f
16在16進位中所代表的字元
```

## 12-2 字串的建立

在本書 3-3 節筆者已經有過簡單介紹過字串資料 String 型態了,所謂的字串 (string) 資料是指兩個雙引號 (") 之間任意個數字元符號的資料,當時也簡短的說明可以使用 String 建立字串變數,在接下來的章節筆者將對字串做完整的解說。

### 12-2-1  基本字串型態宣告

在 3-3 節中我們建立字串所使用的是基本資料型態宣告,語法如下:

String str = " 字串內容 ";                    // str 是字串變數

經過上述宣告後我們就可以使用字串變數 str 的內容了,其實我們也可以將上述解釋為,上述語法將 String 類別當作資料型態,建立字串變數或稱字串物件 str,同時建立了字串內容。換句話說,當宣告一個字串變數時,相當於是宣告一個指到 String 物件的參照,最後產生一個 String 物件。下一小節筆者會介紹使用建構方法建立字串物件的方式,其實讀者可以將用基本字串型態宣告字串變數,當作是 Java 對 String 類別的支援。

## 12-2-2　使用建構方法建立字串物件

在 Java 語言中 String 也是一個類別，這也是在 java.lang 下層，我們可以使用建立類別物件方式建立 String 字串物件，然後再加以應用此字串物件的內容。

| 建構方法 | 說明 |
|---|---|
| String( ) | 建立一個空字串 |
| String(char[ ] str) | 建立 str 字元陣列的字串 |
| String(char[ ] str, int index, int count) | 建立 str 字元陣列第 index 索引開始長度是 count 的字串 |
| String(String str) | 建立 str 參數為內容的字串物件副本 |
| String(StringBuffer buffer) | 建立 StringBuffer 物件為內容的字串物件 |
| String(StringBuilder builder) | 建立 StringBuilder 物件為內容的字串物件 |

程式實例 ch12_7.java：建立字串物件再列印，筆者同時使用中文字串和英文字串，讀者可以彼此比較。

```
1  public class ch12_7 {
2      public static void main(String[] args) {
3          char[] ch1 = {'明', '志', '科', '技', '大', '學'};
4          char[] ch2 = {'M', 'I', 'N', 'G', '-', 'C', 'H', 'I'};
5          String str1 = new String();            // 建立空字串
6          String str2 = new String(ch1);         // 建立中文內容字串
7          String str3 = new String(ch2);         // 建立英文內容字串
8          String str4 = new String(ch1, 2, 4);   // 建立索引2開始的中文字串長度是4
9          String str5 = new String(ch2, 2, 4);   // 建立索引2開始的英文字串長度是4
10         System.out.println("str1 = " + str1);
11         System.out.println("str2 = " + str2);
12         System.out.println("str3 = " + str3);
13         System.out.println("str4 = " + str4);
14         System.out.println("str5 = " + str5);
15     }
16 }
```

執行結果
```
D:\Java\ch12>java ch12_7
str1 =
str2 = 明志科技大學
str3 = MING-CHI
str4 = 科技大學
str5 = NG-C
```

對上述程式而言，第 5 行是建立字串內容為 0 個字元的字串，第 6 行則是針對第 3 行的字元陣列 ch1 建立字串內容，第 7 行是針對第 4 行的字元陣列 ch2 建立字串內容，第 8 行則是針對第 3 行的字元陣列 ch1 從索引 2 開始建立字串長度是 4 的字串內容，第 9 行則是針對 4 行的字元陣列 ch2 從索引 2 開始建立字串長度是 4 的字串內容。

程式實例 ch12_8.java：認識參照與副本的差異。

```
1  public class ch12_8 {
2      public static void main(String[] args) {
3          char[] ch1 = {'明', '志', '科', '技', '大', '學'};
4          String str1 = new String();                // 建立空字串
5          String str2 = new String(ch1);             // 建立中文內容字串
6          String str3 = new String(str2);            // 建立str2字串副本
7          str1 = str2;                               // 相同參照
8          System.out.println("str1 = " + str1);
9          System.out.println("str2 = " + str2);
10         System.out.println("str3 = " + str3);
11         System.out.println("str1 = str2 " + (str1 == str2));    // 參照比較
12         System.out.println("str3 = str2 " + (str3 == str2));    // 副本比較
13     }
14 }
```

執行結果
```
D:\Java\ch12>java ch12_8
str1 = 明志科技大學
str2 = 明志科技大學
str3 = 明志科技大學
str1 = str2 true
str3 = str2 false
```

　　上述執行完第 6 行的副本設定後，相當於在記憶體內另外有一份相同內容的拷貝，此 str3 參照將指向此新的拷貝位址。當執行完第 7 行的 "str1=str2"，這是相同參照觀念，相當於 str1 參照也指向 str2，此時記憶體圖形如下所示：

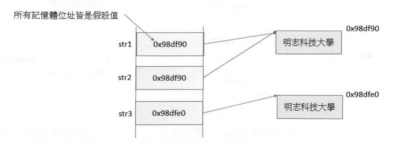

　　所以第 8、9、10 行皆可以列印出字串 " 明志科技大學 "。對於第 11 和 12 行的 "==" 而言，必須是字串物件參照相同才算相同，所以第 11 行列印的結果是 true，第 12 行列印結果是 false。如果要比照字串內容相同就算相同，12-3-8 節筆者會介紹字串物件的 equals( ) 方法。

## 12-2-3　再看 String 類別的參照

　　從 12-2-1 節我們可以了解，Java 有支援我們使用基本字串型態宣告字串變數，這相當於建立一個字串物件，接著筆者將用實例說明用這種方式相關參照的意義。

程式實例 ch12_9.java：使用基本字串型態宣告字串變數，然後了解參照的意義。

```
1  public class ch12_9 {
2      public static void main(String[] args) {
3          String str1 = "明志科技大學";
4          String str2 = "明志科技大學";
5          String str3 = new String("明志科技大學");              // 副本
6          System.out.println("str1 = " + str1);
7          System.out.println("str2 = " + str2);
8          System.out.println("str3 = " + str3);
9          System.out.println("str1 = str2 " + (str1 == str2));     // 參照比較
10         System.out.println("str1 = str3 " + (str1 == str3));     // 參照比較
11         System.out.println("str2 = str3 " + (str2 == str3));     // 參照比較
12     }
13 }
```

執行結果
```
D:\Java\ch12>java ch12_9
str1 = 明志科技大學
str2 = 明志科技大學
str3 = 明志科技大學
str1 = str2 true
str1 = str3 false
str2 = str3 false
```

其實對上述第 3、4、5 行而言，宣告字串物件後記憶體內容如下：

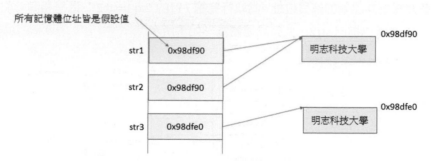

所以當在第 6-8 行我們列印字串時，所有內容皆是 " 明志科技大學 "，但是列印參照比較時，第 9 行 "str1 == str2" 可以得到 true，因為參照是指向相同位址。至於第 10 行的 "str1 == str3" 和第 11 行的 "str2 == str3"，因為參照是指向不同的記憶體位址所以得到 false。

其實在 Java 中以雙引號包含的文字，編譯程式會建立 String 物件來代表該文字，我們可以用 12-3 節的字串方法 toLowerCase( ) 方法做測試，這個方法的功能是將字串物件內容全部改為小寫。

程式實例 ch12_9_1.java：驗證雙引號包含的文字是物件，測試方式可參考第 3 行，只有當雙引號的字串是物件時，這個程式才可以正常工作。

```
1  public class ch12_9_1 {
2      public static void main(String[] args) {
3          System.out.println("Hello! Java".toLowerCase());
4      }
5  }
```

執行結果
```
D:\Java\ch12>java ch12_9_1
hello! java
```

## 12-2-4　String 物件記憶體內容無法更改

String 類別產生一個字串物件後，此字串物件所參照位址的內容是無法更改的，如果你更改字串內容 Java 會用含新內容的位址回傳給此字串物件。

程式實例 ch12_10.java：說明 Java 如何處理更改字串內容的機制。

```
1  public class ch12_10 {
2      public static void main(String[] args) {
3          char[] ch = {'明', '志', '科', '技', '大', '學'};
4          String str = new String(ch);              // 建立中文內容字串
5          System.out.println("str = " + str);
6          str = "MINGCHI University of Technology";  // 更改字串內容
7          System.out.println("str = " + str);
8      }
9  }
```

執行結果
```
D:\Java\ch12>java ch12_10
str = 明志科技大學
str = MINGCHI University of Technology
```

上述程式執行完第 4 行後記憶體內容如下所示：

當執行完第 6 行後記憶體內容如下所示：

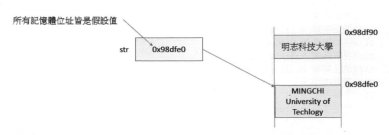

12-9

至於原先參照 0x98df90 記憶體內容,當沒有被參照後,Java 的垃圾回收機制未來會在適時將這個記憶體回收。

## 12-3 String 類別的方法

String 類別內含有許多處理字串的方法,下列將列出最常用的一些方法,請讀者記住當傳回字串時,所傳回的是副本,原先記憶體的字串內容將不被更改,接下來筆者將依功能分別解說。

### 12-3-1 字串長度相關的方法

| 方法 | 說明 |
|------|------|
| int length( ) | 可以傳回字串長度 |
| Boolean isEmpty( ) | 當 length( ) 為 0 時傳回 true |

程式實例 ch12_11.java:傳回字串長度,與判斷是否為空字串。

```java
1  public class ch12_11 {
2      public static void main(String[] args) {
3          char[] ch1 = {'明', '志', '科', '技', '大', '學'};
4          char[] ch2 = {'M', 'I', 'N', 'G', '-', 'C', 'H', 'I'};
5          String str1 = new String(ch1);            // 建立中文內容字串
6          String str2 = new String(ch2);            // 建立英文內容字串
7          String str3 = new String();               // 建立空字串
8          System.out.println("str1字串內容 = " + str1);
9          System.out.println("str1字串長度 = " + str1.length());
10         System.out.println("str1是空字串 = " + str1.isEmpty());
11         System.out.println("str2字串內容 = " + str2);
12         System.out.println("str2字串長度 = " + str2.length());
13         System.out.println("str2是空字串 = " + str2.isEmpty());
14         System.out.println("str3字串內容 = " + str3);
15         System.out.println("str3字串長度 = " + str3.length());
16         System.out.println("str3是空字串 = " + str3.isEmpty());
17     }
18 }
```

執行結果
```
D:\Java\ch12>java ch12_11
str1字串內容 = 明志科技大學
str1字串長度 = 6
str1是空字串 = false
str2字串內容 = MING-CHI
str2字串長度 = 8
str2是空字串 = false
str3字串內容 =
str3字串長度 = 0
str3是空字串 = true
```

## 12-3-2 大小寫轉換

| 方法 | 說明 |
|------|------|
| String toLowerCase( ) | 可以將字串的英文字母轉為小寫 |
| String toUpperCase( ) | 可以將字串的英文字母轉為大寫 |

程式實例 ch12_12.java：將字串轉為小寫和大寫。

```java
1  public class ch12_12 {
2      public static void main(String[] args) {
3          String str1 = "Ming-Chi Institute of Technology";
4          String str2 = "Ming-Chi University of Technology";
5          System.out.println("str1轉換小寫前 = " + str1);
6          System.out.println("str1轉換小寫後 = " + str1.toLowerCase());
7          System.out.println("str2轉換大寫前 = " + str2);
8          System.out.println("str2轉換大寫後 = " + str2.toUpperCase());
9      }
10 }
```

執行結果
```
D:\Java\ch12>java ch12_12
str1轉換小寫前 = Ming-Chi Institute of Technology
str1轉換小寫後 = ming-chi institute of technology
str2轉換大寫前 = Ming-Chi University of Technology
str2轉換大寫後 = MING-CHI UNIVERSITY OF TECHNOLOGY
```

## 12-3-3 字元的搜尋

這一節所介紹的方法與下一小節所介紹的方法是一樣的，但是這一節所用的搜尋參數是字元 (char)，下一節所用的搜尋參數是字串 (String)。另外讀者需謹記索引位置是從 0 開始計數。

| 方法 | 說明 |
|------|------|
| int indexOf(int ch) | 傳回字串第一次出現 ch 字元的索引位置 |
| int indexOf(int ch, int index) | 傳回字串在 index 起第一次出現 ch 字元的索　引位置 |
| int lastIndexOf(int ch) | 傳回字串最後一次出現 ch 字元的索引位置 |
| int lastIndexOf(int ch, int index) | 傳回字串在 index 起最後一次出現 ch 字元的索引位置，相當於反向第一次出現索引位置 |

上述如果找不到指定的 ch 字元，則傳回 -1。

程式實例 ch12_13.java：字元搜尋的應用。

```java
1  public class ch12_13 {
2      public static void main(String[] args) {
3          String str = "Ming-Chi Institute of Technology";
4          System.out.println("i字元最先出現位置 = " + str.indexOf('i'));
5          System.out.println("i字元最後出現位置 = " + str.lastIndexOf('i'));
6          System.out.println("i字元在index=5起最先出現位置 = " + str.indexOf('i', 5));
7          System.out.println("i字元在index=5起最後出現位置 = " + str.lastIndexOf('i', 5));
8          System.out.println("i字元在index=7起最先出現位置 = " + str.indexOf('i', 7));
9          System.out.println("i字元在index=7起最後出現位置 = " + str.lastIndexOf('i', 7));
10         System.out.println("k字元最先出現位置 = " + str.indexOf('k'));
11         System.out.println("z字元最後出現位置 = " + str.lastIndexOf('z'));
12     }
13 }
```

執行結果
```
D:\Java\ch12>java ch12_13
i字元最先出現位置 = 1
i字元最後出現位置 = 13
i字元在index=5起最先出現位置 = 7
i字元在index=5起最後出現位置 = 1
i字元在index=7起最先出現位置 = 7
i字元在index=7起最後出現位置 = 7
k字元最先出現位置 = -1
z字元最後出現位置 = -1
```

上述由於字串物件 str 內容沒有 k 和 z 字元，所以最後第 10 和 11 行的傳回值是 -1。

## 12-3-4　子字串的搜尋

| 方法 | 說明 |
|---|---|
| int indexOf(String str) | 傳回字串第一次出現 str 子字串的索引位置 |
| int indexOf(String str, int index) | 傳回字串在 index 起第一次出現 str 子字串的索引位置 |
| int lastIndexOf(String str) | 傳回字串最後一次出現 str 子字串的索引位置 |
| int lastIndexOf(String str, int index) | 傳回字串在 index 起最後一次出現 str 子字串的索引位置，相當於反向第一次出現索引位置 |

上述如果找不到指定的 str 子字串，則傳回 -1。

程式實例 ch12_14.java：子字串搜尋的應用。

```java
1  public class ch12_14 {
2      public static void main(String[] args) {
3          String str = "神鵰俠侶是楊過與小龍女的故事我最喜歡小龍女在古墓的日子";
4          String s = "小龍女";
5          System.out.println("小龍女最先出現位置 = " + str.indexOf(s));
6          System.out.println("小龍女最後出現位置 = " + str.lastIndexOf(s));
7          System.out.println("小龍女在index=15起最先出現位置 = " + str.indexOf(s, 15));
8          System.out.println("小龍女在index=15起最後出現位置 = " + str.lastIndexOf(s, 15));
```

```
 9              System.out.println("郭襄最先出現位置 = " + str.indexOf("郭襄"));
10      }
11 }
```

執行結果　D:\Java\ch12>java ch12_14
　　　　　小龍女最先出現位置 = 8
　　　　　小龍女最後出現位置 = 18
　　　　　小龍女在index=15起最先出現位置 = 18
　　　　　小龍女在index=15起最後出現位置 = 8
　　　　　郭襄最先出現位置 = -1

此外另一個常見的子字串搜尋如下：

| 方法 | 說明 |
|---|---|
| boolean contains(CharSequence s) | 如果字串含 s 傳回 true 否則傳回 false |

其實 CharSequence 是一個介面 (interface)，未來在第 17 章筆者會介紹這方面更完整的知識，目前讀者只要了解 "CharSequence s" 參數地方可以是 String 物件、StringBuffer 物件或是 StringBuilder 物件即可，在此讀者可以簡單的將此參數想成是字串物件。

程式實例 ch12_14_1.java：這是一個測試 contains( ) 方法的程式。

```
1 public class ch12_14_1 {
2    public static void main(String[] args) {
3        String str = "明志科技大學";
4        CharSequence cs = "明志";
5        System.out.println("str含cs字串 : " + str.contains(cs));
6        System.out.println("str含- 字串 : " + str.contains("-"));
7    }
8 }
```

執行結果　D:\Java\ch12>java ch12_14_1
　　　　　str含cs字串 : true
　　　　　str含- 字串 : false

## 12-3-5　擷取字串的子字串或字元

| 方法 | 說明 |
|---|---|
| char charAt(int index) | 返回指定索引的 char 字元 |
| String substring(int beginIndex) | 返回指定索引 beginIndex 起的新子字串 |
| String substring(int beginIndex, int endIndex) | 返回指定索引 beginIndex 至 endIndex-1 的新子字串 |
| void getChars(int srcBegin, int srcEnd, char[ ] dst, int dstBegin) | 將字串從 srcBegin 開始至 srcEnd-1 結束字串複製至 dst 目標陣列 dstBegin 位置開始 |
| char[ ] toCharArray( ) | 這是複製一份字串到字元陣列 |

程式實例 ch12_15.java：擷取字串的子字串或字元的應用。

```
 1 public class ch12_15 {
 2    public static void main(String[] args) {
 3        String str = "神鵰俠侶是楊過與小龍女的故事";
 4        System.out.println("索引2的字元 = " + str.charAt(2));
 5        System.out.println("索引5新字串 = " + str.substring(5));
 6        System.out.println("索引5-11新字串 = " + str.substring(5, 11));
 7        char[] ch = str.toCharArray();        // 將字串物件str轉成字元陣列ch
 8        System.out.println(ch);                // 列印字元陣列內容
 9        System.out.println("列印部分字元陣列內容 = " + ch[0] + ch[1] + ch[2] + ch[3]);
10    }
11 }
```

執行結果

```
D:\Java\ch12>java ch12_15
索引2的字元 = 俠
索引5新字串 = 楊過與小龍女的故事
索引5-11新字串 = 楊過與小龍女
神鵰俠侶是楊過與小龍女的故事
列印部分字元陣列內容 = 神鵰俠侶
```

上述程式執行完第 3 行後 str 字串物件內容如下：

上述程式第 4 行將可以得到下列字元。

上述程式第 5 行將可以得到下列字串。

上述程式第 6 行將可以得到下列字串。

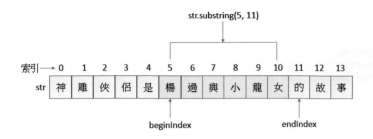

程式實例 ch12_16.java：getChars( ) 方法的應用。

```
1 public class ch12_16 {
2     public static void main(String[] args) {
3         String str = "神鵰俠侶是楊過與小龍女的故事";
4         char[] ch = new char[15];
5         str.getChars(5, 11, ch, 0);
6         System.out.println(ch);
7     }
8 }
```

執行結果
```
D:\Java\ch12>java ch12_16
楊過與小龍女
```

## 12-3-6  字串的取代

| 方法 | 說明 |
|------|------|
| String replace(char oldChar, char newChar) | 用 newChar 新字元取代 oldChar 舊字元 |
| String replace(CharSequence target, CharSequence replacement | 將所有 targe 字串用 replacement 字串取代 |
| String trim( ) | 刪除開頭和結尾的空白字元，包含定位字元 \t 或換行字元 \n … 等 |

程式實例 ch12_17.java：字串內容取代的應用，這個程式首先會將第 3 行的 str1 字串內所有的 j 字元用 i 字元取代，可參考第 6 行的取代方式，取代結果會返回給 str4 字串。然後會將第 4 行的 str2 字串內所有的 Institute 字串用 University 字串取代，可參考第 7 行的取代方式，取代結果會返回給 str5 字串。然後會將第 5 行的 str3 字串內所有的郭襄字串用小龍女字串取代，可參考第 8 行的取代方式，取代結果會返回給 str6 字串。

```
1 public class ch12_17 {
2     public static void main(String[] args) {
3         String str1 = "Mjng-Chj Institute of Technology";
4         String str2 = "Ming-Chi Institute of Technology";
5         String str3 = "神鵰俠侶是楊過與郭襄的故事";
```

```
6           String str4 = str1.replace('j', 'i');                    // 字元取代
7           String str5 = str2.replace("Institute", "University");    // 字串取代
8           String str6 = str3.replace("郭襄", "小龍女");              // 中文字串取代
9           System.out.println("str4 = " + str4);
10          System.out.println("str5 = " + str5);
11          System.out.println("str6 = " + str6);
12     }
13 }
```

執行結果
```
D:\Java\ch12>java ch12_17
str4 = Ming-Chi Institute of Technology
str5 = Ming-Chi University of Technology
str6 = 神鵰俠侶是楊過與小龍女的故事
```

程式實例 ch12_18.java：刪除字串前方與後方空白字元的應用，在這個程式中筆者特別將 str1 和 str2 字串前後加上空白，讀者可以比較刪除結果。另外，筆者在這個程式中也測試了刪除定位字元 \t 和換行字元 \n。

```
1 public class ch12_18 {
2     public static void main(String[] args) {
3         String str1 = " Ming-Chi Institute of Technology ";
4         String str2 = " 神鵰俠侶是楊過與郭襄的故事 ";
5         String str3 = "\t大俠楊過\n";
6         System.out.printf("使用trim前str1=/%s/\n", str1);
7         String str4 = str1.trim();
8         System.out.printf("使用trim後str4=/%s/\n", str4);
9         System.out.printf("使用trim前str2=/%s/\n", str2);
10        String str5 = str2.trim();
11        System.out.printf("使用trim後str5=/%s/\n", str5);
12        System.out.printf("使用trim前str3=/%s/\n", str3);
13        String str6 = str3.trim();
14        System.out.printf("使用trim後str6=/%s/\n", str6);
15    }
16 }
```

執行結果
```
D:\Java\ch12>java ch12_18
使用trim前str1=/ Ming-Chi Institute of Technology /
使用trim後str4=/Ming-Chi Institute of Technology/
使用trim前str2=/ 神鵰俠侶是楊過與郭襄的故事 /
使用trim後str5=/神鵰俠侶是楊過與郭襄的故事/
使用trim前str3=/	大俠楊過
/
使用trim後str6=/大俠楊過/
```

## 12-3-7　字串的串接

| 方法 | 說明 |
|---|---|
| String concat(String str) | 這是字串的串接方法 |

另外，Java 也可以用 "+" 當作字串的串接符號。

程式實例 ch12_19.java：字串的串接應用。

```
1  public class ch12_19 {
2      public static void main(String[] args) {
3          String str1 = "神鵰";
4          String str2 = "俠侶";
5          String str3 = str1.concat(str2);
6          String str4 = str1 + str2;
7          System.out.println("str3 = " + str3);
8          System.out.println("str4 = " + str4);
9      }
10 }
```

執行結果
```
D:\Java\ch12>java ch12_19
str3 = 神鵰俠侶
str4 = 神鵰俠侶
```

## 12-3-8　字串的比較

| 方法 | 說明 |
|---|---|
| int compareTo(String anotherString) | 比較字串內容，如果傳回 0 表示相同，如果傳回 >0 表示字串字元順序較大，如果傳回 <0 則表示字元順序較小 |
| int compareToIgnoreCase(String anotherString) | 與上一方法相同，但是忽略字元大小寫 |
| boolean equals(Object anObject) | 將字串內容與物件做比較，若是相同則傳回 true，否則傳回 false |
| boolean equalsIgnoreCase(String anotherString) | 將 2 個字串內容做比較，比較時忽略大小寫。 |
| boolean endsWith(String suffix) | 檢查字串是否以 suffix 字串當後綴。 |
| boolean startsWith(String prefix) | 檢查字串是否以 prefix 字串當前綴。 |
| boolean startsWith(String prefix, int index) | 檢查字串在 index 索引處是否以 prefix 字串當前綴。 |

上述 boolean 值方法如果是真則傳回 true 否則傳回 false。

程式實例 ch12_20.java:使用 equals( ) 方法重新設計 ch12_8.java,本程式主要是將原先使用 "==" 改為 equals( ) 方法做比較。

```
1  public class ch12_20 {
2      public static void main(String[] args) {
3          char[] ch1 = {'明', '志', '科', '技', '大', '學'};
4          String str1 = new String();                // 建立空字串
5          String str2 = new String(ch1);             // 建立中文內容字串
6          String str3 = new String(str2);            // 建立str2字串副本
7          str1 = str2;                               // 相同參照
8          System.out.println("str1 = " + str1);
9          System.out.println("str2 = " + str2);
10         System.out.println("str3 = " + str3);
11         System.out.println("str1 = str2 " + str1.equals(str2)); // 字串內容比較
12         System.out.println("str3 = str2 " + str3.equals(str2)); // 字串內容比較
13     }
14 }
```

執行結果
```
D:\Java\ch12>java ch12_20
str1 = 明志科技大學
str2 = 明志科技大學
str3 = 明志科技大學
str1 = str2 true
str3 = str2 true
```

程式實例 ch12_21.java:使用 equals( ) 方法重新設計 ch12_9.java,本程式主要是將原先使用 "==" 改為 equals( ) 方法做比較。

```
1  public class ch12_21 {
2      public static void main(String[] args) {
3          String str1 = "明志科技大學";
4          String str2 = "明志科技大學";
5          String str3 = new String("明志科技大學");              // 副本
6          System.out.println("str1 = " + str1);
7          System.out.println("str2 = " + str2);
8          System.out.println("str3 = " + str3);
9          System.out.println("str1 = str2 " + str1.equals(str2)); // 字串內容比較
10         System.out.println("str1 = str3 " + str1.equals(str3)); // 字串內容比較
11         System.out.println("str2 = str3 " + str2.equals(str3)); // 字串內容比較
12     }
13 }
```

執行結果
```
D:\Java\ch12>java ch12_21
str1 = 明志科技大學
str2 = 明志科技大學
str3 = 明志科技大學
str1 = str2 true
str1 = str3 true
str2 = str3 true
```

程式實例 ch12_22.java：字串內容比較的應用，這個程式會分別使用需考慮大小寫的 compareTo( ) 和不需考慮大小寫的 compareToIgnoreCase( ) 做比較。

```
1  public class ch12_22 {
2      public static void main(String[] args) {
3          String str1 = "A123456789";
4          String str2 = "a123456789";
5          int result1 = str1.compareTo(str2);
6          if (result1 == 0)
7              System.out.println("考慮大小寫 str1 == str2是true");
8          else
9              System.out.println("考慮大小寫 str1 == str2是false");
10         int result2 = str1.compareToIgnoreCase(str2);
11         if (result2 == 0)
12             System.out.println("不考慮大小寫str1 == str2是true");
13         else
14             System.out.println("不考慮大小寫str1 == str2是false");
15     }
16 }
```

執行結果
```
D:\Java\ch12>java ch12_22
考慮大小寫  str1 == str2是false
不考慮大小寫str1 == str2是true
```

程式實例 ch12_23.java：startsWith( ) 和 endsWith( ) 方法的應用。

```
1  public class ch12_23 {
2      public static void main(String[] args) {
3          String str1 = "Ming-Chi Institute of Technology";
4          System.out.println("前綴詞是Ming-Chi   : " + str1.startsWith("Ming-Chi"));
5          System.out.println("前綴詞是MING-CHI   : " + str1.startsWith("MING-CHI"));
6          System.out.println("後綴詞是Technology : " + str1.endsWith("Technology"));
7          System.out.println("後綴詞是TECHNOLOGY : " + str1.endsWith("TECHNOLOGY"));
8          System.out.println("Index 9是Institute : " + str1.startsWith("Institute", 9));
9          System.out.println("Index 9是INSTITUTE : " + str1.startsWith("INSTITUTE", 9));
10     }
11 }
```

執行結果
```
D:\Java\ch12>java ch12_23
前綴詞是Ming-Chi   : true
前綴詞是MING-CHI   : false
後綴詞是Technology : true
後綴詞是TECHNOLOGY : false
Index 9是Institute : true
Index 9是INSTITUTE : false
```

## 12-3-9　字串的轉換

| 方法 | 說明 |
|---|---|
| static String copyValueOf(char[ ] data) | 將 data 字元陣列轉成字串 |
| static String copyValueOf(char[ ] data, int index, int count) | 將 data 字元陣列從 index 索引開始長度是 count 轉成字串 |
| static String valueOf(boolean b) | 將 boolean 值轉成字串 |
| static String valueOf(char c) | 將字元轉成字串 |
| static String valueOf(char[] data) | 將 data 字元陣列轉成字串 |
| static String valueOf(char[] data, int index, int count) | 將 data 字元陣列從 index 索引開始長度是 count 轉成字串 |
| static String valueOf(double d) | 將 double 值轉成字串 |
| static String valueOf(float f) | 將 float 值轉成字串 |
| static String valueOf(int i) | 將 int 值轉成字串 |
| static String valueOf(long l) | 將 long 值轉成字串 |

程式實例 ch12_24.java：將字元陣列轉成字串的應用。

```
1  public class ch12_24 {
2      public static void main(String[] args) {
3          char[] ch = {'明', '志', '科', '技', '大', '學'};
4
5          System.out.println(String.copyValueOf(ch));
6          System.out.println(String.copyValueOf(ch, 2, 4));
7          System.out.println(String.valueOf(ch));
8          System.out.println(String.valueOf(ch, 2, 4));
9      }
10 }
```

執行結果

```
D:\Java\ch12>java ch12_24
明志科技大學
科技大學
明志科技大學
科技大學
```

程式實例 ch12_25.java：分別將字元、整數、長整數、浮點數、雙倍精度浮點數、布林值轉成字串的應用，為了讓讀者了解這些資料型態已經轉為字串，程式第 15 行筆者特別用字串 %s 格式化輸出轉換結果，同時程式第 16 行則用 "+" 符號將字串做串接然後在第 17 行輸出。

```
1  public class ch12_25 {
2      public static void main(String[] args) {
3          char c = 'A';
4          String str1 = String.valueOf(c);      // 字元轉字串
5          int i = 55;
6          String str2 = String.valueOf(i);      // 整數轉字串
7          long l = 66L;
8          String str3 = String.valueOf(l);      // 長整數轉字串
9          float f = 5.5f;
10         String str4 = String.valueOf(f);      // 浮點數轉字串
11         double d = 6.6;
12         String str5 = String.valueOf(d);      // 雙倍精度浮點轉字串
13         boolean b = true;
14         String str6 = String.valueOf(b);      // 布林值轉字串
15         System.out.printf("%s%s%s%s%s%s\n",str1,str2,str3,str4,str5,str6);
16         String str = str1+str2+str3+str4+str5+str6;       // 字串的串接
17         System.out.println(str);
18     }
19 }
```

執行結果
```
D:\Java\ch12>java ch12_25
A55665.56.6true
A55665.56.6true
```

## 12-3-10　字串的 split( ) 方法

這個方法可以將英文字串依據參數分割成字串陣列，最常用的參數是逸出字元 "\s"，此時可以分割整段句子，然後可以計算出此句子含有多少字。

程式實例 ch12_25_1.java：使用 split( ) 方法將英文句子拆成字串陣列。

```
1  public class ch12_25_1 {
2      public static void main(String[] args) {
3          String str = "I love Java.";
4          String[] words = str.split("\\s");  // 使用空白切割成字串words陣列
5          System.out.printf("str句子有 %d 個字\n", words.length);
6          for (String w:words) {
7              System.out.println(w);
8          }
9      }
10 }
```

執行結果
```
D:\Java\ch12>java ch12_25_1
str句子有 3 個字
I
love
Java.
```

## 12-4　StringBuffer 類別

StringBuffer 類別一般中文又稱字串緩衝區類別，它與 String 類別一樣均是在 java. lang 下層，StringBuffer 類別與 String 類別雖然一樣是用於處理字串。它們之間的差別在於 String 類別的物件無法更改內容，例如：增加字串長度、縮小字串長度或更改內容，所以使用 String 類別時不會碰上 Java 編譯程式需處理重新分配記憶體空間的問題。當我們在做 Java 程式設計時若是碰上需要更改字串內容時，我們可以用 StringBuffer 類別物件取代，這個類別在建立物件時不會限定長度，程式設計時如果碰上需要增加字串長度、縮小字串長度或更改內容 Java 編譯程式會在同一個記憶體內處理，同時不會建立新物件放置修訂後的內容。

既然 StringBuffer 類別的字串物件是可以更改字串內容，當然 Java 有提供一系列相關的方法，下列將分成各小節說明。

### 12-4-1　建立 StringBuffer 類別物件

下列是建立 StringBuffer 類別物件有關的建構方法。

| 建構方法 | 說明 |
|---|---|
| StringBuffer( ) | 建立預設長度是 16 個字元的空字串緩衝區物件 |
| StringBuffer(int capacity) | 建立指定長度的空字串緩衝區物件，Java 會額外多配置 16 個字元空間，可參考 ch12_27.java |
| StringBuffer(String str) | 建立字串緩衝區物件 |
| StringBuffer(CharSequence seq) | 建立 CharSequence 內容的字串緩衝區物件 |

程式實例 ch12_26.java：建立 StringBuffer 物件的應用。

```
1  public class ch12_26 {
2      public static void main(String[] args) {
3          String str1 = "明志科技大學";
4          StringBuffer bstr1 = new StringBuffer(str1);
5          System.out.println(bstr1);
6          StringBuffer bstr2 = new StringBuffer("明志科技大學");
7          System.out.println(bstr2);
8          CharSequence str2 = "台灣科技大學";
9          StringBuffer bstr3 = new StringBuffer(str2);
10         System.out.println(bstr3);
11     }
12 }
```

D:\Java\ch12>java ch12_26
明志科技大學
明志科技大學
台灣科技大學

## 12-4-2　處理字串緩衝區長度和容量

| 方法 | 說明 |
|------|------|
| int capacity( ) | 傳回字串緩衝區容量 |
| int ensureCapacity(int minimumCapacity) | 配置字串緩衝區最小容量，如果參數大於目前容量最後容量是舊容量乘 2 再加 2。如果小於舊容量則不更改。 |
| int length( ) | 傳回字串緩衝區物件長度 |
| int setLength(int newLength) | 設置字串緩衝區物件長度 |

程式實例 ch12_27.java：認識字串緩衝區物件長度與容量，第 5-7 行是列印設定好字串緩衝區物件後，直接列印此物件內容、長度和容量。第 10-13 行則是更改容量讀者可以體會容量修改結果。第 16-23 行則是更改長度讀者可以體會長度修改結果。

```
1  public class ch12_27 {
2      public static void main(String[] args) {
3          String str = "明志科技大學";
4          StringBuffer bstr = new StringBuffer(str);
5          System.out.println("字串緩衝區物件內容  : " + bstr);
6          System.out.println("字串緩衝區物件長度  : " + bstr.length());
7          System.out.println("字串緩衝區物件容量  : " + bstr.capacity());
8  // 以下更改字串緩衝區容量
9          System.out.println("以下重點是更改字串緩衝區容量");
10         bstr.ensureCapacity(10);          // 小於舊容量原容量不更改
11         System.out.println("新字串緩衝區物件容量 : " + bstr.capacity());
12         bstr.ensureCapacity(30);          // 大於舊容量原容量乘2再加2
13         System.out.println("新字串緩衝區物件容量 : " + bstr.capacity());
14 // 以下更改字串緩衝區物件長度
15         System.out.println("以下重點是更改字串緩衝區物件長度");
16         bstr.setLength(8);                // 將字串緩衝區物件長度改為8
17         System.out.println("新字串緩衝區物件內容 : " + bstr);
18         System.out.println("新字串緩衝區物件長度 : " + bstr.length());
19         System.out.println("新字串緩衝區物件容量 : " + bstr.capacity());
20         bstr.setLength(4);                // 將字串緩衝區物件長度改為4
21         System.out.println("新字串緩衝區物件內容 : " + bstr);
22         System.out.println("新字串緩衝區物件長度 : " + bstr.length());
23         System.out.println("新字串緩衝區物件容量 : " + bstr.capacity());
24     }
25 }
```

執行結果
```
D:\Java\ch12>java ch12_27
字串緩衝區物件內容   ：明志科技大學
字串緩衝區物件長度   ：6
字串緩衝區物件容量   ：22
以下重點是更改字串緩衝區容量
新字串緩衝區物件容量 ：22
新字串緩衝區物件容量 ：46
以下重點是更改字串緩衝區物件長度
新字串緩衝區物件內容 ：明志科技大學
新字串緩衝區物件長度 ：8
新字串緩衝區物件容量 ：46
新字串緩衝區物件內容 ：明志科技
新字串緩衝區物件長度 ：4
新字串緩衝區物件容量 ：46
```

## 12-4-3 字串緩衝區內容修訂的方法

| 方法 | 說明 |
|---|---|
| StringBuffer append(type data) | type 可以是整數、長整數、浮點數、雙倍精度浮點數、字元、字元陣列字串 … 等，然後將這些資料加在原物件後方。 |
| StringBuffer append(char[ ] str, int index, int len) | 將字元陣列 index 位置 len 長度加在原物件後方。 |
| StringBuffer insert(int index, type data) | type 可以是整數、長整數、浮點數、雙倍精度浮點數、字元、字元陣列字串 … 等，然後將這些資料加在原物件指定 index 位置。 |
| StringBuffer insert(int index, char[ ] str, int offset, int len) | 將字元陣列 offset 位置 len 長度加在原物件 index 位置。 |
| StringBuffer delete(int start, int end) | 刪除指定字串區間內容，start 索引包含，end 索引不包含。 |
| StringBuffer deleteCharAt(index) | 刪除指定 index 位置字串內容。 |
| StringBuffer reverse( ) | 將字串緩衝區內容順序反轉。 |

程式實例 ch12_28.java：append( )、insert( )、delete( )、deleteCharAt( ) 方法的應用。

```
1  public class ch12_28 {
2      public static void main(String[] args) {
3          String str = "Java1";
4          char[] ch1 = {'人', '門', '邁', '向', '高', '手', '之', '路'};
5          char[] ch2 = {'王', '者', '歸', '來'};
6          StringBuffer bstr = new StringBuffer(str);
7          System.out.println("bstr : " + bstr);
8          bstr.append('4');              // 後面插入"4"
9          System.out.println("bstr : " + bstr);
10         bstr.append(ch2);              // 後面插入"王者歸來"
```

```
11          System.out.println("bstr : " + bstr);
12  // insert()方法的應用
13          bstr.insert(6, ch1);          // 索引5插入"入門邁向高手之路"
14          System.out.println("bstr : " + bstr);
15  // deleteCharAt()方法的應用
16          bstr.deleteCharAt(15);        // 刪除"者"
17          System.out.println("bstr : " + bstr);
18  // delete()方法的應用
19          bstr.delete(15, 17);          // 刪除"歸來"
20          System.out.println("bstr : " + bstr);
21  // 再看append()方法
22          bstr.append(ch2, 1, 3);       // 增加"者歸來"
23          System.out.println("bstr : " + bstr);
24      }
25  }
```

執行結果
```
D:\Java\ch12>java ch12_28
bstr : Java1
bstr : Java14
bstr : Java14王者歸來
bstr : Java14入門邁向高手之路王者歸來
bstr : Java14入門邁向高手之路王歸來
bstr : Java14入門邁向高手之路王
bstr : Java14入門邁向高手之路王者歸來
```

程式實例 ch12_29.java：字串反轉排列的應用。

```
1  public class ch12_29 {
2      public static void main(String[] args) {
3          String str = "Java";
4          StringBuffer bstr = new StringBuffer(str);
5          System.out.println("bstr : " + bstr);
6          bstr.reverse();
7          System.out.println("bstr : " + bstr);
8      }
9  }
```

執行結果
```
D:\Java\ch12>java ch12_29
bstr : Java
bstr : avaJ
```

## 12-4-4　設定與取代

| 方法 | 說明 |
|---|---|
| StringBuffer replace(int start, int end, String str) | 用 str 取代索引 start 至 end-1 間的字串緩衝區內容 |
| void setCharAt(int index, char ch) | 在 index 索引位置的字元由 ch 字元取代 |

程式實例 ch12_30.java：字串緩衝區部分內容被取代的應用。

```
 1  public class ch12_30 {
 2      public static void main(String[] args) {
 3          String str = "Java 10入門邁向高手之路王者歸來";
 4          StringBuffer bstr = new StringBuffer(str);
 5          System.out.println("bstr : " + bstr);
 6          bstr.setCharAt(6, '4');
 7          System.out.println("bstr : " + bstr);
 8          bstr.replace(7,9, "快樂學習");
 9          System.out.println("bstr : " + bstr);
10      }
11  }
```

執行結果
```
D:\Java\ch12>java ch12_30
bstr : Java 10入門邁向高手之路王者歸來
bstr : Java 14入門邁向高手之路王者歸來
bstr : Java 14快樂學習邁向高手之路王者歸來
```

## 12-4-5　複製子字串

| 方法 | 說明 |
|------|------|
| Void getChars(int srcBegin, int srcEnd, char[ ] dst, int dstBegin) | 將字串從 srcBegin 索引至 srcEnd-1 的自字串複製至字元陣列 dstBegin 索引 |

程式實例 ch12_31.java：將子字串 " 邁向高手 " 複製至 ch 字元陣列索引 2 位置。

```
 1  public class ch12_31 {
 2      public static void main(String[] args) {
 3          String str = "Java 入門邁向高手之路王者歸來";
 4          StringBuffer bstr = new StringBuffer(str);
 5          char[] ch = {'入', '門', '徹', '底', '研', '究', '之', '路'};
 6          bstr.getChars(7, 11, ch, 2);
 7          System.out.print("bstr : ");
 8          for (char i:ch)
 9              System.out.print(i);
10      }
11  }
```

執行結果
```
D:\Java\ch12>java ch12_31
bstr : 入門邁向高手之路
```

## 12-5　StringBuilder 類別

StringBuilder 類別所提供的方法與 StringBuffer 相同，然而這 2 個類別的差異如下：

StringBuilder 類別是 Java 5 中開始有的類別，它的執行速度較快，但是在多執行緒 (thread) 環境，不保證可以運作，本書將在第 21 章說明多執行緒。所以如果需要講求程式執行速度，但是確定是在單執行緒環境，則可以使用 StringBuilder 類別。

程式實例 ch12_32.java：使用 StringBuilder 類別重新設計 ch12_27.java，其實這個程式只是更改了第 4 行，將 StringBuffer 改為 StringBuilder。

```
4        StringBuilder bstr = new StringBuilder(str);
```

執行結果　與 ch12_27.java 相同。

## 12-6　字串陣列的應用

在本書 7-6 節 Java 命令列參數中，筆者有說明簡單字串陣列的觀念，其實經過本章內容，我們學會了許多字串類別的方法，可以活用此字串陣列觀念。

程式實例 ch12_33.java：簡單建立字串陣列與列印。

```
1  public class ch12_33 {
2      public static void main(String[] args) {
3          String[] topSchools = new String[3];
4          topSchools[0] = "明志科大";
5          topSchools[1] = "台灣科大";
6          topSchools[2] = "台北科大";
7          for (String topSchool:topSchools)
8              System.out.println("台灣著名科技大學：" + topSchool);
9      }
10 }
```

執行結果
```
D:\Java\ch12>java ch12_33
台灣著名科技大學 ： 明志科大
台灣著名科技大學 ： 台灣科大
台灣著名科技大學 ： 台北科大
```

程式實例 ch12_34.java：假設有一系列的檔案名稱是以字串陣列方式儲存，這個程式會列印出 Java 檔案的名稱，同時本程式使用另一種建立字串陣列方式，本程式設計時相當於是將 java 副檔名的檔案列印出來。

```
1  public class ch12_34 {
2      public static void main(String[] args) {
3          String[] files = {"ch1.docx", "ch2.java", "ch3.xlxs",
4          "ch4.java", "ch5.c"};
5          for (int i = 0; i < files.length; i++)
6              if (files[i].endsWith("java"))          // 比對副檔名是java
7                  System.out.println(files[i]);       // 列印副檔名是java
8      }
9  }
```

執行結果
```
D:\Java\ch12>java ch12_34
ch2.java
ch4.java
```

## 習題實作題

1: 以字元陣列建立字串方式建立自己就讀學校的英文字串，然後將列出字串長度，同時將字串改為大寫。

```
D:\Java\ex>java ex12_1
學校英文名稱字串長度 = 32
學校英文名稱轉換大寫 = MING-CHI INSTITUTE OF TECHNOLOGY
```

2: 建立一個字串 "abcdefghijklmnopqrstuvwxyz"，然後輸入一個英文字母，同時程式可以輸出此字母的索引位置。如果不是輸入字串內的小寫英文字母，則輸出輸入錯誤。

```
D:\Java\ex>java ex12_2
請輸入字元 : d
索引位置 = 3

D:\Java\ex>java ex12_2
請輸入字元 : K
輸入錯誤
```

3: 建立一個字串 "abcdefghijklmnopqrstuvwxyz"，先輸出此字串，然後將 'n' 字元改為 'm' 字元，然後將 'x' 字元改為 'y' 字元，最後輸出此結果字串。

```
D:\Java\ex>java ex12_3
原字串內容 : abcdefghijklmnopqrstuvwxyz
新字串內容如下 :
abcdefghijklmmopqrstuvwyyz
```

4 : 有一段敘述如下：

神雕俠侶是楊過與小龍女的故事，我喜歡小龍女在古墓的生活片段，小龍女清新脫俗美若天仙。

請用程式計算 " 小龍女 " 出現次數。

```
D:\Java\ex>java ex12_4
小龍女出現次數 = 3
```

5 : 請設計一個字串 "Java 14 "，請在此字串前面加上 "I love "。

```
D:\Java\ex>java ex12_5
新字串內容：I love Java 14
```

6 : str1 字串內容是 "java"，str2 字串內容是 "Java"，請分別使用 compareTo( )、compareToIgnoreCase( )、equals( )、equalsIgnoreCase( ) 做比較並輸出結果。

```
D:\Java\ex>java ex12_6
compareTo結果          : false
compareToIgnoreCase結果 : true
equals結果             : false
equalsIgnoreCase結果    : true
```

7 : 有一系列檔案如下：

ch1_1.docx，ch1_2.c，ch2_1.java，ch2_2.pptx，ch3_1.c，ch3_2.java

a：請列出所有 ch1 開頭的檔案

b：請列出所有 C 語言檔案，副檔名是 c 的檔案。

```
D:\Java\ex>java ex12_7
ch1開頭的檔案
ch1.docx
ch1_2.c
c語言檔案
ch1_2.c
ch3_1.c
```

8 : 請輸入一行英文句子，本程式可以將每一單字字母改成大寫，然後輸出此句子。

```
D:\Java\ex>java ex12_8
請輸入英文句子：Ming-Chi Institute of Technology
大寫輸入結果：MING-CHI INSTITUTE OF TECHNOLOGY
```

# 第十三章
# 正規表達式 Regular Expression

正規表達式 (Regular Expression) 的發明人是美國數學家、邏輯學家史提芬克萊尼 (Stephen Kleene)，正規表達式 (Regular Expression) 主要功能是執行模式的比對與搜尋，使用正規表達式處理這類問題，讀者會發現整個工作變得更簡潔容易。

Java 有提供正規表達式的套件 java.util.regex，但是在介紹這個套件下的正規表達式前，筆者想先用所學的 Java 硬功夫一步一步引導讀者，同時先介紹與正規表達式有關的 String 方法，期待讀者可以完全了解相關知識，最後再介紹正規表達式的套件 java.util.regex。

## 13-1 使用 Java 硬功夫搜尋文字

如果現在打開手機的聯絡資訊可以看到，台灣手機號碼的格式如下：

0952-282-020　　　　　# 可以表示為 xxxx-xxx-xxx，每個 x 代表一個 0-9 數字

從上述可以發現手機號碼格式是 4 個數字，1 個連字符號，3 個數字，1 個連字符號，3 個數字所組成。

程式實例 ch13_1.py：用傳統知識設計一個程式，然後判斷字串是否有含台灣的手機號碼格式。

```
1  public class ch13_1 {
2      public static boolean taiwanPhone(String str) {
3          if (str.length() != 12)              // 如果長度不是12
4              return false;                    // 傳回非手機號碼格式
5          for ( int i = 0; i <= 3; i++ )       // 如果索引前4個字元出現非數字字元
6              if (Character.isDigit(str.charAt(i)) == false)
7                  return false;                // 傳回非手機號碼格式
8          if (str.charAt(4) != '-')            // 如果不是'-'字元
9              return false;                    // 傳回非手機號碼格式
10         for ( int i = 5; i <= 7; i++ )       // 如果索引5-7字元出現非數字字元
11             if (Character.isDigit(str.charAt(i)) == false)
12                 return false;                // 傳回非手機號碼格式
13         if (str.charAt(8) != '-')            // 如果不是'-'字元
14             return false;                    // 傳回非手機號碼格式
15         for ( int i = 9; i <= 11; i++ )      // 如果索引9-11字元出現非數字字元
16             if (Character.isDigit(str.charAt(i)) == false)
17                 return false;                // 傳回非手機號碼格式
18         return true;                         // 通過以上考驗傳回true
19     }
20     public static void main(String[] args) {
21         System.out.println("I love Java :是台灣手機號碼" + taiwanPhone("I love Java"));
22         System.out.println("0952-909-090:是台灣手機號碼" + taiwanPhone("0952-909-090"));
23         System.out.println("1111-1111111:是台灣手機號碼" + taiwanPhone("111-11111111"));
24     }
25 }
```

D:\Java\ch13>java ch13_1
I love Java :是台灣手機號碼false
0952-909-090:是台灣手機號碼true
1111-1111111:是台灣手機號碼false

上述程式第 3 和 4 行是判斷字串長度是否 12，如果不是則表示這不是手機號碼格式。程式第 5 至 7 行是判斷字串前 4 碼是不是數字，如果不是則表示這不是手機號碼格式。程式第 8 至 9 行是判斷這個字元是不是 '-'，如果不是則表示這不是手機號碼格式。程式第 10 至 12 行是判斷字串索引 [5][6][7] 碼是不是數字，如果不是則表示這不是手機號碼格式。程式第 13 至 14 行是判斷這個字元是不是 '-'，如果不是則表示這不是手機號碼格式。程式第 15 至 17 行是判斷字串索引 [9][10][11] 碼是不是數字，如果不是則表示這不是手機號碼格式。如果通過了以上所有測試，表示這是手機號碼格式，程式第 18 行傳回 True。

在真實的環境應用中，我們可能需面臨一段文字，這段文字內穿插一些數字，然後我們必需將手機號碼從這段文字抽離出來。

程式實例 ch13_2.py：將電話號碼從一段文字抽離出來。

```
1  public class ch13_2 {
2      public static boolean taiwanPhone(String str) {
3          if (str.length() != 12)          // 如果長度不是12
4              return false;                 // 傳回非手機號碼格式
5          for ( int i = 0; i <= 3; i++ )   // 如果索引前4個字元出現非數字字元
6              if (Character.isDigit(str.charAt(i)) == false)
7                  return false;             // 傳回非手機號碼格式
8          if (str.charAt(4) != '-')        // 如果不是'-'字元
9              return false;                 // 傳回非手機號碼格式
10         for ( int i = 5; i <= 7; i++ )   // 如果索引5-7字元出現非數字字元
11             if (Character.isDigit(str.charAt(i)) == false)
12                 return false;             // 傳回非手機號碼格式
13         if (str.charAt(8) != '-')        // 如果不是'-'字元
14             return false;                 // 傳回非手機號碼格式
15         for ( int i = 9; i <= 11; i++ )  // 如果索引9-11字元出現非數字字元
16             if (Character.isDigit(str.charAt(i)) == false)
17                 return false;             // 傳回非手機號碼格式
18         return true;                      // 通過以上考驗傳回true
19     }
20     public static void parseString(String str) {
21         boolean notFoundSignal = true;                // 註記沒找到電話號碼為true
22         for ( int i = 0; i < (str.length()-11); i++ ) {  // 用迴圈逐步抽取12個字元做測試
23             String msg = new String();                // 建立空字串
24             msg = str.substring(i, i+12);             // 取得字串
25             if (taiwanPhone(msg)) {
26                 System.out.println("電話號碼是： " + msg);
27                 notFoundSignal = false;
28             }
29         }
```

```
30             if ( notFoundSignal )            // 如果沒有找到電話號碼則列印
31                 System.out.println(str + " 字串不含電話號碼");
32     }
33     public static void main(String[] args) {
34         String msg1 = "Please call my secretary using 0930-919-919 or 0952-001-001";
35         String msg2 = "請明天17:30和我一起參加明志科大教師節晚餐";
36         String msg3 = "請明天17:30和我一起參加明志科大教師節晚餐, 可用0933-080-080聯絡我";
37         parseString(msg1);
38         parseString(msg2);
39         parseString(msg3);
40     }
41 }
```

執行結果　D:\Java\ch13>java ch13_2
電話號碼是：0930-919-919
電話號碼是：0952-001-001
請明天17:30和我一起參加明志科大教師節晚餐 字串不含電話號碼
電話號碼是：0933-080-080

　　從上述執行結果可以得到我們成功的從一個字串分析，然後將電話號碼分析出來了。分析方式的重點是程式第 20 行到 32 行的 parseString 方法，這個方法重點是第 22 至 29 行，這個迴圈會逐步抽取字串的 12 個字元做比對，將比對字串放在 msg 字串變數內，下列是各迴圈次序的 msg 字串變數內容。

msg = 'Please call '       # 第 1 次 [0] – [11]
msg = 'lease call m'       # 第 2 次 [1] – [12]
msg = 'ease call my'       # 第 3 次 [2] – [13]
…
msg = '0930-919-919'       # 第 31 次 [30] – [41]
…
msg = '0952-001-001'       # 第 48 次 [47] – [58]

　　程式第 21 行將沒有找到電話號碼 notFoundSignal 設為 True，如果有找到電話號碼程式 27 行將 notFoundSignal 標示為 False，當 parseString( ) 函數執行完，notFoundSignal 仍是 True，表示沒找到電話號碼，所以第 31 行列印字串不含電話號碼。

　　上述使用所學的 Java 硬功夫雖然解決了我們的問題，但是若是將電話號碼改成中國手機號 (xxx-xxxx-xxxx)、美國手機號 (xxx-xxx-xxxx) 或是一般公司行號的電話，整個號碼格式不一樣，要重新設計可能需要一些時間。不過不用擔心，接下來筆者將講解 Java 的正規表達式可以輕鬆解決上述困擾。

## 13-2 使用 String 類別處理正規表達式

在 String 類別中與正規表達式有關的方法有：

| 方法 | 說明 |
|------|------|
| boolean matches(String regex) | 傳回字串是否符合正規表達式，如果比對結果符合會傳回 true，否則傳回 false |
| String replaceAll(String regex, String replacement) | 將符合的正規表達式字串全部用另一字串取代 |
| String replaceFirst(String regex, String replacement) | 將第一個符合的正規表達式字串全部另一字串取代 |

13-2 節筆者將只介紹 matches( ) 方法，其它將在 13-5 節分別說明。

### 13-2-1　正規表達式基礎

在前一節我們使用 isDigit( ) 方法判斷字元是否 0-9 的數字。

正規表達式是一種文字模式的表達方法，在這個方法中使用 \d 表示 0-9 的數字字元。由逸出字元的觀念可知，將 \d 表達式當字串放入字串內需增加 '\'，所以整個正規表達式的使用方式是 "\\d"。

程式實例 ch13_3.java：用正規表達式判斷輸入是否是 0-9 的數字。

```
1  import java.util.Scanner;
2  public class ch13_3 {
3      public static void main(String[] args) {
4          String str = new String( );
5          String pattern = "\\d";            // 設定正規表達式
6          Scanner scanner = new Scanner(System.in);
7          System.out.println("請輸入任意字串：");
8          str = scanner.next();              // 以字串方式讀取輸入
9          if (str.matches(pattern))          // 正規表達式比對
10             System.out.printf("%s：是0-9數字\n", str);
11         else
12             System.out.printf("%s：不是0-9數字\n", str);
13     }
14 }
```

執行結果
```
D:\Java\ch13>java ch13_3     D:\Java\ch13>java ch13_3     D:\Java\ch13>java ch13_3
請輸入任意字串：            請輸入任意字串：            請輸入任意字串：
9                          a                          11
9：是0-9數字               a：不是0-9數字              11：不是0-9數字
```

上述程式的正規表達式是在第 5 行設定，輸入會以字串方式讀入並儲存存在 str 字串物件，經過第 9 行的 str.matches(pattern) 方法處理後，如果輸入是 0-9 間的數字，則傳回 true，否則傳回 false。

上述我們用 "\\d" 代表一個數字，以這個觀念我們可以使用 4 個 "\\d" 處理 4 個數字。

程式實例 ch13_4.java：判斷輸入的數字是不是 4 個 0-9 的數字。

```
1  import java.util.Scanner;
2  public class ch13_4 {
3      public static void main(String[] args) {
4          String str = new String( );
5          String pattern = "\\d\\d\\d\\d";        // 設定正規表達式
6          Scanner scanner = new Scanner(System.in);
7          System.out.println("請輸入任意字串 : ");
8          str = scanner.next();                   // 以字串方式讀取輸入
9          if (str.matches(pattern))               // 正規表達式比對
10             System.out.printf("%s : 是4個0-9數字\n", str);
11         else
12             System.out.printf("%s : 不是4個0-9數字\n", str);
13     }
14 }
```

執行結果
```
D:\Java\ch13>java ch13_4   D:\Java\ch13>java ch13_4   D:\Java\ch13>java ch13_4
請輸入任意字串 :            請輸入任意字串 :            請輸入任意字串 :
1234                       12a5                       0952
1234 : 是4個0-9數字         12a5 : 不是4個0-9數字        0952 : 是4個0-9數字
```

擴充上述實例觀念我們可以將前一節的手機號碼 xxxx-xxx-xxx 改用下列正規表達方式表示：

　　"\\d\\d\\d\\d-\\d\\d\\d-\\d\\d\\d"

程式實例 ch13_5.java：使用正規表達式重新設計 ch13_1.java，執行字串是否是台灣手機號碼的判斷。

```
1  public class ch13_5 {
2      public static void main(String[] args) {
3          String str1 = "I love Java";
4          String str2 = "0952-909-090";
5          String str3 = "1111-1111111";
6          String pattern = "\\d\\d\\d\\d-\\d\\d\\d-\\d\\d\\d";
7          System.out.println("I love Java :是台灣手機號碼" + str1.matches(pattern));
8          System.out.println("0952-909-090:是台灣手機號碼" + str2.matches(pattern));
9          System.out.println("1111-1111111:是台灣手機號碼" + str3.matches(pattern));
10     }
11 }
```

執行結果　與 ch13_1.java 相同。

## 13-2-2 使用大括號 { } 重複出現字串的處理

下列是我們目前的正規表達式所搜尋的字串模式：

"\\d\\d\\d\\d-\\d\\d\\d-\\d\\d\\d"

其中可以看到 "\d" 重複出現，對於重複出現的字串可以用大括號內部加上重複次數方式表達，所以上述可以用下列方式表達。

"\\d{4}-\\d{3}-\\d{3}"

程式實例 ch13_6.java：用正規表達式處理重複出現的字串，重新設計 ch13_5.java。

```
6          String pattern = "\\d{4}-\\d{3}-\\d{3}";
```

執行結果 與 ch13_1.java 相同。

## 13-2-3 處理市區電話字串方式

先前我們所用的實例是手機號碼，試想想看如果我們改用市區電話號碼的比對，假設有一個台北市的電話號碼區域是 02，號碼是 28350000，說明如下：

02-28350000           # 可用 xx-xxxxxxxx 表達

此時正規表達式可以用下列方式表示。

"\\d{2}-\\d{8}"

程式實例 ch13_7.java：用正規表達式判斷字串是不是台北市的電話號碼。

```
1  public class ch13_7 {
2     public static void main(String[] args) {
3         String str1 = "I love Java";
4         String str2 = "02-23339999";
5         String str3 = "111-1111111";
6         String pattern = "\\d{2}-\\d{8}";           // 設定正規表達式
7         System.out.println("I love Java : 是台北市區號碼" + str1.matches(pattern));
8         System.out.println("02-23339999 : 是台北市區號碼" + str2.matches(pattern));
9         System.out.println("111-1111111 : 是台北市區號碼" + str3.matches(pattern));
10    }
11 }
```

執行結果
```
D:\Java\ch13>java ch13_7
I love Java : 是台北市區號碼false
02-23339999 : 是台北市區號碼true
111-1111111 : 是台北市區號碼false
```

## 13-2-4　用括號分組

　　所謂括號分組是用小括號隔開群組，一方面可以讓正規表達式更加清晰易懂，另一方面可以將分組的正規表達式執行更進一步的處理，可以用下列方式重新規劃程式實例 ch13_6.java 的表達式。

　　"\\d{4}(-\\d{3}){2}"

　　上述是用小括號分組 "-\\d{3}"，此分組需重複 2 次。

程式實例 ch13_8.java：用括號分組正規表達式的字串內容。

```
1  public class ch13_8 {
2      public static void main(String[] args) {
3          String str1 = "I love Java";
4          String str2 = "0952-909-090";
5          String str3 = "(111)-1111111";
6          String pattern = "\\d{4}(-\\d{3}){2}";        // 正規表達式以小括號處理分組
7          System.out.println("I love Java    : 是台北市區號碼" + str1.matches(pattern));
8          System.out.println("0952-909-090   : 是台北市區號碼" + str2.matches(pattern));
9          System.out.println("(111)-1111111 : 是台北市區號碼" + str3.matches(pattern));
10     }
11 }
```

執行結果　與 ch13_1.java 相同。

　　其實上述程式的重點是第 6 行，在這裡筆者列出如何使用小括號分組正規表達式的字串內容。上述我們可以獲得在需要 4 個 0-9 數字字元後，需有連續 2 個 "-***"，* 是 0-9 的數字字元，正規表達式才會認可是相同的比對。

## 13-2-5　用小括號處理區域號碼

　　在一般電話號碼的使用中，常看到區域號碼是用小括號包夾，如下所示：

(02)-26669999

　　在處理小括號時，如果字串是含此小括號，正規表達式處理方式是加上 "\\" 字串，例如："\\( 和 \\)"，可參考下列實例。

程式實例 ch13_9.java：在區域號碼中加上括號，重新處裡 ch13_7.java。

```
1  public class ch13_9 {
2      public static void main(String[] args) {
3          String str1 = "02-23339999";
```

```
4            String str2 = "(02)-23339999";
5            String str3 = "(111)-1111111";
6            String pattern = "\\(\\d{2}\\)-\\d{8}";        // 在正規表達式以括號處理區域號碼
7            System.out.println("02-23339999    : 是台北市區號碼" + str1.matches(pattern));
8            System.out.println("(02)-23339999 : 是台北市區號碼" + str2.matches(pattern));
9            System.out.println("(111)-1111111 : 是台北市區號碼" + str3.matches(pattern));
10    }
11 }
```

執行結果
```
D:\Java\ch13>java ch13_9
02-23339999    : 是台北市區號碼false
(02)-23339999 : 是台北市區號碼true
(111)-1111111 : 是台北市區號碼false
```

上述我們可以獲得區域號碼有加上括號，正規表達式才會認可是相同的比對，甚至 str1 其實也是正確的區域號碼，但是這個程式限制區域號碼需加上括號，所以 str1 比對的結果傳回是 false。

## 13-2-6　使用管道 |

|(pipe) 在正規表示法稱管道，使用管道我們可以同時搜尋比對多個字串，例如：如果想要搜尋 Mary 和 Tom 字串，可以使用下列表示。

　　　pattern = "Mary|Tom"　　　　　　　　// 注意單引號 ' 或 | 旁不可留空白

程式實例 ch13_10.java：重新設計 ch13_8.java 和 ch13_9.java，讓含括號的區域號碼與不含括號的區域號碼皆可被視為是正確的電話號碼。

```
1 public class ch13_10 {
2     public static void main(String[] args) {
3            String str1 = "02-23339999";
4            String str2 = "(02)-23339999";
5            String str3 = "(111)-1111111";
6 // 在正規表達式以括號與不含括號處理區域號碼
7            String pattern = "\\(\\d{2}\\)-\\d{8}|\\d{2}-\\d{8}";
8            System.out.println("02-23339999    : 是台北市區號碼" + str1.matches(pattern));
9            System.out.println("(02)-23339999 : 是台北市區號碼" + str2.matches(pattern));
10           System.out.println("(111)-1111111 : 是台北市區號碼" + str3.matches(pattern));
11    }
12 }
```

執行結果
```
D:\Java\ch13>java ch13_10
02-23339999    : 是台北市區號碼true
(02)-23339999 : 是台北市區號碼true
(111)-1111111 : 是台北市區號碼false
```

上述程式的重點是第 7 行，由上述執行結果可以得到第 8 行區域號碼沒有括號傳回 true，第 9 行區域號碼有括號也傳回 true。

## 13-2-7　使用 ? 問號做搜尋

在正規表達式中若是某些括號內的字串或正規表達式是可有可無 ( 如果有，最多一次 )，執行搜尋時皆算成功，例如：na 字串可有可無，表達方式是 (na)?。

程式實例 ch13_11.java：使用 ? 搜尋的實例，這個程式會測試 3 個字串。

```
1  public class ch13_11 {
2      public static void main(String[] args) {
3          String str1 = "Johnson";
4          String str2 = "Johnnason";
5          String str3 = "John";
6          String pattern = "John((na)?son)";        // 正規表達式
7          System.out.println("Johnson   : " + str1.matches(pattern));
8          System.out.println("Johnnason : " + str2.matches(pattern));
9          System.out.println("John      : " + str3.matches(pattern));
10     }
11 }
```

執行結果
```
D:\Java\ch13>java ch13_11
Johnson   : true
Johnnason : true
John      : false
```

有時候如果居住在同一個城市，在留電話號碼時，可能不會留區域號碼，這時就可以使用本功能了。

程式實例 ch13_12.java：這個程式在比對電話號碼時，如果省略區域號碼也可以視為比對正確。在這個程式第 6 行，筆者為後面的 8 個數字的電話號碼也加上小括號，這也算是正規表達式的小括號分組，主要是讓正規表達式比較容以閱讀。

```
1  public class ch13_12 {
2      public static void main(String[] args) {
3          String str1 = "02-23339999";
4          String str2 = "23339999";
5          String str3 = "(111)-1111111";
6          String pattern = "(\\d{2}-)?(\\d{8})";
7          System.out.println("02-23339999    : 是台北市區號碼" + str1.matches(pattern));
8          System.out.println("23339999       : 是台北市區號碼" + str2.matches(pattern));
9          System.out.println("(111)-1111111  : 是台北市區號碼" + str3.matches(pattern));
10     }
11 }
```

執行結果
```
D:\Java\ch13>java ch13_12
02-23339999    : 是台北市區號碼true
23339999       : 是台北市區號碼true
(111)-1111111  : 是台北市區號碼false
```

## 13-2-8　使用 * 號做搜尋

在正規表達式中若是某些字串或正規表達式可從 0 到多次，執行搜尋時皆算成功，例如：na 字串可從 0 到多次，表達方式是 (na)*。

程式實例 ch13_13.java：這個程式的重點是第 6 行的正規表達式，其中字串 na 的出現次數可以是從 0 次到多次。

```
1  public class ch13_13 {
2      public static void main(String[] args) {
3          String str1 = "Johnson";
4          String str2 = "Johnnason";
5          String str3 = "Johnnananason";
6          String pattern = "John((na)*son)";        // na由0到多皆可
7          System.out.println("Johnson        : " + str1.matches(pattern));
8          System.out.println("Johnnason      : " + str2.matches(pattern));
9          System.out.println("Johnnananason  : " + str3.matches(pattern));
10     }
11 }
```

執行結果
```
D:\Java\ch13>java ch13_13
Johnson        : true
Johnnason      : true
Johnnananason  : true
```

## 13-2-9　使用 + 號做搜尋

在正規表達式中若是某些字串或正規表達式可從 1 到多次，執行搜尋時皆算成功，例如：na 字串可從 1 到多次，表達方式是 (na)+。

程式實例 ch13_14.py：這個程式的重點是第 6 行的正規表達式，其中字串 na 的出現次數可以是從 1 次到多次。由於第 3 行的 str1 字串 Johnson 不含 na，所以第 7 行傳回 false。

```
1  public class ch13_14 {
2      public static void main(String[] args) {
3          String str1 = "Johnson";
4          String str2 = "Johnnason";
5          String str3 = "Johnnananason";
6          String pattern = "John((na)+son)";        // na由1到多皆可
7          System.out.println("Johnson        : " + str1.matches(pattern));
8          System.out.println("Johnnason      : " + str2.matches(pattern));
9          System.out.println("Johnnananason  : " + str3.matches(pattern));
10     }
11 }
```

執行結果
```
D:\Java\ch13>java ch13_14
Johnson       : false
Johnnason     : true
Johnnananason : true
```

## 13-2-10　搜尋時使用大括號設定比對次數區間

在 13-2-2 節我們有使用過大括號，當時講解 "\\d{3}" 代表重複 3 次，也就是大括號的數字是設定重複次數。可以將這個觀念應用在搜尋一般字串，例如：(son){3} 代表所搜尋的字串是 "sonsonson"，如果有一字串是 "sonson"，則搜尋結果是不符。大括號除了可以設定重複次數，也可以設定指定範圍，例如：(son){3,5} 代表所搜尋的字串如果是 "sonsonson"、"sonsonsonson" 或 "sonsonsonsonson" 皆算是相符的字串。(son){3,5} 正規表達式相當於下列表達式：

((son)(son)(son))|((son)(son)(son)(son))|((son)(son)(son)(son)(son))

程式實例 ch13_15.py：設定搜尋 son 字串重複 3-5 次皆算搜尋成功。

```java
1  public class ch13_15 {
2      public static void main(String[] args) {
3          String str1 = "son";
4          String str2 = "sonson";
5          String str3 = "sonsonson";
6          String str4 = "sonsonsonson";
7          String str5 = "sonsonsonsonson";
8          String pattern = "(son){3,5}";          // son由3到5次皆可
9          System.out.println("son             : " + str1.matches(pattern));
10         System.out.println("sonson          : " + str2.matches(pattern));
11         System.out.println("sonsonson       : " + str3.matches(pattern));
12         System.out.println("sonsonsonson    : " + str4.matches(pattern));
13         System.out.println("sonsonsonsonson : " + str5.matches(pattern));
14     }
15 }
```

執行結果
```
D:\Java\ch13>java ch13_15
son             : false
sonson          : false
sonsonson       : true
sonsonsonson    : true
sonsonsonsonson : true
```

使用大括號時，也可以省略第一或第二個數字，這相當於不設定最小或最大重複次數。例如：(son){3,} 代表重複 3 次以上皆符合，(son){,10} 代表重複 10 次以下皆符合。

## 13-2-11　正規表達式量次的表

下表是前述各節有關正規表達式量次的符號表。

| 正規表達式 | 說明 |
|---|---|
| X? | X 出現 0 次至 1 次 |
| X* | X 出現 0 次至多次 |
| X+ | X 出現 1 次至多次 |
| X{n} | X 出現 n 次 |
| X{n,} | X 出現 n 次至多次 |
| X{,m} | X 出現 0 次至 m 次 |
| X{n,m} | X 出現 n 次至 m 次 |

## 13-3　正規表達式的特殊字元

為了不讓一開始學習正規表達式太複雜，在前面 4 個小節筆者只介紹了 \d，同時穿插介紹一些字串的搜尋。我們知道 \d 代表的是數字字元，也就是從 0-9 的阿拉伯數字，如果使用管道 | 的觀念，\d 相當於是下列正規表達式：

(0|1|2|3|4|5|6|7|8|9)

這一節將針對正規表達式的特殊字元做一個完整的說明。

### 13-3-1　特殊字元表

| 字元 | 使用說明 |
|---|---|
| . | 任何字元皆可 |
| \d | 0-9 之間的整數字元 |
| \D | 除了 0-9 之間的整數字元以外的其他字元 |
| \s | 空白、定位、Tab 鍵、換行、換頁字元 |
| \S | 除了空白、定位、Tab 鍵、換行、換頁字元以外的其他字元 |
| \w | 數字、字母和底線 _ 字元，[A-Za-z0-9_] |
| \W | 除了數字、字母和底線 _ 字元，[a-Za-Z0-9_]，以外的其他字元 |

下列是一些使用上述表格觀念的正規表達式的實例說明。

pattern = "\\w+" // 意義是不限長度的數字、字母和底線字元當作符合搜尋

pattern = "John\\w*" // John 開頭後面接 0- 多個數字、字母和底線字元

程式實例 ch13_16.java：測試正規表達式 "\\w+"。

```
1 public class ch13_16 {
2    public static void main(String[] args) {
3        String str1 = "98_ad";
4        String str2 = "@!ad9";
5        String pattern = "\\w+";
6        System.out.println("98_ad : " + str1.matches(pattern));
7        System.out.println("@!ad9 : " + str2.matches(pattern));
8    }
9 }
```

執行結果
```
D:\Java\ch13>java ch13_16
98_ad : true
@!ad9 : false
```

pattern = "\\d+"：表示不限長度的數字。

pattern = "\\s"：表示空格。

pattern = "\\w+"：表示不限長度的數字、字母和底線字元連續字元。

程式實例 ch13_17.java：測試正規表達式 "\\d+\\s+\\w+"。

```
1 public class ch13_17 {
2    public static void main(String[] args) {
3        String str1 = "1 cats";
4        String str2 = "32 dogs";
5        String str3 = "a pigs";
6        String pattern = "\\d+\\s+\\w+";
7        System.out.println("1 cats  : " + str1.matches(pattern));
8        System.out.println("32 dogs : " + str2.matches(pattern));
9        System.out.println("a pigs  : " + str3.matches(pattern));
10   }
11 }
```

執行結果
```
D:\Java\ch13>java ch13_17
1 cats  : true
32 dogs : true
a pigs  : false
```

## 13-3-2　單一字元使用萬用字元 "."

萬用字元 (wildcard)"." 表示可以搜尋除了換行字元以外的所有字元，但是只限定一個字元。

程式實例 ch13_18.java：測試正規表達式 ".at"。

```
1  public class ch13_18 {
2      public static void main(String[] args) {
3          String str1 = "cat";
4          String str2 = "hat";
5          String str3 = "flat";
6          String str4 = "at";
7          String str5 = " at";
8          String pattern = ".at";
9          System.out.println("cat  : " + str1.matches(pattern));
10         System.out.println("hat  : " + str2.matches(pattern));
11         System.out.println("flat : " + str3.matches(pattern));
12         System.out.println("at   : " + str4.matches(pattern));
13         System.out.println(" at  : " + str5.matches(pattern));
14     }
15 }
```

執行結果
```
D:\Java\ch13>java ch13_18
cat  : true
hat  : true
flat : false
at   : false
 at  : true
```

## 13-3-3　字元分類

Python 可以使用中括號來設定字元區間，可參考下列範例。

[a-z]：代表 a-z 的小寫字元。

[A-Z]：代表 A-Z 的大寫字元。

[aeiouAEIOU]：代表英文發音的母音字元。

[2-5]：代表 2-5 的數字。

程式實例 ch13_19.java：測試正規表達式 "[A-Z]" 和 "[2-5]"。

```
1  public class ch13_19 {
2      public static void main(String[] args) {
3          String str1 = "c";
4          String str2 = "K";
5          String str3 = "1";
6          String str4 = "3";
```

```
7          String pattern = "[A-Z]";
8          System.out.println("c : " + str1.matches(pattern));
9          System.out.println("K : " + str2.matches(pattern));
10         pattern = "[2-5]";
11         System.out.println("1 : " + str3.matches(pattern));
12         System.out.println("3 : " + str4.matches(pattern));
13     }
14 }
```

執行結果
```
D:\Java\ch13>java ch13_19
c : false
K : true
1 : false
3 : true
```

## 13-3-4　字元分類的 ^ 字元

在前一節字元的處理中，如果在中括號內的左方加上 ^ 字元，意義是搜尋不在這些字元內的所有字元。

程式實例 ch13_20.java：測試正規表達式 "[^A-Z]" 和 "[^2-5]"。

```
1 public class ch13_20 {
2     public static void main(String[] args) {
3          String str1 = "c";
4          String str2 = "K";
5          String str3 = "1";
6          String str4 = "3";
7          String pattern = "[^A-Z]";
8          System.out.println("c : " + str1.matches(pattern));
9          System.out.println("K : " + str2.matches(pattern));
10         pattern = "[^2-5]";
11         System.out.println("1 : " + str3.matches(pattern));
12         System.out.println("3 : " + str4.matches(pattern));
13     }
14 }
```

執行結果
```
D:\Java\ch13>java ch13_20
c : true
K : false
1 : true
3 : false
```

## 13-3-5　所有字元使用萬用字元 ".*"

若是將萬用字元 "." 與 "*" 組合，可以搜尋所有字元，意義是搜尋 0 到多個萬用字元 ( 換行字元除外 )。

程式實例 ch13_21.java：測試正規表達式 ".*"。

```
1 public class ch13_21 {
2     public static void main(String[] args) {
3         String str1 = "cd%@_";
4         String str2 = "K***l";
5         String pattern = ".*";
6         System.out.println("cd%@_  : " + str1.matches(pattern));
7         System.out.println("K***l : " + str2.matches(pattern));
8     }
9 }
```

執行結果
```
D:\Java\ch13>java ch13_21
cd%@_  : true
K***l : true
```

# 13-4　matches( ) 方法的萬用程式與功能擴充

　　其實我們也可以使用現有知識設計一個 matches( ) 方法的萬用程式，也就是讀者可以用輸入方式先輸入正規表達式，筆者將此放在 pattern 字串物件，然後讀者可以輸入任意字串，此程式可以回應是否符合正規表達式。

程式實例 ch13_22.java：設計比對正規表示法的萬用程式，這個程式會要求輸入正規表達式，然後要求輸入任意字串，最後告知所輸入的任意字串是否符合正規表達式。

```
1 import java.util.Scanner;
2 public class ch13_22 {
3     public static void main(String[] args) {
4         Scanner scanner = new Scanner(System.in);
5         String pattern = new String();        // 正規表達式字串物件
6         String str = new String();            // 測試字串物件
7
8         System.out.print("請輸入正規表達式字串 : ");
9         pattern = scanner.next();
10        System.out.print("請輸入測試字串 : ");
11        str = scanner.next();
12        System.out.println("比對結果 " + str.matches(pattern));
13    }
14 }
```

執行結果
```
D:\Java\ch13>java ch13_22        D:\Java\ch13>java ch13_22
請輸入正規表達式字串 : [0-7]      請輸入正規表達式字串 : [0-7]
請輸入測試字串 : 8               請輸入測試字串 : 6
比對結果 false                  比對結果 true


D:\Java\ch13>java ch13_22        D:\Java\ch13>java ch13_22
請輸入正規表達式字串 : .at       請輸入正規表達式字串 : .at
請輸入測試字串 : cat             請輸入測試字串 : My hat
比對結果 true                   比對結果 false
```

　　現在我們使用 matches( ) 方法可以判斷某一字串是否符合正規表達式，但是，正規表達式更重要的功能是可以讓我們在一段文字中找尋符合正規表達式的字串，甚至將這些字串用別的文字取代。如果想要使用 matches( ) 方法協助我們處理整段文字，可以在正規表達式前面與後面加上 ".*" 即可。例如：如果要搜尋字串段落是否含 "apple"，可以參考下列方式設定正規表達式模式。

        pattern = ".*apple.*";

　　不過未來筆者將會介紹正規表達式的套件 java.util.regex，可以很方便處理這方面的問題。

## 13-5　再談 String 類別有關的正規表達方法

### 13-5-1　replaceFirst( ) 方法

　　replaceFirst( ) 方法可以將段落內第一個符合的子字串用另一個字串取代，相關語法可參考 13-2 節。

程式實例 ch13_23.java：將段落內符合 pattern 正規表達式的第一筆字串用指定字串取代。

```
1 public class ch13_23 {
2     public static void main(String[] args) {
3         String str = "Hello! Java! I love Java.";
4         String pattern = "Java";           // 正規表達式
5         System.out.println(str.replaceFirst(pattern, "Python"));
6         pattern = ".*(Java).*";            // 新的正規表達式
7         System.out.println(str.replaceFirst(pattern, "Python"));
8     }
9 }
```

執行結果
```
D:\Java\ch13>java ch13_23
Hello! Python! I love Java.
Python
```

　　這個程式做了 2 次測試，在第 3 行比對字串段落內含有 2 個 "Java" 字串，在第 4 行設定第一次正規表達式此時 pattern 內容是 "Java" 表示這是單純的字串內容比對，第 5 行執行 replaceFirst( ) 方法後，指將字串段落內第一個 "Java" 用 "Python" 取代，所以獲得第一個執行結果。第 6 行設定第二次正規表達式此時 pattern 內容是 ".*(Java).*"

表示只要內容含有 "Java" 字串，整個字串段落將用 "Python" 字串取代，所以獲得的第二個執行結果是 "Python" 字串。

　　正規表達式的用途有許多，例如：有時候我們為了隱私不外洩，可以將段落內的手機號碼用 *** 取代。

程式實例 ch13_24.java：將字串段落內的手機號碼用 "****-***-***" 取代。

```
1 public class ch13_24 {
2    public static void main(String[] args) {
3        String str = "請明天17:30和我一起參加明志科大教師節晚餐, 可用0933-080-080聯絡我";
4        String pattern = "\\d{4}(-\\d{3}){2}";        // 正規表達式以小括號處理分組
5        System.out.println(str.replaceFirst(pattern, "****-***-***"));
6    }
7 }
```

執行結果
```
D:\Java\ch13>java ch13_24
請明天17:30和我一起參加明志科大教師節晚餐, 可用****-***-***聯絡我
```

## 13-5-2　replaceAll( ) 方法

　　replaceAll( ) 方法可以將段落內全部符合的子字串用另一個字串取代，相關語法可參考 13-2 節。

程式實例 ch13_25.java：用 replaceAll( ) 方法取代 replaceFirst( ) 方法，重新設計 ch13_23.java，可以得到第 3 行字串段落的 2 個字串 "Java" 皆被 "Python" 取代了。

```
1 public class ch13_25 {
2    public static void main(String[] args) {
3        String str = "Hello! Java! I love Java.";
4        String pattern = "Java";        // 正規表達式
5        System.out.println(str.replaceAll(pattern, "Python"));
6    }
7 }
```

執行結果
```
D:\Java\ch13>java ch13_25
Hello! Python! I love Python.
```

程式實例 ch13_26.java：用 replaceAll( ) 方法取代正規表達式符合字串的實例。

```
1 public class ch13_26 {
2    public static void main(String[] args) {
3        String str = "Please call my secretary using 0930-919-919 or 0952-001-001";
4        String pattern = "\\d{4}(-\\d{3}){2}";        // 正規表達式
5        String newstr = "0930-***-***";
6        System.out.println(str.replaceAll(pattern, newstr));
7    }
8 }
```

執行結果　D:\Java\ch13>java ch13_26
Please call my secretary using 0930-***-*** or 0930-***-***

# 13-6 正規表達式套件

除了 String 類別內有方法支援正規表達式外，Java 也提供了 java.util.regex 套件，這個套件主要是由下列 3 個類別組成。

Pattern 類別：主要是正規表達式引擎的模式，本節重點。

Matcher 類別：為輸入的字串物件進行匹配或更改字串操作，本節重點。

PatternSyntaxException 類別：表示正規表達式中的語法錯誤。

下列是 Matcher 類別常用的方法。

| 方法 | 說明 |
|---|---|
| boolean matches( ) | 測試字串是否符合正規表達式 |
| boolean find( ) | 找尋與正規表達式符合的下一個子字串 |
| boolean find( int start) | 在指定起始索引找尋與正規表達式符合的下一個子字串 |
| String group( ) | 返回符合的子串列 |
| int start( ) | 返回符合的子串列起始索引 |
| int end( ) | 返回符合的子串結束始索引 |
| String replaceAll(String replacement) | 替換符合的所有子字串 |
| String replaceFirst(String replacement) | 替換符合的第一個子字串 |

下列是 Pattern 類別常用的方法。

| 方法 | 說明 |
|---|---|
| Static Pattern compile(String reges) | 編譯正規表達式 |
| Matcher matcher(CharSequence input) | 由所輸入的字串建立 Matcher 物件 |
| Static boolean matches(String regex, CharSequence input) | 這是一個 compile( ) 和 matcher( ) 的組合。 |
| String pattern( ) | 返回正規表達式模式 |

## 13-6-1　基本字串的比對

程式實例 ch13_27.java：使用 java.util.regex 套件執行正規表達式字串的比對應用。

```
1  import java.util.regex.*;
2  public class ch13_27 {
3      public static void main(String[] args) {
4          String str = "0952-001-001";
5          String pattern = "\\d{4}(-\\d{3}){2}";          // 正規表達式
6  // 方法1
7          Pattern p = Pattern.compile(pattern);          // 編譯正規表達式
8          Matcher m = p.matcher(str);                    // 比對
9          System.out.println("方法1 : " + m.matches());
10 // 方法2
11         System.out.println("方法2 : " + Pattern.matches(pattern, str));
12     }
13 }
```

執行結果
```
D:\Java\ch13>java ch13_27
方法1 : true
方法2 : true
```

程式實例 ch13_28.java：使用 java.util.regex 套件執行正規表達式字串的比對應用。

```
1  import java.util.regex.*;
2  public class ch13_28 {
3      public static void main(String[] args) {
4          System.out.println(Pattern.matches("[abc]?", "a"));    // true
5          System.out.println(Pattern.matches("[abc]?", "ab"));   // 最多一個字元
6          System.out.println(Pattern.matches("[abc]+", "ab"));   // true
7          System.out.println(Pattern.matches("[abc]*", "ab"));   // true
8          System.out.println(Pattern.matches("\\D", "a"));       // true
9          System.out.println(Pattern.matches("\\D", "1"));       // 不可是數字
10         System.out.println(Pattern.matches("\\D*", "abc"));    // true
11     }
12 }
```

執行結果
```
D:\Java\ch13>java ch13_28
true
false
true
true
true
false
true
```

程式實例 ch13_29.java：使用 java.util.regex 套件執行正規表達式字串的比對應用。

```
1  import java.util.regex.*;
2  public class ch13_29 {
3     public static void main(String[] args) {
4        System.out.println(Pattern.matches("[a-zA-Z0-9]{6}", "aK2APL"));
5        System.out.println(Pattern.matches("[a-zA-Z0-9]{6}", "abc10"));       // 太短
6        System.out.println(Pattern.matches("[a-zA-Z0-9]{6}", "abPL0981"));    // 太長
7        System.out.println(Pattern.matches("[23][0-9]{7}", "28229999"));
8        System.out.println(Pattern.matches("[23][0-9]{7}", "93990011"));      // 開頭錯
9        System.out.println(Pattern.matches("[23][0-9]{7}", "2300000"));       // 太短
10       System.out.println(Pattern.matches("[23][0-9]{7}", "230000011"));     // 太長
11    }
12 }
```

執行結果　D:\Java\ch13>java ch13_29
　　　　　true
　　　　　false
　　　　　false
　　　　　true
　　　　　false
　　　　　false
　　　　　false

## 13-6-2　字串的搜尋

程式實例 ch13_30.java：這個程式會搜尋字串段落，如果有符合則傳回所搜尋的字串，同時傳回字串的起始和結束索引位置。

```
1  import java.util.regex.*;
2  public class ch13_30 {
3     public static void main(String[] args) {
4        String msg = "Please call my secretary using 0930-919-919 or 0952-001-001";
5        String pattern = "\\d{4}(-\\d{3}){2}";          // 正規表達式
6        Pattern p = Pattern.compile(pattern);
7        Matcher m = p.matcher(msg);
8        boolean found = false;                          // 預設found是false
9        while (m.find()) {
10          System.out.println(m.group()                // 列出所找到的字串
11                          + " 字串找到了起始索引是 " + m.start()
12                          + " 終止索引是 " + m.end());
13          found = true;                                // 找到了所以是true
14       }
15       if (!found)                                     // 如果沒找到
16          System.out.println("搜尋失敗");
17    }
18 }
```

執行結果　D:\Java\ch13>java ch13_30
　　　　　0930-919-919 字串找到了起始索引是 31 終止索引是 43
　　　　　0952-001-001 字串找到了起始索引是 47 終止索引是 59

## 13-6-3 字串的取代

程式實例 ch13_31.java：字串取代的應用，程式第 9 行會將第一個比對成功的字串用 "C*A **" 取代，程式第 10 行會將全部比對成功的字串用 "C*A **" 取代。

```
1  import java.util.regex.*;
2  public class ch13_31 {
3      public static void main(String[] args) {
4          String msg = "CIA Mark told CIA Linda that secret USB had given to CIA Peter.";
5          String pattern = "CIA \\w*";              // 正規表達式
6          String replace = "C*A **";                // 新字串
7          Pattern p = Pattern.compile(pattern);
8          Matcher m = p.matcher(msg);
9          System.out.println(m.replaceFirst(replace));    // 取代第一筆出現字串
10         System.out.println(m.replaceAll(replace));      // 取代全部字串
11     }
12 }
```

執行結果
```
D:\Java\ch13>java ch13_31
C*A ** told CIA Linda that secret USB had given to CIA Peter.
C*A ** told C*A ** that secret USB had given to C*A **.
```

### 習題實作題

1: 中國手機號碼格式是 xxx-xxxx-xxxx，x 代表數字，請重新設計 ch13_1.py，可以判斷號碼是否為中國手機號碼。

```
D:\Java\ex>java ex13_1
I love Java :是大陸手機號碼false
0952-909-090:是大陸手機號碼false
134-3981-1391:是大陸手機號碼true
```

2: 中國手機號碼格式是 xxx-xxxx-xxxx，x 代表數字，請重新設計 ch13_6.py，可以判斷號碼是否為中國手機號碼。

```
D:\Java\ex>java ex13_2
I love Java :是中國手機號碼false
0952-909-090:是中國手機號碼false
134-3981-1391:是中國手機號碼true
```

3： 請將程式實例 ch13_22.java 改為迴圈，每次比對完成，會詢問是否繼續輸入欲比
對的字串 (y/n)，如果輸入非 'y'，則迴圈結束。

```
D:\Java\ex>java ex13_3
請輸入正規表達式字串：[0-7]
請輸入測試字串：4
比對結果 true
是否繼續(y/n)? y
請輸入測試字串：8
比對結果 false
是否繼續(y/n)? n
```

4： 以 java.util.regex 套件重新設計程式實例 ch13_22.java 萬用比對程式。

```
D:\Java\ex>java ex13_4
請輸入正規表達式字串：\d{4}(-\d{3}){2}
請輸入測試字串：0952-001-001
比對結果 true
是否繼續(y/n)? y
請輸入測試字串：130-1981-1981
比對結果 false
是否繼續(y/n)? n
```

5： 請修改 ch13_31.java，將句子內出現的 CIA xxx，改為 xxx。

```
D:\Java\ex>java ex13_5
*** told CIA Linda that secret USB had given to CIA Peter.
*** told *** that secret USB had given to ***.
```

# 第十四章

# 繼承與多形

第 10-13 章筆者介紹了 Java 所提供的類別，如果我們熟悉這些類別的方法可以很輕鬆地呼叫使用，這樣可以節省程式開發的時間。

在真實的程式設計中，我們可能會設計許多類別，部分類別的屬性 ( 或稱成員變數 ) 與方法可能會重複，這時如果我們可以有機制可以將重複的部分只寫一次，其他類別可以直接引用這個重複的部分，這樣可以讓整個 Java 設計變的簡潔易懂，這個機制就是本章的主題繼承 (Inheritance)。

本章另一個重要主題是多形 (Polymorphism)，在這裡筆者使用我們截至本章所教的知識，做一個講解實踐多形的方法與觀念。

## 14-1 繼承 (Inheritance)

在介紹本節內容前，如果讀者對於類別成員的存取控制已經生疏了，建議可以重新複習 9-2-1 節。

在物件導向程式設計中類別是可以繼承的，其中被繼承的類別稱父類別或超類 (parent class 或 Superclass) 或基底類別 (base class)，繼承的類別稱子類別 (child class 或 Subclass) 或衍生類別 (derived class)。類別繼承的最大優點是許多父類別的方法或屬性，在子類別中不用重新設計，可以直接引用，另外子類別也可以有自己的屬性與方法。

### 14-1-1　從 3 個簡單的 Java 程式談起

程式實例 ch14_1.java：這是一個 Animal 類別，這個類別的屬性 ( 成員變數 ) 是 name，代表動物的名字。然後有 2 個方法，分別是 eat( ) 和 sleep( )，這 2 個方法會分別列出 "name 正在吃食物 " 和 "name 正在睡覺 "。

```
1  class Animal {
2      private String name;                          // 動物名字
3      Animal(String name) {                          // 建構方法設定名字
4          this.name = name;
5      }
6      public void eat( ) {                           // 方法eat
7          System.out.println(name + "正在吃食物");
8      }
9      public void sleep( ) {                         // 方法sleep
10         System.out.println(name + "正在睡覺");
11     }
12 }
13 public class ch14_1 {
14     public static void main(String[] args) {
15         Animal animal = new Animal("Lily");
16         animal.eat();
17         animal.sleep();
18     }
19 }
```

執行結果　D:\Java\ch14>java ch14_1
　　　　　Lily正在吃食物
　　　　　Lily正在睡覺

程式實例 ch14_2.java：這是一個 Dog 類別，這個類別的屬性 ( 成員變數 ) 是 name，代表動物的名字。然後有 3 個方法，分別是 eat( )、sleep( ) 和 barking( )，這 3 個方法會分別列出 "name 正在吃食物 "、"name 正在睡覺 " 和 "name 正在叫 "。

```
1  class Dog {
2      private String name;                          // 動物名字
3      Dog (String name) {                            // 建構方法設定名字
4          this.name = name;
5      }
6      public void eat( ) {                           // 方法eat
7          System.out.println(name + "正在吃食物");
8      }
9      public void sleep( ) {                         // 方法sleep
10         System.out.println(name + "正在睡覺");
11     }
12     public void barking() {                        // 方法barking
13         System.out.println(name + "正在叫");
14     }
15 }
16 public class ch14_2 {
17     public static void main(String[] args) {
18         Dog dog = new Dog("Haly");
19         dog.eat();
20         dog.sleep();
21         dog.barking();
22     }
23 }
```

執行結果　D:\Java\ch14>java ch14_2
　　　　　Haly正在吃食物
　　　　　Haly正在睡覺
　　　　　Haly正在叫

程式實例 ch14_3.java：這是一個 Bird 類別，這個類別的屬性 ( 成員變數 ) 是 name，代表動物的名字。然後有 3 個方法，分別是 eat( )、sleep( ) 和 flying( )，這 3 個方法會分別列出 "name 正在吃食物 "、"name 正在睡覺 " 和 "name 正在飛 "。

```java
 1  class Bird {
 2      private String name;                    // 動物名字
 3      Bird (String name) {                    // 建構方法設定名字
 4          this.name = name;
 5      }
 6      public void eat( ) {                    // 方法eat
 7          System.out.println(name + "正在吃食物");
 8      }
 9      public void sleep( ) {                  // 方法sleep
10          System.out.println(name + "正在睡覺");
11      }
12      public void flying() {                  // 方法fly
13          System.out.println(name + "正在飛");
14      }
15  }
16  public class ch14_3 {
17      public static void main(String[] args) {
18          Bird bird = new Bird("Cici");
19          bird.eat();
20          bird.sleep();
21          bird.flying();
22      }
23  }
```

執行結果　D:\Java\ch14>java ch14_3
　　　　　Cici正在吃食物
　　　　　Cici正在睡覺
　　　　　Cici正在飛

我們可以使用下圖，列出上述 3 個主要類別的成員變數與方法。

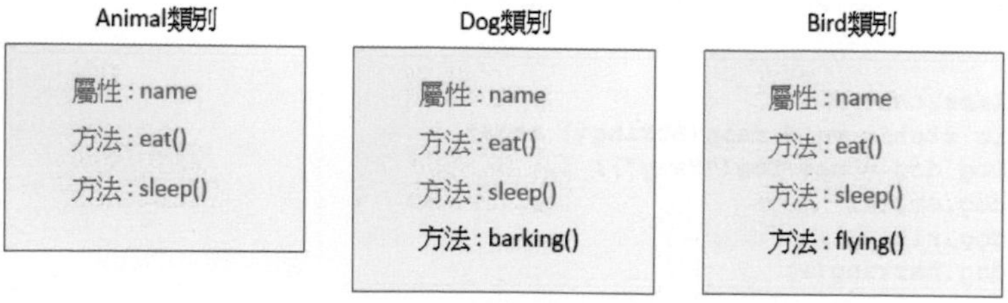

| Animal類別 | Dog類別 | Bird類別 |
|---|---|---|
| 屬性 : name | 屬性 : name | 屬性 : name |
| 方法 : eat() | 方法 : eat() | 方法 : eat() |
| 方法 : sleep() | 方法 : sleep() | 方法 : sleep() |
|  | 方法 : barking() | 方法 : flying() |

其實狗 Dog 類別和鳥 Bird 類皆是動物，由上圖關係可以看出狗 Dog 類別、鳥 Bird 類與動物 Animal 類別皆有相同的屬性 name，同時有相同的方法 eat( ) 和 sleep( )，然後狗 Dog 類別有屬於自己的方法 barking( )，鳥 Bird 類別有屬於自己的方法 flying( )。

如果我們將上述 3 個程式寫成一個程式，則將創造一個冗長的程式碼，可是如果我們利用 Java 物件導向的繼承 (inheritance) 觀念，整個程式將簡化許多。

## 14-1-2　繼承的語法

Java 的繼承需使用關鍵字 extends，語法如下：

class 子類別名稱 extends 父類別名稱 {
    // 子類別屬性
    // 子類別方法
}

若是用 Animal 類別和 Dog 類別關係看，Animal 類別是 Dog 類別的父類別，也可稱 Dog 類別是 Animal 類別的子類別，Dog 類別可以繼承 Animal 類別，可以用下列方式設計 Dog 類別。

Class Dog extends Animal {
    // Dog 類別屬性
    // Dog 類別方法
}

程式實例 ch14_4.java：將程式實例 ch14_1.java 和 ch14_2.java 做簡化省略屬性，組成一個程式，以體會子類別 Dog 繼承父類別 Animal 的方法。

```
1  class Animal {
2      public void eat( ) {              // Animal方法eat
3          System.out.println("正在吃食物");
4      }
5      public void sleep( ) {            // Animal方法sleep
6          System.out.println("正在睡覺");
7      }
8  }
9  class Dog extends Animal {
10     public void barking() {          // Dog類別自有的方法barking
11         System.out.println("正在叫");
12     }
13 }
```

```
14  public class ch14_4 {
15      public static void main(String[] args) {
16          Dog dog = new Dog();
17          dog.eat();                      // dog繼承Animal方法eat()
18          dog.sleep();                    // dog繼承Animal方法sleep()
19          dog.barking();                  // Dog類別自有的方法
20      }
21  }
```

執行結果　D:\Java\ch14>java ch14_4
正在吃食物
正在睡覺
正在叫

　　上述由於 Dog 類別繼承了 Animal 類別，所以 dog 物件可以正常使用父類別
Animal 的 eat( ) 和 sleep( ) 方法，這樣 Dog 類別就可以省略重寫 eat( ) 和 sleep( ) 方法，
達到重用程式碼、精簡程式、也減少錯誤發生，下列是上述程式的圖形。

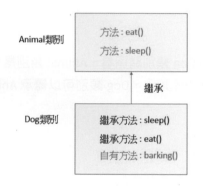

　　上述 Dog 類別繼承了 Animal 類別，我們可以稱單一繼承 (Single Inheritance)。

## 14-1-3　觀察父類別建構方法的啟動

　　正常的類別一定有屬性，當我們宣告建立子類別物件時，可以利用子類別本身的
建構方法初始化自己的屬性。至於所繼承的父類別屬性，則是由父類別自身的建構方
法初始化父類別本身的屬性。其實我們建立一個子類別的物件時，Java 在呼叫子類別
的建構方法前會先呼叫父類別的建構方法。其實這個觀念很簡單，子類別繼承了父類
別的內容，所以子類別在建立本身物件前，一定要先初始化所繼承父類別的內容，下
列程式實例將驗證這個觀念。

程式實例 ch14_5.java：建立一個 Dog 類別的物件，觀察在啟動本身的建構方法前，父
類別 Animal 的建構方法會先被啟動。

```java
1  class Animal {
2      Animal() {                        // Animal建構方法
3          System.out.println("執行Animal建構方法 ... ");
4      }
5      public void eat() {               // Animal方法eat
6          System.out.println("正在吃食物");
7      }
8      public void sleep() {             // Animal方法sleep
9          System.out.println("正在睡覺");
10     }
11 }
12 class Dog extends Animal {
13     Dog() {                           // Dog建構方法
14         System.out.println("執行Dog建構方法 ... ");
15     }
16     public void barking() {           // Dog類別自有的方法barking
17         System.out.println("正在叫");
18     }
19 }
20 public class ch14_5 {
21     public static void main(String[] args) {
22         Dog dog = new Dog();
23         dog.eat();                    // dog繼承Animal方法eat()
24         dog.sleep();                  // dog繼承Animal方法sleep()
25         dog.barking();                // Dog類別自有的方法
26     }
27 }
```

執行結果
```
D:\Java\ch14>java ch14_5
執行Animal建構方法 ...
執行Dog建構方法 ...
正在吃食物
正在睡覺
正在叫
```

上述程式在第 22 行宣告 Dog 類別的 dog 物件時，會先啟動父類別的建構方法，
所以輸出第一行字串 " 執行 Animal 建構方法 "，然後輸出第二行字串 " 執行 Dog 建構
方法。

## 14-1-4　父類別屬性是 public 子類別初始化父類別屬性

現在我們擴充程式實例 ch14_5.java，擴充了父類別的屬性 name，同時將 name
宣告為 public，由於子類別可以繼承父類別所有 public 屬性，所以這時可以由子類別
的建構方法初始化父類別的屬性 name。

程式實例 ch14_6.java：這個程式基本上是組合了 ch14_1.java 和 ch14_2.java，但是將
父類別 Animal 的屬性 name 宣告為 public。

```java
1  class Animal {
2      public String name;              // 定義動物名字
3      public void eat() {              // Animal方法eat
4          System.out.println(name + "正在吃食物");
5      }
6      public void sleep() {            // Animal方法sleep
7          System.out.println(name + "正在睡覺");
8      }
9  }
10 class Dog extends Animal {
11     Dog(String name) {               // Dog建構方法
12         this.name = name;            // 建構父類別name屬性
13     }
14     public void barking() {          // Dog類別自有的方法barking
15         System.out.println(name + "正在叫");
16     }
17 }
18 public class ch14_6 {
19     public static void main(String[] args) {
20         Dog dog = new Dog("Haly");
21         dog.eat();                   // dog繼承Animal方法eat()
22         dog.sleep();                 // dog繼承Animal方法sleep()
23         dog.barking();               // Dog類別自有的方法
24     }
25 }
```

執行結果
```
D:\Java\ch14>java ch14_6
Haly正在吃食物
Haly正在睡覺
Haly正在叫
```

上述程式第 11-13 行在子類別的建構方法中，建立了父類別的 name 屬性。雖然
上述程式簡單好用，但是卻失去了資訊封裝隱藏的效果。

## 14-1-5　父類別屬性是 private 呼叫父類建構方法

在 Java 物件導向觀念中，如果父類別屬性是 private，此時是無法使用前一節的觀
念在子類別的建構方法內初始化父類別屬性，也就是說父類別屬性的初始化工作交由
父類別處理。在程式實例 ch14_6.java 的第 20 行內容如下：

Dog dog = new Dog("Haly");

我們宣告子類別的物件 dog 時，同時將此物件 dog 的名字 Haly 傳給子類別 Dog 的
建構方法，然後需將所接收到的參數 ( 此例子是 name)，呼叫父類別的建構方法傳遞給

父類別,這樣未來就可以利用父類別的方法間接繼承父類別的 private 屬性,但是請記住子類別是無法直接繼承父類別的 private 屬性。子類別建構方法呼叫父類別的建構方法,並不是直接呼叫建構方法名稱,而是需使用保留字 super,此實例的呼叫方法如下:

        super(name);        // super 可以啟動父類別建構方法,name 是所傳遞的參數

    若是延續先前實例,整個設計的觀念圖形如下,程式碼可參考 ch14_7.java:

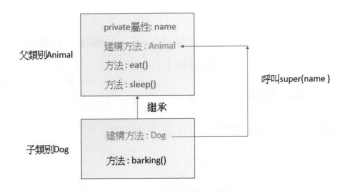

程式實例 ch14_7.java:這個程式第 2 行首先會將父類別 Animal 的 name 宣告為 private,然後第 3-5 行是 Animal 的建構方法。程式第 15 行是將所接收到的 name 字串,利用 super(name),呼叫父類別的建構方法,這樣就可以執行父類別初始化工作。

```
1  class Animal {
2      private String name;            // 定義動物名字
3      Animal(String name) {           // 建構方法設定名字
4          this.name = name;
5      }
6      public void eat() {             // Animal方法eat
7          System.out.println(name + "正在吃食物");
8      }
9      public void sleep() {           // Animal方法sleep
10         System.out.println(name + "正在睡覺");
11     }
12 }
13 class Dog extends Animal {
14     Dog(String name) {              // Dog建構方法
15         super(name);                // 呼叫父類別建構方法
16     }
17     public void barking() {         // Dog類別自有的方法barking
18         System.out.println("正在叫");
19     }
20 }
21 public class ch14_7 {
22     public static void main(String[] args) {
```

```
23          Dog dog = new Dog("Haly");
24          dog.eat();                    // dog繼承Animal方法eat()
25          dog.sleep();                  // dog繼承Animal方法sleep()
26          dog.barking();                // Dog類別自有的方法
27      }
28 }
```

**執行結果**　D:\Java\ch14>java ch14_7
Haly正在吃食物
Haly正在睡覺
正在叫

讀者可能會覺得奇怪，為何上述執行結果的第 3 行輸出，只輸出 " 正在叫 "，沒有輸出 "Haly 正在叫 "。原因是第 18 行內容如下：

System.out.println(" 正在叫 ");

讀者可能會覺得奇怪，為什麼程式碼不是如下：

System.out.println(name + " 正在叫 ");

如果我們寫了上面一行的程式碼，將會有下列錯誤產生。

Error: name has private access in Animal

這是因為 name 在父類別是宣告為 private，第 18 行是子類別的 barking( ) 方法，依據 9-2-1 節類別成員的存取控制可以知道，當宣告為 private 時，子類別是無法存取父類別的 private 屬性的。筆者將錯誤的實例放在 ch14_7_1.java，讀者可以試著去編譯，即可看到上述錯誤。

## 14-1-6　存取修飾符 protected

在介紹物件導向程式設計至今，我們尚未介紹過存取控制 protected，這是介於 public 和 private 之間的存取權限，當一個類別的屬性或方法宣告為此存取修飾符時，在這個存取權限下，這個類別、相同套件 (Package)、子類別皆可以使用或繼承此類別的屬性或方法。

程式實例 ch14_8.java：將 Animal 的 name 屬性宣告為 protected，這時程式第 18 行就可以繼承父類別的成員變數 name 了。

```
1 class Animal {
2     protected String name;            // 宣告protected存取修飾符定義動物名字
3     Animal(String name) {             // 建構方法設定名字
```

```
 4          this.name = name;
 5      }
 6      public void eat() {                 // Animal方法eat
 7          System.out.println(name + "正在吃食物");
 8      }
 9      public void sleep() {               // Animal方法sleep
10          System.out.println(name + "正在睡覺");
11      }
12 }
13 class Dog extends Animal {
14      Dog(String name) {                  // Dog建構方法
15          super(name);                    // 呼叫父類別建構方法
16      }
17      public void barking() {             // Dog類別自有的方法barking
18          System.out.println(name + "正在叫"); // 可以繼承name了
19      }
20 }
21 public class ch14_8 {
22      public static void main(String[] args) {
23          Dog dog = new Dog("Haly");
24          dog.eat();                      // dog繼承Animal方法eat()
25          dog.sleep();                    // dog繼承Animal方法sleep()
26          dog.barking();                  // Dog類別自有的方法
27      }
28 }
```

執行結果　D:\Java\ch14>java ch14_8
Haly正在吃食物
Haly正在睡覺
Haly正在叫

　　當我們將父類別的屬性宣告為 protected 存取控制時，其實我們也可以在子類別的
建構方法內直接設定父類別的 protected 屬性內容了。

程式實例 ch14_9.java：這個程式主要是省略父類別的建構方法，然後在子類別的建構
方法內設定父類別的屬性可參考第 12 行。

```
 1 class Animal {
 2      protected String name;              // 宣告protected存取修飾符定義動物名字
 3      public void eat() {                 // Animal方法eat
 4          System.out.println(name + "正在吃食物");
 5      }
 6      public void sleep() {               // Animal方法sleep
 7          System.out.println(name + "正在睡覺");
 8      }
 9 }
10 class Dog extends Animal {
11      Dog(String name) {                  // Dog建構方法
12          this.name = name;               // 直接設定動物名字
13      }
14      public void barking() {             // Dog類別自有的方法barking
15          System.out.println(name + "正在叫"); // 可以繼承name了
```

```
16     }
17 }
18 public class ch14_9 {
19     public static void main(String[] args) {
20         Dog dog = new Dog("Haly");
21         dog.eat();                     // dog繼承Animal方法eat()
22         dog.sleep();                   // dog繼承Animal方法sleep()
23         dog.barking();                 // Dog類別自有的方法
24     }
25 }
```

執行結果　D:\Java\ch14>java ch14_9
Haly正在吃食物
Haly正在睡覺
Haly正在叫

　　讀者應該發現程式也是簡單好用，同時又具有資訊封裝隱藏的效果。

## 14-1-7　分層繼承 – Hierarchical Inheritance

　　一個類別可以有多個子類別的，若是以 14-1-1 節的 3 個程式實例為例，我們可以規劃下列的繼承關係。

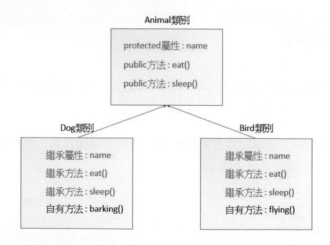

　　上述繼承關係又稱分層繼承 (Hierarchical Inheritance)。

程式實例 ch14_10.java：將 ch14_1.java、ch14_2.java、ch14_3.java 等 3 個程式，利用繼承的特性，濃縮成一個程式。

```
1 class Animal {
2     protected String name;            // 宣告protected存取修飾符定義動物名字
3     public void eat() {               // Animal方法eat
```

```
 4            System.out.println(name + "正在吃食物");
 5        }
 6     public void sleep() {              // Animal方法sleep
 7            System.out.println(name + "正在睡覺");
 8        }
 9 }
10 class Dog extends Animal {
11     Dog(String name) {                 // Dog建構方法
12        this.name = name;               // 呼叫父類別建構方法
13        }
14     public void barking() {            // Dog類別自有的方法barking
15            System.out.println(name + "正在叫"); // 可以繼承name了
16        }
17 }
18 class Bird extends Animal {
19     Bird(String name) {                // Bird建構方法
20        this.name = name;               // 呼叫父類別建構方法
21        }
22     public void flying() {             // Bird類別自有的方法flying
23            System.out.println(name + "正在飛"); // 可以繼承name了
24        }
25 }
26 public class ch14_10 {
27     public static void main(String[] args) {
28        Dog dog = new Dog("Haly");
29        dog.eat();                      // dog繼承Animal方法eat()
30        dog.sleep();                    // dog繼承Animal方法sleep()
31        dog.barking();                  // Dog類別自有的方法
32        Bird bird = new Bird("Cici");
33        bird.eat();                     // bird繼承Animal方法eat()
34        bird.sleep();                   // bird繼承Animal方法sleep()
35        bird.flying();                  // bird類別自有的方法
36        }
37 }
```

執行結果
```
D:\Java\ch14>java ch14_10
Haly正在吃食物
Haly正在睡覺
Haly正在叫
Cici正在吃食物
Cici正在睡覺
Cici正在飛
```

　　讀者應該發現程式縮短了許多，同時在規劃大型 Java 應用程式時，如果可以盡量用繼承類別不僅可以避免錯誤，維持封裝隱藏特性，同時可以縮短程式開發時間。

## 14-1-8　多層次繼承 (Multi-Level Inheritance)

　　在程式設計時，我們也許會碰上一個子類別底下衍生了另一個子類別，這就是所謂的多層次繼承 (Multi-Level Inheritance)，下列是參考圖例。

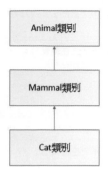

從上圖可以看到哺乳 Mammal 類別繼承了動物 Animal 類別，貓 Cat 類別繼承了 Mammal 類別，在這種多層次繼承下，Cat 類別可以繼承 Mammal 和 Animal 所有類別的內容。下列程式將說明 Cat 類別如何存取 Animal 和 Mammal 類別的內容。

程式實例 ch14_11.java：多層次繼承的應用，在這個程式中 Animal 類別內含有 protected 屬性 name， 和 public 方法 eat( )。Mammal 類別內含有 protected 屬性 favorite_food，和 favoriteFood( )。Cat 類別自己有一個 public 方法 jumping( )，同時繼承了 Animal 和 Mammal 類別的內容。

```
 1  class Animal {
 2      protected String name;                  // 宣告protected存取修飾符定義動物名字
 3      Animal(String name) {                   // 建構方法最初化name
 4          this.name = name;
 5      }
 6      public void eat() {                     // Animal方法eat
 7          System.out.println(name + "正在吃食物");
 8      }
 9  }
10  class Mammal extends Animal {
11      protected String favorite_food;
12      Mammal(String name, String favorite_food) {   // 建構方法最初化name
13          super(name);                        // 呼叫父類別建構方法
14          this.favorite_food = favorite_food;  // 最喜歡的食物
15      }
16      public void favoriteFood() {
17          System.out.println(name + " 喜歡吃 " + favorite_food);
18      }
19  }
20  class Cat extends Mammal {
21      Cat(String name, String favorite_food) {      // Cat建構方法
22          super(name, favorite_food);         // 呼叫父類別建構方法
23      }
24      public void jumping() {                 // Cat類別自有的方法jumping
25          System.out.println(name + "正在叫");  // 可以繼承name了
26      }
27  }
28  public class ch14_11 {
```

```
29      public static void main(String[] args) {
30          Cat cat = new Cat("lucy", "fish");
31          cat.eat();                      // cat繼承Animal方法eat()
32          cat.favoriteFood();             // cat繼承Mammal方法favoriteFood()
33          cat.jumping();                  // cat類別自有的方法
34      }
35  }
```

執行結果
```
D:\Java\ch14>java ch14_11
lucy正在吃食物
lucy 喜歡吃 fish
lucy正在叫
```

讀者需特別留意程式第 12-15 行的 Mammal 建構方法，在這個建構方法有 2 道指令，如下所示：

super(name);                    // 必須放在建構方法最前面
this.favorite_food = favorite_food;

請記住，super(name) 必須放在前面，也就是先處理父類別的建構方法，完成後再處理本身的建構方法，否則編譯時會有錯誤。

## 14-1-9 繼承類型總結與陷阱

Java 的繼承類型可分成下列：

❏ 單一繼承 (Single Inheritance)

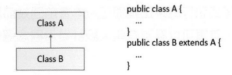

❏ 分層繼承 (Hierarchical Inheritance)

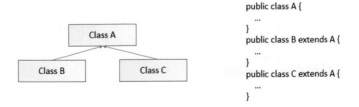

❑　多層次繼承 (Multi-Level Inheritance)

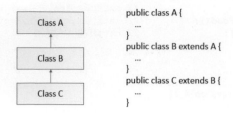

特別留意的是目前 Java 為了簡化語言同時減少複雜性，現在並沒有支援多重繼承 (Multiple Inheritance)，所謂的多重繼承觀念圖形如下：

Java沒有支援的繼承錯誤

不過在物件導向程式設計語言中，部分程式語言是有支援多重繼承，例如：Python。

## 14-1-10　常見的繼承程式設計

筆者在撰寫Java程式時有自己的思維，常看別人設計的Java程式也有他們的思維，條條大路通羅馬，只要程式執行結果正確即可。本書前面幾節講解繼承觀念時，所用的程式邏輯如下方左圖，其實可以看到有些人設計繼承觀念邏輯如下方右圖，讀者可以依自己喜好，選擇一種方式。

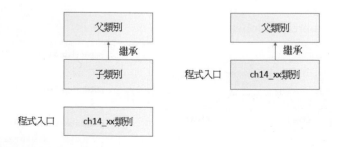

接下來的程式實例，則是使用上方右圖觀念設計繼承程式。

程式實例 ch14_12.java：設計一個類別 MyMath，這個類別可以計算加法 add，減法 sub。另外設計主程式入口類別 ch14_12，這個類別繼承 MyMath 類別，同時本身有除法 mul 方法。

```
1  class MyMath {
2      protected int result;                // 宣告protected存取修飾符定義計算結果
3      public void add(int x, int y) {      // MyMath類別方法add
4          this.result = x + y;
5          System.out.println("加法結果 : " + this.result);
6      }
7      public void sub(int x, int y) {      // MyMath類別方法sub
8          this.result = x - y;
9          System.out.println("減法結果 : " + this.result);
10     }
11 }
12 public class ch14_12 extends MyMath {
13     public void mul(int x, int y) {      // ch14_12類別方法mul
14         result = x * y;
15         System.out.println("乘法結果 : " + result);
16     }
17     public static void main(String[] args) {
18         ch14_12 obj = new ch14_12();     // 定義ch14_12類別物件
19         int a1 = 50, a2 = 5;
20         obj.add(a1, a2);                 // 呼叫繼承方法add()
21         obj.sub(a1, a2);                 // 呼叫繼承方法sub()
22         obj.mul(a1, a2);                 // 呼叫自己類別方法mul()
23     }
24 }
```

執行結果
```
D:\Java\ch14>java ch14_12
加法結果 : 55
減法結果 : 45
乘法結果 : 250
```

上述程式最重要的觀念是 ch14_12 這個類別有 main( ) 方法表示是程式入口，第 18 行宣告物件時，是宣告 ch14_12 類別的物件，剩下的觀念則和以前相同。

## 14-1-11　父類別與子類別有相同的成員變數名稱

程式設計時有時會碰上父類別內的屬性 ( 也可稱成員變數 ) 與子類別的屬性有相同的名稱，這時 2 個成員變數是各自獨立的，在子類別的成員變數顯示的是子類別成員變數的內容，在父類別的成員變數顯示的是父類別成員變數的內容。

程式實例 ch14_13.java：子類別的成員變數名稱與父類別成員變數名稱相同的應用，由這個程式可以驗證 Father 類別和 Child 類別的成員變數名稱 x，儘管名稱相同，但是各自有不同的內容空間。

```
1  class Father {
2      protected int x = 50;
3  }
4  class Child extends Father {
5      protected int x = 100;
6  }
7  public class ch14_13 {
8      public static void main(String[] args) {
9          Father father = new Father();    // 建立父類別物件
10         Child child = new Child();        // 建立子類別物件
11         System.out.println("列印Father類別 x : " + father.x);
12         System.out.println("列印Child 類別 x : " + child.x);
13     }
14 }
```

執行結果
```
D:\Java\ch14>java ch14_13
列印Father類別 x : 50
列印Child 類別 x : 100
```

另外，當子類別的成員變數名稱與父類別成員變數名稱相同時，子類別若是想存取父類別的成員變數，可以使用 super 關鍵字，方法如下：

super.x　　// 假設父類別成員變數名稱是 x

程式實例 ch14_14.java：父類別 Father 與子類別 Child 有相同的成員變數名稱，在子類別同時列印此相同名稱的成員變數，此時的重點是程式第 7 行，在此我們使用 "super.x"，列印了父類別的成員變數 x。

```
1  class Father {
2      protected int x = 50;
3  }
4  class Child extends Father {
5      protected int x = 100;
6      public void printInfo(){
7          System.out.println("列印Father類別 x : " + super.x);
8          System.out.println("列印Child 類別 x : " + x);
9      }
10 }
11 public class ch14_14 {
12     public static void main(String[] args) {
13         Father father = new Father();    // 建立父類別物件
14         Child child = new Child();        // 建立子類別物件
15         child.printInfo();
16     }
17 }
```

執行結果
```
D:\Java\ch14>java ch14_14
列印Father類別 x : 50
列印Child 類別 x : 100
```

# 14-2 IS-A 和 HAS-A 關係

物件導向程式設計一個很大的優點是程式碼可以重新使用,一個方法是使用 14-1 節所敘述的繼承實例,其實繼承就是 IS-A 關係,將在 14-2-1 節說明。另一個方法是使用 HAS-A 關係的觀念,在 HAS-A 觀念中又可以分為聚合 (Aggregation) 和組合 (Composition),將分別在 14-2-2 和 14-2-3 節說明。

## 14-2-1 IS-A 關係與 instanceof

IS-A 其實是 "is a kind of" 的簡化說法,代表父子間的繼承關係。假設有下列的類別定義:

```
class Animal {                    // 定義 Animal 類別
    …
}
class Fish extends Animal {       // 定義 Fish 類別繼承 Animal
    …
}
class Bird extends Animal {       // 定義 Bird 類別繼承 Animal
    …
}
class Eagle extends Bird{         // 定義 Eagle 類別繼承 Bird
    …
}
```

從上述定義可以獲得下列結論:

❑ Animal 類別是 Fish 的父類別。

❑ Animal 類別是 Bird 的父類別。

❑ Fish 類別和 Bird 類別是 Animal 的子類別。

❑ Eagle 類別是 Bird 類別的子類別和 Animal 類別的孫類別。

如果我們現在用 IS-A 關係,可以這樣解釋:

❑ Fish is a kind of Animal( 魚是一種 (IS-A) 動物 )

❑ Bird is a kind of Animal( 鳥是一種 (IS-A) 動物 )

❑ Eagle is a kind of Bird( 老鷹是一種 (IS-A) 鳥 )

❑ Eagle is a kind of Animal( 所以：老鷹是一種 (IS-A) 動物 )

在 Java 語言中關鍵字 instanceof 主要是可以測試某個物件是不是屬於特定類別，如果是則傳回 true，否則傳回 false。語法如下：

```
objectX  instanceof  ClassName
```

程式實例 ch14_15.java：IS-A 關係與 instanceof 關鍵字的應用。

```
 1 class Animal {
 2 }
 3 class Fish extends Animal {
 4 }
 5 class Bird extends Animal {
 6 }
 7 class Eagle extends Bird {
 8 }
 9 public class ch14_15 {
10     public static void main(String[] args) {
11         Animal animal = new Animal();
12         Fish fish = new Fish();
13         Bird bird = new Bird();
14         Eagle eagle = new Eagle();
15         System.out.println("Fish is Animal  : " + (fish instanceof Animal));
16         System.out.println("Bird is Animal  : " + (bird instanceof Animal));
17         System.out.println("Eagle is Bird   : " + (eagle instanceof Bird));
18         System.out.println("Eagle is Animal : " + (eagle instanceof Animal));
19     }
20 }
```

執行結果
```
D:\Java\ch14>java ch14_15
Fish is Animal  : true
Bird is Animal  : true
Eagle is Bird   : true
Eagle is Animal : true
```

## 14-2-2　HAS-A 關係 – 聚合

聚合 (Aggregation) 的 HAS-A 關係主要是決定某一類別是否 HAS-A(has a) 某一事件，例如：A 類別的屬性 ( 成員變數 ) 其實是由另一個類別所組成，此時我們可以稱 "A HAS-A B( 或 A has a B)"，這也是一種 Java 程式設計時讓程式碼精簡的方法，同時可以減少錯誤。可以參考下列實例：

```
public class Speed {
    …
}
```

```
public class Car {
    private Speed sp;           // Car 類別的成員變數 sp 是 Speed 類別物件
}
```

以上述程式碼而言，簡單的說我們可以在 Car 類別中操作 Speed 類別，例如：我們可以直接引用 Speed 類別關於車速的方法，所以不用在 SportCar 類別中處理有關車速的方法，如果上述程式還有其它相關的類別程序需要用到 Speed 類別的的方法時，也可以直接引用。

程式實例 ch14_16.java：一個簡單聚合 (Aggregation) 的 Has-A 關係實例。

```
1  class MyMath {                               // 處理圓半徑的平方值
2      protected int square(int x) {
3          return x*x;
4      }
5  }
6  class Circle {
7      protected MyMath obj;                    // Aggregation
8      public double getArea(int radius) {
9          obj = new MyMath();                  // 建立MyMath物件
10         int rSquare = obj.square(radius);    // 程式碼可重複使用
11         return Math.PI*rSquare;              // 回傳圓面積
12     }
13 }
14 public class ch14_16 {
15     public static void main(String[] args) {
16         Circle circle = new Circle();        // 建立Circle物件
17         double area = circle.getArea(10);    // 計算圓面積
18         System.out.printf("圓面積是 : %6.2f\n", area);
19     }
20 }
```

執行結果　D:\Java\ch14>java ch14_16
　　　　　圓面積是 : 314.16

其實上述實例可以說 Circle HAVE-A MyMath 關係，我們可以用下列圖形說明上述實例，：

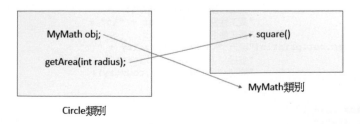

對上述實例而言，第 7 行宣告 MyMath 類別是 Circle 類別的成員變數，在這種情形未來就可以在 Circle 類別或相關子類別引用 MyMath 類別的內容，這樣子就可以達到精簡程式碼的目的，因為程式碼可以重複使用。程式第 9 行是宣告 MyMath 類別物件 obj，有了這個 obj 物件第 10 行就可以透過此物件呼叫 MyMath 類別的 square( ) 方法傳回平方值 ( 此程式代表圓半徑的平方 )，然後第 11 行可以傳回圓面積 (PI 乘圓半徑 )。

其實在 Java 程式設計時，如果類別間沒有 IS-A 關係時，HAS-A 關係的聚合是一個很好將程式碼重複使用達到精簡程式碼的目的。

程式實例 ch14_17.java：員工資料建立的應用，在這個程式有一個 HomeTown 類別，這個類別含有員工地址家鄉城市資訊。Employee 則是員工類別，這個員工類別有一個成員變數是 HomeTown 類別物件，所以我們可以說關係是 Employee HAVE-A HomeTown。這個程式會先建立員工資料，然後列印。

```
1  class HomeTown {                                    // 員工家鄉HomeTown類別
2      protected String city, state, country;
3      HomeTown(String city, String state, String country) {
4          this.city = city;                           // 城市
5          this.state = state;                         // 省
6          this.country = country;                     // 國別
7      }
8  }
9  class Employee {                                    // 員工Employee類別
10     int id;                                         // 員工編號
11     int age;                                        // 員工年齡
12     char gender;                                    // 性別
13     String name;                                    // 名字
14     HomeTown hometown;                              // Aggregation家鄉城市
15     Employee(int id, int age, char gender, String name, HomeTown hometown) {
16         this.id = id;
17         this.age = age;
18         this.gender = gender;
19         this.name = name;
20         this.hometown = hometown;
21     }
22     public void printInfo() {                       // 列印員工資訊
23         System.out.println("員工編號:" + id + "\t" +
24                            "員工年齡:" + age + "\t" +
25                            "員工性別:" + gender + "\t" +
26                            "員工姓名:" + name);
27         System.out.println("城市:" + hometown.city + "\t" +
28                            "省份:" + hometown.state + "\t" +
29                            "國別:" + hometown.country);
30     }
31 }
32 public class ch14_17 {
33     public static void main(String[] args) {
34         HomeTown hometown = new HomeTown("徐州", "江蘇", "中國");    // 家鄉物件
```

```
35          Employee em = new Employee(10, 29, 'F', "周佳", hometown);   // 員工物件
36          em.printInfo();
37      }
38 }
```

執行結果　D:\Java\ch14>java ch14_17
員工編號:10　　員工年齡:29　　員工性別:F　　員工姓名:周佳
城市:徐州　　省份:江蘇　　國別:中國

上述程式第 34 行是初始化 HomeTown 類別家鄉資訊，設定好了後 hometown 物件就會有家鄉資訊的參照。程式第 35 行是初始化 Employee 類別員工資訊，須留意 hometown 物件被當作參數傳遞，設定好了後 em 物件就可以呼叫 printInfo( ) 方法列印員工資訊。

## 14-2-3　HAS-A 關係 – 組合

組合 (Composition) 其實是一種特殊的聚合 (Aggregation)，基本觀念是可以引用其它類別物件成員變數或方法達到重複使用程式碼精簡程式的目的。

接下來我們用 Car 類別的實例說明 IS-A 關係和 HAS-A 關係的組合。

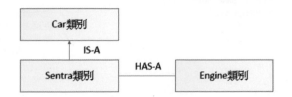

程式實例 ch14_18.java：這個程式包含 3 個類別，Car 類別定義了車子最高速度 maxSpeed 和顏色 color，然後可以分別用 setMaxSpeed( ) 和 setColor( ) 方法設定它們的最高速度和顏色，printCarInfo( ) 方法則是可以列印出車子最高時速和車子顏色。Sentra 類別是 Car 類別的子類別，所以 Sentra 物件可以呼叫 Car 的方法，可參考第 36-38 行。Sentra 類別的方法 SentraShow( ) 在第 16 行宣告了 Engine 類別物件，這也是 HAS-A 關係組合 (Composition) 的關鍵，因為宣告後他就可以呼叫 Engine 類別的方法，可參考第 17-19 行。

```
1 class Car {
2     private int maxSpeed;
3     private String color;
4     public void setMaxSpeed(int maxSpeed) {        // 設定最高速度方法
5         this.maxSpeed = maxSpeed;
6     }
7     public void setColor(String color) {           // 設定車子顏色方法
```

```
 8              this.color = color;
 9          }
10      public void printCarInfo() {
11          System.out.println("車子最高時速：" + maxSpeed +"\n車子外觀顏色：" + color);
12          }
13  }
14  class Sentra extends Car {                          // 繼承Car類別
15      public void SentraShow() {                      // Sentra類別自有方法
16          Engine sentraEngine = new Engine();         // Composition
17          sentraEngine.starting();                    // 引擎啟動
18          sentraEngine.running();                     // 引擎運轉
19          sentraEngine.stopping();                    // 引擎停止
20      }
21  }
22  class Engine {                                      // 是Sentra類別的屬性
23      public void starting() {                        // Engine類別自有方法
24          System.out.println("引擎啟動");
25      }
26      public void running() {                         // Engine類別自有方法
27          System.out.println("引擎運轉");
28      }
29      public void stopping() {                        // Eigine類別自有方法
30          System.out.println("引擎停止");
31      }
32  }
33  public class ch14_18 {
34      public static void main(String[] args) {
35          Sentra sentra = new Sentra();
36          sentra.setMaxSpeed(220);                    // 使用繼承Car方法
37          sentra.setColor("藍色");                    // 使用繼承Car方法
38          sentra.printCarInfo();                      // 繼承Car方法列印資訊
39          sentra.SentraShow();                        // 展示引擎運作
40      }
41  }
```

執行結果　D:\Java\ch14>javac ch14_18.java

D:\Java\ch14>java ch14_18
車子最高時速：220
車子外觀顏色：藍色
引擎啟動
引擎運轉
引擎停止

組合 (Composition) 它的限制比較多，它的組件不能單獨存在，以上述實例而言，相當於 Sentra 類別和 Engine 類別不能單獨存在。

# 14-3 Java 程式碼太長的處理

在程式設計時，如果覺得程式碼太長可以將各類別獨立成一個檔案，每個檔案的名稱必須是類別名稱，副檔名是 java，同時每個獨立檔案的類別要宣告為 public。請留意必須在相同資料夾。

程式實例 ch14_19.java：以 ch14_17.java 為實例，將此程式分成 ch14_19.java、Employee.java、HomeTown.java，下列 3 個程式內容：

## ch14_19.java

```java
1  public class ch14_19 {
2      public static void main(String[] args) {
3          HomeTown hometown = new HomeTown("徐州", "江蘇", "中國");     // 家鄉物件
4          Employee em = new Employee(10, 29, 'F', "周佳", hometown);    // 員工物件
5          em.printInfo();
6      }
7  }
```

## Employee.java

```java
1  public class Employee {                          // 員工Employee類別
2      int id;                                      // 員工編號
3      int age;                                     // 員工年齡
4      char gender;                                 // 性別
5      String name;                                 // 名字
6      HomeTown hometown;                           // Aggregation家鄉城市
7      Employee(int id, int age, char gender, String name, HomeTown hometown) {
8          this.id = id;
9          this.age = age;
10         this.gender = gender;
11         this.name = name;
12         this.hometown = hometown;
13     }
14     public void printInfo() {                    // 列印員工資訊
15         System.out.println("員工編號:" + id + "\t" +
16                            "員工年齡:" + age + "\t" +
17                            "員工性別:" + gender + "\t" +
18                            "員工姓名:" + name);
19         System.out.println("城市:" + hometown.city + "\t" +
20                            "省份:" + hometown.state + "\t" +
21                            "國別:" + hometown.country);
22     }
23 }
```

## HomeTown.java

```
1  public class HomeTown {                                    // 員工家鄉HomeTown類別
2      protected String city, state, country;
3      HomeTown(String city, String state, String country) {
4          this.city = city;                                  // 城市
5          this.state = state;                                // 省
6          this.country = country;                            // 國別
7      }
8  }
```

執行結果　與 ch14_17.java 相同。

上述所有程式是在 D:/Java/ch14 資料夾下，相關內容可參考下列圖形。

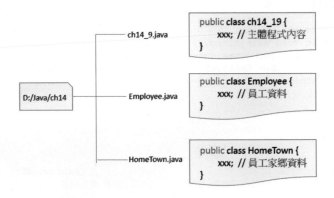

上述程式在編譯與執行時與一個檔案是相同的，如下所示：

```
D:\Java\ch14>javac ch14_19.java

D:\Java\ch14>java ch14_19
員工編號:10      員工年齡:35      員工性別:M      員工姓名:周佳
城市:武漢        省份:湖北        國別:中國
```

上述當我們在編譯 ch14_19.java 時，由於程式內有建立 HomeTown 和 Employee 類別物件 ( 第 3 和 4 行 )，這是在 ch14_19.java 內沒有的，所以 Java 編譯程式會自動在相同資料夾內找尋 HomeTown 和 Employee 類別的程式檔案，以此例而言是去找尋 HomeTown.java 和 Employee.java，然後一起編譯這些檔案。在執行 ch14_19 時，Java 的執行程式也會去找尋相同資料夾下的相關類別檔案，以此例而言是 HomeTown.class 和 Employee.class，這是執行程式期間所需要的檔案，最後執行然後列出結果。

在 Java 語言規定了獨立的類別檔案需使用類別名稱當作檔案名稱，這樣讓編譯程式在找尋相關的類別檔案變得容易，當然我們管理也變的簡單，特別是在規劃大型程式的設計上。

　　以上只是當程式變得更大更複雜時，筆者先簡介的 Java 程式分割的方法與觀念，未來第 19 章筆者還會介紹與大型程式的規劃與設計相關的知識建立套件 (package)。

　　在結束本節前，筆者還想介紹將一個檔案的類別分拆成多個檔案的重要優點，當我們將 HomeTown 和 Employee 類別的 HomeTown.java 和 Employeejava.java 的檔案獨立後，未來所有其他程式可以隨時呼叫使用它們，相當於可以達成資源共享的目的，這個觀念特別是對於大型應用程式開發非常重要，在一個程式開發團隊中，每一個人需要開發一些類別，然後彼此可以分享，這樣可以增加程式開發的效率。這個就好想我們學習 Java 時，很多時候是學習呼叫許多 Java API，然後將這些 API 應用在自己的程式內，其實這些 Java API 是許多前輩的 Java 程式設計師或甲骨文公司的 Java 研發單位開發的，然後讓所有 Java 學習者共享與使用，使用者可以不用重新開發這些 API，只要會用即可，這可以增加學習效率。

程式實例 ch14_19_1.java：相較於 ch14_19.java，這是一個完全獨立的程式，這個程式可以呼叫 HomeTown 和 Employee 類別，然後執行屬於自己的應用。

```
1  public class ch14_19_1 {
2      public static void main(String[] args) {
3          HomeTown hometown = new HomeTown("長沙", "湖南", "中國");      // 家鄉物件
4          Employee em = new Employee(12, 29, 'F', "劉嫻慶", hometown);  // 員工物件
5          em.printInfo();
6      }
7  }
```

執行結果
```
D:\Java\ch14>java ch14_19_1
員工編號:12      員工年齡:29      員工性別:F      員工姓名:劉嫻慶
城市:長沙       省份:湖南       國別:中國
```

# 14-4　重新定義 (Override)

## 14-4-1　基本定義

　　所謂的重新定義 (Override) 是在子類別中遵守下列規則重新定義父類別的方法，這樣可以擴充父類別的功能。

❏ 名稱不變、傳回值型態不變、參數列表不變。

❏ 存取權限不可比父類別低，例如：父類別是 public，子類別不可是 protected。

❑ 建構方法不能重新定義。

❑ static 方法不能重新定義。

❑ 宣告為 final 方法不能重新定義。

程式實例 ch14_20.java：重新定義 (Override) 的基本應用。

```
 1 class Animal {
 2     public void moving() {
 3         System.out.println("動物可以活動");
 4     }
 5 }
 6 class Cat extends Animal {
 7     public void moving() {
 8         System.out.println("貓可以走路和跳");
 9     }
10 }
11 public class ch14_20 {
12     public static void main(String[] args) {
13         Animal a = new Animal();        // 父類別動物物件
14         Cat c = new Cat();              // 子類別貓物件
15         a.moving();                     // 呼叫父類別moving()方法
16         c.moving();                     // 呼叫子類別moving()方法
17     }
18 }
```

執行結果　D:\Java\ch14>java ch14_20
動物可以活動
貓可以走路和跳

## 14-4-2　super 關鍵字應用在 Override

　　當需要在子類別呼叫父類別中被重新定義 (Override) 的方法時，可以用 super 關鍵字。

程式實例 ch14_21.java：使用 super 呼叫父類別中被重新定義的方法。

```
 1 class Animal {
 2     public void moving() {
 3         System.out.println("動物可以活動");
 4     }
 5 }
 6 class Cat extends Animal {
 7     public void moving() {
 8         super.moving();                 // 呼叫父類別的moving()方法
 9         System.out.println("貓可以走路和跳");
10     }
11 }
12 public class ch14_21 {
13     public static void main(String[] args) {
```

```
14              Cat c = new Cat();          // 子類別貓物件
15              c.moving();                 // 呼叫子類別moving()方法
16      }
17 }
```

執行結果　D:\Java\ch14>java ch14_21
　　　　　動物可以活動
　　　　　貓可以走路和跳

## 14-4-3　重新定義 (Override) 方法時存取權限不可比父類別嚴

　　我們設計程式時可以針對類別方法設定存取權限，在子類別重新定義 (Override)
方法時可以更改方法的存取權限，但是子類別只能讓重新定義的方法存取權限更鬆，
不可以讓存取權限更嚴。

程式實例 ch14_22.java：讓重新定義方法的存取權限更鬆的實例，父類別 moving( ) 的
存取權限是 protected，重新定義的子類別 moving( ) 存取權限是 public。

```
 1 class Animal {
 2      protected void moving() {       // 存取權限是protected
 3          System.out.println("動物可以活動");
 4      }
 5 }
 6 class Cat extends Animal {
 7      public void moving() {          // 存取權限變鬆為public
 8          System.out.println("貓可以走路和跳");
 9      }
10 }
11 public class ch14_22 {
12      public static void main(String[] args) {
13          Animal a = new Animal();    // 父類別動物物件
14          Cat c = new Cat();          // 子類別貓物件
15          a.moving();                 // 呼叫父類別moving()方法
16          c.moving();                 // 呼叫子類別moving()方法
17      }
18 }
```

執行結果　D:\Java\ch14>java ch14_22
　　　　　動物可以活動
　　　　　貓可以走路和跳

程式實例 ch14_23.java：讓重新定義方法的存取權限更嚴的實例，父類別 moving( ) 的
存取權限是 public，重新定義的子類別 moving( ) 存取權限是 protected，結果程式產生
錯誤。

```
 1  class Animal {
 2      public void moving() {              // 存取權限是public
 3          System.out.println("動物可以活動");
 4      }
 5  }
 6  class Cat extends Animal {
 7      protected void moving() {           // 存取權限變嚴為protected
 8          System.out.println("貓可以走路和跳");
 9      }
10  }
11  public class ch14_23 {
12      public static void main(String[] args) {
13          Animal a = new Animal();       // 父類別動物物件
14          Cat c = new Cat();             // 子類別貓物件
15          a.moving();                    // 呼叫父類別moving()方法
16          c.moving();                    // 呼叫子類別moving()方法
17      }
18  }
```

執行結果
```
D:\Java\ch14>javac ch14_23.java
ch14_23.java:7: error: moving() in Cat cannot override moving() in Animal
            protected void moving() {              // 存取權限變嚴為protected
                           ^
        attempting to assign weaker access privileges; was public
1 error
```

## 14-4-4　不能重新定義 static 方法

static 方法是不能重新定義。

程式實例 ch14_24.java：重新定義 static 方法結果錯誤的實例。

```
 1  class Animal {
 2      public static void moving() {    // static方法
 3          System.out.println("動物可以活動");
 4      }
 5  }
 6  class Cat extends Animal {
 7      public void moving() {               // 重新定義static方法產生錯誤
 8          System.out.println("貓可以走路和跳");
 9      }
10  }
11  public class ch14_24 {
12      public static void main(String[] args) {
13          Animal a = new Animal();       // 父類別動物物件
14          Cat c = new Cat();             // 子類別貓物件
15          a.moving();                    // 呼叫父類別moving()方法
16          c.moving();                    // 呼叫子類別moving()方法
17      }
18  }
```

D:\Java\ch14>javac ch14_24.java
ch14_24.java:7: error: moving() in Cat cannot override moving() in Animal
　　　　　 public void moving() {　　　　　　 // 重新定義static方法產生錯誤
　　　　　　　　　　　 ^
　　 overridden method is static
1 error

## 14-4-5　不能重新定義 final 方法

有時候設計類別時只是想讓方法供子類別呼叫使用，可以將此方法宣告為 final，經宣告為 final 的方法是不能重新定義的。

程式實例 ch14_25.java：重新定義 final 方法產生錯誤的應用。

```
1  class Animal {
2      public final void moving() {      // 宣告為final方法
3          System.out.println("動物可以活動");
4      }
5  }
6  class Cat extends Animal {
7      public void moving() {            // 重新定義final方法產生錯誤
8          System.out.println("貓可以走路和跳");
9      }
10 }
11 public class ch14_25 {
12     public static void main(String[] args) {
13         Animal a = new Animal();      // 父類別動物物件
14         Cat c = new Cat();            // 子類別貓物件
15         a.moving();                   // 呼叫父類別moving()方法
16         c.moving();                   // 呼叫子類別moving()方法
17     }
18 }
```

D:\Java\ch14>javac ch14_25.java
ch14_25.java:7: error: moving() in Cat cannot override moving() in Animal
　　　　　 public void moving() {　　　　　　 // 重新定義final方法產生錯誤
　　　　　　　　　　　 ^
　 overridden method is final
1 error

## 14-4-6　@Overload

Java 在重新定義 (Override) 方法時，提供了 @Override 註解 (Annotation)，這個註解是給編譯程式的提示，告訴編譯程式以下方法是重新定義父類別方法，請確認參數是否相同。使用時只要寫在重新定義方法前即可，如果程式不加此註解也不會錯。

程式實例 ch14_25_1.java：增加 @Overload 重新設計 ch14_20.java，其實這個程式只是在重新定義的方法 public void moving( ) 前增加 @Override 註解。

```
 6  class Cat extends Animal {
 7      @Override
 8      public void moving() {
 9          System.out.println("貓可以走路和跳");
10      }
11  }
```

執行結果　與 ch14_20.java 相同。

　　如果讀者未來設計大型程式，在重新定義 (Override) 方法時強烈建議加上此 @Override 註記，這樣可以方便未來自己或他人閱讀程式時可以很快知道方法的用途。本書程式範例雖然比較少加上此註記，原因是程式短小，另外也是篇幅的考量。

## 14-5 多重定義 (Overload) 父類別的方法

　　在 9-1-3 節筆者有介紹多重定義 (Overload)，這個觀念也可以應用在子類別使用與父類別相同名稱多重定義父類別的方法。

程式實例 ch14_26.java：子類別多重定義父類別的 moving( ) 方法，但是多了參數是字串。

```
 1  class Animal {
 2      public void moving() {              //  父類別的moving()方法
 3          System.out.println("動物可以活動");
 4      }
 5  }
 6  class Cat extends Animal {
 7      public void moving(String msg) {    // 多重定義父類別的moving()方法
 8          System.out.println(msg);
 9      }
10  }
11  public class ch14_26 {
12      public static void main(String[] args) {
13          Cat c = new Cat();              // 子類別貓物件
14          c.moving();                     // 呼叫父類別moving()方法
15          c.moving("貓可以走路和跳");       // 呼叫子類別moving()方法
16      }
17  }
```

執行結果　D:\Java\ch14>java ch14_26
動物可以活動
貓可以走路和跳

上述第 13 行建立子類別 Cat 的物件 c，第 14 行物件 c 呼叫 moving( ) 方法時，會先在子類別找尋有沒有適合的方法可以執行，由於找不到所以會去父類別找尋，最後執行父類別的 moving( ) 方法。第 15 行物件 c 呼叫 moving( ) 方法，由於有字串參數，這符合本身所屬類別 moving( ) 方法，所以就執行本身類別的方法。

# 14-6  多形 (Polymorphism)

在 Java 語言多形 (Polymorphism) 是一個觀念主要是說一個方法具有多功能用途，其實多形 (Polymorphism) 字意的由來是 2 個希臘文文字 "poly" 意義是 " 許多 " ，"morphs" 意義是 " 形式 "。所以中文譯為多形。Java 程式語言有 2 種多形 (Polymorphism)：

❑ 靜態多形 (Static Polymorphism) 又稱編譯時期 (compile time) 多形。
❑ 動態多形 (Dynamic Polymorphism) 又稱執行時期 (runtime) 多形。

本節將針對我們擁有的知識說明多形，未來筆者講解更多 Java 知識 ( 抽象類別 Abstract Class 和介面 Interface) 時，還會介紹更多多形的知識。

## 14-6-1　編譯時期多形 (Compile Time Polymorphism)

在 9-1-3 節筆者有介紹了方法 (method) 的多重定義 (Overload) ，從該章節可以知道我們可以設計相同名稱的方法，然後由方法內的參數類型、參數數量、參數順序的區別，決定是呼叫那一個方法，這個決定是在 Java 程式編譯期間處理，所以又稱作編譯時期多形 (Compile Time Polymorphism)。

典型的實例讀者可以參考程式實例 ch9_8.java。

## 14-6-2　執行時期多形 (Runtime Polymorphism)

這一節的內容是邁向高手才會用到觀念，筆者也將用實例說明。執行時期多形 (Runtime Polymorphism) 或稱動態多形 (Dynamic Polymorphism) 是指呼叫方法時是在程式執行時期 (runtime) 解析對重新定義 (Override) 方法的調用過程，解析的方式是看變數所參考的類別物件。

在正式實例解說執行時期多形 (Runtime Polymorphism) 前筆者想先介紹一個名詞 Upcasting，可以翻譯為向上轉型，基本觀念是一個本質是子類別，但是將它當作父類別來看待，然後將父類別的參考指向子類別物件。為何要這樣？主要是父類別能存取的成員方法，子類別都有，甚至子類別經過了重新定義 (Override) 後，有比父類別更好更豐富的方法。

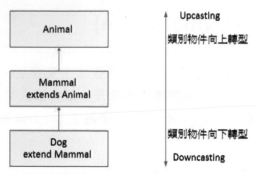

❑　向上轉型 (Upcasting)

例如：有 2 個類別如下：

class Parent { }
class Child extends Parent { }

當我們用下列方式宣告時，就是 Upcasting。

Parent A = new Child( );　　　　　　// Upcasting

執行時期多形存在的 3 個必要條件如下：

❑　有繼承關係。
❑　子類別有重新定義 (Override) 方法。
❑　父類別變數物件參考到子類別物件。

當使用執行時期多形時，Java 會先檢查父類別有沒有該方法，如果沒有則會有錯誤產生程式終止，如果有則會調用變數物件參考子類別同名的方法，多形好處是若是設計大型程式可以很方便擴展，同時可以對所有的類別重新定義的方法進行調用。

程式實例 ch14_27.java：執行時期多形的應用。

```
 1  class School {
 2      public void demo() {              //   父類別的demo()方法
 3          System.out.println("明志科大");
 4      }
 5  }
 6  class Department extends School {
 7      public void demo() {              // 重新定義父類別的demo()方法
 8          System.out.println("明志科大機械系");
 9      }
10  }
11  public class ch14_27 {
12      public static void main(String[] args) {
13          School A = new School();
14          School B = new Department();    // Upcasting
15          A.demo();                       // 調用父類別demo()方法
16          B.demo();                       // 調用子類別demo()方法
17      }
18  }
```

執行結果
```
D:\Java\ch14>java ch14_27
明志科大
明志科大機械系
```

　　對於程式第 14 行所宣告的是父類別 School 物件 B 變數，但是這個 B 變數所參考的內容是子類別 Department，這時 Department 子類別物件被 B 變數 Upcasting 了，Java 在執行時期 (runtime) 會依據 B 變數所參考的物件執行 demo( ) 方法，所以程式第 16 行所列印的是 " 明志科大機械系 "。

程式實例 ch14_28.java：執行時期多形的應用，這個程式會重新定義物件參考，然後程式會依參考所指類別物件然後列印利率。

```
 1  class Bank {
 2      public double RateInterest() {      //   Bank類別的利率()方法
 3          return 0;
 4      }
 5  }
 6  class FirstBank extends Bank {
 7      public double RateInterest() {      // 重新定義利率()方法
 8          return 1.05;
 9      }
10  }
11  class TaishinBank extends Bank {
12      public double RateInterest() {      // 重新定義利率()方法
13          return 1.1;
14      }
15  }
16  public class ch14_28 {
17      public static void main(String[] args) {
```

```
18          Bank A = new Bank();
19          System.out.println("Bank利率: " + A.RateInterest());
20          A = new FirstBank();
21          System.out.println("First Bank利率: " + A.RateInterest());
22          A = new TaishinBank();
23          System.out.println("Taishin Bank利率: " + A.RateInterest());
24      }
25 }
```

| 執行結果 | D:\Java\ch14>java ch14_28<br>Bank利率 : 0.0<br>First Bank利率 : 1.05<br>Taishin Bank利率 : 1.1 |
| --- | --- |

程式實例 ch14_29.java：這個程式主要是第 17 行，我們也可以在程式中更改參照，原先 A 物件參照是 Bank 類別，這一行將參照改為 FirstBank 類別。

```
1  class Bank {
2      public void demoInterest() {          // 列印利率
3          System.out.println("Bank利率: " + 0);
4      }
5  }
6  class FirstBank extends Bank {
7      public void demoInterest() {          // 列印利率
8          System.out.println("Bank利率: " + 1.05);
9      }
10 }
11 public class ch14_29 {
12     public static void main(String[] args) {
13         Bank A = new Bank();
14         A.demoInterest();
15         FirstBank B = new FirstBank();
16         B.demoInterest();
17         A = B;                            // 更改參考
18         A.demoInterest();
19     }
20 }
```

| 執行結果 | D:\Java\ch14>java ch14_29<br>Bank利率 : 0<br>Bank利率 : 1.05<br>Bank利率 : 1.05 |
| --- | --- |

　　本章最後筆者要講述的是，執行時期多形 (polymorphism) 的 Upcasting 觀念不能用在屬性的成員變數，可參考下列實例。

程式實例 ch14_30.java：方法可以重新定義，但是成員變數內容將不適用。

```
1  class Bank {
2      int balance = 10000;
3  }
```

```
4  class FirstBank extends Bank {
5      int balance = 50000;
6  }
7  public class ch14_30 {
8◉     public static void main(String[] args) {
9          Bank A = new FirstBank();    // Upcasting
10         System.out.println(A.balance);
11     }
12 }
```

執行結果 D:\Java\ch14>java ch14_30
10000

從上述執行結果可以看到，儘管物件 A 的參照指向 FirstBank 類別物件，但是 A.balance 的內容仍是 Bank 類別的 balance 內容。

❑ 向下轉型 (Downcasting)

基本觀念是一個本質是父類別，但是將它當作子類別來看待，然後將子類別的參考指向父類別物件。另外，使用向下轉型時常會發生程式編譯期間 (compile time) 正確，但是在執行期間 (runtime) 發生 ClassCastException 的異常。最後如果一定需要使用向下轉型，必須使用強制，接下來筆者將用實例說明向下轉型的方法、用途、與常見的錯誤。

程式實例 ch14_31.java：向下轉型的方法。

```
1  class Animal {
2      public void walk() {
3          System.out.println("Animal is walking.");
4      }
5  }
6  class Dog extends Animal {
7      public void walk() {
8          System.out.println("Dog is walking");
9      }
10 }
11 class Cat extends Animal {
12     public void walk() {
13         System.out.println("Cat is walking");
14     }
15 }
16 public class ch14_31 {
17     public static void main(String[] args) {
18         Animal animal = new Dog();        // Upcasting
19         animal.walk();
20         Dog dog = (Dog) animal;           // Downcasting
21         dog.walk();
22 // Error frequently
23 //      Dog dog = (Dog) new Animal();
24     }
25 }
```

執行結果　D:\Java\ch14>java ch14_31
Dog is walking
Dog is walking

　　讀者必須記住不論是向上轉型 (Upcasting) 或是向下轉型 (Downcasting)，父類別物件參考皆是指向子類別物件，讀者由上述執行結果應可看到。對於上述而言，第 18 行是將 Dog 物件 dog 向上轉型為 Animal 物件 animal，但是這個 animal 物件本質上仍是Dog，所以可以用第 20 行的方法執行向下轉型，雖然第 20 行語法也可以稱是強制轉型，但是對於 Java 程式設計師而言，還是喜歡稱這是向下轉型。

　　程式設計時最常看到的錯誤是使用程式第 23 行做向下轉型 (Downcasting)，編譯時 (compile) 正確但是執行時 (runtime) 產生 ClassCastException 的異常。若是以上述實例而言，Animal 類別是 Dog 類別和 Cat 類別的父類別，"new Animal( )" 所產生的物件也許是 Dog 或 Cat，在執行時會造成模糊，所以無法用這種方式執行向下轉型。甚至即使在程式設計中，Animal 類別只有一個子類別 Dog，Java 也會在執行期間產生錯誤。如果我們將第 23 行拆解成下列程式碼，其實也是一樣的錯誤。

```
Animal animal = new Animal( );
Dog dog = (Dog) animal;                        // runtime 錯誤
```

　　接著各位可能會想向下轉型 (Downcasting) 目的在哪裡？當我們將一個子類別物件向上轉型後，基本上這個子類別物件的其他方法是被遮蔽無法呼叫使用，如果我們想要重新使用這個子類別物件的其他方法，則可以使用向下轉型。

程式實例 ch14_32.java：重新設計 ch14_31.java，執行向上轉型然後向下轉型，最後可以使用 Dog 類別的 eat( ) 方法。

```
1  class Animal {
2      public void walk() {
3          System.out.println("Animal is walking.");
4      }
5  }
6  class Dog extends Animal {
7      public void walk() {
8          System.out.println("Dog is walking");
9      }
10     public void eat( ) {
11         System.out.println("Dog is eating");
12     }
13 }
14 public class ch14_32 {
15     public static void main(String[] args) {
16         Animal animal = new Dog();      // Upcasting
```

```
17          animal.walk();
18          Dog dog = (Dog) animal;          // Downcasting
19          dog.walk();
20          dog.eat();                        // reuse the method
21     }
22 }
```

執行結果
```
D:\Java\ch14>java ch14_32
Dog is walking
Dog is walking
Dog is eating
```

　　在程式設計時為了避免向下轉型時發生執行時錯誤，我們可以用 14-2-1 節介紹的 instanceof 關鍵字，先確認物件的本質，如果傳回值是 true 再執行向下轉型，這樣可以避免發生執行時 (runtime) 產生 ClassCastException 的異常，造成程式終止。

程式實例 ch14_33.java：重新設計 ch14_31.java，增加向下轉型前執行 instanceof 關鍵字。

```
 1 class Animal {
 2     public void walk() {
 3         System.out.println("Animal is walking.");
 4     }
 5 }
 6 class Dog extends Animal {
 7     public void walk() {
 8         System.out.println("Dog is walking");
 9     }
10 }
11 public class ch14_33 {
12     public static void main(String[] args) {
13         Animal animal = new Dog();          // Upcasting
14         animal.walk();
15         if (animal instanceof Dog) {
16             Dog dog = (Dog) animal;          // Downcasting
17             dog.walk();
18         }
19     }
20 }
```

執行結果　與 ch14_31.java 相同。

# 14-7　靜態綁定 (Static Binding) 與動態綁定 (Dynamic Binding)

　　認識名詞靜態綁定 (static binding) 與動態綁定 (dynamic binding)，將呼叫方法 (method call) 與方法本身 (method body) 的連結稱作綁定 (Binding)，有 2 種綁定型態：

❏ 靜態綁定 (static binding) 有時候也稱早期綁定 (early binding)，主要是指在編譯 (compile) 期間綁定 (Binding) 產生，所以多重定義 (Overload) 方法皆算是靜態綁定。

❏ 動態綁定 (dynamic binding) 有時候也稱晚期綁定 (late binding) 主要是指在執行 (runtime) 期間綁定 (Binding) 產生，所以重新定義 (Override) 方法皆算是動態綁定。

# 14-8 巢狀類別 (Nested classes)

為了資料安全的理由，程式設計時有時會將一個類別設計為另一個類別的成員，這也是本節的主題。

所謂的巢狀類別 (Nested classes) 是指一個類別可以有另一個類別當作它的成員，有時我們將擁有內部類別的類別稱外部類別 (Outer class)，依附在一個類別內的類別稱內部類別 (Inner class)。

假設外部類別稱 OuterClass，內部類別稱 InnerClass，則語法如下：

```
class OuterClass {
    class InnerClass {
        xxx;                    // InnerClass 內部程式碼
    }
}
```

基本上可以將內部類別分成 3 種：

❏ 內部類別 (Inner Class)

❏ 方法內部類別 (Method-local Inner Class)

❏ 匿名內部類別 (Anonymous Inner Class)

## 14-8-1 內部類別 (Inner Class)

至今我們所設計的類別存取型態是 public 或 no modifier，一個在內部的類別我們可以將它宣告為 private，這樣就可以限制外部的類別存取。

程式實例 ch14_34.java：一個簡單內部類別的應用。

```
 1  class School {
 2      private class Motto {                  // Inner class
 3          public void printInfo() {
 4              System.out.println("勤勞樸實");
 5          }
 6      }
 7      void display() {                       // 讀取Inner class
 8          Motto meobj = new Motto();         // 建立內部類別motto物件
 9          meobj.printInfo();
10      }
11  }
12  public class ch14_34 {
13      public static void main(String[] args) {
14          School sc = new School();          // 定義School物件
15          sc.display();                      // 呼叫display()方法
16      }
17  }
```

執行結果  D:\Java\ch14>java ch14_34
勤勞樸實

在上述實例中，讀者可能會想是否可以直接用主程式所建的 School 物件 sc，呼叫內部類別 motto 的方法 printInfo( )？可參考程式實例 ch14_34_1.java：

```
14          School sc = new School();          // 定義School物件
15          //sc.display();                    // 呼叫display()方法
16          sc.printInfo();                    // 直接呼叫內部類別的方法
```

如果這樣會產生編譯錯誤，如下所示：

```
D:\Java\ch14>javac ch14_34_1.java
ch14_34_1.java:16: error: cannot find symbol
                sc.printInfo();                        // 直接呼叫內部
類別的方法
        ^
  symbol:    method printInfo()
  location: variable sc of type School
1 error
```

程式設計時我們也可以在主程式 (main) 為內部類別建立物件，假設延用先前宣告，假設外部類別稱 OuterClass，內部類別稱 InnerClass，我們必須先宣告外部類別物件，再由此外部類別物件建立內部類別物件。

這時由主程式宣告內部類別物件 inner 的語法如下：

```
OuterClass outer = new OuterClass();                   // 宣告外部類別物件
OuterClass.InnerClass inner = outer.new InnerClass();  // 宣告內部類別物件
```

程式實例 ch14_35.java：在主程式宣告一個類別的內部類別物件的應用。

```
1  class School {
2      class Motto {                               // Inner class
3          public void printInfo() {
4              System.out.println("勤勞樸實");
5          }
6      }
7  }
8  public class ch14_35 {
9      public static void main(String[] args) {
10         School sc = new School();               // 定義School物件
11         School.Motto inner = sc.new Motto();    // 建立內部類別物件
12         inner.printInfo();                       // 直接呼叫內部類別的方法
13     }
14 }
```

執行結果　與 ch14_34.java 相同。

程式實例 ch14_36.java：使用內部類別的應用，這個程式會用內部類別取得成員變數學生人數資料。

```
1  class School {
2      int students = 400;                         // 學生人數
3      class Mis {                                 // 定義資管系類別
4          public int getNum() {
5              return students;                     // 傳回學生人數
6          }
7      }
8  }
9  public class ch14_36 {
10     public static void main(String[] args) {
11         School sc = new School();               // 定義School物件
12         School.Mis inner = sc.new Mis();        // 建立內部類別物件
13         System.out.println("學生人數: " + inner.getNum());
14     }
15 }
```

執行結果
```
D:\Java\ch14>java ch14_36
學生人數：400
```

## 14-8-2　方法內部類別 (Method-local Inner Class)

在 Java 語言我們可以將類別寫在方法內，這時這個類別可以當作區域變數一樣使用，同時只有這個方法可以使用此類別，所以我們只可以在此方法內宣告此物件使用。

程式實例 ch14_37.java：在方法內建立內部類別的應用。

```
1  class School {
2      void college() {                            // college()方法
3          int students = 400;                     // 學生人數
4          class Mis {                             // 定義資管系類別
5              public int getNum() {
6                  return students;                // 傳回學生人數
7              }
8          }
9          Mis inner = new Mis();                  // 建立內部類別物件
10         System.out.println("學生人數 : " + inner.getNum());
11     }
12 }
13 public class ch14_37 {
14     public static void main(String[] args) {
15         School sc = new School();               // 定義School物件
16         sc.college();
17     }
18 }
```

執行結果 與 ch14_36.java 相同。

## 14-8-3 匿名內部類別 (Anonymous Inner Class)

一個沒有名稱的類別稱匿名類別，這種類別在宣告時就同時建立它的物件，通常將它應用在繼承類別或是介面 ( 可參考 17 章 ) 時重新定義 (override) 方法時，它的語法如下：

```
OuterClass inner = new OuterClass( ) {          // 匿名類別的物件名稱是 inner
    public void mymethod() {
        xxx;
    }
};                                              // 留意有 ; 符號
```

程式實例 ch14_38.java：這是匿名內部類別的應用，程式第 8-12 行是匿名內部類別，在這裡有 moving( ) 方法重新定義了類別 Animal 的 moving( ) 方法，同時也建立了物件 inner，第 13 行則是用 inner 物件呼叫 moving( ) 方法。

```
1  class Animal {
2      public void moving() {
3          System.out.println("動物可以活動");
4      }
5  }
6  public class ch14_38 {
7      public static void main(String[] args) {
```

```
8            Animal inner = new Animal() {          // 宣告匿名內部類別物件
9                public void moving() {
10                   System.out.println("貓可以走路和跳");
11               }
12           };
13           inner.moving();                         // 執行呼叫moving( )方法
14       }
15 }
```

執行結果　D:\Java\ch14>java ch14_38
貓可以走路和跳

　　上述實例第 8 我們定義了匿名內部類別的物件 inner，如果感覺這個類別物件可能只使用一次，未來不再使用也可以省略定義物件 inner，直接使用匿名內部類別呼叫方法。

程式實例 ch14_39.java：這是重新設計 ch14_38.java，主要是省略定義物件 inner，直接使用匿名內部類別呼叫方法。

```
8            new Animal() {                          // 沒有宣告物件
9                public void moving() {
10                   System.out.println("貓可以走路和跳");
11               }
12           }.moving();                             // 直接呼叫方法
```

執行結果　與 ch14_38.java 相同。

## 14-8-4　匿名類別當作參數傳送

　　有些 Java 程式的方法在設計時可以接受類別、抽象類別、介面當作參數，此時也可以將匿名類別當作參數傳遞給方法。

程式實例 ch14_40.java：將匿名類別當作參數傳遞給方法的應用。

```
1 class Animal {
2    String moving() {
3        return "動物可以活動";
4    }
5 }
6 class myCat {
7    public void showMsg(Animal obj) {    // 接收類別當參數
8        System.out.println("匿名類別當參數傳送：" + obj.moving());
9    }
10 }
11 public class ch14_40 {
12    public static void main(String[] args) {
13        myCat obj = new myCat();            // 建立MyCat類別物件
```

```
14          obj.showMsg(new Animal() {          // 所傳遞的參數是匿名內部類別
15              public String moving() {
16                  return "貓可以走路和跳";
17              }
18          });
19      }
20  }
```

D:\Java\ch14>java ch14_40
匿名類別當參數傳送 : 貓可以走路和跳

上述程式第 14-18 行內容如下：

obj.showMsg(new Animal( ) {          // 所傳遞的參數是匿名內部類別
　　　public String moving( ) {
　　　　　return " 貓可以走路和跳 ";
　　　}
});

上述藍色字體部分就是當作參數的匿名類別。

## 習題實作題

1： 擴充程式 ch14_10.java，為 Animal 類別增加 String id 編號，int age 年齡，然後在
宣告類別物件時需要增加 id 和 age，例如：

　　　Dog dog = new Dog("Haly", "001", 5);

每一個 System.out.println( ) 均需要加上上述 id 和 age 資訊。

```
D:\Java\ex>java ex14_1
Haly編號001今年5歲正在吃食物
Haly編號001今年5歲正在睡覺
Haly正在叫
Cici編號002今年3歲正在吃食物
Cici編號002今年3歲正在睡覺
Cici正在飛
```

2： 擴充程式實例 ch14_11.java，在 Animal 類別內增加 protected String id 屬性，在每
次的列印中必須在名字左邊增加 id 編號。

```
D:\Java\ex>java ex14_2
編號001:lucy正在吃食物
編號001:lucy 喜歡吃 fish
編號001:lucy正在叫
```

3： 參考 14-1-10 節 ch14_12.java 檔案方式，將程式實例 ch14_9.java 改成這種模式。

```
D:\Java\ex>java ex14_3
Haly正在吃食物
Haly正在睡覺
Haly正在叫
```

4： 請改寫程式實例 ch14_16.java，改成計算圓柱體積，所以程式必須增加圓柱高度。

```
D:\Java\ex>java ex14_4
圓柱體積是 : 1570.80
```

5： 請擴充程式實例 ch14_17.java，Employee 類別增加 int salary 薪資，HomeTown 類別增加 String street 街道名稱和 int Num 門牌號碼，請分別建立 3 筆資料然後列印。

```
D:\Java\ex>java ex14_5
員工編號:10    員工年齡:29    員工薪資:50000    員工性別:F    員工姓名:周佳
號碼:20號      街道:中央路    城市:徐州          省份:江蘇    國別:中國
員工編號:15    員工年齡:25    員工薪資:60000    員工性別:F    員工姓名:劉濤
號碼:15號      街道:土城路    城市:杭州          省份:浙江    國別:中國
員工編號:20    員工年齡:24    員工薪資:40000    員工性別:M    員工姓名:李冰
號碼:26號      街道:天安路    城市:鄭州          省份:江蘇    國別:中國
```

6： 請擴充程式實例 ch14_18.java，Car 類別增加 private String brand 車子廠牌，private int year 車子出廠年份。所以必須在 Car 類別增加 setBrand( ) 和 setYear( ) 方法，另外在 printCarInfo( ) 方法內必須列印上述資訊。

```
D:\Java\ex>java ex14_6
車輛品牌 : BMW
車輛年份 : 2020
車子最高時速 : 220
車子外觀顏色 : 藍色
引擎啟動
引擎運轉
引擎停止
```

# 第十五章

# Object 類別

Object 類別更詳細說是 java.lang.Object 類別，我們也可以說 Object 類別是 java.lang 類別庫的子類別，也是 Java 最高層級的類別，也就是所有 Java 類別的父類別，也可以說所有 Java 物件都隱含繼承了 Object 的 public、protected 方法，例如：hashCode( )、equals( )、toString( )、getClass( )… 等，既然可以繼承，當然也可以依據程式需要重新定義 (Overloading) 這些方法，本章將詳細說明在 Object( ) 類別中較常用的方法，以及實踐重新定義這些方法。

註　在 Object 類別中部分被宣告為 "final" 的方法是無法重新定義的，例如：notify( )、wait( ) … 等。

# 15-1　認識擴充 Object 類別

當我們定義一個 Animal 類別時，可參考下列說明：

```
public class Animal {
    xxx;
}
```

表面上它的類別圖形如下：

| Animal |
| --- |

其實上述 Animal 類別定義相當於下列定義：

```
public class Animal extends Object {
    xxx;
}
```

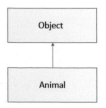

若將我們在前面幾章所學的 String、StringBuffer、Scanner … 等類別繪製成圖表，可以用下列方式表達。

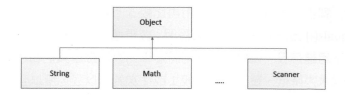

# 15-2 Object 類別的方法

下列圖表將只列出本章將介紹的方法。

| 方法 | 說明 |
|------|------|
| public int hashCode( ) | 傳回哈希瑪數值 |
| public boolean equals(Object obj ) | 物件的比對，"==" 的比對 |
| public int toString( ) | 傳回物件的字串 |
| public final Class getClass( ) | 傳回呼叫 getClass 所屬類別 |

# 15-3 認識哈希碼 (hashcode) 與 hashCode( )

## 15-3-1 認識哈希碼 (hashcode)

哈希 (Hash) 其實是一個人名，他發明了哈希演算法概念主要目的是在集合中提高搜尋特定元素的效率。所謂的哈希碼 (hashCode) 方法是指根據一個規則或稱一個演算法將物件相關訊息 ( 例如：物件的字串、物件本身 )，映射成一個數值，這個數值就是哈希碼，有時候也稱散列值。有的 JVM 處理哈希碼方法映射的傳回值是記憶體位址，有的則不是，只能說與記憶體位址有關連。

不過對於初學者建議想成物理位址好了，這樣比較容易學習。假設有一個集合內含不重複的 1000 個元素，儲存規則是將這些元素依據他們的哈希碼儲存至指定物理位址。現在我們想要插入一個新元素到集合內，依照直覺經驗我們可能需比較 1000 次才可以知道這筆元素是否重複，這是不科學的方法。當我們懂了哈希演算法觀念後，可以先計算這筆元素的哈希碼，這樣一下子就可以定位到物理位址，如果這個物理位址目前沒有元素，就表示可以直接儲存不用再比較了。如果這個物理位址已經有元素，下一步調用 equals( ) 方法 ( 將在 15-4 節說明 ) 做更進一步比較，如果相同就表示這筆元素重複可以不用儲存了，如果不相同則將這筆元素儲存在其他物理位址。這樣一來整個比較次數就大大降低，幾乎只要比較 1 或 2 次就可以了，所以我們知道哈希碼可以大大提高工作效率。

Java 對於物件的 hashCode( ) 和 equals( ) 方法這樣定義。

- 2 個相等物件使用 equals( ) 方法比較會傳回 true，在呼叫 hashCode( ) 會傳回相同哈希碼值。
- 如果 2 個物件的哈希碼值相同，這 2 個物件不一定相同。

讀者可能會覺得奇怪，為何哈希碼值相同物件卻不一定相同？筆者用一個簡單的觀念說明，假設我們設計哈希碼演算法是計算 10 的餘數當哈希碼，依此觀念儲存元素，我們可以順利儲存 1,2, …, 10 等元素。當欲儲存 11 時，此時獲得的哈希碼值是 1，這和 1 的哈希碼值相同，可是 11 和 1 是不同的 2 個值。其實這種觀念叫哈希衝突 (Hash Collision)，一個好的哈希碼演算法必須盡量避免衝突發生。

## 15-3-2　hashCode( )

這個方法可以傳回哈希碼值 (hashcode)，呼叫方式如下：

物件 .hashCode( );

程式實例 ch15_1.java：列印 hashcode 的應用。

```
 1  public class ch15_1 {
 2      public static void main(String[] args) {
 3          String msg1 = "DeepStone";                // 定義物件msg1
 4          int hd1 = msg1.hashCode();                 // 計算哈希碼
 5          System.out.println("DeepStone的hashCode : " + hd1);
 6          String msg2 = msg1;                        // 定義物件msg2
 7          int hd2 = msg2.hashCode();                 // 計算哈希碼
 8          System.out.println("DeepStone的hashCode : " + hd2);
 9          String msg3 = "明志科大";                  // 定義物件msg3
10          int hd3 = msg3.hashCode();                 // 計算哈希碼
11          System.out.println("明志科大的hashCode : " + hd3);
12          String msg4 = new String("明志科大");      // 定義物件msg4
13          int hd4 = msg4.hashCode();                 // 計算哈希碼
14          System.out.println("明志科大的hashCode : " + hd4);
15      }
16  }
```

D:\Java\ch15>java ch15_1
DeepStone的hashCode : 12607161
DeepStone的hashCode : 12607161
明志科大的hashCode : 802887359
明志科大的hashCode : 802887359

上述程式實例的物件是字串，筆者在介紹第 12 章 String 類別的方法時未介紹 hashCode( ) 方法，其實 String 類別內有 hashCode( ) 方法，由於 String 類別是 Object 類別的子類別，所以我們可以說 String 類別的 hashCode( ) 方法是重新定義的 hashCode( ) 方法。所以程式實例 ch15_1.java 所得到的 hashcode 其實是 String 類別重新定義的方法。不過由上述內容我們也可以看到相同內容的字串 hashcode 是相同的。

StringBuilder 類別沒有重新定義 hashCode( ) 方法，所以我們定義此類別物件再呼叫此方法時可以呼叫 Object 類別的 hashCode( ) 方法。

程式實例 ch15_2.java： 分別呼叫 String 類別的 hashCode( ) 和 Object 類別的 hashCode( )，測試相同字串內容的哈希碼 hashcode，結果發現不同的 hashCode( ) 會產生不同的結果。

```
1  public class ch15_2 {
2      public static void main(String[] args) {
3          String msg1 = "DeepStone";                          // 定義String物件msg1
4          int hd1 = msg1.hashCode();                          // String類別哈希碼
5          System.out.println("String類別DeepStone的hashCode : " + hd1);
6          StringBuilder msg2 = new StringBuilder(msg1);       // 定義StringBuilder物件msg2
7          int hd2 = msg2.hashCode();                          // StringBuilder類別哈希碼
8          System.out.println("Object類別DeepStone的hashCode : " + hd2);
9          String msg3 = "明志科大";                            // 定義String物件msg3
10         int hd3 = msg3.hashCode();                          // String類別哈希碼
11         System.out.println("String類別明志科大的hashCode  : " + hd3);
12         StringBuilder msg4 = new StringBuilder(msg3);       // 定義StringBuilder物件msg4
13         int hd4 = msg4.hashCode();                          // StringBuilder類別哈希碼
14         System.out.println("Object類別明志科大的hashCode  : " + hd4);
15     }
16 }
```

D:\Java\ch15>java ch15_2
String類別DeepStone的hashCode : 12607161
Object類別DeepStone的hashCode : 1595212853
String類別明志科大的hashCode  : 802887359
Object類別明志科大的hashCode  : 475266352

其實我們也可以為一個物件建立哈希碼 hashcode，也許未來可以用於比較物件是否相同。

程式實例 ch15_3.java：為一個物件產生哈希碼 hashcode，這是使用 Object 類別的
hashCode( ) 方法。

```
1  class Animal {
2      String name = "Dog";
3      int age = 5;
4  }
5  public class ch15_3 {
6      public static void main(String[] args) {
7          Animal animal = new Animal();
8          int hd = animal.hashCode();  // Animal類別物件的哈希碼
9          System.out.println("animal的hashCode : " + hd);
10     }
11 }
```

執行結果
```
D:\Java\ch15>java ch15_3
animal的hashCode : 2008017533
```

## 15-4　equals( ) 方法

　　筆者在 String 類別內容，第 12-3-8 節字串的比較曾經講解 equals( ) 方法了，在該
節的比較中只要字串內容相同即傳回 true。同時筆者也曾經在 12-2-2 節以程式實例說
明參照的比較，必須是指同一物件才算相同。在 Object 類別內的 equals( ) 方法由於是
被繼承，本身不知未來繼承的類別為何，所以是設計為需要參照相同才算相同。

程式實例 ch15_4.java：測試 Object 類別的 equals( ) 方法，由執行結果可知必須參照
相同，所獲得的結果才是相同。

```
1  class Animal {
2      String name = "Dog";
3      int age = 5;
4  }
5  public class ch15_4 {
6      public static void main(String[] args) {
7          Animal A = new Animal();
8          Animal B = new Animal();
9          Animal C = B;
10         System.out.println("A = B : " + A.equals(B));    // 使用Object的equals
11         System.out.println("A = C : " + A.equals(C));    // 使用Object的equals
12         System.out.println("B = C : " + B.equals(C));    // 使用Object的equals
13     }
14 }
```

執行結果
```
D:\Java\ch15>java ch15_4
A = B : false
A = C : false
B = C : true
```

程式實例 ch15_5.java：使用相同的字串內容，測試 String 類別與 Object 類別的 equals( ) 方法，可以得到對 String 類別而言字串內容相同就算相同，對 Object 類別而言必須參照相同才算相同。

```
 1  public class ch15_5 {
 2      public static void main(String[] args) {
 3          String str1 = "明志科大";                            // 定義String物件str1
 4          StringBuilder strB1 = new StringBuilder(str1);      // 定義StringBuilder物件msg2
 5          String str2 = new String("明志科大");               // 定義String物件str2
 6          StringBuilder strB2 = new StringBuilder(str2);      // 定義StringBuilder物件str2
 7
 8          System.out.println("使用String類別的equals : " + str1.equals(str2));
 9          System.out.println("使用Object類別的equals : " + strB1.equals(strB2));
10      }
11  }
```

執行結果
```
D:\Java\ch15>java ch15_5
使用String類別的equals : true
使用Object類別的equals : false
```

## 15-5 toString( ) 方法

　　Object 類別的 toString( ) 方法功能是傳回代表物件的字串，一般在類別中常常可以看到程式設計師重新定義這個方法，在解說重新定義前，筆者想先解說這個 Object 類別的 toString( ) 方法，這個方法所傳回字串格式如下：

　　　類別名稱 @ 哈希碼值

　　當我們在使用 System.out.println( ) 執行列印物件時，所調用的就是 Object 類別的 toString( ) 方法。

程式實例 ch15_6.java：測試 Object 的 toString( ) 方法。

```
 1  class Animal {
 2      String name = "Dog";
 3      int age = 5;
 4  }
 5  public class ch15_6 {
 6      public static void main(String[] args) {
 7          Animal animal = new Animal();
 8          System.out.println("列出物件 : " + animal);   // 使用Object的toString()
 9      }
10  }
```

執行結果

```
D:\Java\ch15>java ch15_6
列出物件 : Animal@282ba1e
```

類別名稱 ← @ → 哈希碼

　　由於對於一般使用者而言，寧願看到的是物件實際內容而不是哈希碼，所以我們必須重新定義此 toString( ) 方法。

程式實例 ch15_7.java：重新設計 ch15_6.java，同時重新定義 toString( ) 方法，然後列出字串格式是 "Dog 今年 5 歲 "。

```
1  class Animal {
2      String name = "Dog";
3      int age = 5;
4      @Override
5      public String toString( ) {                    // 重新定義toString()
6          return this.name + " 今年 " + this.age + " 歲";
7      }
8  }
9  public class ch15_7 {
10     public static void main(String[] args) {
11         Animal animal = new Animal();
12         System.out.println("列出物件 : " + animal);   // 使用重新定義的toString()
13     }
14 }
```

執行結果

```
D:\Java\ch15>java ch15_7
列出物件 : Dog 今年 5 歲
```

# 15-6 getClass( ) 方法

　　這個方法可以傳回物件所屬的類別。

程式實例 ch15_8.java：getClass( ) 方法的應用。

```
1  class MyClass {
2  }
3  public class ch15_8 {
4      public static void main(String[] args) {
5          char[] ch = {'明', '志', '科', '技', '大', '學'};
6          String str = new String(ch);
7          MyClass obj = new MyClass();
8          System.out.println("ch 類別 : " + str.getClass());
9          System.out.println("obj類別 : " + obj.getClass());
10     }
11 }
```

**執行結果**
```
D:\Java\ch15>java ch15_8
ch 類別 : class java.lang.String
obj類別 : class MyClass
```

　　在 12-2-2 節筆者有說明 String 是 java.lang 下層的類別，由上述程式實例我們獲得了驗證。至於雖然 Myclass 類別內沒有內容，但是使用 getClass( ) 方法仍然可以獲得列出此物件 obj 的類別名稱。

## 習題實作題

1： 重新設計 ch15_1.java，將 msg 內容改成你的中文和英文名字。

```
D:\Java\ex>java ex15_1
Jiin-Kwei Hung的hashCode : 2122613453
Jiin-Kwei Hung的hashCode : 2122613453
洪錦魁的hashCode : 28063621
洪錦魁的hashCode : 28063621
```

2： 重新設計 ch15_2.java，將 msg 內容改成你的中文和英文名字。

```
D:\Java\ex>java ex15_2
String類別Jiin-Kwei Hung的hashCode : 2122613453
Object類別Jiin-Kwei Hung的hashCode : 12209492
String類洪錦魁的hashCode  : 28063621
Object類別洪錦魁的hashCode  : 314337396
```

3： 建立下列類別，同時以 3 組不同數據產生此類別的 Hashcode，註：不同的資料將有不同的 Hashcode。

```
class Employee {
      String name;
      int age;
      String hometown;
      String country;
}
D:\Java\ex>java ex15_3
A的hashCode : 2054881392
B的hashCode : 232824863
C的hashCode : 1282788025
```

4： 重複上述習題 3，產生 3 組物件，然後使用 equals( ) 方法彼此比較和列出比較結果。

```
D:\Java\ex>java ex15_4
A = B : false
A = C : false
B = C : false
```

5： 重複上述習題 3，然後使用 Object 類別的 toString( ) 方法列出 3 組數據的結果。

```
D:\Java\ex>java ex15_5
列出物件 A：Employee@1ef7fe8e
列出物件 B：Employee@6f79caec
列出物件 C：Employee@67117f44
```

6： 請針對上述習題 3，設計一個 toString( ) 方法，可以列出下列結果。

name 今年 age 歲家鄉是 hometown 國籍是 country

```
D:\Java\ex>java ex15_6
列出物件 A：John今年20家鄉是杭州國籍是中國
```

# 第十六章

# 抽象類別 (Abstract Class)

在 Java 使用 abstract 關鍵字宣告的類別 (class) 稱抽象類別，在這個類別中它可以有抽象方法 (abstract method) 也可以有實體方法 (method，就像前幾章我們所設計的方法一樣 )。本章筆者將講解如何建立抽象類別，為何使用抽象類別，以及抽象類別的語法規則。

Java 的抽象觀念很重要的理念是隱藏工作細節，對於使用者而言，僅知道如何使用這些功能。例如："+" 符號可以執行數值的加法，也可以執行字串的相加 ( 結合 )，可是我們不知道內部程式如何設計這個 "+" 符號的功能。

## 16-1 使用抽象類別的場合

我們先看一個程式實例。

程式實例 ch16_1.java：有一個 Shape 類別內含計算繪製外型的 draw( ) 方法，Circle 類別和 Rectangle 類別則是繼承 Shape 類別，然後這 2 個子類別會執行外型繪製。

```java
1  class Shape {
2      public void draw( ) {                        // 纯定義
3          }
4  }
5  class Rectangle extends Shape {                   // 定義Rectangle矩形類別
6      public void draw() {                          // 繪製矩形
7          System.out.println("繪製矩形");
8          }
9  }
10 class Circle extends Shape {                      // 定義Circle圓形類別
11     public void draw() {                          // 繪製圓
12         System.out.println("繪製圓");
13         }
14 }
15 public class ch16_1 {
16     public static void main(String[] args) {
17         Rectangle rectangle = new Rectangle();    // 定義rectangle物件
18         Circle circle = new Circle();             // 定義circle物件
19         rectangle.draw();
20         circle.draw();
21     }
22 }
```

執行結果
```
D:\Java\ch16>java ch16_1
繪製矩形
繪製圓
```

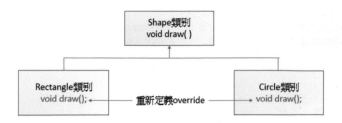

對於上述 Shape 類別而言它定義了繪製外型的方法 draw( )，但是它不是具體的物件所以無法提供如何實際繪製外型，Rectangle 類別和 Circle 類別繼承了 Shape 類別，這 2 個類別針對了自己的外型特色重新定義 (override) 繪製外型的 draw( ) 方法，由上述觀念可知 Shape 類別的存在主要是讓整個程式定義更加完整，它本身不處理任何工作，真正的工作交由子類別完成，其實這就是一個適合使用抽象類別 (abstract class) 的場合。

我們擴充上述觀念再看一個類似但是稍微複雜的實例。

程式實例 ch16_2.java：有一個 Shape 類別內含計算面積的 area( ) 方法，Circle 類別和 Rectangle 類別則是繼承 Shape 類別，然後這 2 個子類別會執行面積計算。

```java
 1  class Shape {
 2      public double area( ) {                          // 純定義
 3          return 0;
 4      }
 5  }
 6  class Rectangle extends Shape {                      // 定義Rectangle矩形類別
 7      protected double height, width;                  // 定義寬width和高height
 8      Rectangle(double height, double width) {         // 建構方法
 9          this.height = height;
10          this.width = width;
11      }
12      public double area() {                           // 計算矩形面積
13          return height * width;
14      }
15  }
16  class Circle extends Shape {                         // 定義Circle圓形類別
17      protected double r;                              // 定義半徑r
18      Circle(double r) {                               // 建構方法
19          this.r = r;
20      }
21      public double area() {                           // 計算圓面積
22          return Math.PI * r * r;
23      }
24  }
25  public class ch16_2 {
26      public static void main(String[] args) {
27          Rectangle rectangle = new Rectangle(2, 3);   // 定義rectangle物件
```

```
28          Circle circle = new Circle(2);                    // 定義circle物件
29          System.out.println("矩形面積: " + rectangle.area());
30          System.out.println("圓面積  : " + circle.area());
31      }
32 }
```

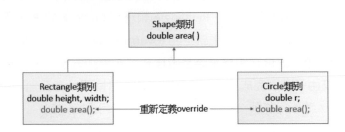

　　對於上述 Shape 類別而言它定義了計算面積的方法 area( )，但是它不是具體的物件所以無法提供如何實際的計算面積，Rectangle 類別和 Circle 類別繼承了 Shape 類別，這 2 個類別針對了自己的外型特色重新定義 (override) 計算面積的 area( ) 方法，由上述觀念可知 Shape 類別的存在主要是讓整個程式定義更加完整，它本身不處理任何工作，真正的工作交由子類別完成，其實這就是一個適合使用抽象類別 (abstract class) 的場合。

## 16-2 抽象類別基本觀念

　　抽象類別的定義基本上是在定義類別名稱的 class 左邊加上 abstract 關鍵字，若以 ch16_1.java 為例，定義方式如下：

abstract class Shape {
　　　xxx;
}

　　因為是抽象類別，本身所定義的方法是交由子類別重新定義，抽象類別可以想成是一個模板，然後由子類別依自己的情況對此模板擴展和建構，然後由子類別物件執行，所以抽象類別是不能建立物件，若是嘗試建立抽象類別的物件，在編譯階段會有錯誤產生。

程式實例 ch16_3.java：嘗試建立抽象類別物件產生編譯錯誤的實例。

```
1  abstract class Shape {
2      public void draw( ) {                    // 純定義
3      }
4  }
5  class Rectangle extends Shape {              // 定義Rectangle矩形類別
6      public void draw() {                     // 繪製矩形
7          System.out.println("繪製矩形");
8      }
9  }
10 class Circle extends Shape {                 // 定義Circle圓形類別
11     public void draw() {                     // 繪製圓
12         System.out.println("繪製圓");
13     }
14 }
15 public class ch16_3 {
16     public static void main(String[] args) {
17         Shape shape = new Shape();           // 定義Shape類別物件Error
18     }
19 }
```

執行結果
```
D:\Java\ch16>javac ch16_3.java
ch16_3.java:17: error: Shape is abstract; cannot be instantiated
            Shape shape = new Shape();                    // 定義S
hape類別物件Error
                    ^
1 error
```

上述程式錯誤主要在第 17 行，錯誤原因是為抽象類別 Shape 宣告一個物件。

程式實例 ch16_4.java：設計我的第一個正確的抽象類別程式，現在我們以抽象類別觀念筆者稍做了簡化，重新設計 ch16_1.java。

```
1  abstract class Shape {                       // 定義抽象類別Shape
2      public void draw( ) {                    // 純定義
3      }
4  }
5  class Circle extends Shape {                 // 定義Circle圓形類別
6      public void draw() {                     // 繪製圓
7          System.out.println("繪製圓");
8      }
9  }
10 public class ch16_4 {
11     public static void main(String[] args) {
12         Circle circle = new Circle();        // 定義circle物件
13         circle.draw();
14     }
15 }
```

執行結果
```
D:\Java\ch16>java ch16_4
繪製圓
```

經上述第一行宣告後，可以知道 Shape 類別已經是正確的抽象類別了。

# 16-3 抽象方法的基本觀念

在前一節的 ch16_4.java 的抽象類別看到第 2-3 行是 Shape 類別的 draw( ) 方法，這個方法基本上沒有執行任何具體工作，存在的主要功能是讓未來繼承的子類別可以重新定義 (override)，對於這種特性的方法我們可以將它定義為抽象方法 (abstract method)，設計抽象方法的基本觀念如下：

- ❑ 抽象方法沒有實體內容 (no body)。

- ❑ 抽象方法宣告需用 ";" 結尾。

- ❑ 抽象方法必須被子類別重新定義 (override)。

- ❑ 如果類別內有抽象方法，這個類別必須被宣告為抽象類別

在定義抽象方法時，須留意傳回值型態必須一致與如果有方法內有參數則此參數必須保持。宣告抽象方法非常簡單，不需定義主體，若是以 ch16_4.java 的 Shape 類別的 draw( ) 為例，可用下列方式定義抽象方法。

```
public abstract void draw( );
```

如果所設計的方法存取權限是 no modifier( 可參考 9-2-1)，則用下列方式定義抽象方法。

```
abstract void draw( );
```

程式實例 ch16_5.java：重新設計 ch16_4.java 用抽象觀念定義抽象類別的 draw( ) 方法，程式的重點是第 2 行。

```
1  abstract class Shape {                          // 定義抽象類別Shape
2      public abstract void draw( );               // 定義抽象方法
3  }
4  class Circle extends Shape {                    // 定義Circle圓形類別
5      public void draw() {                        // 繪製圓
6          System.out.println("繪製圓");
7      }
8  }
9  public class ch16_5 {
10     public static void main(String[] args) {
11         Circle circle = new Circle();           // 定義circle物件
12         circle.draw();
13     }
14 }
```

執行結果　與 ch16_4.java 相同。

在設計抽象方法時，必須留意傳回值型態，可參考下列實例。

程式實例 ch16_6.java：用抽象類別與抽象方法觀念重新設計程式實例 ch16_2.java，下列只是列出 Shape 類別的設計，其它程式碼則完全相同。

```
1  abstract class Shape {                              // 定義抽象類別
2     public abstract double area( );                  // 定義抽象方法
3  }
```

執行結果 與 ch16_2.java 相同。

上述程式的重點是必須保持抽象方法的傳回值型態必須保持一致，此例是 double。

## 16-4 抽象類別與抽象方法觀念整理

從以上前幾節內容，筆者將抽象類別與抽象方法觀念整理如下：

❑ 一個抽象類別如果沒有子類別去繼承，是沒有功能的。

❑ 抽象類別的抽象方法必須有子類別重新定義，如果沒有子類別重新定義會有編譯錯誤。

❑ 如果抽象類別的抽象方法沒有子類別重新定義，那麼這個子類別也將是一個抽象類別。

❑ 如果我們宣告了抽象方法，一定要為此方法宣告抽象類別，在普通類別是不會存在抽象方法的。但是，如果我們宣告了抽象類別，不一定要在此類別內宣告抽象方法，可參考 ch16_4.java。

❑ 抽象類別可以有抽象方法和普通方法。

程式實例 ch16_7.java：抽象類別可以有抽象方法和普通方法的實例應用。

```
1  abstract class Car {
2     abstract void run();                             // 抽象方法
3     void refuel() {                                  // 實體普通方法
4        System.out.println("汽車加油");
5     }
6  }
7  class Bmw extends Car {                             // 定義car子類別Bmw
8     public void run() {                              // 重新定義run方法
9        System.out.println("安全駕駛中 ...");
10    }
```

```
11 }
12 public class ch16_7 {
13     public static void main(String[] args) {
14         Bmw bmw = new Bmw();                    // 定義Bmw類別物件bmw
15         bmw.refuel();
16         bmw.run();
17     }
18 }
```

執行結果
```
D:\Java\ch16>java ch16_7
汽車加油
安全駕駛中 ...
```

在上述實例 Car 是一個抽象類別，在此類別內定義了抽象方法 run( ) 和普通方法 refuel( )，程式第 15 和 16 行分別呼叫這 2 個方法，結果可以正常執行。

程式實例 ch16_8.java：重新設計 ch16_7.java，一個抽象類別的抽象方法沒有被繼承的子類別重新定義產生錯誤的實例。

```
1 abstract class Car {
2     abstract void run();                        // 抽象方法
3     void refuel() {                             // 實體普通方法
4         System.out.println("汽車加油");
5     }
6 }
7 class Bmw extends Car {                          // 定義car子類別Bmw
8 }
9 public class ch16_8 {
10    public static void main(String[] args) {
11        Bmw bmw = new Bmw();                     // 定義Bmw類別物件bmw
12        bmw.refuel();
13    }
14 }
```

執行結果
```
D:\Java\ch16>javac ch16_8.java
ch16_8.java:7: error: Bmw is not abstract and does not override abstract method
run() in Car
class Bmw extends Car {                                          // 定義c
ar子類別Bmw
^
1 error
```

如果上述程式要執行，可以將 Bmw 類別宣告為抽象類別，然後再建立一個孫類別 Type750 繼承 Bmw 類別，這個孫類別內含重新定義 Car 類別的抽象方法 run( )。

程式實例 ch16_9.java：重新設計 ch16_8.java，將 Bmw 也設為抽象類別，然後底下再增設 Type750 孫類別，由此孫類別完成重新定義抽象方法 run( )。

```
1  abstract class Car {
2      abstract void run();                        // 抽象方法
3      void refuel() {                             // 實體普通方法
4          System.out.println("汽車加油");
5      }
6  }
7  abstract class Bmw extends Car {                // Bmw子類別定義為抽象類別
8  }
9  class Type750 extends Bmw {                     // 繼承Bmw類別
10     public void run() {                         // 重新定義run方法
11         System.out.println("安全駕駛中 ...");
12     }
13 }
14 public class ch16_9 {
15     public static void main(String[] args) {
16         Type750 bmw = new Type750();            // 定義Type750類別物件bmw
17         bmw.refuel();
18         bmw.run();
19     }
20 }
```

執行結果   與 ch16_7.java 相同。

## 16-5   抽象類別的建構方法

　　設計 Java 程式時也可將建構方法 (constructor) 或屬性 ( 成員變數 ) 的觀念應用在抽象類別。

程式實例 ch16_10.java：增加建構方法重新設計 ch16_7.java。

```
1  abstract class Car {
2      abstract void run();                        // 抽象方法
3      Car () {                                    // 建構方法
4          System.out.println("有車子了");
5      }
6      void refuel() {                             // 實體普通方法
7          System.out.println("汽車加油");
8      }
9  }
10 class Bmw extends Car {                         // 定義car子類別Bmw
11     public void run() {                         // 重新定義run方法
12         System.out.println("安全駕駛中 ...");
13     }
14 }
15 public class ch16_10 {
16     public static void main(String[] args) {
17         Bmw bmw = new Bmw();                    // 定義Bmw類別物件bmw
18         bmw.refuel();
19         bmw.run();
20     }
21 }
```

```
D:\Java\ch16>java ch16_10
有車子了
汽車加油
安全駕駛中 ...
```

在上述程式第 17 行，當我們建立物件 bmw 時，就會執行抽象類別 Car 的建構方法，所以最先輸出的是 " 有車子了 "。

## 16-6　使用 Upcasting 宣告抽象類別的物件

我們無法為抽象類別宣告物件，但是可以使用 14-6-2 節所介紹向上轉型 (Upcasting) 觀念，使用抽象類別宣告物件，由於所宣告的物件參考是子類別的物件，所以可以正常執行工作。其實目前常常可以看到有些 Java 程式設計師使用這個觀念執行抽象類別物件宣告。

程式實例 ch16_11.java：使用向上轉型 (Upcasting) 觀念重新設計 ch16_7.java。
```
14          Car bmw = new Bmw();                    // Upcasting
```

執行結果 與 ch16_7.java 相同。

## 16-7　抽象類別與方法的程式應用

筆者曾經在 16-3 節敘述定義抽象方法時，如果方法內有參數則此參數需保持，接下來將舉一個抽象方法內有參數的應用。

程式實例 ch16_12.java：這是一個加法與乘法運算的抽象類別與抽象方法實例，MyMath 是抽象類別，此類別有 2 個抽象方法，筆者定義了方法傳回值是 int 的型態，同時 2 個方法皆有需傳遞的參數，在定義子類別 MyTest 時，則重新定義了 add( ) 和 mul( ) 方法。

```
1  abstract class MyMath {                    // 抽象類別
2      abstract int add(int n1, int n2);      // 抽象add方法
3      abstract int mul(int n1, int n2);      // 乘法
4      void output() {                        // 實體普通方法
5          System.out.println("我的計算器");
6      }
7  }
```

16-10

```
 8 class MyTest extends MyMath {                      // 定義MyMath子類別MyTest
 9     public int add(int num1, int num2) {           // 重新定義add方法
10         return num1 + num2;
11     }
12     public int mul(int num1, int num2) {           // 重新定義mul方法
13         return num1 * num2;
14     }
15 }
16 public class ch16_12 {
17     public static void main(String[] args) {
18         MyMath obj = new MyTest();                 // Upcasting
19         obj.output();
20         System.out.println("加法結果 : " + obj.add(3, 8));
21         System.out.println("乘法結果 : " + obj.mul(3, 8));
22     }
23 }
```

執行結果
```
D:\Java\ch16>java ch16_12
我的計算器
加法結果 : 11
乘法結果 : 24
```

## 習題實作題

1： 請擴充設計 ch16_6.java，增加計算圓周長和矩形周長的方法。

```
D:\Java\ex>java ex16_1
矩形面積 : 6.0
矩形周長 : 10.0
圓面積   : 12.566370614359172
圓周長   : 12.566370614359172
```

2： 請擴充設計 ch16_6.java，Shape 類別的子類別增加 Cylinder( 圓柱 )，同時將計算
面積改成計算體積，假設此圓柱半徑是 2，高度是 5。

```
D:\Java\ex>java ex16_2
矩形面積 : 6.0
圓面積   : 12.566370614359172
圓柱體積 : 62.83185307179586
```

3： 請擴充設計 ch16_12.java，增加定義抽象方法減法和整數除法，同時將所有參數第
一個改為 10，第 2 個改為 3。

```
D:\Java\ex>java ex16_3
我的計算器
加法結果     : 13
乘法結果     : 30
減法結果     : 7
整數除法結果 : 3
```

4: 請擴充設計 ch16_12.java，增加 3 個參數的抽象方法。

  abstract int add(int n1, int n2, int n3);
  abstract int mul(int n1, int n2, int n3);

上述分別可以執行 3 個數字相加 (n1+n2+n3) 與相乘 (n1*n2*n2)

```
D:\Java\ex>java ex16_4
我的計算器
加法結果 ： 11
加法結果 ： 21
乘法結果 ： 24
乘法結果 ： 240
```

# 第十七章

# 介面 (Interface)

前一章筆者講解了抽象類別，當普通類別繼承了抽象類別後，其實就形成了 IS-A 關係。例如：我們宣告鳥抽象 Bird 類別，可以定義飛行抽象 flying( ) 方法，現在我們建立一個老鷹 Eagle 類別繼承 Bird 類別，然後可以讓老鷹類別重新定義 (override) 飛行 flying( ) 方法，在這種關係下我們可以說老鷹是一種鳥，所以我們說這是 IS-A 關係。

本章所要說明的介面 (Interface) 就比較像是 " 有同類的行為 "，例如：鳥會飛行，飛機也會飛行，然而這是 2 個完全不同的物種，只因為飛行，如果讓鳥類別去繼承飛機類別或是讓飛機類別去繼承鳥類別，皆是不恰當的。這時就可以使用本章所介紹的介面 (Interface) 解決這方面的問題，我們可以設計飛行 Fly 介面 (Interface)，然後在這個介面內定義 flying( ) 抽象方法，所定義的抽象方法讓飛機類別和鳥類別去實作 (implements)，這也是介面 (Interface) 的基本觀念。

## 17-1 認識介面

介面 (Interface) 外觀和類別 (class) 相似但是它不是類別，介面可以像類別一樣擁有方法 (methods) 和成員變數 (member variables)( 可想成屬性 )，但是方法全部是抽象方法 (abstract method)，同時抽象方法預設的存取控制是 public、abstract。至於成員變數預設的存取控制是 public、static、final，由於最初化後就不能更改所以又稱常數變數 (constant variables)。

> 註 Java 8 以後新增 Default 方法 (17-3-1 節說明 ) 和 Static 方法 (17-3-2 節說明 )。
> Java 9 以後新增 Private 方法 (17-4-1 節說明 ) 和 Private Static 方法 (17-4-2 節說明 )。

在 Java 7 以前在抽象類別的定義中，一個抽象類別可以有抽象方法與非抽象方法，所以有時又將抽象類別稱部分抽象 (partial abstraction)。在介面中只能有抽象方法，所以可以將介面稱完全抽象 (full abstraction)。

介面的定義方式如下：

```
interface 介面名稱 {
    // 定義成員變數
    // 定義方法
}
```

例如:下列是一個介面的實例。

```
interface MyInterface {
    int x = 10;                    // 定義成員變數
    void myMethod( );              // 定義方法
}
```

我們先前有說在介面內定義成員變數時預設的存取控制是 public、static、final,定義方法時預設的存取控制是 public、abstract。讀者可能感覺奇怪為何筆者不是遵照上述觀念定義成員變數與方法?如下所示:

```
interface MyInterface {
    public static final int x = 10;        // 定義成員變數
    public abstract void myMethod( );      // 定義方法
}
```

其實我們可以省略宣告,Java 編譯程式會自動完成上述工作。

最後讀者要留意的是:

❑ 由於所有介面的方法皆是抽象方法,所以要使用該介面的類別必須完全實作 (implements) 所有的抽象方法,相關語法可參考 ch17_1.java。

❑ 由於所有介面的方法均是 public,在類別實作這些方法時必須宣告方法為 public。

程式實例 ch17_1.java:設計一個 Fly 介面,然後讓 Bird 類別和 Airplane 類別實作 Fly 類別的 flying( ) 方法。

```
1  interface Fly {                        // 定義介面
2      void flying();                     // 抽象flying方法
3  }
4  class Bird implements Fly {            // 定義Bird類別實作Fly介面
5      public void flying() {             // 實作flying方法
6          System.out.println("鳥在飛行");
7      }
8  }
9  class Airplane implements Fly {        // 定義Airplane類別實作Fly介面
10     public void flying() {             // 實作flying方法
```

```
11          System.out.println("飛機在飛行");
12      }
13 }
14 public class ch17_1 {
15     public static void main(String[] args) {
16         Fly bird = new Bird();          // Upcasting
17         bird.flying();
18         Fly airplane = new Airplane();  // Upcasting
19         airplane.flying();
20     }
21 }
```

執行結果　D:\Java\ch17>java ch17_1
鳥在飛行
飛機在飛行

可以用下列圖形說明上述程式實例。

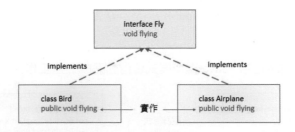

另外在宣告物件時，筆者是用向上轉型 (upcasting) 方式宣告物件，當然讀者也可以使用下列方式分別宣告 Bird 和 Airplane 類別物件。

　Bird bird = new Bird( );
　Airplane airplane = new Airplane( )：

## 17-2　介面的成員變數

一個介面可以有成員變數，在先前筆者有說在介面內定義成員變數時預設的存取控制是 public、static、final，這表示成員變數是大家可以取得 public，只有一份由所有實作的類別共享 static，final 這個值不可更動。

註　由於程式執行後此成員變數的值不可更改，所以它一定是需要在介面設計中設定初值，通常我們可以將固定不會更改的值設為介面的成員變數，這種變數稱常數，例如：程式實例 ch16_6.java 的 Math.PI，此例筆者是用 Java 的內建 Math 類別，如果我們想簡化 PI 值為 3.14，可以在介面設計中直接定義此常數值。

程式實例 ch17_2.java：使用介面的觀念重新設計 ch16_6.java，這是一個計算圓形和矩形的程式，在 ch16_6.java 將 Shape 宣告為抽象類別，在這個程式則是將 Shape 宣告為介面，這個程式的重點是筆者展示了設定介面成員常數的初值與取得此成員常數初值的方法。當然另一個重點是由於是 static，所以所有的實作類別是共享此介面成員常數。

```java
1  interface Shape {                                    // 定義介面Shape
2      double PI = 3.14;                                // 定義介面資料成員
3      double area( );                                  // 定義抽象方法
4  }
5  class Rectangle implements Shape {                   // 定義Rectangle實作Shape
6      protected double height, width;                  // 定義寬width和高height
7      Rectangle(double height, double width) {         // 建構方法
8          this.height = height;
9          this.width = width;
10     }
11     public double area() {                           // 計算矩形面積
12         return height * width;
13     }
14 }
15 class Circle implements Shape {                      // 定義Circle實作Shape
16     protected double r;                              // 定義半徑r
17     Circle(double r) {                               // 建構方法
18         this.r = r;
19     }
20     public double area() {                           // 計算圓面積
21         return PI * r * r;                           // PI是public可以直接用
22     }
23 }
24 public class ch17_2 {
25     public static void main(String[] args) {
26         Rectangle rectangle = new Rectangle(2, 3);       // 定義rectangle物件
27         Circle circle = new Circle(2);                   // 定義circle物件
28         System.out.println("矩形面積   : " + rectangle.area());
29         System.out.println("圓面積     : " + circle.area());
30         System.out.println("Shape.PI    : " + Shape.PI);        // 可直接由Shape存取
31         System.out.println("circle.PI    : " + circle.PI);       // 可由circle物件存取
32         System.out.println("rectangle.PI : " + rectangle.PI);    // 可由rectangle物件存取
33     }
34 }
```

執行結果
```
D:\Java\ch17>java ch17_2
矩形面積     : 6.0
圓面積       : 12.56
Shape.PI    : 3.14
circle.PI   : 3.14
rectangle.PI : 3.14
```

上述程式的說明圖形如下：

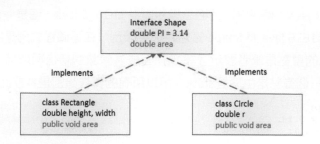

上述程式的另一個重點是，筆者展示如何使用介面的成員常數 PI，如果是實作介面的類別，可以直接呼叫 PI，可參考第 21 行。由於 PI 是 static，所以可以直接透過介面名稱取得，可參考第 30 行。另外也可以由物件取得，可參考第 31-32 行。

## 17-3　Java 8 新增加介面內容

Java 8 後在介面可以有下列內容。

❑ Constant variable 成員變數 ( 原 Java 7 已有 )
❑ Abstract methods 抽象方法 ( 原 Java 7 已有 )
❑ Defaults methods 預設方法
❑ Static methods 靜態方法

### 17-3-1　Default 方法 (method)

Default 方法是 Java 8 以後才有的功能，觀念是在介面內的方法只要是宣告為 Default 則可以在此方法內撰寫工作內容，相當於這個方法的實作是在介面內完成。因此繼承它的類別可以不用實作此 Default 方法。這個功能主要是考量到未來 Java 的相容能力，因為用這個方法可以在舊的介面很容易增加新的功能。舉例來說，假設過去設計的程式內含介面，此介面有多個抽象方法，如果有多個類別實作此介面，如果我們要為此介面擴充功能，必須先寫一個抽象方法，然後所有實作此介面的類別均要更新。有了 Default 方法，可以在介面新增 Default 方法，其它實作此介面的類別內容均不需更動，效率會提升很多。

這個方法另外有 3 大特色：

❏ Default 方法可以繼承。

❏ 可以重新將 Default 方法宣告為抽象方法。

❏ 可以重新定義此方法。

註 未來會介紹一個類別繼承了 2 個介面或多個介面，如果發生有同樣名稱的 Default
方法，則此類別一定要重新定義 (override) 該方法，否則在編譯期間會有錯誤。

程式實例 ch17_3.java：Default 方法的簡單應用。

```
1 interface Bird {                          // 定義Bird介面
2     void showMe();                        // 抽象showMe方法
3     default void action() {               // Default方法
4         System.out.println("我會飛");
5     }
6
7 }
8 class Eagle implements Bird {             // 定義Eagle類別實作Bird
9     public void showMe() {                // 重新定義showMe方法
10         System.out.println("我是鳥");
11     }
12 }
13 public class ch17_3 {
14     public static void main(String[] args) {
15         Eagle eagle = new Eagle();       // 建立eagle物件
16         eagle.showMe();
17         eagle.action();
18     }
19 }
```

執行結果
```
D:\Java\ch17>java ch17_3
我是鳥
我會飛
```

上述程式第 3-5 行是 Default 方法 action，由於它本身在介面內已經完成實作，所
以 Eagle 類別雖然實作 Bird 類別，但是不用實作此 Default 方法 action。在程式第 17
行可以透過 Eagle 類別的 eagle 物件呼叫使用。

下列筆者將用程式實例解析為何有了 Default 方法未來程式功能擴充時，可以增加
程式設計效率。

程式實例 ch17_4.java：介面是交通工具 Vehicle，這個交通工具介面目前有取得品牌 getbrand 與車輛 run 方法。

```
1  interface Vehicle {                        // 定義Vehicle介面
2      String getBrand();                      // 抽象方法取得車輛品牌
3      String run();                           // 抽象方法定義安全駕駛中
4  }
5  class Car implements Vehicle {
6      private String brand;
7      Car(String brand) {                     // 建構方法設定車輛品牌
8          this.brand = brand;
9      }
10     public String getBrand() {              // 取得車輛品牌
11         return brand;
12     }
13     public String run() {                   // 安全駕駛中 ...
14         return "安全駕駛中 ... ";
15     }
16 }
17 public class ch17_4 {
18     public static void main(String[] args) {
19         Vehicle car = new Car("TOYOTA");
20         System.out.println(car.getBrand());
21         System.out.println(car.run());
22     }
23 }
```

執行結果　D:\Java\ch17>java ch17_4
　　　　　TOYOTA
　　　　　安全駕駛中 ...

假設我們現在要為上述 Vehicle 介面擴充新功能 alarmOn 和 alarmOff，如果採用原先設計方法如下：

1： 在 Vehicle 介面內設計抽象方法 alarmOn 和 alarmOff。

2： 為所有實作的類別增加設計 alarmOn 和 alarmOff 實作方法，此例是 Car。

但是使用 default 方法，只要在 Vehicle 介面內設計 default 的 alarmOn 和 alarmOff 方法即可。

程式實例 ch17_5.java： 為 ch17_4.java 的 Vehicle 介面擴充新功能 alarmOn 和 alarmOff。

```
1  interface Vehicle {                         // 定義Vehicle介面
2      String getBrand();                       // 抽象方法取得車輛品牌
3      String run();                            // 抽象方法定義安全駕駛中
4      default String alarmOn() {               // default方法開啟警告燈
5          return "開啟警告燈";
```

```
 6        }
 7        default String alarmOff() {            // default方法關閉警告燈
 8            return "關閉警告燈";
 9        }
10 }
11 class Car implements Vehicle {
12     private String brand;
13     Car(String brand) {                      // 建構方法設定車輛品牌
14         this.brand = brand;
15     }
16     public String getBrand() {               // 取得車輛品牌
17         return brand;
18     }
19     public String run() {                    // 安全駕駛中 ...
20         return "安全駕駛中 ... ";
21     }
22 }
23 public class ch17_5 {
24     public static void main(String[] args) {
25         Vehicle car = new Car("TOYOTA");
26         System.out.println(car.getBrand());
27         System.out.println(car.run());
28         System.out.println(car.alarmOn());
29         System.out.println(car.alarmOff());
30     }
31 }
```

執行結果
```
D:\Java\ch17>java ch17_5
TOYOTA
安全駕駛中 ...
開啟警告燈
關閉警告燈
```

## 17-3-2　static 方法 (methods)

　　static 方法也是 Java 8 以後才有的功能,如果你忘記 static 方法請複習 9-3-5 節。當我們在介面中增加 static 方法時未來可以用 " 介面名稱 . 方法名稱 " 呼叫。在介面內增加 static 方法與在類別內增加 static 方法是相同的。

程式實例 ch17_6.java:擴充 ch17_5.java,主要是增加 static 方法 rpmUp 提升引擎轉速,每執行一次增加 50 轉,設計細節可參考第 10-12 行。未來程式呼叫是直接使用介面名稱和方法名稱 Vehicle.rpmUp,可參考第 33 行。

```
1 interface Vehicle {                         // 定義Vehicle介面
2     String getBrand();                      // 抽象方法取得車輛品牌
3     String run();                           // 抽象方法定義安全駕駛中
4     default String alarmOn() {              // default方法開啟警告燈
5         return "開啟警告燈";
6     }
```

```
7      default String alarmOff() {              // default方法關閉警告燈
8          return "關閉警告燈";
9      }
10     static int rpmUp(int rpm) {               // static增加引擎轉速
11         return rpm + 50;
12     }
13 }
14 class Car implements Vehicle {
15     private String brand;
16     Car(String brand) {                        // 建構方法設定車輛品牌
17         this.brand = brand;
18     }
19     public String getBrand() {                 // 取得車輛品牌
20         return brand;
21     }
22     public String run() {                      // 安全駕駛中 ...
23         return "安全駕駛中 ... ";
24     }
25 }
26 public class ch17_6 {
27     public static void main(String[] args) {
28         Vehicle car = new Car("TOYOTA");
29         System.out.println(car.getBrand());
30         System.out.println(car.run());
31         System.out.println(car.alarmOn());
32         System.out.println(car.alarmOff());
33         System.out.println(Vehicle.rpmUp(3000));     // 呼叫static方法
34     }
35 }
```

執行結果
```
D:\Java\ch17>java ch17_6
TOYOTA
安全駕駛中 ...
開啟警告燈
關閉警告燈
3050
```

其實 Java 8 後介面增加 static 方法主要是建立一個將類似功能方法凝聚，這樣可以不用建立太多物件。

## 17-4 Java 9 新增加介面內容

Java 9 後在介面可以有下列內容。

❑ Constant variable 變數 ( 原 Java 7 已有 )

❑ Abstract methods 抽象方法 ( 原 Java 7 已有 )

❑ Defaults methods 預設方法 ( 原 Java 8 已有 )

❑ Static methods 靜態方法 ( 原 Java 8 已有 )

❑ Private methods 私有方法 (Java 9 新功能 )

❑ Private Static methods 私有靜態方法 (Java 9 新功能 )

　　介面內 Private 方法存在時主要可以讓介面內的程式碼可以重複使用，例如：如果 2 個 Default 方法要互相分享程式碼，可以使用 Private 方法完成，讀者需要留意的是實作的類別無法呼叫使用這些程式碼。下列是使用 Private 方法的幾個規則。

❑ Private 方法只能在介面內使用。

❑ Private 方法不能抽象化。

❑ Private static 方法可以在介面內的 static 和 non-static 方法內使用。

❑ Private non-static 方法不能在 Private static 方法內使用。

程式實例 ch17_7.java：Private 方法和 Private Static 方法的基本應用。

```
1  interface LearnJava {                        // 定義LearnJava介面
2      abstract void method1();                 // 定義抽象方法
3      default void method2() {                 // 定義default方法
4          method4();                           // private方法在default方法內
5          method5();                           // static方法在non-static方法內
6          System.out.println("這是default方法");
7      }
8      public static void method3() {           // 定義static方法
9          method5();                           // static方法在其它static方法內
10         System.out.println("這是static方法");
11     }
12     private void method4(){                  // 定義private方法
13         System.out.println("這是private方法");
14     }
15     private static void method5(){           // 定義private static方法
16         System.out.println("這是private static方法");
17     }
18 }
19 class Learning implements LearnJava {        // 實作LearnJava介面
20     public void method1() {
21         System.out.println("這是abstract方法");
22     }
23 }
24 public class ch17_7 {
25     public static void main(String[] args){
26         LearnJava obj = new Learning();
27         obj.method1();                       // 呼叫抽象方法
28         obj.method2();                       // 呼叫default方法
29         LearnJava.method3();                 // 呼叫static方法
30     }
31 }
```

**執行結果**　D:\Java\ch17>java ch17_7
這是abstract方法
這是private方法
這是private static方法
這是default方法
這是private static方法
這是static方法

這個程式的執行順序如下:

❑ 1:第 27 行呼叫 method1,會先執行介面第 2 行抽象方法 method1,然後執行第 20-22 行實作的方法 method1,所以輸出 " 這是 abstract 方法 "。

❑ 2:第 28 行呼叫 method2,這是 Default 方法,內部第 4 行是呼叫 method4,所以執行第 12-14 行的 private 方法 method4,所以輸出 " 這是 private 方法 "。接著執行第 5 行呼叫 method5,所以執行第 15-17 行的 private static 方法 method5,所以輸出 " 這是 private static 方法 "。然後執行第 6 行,輸出 " 這是 default 方法 "。

❑ 3:第 29 行呼叫第 8-10 行的 LearnJava 的介面 static 方法 method3,會先執行第 9 行的 method5 方法,所以執行第 15-17 行的 private static 方法 method5,所以輸出 " 這是 private static 方法 "。然後執行第 10 行,輸出 " 這是 static 方法 "。

程式實例 ch17_8.java:這是介面含私有方法的應用,在 MyMath 介面內含有 Default addEven 方法可以計算序列陣列偶數和,Default addOdd 方法可以計算序列陣列奇數和,這 2 個方法均是呼叫 add 私有方法執行運算,這樣就可以重複使用 add 私有方法內的程式碼。在呼叫 add 方法時,如果第一個參數是 true 是傳遞偶數運算,如果第一個參數是 false 是傳遞奇數運算。

```java
1  interface MyMath                               // 定義MyMath介面
2  {
3      default int addEven(int... nums) {         // 定義default方法
4          return add(true, nums);                // 偶數加法運算
5      }
6      default int addOdd(int... nums) {          // 定義default方法
7          return add(false, nums);               // 奇數加法運算
8      }
9      private int add(boolean flag, int... nums) {  // 定義private方法
10         int sumodd, sumeven;                   // 定義奇數加總和偶數加總
11         sumodd = sumeven = 0;                  // 最初化加總
12         for ( int num:nums ) {                 // 遍歷陣列
13             if ((num % 2) == 1 )               // true則是奇數
14                 sumodd += num;                 // 奇數加總
15             else
16                 sumeven += num;                // 偶數加總
17         }
18         if (flag)                              // 如果true
```

```
19              return sumeven;                        // 傳回偶數加總
20          else
21              return sumodd;                         // 傳回奇數加總
22      }
23 }
24 public class ch17_8 implements MyMath {
25      public static void main(String[] args) {
26          MyMath obj = new ch17_8();
27          int evenSum = obj.addEven(1,2,3,4,5,6,7,8,9,10);    // 執行加總偶數
28          System.out.println(evenSum);
29          int oddSum = obj.addOdd(1,2,3,4,5,6,7,8,9,10);      // 執行加總奇數
30          System.out.println(oddSum);
31      }
32 }
```

執行結果
```
D:\Java\ch17>java ch17_8
30
25
```

# 17-5 基本介面的繼承

在 Java 一個類別可以繼承另一個類別，一個類別可以實作一個介面，一個介面也可以繼承另一個介面。

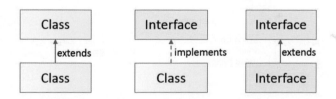

當發生一個子介面繼承一個父介面時，一個類別如果實作子介面，則須同時實作子介面和父介面的抽象方法。

程式實例 ch17_9.java：這是一個介面繼承的程式，Animal 是父介面，Bird 是繼承 Animal 的子介面，Eagle 類別第 11-13 行實作 Bird 介面的 flying 抽象方法，第 8-10 行實作了 Bird 的父介面 Animal 介面的 showMe 抽象方法，這個程式第 17 行建立了 Eagle 類別的 eagle 物件，然後呼叫所實作的方法。

```
1 interface Animal {                        // 定義Animal介面
2     void showMe();                         // 抽象showMe方法
3 }
4 interface Bird extends Animal {           // 定義Interface介面繼承Animal
5     void flying();                         // 抽象flying方法
```

```
 7  class Eagle implements Bird {              // 定義Eagle類別實作Birds
 8      public void showMe() {                  // 實作showMe方法
 9          System.out.println("我是動物");
10      }
11      public void flying() {                  // 實作flying方法
12          System.out.println("我是老鷹我會飛");
13      }
14  }
15  public class ch17_9 {
16      public static void main(String[] args) {
17          Eagle eagle = new Eagle();          // 建立eagle物件
18          eagle.showMe();
19          eagle.flying();
20      }
21  }
```

執行結果　D:\Java\ch17>java ch17_9
我是動物
我是老鷹我會飛

上述程式的介面與類別圖形如下：

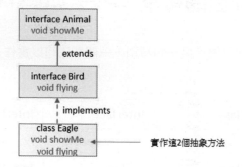

## 17-6　介面多重繼承 (Multiple Inheritance)

Java 語言的類別是不支援多重繼承 (multiple inheritance)，可參考 14-1-9 節。不過在介面的實作中是可以使用多重繼承的觀念的，所謂的多重繼承的觀念可參考下圖，目前一個類別可以實作多個介面，一個介面可以繼承多個介面。

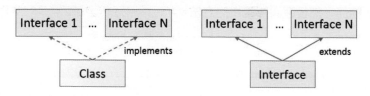

　　基本程式設計觀念與上一節基本介面的繼承觀念相同，當一個類別實作多個介面時，需要實作這些介面的所有抽象方法。當一個介面繼承多個介面時，繼承此介面的類別需要實作此介面以及它所有繼承介面的抽象方法。

　　假設 A 類別同時繼承 B 與 C 介面，整個語法如下：

```
interface B {
    void b();                // 抽象方法 b( )
}
interface C {
    void c;                  // 抽象方法 c( )
}
class A implements B, C {    // 請留意語法
    // 實作 b 和 c;
}
```

程式實例 ch17_10.java：一個類別實作 2 個介面的應用，Fly 類別將實作 Bird 介面的 birdFly 抽象方法和 Airplane 介面的 airplaneFly 抽象方法。

```
1  interface Bird {                        // 定義Bird介面
2      void birdFly();                      // 抽象birdFly方法
3  }
4  interface Airplane {                     // 定義Airplane介面
5      void airplaneFly();                  // 抽象airplaneFly方法
6  }
7  class Fly implements Bird, Airplane {    // 定義Fly類別實作Bird和Airplane
8      public void birdFly() {              // 實作birdFly方法
9          System.out.println("鳥用翅膀飛");
10     }
11     public void airplaneFly() {          // 實作airplaneFly方法
12         System.out.println("飛機用引擎飛");
13     }
14 }
15 public class ch17_10 {
16     public static void main(String[] args) {
17         Fly obj = new Fly();             // 建立obj物件
18         obj.birdFly();
19         obj.airplaneFly();
20     }
21 }
```

執行結果　D:\Java\ch17>java ch17_10
鳥用翅膀飛
飛機用引擎飛

上述程式的介面與類別觀念圖形如下：

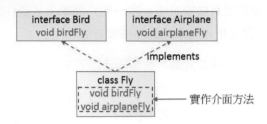

程式實例 ch17_11.java：一個介面 InfoFly 繼承了 Bird 和 Airplane 介面的應用，Fly 類別將實作 InfoFly 介面的 birdFly 抽象方法和它所繼承的 Airplane 介面的 airplaneFly 抽象方法和 Bird 介面的 birdFly 方法。

```
 1  interface Bird {                        // 定義Bird介面
 2      void birdFly();                     // 抽象birdFly方法
 3  }
 4  interface Airplane {                    // 定義Airplane介面
 5      void airplaneFly();                 // 抽象airplaneFly方法
 6  }
 7  interface Fly extends Bird, Airplane {  // 定義Fly介面繼承Bird和Airplane
 8      void pediaFly( );                   // 抽象pediaFly方法
 9  }
10  class InfoFly implements Fly {
11      public void birdFly() {             // 實作birdFly方法
12          System.out.println("鳥用翅膀飛");
13      }
14      public void airplaneFly() {         // 實作airplaneFly方法
15          System.out.println("飛機用引擎飛");
16      }
17      public void pediaFly() {            // 實作pediaFly方法
18          System.out.println("飛行百科");
19      }
20  }
21  public class ch17_11 {
22      public static void main(String[] args) {
23          InfoFly obj = new InfoFly();    // 建立obj物件
24          obj.birdFly();
25          obj.airplaneFly();
26          obj.pediaFly();
27      }
28  }
```

執行結果　D:\Java\ch17>java ch17_11
鳥用翅膀飛
飛機用引擎飛
飛行百科

上述程式的介面與類別觀念圖形如下：

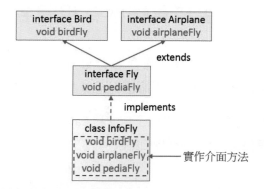

　　介面可以多重繼承的另一個原因是不會產生模糊的現象，例如：即使碰上 2 個介面有相同抽象類別名稱，程式也可以執行。

程式實例 ch17_12.java：Bird 和 Airplane 介面有同樣名稱的抽象方法 flying( )，InfoFly 類別實作了 Bird 和 Airplane 介面，此時物件呼叫 flying( ) 方法時不會有衝突與模糊，因為所執行的方法是 InfoFly 類別重新定義的方法。

```
 1  interface Bird {                        // 定義Bird介面
 2      void flying();                      // 抽象flying方法
 3  }
 4  interface Airplane {                    // 定義Airplane介面
 5      void flying();                      // 抽象flying方法
 6  }
 7  class InfoFly implements Bird, Airplane {
 8      public void flying() {              // 實作flying方法
 9          System.out.println("正在飛行");
10      }
11  }
12  public class ch17_12 {
13      public static void main(String[] args) {
14          InfoFly obj = new InfoFly();    // 建立obj物件
15          obj.flying();
16      }
17  }
```

執行結果
```
D:\Java\ch17>java ch17_12
正在飛行
```

上述程式的介面與類別觀念圖形如下：

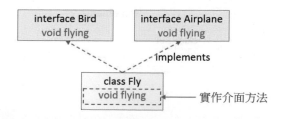

# 17-7 實作時發生成員變數有相同名稱

程式設計時如果發生實作時 2 個介面有相同的常數名稱，這時會有模糊 (ambiguous) 發生，導致程式在編譯時的錯誤。

程式實例 ch17_13.java：類別 Petty 實作了 Dog 和 Cat 介面，這 2 個介面有相同的成員變數 age，程式編譯時第 11 行產生模糊的錯誤。

```
1  interface Dog {                        // 定義Dog介面
2      int age = 5;
3      void running();                    // 抽象running方法
4  }
5  interface Cat {                        // 定義Cat介面
6      int age = 6;
7      void running();                    // 抽象running方法
8  }
9  class Pet implements Dog, Cat {        // 類別Pet
10     public void running() {            // 實作running方法
11         System.out.println("我的寵物是 " + age + " 歲正在跑"); // 錯誤
12     }
13 }
14 public class ch17_13 {
15     public static void main(String[] args) {
16         Pet obj = new Pet();           // 建立obj物件
17         obj.running();
18     }
19 }
```

執行結果
```
D:\Java\ch17>javac ch17_13.java
ch17_13.java:11: error: reference to age is ambiguous
            System.out.println("我的寵物是 " + age + " 歲正在跑");  // 錯誤
                                               ^
        both variable age in Dog and variable age in Cat match
    1 error
```

為了解決這類的問題，Java 提供可以使用 " 介面名稱 . 成員變數 " 方式，可用此語法直接指定是用那一個介面的成員變數。上述程式的介面與類別觀念圖形如下：

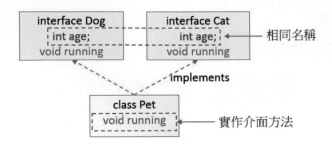

程式實例 ch17_14.java：使用 " 介面名稱 . 成員變數 " 方式重新設計 ch17_13.java，這個程式只修改了第 11 行。

```
11          System.out.println("我的寵物是 " + Dog.age + " 歲正在跑");
```

執行結果
```
D:\Java\ch17>java ch17_14
我的寵物是 5 歲正在跑
```

## 17-8 類別重新定義 Default 方法

類別是可以重新定義介面的 Default 方法，這時會發生類別方法名稱與介面的 Default 方法名稱相同時，這時類別重新定義的方法有較高優先的執行順序。

程式實例 ch17_15.java：Pet 類別實作了 Dog 和 Cat 介面，其中 Dog 和 Cat 介面均有 running( ) 方法，Pet 類別重新定義了此方法。

```
1  interface Dog {                      // 定義Dog介面
2      default void running() {         // Default running方法
3          System.out.println("狗在跑");
4      }
5  }
6  interface Cat {                      // 定義Cat介面
7      default void running() {         // Default running方法
8          System.out.println("貓在跑");
9      }
10 }
11 class Pet implements Dog, Cat {      // 定義Pet類別
12     public void running() {          // 重新定義running方法
13         System.out.println("動物在跑");
14     }
15 }
16 public class ch17_15 {
17     public static void main(String[] args) {
18         Pet obj = new Pet();         // 建立obj物件
19         obj.running();
20     }
21 }
```

執行結果
```
D:\Java\ch17>java ch17_15
動物在跑
```

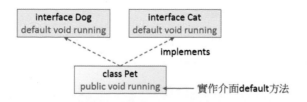

　　讀者可能會想要使用特定父介面的 Default 方法，此時可以使用下列語法：

　　　介面名稱 .super.Default 方法名稱

程式實例 ch17_16.java：擴充類別 Pet 的設計，在 running( ) 方法內增加呼叫 Dog 和 Cat 的 Default running( ) 方法。

```
12      public void running() {              // 重新定義running方法
13          System.out.println("動物在跑");
14          Dog.super.running();            // 呼叫Dog介面的running方法
15          Cat.super.running();            // 呼叫Cat介面的running方法
16      }
```

**執行結果**
```
D:\Java\ch17>java ch17_16
動物在跑
狗在跑
貓在跑
```

## 17-9 一個類別同時繼承類別與實作介面

　　假設一個類別 A 繼承了類別 B 同時實作介面 C，碰上這類狀況語法如下：

class A extends B implements C {
　　xxx;
}

程式實例 ch17_17.java：一個類別同時繼承類別與實作介面的應用，對讀者而言最重要的是第 9 行的語法。

```
1  interface Dog {                          // 定義Dog介面
2      void running();                      // 抽象running方法
3  }
4  class Horse {                            // 定義Horse類別
5      public void who() {                  // 一般方法who
6          System.out.println("我是馬");
7      }
8  }
9  class Pet extends Horse implements Dog { // Pet繼承Horse實作Dog
10     public void running() {              // 實作running方法
11         System.out.println("寵物在跑");
12     }
13 }
14 public class ch17_17 {
15     public static void main(String[] args) {
```

```
16          Pet obj = new Pet();              // 建立obj物件
17          obj.who();
18          obj.running();
19      }
20 }
```

執行結果   D:\Java\ch17>java ch17_17
我是馬
寵物在跑

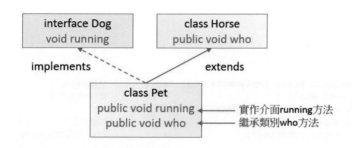

## 17-10 類別分別繼承父類別與實作介面發生方法名稱衝突

　　如果所繼承的類別的方法與實作介面的 Default 方法名稱相同，這時會發生名稱衝突，此時類別的方法有優先執行順序。如果想要執行介面的 Default 方法，可以使用下列語法。

　　介面名稱 .super.Default 方法名稱

可參考下列實例第 21 和 22 行。

程式實例 ch17_18.java：有 2 個介面分別 Dog 和 Cat，這 2 個介面有抽象方法 who 和 Default 方法 running( )。有一個 Horse 類別，這個類別有 running( ) 方法。類別 Pet 繼承類別 Horse，同時實作 Dog 和 Cat 介面的 running( ) 方法。這個程式會建立 Pet 類別物件 obj，然後第 28 行呼叫 running( ) 方法，現在會發生 running( ) 名稱相同的衝突，如果發生這個現象類別名稱優先執行，相當於是執行繼承 Horse 類別的 running( ) 方法。

```
1  interface Dog {                               // 定義Dog介面
2      void who();                               // 定義抽象方法who
3      default void running() {                  // Default running方法
4          System.out.println("狗在跑");
5      }
6  }
7  interface Cat {                               // 定義Cat介面
8      void who();                               // 定義抽象方法who
9      default void running() {                  // Default running方法
10         System.out.println("貓在跑");
11     }
12 }
13 class Horse {
14     public void running() {
15         System.out.println("馬在跑");
16     }
17 }
18 class Pet extends Horse implements Dog, Cat {  // 定義Pet類別
19     public void who() {                        // 實作who方法
20         System.out.println("我是寵物");
21         Dog.super.running();                   // Dog介面的running
22         Cat.super.running();                   // Cat介面的running
23     }
24 }
25 public class ch17_18 {
26     public static void main(String[] args) {
27         Pet obj = new Pet();                   // 建立obj物件
28         obj.running();                         // 類別優先
29         obj.who();                             // 呼叫who
30     }
31 }
```

執行結果　D:\Java\ch17>java ch17_18
馬在跑
我是寵物
狗在跑
貓在跑

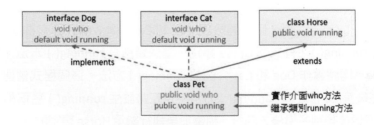

上述程式第 28 行是執行第 14-16 行所繼承 Horse 類別的 running( ) 方法，第 29 行是執行 19-23 行實作 who 方法。第 21 行是呼叫 Dog 介面的 Default 方法 running( )，第 22 行是呼叫 Cat 介面的 Default 方法 running( )。

# 17-11 多層次繼承中發生 Default 方法名稱相同

可參考下列圖形。

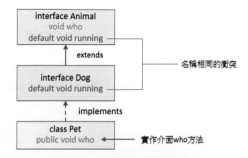

其中介面 Dog 繼承介面 Animal，類別 Pet 實作介面 Dog，如果發生 Pet 類別物件呼叫 running( ) 方法，此時發生父介面 Animal 和子介面 Dog 均有 running( ) 方法，這時是子介面的 running( ) 方法被啟動。

程式實例 ch17_19.java：多層次繼承 (Multi-Level Inheritance) 時，發生父介面 Animal 和子介面 Dog 均有 running( ) 方法，這時是子介面的 running( ) 方法被啟動。

```
1  interface Animal {                        // 定義Animal介面
2      void who();                           // 定義抽象方法who
3      default void running() {              // Default running方法
4          System.out.println("動物在跑");
5      }
6  }
7  interface Dog extends Animal {            // 定義Dog介面
8      default void running() {              // Default running方法
9          System.out.println("狗在跑");
10     }
11 }
12 class Pet implements Dog {                // 定義Pet類別
13     public void who() {                   // 實作who方法
14         System.out.println("我是動物");
15     }
16 }
17 public class ch17_19 {
18     public static void main(String[] args) {
19         Pet obj = new Pet();              // 建立obj物件
20         obj.running();                    // 子介面優先
21         obj.who();                        // 呼叫who
22     }
23 }
```

執行結果
```
D:\Java\ch17>java ch17_19
狗在跑
我是動物
```

程式第 20 行呼叫 running( ) 時是執行 Dog 介面第 8-10 行的 running( ) 方法，所以第一行輸出是 " 狗在跑 "，第 21 行呼叫 who( ) 則是執行 Pet 類別第 13-15 行的 who( ) 方法。

# 17-12　名稱衝突的鑽石 (Diamond) 問題

可參考下列圖形，如果仔細看箭頭流向類似鑽石 (Diamond)，所以又稱是鑽石問題 (Diamond problem)。

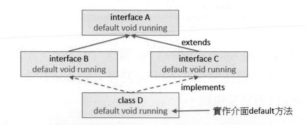

其實可以將上述拆解，先不看 interface A，那麼可以參考 17-8 節，由於類別 D 是實作介面 C 和 B，介面 C 和 B 是繼承 A，這時程式要可順利編譯必須重新定義 3 個介面共同名稱的 Default 方法 running( )，所以當類別 D 的物件呼叫 running( ) 時，是類別 D 內重新定義的 running( ) 被執行，如果要呼叫其它介面的 running( ) 方法，可以採用 " 介面名稱 .super.Default 方法名稱 "。

程式實例 ch17_20.java：鑽石方法的解析。

```
 1 interface A {                          // 定義A介面
 2     default void running() {           // Default running方法
 3         System.out.println("我是A");
 4     }
 5 }
 6 interface B extends A {                 // 定義B介面
 7     default void running() {           // Default running方法
 8         System.out.println("我是B");
 9     }
10 }
11 interface C extends A {                 // 定義C介面
12     default void running() {           // Default running方法
13         System.out.println("我是C");
14     }
15 }
```

```
16  class D implements B, C {                      // 定義D類別
17      public void running() {                    // 重新定義running方法
18          System.out.println("我是D");
19      }
20      public void who() {
21          B.super.running();
22          C.super.running();
23      }
24  }
25  public class ch17_20 {
26      public static void main(String[] args) {
27          D obj = new D();                       // 建立obj物件
28          obj.running();                         // 類別優先
29          obj.who();                             // 呼叫who
30      }
31  }
```

執行結果
```
D:\Java\ch17>java ch17_20
我是D
我是B
我是C
```

上述程式第 28 行會執行類別 D 的第 17-19 行重新定義的 running( ) 方法，第 29 行則是呼叫類別 D 第 20-23 行的 who( ) 方法。

## 習題實作題

1： 擴充設計 ch17_1.java，增加 Eagle 類別實作 Fly 介面的 flying( ) 方法，輸出 " 老鷹在飛 "，當然在主程式需要建立 Eagle 類別物件，然後呼叫 flying( ) 方法。

```
D:\Java\ex>java ex17_1
鳥在飛行
飛機在飛行
老鷹在飛
```

2： 更改設計 ch17_2.java，將類別 Rectangle 更改為立體方塊 Cube 類別，這個類別可以計算立體方塊體積，所以必須將成員變數改為長、寬、高，變數名稱可以自行設定新增變數資料是 10。將類別 Circle 更改為圓柱體 Cylinder，所以必須增加成員變數高，高度是 10，變數名稱可以自行設定。當然程式第 30-32 行對此程式而言是無意義的，可以刪除。

```
D:\Java\ex>java ex17_2
立體方塊體積     : 60.0
圓柱體積         : 125.60000000000001
```

3： 擴充設計 ch17_5.java，在 Vehicle 介面中增加下列 Default 功能：

String starting( )：可以輸出 " 車輛啟動系統檢查中 … "。

String ending( )：可以輸出 " 車輛停駐完成，車輛保全啟動中 … "。

當然你必須在主程式中呼叫以上功能。

```
D:\Java\ex>java ex17_3
TOYOTA
安全駕駛中 …
開啟警告燈
關閉警告燈
車輛啟動系統檢查中
車輛停駐完成,車輛保全啟動中
```

4： 擴充設計 ch17_10.java，增加飛行球 FlyingBall 介面，此介面有 ballFly( ) 抽象方法，Fly 類別相當於同時實作 Bird、Airplane、Flying 介面，實作 ballFly( ) 方法時需輸出 " 飛行球用球飛 "。

```
D:\Java\ex>java ex17_4
鳥用翅膀飛
飛機用引擎飛
飛行球用球飛
```

5： 有一個程式片段如下：

```
1 interface MyMath {
2     int add(int x, int y);          // 加法
3     int sub(int x, int y);          // 減法
4     int mul(int x, int y);          // 乘法
5     int div(int x, int y);          // 除法
6 }
7 interface AdvancedMath {
8     int mod(int x, int y);
9 }
10 class Cal implements MyMath, AdvancedMath {
11     // 讀者需要設計此類別內容
12
13 }
14 public class ex17_5 {
15     public static void main(String[] args) {
16         Cal obj = new Cal();              // 建立obj物件
17         System.out.println("結果 = " + obj.add(10, 5));
18         System.out.println("結果 = " + obj.sub(10, 5));
19         System.out.println("結果 = " + obj.mul(10, 5));
20         System.out.println("結果 = " + obj.div(10, 5));
21         System.out.println("結果 = " + obj.mod(10, 5));
22     }
23 }
```

請設計類別 Cal 的內容，可以得到下列結果。

```
D:\Java\ex>java ex17_5_1
結果 = 15
結果 = 5
結果 = 50
結果 = 2
結果 = 0
```

# 第十八章

# Java 包裝 (Wrapper) 類別

# 18-1 基本觀念

在 4-9-1 節筆者介紹了幾個方法可以將整數轉成字串輸出，例如：假設 a 是整數，使用 Interger.toBinaryString(a) 可以將整數 a 轉成 2 進位字串輸出，究竟這是如何辦到的？

或是下列實例可以執行 2 個不同資料型態，字串與整數相連接。

程式實例 ch18_1.java：執行字串與整數相連接。

```
1  public class ch18_1 {
2      public static void main(String[] args) {
3          int x = 5;                          // 整數x
4          String str = "wrapping";            // 建立字串str
5          System.out.println("我是整數x  " + x);
6          System.out.println("我是字串str " + str);
7          str = str + x;                      // 字串與整數連接
8          System.out.println("字串與整數的連接 " + str);
9      }
10 }
```

執行結果
```
D:\Java\ch18>java ch18_1
我是整數x  5
我是字串str wrapping
字串與整數的連接 wrapping5
```

整數不是物件，但是卻執行了好像物件的功能，其實在 Java 內每個基本資料型態 (primitive type) 皆有對應的類別，當有需要時 Java 編譯程式會自動將基本型態資料轉成相對應的類別，若是以上述為例其實是將整數轉成整數物件，所以我們可以執行上述工作。當然若是有需要時，Java 編譯程式也可以將整數物件轉成整數。

# 18-2 認識包裝類別

若是以 18-1 節為例基本資料型態指的是整數 int，在 Java 中所謂基本資料型態其實是指 8 種資料型態資料：

| 基本資料型態 | 基本資料類別 | 基本資料型態 | 基本資料類別 |
|---|---|---|---|
| boolean | Boolean | float | Float |
| bye | Bye | int | Integer |
| char | Char | long | Long |
| double | Double | short | Short |

在 java.lang 上述基本資料類別是專門用物件方式包裝基本資料型態，所以有人稱上述為類別為基本資料類別，也有人稱是包裝類別 (Wrapper class) 或是型態包裝類別 (Type-Wrapper class)。上述包裝類別的類別說明圖如下所示：

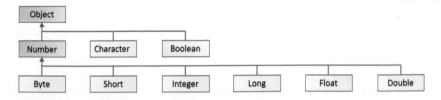

由上圖可以看出 Character 類別和 Boolean 類別的父類別是 Object 類別，其它數值型態 (Byte、Short、Integer、Long、Float、Double) 的類別基本上是 Number 類別的子類別，Number 類別其實是一個抽象類別 (abstract class)，在 Number 類別內有一些專門處理數值資料的方法，未來筆者會做說明。

## 18-3　認識自動封箱 (Autoboxing) 與拆箱 (Unboxing)

當基本型態的資料因為運算的需要，Java 編譯程式自動建立相對應的類別物件代表該資料，也可想成將資料包裝成相對應物件 ( 可想成是一個箱子 ) 代表該資料，由於這是編譯程式自動執行沒有人為操作，所以這個觀念稱自動封箱 (Autoboxing) 或是簡稱封箱 (Boxing)。

相反的，若是將 Java 編譯程式因為需要開箱將物件取出轉成一般資料型態，這個觀念稱拆箱 (Unboxing)。

下一節筆者會用程式講解這方面的知識。

## 18-4　建立包裝類別物件

這一節主要是講解下列 3 個主題：

1： 使用建構方法建立類別物件。

2： 自動封箱 (AutoBoxing) 的實例

3： 拆箱 (Unboxing) 的實例。

## 18-4-1 使用建構方法建立包裝類別物件

可以使用建構方法，建立包裝類別物件。也可以使用自動封箱 (Autoboxing) 方分
建立類別物件，下列將以實例解說。

程式實例 ch18_2.java：使用建構方法建立包裝類別物件，這個程式是用 Integer 類別
為例，同時筆者使用 getClass( ) 方法列出物件所屬的類別。

```
1  public class ch18_2 {
2      public static void main(String[] args) {
3      // 方法 1
4          int x = 5;                            // 整數x
5          Integer xObj = new Integer(x);        // 整數物件xObj
6      // 方法2
7          Integer yObj = new Integer(10);       // 整數物件yObj
8
9          System.out.println("xObj所屬類別: " + xObj.getClass());
10         System.out.println("yObj所屬類別: " + yObj.getClass());
11     }
12 }
```

執行結果
```
D:\Java\ch18>java ch18_2
xObj所屬類別 : class java.lang.Integer
yObj所屬類別 : class java.lang.Integer
```

上述筆者是用 Integer 類別為實例，其實可以將上述觀念應用在其他類別。在建立
Boolean 物件時，如果所設定的內容不是 true，則代表是 false。

程式實例 ch18_3.java：建立 Boolean 物件，同時將內容設為 "DeepStone" 並觀察執行
結果。

```
1  public class ch18_3 {
2      public static void main(String[] args) {
3          Boolean bo = new Boolean("DeepStone");  // Boolean物件bo
4          System.out.println("bo內容    : " + bo);
5          System.out.println("bo所屬類別: " + bo.getClass());
6      }
7  }
```

執行結果
```
D:\Java\ch18>java ch18_3
bo內容       : false
bo所屬類別 : class java.lang.Boolean
```

從上述執行結果可以看到物件 bo 的建構內容是 "DeepStone"，是非 true 字串，所
以列印時是 false。

## 18-4-2　自動封箱 (Autoboxing) 的實例

在 18-3 節筆者有說明自動封箱 (autoboxing) 的觀念，其實我們也可以用這個觀念直接建立類別物件。

程式實例 ch18_4.java：使用自動封箱觀念建立整數類別物件。

```
1 public class ch18_4 {
2    public static void main(String[] args) {
3    // autoboxing自動封箱方法
4       int x = 5;                          // 整數x
5       Integer xObj = x;                   // 整數物件xObj
6       System.out.println("xObj所屬類別 : " + xObj.getClass());
7    }
8 }
```

執行結果
```
D:\Java\ch18>java ch18_4
xObj所屬類別 : class java.lang.Integer
```

程式實例 ch18_5.java：將第 4-5 行簡化為 1 行，重新設計 ch18_4.java。

```
1 public class ch18_4 {
2    public static void main(String[] args) {
3    // autoboxing自動封箱方法
4       Integer xObj = 5;                   // 整數物件xObj
5       System.out.println("xObj所屬類別 : " + xObj.getClass());
6    }
7 }
```

執行結果　與 ch18_4.java 相同。

第 12-1 節筆者說明了字元 (Character) 資料，當時並沒有說明字元物件的觀念，其實我們可以使用上述方式建立字元物件。

程式實例 ch18_6.java：建立字元物件。

```
1 public class ch18_6 {
2    public static void main(String[] args) {
3    // autoboxing自動封箱方法
4       Character ch = 'a';                 // 字元物件ch
5       System.out.println("ch所屬類別 : " + ch.getClass());
6    }
7 }
```

執行結果
```
D:\Java\ch18>java ch18_6
ch所屬類別 : class java.lang.Character
```

　　讀者需留意，上述筆者是用建立物件方式說明編譯程式使用了自動封箱的概念，其實在程式中時時可以見到應用自動封箱的例子，也就是說自動封箱不是一定發生在建立類別物件。

## 18-4-3　拆箱的實例

　　程式設計時當有需要時，編譯程式就會自動執行拆箱 (Unboxing) 工作。

程式實例 ch18_7.java：編譯程式自動封箱與拆箱的實例。

```
1 public class ch18_7 {
2     public static void main(String[] args) {
3     // autoboxing
4         Integer x = 10;                    // autoboxing自動封箱
5         x = x + 20;                        // unboxing拆箱
6         System.out.println(x);
7     }
8 }
```

執行結果
```
D:\Java\ch18>java ch18_7
30
```

　　上述第 5 行是執行整數物件 x 和 20 相加，這時編譯程式就會自動執行拆箱，所以變成整數 x 加 20。

## 18-5　使用 valueOf( ) 建立物件

　　本節開始所介紹的 Number 類別方法，這些方法已經被數值型態 (Byte、Short、Integer、Long、Float、Double) 的類別實作了，所以我們可以順利使用它們。

　　ValueOf( ) 是一個 static 方法，它有 3 種使用格式：

static Integer valueOf(int i)　　　　　　　　// 傳回整數物件
static Integer valueOf(String s)　　　　　　 // 字串轉為整數傳回整數物件
static Integer valueOf(String s, int radix)　 // 傳回基底為 radix 的整數物件

　　上述是以整數 Integer 為實例，也可以將它應用在其它 Number 類別。另外，上述 i 代表整數，s 代表字串此字串內含整數資料，radix 是基底由此決定返回的物件值。

程式實例 ch18_8.java：將 valueOf( ) 應用在整數。

```
1 public class ch18_8 {
2     public static void main(String[] args) {
3         Integer x = Integer.valueOf(10);
4         Integer y = Integer.valueOf("101");
5         Integer b2 = Integer.valueOf("10111", 2);      // 基底2進位
6         Integer b8 = Integer.valueOf("15", 8);         // 基底8進位
7         Integer b16 = Integer.valueOf("18a", 16);      // 基底16進位
8         System.out.println(x);
9         System.out.println(y);
10        System.out.println(b2);
11        System.out.println(b8);
12        System.out.println(b16);
13        System.out.println(x.getClass());              // 列出傳回值類別
14    }
15 }
```

執行結果
```
D:\Java\ch18>java ch18_8
10
101
23
13
394
class java.lang.Integer
```

上述特別需留意的是 valueOf(String s, int radix)，radix 是基底，s 字串內容不可以有超出基底的資料。例如：如果基底設為 2，s 字串內容不可以有非 1 或 0 的值，如果有則在程式執行期間會有錯誤。如果基底設為 8，s 字串內容不可以有 8、9 或 10 的值，如果有則在程式執行期間 (runtime) 會有錯誤。

程式實例 ch18_9.java：將 valueOf( ) 應用在其他類型的資料。

```
1 public class ch18_9 {
2     public static void main(String[] args) {
3         Double x = Double.valueOf(10);                 // Double類別
4         Float y = Float.valueOf("101");                // Float類別
5         System.out.println(x);
6         System.out.println(y);
7         System.out.println(x.getClass());              // 列出傳回值x類別
8         System.out.println(y.getClass());              // 列出傳回值y類別
9     }
10 }
```

執行結果
```
D:\Java\ch18>java ch18_9
10.0
101.0
class java.lang.Double
class java.lang.Float
```

## 18-6 取得 Number 類別物件的值

Number 抽象類別有一個 xxxValue( ) 方法，可以將包裝物件轉換成 xxx 資料型態然後傳回。

| | |
|---|---|
| byte byteValue( ); | // byte 資料傳回 |
| short shortValue( ); | // short 資料傳回 |
| int intValue( ); | // int 資料傳回 |
| long longValue( ); | // long 資料傳回 |
| float floatValue( ); | // float 資料傳回 |
| double doubleValue( ); | // double 資料傳回 |

特別需留意的是溢位 (overflow)，也就是如果資料大於轉換結果資料可以容納的範圍，這時結果可能不可預期，可參考下列實例。

程式實例 ch18_10.java：xxxValue( ) 方法的應用。

```
1  public class ch18_10 {
2      public static void main(String[] args) {
3          Integer x = new Integer(1000);                        // Integer類別
4          Double y = new Double(22.3456);                       // Double類別
5          System.out.println("intValue(x)    : " + x.intValue());
6          System.out.println("byteValue(x)   : " + x.byteValue());
7          System.out.println("doubleValue(x) : " + x.doubleValue());
8          System.out.println("intValue(y)    : " + y.intValue());
9          System.out.println("byteValue(y)   : " + y.byteValue());
10         System.out.println("doubleValue(y) : " + y.doubleValue());
11     }
12 }
```

執行結果

```
D:\Java\ch18>java ch18_10
intValue(x)    : 1000
byteValue(x)   : -24
doubleValue(x) : 1000.0
intValue(y)    : 22
byteValue(y)   : 22
doubleValue(y) : 22.3456
```

上述第 2 行輸出結果是溢位，此時輸出結果無法預期。另外，也可以留意經過 xxxValue( ) 方法後，是可以更改原先物件資料類型。例如：x 是整數類別物件，第 3 行輸出轉換成 double 資料型態。y 是 Double 類別物件，第 4 行輸出轉成 int 資料型態。

# 18-7 包裝類別的常數

除了 Boolean 類別外,其他的包裝類別均有下列 3 個常數:

MAX_VALUE:最大值

MIN_VALUE:最小值

SIZE:二進制位數

有了上述常數,我們可以很容易獲得任一種資料型態的最大值、最小值和特定資料所佔的二進制位數,也可想成記憶體空間大小。

程式實例 ch18_11.java:列出基本資料型態的最大值、最小值和特定資料所佔的二進制位數。

```java
1  public class ch18_11 {
2      public static void main(String[] args) {
3          System.out.println("byte 二進制位數:" + Byte.SIZE);
4          System.out.println("最大值:Byte.MAX_VALUE:" + Byte.MAX_VALUE);
5          System.out.println("最小值:Byte.MIN_VALUE:" + Byte.MIN_VALUE + "\n");
6
7          System.out.println("short 二進制位數:" + Short.SIZE);
8          System.out.println("最大值:Short.MAX_VALUE:" + Short.MAX_VALUE);
9          System.out.println("最小值:Short.MIN_VALUE:" + Short.MIN_VALUE + "\n");
10
11         System.out.println("Integer 二進制位數:" + Integer.SIZE);
12         System.out.println("最大值:Integer.MAX_VALUE:" + Integer.MAX_VALUE);
13         System.out.println("最小值:Integer.MIN_VALUE:" + Integer.MIN_VALUE + "\n");
14
15         System.out.println("Long 二進制位數:" + Long.SIZE);
16         System.out.println("最大值:Long.MAX_VALUE:" + Long.MAX_VALUE);
17         System.out.println("最小值:Long.MIN_VALUE:" + Long.MIN_VALUE + "\n");
18
19         System.out.println("Float 二進制位數:" + Float.SIZE);
20         System.out.println("最大值:Float.MAX_VALUE:" + Float.MAX_VALUE);
21         System.out.println("最小值:Float.MIN_VALUE=" + Float.MIN_VALUE + "\n");
22
23         System.out.println("Double 二進制位數:" + Double.SIZE);
24         System.out.println("最大值:Double.MAX_VALUE:" + Double.MAX_VALUE);
25         System.out.println("最小值:Double.MIN_VALUE:" + Double.MIN_VALUE + "\n");
26
27         System.out.println("Character 二進制位數:" + Character.SIZE);
28         System.out.println("最大值:Character.MAX_VALUE:"  + (int) Character.MAX_VALUE);
29         System.out.println("最小值:Character.MIN_VALUE:"  + (int) Character.MIN_VALUE);
30     }
31 }
```

| 執行結果 | D:\Java\ch18>java ch18_11 |
| --- | --- |

```
byte 二進制位數：8
最大值：Byte.MAX_VALUE:127
最小值：Byte.MIN_VALUE:-128

short 二進制位數：16
最大值：Short.MAX_VALUE:32767
最小值：Short.MIN_VALUE:-32768

Integer 二進制位數：32
最大值：Integer.MAX_VALUE:2147483647
最小值：Integer.MIN_VALUE:-2147483648

Long 二進制位數：64
最大值：Long.MAX_VALUE:9223372036854775807
最小值：Long.MIN_VALUE:-9223372036854775808

Float 二進制位數：32
最大值：Float.MAX_VALUE:3.4028235E38
最小值：Float.MIN_VALUE=1.4E-45

Double 二進制位數：64
最大值：Double.MAX_VALUE:1.7976931348623157E308
最小值：Double.MIN_VALUE:4.9E-324

Character 二進制位數：16
最大值：Character.MAX_VALUE:65535
最小值：Character.MIN_VALUE:0
```

　　此外 Float 和 Double 類別另外有 3 個常數。分別是 NaN、NEGATIVE_INFINITY、POSITIVE_INFINITY，我們也可以用程式列出其值。

程式實例 ch18_12.java：列出 NaN、NEGATIVE_INFINITY、POSITIVE_INFINITY 內容。

```
1 public class ch18_12 {
2     public static void main(String[] args) {
3         System.out.println("Float.NaN:" + Float.NaN);
4         System.out.println("Float.NEGATIVE_INFINITY=" + Float.NEGATIVE_INFINITY);
5         System.out.println("Float.POSITIVE_INFINITY=" + Float.POSITIVE_INFINITY);
6         System.out.println("Double.NaN:" + Double.NaN);
7         System.out.println("Double.NEGATIVE_INFINITY=" + Double.NEGATIVE_INFINITY);
8         System.out.println("Double.POSITIVE_INFINITY=" + Double.POSITIVE_INFINITY);
9     }
10 }
```

| 執行結果 | D:\Java\ch18>java ch18_12 |
| --- | --- |

```
Float.NaN:NaN
Float.NEGATIVE_INFINITY=-Infinity
Float.POSITIVE_INFINITY=Infinity
Double.NaN:NaN
Double.NEGATIVE_INFINITY=-Infinity
Double.POSITIVE_INFINITY=Infinity
```

## 18-8　將基本資料轉成字串 toString( )

Java 也可以使用 toString( ) 將基本資料轉成字串，方法如下，下列方法也適合使用其它基本資料型態：

String toString( )：將基本資料變數轉成字串

static String toString(int i)：將特定的整數 i 轉成字串。

程式實例 ch18_13.java：將基本資料轉成字串的應用。

```
1  public class ch18_13 {
2     public static void main(String[] args) {
3        Integer x = 32;                            // Integer類別
4        Double y = 123.456;                        // Double類別
5        System.out.println(x.toString());
6        System.out.println(Integer.toString(200));
7        System.out.println(y.toString());
8        System.out.println(Double.toString(456.789));
9     }
10 }
```

執行結果
```
D:\Java\ch18>java ch18_13
32
200
123.456
456.789
```

另外如果想將整數轉成 2 進制、8 進制或 16 進制可複習 4-9-1 節。

## 18-9　將字串轉成基本資料型態 parseXXX( )

這個方法 parseXXX( ) 可以將字串轉成基本資料，XXX 是指資料型態，是這個功能特別適合使用在讀取螢幕輸入，可以先用字串方式讀入，然後再將輸入資料轉成適當類型，它可以有 1 個參數或 2 個參數。

static int parseInt(String s, int radix)　　// parseByte, parseShort, parseInt, parseLong
static int parseInt(String s)　　　　　　　// 除了上述也適用 parseFloat, parseDouble

也可以將上述 radix 設定字串是 2、8、10、16 進制。

程式實例 ch18_14.java：parseInt( ) 和 parseDouble( ) 方法的應用。

```
 1  public class ch18_14 {
 2      public static void main(String[] args) {
 3          int i = Integer.parseInt("127");
 4          int i2 = Integer.parseInt("101", 2);       // 字串是2進制
 5          int i8 = Integer.parseInt("101", 8);       // 字串是8進制
 6          int i16 = Integer.parseInt("101", 16);     // 字串是16進制
 7          double d = Double.parseDouble("100.0123");  // 字串是Double類別
 8
 9          System.out.println(i);
10          System.out.println(i2);
11          System.out.println(i8);
12          System.out.println(i16);
13          System.out.println(d);
14      }
15  }
```

執行結果
```
D:\Java\ch18>java ch18_14
127
5
65
257
100.0123
```

特別留意在 parseInt(String s, radix) 方法下，如果設定 radix，則字串 s 的內容不可有不合法的字串，否則會在程式執行階段 (runtime) 發生錯誤。例如：若是將下列是錯誤的範例。

```
parseInt("120", 2);        // 2 進制由 0 或 1 組成不可有 2
parseInt("810", 8);        // 8 進制由 0, 1 … 7 組成不可有 8
```

# 18-10 比較方法

## 18-10-1 比較是否相同 equals( )

這個方法可以比較 2 個物件是否相同，可以適合使用在所有包裝類別物件，主要是將呼叫的物件與參數物件做比較。

public boolean equals(Object obj)

如果相同則傳回 true 否則傳回 false，相等的條件是參數有相同物件型態、同時值相同。

程式實例 ch18_15.java：equals( ) 的應用。

```
1  public class ch18_15 {
2      public static void main(String[] args) {
3          Integer a = 10;
4          Integer b = 20;
5          Integer c = 10;
6          short d = 10;
7          Boolean e = true;
8          Boolean f = false;
9          Boolean g = true;
10
11         System.out.println(a.equals(b));
12         System.out.println(a.equals(c));
13         System.out.println(a.equals(d));
14         System.out.println(e.equals(f));
15         System.out.println(e.equals(g));
16     }
17 }
```

執行結果
```
D:\Java\ch18>java ch18_15
false
true
false
false
true
```

## 18-10-2　比較大小 compareTo( )

這個比較大小方法適用在 Number 物件，可以將呼叫方法物件與方法內的參數物件做比較。注意必須相同資料型態才可以比較，否則會有執行時期 (runtime) 的錯誤。

public int compareTo(NumberSubClass referenceName)

如果呼叫方法物件小於參數則傳回 -1。

如果呼叫方法物件等於參數則傳回 0。

如果呼叫方法物件大於參數則傳回 1。

程式實例 ch18_16.java：比較大小 compareTo( ) 的應用。

```
1  public class ch18_16 {
2      public static void main(String[] args) {
3          Integer a = 10;
4          Integer b = 20;
5
6          System.out.println(a.compareTo(b));
7          System.out.println(a.compareTo(5));
8          System.out.println(a.compareTo(10));
9          System.out.println(a.compareTo(15));
10     }
11 }
```

執行結果　
```
D:\Java\ch18>java ch18_16
-1
1
0
-1
```

## 習題實作題

1： valueOf( ) 方法的測試，這是一系列 2 進位資料。

　　a：1010　　　　　　　b：11111111　　　　c：100100

　　請計算 valueOf("x", 2) 的結果，x 是上述值。

```
D:\Java\ex>java ex18_1
1010     = 10
11111111 = 255
100100   = 36
```

2： 請使用習題 1 的數據，請計算 valueOf("x", 8) 的結果。

```
D:\Java\ex>java ex18_2
1010     = 520
11111111 = 2396745
100100   = 32832
```

3： 請使用習題 1 的數據，請計算 valueOf("x", 16) 的結果。

```
D:\Java\ex>java ex18_3
1010     = 4112
11111111 = 286331153
100100   = 1048832
```

4： valueOf( ) 方法的測試，這是一系列 16 進位資料。

　　a：101f　　　　　　　b：1111aaff　　　　c：10010f

```
D:\Java\ex>java ex18_4
101f     = 4127
1111aaff = 286370559
10010f   = 1048847
```

5： 有下列資料，請用 intValue( ) 列出結果。

a：100　　　　　　b：50　　　　　　　c：60

```
D:\Java\ex>java ex18_5
intValue(x) : 100
intValue(x) : 50
intValue(x) : 60
```

6： 有下列資料，請用 doubleValue( ) 列出結果。

a：100　　　　　　b：50　　　　　　　c：60

```
D:\Java\ex>java ex18_6
DoubleValue(100) : 100.0
DoubleValue(50)  : 50.0
DoubleValue(60)  : 60.0
```

7： 請參考 ch18_11.java，但是改為輸入類別名稱，本程式可以列出此類別的最大值、最小值、二進制位數。在輸入時可以接受第一個字母是大寫或小寫，例如：Short 或 short 皆可以被接受，如果輸入不是類別名稱，則輸出輸入錯誤。

```
D:\Java\ex>java ex18_7
請輸入資料型態 : short
short 二進制位數：16
最大值：Short.MAX_VALUE:32767
最小值：Short.MIN_VALUE:-32768


D:\Java\ex>java ex18_7
請輸入資料型態 : Float
Float 二進制位數：32
最大值：Float.MAX_VALUE:3.4028235E38
最小值：Float.MIN_VALUE=1.4E-45


D:\Java\ex>java ex18_7
請輸入資料型態 : data
輸入錯誤
```

8: 請輸入任意 2 個數字，第一個數字是 A，第二個數字是 B，本程式用讀取字串方式
讀取，然後解析 A 與 B 的比較關係。列出 "A > B" 或 "A == B" 或 A < B"。

```
D:\Java\ex>java ex18_8
請輸入整數資料 A：30
請輸入整數資料 B：20
A > B

D:\Java\ex>java ex18_8
請輸入整數資料 A：10
請輸入整數資料 B：10
A = B

D:\Java\ex>java ex18_8
請輸入整數資料 A：10
請輸入整數資料 B：20
A < B
```

# 第十九章

# 設計套件 (Package)

在 14-3 節筆者有介紹當程式太長時，可以將類別獨立成一個檔案，因此在程式實例 ch14_19.java 中，一個程式被拆成 3 個檔案，同時筆者也敘述了將類別拆成獨立檔案的優點，本章所述的設計套件 (package) 基本上是該節觀念的擴充，特別是規劃企業的大型程式時，很少是由一個人獨力完成，如果你是一個大型程式設計的主持人，有了本章的觀念適切的規劃與分工，將可以讓你事半功倍。

此外在大型程式分割時，每一個獨立的檔案，必須將類別宣告為 public，在套件中則依存取控制而定，本章也將講解這方面的知識。

# 19-1 複習套件名稱的匯入

## 19-1-1 基本觀念

在 4-9 節和 4-10 節筆者有說明套件 (Package) 匯入 (import) 的聲明，當時由於我們尚未進入 Java 的物件導向主題，因此只能初淺的說明，經過前面 18 個章節的洗禮，應該是筆者完整說明套件使用與設計的時候了。

整個套件和類別的關係就好像是作業系統 (Operating System) 資料夾與檔案的關係，若以 4-9-2 所匯入的 java.util.Scanner 類別為例，我們可以說套件名稱是 java.util，類別名稱是 Scanner。如果再更進一步細分，我們說 Scanner 類別屬於 java 套件中的 util 套件，util 是 java 的子套件。

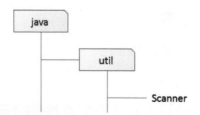

在套件結構中各套件間是用 "." 分隔，以及套件與類別間也是用 "." 分隔。有時候我們可以稱 util 是 java 的子套件，但是大多時候我們是用 java.util 形容這個套件。對於上述 Scanner 類別而言，如果我們稱之為 "java.util.Scanner"，這種表示法稱完整名稱 (fully qualified name)。如果我們直接用 "Scanner" 類別稱之，這種表示法稱簡名 (simple name)。

如果以作業系統的觀念來看，我們可以說在 java 資料夾下的 util 資料夾有一個文件 Scanner。例如：在 Windows 作業系統可以用 java\util\Scanner 表示，在 Unix 或

Linux 可以用 java/util/Scanner 表示。

在類別名稱匯入宣告 (class type import declaration) 中，可以使用 2 種方式宣告。

❑　單類別匯入宣告 (single class type import declaration)

它的宣告方式如下：

　　import 完整名稱；

當我們的程式使用上述宣告時，程式內容就可以使用簡名 (simple)。

程式實例 ch19_1.java：匯入 (import) 完整名稱，然後程式內容可以使用簡名導入類別，請輸入半徑，這個程式可以計算圓周長。

```
1  import java.util.Scanner;                      // 單類別匯入聲明
2  public class ch19_1 {
3      public static void main(String[] args) {
4          double r;
5          Scanner scanner = new Scanner(System.in);
6
7          System.out.print("請輸入圓半徑 : ");
8          r = scanner.nextDouble();               // 讀取半徑
9          System.out.println("圓周長 : " + (2 * Math.PI * r));
10     }
11 }
```

執行結果
```
D:\Java\ch19>java ch19_1
請輸入圓半徑 : 10
圓周長 : 62.83185307179586
```

上述因為程式第一行有單類別匯入宣告 (single class type import declaration)，所以程式第 5 行可以使用 Scanner 簡名。

程式實例 ch19_2.java：重新設計 ch19_1.java，但是程式第一行沒有單類別匯入宣告，所以程式第 5 行必須使用完整名稱。

```
1  public class ch19_2 {
2      public static void main(String[] args) {
3          double r;
4          java.util.Scanner scanner = new java.util.Scanner(System.in);
5
6          System.out.print("請輸入圓半徑 : ");
7          r = scanner.nextDouble();               // 讀取半徑
8          System.out.println("圓周長 : " + (2 * Math.PI * r));
9      }
10 }
```

執行結果　與 ch19_1.java 相同。

❑　依需求匯入類別宣告 (class types import on demand declaration)

如果程式需到宣告套件內的多個類別，依照單類別匯入宣告它的工作量會變得很大，Java 提供下列簡便的宣告方式：

　　import 套件名稱 .*;

在這種宣告下，套件內所有的類別名稱皆可以使用簡名，許多人會誤以為上述宣告是將套件所有的類別名稱匯入，其實我們若看它的英文字義 "on demand declaration"，原意是依需求，所以只有程式有用到的類別名稱才會被匯入，然後我們可以用簡名的方式在程式內引用它們。

程式實例 ch19_3.java：這是一個猜數字遊戲，所猜的數字介於 0-9 之間。程式主要是講解依需求匯入類別宣告的應用，這個程式會使用 java.util 套件內的 Random 和 Scanner 類別，因為在第一行已經使用 "import java.util.*"，所以程式內可以使用簡名，可參考第 4 行和第 7 行。

```
1  import java.util.*;                                  // 依需求匯入類別宣告
2  public class ch19_3 {
3      public static void main(String[] args) {
4          Random ran = new Random();                   // 屬於java.util.Random
5          int pwd = ran.nextInt(10);                   // 產生0-9間的目標數字
6          int num;                                     // 儲存所猜數字
7          Scanner scanner = new Scanner(System.in);    // 屬於java.util.Scanner
8
9          for ( ; ; ) {                                // 這是無限迴圈
10             System.out.print("請猜0-9的數字：");
11             num = scanner.nextInt();                 // 讀取輸入數字
12             if ( num == pwd ) {                      // 如果猜對
13                 System.out.println("恭喜猜對了!!");
14                 break;
15             }
16             if ( num > pwd )                         // 提示使用者猜數字方向
17                 System.out.println("猜錯了請猜小一點!!");
18             else
19                 System.out.println("猜錯了請猜大一點!!");
20         }
21     }
22 }
```

執行結果
```
D:\Java\ch19>java ch19_3
請猜0-9的數字：5
猜錯了請猜大一點!!
請猜0-9的數字：7
恭喜猜對了!!
```

這裡筆者再補充一次，"import java.util.*" 是只匯入程式有需求的類別名稱，所以上述程式其實只有匯入 "java.util.Random" 和 "java.util.Scanner"。

## 19-1-2 不同套件名稱衝突

在我們使用套件時，可能會發生不同套件內有相同的名稱，這時就會發生名稱衝突的問題，例如：在 java.util 和 java.sql 套件內皆有 Date 類別，如果我們使用下列方式設計程式就會發生錯誤。

```
import java.sql.*;
import java.util.*;
…
Date date = new Date( );                 // 錯誤發生
```

上述錯誤原因是，當使用簡名建立物件 date 時，編譯程式不知是要使用那一個套件的 Date 類別產生模糊 (ambiguous)。

程式實例 ch19_4.java：不同套件名稱衝突產生編譯錯誤。

```
1 import java.util.*;                    // 依需求匯入java.util類別宣告
2 import java.sql.*;                     // 依需求匯入java.sql類別宣告
3 public class ch19_4 {
4    public static void main(String[] args) {
5       Date date = new Date();          // 錯誤宣告
6    }
7 }
```

執行結果
```
D:\Java\ch19>javac ch19_4.java
ch19_4.java:5: error: reference to Date is ambiguous
                Date date = new Date();                // 錯誤宣告
                ^
   both class java.sql.Date in java.sql and class java.util.Date in java.util mat
ch
ch19_4.java:5: error: reference to Date is ambiguous
                Date date = new Date();                // 錯誤宣告
                ^
   both class java.sql.Date in java.sql and class java.util.Date in java.util mat
ch
2 errors
```

因此，在有名稱衝突時需要使用完整名稱 (fully qualified name)，設計如下所示：

```
import java.sql.*;
import java.util.*;
…
java.util.Date date1 = new java.util.Date( );           // Date 使用 java.util 套件
```

程式實例 ch19_5.java：重新設計 ch19_4.java，使用完整名稱方式建立類別物件。

```
1 import java.util.*;                              // 依需求匯入java.util類別宣告
2 import java.sql.*;                               // 依需求匯入java.sql類別宣告
3 public class ch19_5 {
4     public static void main(String[] args) {
5         java.util.Date date = new java.util.Date(); // 完整名稱建立物件
6     }
7 }
```

執行結果 這個程式編譯正確，但是沒有輸出。

　　為了避免上述情況發生，資深的 Java 程式設計師其實在程式設計時比較喜歡採用單類別匯入宣告。

## 19-1-3　套件層次宣告的注意事項

　　在依需求匯入類別宣告時需要特別留意套件層次，例如：在 java 套件內的 util 套件內的 jar 套件內有 JarFile 類別，完整名稱是 "java.util.jar.JarFile" 如果要匯入時，必須完全列出各層的套件，下列是正確的匯入語法。

　　　　import java.util.jar.*　　　　　　// 正確，完全列出各層套件

下列是錯誤的匯入語法。

　　　　import java.util.*　　　　　　　　// 錯誤，沒有完全列出各層套件

## 19-1-4　靜態 static 成員匯入宣告

　　除了類別匯入宣告外，Java 也允許使用 import 執行靜態 static 成員的匯入，這種匯入稱靜態匯入 (static import)，語法如下：

　　　　import static 類別名稱 . 變數名稱 ;　　// 單靜態變數匯入宣告

　　　　import static 類別名稱 .*;　　　　　　// 依需求匯入靜態方法宣告

程式實例 ch19_6.java：使用單靜態變數匯入宣告重新設計 ch19_1.java，可參考第 2 行，然後可參考第 10 行，可以使用 PI 取代 Math.PI。

```
1 import java.util.Scanner;                        // 單類別匯入宣告
2 import static java.lang.Math.PI;                 // 單靜態常數匯入宣告
3 public class ch19_6 {
4     public static void main(String[] args) {
5         double r;
```

```
6            Scanner scanner = new Scanner(System.in);
7
8            System.out.print("請輸入圓半徑 : ");
9            r = scanner.nextDouble();                    // 讀取半徑
10           System.out.println("圓周長 : " + (2 * PI * r));   // 省略了Math.
11       }
12 }
```

執行結果 與 ch19_1.java 相同。

在 java.lang 套件 Math 類別有一系列的靜態方法,下列將分成沒有依需求匯入靜態方法與有依需求匯入靜態方法做說明。

程式實例 ch19_7.java:沒有依需求匯入靜態方法,處理數學運算,所以這時呼叫方法時需要使用完整名稱,Math 類別名稱 . 靜態成員名稱,可參考第 3 和 4 行。

```
1 public class ch19_7 {
2    public static void main(String[] args) {
3        System.out.println(Math.abs(10));        // 絕對值運算
4        System.out.println(Math.sqrt(4));        // 求平方根
5    }
6 }
```

執行結果
```
D:\Java\ch19>java ch19_7
10
2.0
```

程式實例 ch19_8.java:重新設計 ch19_7.java,有依需求匯入靜態方法可參考第 1 行,處理數學運算,所以這時呼叫方法時可以使用簡名,省略 Math 類別名稱,可參考第 4 和 5 行。

```
1 import static java.lang.Math.*;              // 靜態方法匯入宣告
2 public class ch19_8 {
3    public static void main(String[] args) {
4        System.out.println(abs(10));        // 絕對值運算
5        System.out.println(sqrt(4));        // 求平方根
6    }
7 }
```

執行結果 與 ch19_7.java 相同。

螢幕顯示與鍵盤輸入分別是 System.out 和 System.in,其實我們也可以匯入它們,然後就可以使用 out 和 in 執行輸出和輸入。

程式實例 ch19_9.java：重新設計 ch19_6.java，匯入 System.out 和 System.in，然後在程式內使用簡名。

```
 1  import java.util.Scanner;                      // 單類別匯入宣告
 2  import static java.lang.Math.PI;               // 單靜態變數匯入宣告
 3  import static java.lang.System.in;             // 單靜態變數in匯入宣告
 4  import static java.lang.System.out;            // 單靜態變數out匯入宣告
 5  public class ch19_9 {
 6      public static void main(String[] args) {
 7          double r;
 8          Scanner scanner = new Scanner(in);       // in取代System.in
 9
10          out.print("請輸入圓半徑 : ");            // out取代System.out
11          r = scanner.nextDouble();                // 讀取半徑
12          out.println("圓周長 : " + (2 * PI * r)); // out取代System.out
13      }
14  }
```

執行結果 　與 ch19_6.java 相同。

　　雖然我們獲得了想要的結果，但是上述程式只是筆者要講解套件的 import 功能所舉的實例，可以用炫形容上述程式，實用上筆者不建議讀者使用這種方式設計程式，因為 in 和 out 會迷惑一些 Java 程式設計師。

## 19-2 設計 Java 套件基礎知識

　　所謂的 Java 套件指的是一群類似介面 (Interfaces)、類別 (Classes) 和子套件 (sub-packages) 所組成的，基本上我們可以將 Java 的套件分為 2 種類型。

❏ Java 內建套件 (built-in package)，例如：lang、awt、io、swing、… 等，聰明的使用這些套件可以讓我們未來設計 Java 程式時可以事半功倍。

❏ 使用者定義套件 (user-defined package)，這也是本章的主題，筆者將在本章介紹設計和使用套件的相關知識。

　　當程式越來越大時，我們也可以在套件 (Package) 內建立子套件 (Subpackage)，下列是 Java 內建套件簡化圖。

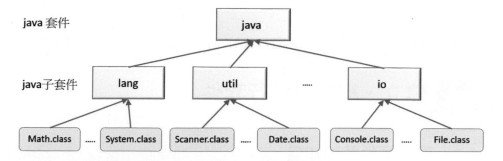

其實整個 Java 套件的結構簡化圖可參考上圖，我們外部看 java 可以將 java 視為是一個套件，然後 java.lang 可以視為是 java 套件的子套件，當然 java.util 和 java.io 也可以視為是 java 套件的子套件。每個子套件下面可能有更小的子套件或是類別，如上圖所示。但是當我們在設計套件時，可以將單獨設計的套件稱是套件，如果我們設計的程式複雜，也可以在所設計的套件內增加設計子套件。

# 19-3　Java 套件的優點

使用 Java 套件觀念規劃大型程式優點如下：

❑　解決類別名稱的衝突 (name collision)

當規劃大型程式時，很重要的觀念是要將所設計的類別與大家共享，在共享類別階段難免會發生類別名稱相同的問題，這時會發生 2 種可能。

第一是要求分享者更改類別名稱，這時分享者的程式將需要重新處理，同時如果已經有其他人引用這些類別的程式也需要更改，這將是一件很大的工程，同時在修改的過程也容易發生錯誤。

第二是修改自己的程式，同樣的自己程式所有相關的類別名稱均需要修改，雖然這次修改完成，但是難保下次不會碰上同樣的情形，造成程式維護的困難。

不用擔心，筆者將會完整說明 Java 套件如何處理這類問題，讓整個名稱衝突問題將不再是問題。

❑　將類別依功能分類

在規劃程式時可以依功能將類別分類管理，這樣可以讓未來程式的維護與管理變的簡單。

❑　保護存取控制

在 Java 套件下，可以提供各類別的存取控制，這樣可以讓你的程式獲得更好的保護。

# 19-4　建立、編譯與執行套件

## 19-4-1　建立套件基礎知識

建立套件第一步是將類別包裝在套件中，這時需使用 package 關鍵字，相當於要將包裝在套件中的所有類別檔案第一行加上下列敘述。

　　package　　套件名稱;

假設所建的套件名稱是 myMath，則第一行敘述如下：

　　package　　myMath;　　　　　　　　// 套件第一個字母是小寫

如果讀者留意一下可以發現套件 java、lang、util 第一個字母皆是小寫，其實這是套件命名規則。

一個 Java 程式可以沒有套件 (package) 的宣告，但是不可以有 2 個以上套件的宣告，也就是可以存在 0 或 1 個套件宣告。如果一個 Java 程式沒有套件宣告，我們稱這個程式的類別屬於無名套件 (unnamed package)，其實我們前面章節所有的程式皆屬於無名套件。無名套件內的類別完整名稱和簡名是一樣的，在實際應用上短小的、測試用或是用完就丟的類別建議是放入無名套件。其它有用的，未來可以供自己或他人引用的則是建議要將它們放入套件內。

假設有一個套件 myMath，這個套件下有 Add 和 Mul 類別，相關說明圖如下：

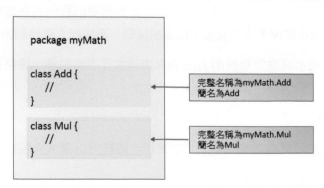

在建立套件時需留意套件名稱與類別名稱不要同名，不過如果讀者有遵循 Java 命名規則，則不會有這種現象產生，因為類別名稱第一個字母是大寫，套件第一個字母是小寫。

在同一個套件中，可以使用簡名執行類別間互相呼叫引用。

## 19-4-2 套件與資料夾

建立套件最簡單方式是將類別程式碼 ( 副檔名是 java) 與類別文件 ( 副檔名是 class) 放在與套件相同名稱的資料夾中，其中類別程式碼是我們設計的程式檔案，我們須將類別程式碼編譯為類別文件。

❏ 專案 ch19_10：以下內容是在 ch19_10 資料夾。

此專案要建的套件名稱是 myMath 在執行建立套件的專案前，首先要在目前工作資料夾下建立以套件名稱為名的資料夾 myMath，然後將類別程式碼建在此套件為名稱的資料夾內。

程式實例 CalAdd.java：建立簡單數學套件 myMath，在這個套件內只有一個類別檔案 CalAdd.java，這個類別檔案的 CalAdd 類別主要是包含一個執行加法運算的 add( ) 方法，功能是是將所傳入的值相加後回傳。

```
1 package myMath;                    // 建立套件myMath
2 public class CalAdd {              // 類別名稱是CalAdd
3     public int add(int x, int y){
4         return x + y;              // 傳回加法運算結果
5     }
6 }
```

上述建立 CalAdd.java 程式碼成功後，這時的資料夾結構如下：

由於此方法計畫給外部類別使用，所以第 2 行宣告為 public。

## 19-4-3　編譯套件

如果我們沒有使用任何 Java 整合環境軟體，當然首先是要進入以套件名稱為名的
資料夾 myMath，然後在 DOS 命令提示字元環境可以使用下列語法編譯套件。

javac 檔案名稱　　　　　　　// 此例：相當於 "javac CalAdd.java"

下列是筆者進入 myMath 資料夾成功編譯 CalAdd.java 的畫面。

D:\Java\ch19\ch19_10\myMath>javac CalAdd.java

D:\Java\ch19\ch19_10\myMath>

其實在 DOS 提示訊息環境，也可以在 D:\Java\ch19\ch19_10 編譯底下 myMath 資
料夾內的 CalAdd.java，可參考下列實例。

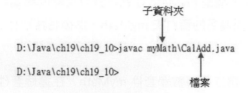

編譯成功後，可以在 myMath 資料夾內建立類別文件 CalAdd.class，這時的資料夾
結構如下：

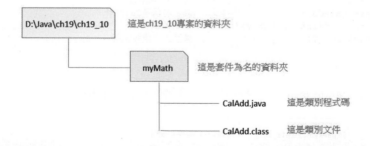

## 19-4-4　執行套件

下列是筆者設計的 ch19_10.java 內容，主要是在程式前方 import 我們所建的套件
myMath，這個程式放在 D:/Java/ch19/ch19_10 資料夾內。此時資料夾結構如下：

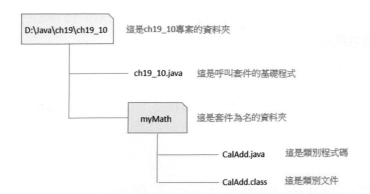

程式實例 ch19_10.java：應用套件的基礎程式，這個程式會在我們所設計的 myMath 類別內建立物件 obj，然後傳入整數執行加法運算，最後列印結果。

```
1  import myMath.CalAdd;                      // 單類別匯入宣告
2  public class ch19_10 {
3     public static void main(String args[]){
4         CalAdd obj = new CalAdd();
5         System.out.println(obj.add(5, 10)); // 執行加法運算
6     }
7  }
```

　　在這個實例中我們可以使用過去編譯和執行 Java 程式的方式編譯與執行此 ch19_10.java，下列是執行畫面。

　　　　D:\Java\ch19\ch19_10>javac ch19_10.java　◄────── 編譯程式 ch19_10.java

　　　　D:\Java\ch19\ch19_10>java ch19_10　◄────── 執行程式 ch19_10.java
　　　　15　◄────── 執行結果

## 19-4-5　使用套件但是沒有 import 套件

　　在 19-1-1 節筆者有說明 import 關鍵字的完整意義，所以我們也可以不用 import 但是仍然可以使用 myMath 套件，這時候就需要使用完整名稱 (fully qualified name)" 套件名稱 . 類別名稱 "。

❑　專案 ch19_11：以下內容是在 ch19_11 資料夾。

　　myMath 套件檔案 CalAdd.java：這個程式內容與 ~ch19_10/CalAdd.java 相同。下列是編譯 CalAdd.java 的過程。

　　　　　　D:\Java\ch19\ch19_11\myMath>javac CalAdd.java

　　　　　　D:\Java\ch19\ch19_11\myMath>

程式實例 ch19_11.java：不使用 import 關鍵字重新設計 ch19_10.java，讀者可以參考第 3 行呼叫類別名稱方式。

```
1  public class ch19_11 {
2      public static void main(String args[]){
3          myMath.CalAdd obj = new myMath.CalAdd();      // 使用完整名稱
4          System.out.println(obj.add(5, 10));           // 執行加法運算
5      }
6  }
```

編譯過程與執行結果

```
D:\Java\ch19\ch19_11>javac ch19_11.java

D:\Java\ch19\ch19_11>java ch19_11
15
```

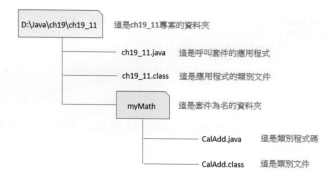

## 19-4-6 建立含多個類別檔案的套件

在真實的環境中我們所設計的套件一定會含有多個類別，在編譯程式階段必須編譯所有的類別檔案。

❑ 專案 ch19_12：以下內容是在 ch19_12 資料夾。

假設在 D:/Java/ch19/ch19_12 資料夾下所建的套件名稱是 myMath，這個套件有 2 個類別檔案，分別是 CalAdd.java 和 CalMul.java。

myMath 套件檔案 CalAdd.java：這個程式內容與 ~ch19_11/CalAdd.java 相同。

myMath 套件檔案 CalMul.java：執行乘法運算，這個程式的內容如下：

```
1  package myMath;              // 建立套件myMath
2  public class CalMul {        // 類別名稱是CalMul
3      public int mul(int x, int y){
4          return x * y;        // 傳回乘法運算結果
5      }
6  }
```

下列是編譯套件的過程。

```
D:\Java\ch19\ch19_12\myMath>javac CalAdd.java

D:\Java\ch19\ch19_12\myMath>javac CalMul.java

D:\Java\ch19\ch19_12\myMath>
```

程式實例 ch19_12.java：執行加法運算，由於這個程式只有使用 myMath 套件的一個類別所以可以使用第 1 行方式匯入單一類別名稱，當然第 1 行也可以改為一次匯入所有套件類別 "import myMath.*"( 可參考 ch19_13.java)。

```java
1 import myMath.CalAdd;                    // 單類別匯入宣告
2 public class ch19_12 {
3     public static void main(String args[]){
4         CalAdd obj = new CalAdd();
5         System.out.println(obj.add(5, 10)); // 執行加法運算
6     }
7 }
```

編譯過程與執行結果

```
D:\Java\ch19\ch19_12>javac ch19_12.java

D:\Java\ch19\ch19_12>java ch19_12
15
```

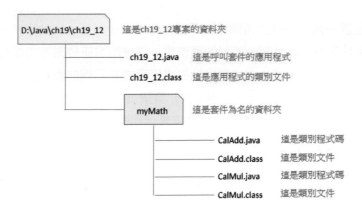

❑  專案 ch19_13：以下內容是在 ch19_13 資料夾。

myMath 套件檔案 CalAdd.java：這個程式內容與 ~ch19_12/CalAdd.java 相同。

myMath 套件檔案 CalMul.java：這個程式內容與 ~ch19_12/CalMul.java 相同。

程式實例 ch19_13.java：這個應用程式內容與 ch19_12.java 幾乎完全相同，只有在 ch19_13.java 的第一行筆者使用 "import myMath.*"。

```
1  import myMath.*;                              // 依需求類別宣告
2  public class ch19_13 {
3      public static void main(String args[]){
4          CalAdd obj = new CalAdd();
5          System.out.println(obj.add(5, 10));  // 執行加法運算
6      }
7  }
```

編譯過程與執行結果

D:\Java\ch19\ch19_13\myMath>javac CalAdd.java

D:\Java\ch19\ch19_13\myMath>javac CalMul.java

D:\Java\ch19\ch19_13\myMath>cd ..

D:\Java\ch19\ch19_13>javac ch19_13.java

D:\Java\ch19\ch19_13>java ch19_13
15

## 19-5　套件與應用程式分屬不同資料夾

在企業發展一個大型程式通常可以將工作分成開發階段、測試階段、完成階段，在測試階段可能就會將套件移到不同的資料夾，這樣所有研發團隊的成員可以針對此套件做測試，因此會產生套件與我們設計的應用程式在不同的資料夾工作。這個時候很重要的工作就是在編譯階段 (compile time) 需讓 Java 編譯程式知道套件所在的資料夾位置，在執行階段 (runtime) 需讓 JVM 知道套件和應用程式所在位置。

另外所開發的程式在完成階段要公開給大眾使用時，如果是用很平凡的名稱，命名就要很小心否則容易和現有的名稱衝突，建議可以使用與網址相反的排列方法，例如：本公司網址是 deepstone.com，所建的套件是 abc，則完整名稱可以是如下：

　　com.deepstone.abc

如果是一個大公司，各部門建立自己的套件，為了有所區隔，可以在名稱前增加部門別，例如：資管 (MIS) 部門與研發 (Research) 部門，所建的完整名稱可以如下：

com.deepstone.mis.abc　　　　　// MIS 部門的套件 abc
com.deepstone.research.abc　　 // Research 部門的套件 abc

❑　專案 ch19_14

以下 myMath 套件內容是在 D:\Java 資料夾。

myMath 套件檔案 CalAdd.java：這個程式內容與 ~ch19_13/CalAdd.java 相同。

myMath 套件檔案 CalMul.java：這個程式內容與 ~ch19_13/CalMul.java 相同。

以下內容是在 D:\Java\ch19\ch19_14 資料夾。

程式實例 ch19_14.java：這個應用程式內容與 ch19_13.java 幾乎完全相同，只有更改檔案名稱，下列是成功編譯 myMath 套件的畫面。

```
D:\Java\myMath>javac CalAdd.java

D:\Java\myMath>javac CalMul.java
```

註　如果一個套件內含有許多類別程式碼，也可以用下列方式一次編譯所有類別程式碼。

```
D:\Java\myMath>javac *.java

D:\Java\myMath>
```

接者必須要編譯 ch19_14.java 應用程式，此時 javac 需搭配 -cp 參數，然後指出套件 myMath 所在的資料夾路徑，下列是成功編譯 ch19_14.java 的畫面。

```
D:\Java\ch19\ch19_14>javac -cp D:\Java ch19_14.java

D:\Java\ch19\ch19_14>
```

下列是此專案目前的資料夾結構圖。

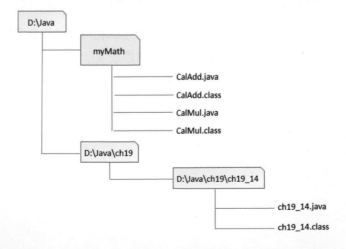

上述參數 cp 的全名是 classpath，在此可以解釋為類別路徑，也就是告訴編譯程式到 D:\Java 資料夾路徑找尋套件的類別檔案。下列是成功執行 ch19_14.java 的畫面。

```
D:\Java\ch19\ch19_14>java -cp .;D:\Java ch19_14
15
```

在上述可以看到 ".:D:\Java"，"." 是代表目前資料夾，這是要指引 JVM 執行程式所需的 ch19_14.class 在目前資料夾，如果有多個資料夾路徑要指引，彼此可以用分號 ";" 隔開。

如果我們常常需要執行上述相關的設定，建議可以直接更改環境變數 classpath，更改方式可以分臨時或是永久。

❑　臨時更改環境變數 classpath

可以直接在 DOS 提示訊息環境設定，延續上述實例下列是設定方式：

　　set classpath=.;D:\Java

下列是執行實例：

```
D:\Java\ch19\ch19_14>set classpath=.;D:\Java        ← 設定環境變數

D:\Java\ch19\ch19_14>javac ch19_14.java             ← 編譯程式

D:\Java\ch19\ch19_14>java ch19_14                   ← 執行程式
15
```

上述持續有效直到關閉 DOS 提示訊息視窗，下回重新開啟 DOS 提示訊息視窗時需重新設定。

❑　永久更改環境變數 classpath

如果我們面臨需要永遠使用此路徑設定，此時可以利用更改作業系統的環境變數，筆者將以 Windows 作業系統為實例說明，首先開啟設定 / 控制台 / 系統，點選進階系統設定。出現系統內容對話框，點選進階標籤，再按環境變數鈕。

出現環境變數對話框，在系統變數欄位點選 Path，然後按編輯鈕。然後在變數值欄位末端增加路徑設定即可設定即可，設定完後請按確定鈕。

# 19-6 建立子套件

當我們開發的程式越來越龐大時，為了要有良好的管理，可能需要在某套件下建立另一個套件，那麼新建立的套件就是所謂的子套件。

❑ 專案 ch19_15

延續我們的實例，假設我們要在 myMath 底下建立 subMath 套件，使用 ch19_13 專案做增訂，那麼整個資料夾結構圖如下：

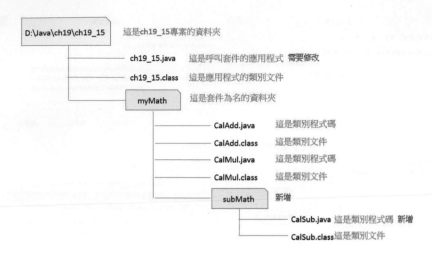

myMath.subMath 套件內的 CalSub.java：我們必須先建立 subMath 資料夾，然後在此資料夾下建立此程式，它的程式碼如下：

```
1 package myMath.subMath;          // 建立子套件subMath
2 public class CalSub {            // 類別名稱是CalSub
3   public int sub(int x, int y){
4     return x - y;                // 傳回減法運算結果
5   }
6 }
```

第一行 "package myMath.subMath" 意義是在 myMath 底下建立子套件 subMath。

myMath 套件檔案 CalAdd.java：這個程式內容與 ~ch19_13/CalAdd.java 相同。

myMath 套件檔案 CalMul.java：這個程式內容與 ~ch19_13/CalMul.java 相同。

程式實例 ch19_15.java：這個程式會呼叫 myMath 和 myMath.subMath 套件，所以程式前 2 行執行宣告，最後會執行加法與減法運算，同時傳回執行結果。

```
1 import myMath.*;                              // 依需求類別宣告
2 import myMath.subMath.*;                      // 依需求類別宣告
3 public class ch19_15 {
4   public static void main(String args[]){
5     CalAdd obj1 = new CalAdd();
6     CalSub obj2 = new CalSub();
7     System.out.println(obj1.add(5, 10));      // 執行加法運算
8     System.out.println(obj2.sub(5, 10));      // 執行減法運算
9   }
10 }
```

下列是整個專案 ch19_15 的編譯過程以及執行結果。

```
D:\Java\ch19\ch19_15>javac myMath\subMath\CalSub.java          編譯subMath的CalSub.java
D:\Java\ch19\ch19_15>javac myMath\CalAdd.java                  編譯myMath的CalAdd.java
D:\Java\ch19\ch19_15>javac myMath\CalMul.java                  編譯myMath的CalMul.java
D:\Java\ch19\ch19_15>javac ch19_15.java                        編譯應用程式ch19_15.java
D:\Java\ch19\ch19_15>java ch19_15                              執行ch19_15
15
-5                                       列出執行結果
```

在結束本節內容前，筆者要提醒：

❑ 程式內如果有 package 和 import 時，package 應該先執行。

❑ 一個類別只能有一個 package 宣告，但是可以有多個 import 宣告。

❑ 可參考 ch19_15 專案，當 "import myMath.*"，並不包括 myMath 底下的子套件，所以 ch19_15.java 同時也有 "import myMath.subMath" 宣告。

## 19-7 套件的存取控制

在 9-2-1 節筆者有說明類別成員存取控制，由於當時我們尚未有套件 (package) 的知識，所以我們並沒有針對套件的存取控制做太多說明。下列是存取修飾符 (Access Modifier) 在套件的說明表。

| Modifier | 說明 |
|---|---|
| public | 公開，所有地方皆可以呼叫使用。 |
| protected | 本身類別 (Class)、同一套件 (Package) 或子類別 (Subclass) 可以存取，其他類別則不可以存取。 |
| no modifier | 本身類別 (Class)、同一套件 (Package) 可以存取 |
| private | 只有本身類別 (Class) 可以存取。 |

在本書的實例中，皆是將應用程式與套件分開設計，為了要讓應用程式可以呼叫使用，所有的套件類別皆是宣告為 public，有時候會看到有些應用程式是在相同套件內，這時就可以省略 public 宣告，記住：當省略時就是 no modifier。

下列是同一套件相同類別，有關存取控制的說明，基本上同類別的成員方法可以存取所有的其他方法或屬性。

```
┌─────────────────────────────────────────────┐
│ A.java                                        │
├─────────────────────────────────────────────┤
│ package x;                                    │
│ public class A {                              │
│    public      void method1() { xxx }    // public     │
│    protected void method2() { xxx }    // protected  │
│                void method3() { xxx }    // no modifier│
│    private     void method4() { xxx }    // private    │
│                                               │
│    void test(A a ) {                      // 相同類別   │
│       a.method1();                        // 呼叫OK    │
│       a.method2();                        // 呼叫OK    │
│       a.method3();                        // 呼叫OK    │
│       a.method4();                        // 呼叫OK    │
│    }                                          │
│ }                                             │
└─────────────────────────────────────────────┘
```

下列是相同套件不同類別，有關存取控制的說明，重點是同一套件的外部類別無法存取 private 成員。

```
┌─────────────────────────────────────────────┐
│ A.java                                        │
├─────────────────────────────────────────────┤
│ package x;                                    │
│ public class A {                              │
│    public      void method1() { xxx }    // public     │
│    protected void method2() { xxx }    // protected  │
│                void method3() { xxx }    // no modifier│
│    private     void method4() { xxx }    // private    │
│ }                                             │
└─────────────────────────────────────────────┘
```

```
┌─────────────────────────────────────────────┐
│ B.java                                        │
├─────────────────────────────────────────────┤
│ package x;                                    │
│ class B {                                     │
│    void test(A a ) {                      // 相同套件   │
│       a.method1();                        // 呼叫OK    │
│       a.method2();                        // 呼叫OK    │
│       a.method3();                        // 呼叫OK    │
│       a.method4();                        // 呼叫NO    │
│    }                                          │
│ }                                             │
└─────────────────────────────────────────────┘
```

下列是不同套件，有關存取控制的說明，重點是只能存取 public 成員。

```
┌─────────────────────────────────────────────┐
│ A.java                                        │
├─────────────────────────────────────────────┤
│ package x;                                // 套件x     │
│ public class A {                              │
│    public      void method1() { xxx }    // public     │
│    protected void method2() { xxx }    // protected  │
│                void method3() { xxx }    // no modifier│
│    private     void method4() { xxx }    // private    │
│ }                                             │
└─────────────────────────────────────────────┘
```

```
C.java

package y;                           // 套件y
Import x.A;
Class C {
    void test(A a ) {                // 不同套件
        a.method1();                 // 呼叫OK
        a.method2();                 // 呼叫NO
        a.method3();                 // 呼叫NO
        a.method4();                 // 呼叫NO
    }
}
```

# 19-8　將介面應用在套件

　　最後筆者再舉一個實例，在我們的套件中也可以使用介面 interface，方法與觀念是相同，不過介面預設是 public，所以我們可以不用再用 public 宣告。

❑　專案 ch19_16

　　在這個專案中 Dog 類別會實作 Animal 類別，所建的套件名稱是 animals。

animals 套件 Animal.java：由於抽象類別預設是 public，所以第 2 行不用宣告 public。

```
1 package animals;
2 interface Animal {
3    public void eat();              // 呼叫方法eat
4    public void travel();           // 呼叫方法travel
5 }
```

animals 套件 Dog.java：

```
1 package animals;
2 public class Dog implements Animal {
3    public void eat() {
4        System.out.println("狗在吃食物");
5    }
6    public void travel() {
7        System.out.println("狗去旅行");
8    }
9 }
```

程式實例 ch19_16.java：這個應用程式主要是呼叫 Dog 類別的 eat( ) 和 travel( ) 方法，
然後列印結果。

```
1  import animals.*;                          // 單類別匯入宣告
2  public class ch19_16 {
3      public static void main(String args[]){
4          Dog obj = new Dog();
5          obj.eat();
6          obj.travel();
7      }
8  }
```

　　下列是編譯和執行結果：

```
D:\Java\ch19\ch19_16>javac animals\Animal.java

D:\Java\ch19\ch19_16>javac animals\Dog.java

D:\Java\ch19\ch19_16>javac ch19_16.java

D:\Java\ch19\ch19_16>java ch19_16
狗在吃食物
狗去旅行
```

## 19-9 將編譯檔案送至不同資料夾的方法

　　本章最後筆者要介紹一個編譯方法，可以將所編譯的類別檔案送至不同資料夾，
至今我們在編譯套件時皆是將編譯產生的類別檔案 (*.class) 放在執行編譯時所在的工
作資料夾，觀念圖形如下：

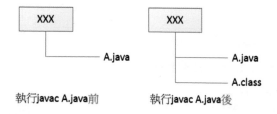

執行 javac A.java 前　　　　執行 javac A.java 後

　　其實可以在使用 javac 時增加 -d 參數，將編譯產生的類別檔案送至不同工作資料
夾，語法如下：

　　　javac-d dir javafilename

　　如果我們想要將編譯的套件檔案 (ex.java) 產生的類別檔案，放在目前資料夾下的套件資料夾下，其中套件資料夾將自動產生，語法如下：

　　javac-d . ex.java

此時資料夾結構圖觀念如下：

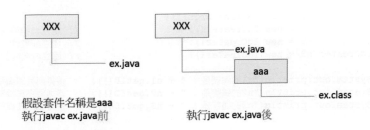

　　如果我們想要將所編譯的套件檔案 (ex.java) 產生的類別檔案，放在 D:\ 資料夾下，此時編譯程式會在 D:\ 資料夾下建立套件資料夾，再將編譯套件檔案產生的類別檔案放在此套件資料夾下，語法如下：

　　java-d D:\ ex.java

❑　專案 ch19_17

　　這是一個產生 id 編號的程式設計，IdCreater.java 和 ch19_17.java 這 2 個程式的皆是放在 D:\Java\ch19\ch19_17 資料夾內。對讀者而言可能會碰上新的語法是第 6-9 行，其實這也不是新語法，只不過我們使用 static 一次定義了 2 行指令 ( 第 6-9 行 )，通常這種觀念是應用在一個程式只設定一次。因為產生一次編號後，未來再度建立物件時，就採用累加方式，可參考第 10-12 行的建構方法。

程式實例 IdCreater.java：內容如下。

```
1  package id;                              // 建立套件id
2  import java.util.Random;                 // 匯入單一類別名稱宣告
3  public class IdCreater {                 // 類別名稱是IdCreater
4      private int id;
5      private static int idInitial;        // 最初化id編號
6      static {                             // 靜態最初化id編號
7          Random ran = new Random();
8          idInitial = ran.nextInt(10) * 1000;
9      }
10     public IdCreater( ) {                // 建構方法
11         id = ++idInitial;                // 產生id編號
```

```
12    }
13    public int getID() {
14        return id;                              // 傳回id編號
15    }
16 }
```

程式實例 ch19_17.java：內容如下。

```
 1 import id.IdCreater;                                    // 匯入自建單一類別名稱宣告
 2 public class ch19_17 {
 3     public static void main(String args[]){
 4         IdCreater n1 = new IdCreater();                 // 建立n1物件
 5         IdCreater n2 = new IdCreater();                 // 建立n2物件
 6         IdCreater n3 = new IdCreater();                 // 建立n3物件
 7
 8         System.out.println("n1的編號是 : " + n1.getID()); // 獲得與列印編號
 9         System.out.println("n2的編號是 : " + n2.getID()); // 獲得與列印編號
10         System.out.println("n3的編號是 : " + n3.getID()); // 獲得與列印編號
11    }
12 }
```

　　編譯與執行結果

```
D:\Java\ch19\ch19_17>javac -d . IdCreater.java

D:\Java\ch19\ch19_17>javac ch19_17.java

D:\Java\ch19\ch19_17>java ch19_17
n1的編號是 : 3001
n2的編號是 : 3002
n3的編號是 : 3003
```

　　　上述程式編譯前後的資料夾結構如下：

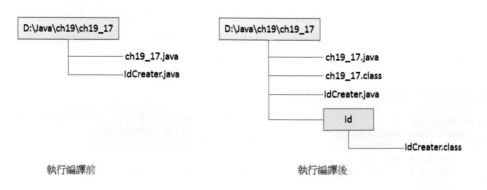

執行編譯前　　　　　　　　　　　執行編譯後

## 習題實作題

1：請參考 ch19_1.java，將程式改為輸入半徑，可以輸出圓面積。

```
D:\Java\ex>java ex19_1
請輸入半徑 : 10
圓面積 : 314.1592653589793
```

2：請參考 ch19_2.java，將程式改為輸入半徑，可以輸出圓面積。

```
D:\Java\ex>java ex19_2
請輸入圓半徑 : 10
圓面積 : 314.1592653589793
```

3：請擴充專案 ch19_10，增加可以執行減法。同時執行加、減的數字由螢幕輸入。

```
D:\Java\ex\ex19_3>java ex19_3
請輸入第1個整數 x : 10
請輸入第2個整數 y : 5
x + y = 15
x - y = 5
```

4：請參考專案 ch19_15，在 subMath 套件底下新增 divMath 套件，然後在 divmath 套件內設計 CalDiv.java，執行整數除法運算，另外，執行加、減、乘、除的數字由螢幕輸入。

```
D:\Java\ex\ex19_4>java ex19_4
請輸入第1個整數 x : 10
請輸入第2個整數 y : 5
x + y = 15
x - y = 5
x * y = 50
x / y = 2
```

5：請參考專案 ch19_16，在套件 Animal 下增加 Cat 類別，這個類別除了實作 Animal 介面的方法外，同時增加 2 個 public 方法 run( )，和 sleep( )，至於方法內容則是分別輸出 " 貓在跑步 "、" 貓在睡覺 "。你的應用程式必須呼叫所有 Dog 和 Cat 類別的方法，驗證結果。

```
D:\Java\ex\ex19_5>java ex19_5
狗在吃食物
狗去旅行
狗在跑步
狗在睡覺
貓在吃食物
貓去旅行
貓在跑步
貓在睡覺
```

6: 請建立一個套件 circle，這個套件有一個介面定義了計算圓面積方法 area( )，和計算圓周長方法 length( )，所以必須設計一個類別實作這 2 個方法，這個類別也是屬於套件 circle。然後必須設計一個應用程式，要求你輸入半徑，程式會列出圓面積和圓周長。

```
D:\Java\ex\ex19_6>java ex19_6
請輸入圓半徑：10
面積    ：314.1592653589793
圓周長：62.83185307179586
```

# 第二十章

# 程式異常的處理

程式異常 (Exception) 的處理是 Java 程式設計最重要的特性之一，這個功能可以讓程式不因異常而中止。本章主要內容是說明程式錯誤的類型、認識異常、以及處理異常 (Exception Handling)。

## 20-1　認識程式錯誤的類別

不論是新人或是程式設計高手，在寫程式期間一定會常常碰上錯誤 (errors)，基本上我們可以將這些錯誤分成 3 類。

❑　語法錯誤 **(Syntax Error)**

語法錯誤通常可以在程式編譯階段 (compile time) 發現，然後編譯程式 (compiler) 會列出錯誤，Java 語言的編譯程式除了指出錯誤，也會指出是第幾行發生錯誤，通常初學電腦語言的人或是接觸一個新的程式語言時比較容易有這一類的錯誤。

例如：某段敘述後面忘了加分號 ";"、關鍵字 (keyword) 名稱拼錯、漏了左大括號 "{" 或是漏了右大括號 "}"，… 等。當發生這些錯誤時，只要有足夠的程式設計經驗通常很容易修正解決。

❑　語意錯誤 **(Semantic error)**

這是指程式的語法正確，所以程式可以正常編譯，當然程式也可以正常執行，可是程式的執行結果不是預期的結果。例如：設計圓面積公式是 "PI * r * r"，結果在程式設計時寫成計算圓周長的公式 "2 * PI * r"。或是要執行整數陣列由小到大的排序，結果設計成由大到小的排序。

如果你不是程式設計的新人，以上錯誤常常是專注力已經不足的象徵，特別是在休息不足，身體疲倦時容易有以上錯誤，筆者建議是去睡覺吧！補足睡眠就可以避開這類問題。

❑　程式執行期間錯誤 (Runtime error)

這種錯誤是指程式的語法正確，所以程式已經編譯成功了，但是程式在執行期間產生錯誤，基本上程式的語意是正確的，但是程式發生了一些程式設計師沒有預期的狀況，以下是常發生的狀況：

❑ 執行除法運算時整數除以 0。

❑ 語法是執行開啟檔案，可是執行期間發現檔案不存在。

❑ 在陣列的運算中，程式發生索引值超出索引範圍。

❑ 執行加、減、乘、除運算，期待使用者輸入整數，可是使用者輸入字元。

　　過去碰上這類的問題，程式會中止執行，然後 Java 會提供可能錯誤原因的訊息。可是我們會發現有時候我們不希望程式中止，希望程式可以繼續執行，這時可以透過本章即將解說的技術避開這個問題，讓程式繼續執行。

　　此外，程式發生執行期間錯誤時，Java 會拋出 (throw) 錯誤訊息，這些錯誤訊息可能比較籠統，我們可以使用本章所學的知識，更具體的描繪錯誤原因，這樣子對程式使用者或是程式開發者更有幫助。

　　本章所要說明的就是程式執行期間錯誤，我們又將這類錯誤稱異常 (Exception)。

## 20-2　認識簡單的異常實例

　　在進一步解說前，筆者將舉出幾個異常，同時了解 Java 如何回應異常。

### 20-2-1　除數為 0 的異常

程式實例 ch20_1.java：除數為 0 的錯誤。

```
 1  public class ch20_1 {
 2      public static int myDiv(int x, int y) {
 3          return x / y;
 4      }
 5      public static void main(String args[]){
 6          System.out.println(myDiv(6, 2)); // 列印6/2除法結果
 7          System.out.println(myDiv(8, 0)); // 列印8/0除法結果
 8          System.out.println(myDiv(9, 4)); // 列印9/4除法結果
 9      }
10  }
```

執行結果

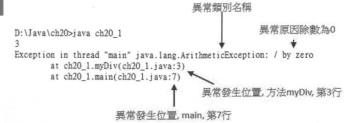

從上述執行結果可以看到執行緒 (thread 筆者將在 21 章說明這個觀念 )main 產生異常，同時可以看到異常的類別名稱、原因、位置，甚至由 main 那一行引導的也列出來了。細看程式執行可以發現程式正常執行第 6 行的除法結果，但是到了第 7 行因為除數為 0 所以程式中止，第 8 行儘管程式正確，但也因程式中止而無法執行。

由上述實例可以看到，如果我們沒有適當的撰寫異常處理程式碼，用簡單的表示 Java 所執行的動作如下：

1：　拋出異常訊息。

2：　中止程式執行。

本章的重點就是教導讀者認識程式異常，同時使用 Java 所提供的工具撰寫異常處理程式碼讓程式在異常發生時，可以處理異常，然後繼續執行。若是以 ch20_1.java 為例，有了異常處理程式處理第 7 行除數為 0 的錯誤，然後可以繼續往下執行，此時可以列出第 8 行的除法結果，相關細節第 20-4-1 節會用程式實例 ch20_5.java 會說明。

## 20-2-2　使用者輸入錯誤的異常

程式實例 ch20_2.java：這是一個可以輸出矩形 "*" 符號的程式，至於輸出多大的矩形 "*" 符號則是由使用者所輸入的整數而定。

```java
1  import java.util.Scanner;
2  public class ch20_2 {
3      public static void main(String[] args) {
4          int x;
5          Scanner scanner = new Scanner(System.in);
6          System.out.print("請輸入整數 : ");
7          x = scanner.nextInt();                  // 讀取輸入
8          for ( int i = 0; i < x; i++ ) {         // 這是外圈
9              for ( int j = 0; j < x; j++ ) {     // 這是內圈
10                 System.out.print("*");          // 輸出符號
11             }
12             System.out.println();               // 換行輸出
13         }
14     }
15 }
```

執行結果
```
D:\Java\ch20>java ch20_2
請輸入整數：5
*****
*****
*****      ◄────────── 正常輸出
*****
*****    輸入錯誤                          異常類別名稱

D:\Java\ch20>java ch20_2
請輸入整數：p
Exception in thread "main" java.util.InputMismatchException
        at java.base/java.util.Scanner.throwFor(Unknown Source)
        at java.base/java.util.Scanner.next(Unknown Source)
        at java.base/java.util.Scanner.nextInt(Unknown Source)
        at java.base/java.util.Scanner.nextInt(Unknown Source)
        at ch20_2.main(ch20_2.java:7) ◄──── 異常發生位置, main, 第7行
```

上述第一次執行時由於有正確輸入整數，可以得到正確結果。第 2 次輸入時，因為輸入錯誤，預期要整數但是輸入了字元，此時發生異常，由於本程式沒有設計異常處理程式碼因此程式中止。

## 20-2-3 陣列運算發生索引值超出範圍

程式實例 ch20_3.java：這是一個計算陣列和的程式，但是程式設計錯誤造成索引值超出陣列索引範圍，結果異常發生程式中止。

```java
1  public class ch20_3 {
2      public static void main(String[] args) {
3      int[] x = {5, 6, 7, 8, 9};
4      int sum = 0;
5          for ( int i = 0; i <= x.length; i++ ) {      // 加法迴圈
6              sum += x[i];                              // 加法總計
7              System.out.printf("索引值：%d,  加總結果：%d\n", i, sum);
8          }
9      }
10 }
```

執行結果
```
D:\Java\ch20>java ch20_3
索引值：0,  加總結果：5
索引值：1,  加總結果：11                     異常類別名稱        索引5造成異常
索引值：2,  加總結果：18
索引值：3,  加總結果：26
索引值：4,  加總結果：35
Exception in thread "main" java.lang.ArrayIndexOutOfBoundsException: 5
        at ch20_3.main(ch20_3.java:6) ◄──── 異常發生位置, main, 第6行
```

上述程式編譯時正確，在執行時可以看到第 3 行筆者設定的陣列索引值範圍是 0-4，但是程式第 6 行卻發生了要處理索引值是 5，執行 x[5] 的運算，所以造成異常發生，由於本程式沒有設計異常處理程式碼因此程式中止。

## 20-2-4　其他常見的異常

❑　NullPointerException

例如字串是 null，我們卻試著列印此字串長度就會發生這個異常。

```
String str = null;
System.out.println(str.length());          // 將產生 NullPointerException
```

❑　NumberFormatException

例如有一個非數值字串，但是我們卻想要將此非數值字串轉成整數，此時會發生這個異常。

```
String str = "Taipei";
int x = Integer.parseInt(str);             // 將產生 NumberFormatException
```

❑　StringIndexOutOfBoundsException

如果嘗試取得字串內的某一個字元，索引此字元時發生超出索引範圍時，會產生這個異常，在字串內可以用 charAt(int index) 取得 index 索引的字元。

```
String str = "Taipei";
char c = str.charAt(10);                   // 將產生 StringIndexOutOfBoundsException
```

## 20-3　處理異常方法

本節將分成 2 個觀念講解程式異常，20-3-1 節將從程式設計師的觀點避免異常發生，20-3-2 節則是認識 Java 處理異常的機制，另外 20-3-3 節也將簡單介紹 Java 處理異常的類別。

## 20-3-1　程式設計師處理異常方式

早期的程式語言是沒有提供功能處理異常，要處理類似 20-2 節的異常需要大量的使用 if … else 指令。雖然解決了程式的異常，但是大量使用 if … else 也讓程式變的複雜，不容易閱讀，同時無法捕捉到所有的錯誤，造成程式的設計效率較差。下列筆者舉例說明，傳統處理異常的方法。

程式實例 ch20_4.java：使用傳統觀念處理異常，避免除數為 0 造成程式中止。

```
1  public class ch20_4 {
2      public static int myDiv(int x, int y) {
3          if ( y == 0 ) {      // 檢查除數是否為0, 如果是則不執行除法運算
4              System.out.print("除數為0異常發生 : ");
5              return 0;
6          }
7          else
8              return x / y;
9      }
10     public static void main(String args[]){
11         System.out.println(myDiv(6, 2));  // 列印6/2除法結果
12         System.out.println(myDiv(8, 0));  // 列印8/0除法結果
13         System.out.println(myDiv(9, 4));  // 列印9/4除法結果
14     }
15 }
```

執行結果

```
D:\Java\ch20>java ch20_4
3
除數為0異常發生 : 0
2
```

　　上述程式雖然避免了除數為 0 的異常，但是對於複雜的程式，這個處理方式會造成程式設計的雜亂與複雜，同時也無法一一看出問題所在，也許在程式許多地方我們需要重複處理避免除數為 0 的異常，因此程式設計效率會低落。

## 20-3-2　再談 Java 處理異常方式

　　當 Java 程式發生異常時，會依異常的種類產生一個相符類別的異常物件，在這個物件內包裹著異常的相關訊息，然後拋出 (throw) 異常。當目前運作的執行緒 (thread) 收到異常訊息後，執行緒會去找尋是否有異常處理程式碼，此時會發生 2 個狀況。

❑ 狀況 1：如果找到異常處理程式碼，就交給它處理，處理完成後可以回到異常發生位置繼續往下執行，下一節開始會介紹設計這類的異常處理程式碼。

❑ 狀況 2：會逐步往前回溯 ( 回到呼叫此方法的位置 ) 看看是否可以找到處理這個異常的異常處理程式碼，每次找尋過程均會被記錄在異常物件內，如果一直找到程式最上層的 main，還是沒有找到，程式會輸出所有異常原因以及回溯的紀錄，然後程式中止。

　　再看一次 ch20_1.java 的執行結果，可以看到 Java 處理異常的回溯過程，以及列出異常原因和回溯的紀錄。

## 20-3-3　異常類別 Throwable

如果仔細看 ch20_1.java 至 ch20_3.java，每個執行結果都可以看到異常的類別名稱，例如：ch20_1.java：java.lang.ArithmeticException，其實 Java 的異常的類別有許多，本節將從 Throwable 類別說起。

Java 內部有 Throwable 類別，這是所有異常的父類別，所有異常皆是它的子類別或更深層次的衍生類別所產生的物件，例如：ArrayIndexOutOfBoundException、InputMismatchException、ArithmeticException，… 等。Throwable 類別有 2 個子類別，分別是 Error 和 Exception 如下所示：

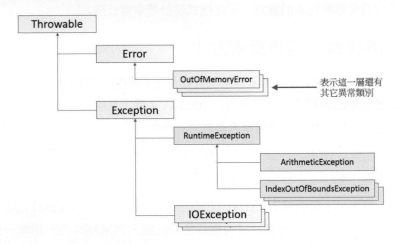

❑　Error 類別

Error 類別的異常是一個嚴重的問題，許多原因是因為系統資源不足所產生，例如：記憶體空間不夠、硬體資源不足，… 等，此類的異常一般不會在我們所設計的異常處理程式中處理，所以我們可以直接稱是錯誤 (Error) 比較恰當。不過筆者還是簡單的介紹此類的錯誤，如果更細解說 Error 類別結構，則它的底層有許多個子類別代表不同類型的錯誤，下列舉 3 個子類說明。

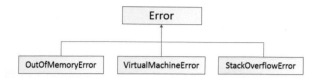

❑ OutOfMemoryError：每個應用程式在啟動時 JVM 皆會配置預設的堆疊 (Heap) 空間，這個堆疊空間因不足，無法使程式正常運作，所產生的錯誤。

❑ VirtualMachineError：當 JVM 資源已經耗盡或是內部出現問題無法解決時，就會拋出這個錯誤。

❑ StackOverflowError：由於應用程式遞迴太深，造成記憶體不足發生的錯誤。

❑ Exception

根據 Java 對異常處理，可以將異常類別分為非檢查異常 (Unchecked Exception) 和檢查異常 (Checked Exception)。下列是 Exception 類別更細的結構圖。

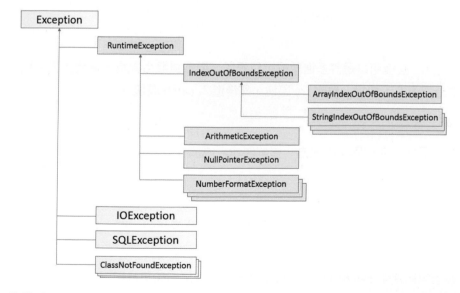

❑ 非檢查異常：在上圖中 RuntimeException 類別以及衍生自它的所有類別皆是一種非檢查的異常，表示編譯程式 (compiler) 不會檢查你所設計的程式是否對這類的異常做處理，所以這類異常不會在編譯階段被發現。這種異常皆是

發生在程式執行 (runtime) 階段，例如：ArrayIndexOutOfBoundException、ArithmeticException，… 等。這也是本章主題，筆者將在下一節起說明使用 Java 捕捉與處理這些異常。

❑ 檢查異常：除了程式執行 (runtime) 階段以外的異常皆是檢查異常，編譯程式 (compiler) 會檢查是否這些異常程式設計師有做處理，如果沒有處理就會出現編譯錯誤 (compiler errors)，例如：IOException、SQLException，… 等。

## 20-4 try-catch

如果讀者是第一次學習程式異常處理，可能對於捕捉 (catch) 會有陌生，捕捉的名稱主要是來自關鍵字 catch，基本上可以將 try-catch 分成 try 區塊和 catch 區塊。

❑ try 區塊

在編寫程式時，如果感覺某些敘述可能會導致異常，可以將它們放在 try 區塊內。

```
try {
    // 可能發生異常的敘述
}
```

上述 try 區塊可以是許多道敘述，只要任一道敘述發生異常，會產生異常物件，就立即中止不再往下執行，離開 try 區塊，然後進入 catch 區塊。

❑ catch 區塊

這個區塊是處理異常的地方，這個區塊必須放在 try 區塊後面，一個 try 區塊可以有多個 catch 區塊。

```
catch( 異常類別 e) {
    // 處理異常，這個區塊的程式又稱異常處理程式 (Exception Handler)
}
```

在上述區塊中 catch( ) 內第一個參數異常類別是指如果捕捉到這個異常時或是這個異常的子類別時，就跳到這個 catch 區塊執行工作。catch( ) 內第二個參數 e 是一個異常物件，可以由這個物件獲得異常的訊息。

我們可以將 try 區塊和 catch 區塊結合，這個結合的觀念是，當程式進入 try 區塊時，會檢查是否發生異常，如果沒有異常或是異常不是 catch 參數所指的異常類別的則會跳開 catch 區塊，然後程式繼續往下執行。如果發生異常同時這個異常是是 catch 參數所指的異常類別表示捕捉到異常了，這時會先執行 catch 區塊，然後程式再往下執行。

```
try {
    // 可能發生異常的敘述
}
catch( 異常類別  e) {
    // 處理異常
}
```

上述如果 catch 沒有捕捉到異常，則程式仍然是會中止。

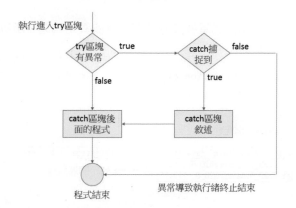

## 20-4-1　簡單的 try-catch 程式實例

程式實例 ch20_5.java：重新設計 ch20_1.java，這個程式會捕捉除數為 0 所產生的異常，當捕捉到後會依 catch 區塊內容輸出訊息。

```
1  public class ch20_5 {
2      public static String myDiv(int x, int y) {
3          try {
4              return Integer.toString(x/y);    // 將整數轉成字串
5          }
6          catch(ArithmeticException e) {        // 此區塊捕捉除數為0的異常
7              System.out.println("除數為0的異常" + e);
8              return "執行除法運算時須避開除數為0的";
9          }
10     }
11     public static void main(String args[]){
```

```
12          System.out.println(myDiv(6, 2));       // 列印6/2除法結果
13          System.out.println(myDiv(8, 0));       // 列印8/0除法結果
14          System.out.println(myDiv(9, 4));       // 列印9/4除法結果
15      }
16 }
```

執行結果

這是e物件內容

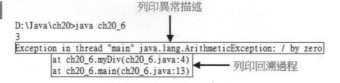

```
D:\Java\ch20>java ch20_5
3
除數為0的異常 java.lang.ArithmeticException: / by zero
執行除法運算時須避開除數為0的
2
```

　　如果我們是公司的 MIS 人員，我們設計的程式是給一般沒有太強電腦背景的員工使用，所以在 catch 區塊列出錯誤時，應盡量將採取一般人可以懂的語句，所以 catch 區塊在敘述錯誤時應小心用詞，以親切易懂的語句為主。

程式實例 ch20_6.java：這個程式筆者故意將第 6 行的異常寫錯，所以沒有捕捉到異常，因此程式仍然會提前結束。

```
6          catch(NullPointerException e) {        // 此區塊捕捉除數為0的異常
```

執行結果

列印異常描述

```
D:\Java\ch20>java ch20_6
3
Exception in thread "main" java.lang.ArithmeticException: / by zero
          at ch20_6.myDiv(ch20_6.java:4)
          at ch20_6.main(ch20_6.java:13)      ◀── 列印回溯過程
```

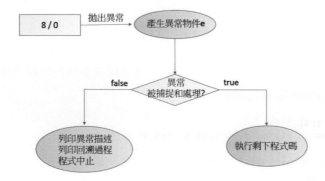

程式實例 ch20_7.java：捕捉索引值超出陣列索引範圍區間的異常。

```
1  public class ch20_7 {
2      public static void main(String[] args) {
3      int[] x = {5, 6, 7, 8, 9};
4      int sum = 0;
5          for ( int i = 0; i <= x.length; i++ ) {        // 加法迴圈
6              try {
7                  sum += x[i];                            // 加法總計
8              }
9              catch(ArrayIndexOutOfBoundsException e) {
10                 System.out.println("索引值i超出範圍" + e);
11                 break;                   // 由於索引超出範圍所以直接跳出迴圈
12             }
13             System.out.printf("索引值：%d,  加總結果：%d\n", i, sum);
14         }
15     }
16 }
```

執行結果
```
D:\Java\ch20>java ch20_7
索引值：0,  加總結果：5
索引值：1,  加總結果：11
索引值：2,  加總結果：18
索引值：3,  加總結果：26
索引值：4,  加總結果：35
索引值i超出範圍java.lang.ArrayIndexOutOfBoundsException: 5
```

## 20-4-2 簡單多個 catch 區塊的應用

有時候有的敘述可能會有 2 個異常的可能，特別是發生在使用者輸入的時候，這時如果我們必須設計可以捕捉 2 種異常的 catch 區塊。有 2 個方法可以使用，第一個是使用 2 個 catch 區塊，catch 區塊理論上是可以持續擴充如此可以捕捉更多異常，此時語法如下：

```
try {
    // 可能發生異常的敘述
}
catch( 異常類別 1  e) {
    // 處理異常
}
catch( 異常類別 2  e) {
    // 處理異常
}
```

上述如果異常發生時會執行第一個 catch 區塊，如果沒有捕捉到，就會到執行第 2個 catch 區塊。

程式實例 ch20_8.java：讀者輸入 2 個數字，然後程式可以執行數學除法運算。筆者列出 3 個執行結果，第一個是正常的結果，第 2 筆是除數為 0 的異常，第 3 筆是輸入非數字，在讀取時就有異常產生。

```java
1  import java.util.*;
2  public class ch20_8 {
3      public static void main(String[] args) {
4          int x1, x2;
5          Scanner scanner = new Scanner(System.in);
6
7          System.out.println("請輸入2個整數(數字間用空白隔開) : ");
8          try {
9              x1 = scanner.nextInt();
10             x2 = scanner.nextInt();
11             System.out.println("數字除法結果是 : " + (x1 / x2));
12         }
13         catch(ArithmeticException e) {
14             System.out.println("除數為0的異常" + e);
15         }
16         catch(InputMismatchException e) {
17             System.out.println("輸入資料類型錯誤" + e);
18         }
19         System.out.println("ch20_8.java程式結束");
20     }
21 }
```

執行結果
```
D:\Java\ch20>java ch20_8
請輸入2個整數(數字間用空白隔開) :
20 5
數字除法結果是 : 4
ch20_8.java程式結束

D:\Java\ch20>java ch20_8
請輸入2個整數(數字間用空白隔開) :
20 0
除數為0的異常java.lang.ArithmeticException: / by zero
ch20_8.java程式結束

D:\Java\ch20>java ch20_8
請輸入2個整數(數字間用空白隔開) :
20 p
輸入資料類型錯誤java.util.InputMismatchException
ch20_8.java程式結束
```

　　第 2 種異常捕捉多個異常方式是在 catch( ) 參數內使用 "|" 分隔多個異常類別，以這種方式也可以擴充到捕捉更多的異常。

```
try {
    // 可能發生異常的敘述
}
catch( 異常類別 1| 異常類別 2  e) {
    // 處理異常
}
```

程式實例 ch20_9.java：使用 "|" 符號重新設計 ch20_8.java，這個程式的重點是第 13 行。

```java
1  import java.util.*;
2  public class ch20_9 {
3      public static void main(String[] args) {
4          int x1, x2;
5          Scanner scanner = new Scanner(System.in);
6
7          System.out.println("請輸入2個整數(數字間用空白隔開) : ");
8          try {
9              x1 = scanner.nextInt();
10             x2 = scanner.nextInt();
11             System.out.println("數字除法結果是 : " + (x1 / x2));
12         }
13         catch(ArithmeticException|InputMismatchException e) {
14             System.out.println("輸入錯誤" + e);
15         }
16         System.out.println("ch20_9.java程式結束");
17     }
18 }
```

執行結果　與 ch20_8.java 相同。

## 20-5 捕捉上層的異常

在講解這個觀念前，我們再列印一次 RuntimeException 異常的結構圖。

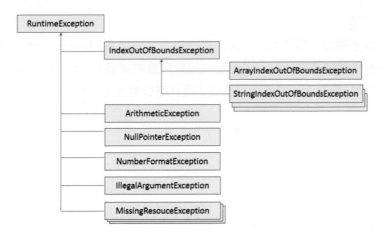

從上述可以看到異常類別的衍生關係，所謂的捕捉上層異常的觀念是，當我們捕捉一個異常類別時，衍生自它的異常類別皆可以捕捉。例如：如果我們在 catch( ) 參數中捕捉的是 IndexOutOfBoundsException，則它底下的 2 個異常，如下所示，皆會被捕捉。

ArrayIndexOutOfBoundsException

StringIndexOutOfBoundsException

程式實例 ch20_10.java：捕捉的是 IndexOutOfBoundsException，它的子類別異常也將被捕捉。

```
 1  public class ch20_10 {
 2     public static void main(String[] args) {
 3        try {
 4           String str = "Ming-Chi";
 5           char c = str.charAt(3);
 6           System.out.println("c字元是： " + c);
 7           c = str.charAt(10);                        // 異常發生
 8           System.out.println("c字元是： " + c);
 9        }
10        catch(IndexOutOfBoundsException e) {
11           System.out.println("索引超出範圍" + e);
12        }
13        System.out.println("ch20_10.java程式結束");
14     }
15  }
```

執行結果

程式捕捉的是IndexOutOfBoudsException
結果它的子類異常被捕捉了

```
D:\Java\ch20>java ch20_10
c字元是：g
索引超出範圍java.lang.StringIndexOutOfBoundsException: String index out of range
: 10
ch20_10.java程式結束
```

　　瞭解了以上觀念，同理也就是說，我們也可以捕捉 RuntimeException 異常，這樣它底下所有的異常皆會被捕捉。通常程式設計師會將補捉 RuntimeException 異常放在多個 catch 區塊的最後面，這樣就可以確定程式可以捕捉到所有的異常。

程式實例 ch20_11.java：使用捕捉 RuntimeException 重新設計 ch20_9.java。

```
 1  import java.util.*;
 2  public class ch20_11 {
 3     public static void main(String[] args) {
 4        int x1, x2;
 5        Scanner scanner = new Scanner(System.in);
 6
 7        System.out.println("請輸入2個整數(數字間用空白隔開)： ");
 8        try {
 9           x1 = scanner.nextInt();
10           x2 = scanner.nextInt();
11           System.out.println("數字除法結果是： " + (x1 / x2));
12        }
13        catch(ArithmeticException e) {              // 捕捉除數為0
```

```
14              System.out.println("除數為0 : " + e);
15          }
16          catch(StringIndexOutOfBoundsException e) {          // 捕捉索引超出範圍
17              System.out.println("字串超出索引" + e);
18          }
19          catch(RuntimeException e) {                          // 捕捉其他所有異常
20              System.out.println("異常發生" + e);
21          }
22          System.out.println("ch20_11.java程式結束");
23      }
24  }
```

執行結果
```
D:\Java\ch20>java ch20_11
請輸入2個整數(數字間用空白隔開) :
20 0
除數為0 : java.lang.ArithmeticException: / by zero
ch20_11.java程式結束

D:\Java\ch20>java ch20_11
請輸入2個整數(數字間用空白隔開) :
20 y
異常發生java.util.InputMismatchException
ch20_11.java程式結束
```

從上述執行結果看到前面 catch 區塊沒有捕捉到的 InputMismatchException 異常，最後由 RuntimeException 捕捉到。

## 20-6 try/catch/finally

這是一個捕捉異常的完美機制，前面幾節雖然我們介紹了捕捉單一異常、多個異常、捕捉上層異常，Java 還提供了 finally 區塊的觀念，不論有沒有捕捉到異常，程式皆會執行這個 finally 區塊。因此，這是一個執行重要程式碼的地方，這個區塊常用在關閉連接或是匯流。

在使用上它必須放在 catch 區塊後面，整個語法如下：

```
try {
    // 可能發生異常的敘述
}
catch( 異常類別 e) {
    // 處理異常
}
finally {
    // 不論是否異常皆會執行此 finally 區塊
}
```

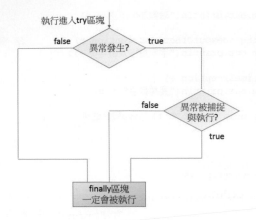

使用 finally 區塊必須留意下列幾個觀念：

1：　使用 finally 區塊前面一定要有 try 區塊。

2：　如果 try 區塊沒有異常，finally 區塊在 try 區塊後執行。如果有異常 catch 區塊將在 finally 區塊前執行。

3：　如果 finally 區塊內發生異常，它的異常方式與在其它區塊相同。

4：　即使 try 區塊包含 return、break 或 continue，finally 區塊也會執行。

程式實例 ch20_12.java：異常沒有發生時，觀察 finally 區塊執行情形。

```java
 1 public class ch20_12 {
 2     public static void main(String[] args) {
 3         try {                               // 沒有異常
 4             String str = "明志科技大學";
 5             char c = str.charAt(3);
 6             System.out.println("c字元是：" + c);
 7         }
 8         catch(StringIndexOutOfBoundsException e) {
 9             System.out.println("字串超出索引" + e);
10         }
11         finally {
12             System.out.println("一定會執行finally區塊");
13         }
14     }
15 }
```

執行結果
```
D:\Java\ch20>java ch20_12
c字元是：技
一定會執行finally區塊
```

程式實例 ch20_13.java：發生異常，同時此異常被捕捉到了。這個程式的字串長度是 6，但是卻想要取得索引是 10 的字元，所以發生異常。可以發現捕捉到異常了，但是仍會執行 finally 區塊內容。

```
5              char c = str.charAt(10);        // 異常發生
```

執行結果
```
D:\Java\ch20>java ch20_13
字串超出索引java.lang.StringIndexOutOfBoundsException: index 10,length 6
一定會執行finally區塊
```

程式實例 ch20_14.java：發生異常，同時此異常沒有被 catch 區塊捕捉到。這個程式的異常是 StringIndexOutOfBoundsException，但是 catch 區塊卻是嘗試去捕捉 ArithmeticException 異常，可以發現最後仍會執行 finally 區塊內容，然後程式才中止，所以沒有執行第 14 行內容。

```
1  public class ch20_14 {
2      public static void main(String[] args) {
3          try {                              // 沒有異常
4              String str = "明志科技大學";
5              char c = str.charAt(10);
6              System.out.println("c字元是： " + c);
7          }
8          catch(ArithmeticException e) {
9              System.out.println("除數為0的錯誤" + e);
10         }
11         finally {
12             System.out.println("一定會執行finally區塊");
13         }
14         System.out.println("ch20_14.java程式結束");
15     }
16 }
```

執行結果
```
D:\Java\ch20>java ch20_14
一定會執行finally區塊
Exception in thread "main" java.lang.StringIndexOutOfBoundsException: index 10,1
ength 6
        at java.base/java.lang.String.checkIndex(Unknown Source)
        at java.base/java.lang.StringUTF16.checkIndex(Unknown Source)
        at java.base/java.lang.StringUTF16.charAt(Unknown Source)
        at java.base/java.lang.String.charAt(Unknown Source)
        at ch20_14.main(ch20_14.java:5)
```

程式實例 ch20_15.java：驗證 try 敘述即使是有 return，也一定會執行 finally 區塊的敘述。

```
1  public class ch20_15 {
2      public static String myTest() {
3          try {
4              return "明志科技大學";
5          }
6          finally {
7              System.out.println("這是finally block");
```

```
 8              System.out.println("即使try區塊有return敘述也會執行");
 9          }
10      }
11      public static void main(String[] args) {
12          System.out.println(ch20_15.myTest());
13      }
14 }
```

執行結果
```
D:\Java\ch20>java ch20_15
這是finally block
即使try區塊有return敘述也會執行
明志科技大學
```

上述程式在執行 return 敘述返回前，會先執行 finally 區塊，所以先列印第 7-8 行敘述，再執行 return 敘述。

## 20-7 Throwable 類別

筆者在 20-3 節有介紹，Java 內部的 Throwable 類別是所有異常的父類別，所有異常皆是它的子類別或更深層次的衍生類別所產生的物件，這個 Throwable 物件有 3 個常用的方法，提供我們更多相關訊息。

String getMessage( )：可以傳回異常的說明字串。

String toString( )：傳回異常的訊息。

void printStackTrace( )：可以回溯顯示程式呼叫的執行過程。

程式實例 ch20_16.java：重新設計 ch20_5.java，增加呼叫 Throwable 類別的方法。

```
 1 public class ch20_16 {
 2     public static String myDiv(int x, int y) {
 3         try {
 4             return Integer.toString(x/y);    // 將整數轉成字串
 5         }
 6         catch(ArithmeticException e) {       // 此區塊捕捉除數為0的異常
 7             System.out.println("除數為0的異常  : " + e);
 8             System.out.println("toString         : " + e.toString());
 9             System.out.println("getMessage       : " + e.getMessage());
10             System.out.println("以下是e.printStackTrace內容");
11             e.printStackTrace();
12             System.out.println("===========================");
13             return "執行除法運算時須避開除數為0的";
14         }
15     }
16     public static void main(String args[]){
17         System.out.println(myDiv(6, 2));     // 列印6/2除法結果
```

```
18          System.out.println(myDiv(8, 0));      // 列印8/0除法結果
19          System.out.println(myDiv(9, 4));      // 列印9/4除法結果
20      }
21 }
```

執行結果
```
D:\Java\ch20>java ch20_16
3
除數為0的異常    : java.lang.ArithmeticException: / by zero
toString        : java.lang.ArithmeticException: / by zero
getMessage      : / by zero
以下是e.printStackTrace內容
java.lang.ArithmeticException: / by zero
        at ch20_16.myDiv(ch20_16.java:4)
        at ch20_16.main(ch20_16.java:18)
========================
執行除法運算時須避開除數為0的
2
```

讀者可以比較第 7 和 8 行的輸出結果是相同。

## 20-8 自行拋出異常 throw

Java 語言定義異常發生的條件,例如:除數為 0 會拋出 ArithmeticException。欲取得超出陣列索引值範圍的元素,會拋出 ArrayIndexOutOfBoundException 異常。

Java 語言也允許我們自行定義異常的規則,然後使用 throw 關鍵字拋出異常。例如:目前有些金融機構在客戶建立網路帳號時,會要求密碼長度必須在 5 到 8 個字元間,我們也可以設定如果密碼長度不在 5-8 字元間自行拋出異常。throw 語法格式如下:

throw new exception_class("exception message");

exception_class 是目前 Java 內部的異常類別可以自行選擇,exception message 則是自行定義異常的聲明。

程式實例 ch20_17.java:設定密碼與實際測試密碼是否符合,筆者自訂的密碼長度必須在 5-8 個字元間,密碼是在第 12 行設定這是使用字串陣列方式處理,然後使用迴圈方式一一測試密碼是否符合規定。第 2-10 行的 pwdCheck( ) 方法則是可以測試密碼是否符合規定,如果是 true 則執行第 4 行列印 " 密碼內容成功 ",如果是 false 則執行第 7 行列印 " 密碼內容失敗 ",然後執行第 8 行拋出異常。

```
1 public class ch20_17 {
2     public static void pwdCheck(String pwdStr) {
3         if (pwdStr.length()>=5 && pwdStr.length()<=8) {      // 密碼長度在5-8之間
4             System.out.println("密碼內容成功 : " + pwdStr);    // true,列出正確
```

```
5              }
6          else {                                           // false
7              System.out.println("密碼內容失敗： " + pwdStr);       // 列出失敗
8              throw new StringIndexOutOfBoundsException("密碼長度不符規定"); // 拋出異常
9          }
10     }
11     public static void main(String args[]){
12         String[] pwd = {"123456", "123456789", "1234567" };   // 密碼字串陣列
13         for ( int i = 0; i < pwd.length; i++ ) {          // 檢查所有元素
14             pwdCheck(pwd[i]);
15         }
16         System.out.println("測試密碼愉快");                   // 程式結束列印祝福詞
17     }
18 }
```

**執行結果**
```
D:\Java\ch20>java ch20_17
密碼內容成功： 123456
密碼內容失敗： 123456789
Exception in thread "main" java.lang.StringIndexOutOfBoundsException: 密碼長度不
符規定
        at ch20_17.pwdCheck(ch20_17.java:8)
        at ch20_17.main(ch20_17.java:14)
```

　　這個程式內有 pwdCheck( ) 方法，這個方法會檢查密碼長度，如果長度小於 5 或是長度大於 8 皆拋出異常。密碼的字串陣列有 3 個元素，由於執行第 2 個元素時就發生異常，我們沒有對此設計處理程式，所以程式直接拋出異常就結束執行了，因此看不到第 3 個元素的測試結果，當然也看不到程式執行 16 行列印祝福詞。

程式實例 ch20_18.java：擴充程式實例 ch20_17.java，主要是增加設計異常處理程式，所以這個程式不會異常中止。程式會將密碼字串陣列的所有元素內容做檢查。

```
1 public class ch20_18 {
2     public static void pwdCheck(String pwdStr) {
3         if (pwdStr.length()>=5 && pwdStr.length()<=8) {   // 密碼長度在5-8之間
4             System.out.println("密碼內容成功： " + pwdStr);   // true,列出正確
5         }
6         else {                                           // false
7             System.out.println("密碼內容失敗： " + pwdStr);   // 列出失敗
8             throw new StringIndexOutOfBoundsException("密碼長度不符規定"); // 拋出異常
9         }
10     }
11     public static void main(String args[]){
12         String[] pwd = {"123456", "123456789", "1234567" };   // 密碼字串陣列
13         for ( int i = 0; i < pwd.length; i++ ) {          // 檢查所有元素
14             try {                                       // try區塊
15                 pwdCheck(pwd[i]);
16             }
17             catch(StringIndexOutOfBoundsException e) {    // catch區塊
18                 System.out.println("Error! " + e);        // 異常處理程式
19                 e.printStackTrace();                      // 回溯顯示
20             }
21         }
```

```
22          System.out.println("測試密碼愉快");              // 程式結束列印祝福詞
23      }
24 }
```

```
D:\Java\ch20>java ch20_18
密碼內容成功：123456
密碼內容失敗：123456789
Error! java.lang.StringIndexOutOfBoundsException: 密碼長度不符規定
java.lang.StringIndexOutOfBoundsException: 密碼長度不符規定
        at ch20_18.pwdCheck(ch20_18.java:8)
        at ch20_18.main(ch20_18.java:15)
密碼內容成功：1234567
測試密碼愉快
```

# 20-9 方法拋出異常 throws

假設有一個 try-catch 敘述如下：

```
try {
    // 可能發生異常的敘述，這段敘述可能重複發生
}
catch( 異常類別 1  e) {
    // 處理異常
}
catch( 異常類別 2  e) {
    // 處理異常
}
```

如果你程式設計時會碰上多次重複發生可能發生異常的敘述，那麼每次均要邊寫相同的 try-catch 敘述是一件繁瑣的敘述，同時程式碼也會變得很長。解決方式是建立一個方法 (method)，在這個方法 (method) 簽章加上 throws 敘述，同時宣告異常類別。然後在 try-catch 敘述中呼叫此方法。這個方法 (method) 的語法如下：

```
方法名稱 ( 參數 … ) throws 異常類別 1, 異常類別 2, … {
    // 可能發生異常的敘述 ;
}
```

這時程式結構如下：

```
public void myMethod( ) throws 異常類別 1, 異常類別 2 {
    // 可能發生異常的敘述;
}
public static void main(String[] args) {
{
    try {
        myMethod();
    }
    catch( 異常類別 1  e) {
        // 處理異常
    }
    catch( 異常類別 2  e) {
        // 處理異常
    }
}
```

　　上述在 myMethod( ) 方法發生異常時，myMethod( ) 方法並不會去處理，而是將異常交給呼叫它的地方處理，若是以上述為例，可以知道將返回 main( ) 內 try-catch 相對應的區塊處理。需留意是在 myMethod( ) 方法簽章拋出 throws 宣告的異常類別，必須在原呼叫中有相對應的異常處理程式，否則程式會有編譯錯誤。

程式實例 ch20_19.java：方法拋出異常 throws 關鍵字的應用，在這個程式中 try 區塊基本上是呼叫 myMethod( ) 方法，然後在 myMethod( ) 方法名稱右邊設定異常類別。

```
1  public class ch20_19 {
2      public static void myMethod(int x1, int x2) throws ArithmeticException {
3          System.out.println("數字除法結果是: " + (x1 / x2));
4      }
5      public static void main(String[] args) {
6          int[][] x = {{10, 2}, {10, 0}, {10, 5}};        // 二維陣列儲存資料
7          for ( int i = 0; i < x.length; i++ ) {          // 迴圈處理測試資料
8              try {
9                  myMethod(x[i][0], x[i][1]);             // 呼叫方法處理測試資料
10             }
11             catch(ArithmeticException e) {              // 捕捉異常
12                 System.out.println("除數為0的異常" + e);
13             }
14         }
15     }
16 }
```

| 執行結果 | D:\Java\ch20>java ch20_19<br>數字除法結果是 : 5<br>除數為0的異常java.lang.ArithmeticException: / by zero<br>數字除法結果是 : 2 |
|---|---|

程式實例 ch20_20.java：使用 throws 拋出多個宣告異常，這個程式基本上是重新設計 ch20_8.java。

```java
1  import java.util.*;
2  public class ch20_20 {
3      public static void myMethod() throws ArithmeticException, InputMismatchException {
4          Scanner scanner = new Scanner(System.in);
5          int x1, x2;
6          System.out.println("請輸入2個整數(數字間用空白隔開) : ");
7          x1 = scanner.nextInt();                              // 讀取第1個數字
8          x2 = scanner.nextInt();                              // 讀取第2個數字
9          System.out.println("數字除法結果是 : " + (x1 / x2));
10     }
11     public static void main(String[] args) {
12         try {
13             myMethod();                                      // 可能發生異常的敘述
14         }
15         catch(ArithmeticException e) {                       // 除數為0的異常
16             System.out.println("除數為0的異常" + e);
17         }
18         catch(InputMismatchException e) {                    // 資料錯誤的異常
19             System.out.println("輸入資料類型錯誤" + e);
20         }
21     }
22 }
```

| 執行結果 | D:\Java\ch20>java ch20_20<br>請輸入2個整數(數字間用空白隔開) :<br>20 10<br>數字除法結果是 : 2<br><br>D:\Java\ch20>java ch20_20<br>請輸入2個整數(數字間用空白隔開) :<br>20 0<br>除數為0的異常java.lang.ArithmeticException: / by zero<br><br>D:\Java\ch20>java ch20_20<br>請輸入2個整數(數字間用空白隔開) :<br>20 y<br>輸入資料類型錯誤java.util.InputMismatchException |
|---|---|

在 20-3-3 節筆者曾經講解，異常類別分為非檢查異常 (Unchecked Exception) 和檢查異常 (Checked Exception)，其實方法 (method) 拋出異常 throws 所拋出的異常主要是應用在檢查異常 (Checked Exception)，相當於如果原呼叫位置沒有這類的異常處理程式，程式在編譯時期就會有錯誤產生。

此外，本節前 2 個程式實例皆是在相同類別使用方法拋出異常，很多時候我們需要在不同類別拋出異常，可參考下列程式實例。

程式實例 ch20_21.java：這個程式另外建立了 MyThrows 類別，然後在這個類別內可以看到 myMethod 方法，這個方法簽章上宣告了異常類別，異常類別的產生使用 throw 關鍵字，然後用迴圈 ( 第 12-23 行 ) 數字，觸發可能產生的異常類別。

```java
 1  import java.io.*;
 2  class MyThrows {                                          // MyThrows類別
 3      void myMethod(int n) throws IOException, ClassNotFoundException {
 4          if (n == 1)
 5              throw new IOException("IOException發生了");
 6          else
 7              throw new ClassNotFoundException("ClassNotFoundException發生了");
 8      }
 9  }
10  public class ch20_21 {
11      public static void main(String[] args) {
12          for ( int i = 1; i <= 2; i++ ) {
13              try {
14                  MyThrows obj = new MyThrows();
15                  obj.myMethod(i);                          // 可能發生異常的敘述
16              }
17              catch(IOException e) {                        // IOException異常
18                  System.out.println("IOException : " + e);
19              }
20              catch(ClassNotFoundException e) {             // ClassNotFoundException異常
21                  System.out.println("ClassNotFoundException : " + e);
22              }
23          }
24      }
25  }
```

執行結果
```
D:\Java\ch20>java ch20_21
IOException : java.io.IOException: IOException發生了
ClassNotFoundException : java.lang.ClassNotFoundException: ClassNotFoundExceptio
n發生了
```

## 20-10 使用者自訂異常類別

Java 內部已經定義了許多異常類別，例如：ArithmeticException, … 等。同時也定義了在一定條件下觸發這些異常。在 20-8 節筆者說明了如何根據 throw 關鍵字拋出異常，其實我們可以自行創建自己的異常類別，然後用 throw 關鍵字拋出自行建立的異常類別。

由於所有的程式執行期間 (runtime) 的異常類別均是繼承 Exception 類別，所以我們設計自己的異常類別時必須繼承這個類別。

```
class 自訂異常類別名稱 extends Exception {
    // 定義成員
}
```

由於繼承了 Exception 類別所以即使我們在自訂類別內沒有設定成員變數或成員方法，也可以讓程式運作。

程式實例 ch20_22.java：簡單自訂異常類別 MyException 的設計，我們沒有為這個自訂異常類別設計任何成員變數或法，這個程式由第 8 行的 throw 觸發異常。

```
1  class MyException extends Exception {          // MyException類別
2
3  }
4  public class ch20_22 {
5      public static void main(String[] args) {
6          try {
7              System.out.println("try區塊");
8              throw new MyException();              // 拋出異常
9          }
10         catch(MyException e) {                   // MyException異常()
11             System.out.println("catch區塊");
12             System.out.println("我的異常類別MyException : " + e);
13             e.printStackTrace();                 // 回溯輸出
14         }
15     }
16 }
```

執行結果
```
D:\Java\ch20>java ch20_22
try區塊
catch區塊
我的異常類別MyException : MyException
MyException
        at ch20_22.main(ch20_22.java:8)
```

上述程式運作原則是第 8 行觸發異常，然後進入 catch 區塊，執行第 11-13 行，由於繼承了 Exception 類別，所以第 12 行可以列印 e，第 13 行可以呼叫 printStackTrace() 方法。

程式實例 ch20_23.java：基本上這是 ch20_22.java 的擴充，主要是在自建的類別內增加了成員變數 str，建構方法和成員方法 toString()。另外，在第 14 行拋出異常時，會傳遞一個字串訊息 (" 異常訊息 ")。讀者可以觀察執行結果與程式實例 ch20_22.java 的差異。

```
1  class MyException extends Exception {          // MyException類別
2      String str;
3      MyException(String msg) {                   // 將訊息傳給str
4          str = msg;
5      }
6      public String toString( ) {
7          return ("我定義的MyException發生了 " + str);
8      }
9  }
10 public class ch20_23 {
11     public static void main(String[] args) {
12         try {
13             System.out.println("try區塊");
14             throw new MyException("異常訊息");     // 拋出異常的敘述
15         }
16         catch(MyException e) {                    // MyException異常
17             System.out.println("catch區塊");
18             System.out.println("MyException : " + e);
19             e.printStackTrace();                  // 回溯輸出
20         }
21     }
22 }
```

**執行結果**

```
D:\Java\ch20>java ch20_23
try區塊
catch區塊
MyException : 我定義的MyException發生了 異常訊息
我定義的MyException發生了 異常訊息
        at ch20_23.main(ch20_23.java:14)
```

程式實例 ch20_24.java：這是一個銀行存款提款的應用，當發生提款金額大於存款金額時，將會發生異常，同時列出短少的金額。

```
1  class NotEnoughException extends Exception {    // 自行定義異常
2      private int shortAmount;                     // 異常時所欠金額
3      public NotEnoughException(int shortAmount) {
4          this.shortAmount = shortAmount;          // 設定所欠餘額
5      }
6      public double getShortAmount() {             // 取得所欠餘額
7          return shortAmount;                      // 傳回所欠餘額
8      }
9  }
10 class MyBank {
11     private int balance;                         // 存款餘額
12     public void deposit(int cashin) {            // 存款
13         balance += cashin;
14     }
15     public void withdraw(int cashout) throws NotEnoughException { // 提款
16         if(cashout <= balance) {                 // 檢查提款是否小於存款餘額
17             balance -= cashout;                  // true帳戶正常扣款
18         }
19         else {                                   // false
20             int shortA = cashout - balance;      // 計算短少金額
21             throw new NotEnoughException(shortA);    // 拋出異常將短少金額給異常類別
```

```
22              }
23          }
24      public double getBalance() {                    // 傳回餘額
25          return balance;
26      }
27 }
28 public class ch20_24 {
29      public static void main(String [] args) {
30          MyBank obj = new MyBank();
31          System.out.println("存款1000元 ... ");
32          obj.deposit(1000);
33          try {
34              System.out.println("提款500元 ... ");
35              obj.withdraw(500);
36              System.out.println("提款600元 ... ");
37              obj.withdraw(600);
38          }
39          catch(NotEnoughException e) {
40              System.out.println("存款金額不足 : " + e.getShortAmount());
41              e.printStackTrace();
42          }
43      }
44 }
```

執行結果
```
D:\Java\ch20>java ch20_24
存款1000元 ...
提款500元 ...
提款600元 ...
存款金額不足 : 100.0
NotEnoughException
        at MyBank.withdraw(ch20_24.java:21)
        at ch20_24.main(ch20_24.java:37)
```

這個程式的關鍵點是當發生提款金額大於存款金額時，第 21 行會拋出異常，同時在拋出異常時會將短少金額傳遞給自訂的異常類別 NotEngoughException。這個異常類別有建構方法第 3-5 行會接收此短少金額值，第 40 行則可列出短少金額。

習題實作題

1： 請參考程式實例 ch20_3.java，用完整程式敘述示範下列錯誤。

NullPointerException

```
D:\Java\ex>java ex20_1
Exception in thread "main" java.lang.NullPointerException
        at ex20_1.main(ex20_1.java:4)
```

2： 請參考程式實例 ch20_3.java，用完整程式敘述示範下列錯誤。

NumberFormatException

```
D:\Java\ex>java ex20_2
Exception in thread "main" java.lang.NumberFormatException: For input string: "
aipei"
        at java.base/java.lang.NumberFormatException.forInputString(Unknown Sou
ce)
        at java.base/java.lang.Integer.parseInt(Unknown Source)
        at java.base/java.lang.Integer.parseInt(Unknown Source)
        at ex20_2.main(ex20_2.java:4)
```

3： 請參考程式實例 ch20_3.java，用完整程式敘述示範下列錯誤。

StringIndexOutOfBoundsException

```
D:\Java\ex>java ex20_3
Exception in thread "main" java.lang.StringIndexOutOfBoundsException: String in
ex out of range: 10
        at java.base/java.lang.StringLatin1.charAt(Unknown Source)
        at java.base/java.lang.String.charAt(Unknown Source)
        at ex20_3.main(ex20_3.java:4)
```

4： 請重新設計 ch20_8.java，改為迴圈讀取輸入，每次迴圈完成會詢問是否繼續，按
y 或 Y 則迴圈繼續，否則程式結束。這個程式需特別注意如果所讀取的是非數字字
元時的設計。

```
D:\Java\ex>java ex20_4
請輸入2個整數(數字間用空白隔開) : 20 p
輸入資料類型錯誤java.util.InputMismatchException
是否繼續(y/n) : y
請輸入2個整數(數字間用空白隔開) : p p
輸入資料類型錯誤java.util.InputMismatchException
是否繼續(y/n) : y
請輸入2個整數(數字間用空白隔開) : 20 4
數字除法結果是 : 5
是否繼續(y/n) : y
請輸入2個整數(數字間用空白隔開) : 20 0
除數為0的異常java.lang.ArithmeticException: / by zero
是否繼續(y/n) : n
程式結束
```

5： 請自行參考 ch20_18.java 設計拋出異常，它的原則是滿 18 歲才可以投票，請建立
一個歲數陣列 {12, 19, 67}，然後一一讀取陣列內容，如果滿 18 歲列出 "xx 歲的年
齡歡迎投票 "，如果不滿 18 歲，先列出 "xx 歲的年齡太輕 "，拋出異常同時列出 "
年齡不符規定 "。

```
D:\Java\ex>java ex20_5
12歲的年齡太輕
Error! java.lang.StringIndexOutOfBoundsException: 年齡不符規定
java.lang.StringIndexOutOfBoundsException: 年齡不符規定
        at ex20_5.ageCheck(ex20_5.java:8)
        at ex20_5.main(ex20_5.java:15)
19歲的年齡歡迎投票
67歲的年齡歡迎投票
測試年齡愉快
```

# 第二十一章

# 多執行緒

如果我們打開電腦可以看到在 Windows 作業系統下可以同時執行多個應用程式，例如：當你使用瀏覽器下載資料期間，可以使用 Word 編輯文件，同時間可能 outlook 告訴你收到了一封電子郵件，其實這種作業型態就稱多工作業 (Mutitasking)。

相同的觀念可以應用在程式設計，我們可以使用 Java 設計一個程式，在程式執行階段，我們稱之為行程 (process)，一個行程可以內含有多個執行緒 (threading)。過去我們使用 Java 所設計的程式只專注執行一件事情，我們也可以稱之為行程內有單執行緒，這一章我們將講解一個程式可以內含有多個執行緒，相當於同時執行工作。

## 21-1　認識程式 (Program)、行程 (Process)、執行緒 (Thread)

在進入本章主題前筆者想要說明幾個專有名詞，這對於讀者學習本章內容會有幫助。

❑　程式 **(Program)**

我們依據電腦語言規則，例如：Java，所寫的程式碼，儲存在硬碟後尚未執行，這時可以將程式碼稱程式 (Program)。

❑　行程 **(Process)**

在電腦作業系統，例如：Windows 或 Mac OS 作業系統，啟動或稱執行所寫的程式碼，這時在作業系統工作區的程式 (Program) 就稱作行程 (Process)。

❑　執行緒 **(Thread)**

在 Java 程式設計時，預設一個行程 (Process) 只有一個執行緒 (Thread)，Java 語言也支援我們可以在一個行程中設計多個執行緒，這也是本章的主要內容，同時讓這些執行緒同時工作。當只有一個執行緒時，這個執行緒預設名稱是 main。

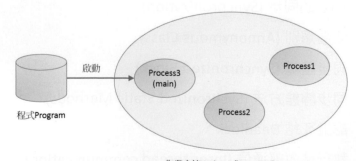

作業系統Widows或Mac OS或Linux ...

如果所設計的程式有多個執行緒時，例如：有 main、t1(T 是執行緒 Thread 的縮寫 )、t2、t3，此時結構圖形如下：

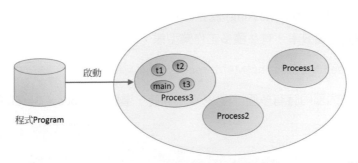

作業系統Widows或Mac OS或Linux ...

Java 語言的 java.lang.Thread 類別可以讓使用者設計相關的執行緒運作，在此筆者先簡單介紹取得執行緒的名稱。Thread 類別的 currentThread( ) 方法可以取得目前執行緒物件，有了這個物件可以使用下列 3 個與執行緒名稱有關的方法。

getName( )：取得執行緒名稱。

setName( )：設定執行緒名稱。

getId( )：取得執行緒的 ID 編號。

程式實例 ch21_1.java：驗證當一個行程 (Process) 只有一個執行緒時，此執行緒的名稱是 main。這個程式同時會將執行緒名稱改為 MyThread，然後再列印一次執行緒。同時這個程式也會列出執行緒 Id。

```
1 public class ch21_1 {
2     public static void main(String args[]){
3         Thread thread = Thread.currentThread();        // 建立目前執行緒物件
4         System.out.println("目前執行緒名稱: " + thread.getName());
5         thread.setName("MyThread");                    // 更改執行緒名稱
6         System.out.println("目前執行緒名稱: " + thread.getName());
7         System.out.println("目前執行緒ID   : " + thread.getId());
8     }
9 }
```

執行結果

```
D:\Java\ch21>java ch21_1
目前執行緒名稱: main
目前執行緒名稱: MyThread
目前執行緒ID   : 1
```

## 21-2 認識多工作業 (Multitasking)

所謂的多工作業 (Multitasking) 就是在同一時間可以執行多種工作，這樣可以讓 CPU 的使用達到最高效率，有 2 種多工作業型態：

❏ Process-based Mutitasking(Multiprocessing)

當作業系統內部同時有多個行程 (Process) 時，這就是 Process-Based 的多工作業。

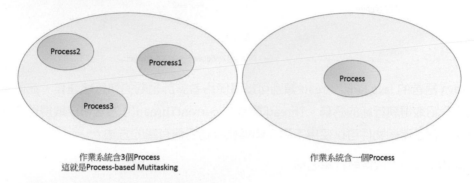

作業系統含3個Process
這就是Process-based Mutitasking

作業系統含一個Process

❏ Thread-based Mutitasking(Multithreading)

當一個行程 (Process) 內含有多個執行緒同時在執行工作時，這就是 Thread-Based 的多工作業。

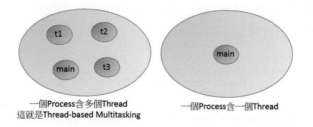

一個Process含多個Thread
這就是Thread-based Multitasking

一個Process含一個Thread

### 21-2-1 Process-based Mutitasking(Multiprocessing) 的特色

❏ 每個行程 (Process) 在執行時，皆有獨立的記憶體空間。

❏ 行程 (Process) 又稱重量級行程 (Heavyweight Process)。

❏ 各行程 (Process) 間的資訊傳遞是昂貴的。

❏ 從一個行程 (Process) 切換到另一個行程 (Process) 需要分別保留和下載暫存器 (registers)、記憶體映射 (memory maps)、更新串列 (lists) … 等。

## 21-2-2　**Thread-based Mutitasking(Multithreading)** 的特色

❑ 執行緒 (Thread) 彼此是共用記憶體空間。

❑ 執行緒 (Thread) 又稱輕量級行程 (Lightweight Process)。

❑ 各執行緒 (Thread) 間的資訊傳遞是廉價的。

# 21-3　Java 的多執行緒

## 21-3-1　認識執行緒

執行緒 (Thread) 是行程 (Process) 的最小單元，也可將它稱為子行程 (Sub-process)，每個執行緒有獨立的執行路徑。當一個執行緒發生異常 (Exception)，它不會影響其它執行緒的工作，同時多個執行緒彼此是共享記憶體空間。

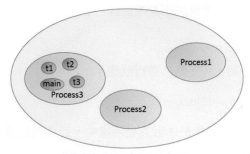

作業系統Widows或Mac OS或Linux ...

如上圖所示執行緒是在行程內工作，在作業系統內可以有多個行程，在行程內可以有多個執行緒。

## 21-3-2　多執行緒的優點

❑ 由於各執行緒間是獨立的，所以可以同時完成多個工作。

❑ 因為可以同時完成多個工作，所以執行效率比較好。

❑ 由於個執行緒間是獨立的，如果單一執行緒發生異常不會影響其它執行緒工作。

❑ 執行緒間由於是共享記憶體空間，執行緒間工作切換與通訊成本很低。

## 21-4　執行緒的生命週期

Java 執行緒的生命週期是由 JVM 管理,可以分成 5 個狀態。

❑　新 New

　剛建立的執行緒,在呼叫 start( ) 方法前的狀態。

❑　可運行 Runnable

　已經 start( ) 的執行緒,但是並不是處於運行狀態。

❑　正在運行 Running

　已經 start( ) 的執行緒,同時處於運行狀態。

❑　無法運行 Non-Runnable(Blocked)

　執行緒仍然活著,但是可能是休眠或被阻擋中,目前無法運行。

❑　中止 Terminated

　執行緒終止了。

## 21-5　建立執行緒

有 2 種方法可以建立執行緒:

1:　繼承 Thread 類別。

2:　實作 Runnable 介面。

## 21-5-1　Thread 類別

Thread 類別有提供建構方法和一般成員方法可以讓我們建立和操作執行緒，這個類別基本上是繼承 Object 類別和實作 Runnable 介面。

下列是 Thread 類別的建構方法。

```
Thread( )                          // 執行緒名稱是預設
Thread(String name)                // name 是執行緒的名稱
Thread(Runnable r)
Thread(Runnable r, String name)
```

下列是 Thread 類別常用的方法。

| 方法 | 說明 |
|---|---|
| void run( ) | 空方法，需重定義 |
| void start( ) | JVM 呼叫 run( ) 啟動執行緒 |
| void sleep(long milliiseconds) | 讓執行緒休息，單位是毫秒 |
| void join( ) | 等待執行緒死亡 |
| void join(long milliiseconds ) | 等待執行緒在指定毫秒內死亡 |
| int getPriority( ) | 傳回執行緒的優先等級 |
| int setPriority(int priority ) | 設定執行緒的優先等級 |
| String getName( ) | 取得執行緒的名稱 |
| void setNmae( ) | 設定執行緒的名稱 |
| Thread currentThread( ) | 傳回目前的執行緒參照 |
| int getID( ) | 傳回執行緒 ID |
| Thread.State getState( ) | 傳回執行緒狀態 |
| boolean isAlive( ) | 傳回執行緒是否仍存在 |
| void yield( ) | 讓目前正在執行的執行緒暫時暫停 |
| void suspend( ) | 暫停執行緒，(depricated) |
| void resume( ) | 恢復執行緒，(depricated) |
| void stop( ) | 停止執行緒，(depricated) |
| boolean isDaemon( ) | 傳回執行緒是否是守護執行緒 |
| void setDaima(boolean b) | 將執行緒標註為守護執行緒 |
| void interrupt( ) | 中斷執行緒 |
| boolean isInterrupted( ) | 傳回執行緒是否被中斷 |
| static boolean interrupt( ) | 傳回目前執行緒是否被中斷 |

在建立新執行緒後，可以使用 start( ) 方法啟動這個執行緒，這時 start( ) 所運行的工作如下：

1： 將執行緒狀態從 New 狀態移到 Runnable 狀態。

2： 執行類別繼承來的 run( ) 方法。

由於 Thread 類別的 run( ) 方法是空方法，所以當我們設計一個繼承 Thread 類別的子類別後，需要重新定義此方法。

程式實例 ch21_2.java：建立一個新的執行緒，採用預設名稱方式，這個程式會讓此執行緒列印 "Thread 運行中 … "，同時這個程式也會列印預設的執行緒名稱。

```
1  class MultiThread extends Thread {
2      public void run() {                             // 重新定義run方法
3          System.out.println("Thread運行中 ...");
4      }
5  }
6  public class ch21_2 {
7      public static void main(String args[]){
8          MultiThread t = new MultiThread();          // 建立目前執行緒物件
9          t.start();
10         System.out.println("列出預設的執行緒名稱: " + t.getName());
11     }
12 }
```

執行結果
```
D:\Java\ch21>java ch21_2
Thread運行中 ...
列出預設的執行緒名稱: Thread-0
```

如果我們想要在建立執行緒物件時，就給這個執行緒命名，可以透過建構方法在參數內增加名稱字串。

程式實例 ch21_3.java：使用建構方法設定執行緒的名稱，重新設計。

```
1  class MultiThread extends Thread {
2      MultiThread(String name) {                      // 建構方法
3          super(name);                                // 設定執行緒名稱
4      }
5      public void run() {                             // 重新定義run方法
6          System.out.println("Thread運行中 ...");
7      }
8  }
9  public class ch21_3 {
10     public static void main(String args[]){
11         MultiThread t = new MultiThread("Horse");   // 建立目前執行緒物件
12         t.start();
13         System.out.println("列出預設的執行緒名稱: " + t.getName());
14     }
15 }
```

執行結果
```
D:\Java\ch21>java ch21_3
Thread運行中 ...
列出預設的執行緒名稱: Horse
```

## 21-5-2　多執行緒的賽馬程式設計

　　傳統當程式只有一個執行緒時，我們設計程式是採循序漸進方式，必須前一道敘述執行完成，才會執行下一道敘述。

程式實例 ch21_4.java：以傳統方式設計賽馬程式，為了簡化筆者讓賽馬只跑 10 個迴圈，這樣可以方便觀察執行結果。

```java
1  class HorseRacing {
2      private String name;                        // 馬匹名稱變數
3      HorseRacing(String name) {                  // 建構方法
4          this.name = name;                       // 設定馬匹名稱
5      }
6      public void run() {                         // 定義run方法
7          for (int i = 1; i <= 10; i++)           // 設定跑10圈
8              System.out.println(name + " 正在跑第 " + i + " 圈 ... ");
9      }
10 }
11 public class ch21_4 {
12     public static void main(String args[]){
13         HorseRacing t1 = new HorseRacing("Horse1"); // 建立Horse1物件
14         HorseRacing t2 = new HorseRacing("Horse2"); // 建立Horse2物件
15         t1.run();
16         t2.run();
17     }
18 }
```

執行結果
```
Horse1 正在跑第 9 圈  ...
Horse1 正在跑第 10 圈  ...
Horse2 正在跑第 1 圈  ...
Horse2 正在跑第 2 圈  ...
Horse2 正在跑第 3 圈  ...
Horse2 正在跑第 4 圈  ...
Horse2 正在跑第 5 圈  ...
Horse2 正在跑第 6 圈  ...
Horse2 正在跑第 7 圈  ...
Horse2 正在跑第 8 圈  ...
Horse2 正在跑第 9 圈  ...
Horse2 正在跑第 10 圈  ...
```

　　以上程式最大的特色是，程式碼一定是循序方式執行，所以上述程式必須是第 15 行執行完畢，才會執行第 16 行，相當於 Horse1 跑完，才讓 Horse2 跑。

程式實例 ch21_5.java：以執行緒的觀念重新設計 ch21_4.java 賽馬程式，這個程式設計了 2 個執行緒，然後讓這 2 個執行緒跑 1000 圈，並觀察執行結果。

```java
class HorseRacing extends Thread {           // 繼承Thread類別
    private String name;
    HorseRacing(String name) {                // 建構方法
        super(name);                          // 設定名稱
    }
    public void run() {                       // 定義run方法
        for (int i = 1; i <= 1000; i++)
            System.out.println(getName() + " 正在跑第 " + i + " 圈 ... ");
    }
}
public class ch21_5 {
    public static void main(String args[]){
        HorseRacing t1 = new HorseRacing("Horse1"); // 建立執行緒物件
        HorseRacing t2 = new HorseRacing("Horse2"); // 建立執行緒物件
        t1.start();
        t2.start();
    }
}
```

執行結果
```
Horse1 正在跑第 999 圈  ...    Horse1 正在跑第 997 圈  ...
Horse2 正在跑第 997 圈  ...    Horse2 正在跑第 999 圈  ...
Horse1 正在跑第 1000 圈 ...    Horse1 正在跑第 998 圈  ...
Horse2 正在跑第 998 圈  ...    Horse2 正在跑第 1000 圈 ...
Horse2 正在跑第 999 圈  ...    Horse1 正在跑第 999 圈  ...
Horse2 正在跑第 1000 圈 ...    Horse1 正在跑第 1000 圈 ...
```

　　上述程式在執行時，會有不同結果，例如：上方左圖是 Horse1 先完成 1000 圈，上方右圖是 Horse2 先完成 1000 圈。由上述可以看到多執行緒的觀念與傳統單一執行緒觀念不同，Horse1 執行緒與 Horse2 執行緒是交替運行，這也代表這 2 個執行緒是一起運行，至於那一匹馬可以先完成 1000 圈，完全視誰先搶到 CPU 資源而定。下列是單一執行緒與多執行緒的執行過程比較圖。

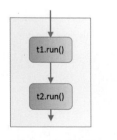

ch25_4.java單一執行緒

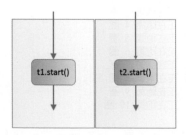

ch25_4.java多執行緒

## 21-5-3 Runnable 介面

如果你今天設計一個類別已經繼承了其他的類別，可是你又希望這個類別可以繼承 Thread 類別，這時會牴觸 Java 語言的規則 " 一個類別不可以多重繼承 (Multiple Inheritance)"。本書第 17 章筆者有說明介面 (Interface)，此時就是使用實作介面的時機，Java 的 Runnable 介面有定義執行緒抽象的 run( ) 方法，我們可以將所要執行的動作放在 run( ) 方法即可。

run( ) 方法也是 Runnable 介面唯一的方法。

程式實例 ch21_6.java：使用 Runnable 介面建立執行緒的應用。

```
1  class A implements Runnable {              // 實作A介面
2      public void run() {                     // 定義run方法
3          System.out.println("A is running");
4      }
5  }
6  public class ch21_6 {
7      public static void main(String args[]){
8          A a = new A();                      // 建立a物件
9          Thread t = new Thread(a);           // 建立t執行緒
10         t.start();
11     }
12 }
```

執行結果

```
D:\Java\ch21>java ch21_6
A is running
```

需要留意的是類別 A 實作了 Runnable 介面後，第 8 行所建立的類別 A 的物件 a 仍不是一個執行緒物件，我們必須使用 Thread 宣告物件，再將物件 a 當作參數，這樣才算正式建立執行緒完成。

程式實例 ch21_7.java：使用 Runnable 介面重新設計 ch21_5.java，這個程式所列出的 Horse1 和 Horse2 並不是系統內部的執行緒名稱，只是筆者在 HorseRacing 類別所設定的名稱。

```
1  class HorseRacing implements Runnable {        // 實作Runnable介面
2      private String name;
3      HorseRacing(String name) {                  // 建構方法
4          this.name = name;                       // 設定名稱
5      }
6      public void run() {                         // 定義run方法
7          for (int i = 1; i <= 1000; i++)
8              System.out.println(name + " 正在跑第 " + i + " 圈 ... ");
9      }
10 }
```

```
11  public class ch21_7 {
12      public static void main(String args[]){
13          HorseRacing hr1 = new HorseRacing("Horse1");// 建立HorsRacing物件
14          HorseRacing hr2 = new HorseRacing("Horse2");// 建立HorsRacing物件
15          Thread t1 = new Thread(hr1);                // 建立t1執行緒
16          Thread t2 = new Thread(hr2);                // 建立t2執行緒
17          t1.start();
18          t2.start();
19      }
20  }
```

執行結果 與 ch21_5.java 類似，每次運行可能結果皆是不同。

## 21-6 再看 Java 執行緒的工作原理

在我們講解多執行緒時，我們強調這是多工作業，我們可以設計多執行緒同步執行，其實真正在系統內一次是執行一件工作，然後每一次執行緒分配到極短暫的時間執行工作，如下所示：

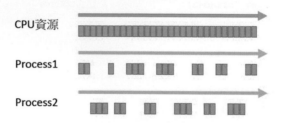

因為系統內部切換很快，所以我們直覺會認為是同時有多個執行緒在工作。如果執行緒有許多時，至於是那一個執行緒可以排到使用片段的 CPU 資源，則是由 JVM 的執行緒的調度程式決定。

## 21-7 讓執行緒進入睡眠

在 Thread 類別內有 sleep( ) 方法，這個方法可以讓執行緒進入睡眠，睡眠多久由 sleep( ) 的參數值決定單位是毫秒，1000 毫秒等於 1 秒。Thread 類別所提供的方法宣告如下：

public static void sleep(long milliseconds) throws InterruptedException

上述宣告有 "throws InterruptedException"，表示這個方法在使用時需寫在 try-catch 區塊內，可參考 ch21_8.java 第 7-12 行，或是使用時直接在方法右邊加上上述宣告。

程式實例 ch21_8.java：這個程式主要是重新設計 ch21_5.java，主要是增加第 9 行讓執行緒睡眠 0.5 秒，然後讓賽馬所跑的圈數縮小。

```
1  class HorseRacing extends Thread {              // 繼承Thread類別
2      HorseRacing(String name) {                  // 建構方法
3          super(name);                            // 設定名稱
4      }
5      public void run() {                         // 定義run方法
6          for (int i = 1; i <= 5; i++) {
7              try {
8                  sleep(500);                     // 執行緒睡眠0.5秒
9              }
10             catch(InterruptedException e) {
11                 System.out.println(e);
12             }
13             System.out.println(getName() + " 正在跑第 " + i + " 圈 ... ");
14         }
15     }
16 }
17 public class ch21_8 {
18     public static void main(String args[]){
19         HorseRacing t1 = new HorseRacing("Horse1"); // 建立執行緒物件
20         HorseRacing t2 = new HorseRacing("Horse2"); // 建立執行緒物件
21         t1.start();
22         t2.start();
23     }
24 }
```

執行結果　可以發現每次執行結果也將不同。

```
D:\Java\ch21>java ch21_8              D:\Java\ch21>java ch21_8
Horse2 正在跑第 1 圈 ...              Horse1 正在跑第 1 圈 ...
Horse1 正在跑第 1 圈 ...              Horse2 正在跑第 1 圈 ...
Horse2 正在跑第 2 圈 ...              Horse2 正在跑第 2 圈 ...
Horse1 正在跑第 2 圈 ...              Horse1 正在跑第 2 圈 ...
Horse1 正在跑第 3 圈 ...              Horse2 正在跑第 3 圈 ...
Horse2 正在跑第 3 圈 ...              Horse1 正在跑第 3 圈 ...
Horse2 正在跑第 4 圈 ...              Horse2 正在跑第 4 圈 ...
Horse1 正在跑第 4 圈 ...              Horse1 正在跑第 4 圈 ...
Horse2 正在跑第 5 圈 ...              Horse1 正在跑第 5 圈 ...
Horse1 正在跑第 5 圈 ...              Horse2 正在跑第 5 圈 ...
```

# 21-8 執行緒的 join( ) 方法

　　許多時候主要執行緒 ( 可想成 main 執行緒 ) 生成並啟動子執行緒，如果子執行緒需要大量運算，主執行緒往往需要等待子執行緒的執行結果，此時可以使用這個方法。這個方法可以擋住其它的執行緒工作，直到這個子執行緒完成工作，其他的執行緒才開始工作。Thread 類別所提供的 join( ) 方法宣告如下：

　　　public void join( ) throw InterruptedException

程式實例 ch21_9.java：這個程式在運行時，job1 啟動後，同時在第 25 行呼叫 join( ) 方法，這時 job1 執行緒可以獨佔使用 CPU 資源直到執行完畢，其它執行緒才開始工作。

```
1  class Xjoin extends Thread {                        // 繼承Thread類別
2      Xjoin(String name) {                            // 建構方法
3          super(name);                                // 設定名稱
4      }
5      public void run() {                             // 定義run方法
6          for (int i = 1; i <= 5; i++) {
7              try {
8                  sleep(500);                         // 執行緒睡眠0.5秒
9              }
10             catch(InterruptedException e) {
11                 System.out.println(e);
12             }
13             System.out.println(getName() + " is running : " + i);
14         }
15     }
16 }
17 public class ch21_9 {
18     public static void main(String args[]){
19         Xjoin job1 = new Xjoin("Job1");             // 建立執行緒物件job1
20         Xjoin job2 = new Xjoin("Job2");             // 建立執行緒物件job2
21         Xjoin job3 = new Xjoin("Job3");             // 建立執行緒物件job3
22         job1.start();
23         try {
24             job1.join();                            // Job1優先執行到結束
25         }
26         catch(InterruptedException e) {
27             System.out.println(e);
28         }
29         job2.start();
30         job3.start();
31     }
32 }
```

執行結果
```
D:\Java\ch21>java ch21_9
Job1 is running : 1
Job1 is running : 2
Job1 is running : 3
Job1 is running : 4
Job1 is running : 5
Job2 is running : 1
Job3 is running : 1
Job2 is running : 2
Job3 is running : 2
Job3 is running : 3
Job2 is running : 3
Job3 is running : 4
Job2 is running : 4
Job2 is running : 5
Job3 is running : 5
```

# 21-9 執行緒的優先順序值

在作業系統中，CPU 資源是被分割成一小段，然後平均分配給執行緒。Java 內的執行緒有優先順序，優先順序值是在 1-10 之間，數值越大優先順序高，這些優先順序值可以供 JVM 的排序程式參考。

Thread 類別內有與優先順序值有關的方法如下：

public int getPriority( );                 // 取得優先順序值
public int setPriority(int priority);      // 設定優先順序值，例如：setPriority(3)

此外，Thread 類別內有 3 個常數可以使用：

MIN_PRIORITY      ：優先順序值是 1。

NORM_PRIORITY     ：優先順序值是 5。

MAX_PRIORITY      ：優先順序值是 10。

程式實例 ch21_10.java：設定馬 Horse、兔子 Rabbit、烏龜 Turtle 賽跑，在設定前先取得預設的優先順序值，然後列印優先順序值，從列印結果可以知道執行緒預設的優先順序值是 5，然後分別設定 Horse 優先順序值是 MAX_PRIORITY、Rabbit 優先順序值是 NORM_PRIORITY、Turtle 優先順序值是 MIN_PRIORITY，然後再列印一次列印優先順序值。需留意，賽跑期間，這個程式每次執行結果均會不同。

```
1  class XPriority extends Thread {                          // 繼承Thread類別
2      XPriority(String name) {                              // 建構方法
3          super(name);                                      // 設定名稱
4      }
5      public void run() {                                   // 定義run方法
6          for (int i = 1; i <= 10; i++) {
7              System.out.println(getName() + " is running : " + i);
8          }
9      }
10 }
11 public class ch21_10 {
12     public static void main(String args[]){
13         XPriority rabbit = new XPriority("Rabbit");       // 執行緒物件rabbit
14         XPriority turtle = new XPriority("Turtle");       // 執行緒物件turtle
15         XPriority horse = new XPriority("Horse");         // 執行緒物件horse
16         System.out.println(rabbit.getName()+"優先順序值 : "+rabbit.getPriority());
17         System.out.println(turtle.getName()+"優先順序值 : "+turtle.getPriority());
18         System.out.println(horse.getName()+"優先順序值 : "+horse.getPriority());
19         rabbit.setPriority(Thread.NORM_PRIORITY);         // 設定中優先
20         turtle.setPriority(Thread.MIN_PRIORITY);          // 設定低優先
21         horse.setPriority(Thread.MAX_PRIORITY);           // 設定高優先
22         System.out.println(rabbit.getName()+"優先順序值 : "+rabbit.getPriority());
23         System.out.println(turtle.getName()+"優先順序值 : "+turtle.getPriority());
24         System.out.println(horse.getName()+"優先順序值 : "+horse.getPriority());
25         rabbit.start();
26         turtle.start();
27         horse.start();
28     }
29 }
```

執行結果

```
D:\Java\ch21>java ch21_10
Rabbit優先順序值 : 5            Rabbit is running : 3
Turtle優先順序值 : 5            Turtle is running : 1
Horse優先順序值 : 5             Rabbit is running : 4
Rabbit優先順序值 : 5            Turtle is running : 2
Turtle優先順序值 : 1            Rabbit is running : 5
Horse優先順序值 : 10            Turtle is running : 3
Horse is running : 1           Rabbit is running : 6
Horse is running : 2           Turtle is running : 4
Horse is running : 3           Rabbit is running : 7
Horse is running : 4           Turtle is running : 5
Horse is running : 5           Rabbit is running : 8
Horse is running : 6           Turtle is running : 6
Horse is running : 7           Rabbit is running : 9
Horse is running : 8           Turtle is running : 7
Rabbit is running : 1          Rabbit is running : 10
Horse is running : 9           Turtle is running : 8
Rabbit is running : 2          Turtle is running : 9
Horse is running : 10          Turtle is running : 10
```

# 21-10　守護 (Daemon) 執行緒

守護執行緒 (Daemon Thread) 是一種存在後台為一般執行緒提供服務的一種執行緒，例如：垃圾回收執行緒就是一種守護執行緒。

在預設情況下，所有的執行緒皆不是 Daemon 執行緒。在預設情況下，如果一個程式建立了主執行緒與其它子執行緒時，在所有執行緒工作結束，程式才會結束。因為如果主執行緒若是先結束，將退回所有所佔據的資源給作業系統，如果子執行緒仍在執行將會因沒有資源造成程式崩潰。

但是當我們設計一個執行緒是 Daemon 執行緒時，主執行緒若是想要結束執行會檢查剩下執行緒的屬性。

1：　如果此時剩下執行緒的 Daemon 屬性是 True，表示 Daemon 執行緒仍在執行，其它非 Daemon 執行緒執行結束，程式將不等待 Daemon 執行緒，也會自行結束同時終止此 Daemon 執行緒工作。

2：　如果此時剩下執行緒的 Daemon 屬性是 False，主執行緒會等待執行緒結束，再結束工作。

## 21-10-1　關於守護執行緒的重點

1：　目的是服務一般執行緒，同時在背景 (background) 工作。

2：　它是一種低優先順序的執行緒。

3：　它的生命週期視一般執行緒而定，一般執行緒結束，它也會結束。

## 21-10-2　JVM 終止守護執行緒原因

守護執行緒的存在是在背景提供一般執行緒服務，如果一般執行緒皆運行終止，自然守護執行緒就沒有存在的價值，所以 JVM 會在沒有一般執行緒工作下，終止守護執行緒。

## 21-10-3　Thread 類別內有關守護執行緒的方法

```
public void setDaemon(boolean status)        // 設定執行緒為守護或非守護執行緒
public boolean isDaemon( )                    // 傳回是否為守護執行緒
```

程式實例 ch21_11.java：觀察守護執行緒的操作，這個程式在執行時，將不等待守護執行緒結束，而自行結束工作，由於程式已經結束，所以我們看不到第 11 行 Daemon Exiting 的輸出。

```java
1  class XDaemon extends Thread {                          // 繼承Thread類別
2      public void run() {                                 // 定義run方法
3          if (Thread.currentThread().isDaemon()) {
4              System.out.println(" Daemon Starting ... ");
5              try {
6                  sleep(5000);                            // 執行緒睡眠5秒
7              }
8              catch(InterruptedException e) {
9                  System.out.println(e);
10             }                          // 休息
11             System.out.println(" Daemon Exiting ... ");
12         }
13         else {
14             System.out.println(" non-Daemon Starting ... ");
15             System.out.println(" non-Daemon Exiting  ... ");
16         }
17     }
18 }
19 public class ch21_11 {
20     public static void main(String args[]){
21         XDaemon d = new XDaemon();                       // 執行緒物件d
22         XDaemon nd = new XDaemon();                      // 執行緒物件nd
23         d.setDaemon(true);                               // 設為Daemon執行緒
24         d.start();
25         nd.start();
26     }
27 }
```

執行結果

```
D:\Java\ch21>java ch21_11
 Daemon Starting ...
 non-Daemon Starting ...
 non-Daemon Exiting  ...

D:\Java\ch21>
```

程式實例 ch21_12.py：重新設計 ch21_11.py，但是將 Daemon 執行緒的屬性設為 false，在觀察執行結果時可以發現主執行緒有等待非 Daemon 執行緒結束，主執行緒才結束工作。

```java
23         d.setDaemon(false);                              // 設為非Daemon執行緒
```

執行結果

```
D:\Java\ch21>java ch21_12
 non-Daemon Starting ...
 non-Daemon Starting ...
 non-Daemon Exiting  ...
 non-Daemon Exiting  ...
```

　　由於所有執行緒預設皆是非守護執行緒，所以若是上述程式刪除第 23 行，也可以得到相同結果，筆者將這個程式除存在 ch21_12_1.java 內，讀者可以自行測試。

# 21-11 Java 的同步 (Synchronization)

　　執行緒的特色是彼此共享記憶體空間，但是如果沒有機制處理共享資源，可能造成執行緒間互相干擾，最後共享記憶體的內容有錯亂。

## 21-11-1 同步的目的

　　同步 (Synchronization) 的目的主要如下：

❑ 防止執行緒彼此干擾。

❑ 防止不一致的問題。

## 21-11-2 同步的形式

　　有 2 種方式可以同步。

1： 行程 (Process) 同步。

2： 執行緒 (Thread) 同步。

## 21-11-3 執行緒同步

　　執行緒同步又可分相互排斥 (mutual exclusive) 和執行緒間的通信 (Inter-Thread Communication)。

　　相互排斥 (mutual exclusive) 又可分成 3 類。

1： 同步方法 (Synchronized method)：本節重點。

2： 同步區塊 (Synchronized block)：可參考 21-13 節。

3： 靜態同步 (Static synchronized)：可參考 21-14 節。

　　執行緒間的通信通信 (Inter-Thread Communication) 可參考 21-16 節。

## 21-11-4　了解未同步所產生的問題

程式實例 ch21_13.java：在未同步情況下，這個程式讓 t1 和 t2 執行緒同時處理迴圈的輸出。

```
1  class Demo {
2      public void printDemo(int n) {
3          for(int i = 1; i <= 5; i++) {
4              System.out.println("輸出： " + (i * n) );
5              try {
6                  Thread.sleep(500);              // 睡眠0.5秒
7              }
8              catch(Exception e) {
9                  System.out.println(e);
10             }
11         }
12     }
13 }
14 class JobThread1 extends Thread {          // 繼承Thread類別
15     Demo  PD;
16     JobThread1(Demo pd) {                  // 建構方法
17         this.PD = pd;
18     }
19     public void run() {                    // 定義run方法
20         PD.printDemo(10);                  // 列印結果
21     }
22 }
23 class JobThread2 extends Thread {          // 繼承Thread類別
24     Demo  PD;
25     JobThread2(Demo pd) {                  // 建構方法
26         this.PD = pd;
27     }
28     public void run() {                    // 定義run方法
29         PD.printDemo(100);                 // 列印結果
30     }
31 }
32 public class ch21_13 {
33     public static void main(String args[]) {
34         Demo obj = new Demo();
35         JobThread1 t1 = new JobThread1(obj);
36         JobThread2 t2 = new JobThread2(obj);
37         t1.start();
38         t2.start();
39     }
40 }
```

執行結果

```
D:\Java\ch21>java ch21_13
輸出： 100
輸出： 10
輸出： 200
輸出： 20
輸出： 30
輸出： 300
輸出： 40
輸出： 400
輸出： 50
輸出： 500
```

上述每次執行結果均會不相同，從上述很明顯可以看到迴圈輸出順序彼此是受到干擾。所謂的同步就是可以讓某個執行緒在使用一個記憶體資源時，同時可以鎖住此資源讓其它執行緒無法接觸。

## 21-11-5　同步方法 (Synchronized method)

如果在方法名稱前面宣告 synchronized 關鍵字，這個方法就是所謂的同步方法 (Synchronized method)，可參考程式實例 ch21_14.java。同步方法最重要是可以鎖住 (lock) 共享的資源，也就是任何一個執行緒呼叫同步方法時，可以自動鎖住共享資源，直到這個執行緒完成工作才會將共享資源釋出。

程式實例 ch21_14.java：重新設計 ch21_13.java 使用同步方法 (Synchronized method)，這個程式主要是在 printDemo( ) 方法前方增加 synchronized 關鍵字。

```
2    public synchronized void printDemo(int n) {
```

執行結果
```
D:\Java\ch21>java ch21_14
輸出 : 100
輸出 : 200
輸出 : 300
輸出 : 400
輸出 : 500
輸出 : 10
輸出 : 20
輸出 : 30
輸出 : 40
輸出 : 50
```

上述程式不論執行多少次結果皆會相同，從上述執行結果可以看到，當一個執行緒在執行 printDemo( ) 方法時，就已經鎖住資源，直到這個方法執行結束才釋出資源。所以 t1 執行緒運行此 printDemo 方法完成，才輪到 t2 執行緒運行此 printDemo( ) 方法。

## 21-12　匿名類別 (Anonymous Class)

所謂的匿名類別 (Anonymous Class) 是指一個類別沒有名稱，只有類別的本體。有時候我們設計類別時只會用一次，不會重複使用，如果因此建立這個類別顯得不太有意義，此時可以使用匿名類別，如此可以簡化程式設計。

如果要宣告一個匿名類別執行緒物件 t，可以使用下列方式宣告。

```
Thread t = new Thread( ) {
    public void run( ) {
            xxx;
    }
}
```

程式實例 ch21_15.java：以匿名類別方式重新設計 ch21_14.java，其中 t1 和 t2 類別使用匿名類別方式設計，讀者應該可以看到程式簡化了許多。

```java
1  class Demo {
2      public synchronized void printDemo(int n) {
3          for(int i = 1; i <= 5; i++) {
4              System.out.println("輸出：" + (i * n) );
5              try {
6                  Thread.sleep(500);              // 睡眠0.5秒
7              }
8              catch(Exception e) {
9                  System.out.println(e);
10             }
11         }
12     }
13 }
14 public class ch21_15 {
15     public static void main(String args[]) {
16         Demo obj = new Demo();
17         Thread t1 = new Thread() {
18             public void run() {                // 定義run方法
19                 obj.printDemo(10);             // 列印結果
20             }
21         };
22         Thread t2 = new Thread() {
23             public void run() {                // 定義run方法
24                 obj.printDemo(100);            // 列印結果
25             }
26         };
27         t1.start();
28         t2.start();
29     }
30 }
```

執行結果 與 ch21_14.java 相同。

上述使用匿名類別時，也可以不建立實名物件，直接使用下列觀念啟動執行緒。

```
new Thread( ) {
    puclic void run( ) {
            xxx;
    }
}.start( );
```

這樣可以讓設計更簡潔，程式實例 ch21_15_1.java，就是採用這種方式設計，這時就不用宣告 t1 和 t2 執行緒物件，下列是主程式碼的內容，讀者可以關注第 17-21 行以及 22-26 行的設計。

```
14 public class ch21_15_1 {
15     public static void main(String args[]) {
16         Demo obj = new Demo();
17         new Thread() {
18             public void run() {              // 定義run方法
19                 obj.printDemo(10);           // 列印結果
20             };
21         }.start();
22         new Thread() {
23             public void run() {              // 定義run方法
24                 obj.printDemo(100);          // 列印結果
25             };
26         }.start();
27     }
28 }
```

## 21-13 同步區塊 (Synchronized Block)

假設一個方法內有 100 行程式碼，假設只有 10 行程式碼需要做同步，這時我們就可以使用同步區塊 (Synchronized block) 的觀念了。我們可以將需要做同步的程式碼放在同步區塊內，語法如下：

synchronized ( 物件 ) {

// 區塊碼

}

程式實例 ch21_16.java：使用同步區塊的觀念重新設計 ch21_14.java。

```
1 class Demo {
2     public void printDemo(int n) {           // 非同步方法
3         synchronized(this) {                 // 同步區塊
4             for(int i = 1; i <= 5; i++) {
5                 System.out.println("輸出： " + (i * n) );
6                 try {
7                     Thread.sleep(500);       // 睡眠0.5秒
8                 }
9                 catch(Exception e) {
10                    System.out.println(e);
11                }
12            }
13        }
14    }
15 }
```

執行結果 與 ch21_14.java 相同。

上述筆者只列印 Demo 類別，其他內容與 ch21_14.java 相同，其實同步區塊觀念很簡單只是將要鎖住資源的程式碼使用同步方式鎖住。

## 21-14 同步靜態方法 (Sychronized Static Methods)

如果我們同步應用在靜態方法，那麼被鎖住的資源是類別，而不是物件，由於類別被鎖住了，所以也可以達到同步的效果。

設計同步靜態方法非常容易，只要在靜態方法 (static method) 前面加上關鍵字 synchronized 即可。

程式實例 ch21_17.java：同步靜態方法的應用，這個程式的重點是第 2 行，筆者在 static void 前方加上了 synchronized 關鍵字。

```
1  class Demo {
2      synchronized static void printDemo(int n) { // 同步靜態方法
3          for(int i = 1; i <= 5; i++) {
4              System.out.println("輸出 : "  + (i * n) );
5              try {
6                  Thread.sleep(500);          // 睡眠0.5秒
7              }
8              catch(Exception e) {
9                  System.out.println(e);
10             }
11         }
12     }
13 }
14 class JobThread1 extends Thread {          // 繼承Thread類別
15     public void run() {                    // 定義run方法
16         Demo.printDemo(10);                // 列印結果
17     }
18 }
19 class JobThread2 extends Thread {          // 繼承Thread類別
20     public void run() {                    // 定義run方法
21         Demo.printDemo(100);               // 列印結果
22     }
23 }
24 class JobThread3 extends Thread {          // 繼承Thread類別
25     public void run() {                    // 定義run方法
26         Demo.printDemo(1000);              // 列印結果
27     }
28 }
29 public class ch21_17 {
30     public static void main(String args[]) {
31         JobThread1 t1 = new JobThread1();
32         JobThread2 t2 = new JobThread2();
33         JobThread3 t3 = new JobThread3();
```

```
34          t1.start();
35          t2.start();
36          t3.start();
37      }
38 }
```

執行結果
```
D:\Java\ch21>java ch21_17
輸出：10
輸出：20
輸出：30
輸出：40
輸出：50
輸出：100
輸出：200
輸出：300
輸出：400
輸出：500
輸出：1000
輸出：2000
輸出：3000
輸出：4000
輸出：5000
```

# 21-15 認識死結 Deadlock

死結也是 Java 內多執行緒的一個學問，最常見的是 A 執行緒擁有資源 A 需要資源 B 被 B 執行緒鎖住，B 執行緒擁有資源 B 需要資源 A 被 A 執行緒鎖住，這就造成死結。所以設計程式的時候要小心，避免這個現象發生。

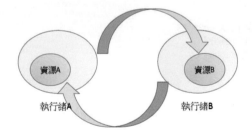

程式實例 ch21_18.java：一個死結的程式說明，基本上 t1 執行緒擁有 Account 資源，所需要的 Pwdword 資源被 t2 執行緒鎖住。t2 執行緒擁有 Pwdword 資源，所需要的 Account 資源被 t1 執行緒鎖住。要結束此程式需要按 Ctrl+C 鍵。

```
1 public class ch21_18 {
2     public static void main(String args[]) {
3         String str1 = "Account";           // 資源1
4         String str2 = "Pwdword";           // 資源2
5         Thread t1 = new Thread() {         // 想先後鎖住Account, Pwdword
6             public void run() {            // 定義run方法
```

```
7                   synchronized(str1) {
8                       System.out.println("執行緒1: 鎖住Account");
9                       try {
10                          Thread.sleep(300);        // 睡眠0.3秒
11                      }
12                      catch(Exception e) {
13                          System.out.println(e);
14                      }
15                      synchronized(str2) {
16                          System.out.println("執行緒1: 鎖住Pwdword");
17                      }
18                  }
19              }
20          };
21          Thread t2 = new Thread() {           // 想先後鎖住Pwdword, Account
22              public void run() {              // 定義run方法
23                  synchronized(str2) {
24                      System.out.println("執行緒2: 鎖住Pwdword");
25                      try {
26                          Thread.sleep(300);        // 睡眠0.3秒
27                      }
28                      catch(Exception e) {
29                          System.out.println(e);
30                      }
31                      synchronized(str1) {
32                          System.out.println("執行緒2: 鎖住Account");
33                      }
34                  }
35              }
36          };
37          t1.start();
38          t2.start();
39      }
40  }
```

執行結果　D:\Java\ch21>java ch21_18
　　　　　執行緒2: 鎖住Pwdword
　　　　　執行緒1: 鎖住Account

## 21-16　執行緒內部通信 (Inter-thread communication)

　　　執行緒的內部通信機制主要是可以讓一個執行緒在關鍵時刻先暫停，讓另一個執行緒進入先運行。這時候需要使用 wait( )、notify( )、notifyAll( ) 方法。

### 21-16-1　wait( ) 方法

　　　可以讓目前執行緒釋放鎖，同時等待其它執行緒通知 notify( ) 或 notifyAll( )，或是等待時間終了，它的方法語法如下：

public final void wait( ) throws InterruptedException

public final void wait(long timeout) throws InterruptedException

再度提醒，比照 21-7 節的觀念，上述宣告有 "throws InterruptedException"，表示這個方法在使用時需寫在 try-catch 區塊內，或是使用時直接在方法右邊加上上述宣告。

## 21-16-2　notify( ) 方法

喚醒等待的執行緒，如果有多個執行緒在等待，則選擇其中一個執行緒。它的方法語法如下：

public final void notify( )

## 21-16-3　notifyAll( ) 方法

將所有等待的執行緒喚醒，它的方法語法如下：

public final void notifyAll( )

程式實例 ch21_19.java：存款與提款的同步 (synchronized) 設計，這個程式第 1-23 行是 Bank 類別，在這個類別內有同步方法 withdraw( )，如果有發生存款不足想提款，則執行第 8 行的 wait( ) 進入等待。這個程式另一個重要的同步方法是第 17-22 行的 deposit( )，當存款完成後會執行 notify( )，相當於喚醒原先因為存款金額不足進入等待的執行緒。

```
1  class Bank{
2      int balance = 10000;                    // 存款餘額
3      synchronized void withdraw(int amount){  // 參數amount是提款金額
4          System.out.println("取款");
5          while (balance < amount) {
6              System.out.println("金額不足, 無法取款, 等待存款");
7              try{
8                  wait();                     // 等待
9              }
10             catch(Exception e){
11                 System.out.println(e);
12             }
13         }
14         balance -= amount;                   // 計算提款後餘額
15         System.out.println("取款完成");
16     }
17     synchronized void deposit(int amount){
```

```
18            System.out.println("存款");
19            balance += amount;                    // 加總存款餘額
20            System.out.println("存款完成");
21            notify();                             // 通知
22        }
23  }
24  public class ch21_19 {
25      public static void main(String args[]){
26          Bank bank = new Bank();
27          Thread t1 = new Thread(){          // 提款物件
28              public void run(){
29                  bank.withdraw(15000);      // 提款15000
30              }
31          };
32          t1.start();
33          Thread t2 = new Thread(){          // 存款物件
34              public void run(){
35                  bank.deposit(10000);       // 存款10000
36              }
37          };
38          t2.start();
39      }
40  }
```

執行結果　D:\Java\ch21>java ch21_19
　　　　　取款
　　　　　金額不足，無法取款，等待存款
　　　　　存款
　　　　　存款完成
　　　　　取款完成

　　這一題筆者假設是存款的完美狀態，假設第 35 行只存 500 元，很明顯存款金額仍是不足，這時程式的執行結果為何？這將是本書的習題。

　　在同步 (Synchronized) 領域最著名的應用是使用 wait( ) 和 notify( ) 方法處理生產者 (producer) 和消費者 (consumer) 同步，接下來筆者將以實例說明此應用。

程式實例 ch21_20.java：這個程式除了主程式外有 3 個類別。

　　Factory 類別：這個類別主要是由第 8-26 行的同步生產方法 produce( ) 和第 27-44 行的同步生產方法 consume( ) 所組成。produce( ) 方法的觀念是第 9-15 行如果有庫存就停止生產讓自己等待，第 19 行有庫存時同時也會通知消費。consume( ) 方法的觀念是第 28-34 行如果如果沒有庫存會讓自己等待，第 35 行如果有庫存就消費，第 36 行消費完成庫存是 0 用 empty=true 表示，第 37 行沒有庫存時會通知生產。

　　Producer 類別：生產類別，第 65-68 是一個無限迴圈生產產品，Factory 是它的成員變數。

Consumer 類別：消費類別，第 53-55 是一個無限迴圈消費產品，Factory 是它的
成員變數。

```
1  import java.util.Random;
2  class Factory {
3      private int product;              // 產品
4      private boolean empty;            // 判別庫存
5      Factory() {
6          this.empty = true;            // 庫存是空的
7      }
8      public synchronized void produce(int newProduct) {
9          while (!this.empty) {
10             try {
11                 wait();               // 有庫存生產需等待
12             } catch (InterruptedException e) {
13                 System.out.println(e);
14             }
15         }
16         product = newProduct;         // newProduct是產品
17         System.out.println("生產： " + newProduct);
18         empty = false;
19         notify();                     // 有庫存通知可以消費
20         try {
21             Thread.sleep(500);        // 睡眠0.5秒
22         }
23         catch(Exception e) {
24             System.out.println(e);
25         }
26     }
27     public synchronized void consume() {
28         while (empty) {
29             try {
30                 wait();               // 沒有庫存消費需等待
31             } catch (InterruptedException e) {
32                 e.printStackTrace();
33             }
34         }
35         empty = true;
36         System.out.println("消費： " + product);
37         notify();                     // 沒有庫存通知可以生產
38         try {
39             Thread.sleep(500);        // 睡眠0.5秒
40         }
41         catch(Exception e) {
42             System.out.println(e);
43         }
44     }
45 }
46 class Consumer extends Thread {        // 消費類別
47     private Factory factory;           // Factory類別是成員變數
48     public Consumer(Factory factory) {
49         this.factory = factory;
50     }
51     public void run() {
52         int data;
```

```
53           while (true) {               // 無限迴圈消費
54                factory.consume();
55           }
56      }
57 }
58 class Producer extends Thread {      // 生產類別
59    private Factory factory;           // Factory類別是成員變數
60    public Producer(Factory factory) {
61       this.factory = factory;
62    }
63    public void run() {
64       Random rand = new Random();
65       while (true) {                  // 無限迴圈生產
66          int n = rand.nextInt(1000);
67          factory.produce(n);
68       }
69    }
70 }
71 public class ch21_20 {
72    public static void main(String[] args) {
73       Factory factory = new Factory();
74       Producer p = new Producer(factory);
75       Consumer c = new Consumer(factory);
76       System.out.println("同時按Ctrl+C可中斷程式");
77       p.start();
78       c.start();
79    }
80 }
```

執行結果　D:\Java\ch21>java ch21_20
同時按Ctrl+C可中斷程式
生產：107
消費：107
生產：849
消費：849
生產：883

## 習題實作題

1 : 請建立 1 個執行緒，名稱分別是 job，建立完成後，請使用 getName( ) 方法列印這個執行緒的名稱，同時也列印預設執行緒的名稱。

```
D:\Java\ex>java ex21_1
目前預設執行緒名稱: main
目前執行緒名稱: job
```

2 : 請參考 ch21_5.java 設計 5 匹馬賽跑，總共跑 15 圈，然後列出結果，其實每次執行結果皆會不一樣，下列是示範輸出。

```
Horse3 正在跑第 15 圈  ...
Horse4 正在跑第 15 圈  ...
Horse1 正在跑第 15 圈  ...
Horse5 正在跑第 8 圈  ...
Horse2 正在跑第 9 圈  ...
Horse5 正在跑第 9 圈  ...
Horse2 正在跑第 10 圈  ...
Horse5 正在跑第 10 圈  ...
Horse2 正在跑第 11 圈  ...
Horse5 正在跑第 11 圈  ...
Horse2 正在跑第 12 圈  ...
Horse5 正在跑第 12 圈  ...
Horse2 正在跑第 13 圈  ...
Horse5 正在跑第 13 圈  ...
Horse2 正在跑第 14 圈  ...
Horse5 正在跑第 14 圈  ...
Horse2 正在跑第 15 圈  ...
Horse5 正在跑第 15 圈  ...
```

3 : 請使用 Runnable 介面方式重新設計習題 2。

```
Horse3 正在跑第 15 圈  ...
Horse1 正在跑第 15 圈  ...
Horse5 正在跑第 8 圈  ...
Horse4 正在跑第 9 圈  ...
Horse5 正在跑第 9 圈  ...
Horse4 正在跑第 10 圈  ...
Horse4 正在跑第 11 圈  ...
Horse5 正在跑第 10 圈  ...
Horse4 正在跑第 12 圈  ...
Horse5 正在跑第 11 圈  ...
Horse4 正在跑第 13 圈  ...
Horse5 正在跑第 12 圈  ...
Horse4 正在跑第 14 圈  ...
Horse5 正在跑第 13 圈  ...
Horse4 正在跑第 15 圈  ...
Horse5 正在跑第 14 圈  ...
Horse5 正在跑第 15 圈  ...
```

# 第二十二章

# 輸入與輸出

Java 是使用串流 (stream) 觀念處理輸入與輸出 I/O(Input/Output)，所有相關類別均是在 java.io 套件內。在前面章節為了程式可以運作筆者有使用一些相關輸入與輸出的類別了，這一章筆者將做完整的說明。

註　本章所讀取的檔案通常皆是前面實例所建的檔案，建議必須依順序閱讀。

## 22-1 認識串流 (Stream)

所謂的串流是指一系列的數據，在 Java 可以想成是 byte(8 個位元 ) 資料的組合，由於這些數據像水流一樣在通道間流動，所以又稱為串流 (stream)。

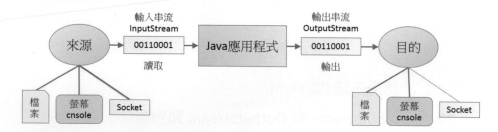

如上圖所示，不論是來源或目的，數據是以 3 種方式呈現，分別是檔案 (File)、螢幕 (console) 和插座 (Socket)。當 Java 應用程式從來源 ( 可以是檔案、螢幕、Socket) 讀取資料時，所經過的串流稱輸入串流 (InputStream)。反之，當 Java 應用程式輸出資料到目的 ( 可以是檔案、螢幕、Socket) 時，所經過的串流稱輸出串流 (OutputStream)。不論是來源或目的可以看到 Socket，可以解釋為插座，表示利用電腦插座傳來或接收的資料，例如：從網路或是外接儲存媒體 … 等。

依傳輸的大小又可將串流分為以 byte 為傳輸單位 (8 位元 ) 的位元串流 (Byte Streams) 和以 char 為傳輸單位 (16 位元 ) 的字元串流 (Character Streams)。

❏　位元串流 Byte Streams

位元串流最上層的抽象類分別是 InputStream( 輸入 ) 和 OutputStream( 輸出 )，其他則是衍生於這 2 個類別。這類是位元為導向的輸入與輸出，可以讀取或寫入二元 (Binary) 檔案資料，除了一般文字檔案也可以用在讀取或寫入圖片檔案、聲音檔案、影片檔案。

❑　字元串流 Character Streams

字元串流最上層的抽象類別分別是 Reader( 輸入 ) 和 Writer( 輸出 )，這 2 個最頂層的類別其衍生類別數量較少，不過大部分的方法用法和位元串流的各子類別方法類似。這類是字元 char 為導向的輸入與輸出，可以讀一般文字檔案資料。

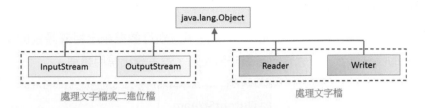

接下來筆者將針對上述類別做更多說明。

# 22-2　InputStream 和 OutputStream 類別圖

InputStream 和 OutputStream 這 2 個類別均是抽象類別，主要是以 8 位元的 byte 為單位執行數據的讀取與輸出。

InputStream 是所有以 8 位元的 byte 為單位執行數據讀取相關類別的父類別，下列是類別的階層圖。註：筆者沒有繪出所有類別。

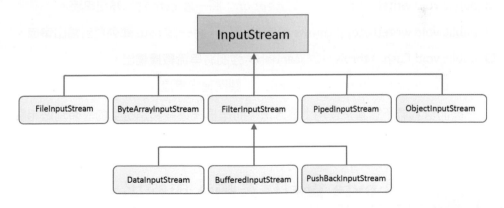

下列是常用 InputStream 的抽象 (abstract) 方法。

❑ public abstract int read( ) throws IOException：從輸入串流中讀取第一個 byte 的資料，如果所讀取的是 -1，表示已經讀到檔案末端。

❑ public int availabe( ) throws IOException：傳回估計有多少 bytes 資料可以讀取。

❑ public void close( ) throws IOException：關閉輸入串流。

　　提醒：上述每一個方法後面均有 throws IOException 這表示在使用這個方法時放在 try-catch 區塊，或是使用時在方法後面加上 throws IOException 標記。這個觀念也可以應用在 OutputStream 相關類別。

　　OutputStream 是所有以 8 位元的 byte 為單位執行數據輸出相關類別的父類別，下列是類別的階層圖。註：完整階層圖非常複雜，筆者繪出常用類別。

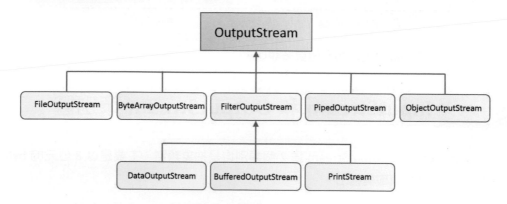

　　下列是常用 OutputStream 的抽象 (abstract) 方法。

❑ public void write( int ) throws IOException：將一個 byte 寫到輸出串流。

❑ public void write(byte[ ]) throws IOException：將一個 byte 陣列寫到輸出串流。

❑ public void flush( ) throws IOException：強制將串流數據輸出。

❑ public void close( ) throws IOException：關閉輸出串流。

　　一般而言我們不會直接使用上述方法，而是根據這些類別衍生的子類別做相關的檔案處理。

## 22-3 適用 byte 資料檔案輸入與輸出

　　FileInputStream 類別主要是是用在 byte 資料的輸入，FileOutputStream 類別主要是是用在 byte 資料的輸出，它們分別是實作 InputStream 和 OutputStream 類別。

## 22-3-1　FileOutputStream 類別

FileOutputStream 是一個輸出的串流，主要是將 byte 的數據輸出到檔案，雖然也可以使用這個方法執行字元 (char，這是 16 位元 ) 的輸出，不過建議如果輸出字元資料可以使用 FileWriter，可參考 22-6-1 節。讀者需要特別留意，在 Java 執行檔案處理時通常是由相關類別的建構方法 (Constructor) 建立物件，然後才使用它的一般成員方法，例如：read( ) 或 write( ) 執行更進一步的檔案操作。FileOutputStream 它的建構方法如下，在建構方法中的檔案名稱可以使用完整路徑或是相對路徑，如果不含路徑只有檔案名稱，代表檔案是在目前資料夾下：

FileOutputStream(String name)：建立指定名稱的輸出串流檔案物件，未來資料將寫入此檔案內。

FileOutputStream(String name, Boolean a)：與上述相同，但是若 a 是 true，會將輸出資料附加在元檔案後面。

它的宣告如下：

public class FileOutputStream extends OutputStream

常用的方法如下：

void write(int b)：將 byte 資料輸出到檔案串流。

void write(byte[ ] ary)：將陣列 ary 輸出到檔案串流。

void close( )：關閉檔案輸出串流，用在執行完 write( ) 後，所輸出的資料才會正式輸出到指定的檔案。

程式實例 ch22_1.java：將 byte 資料輸出到檔案 ch22_1.txt 的實例，第 5 行所建的 obj 又稱輸出串流物件，未來輸出操作皆需要使用它，可參考 6-7 行。

```
1  import java.io.*;
2  public class ch22_1 {
3      public static void main(String args[]){
4          try {
5              FileOutputStream obj = new FileOutputStream("D:\\Java\\ch22\\ch22_1.txt");
6              obj.write(70);                    // 輸出Byte資料
7              obj.close();
8              System.out.println("輸出成功!");
9          }
10         catch (IOException e) {
11             System.out.println(e);
12         }
13     }
14 }
```

在命令提示視窗可以用 "type 檔名 " 輸出檔案內容。

```
D:\Java\ch22>java ch22_1
輸出成功!

D:\Java\ch22>type ch22_1.txt
F
```

在 ch22_1.java 的程式第 5 行筆者使用完整路徑輸出檔案，其實我們可以簡化，筆者目前工作資料夾是 "D:\\Java\\ch22"，可以用直接寫出檔名方式處理輸出的檔案。

　　　ch22_2.txt　　　　　　　　　// 假設是輸出至 D:\\Java\ch22\ch22_2.txt

程式實例 ch22_2.java：將字串資料輸出到 ch22_2.txt 檔案，讀者需學習第 5 行撰寫方式。

```java
 1  import java.io.*;
 2  public class ch22_2 {
 3      public static void main(String args[]){
 4          try {
 5              FileOutputStream obj = new FileOutputStream("ch22_2.txt");
 6              String str = "明志科技大學MINGCHI University歡迎你們";
 7              byte[] bArray = str.getBytes();        // 字元陣列改為byte陣列
 8              obj.write(bArray);                     // 輸出Byte陣列資料
 9              obj.close();
10              System.out.println("輸出成功!");
11          }
12          catch (IOException e) {
13              System.out.println(e);
14          }
15      }
16  }
```

```
D:\Java\ch22>java ch22_2
輸出成功!

D:\Java\ch22>type ch22_2.txt
明志科技大學MINGCHI University歡迎你們
```

## 22-3-2　FileInputStream 類別

FileInputStream 是一個輸入的串流，主要是以 byte 方式讀取檔案資料，例如：可以讀取圖像、聲音或影片檔案。雖然也可以使用這個方法讀取字元 (char，這是 16 位元 )，不過建議如果讀取字元資料可以使用 FileReader 可參考 22-6-2 節。FileInputStream 類別它的建構方法如下：

FileInputStream(String name)：建立 name 名稱的 FileInputStream 類別物件。

它的宣告如下：

　public class FileIntputStream extends InputStream

常用的方法如下：

int available( )：傳回估計有多少 bytes 的資料可從輸入串流讀取。

int read( )：從輸入串流讀取 1 個 byte 資料。

int read(byte[ ] b)：從輸入串流讀取資料，儲存至 b 陣列。

void close( )：關閉檔案輸入串流，用在執行完 read( ) 後。

程式實例 ch22_3.java：讀取 ch22_1.txt 檔案內 1 個 byte 資料的應用。

```
1  import java.io.*;
2  public class ch22_3 {
3      public static void main(String args[]){
4          try {
5              FileInputStream obj = new FileInputStream("ch22_1.txt");
6              int b = obj.read();              // 讀取1個Byte資料
7              System.out.println((char) b);   // Byte資料轉為字元輸出
8              obj.close();
9              System.out.println("讀取成功!");
10         }
11         catch (IOException e) {
12             System.out.println(e);
13         }
14     }
15 }
```

執行結果　D:\Java\ch22>java ch22_3
　　　　　F
　　　　　讀取成功!

　　以 byte 方式讀取資料時其實是不適合讀取非英文檔案資料，例如：中文字是 16 位元，以 byte 方式讀取時每個中文字會被拆成 2 個 byte 資料，會造成無法識別。

程式實例 ch22_4.java：讀取 ch22_2.java 所建的含中英文字的 ch22_2.txt，這個程式會讀取檔案所有的內容同時輸出，碰上中文字會有無法識別的情況。

```
1  import java.io.*;
2  public class ch22_4 {
3      public static void main(String args[]){
4          try {
5              FileInputStream obj = new FileInputStream("ch22_2.txt");
6              int b = obj.read();                  // 讀取1個Byte資料
7              while ((b = obj.read()) != -1) {    // 是否讀到檔案末端
```

```
 8              System.out.print((char) b);        // Byte資料轉為字元輸出
 9          }
10          obj.close();
11          System.out.println("讀取成功!");
12       }
13       catch (IOException e) {
14          System.out.println(e);
15       }
16    }
17 }
```

執行結果

D:\Java\ch22>java ch22_4
?§???§??j??MINGCHI University?w??§A??讀取成功!

中文字部分出現無法識別的現象

## 22-3-3　圖片檔案複製的實例

筆者有說過 FileInputStream 和 FileOutputStream 類別可以執行二元檔的複製，本節將以圖檔複製作為 22-3 節的結束。

程式實例 ch22_5.java：在 ch22 資料夾有 " 洪錦魁 1.jpg" 檔案，另外複製一份為 " 洪錦魁 2.jpg"。

```
 1 import java.io.*;
 2 public class ch22_5 {
 3    public static void main(String args[]){
 4       try {
 5          FileInputStream src = new FileInputStream("洪錦魁1.jpg");
 6          FileOutputStream dst = new FileOutputStream("洪錦魁2.jpg");
 7
 8          System.out.println("檔案大小：" + src.available());
 9          byte[] pic = new byte[src.available()];       // 建立pic陣列
10
11          src.read(pic);            // 從輸入串流讀取圖檔資料存入pic陣列
12          dst.write(pic);           // 將pic陣列資料寫到輸出串流
13          src.close();
14          dst.close();
15          System.out.println("圖檔拷貝");
16       }
17       catch (IOException e) {
18          System.out.println(e);
19       }
20    }
21 }
```

執行結果 在 ch22 資料夾可以看到 2 份圖檔。

D:\Java\ch22>java ch22_5
檔案大小：166763
圖檔拷貝

洪錦魁1　　　　洪錦魁2

上述關鍵是第 11 和 12 行，讀者可想成第 11 行是讀取來源檔案資料，第 12 行是將資料寫入目的檔案。

<h2>22-4 使用緩衝區處理 byte 資料檔案輸入與輸出</h2>

BufferedOutputStream 類別和 BufferedInputStream 類別這 2 個類別也是適合用在處理 byte 的資料，重要特色是它是將一部分電腦內部快速記憶體設為緩衝區 (buffer) 儲存資料，輸入與輸出是透過緩衝區，所以讀取或寫出時比需透過電腦線與外部硬碟或螢幕連線的方式效率更好。

這種方式也有缺點，因為資料是寫入緩衝區，所以如果沒有適當將緩衝區資料寫入磁碟，若是發生當機或系統當機，可能會遺失資料。

緩衝區的工作原理是，程式讀取資料時是到輸入緩衝區讀資料，如果緩衝區資料沒有了，會從磁碟來源檔案讀資料至緩衝區，然後程式再將資料讀入。輸出資料時其實是將資料寫入至輸出緩衝區，如果緩衝區資料滿了或是關閉緩衝區串流時，才會將資料從緩衝區輸出至磁碟目的檔案內。

### 22-4-1 BufferedOutputStream 類別

使用 BufferedOutputStream 類別的 write( ) 方法時，資料實際是寫入輸出緩衝區，緩衝區已滿時，才將資料寫入目的地，所以要將資料寫入目的地需再增加 flush( ) 方法：

BufferedOutputStream 的宣告如下：

public class BufferedOutputStream extends FilterOutputStream

BufferedOutputStream 建構方法下：

BufferedOutputStream(OutputStream obj)：建立輸出串流的緩衝區。

BufferedOutputStream(OutputStream obj, int size)：建立 size 大小的輸出串流的緩衝區，預設是 512bytes。

如果更完整解釋，可以將建構方法用下列表示：

BufferedOutputStream buf = new BufferedOutputStream(new FileOutputStream(name));

上述相當於是將 FileOutputStream 類別的物件當作是 BufferedOutputStream 類別建構方法的參數，本書程式設計時為了容易懂，通常會將上述建構方法用 2 行表示，例如：如果檔案是 ch22_6.java，則可以用下列 2 行表示：

FileOutputStream obj = new FileOutputStream("ch22_6.txt");
BufferedOutputStream buf = new BufferedOutputStream(obj);

常用方法如下：

void newLine( )：加入行分隔符號。

void write(int b)：將 byte 資料輸出到緩衝區串流。

void wirte(byte[ ] b, int off, int len)：將 b 陣列 off 位置 len 長度的資料輸出到緩衝區串流。

void flush( )：將緩衝區串流資料寫入目的地。

void close( )：關閉緩衝串流。

程式實例 ch22_6.java：將字串寫入檔案 ch22_6.txt 的應用。

```
1  import java.io.*;
2  public class ch22_6 {
3      public static void main(String args[]){
4          try {
5              FileOutputStream obj = new FileOutputStream("ch22_6.txt");
6              BufferedOutputStream buf = new BufferedOutputStream(obj);
7              String str = "Welcome to MINGCHI University of Technology";
8              byte[] bArray = str.getBytes();        // 字元陣列改為byte陣列
9              buf.write(bArray);                     // Byte陣列輸出到緩衝區
```

```
10              buf.flush();                      // 緩衝區資料寫入目的地
11              obj.close();
12              System.out.println("輸出成功!");
13          }
14      catch (IOException e) {
15              System.out.println(e);
16          }
17      }
18 }
```

執行結果

```
D:\Java\ch22>java ch22_6
輸出成功!

D:\Java\ch22>type ch22_6.txt
Welcome to MINGCHI University of Technology
```

## 22-4-2　BufferedInputStream 類別

使用 BufferedInputStream 類別的 read( ) 讀取資料時，並不是讀取來源的資料，實際上是讀取輸入緩衝區串流的資料，當緩衝區的數據不足時，此類別才會從輸入串流提取資料給 read( )。每次緩衝區資料被讀取或被跳過後，緩衝區會自動從輸入串流中填充資料。

BufferedInputStream 的宣告如下：

    public class BufferedInputStream extends FilterOutputStream

BufferedInputStream 建構方法下：

BufferedInputStream(InputStream obj)：建立輸入串流的緩衝區。

BufferedInputStream(InputStream obj, int size)：建立 size 大小的輸出串流的緩衝區，預設是 2048bytes。

常用方法如下：

void read(int b)：讀取輸入緩衝區串流的第 1 個將 byte 資料。

void wirte(byte[ ] b, int off, int len)：讀取輸入緩衝區串流 b 陣列 off 位置 len 長度的資料。

void close( )：關閉輸入串流以及釋放相關系統資源。

程式實例 ch22_7.java：讀取 ch22_6.java 所建的 ch22_6.txt，這個程式會用緩衝區方式讀取檔案所有內容同時輸出到螢幕。

```
1  import java.io.*;
2  public class ch22_7 {
3      public static void main(String args[]){
4          try {
5              FileInputStream obj = new FileInputStream("ch22_6.txt");
6              BufferedInputStream buf = new BufferedInputStream(obj);
7              int b;                                  // 暫時儲存byte資料
8              while ((b = buf.read()) != -1) {
9                  System.out.print((char) b);         // Byte資料輸出到螢幕
10             }
11             buf.close();
12             obj.close();
13             System.out.println("\nBufferedInputStream測試成功!");
14         }
15         catch (IOException e) {
16             System.out.println(e);
17         }
18     }
19 }
```

執行結果　D:\Java\ch22>java ch22_7
Welcome to MINGCHI University of Technology
BufferedInputStream測試成功!

## 22-5　Writer 和 Reader 類別

Writer 和 Reader 這 2 個類別均是抽象類別，主要是以 16 位元的字元 char 為單位執行數據的讀取 (Reader) 與輸出 (Writer)。

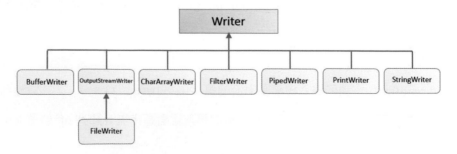

下列是常用 Writer 定義的方法。

❑ append(char c)：插入字元到檔案末端。

❏ abstract void flush( )：強制將串流數據輸出。

❏ abstract void close( )：先強制將串流數據輸出，再關閉串流。

❏ void write(int i)：輸出單一字元。

❏ void write(char[ ] c)：輸出 c 陣列。

❏ abstract void write(char[ ] c, int off, int len)：輸出長度為 len，off 位置開始的 c 陣列

❏ write(String s)：輸出字串 s。

❏ write(char[ ] c, int off, int len)：輸出長度為 len，off 位置開始的 c 字串。

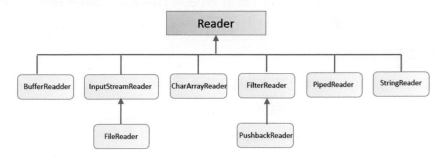

下列是常用 Reader 定義的方法。

❏ abstract void close( )：關閉串流然後釋放資源。

❏ int read(int i)：讀一個字元。

❏ int read(char[ ] c)：將資料讀到陣列 c。

❏ abstract void read(char[ ] c, int off, int len)：讀取長度為 len，放在 off 位置開始的 c 陣列

❏ boolean ready()：傳回是否準備好供讀取。

❏ long skip(long n)：跳讀 n 個字元。

## 22-6　字元讀取與寫入 FileReader 類別與 FileWriter 類別

這是以字元為單位的輸入與輸出，這也是 Java 程式設計師最常用的輸入與輸出類別。由於是字元導向 (16 位元 )，所以非英文語系的文字可以順利讀取與寫入，例如：中文字。

## 22-6-1　FileWriter 類別

可以用字元方式 (character-oriented) 輸出至檔案，碰上字串可以直接寫出不用再轉成字元陣列。下列是它的宣告：

puclic class FileWriter extends OutputStreamWriter

下列是建構方法：

FileWriter(String file)：使用 file 字串名稱建立一個檔案物件。

FileWriter(String file, boolean a)：使用 file 字串名稱建立一個檔案物件，如果 a 是 true 則可將資料附在後面。

下列是常用方法。

void writer(String str)：輸出字串到檔案物件。

void writer(char c)：輸出字元到檔案物件。

void writer(char[ ] c)：輸出字元陣列到檔案物件。

void flush( )：強制將串流數據輸出。

void close( )：關閉檔案物件。

程式實例 ch22_8.java：使用 FileWriter 重新設計 ch22_2.java 將字串輸出到檔案。

```java
 1  import java.io.*;
 2  public class ch22_8 {
 3      public static void main(String args[]){
 4          try {
 5              FileWriter fw = new FileWriter("ch22_8.txt");
 6              String str = "明志科技大學MINGCHI University歡迎你們";
 7              fw.write(str);                    // 輸出Byte陣列資料
 8              fw.close();
 9              System.out.println("輸出成功!");
10          }
11          catch (IOException e) {
12              System.out.println(e);
13          }
14      }
15  }
```

執行結果
```
D:\Java\ch22>java ch22_8
輸出成功!

D:\Java\ch22>type ch22_8.txt
明志科技大學MINGCHI University歡迎你們
```

程式實例 ch22_8_1.java：在 ch22_8.txt 檔案末端增加字串 " 新北市泰山鄉 "。

```
 1  import java.io.*;
 2  public class ch22_8_1 {
 3      public static void main(String args[]){
 4          try {
 5              FileWriter fw = new FileWriter("ch22_8.txt", true);
 6              fw.write('\n');                    // 加上分行符號
 7              String str = "新北市泰山鄉";
 8              fw.write(str);                     // 輸出Byte陣列資料
 9              fw.close();
10              System.out.println("輸出成功!");
11          }
12          catch (IOException e) {
13              System.out.println(e);
14          }
15      }
16  }
```

執行結果
```
D:\Java\ch22>java ch22_8_1
輸出成功!

D:\Java\ch22>type ch22_8.txt
明志科技大學MINGCHI University歡迎你們
新北市泰山鄉
```

## 22-6-2　FileReader 類別

可以用字元方式 (character-oriented) 讀取檔案內容，下列是它的宣告：

puclic class FileReader extends OutputStreamReader

下列是建構方法：

FileReader(String file)：使用 file 字串名稱建立一個檔案物件。

下列是常用方法。

int read( )：讀取字元，如果傳回值是 -1 表示讀到檔案末端。

void close( )：關閉檔案串流。

程式實例 ch22_9.java：讀取檔案 ch22_8.txt，由於讀取字元時傳回是整數，所以第 8 行需將整數轉成字元，然後第 9 行可以順利輸出。

```
1  import java.io.*;
2  public class ch22_9 {
3      public static void main(String args[]){
4          int i;
```

```
 5          try {
 6              FileReader fr = new FileReader("ch22_8.txt");
 7              while ( (i = fr.read()) != -1 ) {    // 讀字元直到檔案末端
 8                  char ch = (char) i;                // 將整數轉成字元
 9                  System.out.print(ch);              // 輸出字元
10              }
11              fr.close();
12              System.out.println("\n輸出成功!");
13          }
14          catch (IOException e) {
15              System.out.println(e);
16          }
17      }
18 }
```

執行結果　D:\Java\ch22>java ch22_9
　　　　　明志科技大學MINGCHI University歡迎你們
　　　　　輸出成功!

程式實例 ch22_10.java：文字檔案的複製，這個程式欲複製的來源檔案是 ch22_8.txt，
目的檔案是 ch22_10.txt。

```
 1 import java.io.*;
 2 public class ch22_10 {
 3     public static void main(String args[]) throws IOException {
 4         int i;
 5         FileReader fr = new FileReader("ch22_8.txt");
 6         FileWriter fw = new FileWriter("ch22_10.txt");
 7         while ( (i = fr.read()) != -1 ) {    // 讀字元直到檔案末端
 8             char ch = (char) i;                // 將整數轉字元
 9             fw.write(ch);                      // 輸出到檔案
10         }
11         fr.close();
12         fw.close();
13         System.out.println("複製檔案成功!");
14     }
15 }
```

執行結果　D:\Java\ch22>java ch22_10
　　　　　複製檔案成功!

　　　　　D:\Java\ch22>type ch22_8.txt
　　　　　明志科技大學MINGCHI University歡迎你們　◄─────── 來源檔案
　　　　　D:\Java\ch22>type ch22_10.txt
　　　　　明志科技大學MINGCHI University歡迎你們　◄─────── 目的檔案

# 22-7 字元資料輸入與輸出 BufferedReader/BufferedWriter

這一節觀念與 22-4 節的 BufferedIntputStream/BufferedInputStream 類似,差異是這是處理字元資料 (16 位元 ) 的輸入與輸出。

## 22-7-1 BufferedWriter 類別

BufferedWriter 主要是提供緩衝區讓輸出執行效率更高,這個類別繼承 Writer 類別,在處理 characters 導向的字元輸出時,特別適合用在陣列 (arrays)、字元 (characters)、字串 (strings) 的輸出。它的宣告如下:

public class BufferedWriter extends Writer

它的建構方法如下:

BufferedWriter(Writer wrt):使用預設空間建立輸出字元緩衝區串流。

BufferedWriter(Writer wrt, int size):使用 size 空間建立輸出字元緩衝區串流。

常用方法如下:

void newLine( ):加入行分隔符號。

void write(int b):將 byte 資料輸出到緩衝區串流。

void wirte(char[ ] b, int off, int len):將 b 陣列 off 位置 len 長度的資料輸出到緩衝區串流。

void writer(String s, int off, int len):將 b 字串 off 位置 len 長度的資料輸出到緩衝區串流。

void flush( ):將緩衝區串流資料寫入目的地。

void close( ):先 flush 再關閉緩衝串流。

程式實例 ch22_11.java:將字串資料分批輸出到 ch22_11.txt。

```java
1  import java.io.*;
2  public class ch22_11 {
3      public static void main(String args[]) throws IOException {
4          FileWriter writer = new FileWriter("ch22_11.txt");
5          BufferedWriter bw = new BufferedWriter(writer);
6          String str = "明志科技大學歡迎你們";
7          bw.write(str, 0, 6);                    // 輸出部分字串資料
```

```
 8          bw.newLine();                               // 寫出分行符號
 9          bw.write(str, 6, str.length()-6);           // 輸出部分字串資料
10          bw.close();
11          System.out.println("輸出成功!");
12      }
13 }
```

執行結果
```
D:\Java\ch22>java ch22_11
輸出成功!

D:\Java\ch22>type ch22_11.txt
明志科技大學
歡迎你們
```

## 22-7-2　BufferedReader 類別

BufferReader 類別繼承了 Reader 類別，主要是可以從輸入串流中讀取字元導向 (character-based) 的文件，甚至還可以使用 readLine( ) 方法讀取整行資料。它的宣告如下：

public class BufferedReader extends Reader

它的建構方法如下：

BufferedReader(Reader rd)：使用預設空間建立輸入字元緩衝區串流。

BufferedReader(Reader, int size)：使用 size 空間建立輸入字元緩衝區串流。

常用方法如下：

int read( )：讀取一個字元。

int read(char[ ] b, int off, int len)：讀取 len 長度資料放到 b 陣列 off 位置。

String readLine( )：讀取整行資料。

void close( )：先關閉緩衝串流，然後釋放所有資源。

程式實例 ch22_12.java：讀取 ch22_11.txt，然後輸出。

```
1 import java.io.*;
2 public class ch22_12 {
3     public static void main(String args[]) throws IOException {
4         FileReader fr = new FileReader("ch22_11.txt");
5         BufferedReader br = new BufferedReader(fr);
6         int i;
7         while ((i = br.read()) != -1)          // 迴圈讀到檔案末端
8             System.out.print((char)i);          // 輸出字元資料
```

22-18

```
 9              fr.close();
10              br.close();
11      }
12 }
```

執行結果
```
D:\Java\ch22>java ch22_12
明志科技大學
歡迎你們
```

程式實例 ch22_13.java：這是一個讀取整行輸入的應用，重點是第 7 行，讀取成功後，會輸出歡迎字串。

```
 1 import java.io.*;
 2 public class ch22_13 {
 3    public static void main(String args[]) throws IOException {
 4        InputStreamReader ir = new InputStreamReader(System.in);
 5        BufferedReader br = new BufferedReader(ir);
 6        System.out.print("請輸入名字 : ");
 7        String name = br.readLine();            // 用讀取整行資料讀取名字
 8        System.out.println(name + "歡迎你"); // 輸出歡迎訊息
 9    }
10 }
```

執行結果
```
D:\Java\ch22>java ch22_13
請輸入名字 : Jiin-Kwei Hung
Jiin-Kwei Hung歡迎你

D:\Java\ch22>java ch22_13
請輸入名字 : 洪錦魁
洪錦魁歡迎你
```

程式實例 ch22_14.java：程式會要求你輸入名字，如果輸入 q 則程式結束。

```
 1 import java.io.*;
 2 public class ch22_14 {
 3    public static void main(String args[]) throws IOException {
 4        InputStreamReader ir = new InputStreamReader(System.in);
 5        BufferedReader br = new BufferedReader(ir);
 6        String str = "str";                            // 暫定字串內容
 7        System.out.println("輸入q則程式結束 ");
 8        while (!str.equals("q")) {                     // q迴圈結束
 9            System.out.print("請輸入名字 : ");
10            str = br.readLine();                       // 讀取整行資料
11            System.out.println("你的輸入是 : " + str);   // 輸出所讀取的資料
12        }
13    }
14 }
```

執行結果
```
D:\Java\ch22>java ch22_14
輸入q則程式結束
請輸入名字 : Jiin-Kwei Hung
你的輸入是 : Jiin-Kwei Hung
請輸入名字 : q
你的輸入是 : q
```

## 22-8 System 類別

System 類別不屬於 java.io 套件，而是 java.lang 套件，Java 文件執行時會用預設方式載入，所以不必 import 它。至今筆者所有的程式實例輸出皆與 System 類別有關，所以筆者先簡單說明此類別。

在 Java 的 System 類別內有 3 個針對螢幕 (console) 的串流是自動產生：

System.out：標準螢幕輸出，是 java.io.PrintStream 類別的衍生類別。

System.in：標準螢幕輸入，是 java.io.InputStream 類別的衍生類別。

System.err：系統錯誤時在螢幕輸出錯誤訊息，父類別與 System.out 相同。

程式實例 ch22_15.java：System.out、System.err、System.in 串流的基本應用，下列第 9 行的 System.in.read( ) 會讀入一個字元，然後以 ASCII 碼值方式傳給 ch 整數變數。

```java
 1  import java.io.IOException;
 2  public class ch22_15 {
 3      public static void main(String args[]){
 4          int ch;
 5          System.out.println("輸出一般訊息 ");   // System.out
 6          System.err.println("輸出ERR訊息 ");    // System.err
 7          try {
 8              System.out.println("請輸入一個字元 ");
 9              ch = System.in.read();             // System.in, 返回字元的碼值
10              System.out.println(ch);            // 列印碼值
11          }
12          catch (IOException e) {
13              System.out.println(e);
14          }
15      }
16  }
```

執行結果
```
D:\Java\ch22>java ch22_15
輸出一般訊息
輸出ERR訊息
請輸入一個字元
a
97
```

## 22-10　Console 類別

Console 可以解釋為控制台，在我們設計程式時一般是指螢幕，Console 類別有提供方法可以讓我們使用螢幕執行文字資料的輸入與輸出，特別是可以處理密碼格式的資料輸入，此時所輸入的密碼將不會在螢幕顯示。它的宣告如下：

> public final class Console extends Object inplements Flushable

它的常用方法如下：

Reader reader( )：擷取與控制台關聯的閱讀器物件。

String readLine( )：從螢幕讀取整行資料。

String readLine( )：使用格式化方式從螢幕讀取資料。

char[ ] readPassword( )：讀密碼，所輸入密碼將不會在螢幕顯示。

char[ ] readPassword(String fmt, Object … args)：使用格式化方式讀取密碼。

Console format(String fmt, Object … args)：使用格式化方式輸出資料。

Console printf(String fmt, Object … args)：使用格式化方式輸出資料。

void flush( )：強制將串流數據輸出。

System 類別有提供一個 static 方法 console( )，可以傳回一個 Console 類別物件，例如：下列敘述可以建立一個 Console 類別的 cs 物件。

Console cs = System.console( );　　　　// 傳回 Console 物件 cs

有了這個物件，我們就可以呼叫成員方法，執行螢幕的輸入與輸出。

程式實例 ch22_17.java：要求輸入帳號，程式會輸出歡迎詞，這個程式的特色是所有螢幕輸入與輸出皆是由 cs 物件呼叫適當的方法處理。

```
1  import java.io.*;
2  public class ch22_17 {
3      public static void main(String args[]) {
4          Console cs = System.console();
5          cs.printf("請輸入帳號 : ");              // 提示訊息
6          String account = cs.readLine( );         // 讀取帳號
7          cs.printf("%s 歡迎回來!", account);        // 輸出歡迎詞
8      }
9  }
```

　D:\Java\ch22>java ch22_17
請輸入帳號 : deepstone
deepstone 歡迎回來!

程式實例 ch22_18.java：在螢幕輸入密碼的應用，所輸入的密碼將不在螢幕顯示。

```java
 1  import java.io.*;
 2  public class ch22_18 {
 3      public static void main(String args[]) {
 4          Console cs = System.console();
 5          cs.printf("請輸入密碼 : ");              // 提示訊息
 6          char[] ch = cs.readPassword();           // 讀取密碼
 7          String pwd = String.valueOf(ch);         // 字元陣列轉成字串
 8          cs.printf("你所輸入的密碼是 : %s", pwd);  // 輸出密碼
 9      }
10  }
```

執行結果　D:\Java\ch22>java ch22_18
請輸入密碼 : ◄─────────── 所輸入密碼將不在螢幕顯示
你所輸入的密碼是 : kwei

# 22-11　檔案與資料夾的管理 File 類別

File 類別可以處理檔案與資料夾 ( 也可以稱目錄 )，檔案與資料夾路徑是使用抽象表示，使用時可以有相對路徑 (relative path) 與絕對路徑 (absolute path)。使用這個類別可以執行建立資料夾、建立檔案、刪除資料夾、刪除檔案、更改檔案或資料及名稱、列出資料夾內容。下列是建構方法：

File(String pathname)：將路徑字串轉換成抽象路徑建立一個 File 物件。

File(String parent, String child)：從父路徑字串和子檔案字串建立一個 File 物件。

File(URI url)：將 URL 轉成抽象路徑建立一個 File 物件。

它的常用方法如下：

boolean createNewFile( )：如果檔案不存在則建立此空檔案。

boolean canWrite( )：測試可否編輯檔案內容。

boolean canRead( )：測試可否讀檔案內容。

boolean isAbsolute( )：測試路徑是否絕對路徑。

boolean isDirectory( )：測試路徑是否資料夾。

boolean isFile( )：測試路徑是否檔案。

boolean isHidden( )：測試是否隱藏檔案。

boolean mkdir( )：建立資料夾。

boolean delete( )：刪除檔案或資料夾。

boolean exists( )：測試檔案或資料夾是否存在。

boolean renameTo(FileDest)：更改檔案或資料夾名稱。

boolean setReadOnly( )：設定檔案或資料夾只能讀。

boolean setWritable(boolean writable)：設定檔案擁有者可以編輯此檔案。

boolean setWritable(boolean writable, boolean ownerOnly)：設定檔案擁有者或其他人可以編輯此檔案。

String getAbsolutePath( )：傳回抽象路徑的絕對路徑。

String getName( )：傳回抽象路徑的檔案或資料夾的名稱。

String getParent( )：傳回抽象路徑的父檔案或資料夾的名稱，如果此路徑沒有父路徑則傳回 null。

String[ ] list( )：傳回指定路徑下所有檔案或資料夾名稱，結果存在字串陣列內。

File[ ] listFiles( )：傳回指定路徑下所有檔案或資料夾的絕對路徑名稱，結果存在 File 物件陣列內。

程式實例 ch22_19.java：以絕對路徑建立一個檔案，同時列出此檔案的相關訊息，例如：檔案是否存在、檔名、父路徑、是否檔案、是否資料夾 ( 目錄 )、是否絕對路徑、是否可讀、是否可讀寫、是否可執行、設定為讀、設定可讀寫。

```java
1  import java.io.*;
2  public class ch22_19 {
3      public static void main(String args[]) throws IOException {
4          File f = new File("d:\\Java\\ch22\\ch22_19.txt");        // 建立File物件
5          System.out.println("檔案存在 : " + f.exists());          // 測試檔案是否存在
6          if (f.createNewFile()) {                                 // 建立新檔案
7              System.out.println("檔案建立成功");
8              System.out.println("檔案存在 : " + f.exists());      // 測試檔案是否存在
9              System.out.println("檔名    : " + f.getName());      // 輸出檔名
10             System.out.println("父路徑  : " + f.getParent());    // 父路徑
11             System.out.println("絕對路徑 : " + f.getAbsolutePath());// 絕對路徑
12             System.out.println("是檔案  : " + f.isFile());       // 測試是否檔案
```

```
13            System.out.println("是目錄  : " + f.isDirectory());   // 測試是否目錄
14            System.out.println("絕對路徑 : " + f.isAbsolute());    // 是否絕對路徑
15            System.out.println("可讀    : " + f.canRead());       // 是否可讀
16            System.out.println("可寫    : " + f.canWrite());      // 是否可寫
17            System.out.println("設唯讀  : " + f.setReadOnly());   // 設唯讀
18            System.out.println("可寫    : " + f.canWrite());      // 是否可寫
19            System.out.println("設可讀寫: " + f.setWritable(true)); // 設可寫
20            System.out.println("可寫    : " + f.canWrite());      // 是否可寫
21        }
22        else
23            System.out.println("檔案已存在建檔失敗");              // 輸出建檔失敗
24    }
25 }
```

執行結果

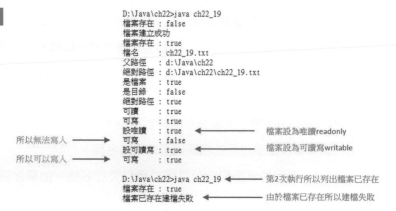

```
D:\Java\ch22>java ch22_19
檔案存在 : false
檔案建立成功
檔案存在 : true
檔名    : ch22_19.txt
父路徑  : d:\Java\ch22
絕對路徑 : d:\Java\ch22\ch22_19.txt
是檔案  : true
是目錄  : false
絕對路徑 : true
可讀    : true
可寫    : true
設唯讀  : true         ←────── 檔案設為唯讀readonly
可寫    : false  所以無法寫入 ←──
設可讀寫 : true         ←────── 檔案設為可讀寫writable
可寫    : true  所以可以寫入 ←──

D:\Java\ch22>java ch22_19  ←─── 第2次執行所以列出檔案已存在
檔案存在 : true
檔案已存在建檔失敗         ←────── 由於檔案已存在所以建檔失敗
```

　　上述程式在第二次執行時，由於 ch22_19.txt 檔案已經存在，所以執行時會出現建檔失敗訊息，如果樣再次執行可以先刪除檔案 "del ch22_19.txt"。另外，如果參考上述實例 "d:\\Java\\ch22\c\\h22_19.txt"，我們可以得到 Java 設定父路徑方式如下：

d:\Java\ch22\ch22_19.txt  ←─── 檔案路徑pathname
　　　↑　　　　　　↑　　　　　　也稱絕對路徑
父路徑(parent)　檔名(name)

　　如果第 4 行建立 File 物件，沒有父路徑只使用檔名，例如："ch22_19.txt"，則所傳回的父路徑將是 null。請再看一次第 4 行的建構方法。

```
File f = new File("d:\\Java\\ch22\\ch22_19.txt");
```

　　在上述建構方法中，如果 d:\\Java\\ch22\\ch22_19.txt 檔案不存在，則 f 物件指向 null，所以執行第 5 行 f.exists( ) 方法時得到 false。第 6 行執行 f.createNewFile( ) 方法時，會建立實體物件，所以執行第 8 行 f.exists( ) 方法時得到結果是 true。

在我們操作檔案或資料夾時，常會對現存的檔案做操作，例如：想要更改目前資料夾底下的檔案名稱，可以使用上述建構方法，這時就可以直接操作了。

程式實例 ch22_20.java：用現存的 ch22_19.txt 建立 File 物件，然後列出此檔案是否存在，以及列出父路徑和檔名。

```
1  import java.io.*;
2  public class ch22_20 {
3      public static void main(String args[]) throws IOException {
4          File f = new File("ch22_19.txt");              // 建立檔案物件
5          System.out.println("檔案存在 : " + f.exists());   // 測試檔案是否存在
6          System.out.println("檔案名稱 : " + f.getName());  // 輸出檔案名稱
7          System.out.println("父路徑  : " + f.getParent()); // 輸出父路徑
8      }
9  }
```

執行結果
```
D:\Java\ch22>java ch22_20
檔案存在 : true
檔案名稱 : ch22_19.txt
父路徑  : null
```

上述程式執行第 4 行時，由於 ch22_19.txt 已經存在，所以可以直接對 f 物件操作。

程式實例 ch22_21.java：建立檔案 ch22_21.txt 與可以使用 mkdir( ) 方法建立資料夾 dir22_21，然後更改檔案名稱為 mych22_21.txt 與資料夾名稱 mydir22_21。

```
1  import java.io.*;
2  public class ch22_21 {
3      public static void main(String args[]) throws IOException {
4  // 建立檔案
5          File f = new File("ch22_21.txt");                    // 建立File物件
6          if (f.createNewFile())                               // 建立新檔案
7              System.out.println(f.getName( ) + " 檔案建立成功");
8          else
9              System.out.println("檔案已存在建檔失敗");            // 輸出建檔失敗
10 // 建立資料夾(或稱目錄)
11         File fd = new File("dir22_21");                       // 建立File物件
12         if (fd.mkdir())                                      // 建立新資料夾
13             System.out.println(fd.getName() + " 資料夾建立成功");
14         else
15             System.out.println("資料夾已存在建立失敗");          // 建資料夾失敗
16 // 更改檔案名稱
17         File newf = new File("mych22_21.txt");               // 建立新File物件
18         boolean bool = f.renameTo(newf);                     // 更改檔名
19         System.out.println("更改檔案名稱成功 : " + bool);       // 列出是否成功
20         System.out.println("新檔案名稱 : " + newf.getName());
21 // 更改資料夾名稱
22         File newfd = new File("mydir22_21");                 // 建立新File物件
23         bool = fd.renameTo(newfd);                           // 更改資料夾名稱
24         System.out.println("更改資料夾名稱成功 : " + bool);     // 列出是否成功
25         System.out.println("新資料夾名稱 : " + newfd.getName());
26     }
27 }
```

D:\Java\ch22>java ch22_21
檔案已存在建檔失敗
dir22_21 資料夾建立成功
更改檔案名稱成功：true
新檔案名稱：mych22_21.txt
更改資料夾名稱成功：true
新資料夾名稱：mydir22_21

　　這時讀者進入此資料夾可以看到所建的檔案 mych22_21.txt 和資料夾
mydir22_21。

程式實例 ch22_22.java：使用 delete( ) 方法刪除 ch22_21.java 所建的檔案和資料夾。

```
1  import java.io.*;
2  public class ch22_22 {
3      public static void main(String args[]) throws IOException {
4  // 刪除檔案
5          File f = new File("mych22_21.txt");            // 建立File物件
6          boolean bool = f.delete();
7          System.out.println("刪除檔案成功  : " + bool);    // 刪除檔案成功
8  // 刪除資料夾(或稱目錄)
9          File fd = new File("mydir22_21");              // 建立File物件
10         bool = fd.delete();
11         System.out.println("刪除資料夾成功: " + bool);     // 刪除資料夾成功
12     }
13 }
```

執行結果 D:\Java\ch22>java ch22_22
刪除檔案成功　 : true
刪除資料夾成功 : true

程式實例 ch22_23.java：使用 "String[ ] list( )" 方法，列印目前指定資料夾下的檔案和
目錄名稱，執行結果將只列出部分內容。

```
1  import java.io.*;
2  public class ch22_23 {
3      public static void main(String args[]) throws IOException {
4          String[] paths;
5          File f = new File("d:\\Java\\ch22");    // 建立File物件
6          paths = f.list();                        // 取得檔案和目錄
7          for (String path:paths)
8              System.out.println(path);            // 列印檔案和目錄名稱
9      }
10 }
```

執行結果 D:\Java\ch22>java ch22_23
.metadata
ch22_1.class
ch22_1.java

22-28

程式實例 ch22_24.java：使用 "File[ ] listFiles( ) 方法，列印目前指定資料夾下的檔案和目錄的絕對路徑名稱，執行結果將只列出部分內容。

```
 1  import java.io.*;
 2  public class ch22_24 {
 3      public static void main(String args[]) throws IOException {
 4          File[] paths;
 5          File f = new File("d:\\Java\\ch22");      // 建立File物件
 6          paths = f.listFiles();                     // 取得檔案和目錄
 7          for (File path:paths)
 8              System.out.println(path);              // 列印檔案和目錄名稱
 9      }
10  }
```

執行結果
```
D:\Java\ch22>java ch22_24
d:\Java\ch22\.metadata
d:\Java\ch22\ch22_1.class
d:\Java\ch22\ch22_1.java
```

## 習題實作題

1： 請參考執行圖檔的複製，複製的圖片可自行決定，複製來源與目的圖檔的檔名皆由螢幕輸入。

```
D:\Java\ex>java ex22_1
請輸入來源檔案 : hung.jpg
請輸入目的檔案 : jkhung.jpg
檔案大小 : 166763
圖檔拷貝
```

2： 請重新設計 ch22_10.java，複製來源與目的檔的檔名皆由螢幕輸入。

```
D:\Java\ex>java ex22_2
請輸入來源檔案 : data22_2.txt
請輸入目的檔案 : out22_2.txt
複製檔案成功!
```

3： data22_3_1.txt 內容如下：

Java 入門邁向高手之路

王者歸來

data22_3_2.txt 內容如下：

作者洪錦魁

data22_3_3.txt 內容如下：

深智數位發行

請將 data22_3_1.txt、data22_3_2.txt、data22_3_3.txt 合併成一個 out22_3.txt。

```
D:\Java\ex>java ex22_3
合併檔案成功!
```

下列是合併的結果檔案內容。

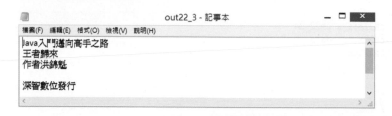

4： 設計一個帳號是 cshung 密碼是 010101，請設計程式要求輸入帳號與密碼，如果輸入正確則回應 " 歡迎進入 Java 系統 "，如果帳號輸入錯誤則回應 " 帳號錯誤 "，如果密碼輸入錯誤則回應 " 密碼錯誤 "。

註：這個實例須使用 22-10 節的觀念，輸入密碼時，此密碼不在螢幕顯示。

```
D:\Java\ex>java ex22_4
請輸入帳號 : cshung
請輸入密碼 :
歡迎進入Java系統
D:\Java\ex>java ex22_4
請輸入帳號 : kkk
請輸入密碼 :
帳號錯誤
```

# 第二十三章

# 壓縮與解壓縮檔案

# 23-1 基本觀念與認識 java.util.zip 套件

在資料科學領域壓縮 (Compression) 與解壓縮 (Decompression) 是一門很重要的學問，除了我們熟知的資料經壓縮後可以減少使用記憶體空間，在網路時代資料傳輸可以減少傳輸量，同時增加傳輸速度。

在 Windows 作業系統有提供 zip 格式的檔案壓縮與解壓縮功能，方便我們平時使用，這一章重點是講解設計這方面的程式。

程式設計師以一般串流方式讀取資料然後以壓縮格式 ( 例如：zip 格式 ) 輸出至某檔案，這就是所謂壓縮檔案。程式設計師設計程式讀取壓縮格式的檔案，然後以一般格式輸出此檔案，這就是所謂解壓縮檔案。

Java 提供 java.util.zip 套件可以執行 zip 相容格式的檔案壓縮與解壓縮，這也是本章的主題。

# 23-2 壓縮 (Zip) 檔案

在 java.util.zip 內有提供 ZipOutputStream 類別，我們可以使用它執行將一般檔案以 zip 格式輸出檔案。ZipOutputStream 主要是使用 zip 格式將資料寫入輸出串流。

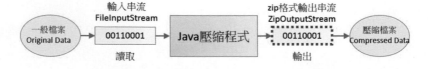

在設計壓縮程式幾個重點工作如下：

❑　建立 FileInputStream 物件

這個觀念與 22-3-2 節相同，主要是為想要執行壓縮的來源檔案建立 FileInputStream 物件，這樣要壓縮的檔案就可以用輸入串流供程式讀取。如果要執行

壓縮的檔案是 **ch23_1.txt**，想要建立 FileInputStream 物件是 src，則可用下列方式建立。

```
File fileToZip = new File("ch23_1.txt");
FileInputStream src = new FileInputStream(fileToZip);
```

也可簡化為一行敘述，如下：

```
FileInputStream src = new FileInputStream("ch23_1.txt");
```

❑　建立 ZipOutputStream 物件

例如：如果想要將最後壓縮的結果存入 **"ch23_1.zip"**，可以使用下列方式建立此 ZipOutputStream 物件。

1：　建立 FileOutputStream 輸出串流物件。

2：　將 FileOutputStream 物件當作是 ZipOutputStream 類別建構方法的參數，就可以建立 ZipOutputStream 物件。

假設要建立 ZipOutputStream 物件名稱是 dst，可參考下列程式碼實例：

```
FileOutputStream fileToSave = new FileOutputStream("ch23_1.zip");
ZipOutputStream dst = ZipOutputStream(fileToSave);  // dst 物件
```

❑　建立壓縮檔項目 ZipEntry

我們可能將一個檔案壓縮、多個檔案壓縮或整個資料夾壓縮，為了要記住所壓縮檔案的檔名或相關訊息，在壓縮檔案時需使用壓縮檔項目 (ZipEntry) 保存原先壓縮的檔案名稱以及一些相關檔案資訊，未來解壓縮時才可以使用原檔案名稱復原。這時需使用 ZipEntry 類別的建構方法，同時參數是被壓縮的檔案名稱。

```
ZipEntry zipEntry = new ZipEntry(fileToZip.getName( ));   // 建立壓縮檔項目
dst.putNextEntry(zipEntry);                               // 存入壓縮檔項目
```

❑　將來源檔案以 zip 格式寫入輸出串流

```
byte[] bytes = new byte[1024];                // 設定 bytes 陣列空間
int length;                                   // 讀取資料長度
while((length = src.read(bytes)) >= 0) {      // 讀取來源資料
    dst.write(bytes, 0, length);              // 以 zip 格式寫入資料
}
```

上述陣列空間是設 1024，這個數字讀者也可更改，了解以上觀念，相信壓縮單一個文件是簡單的事了。

## 23-2-1　壓縮單一文件

這一節主要是敘述將一個檔案壓縮成一個 zip 檔案。

程式實例 ch23_1.java：壓縮單一個文件，這個程式要壓縮的文件是在第 6 行定義，檔名是 ch23_1.txt，壓縮結果第 9 行設定是儲存在 ch23_1.zip。

```java
1  import java.io.*;
2  import java.util.zip.*;
3  public class ch23_1 {
4      public static void main(String[] args) throws IOException {
5  // 建立欲壓縮的檔案File的物件src
6          File fileToZip = new File("ch23_1.txt");
7          FileInputStream src = new FileInputStream(fileToZip);
8  // 建立壓縮目的位置物件
9          FileOutputStream zipToSave = new FileOutputStream("ch23_1.zip");
10         ZipOutputStream dst = new ZipOutputStream(zipToSave);
11 // 在壓縮檔案內內建立壓縮項目
12         ZipEntry zipEntry = new ZipEntry(fileToZip.getName());
13         dst.putNextEntry(zipEntry);
14 // byte方式讀出未壓縮檔案src物件，然後以zip格式寫入輸出串流dst物件
15         byte[] bytes = new byte[1024];                 // 設定的byte陣列空間
16         int length;                                    // 紀錄讀取byte數
17         while((length = src.read(bytes)) >= 0) {
18             dst.write(bytes, 0, length);               // 以zip格式寫入輸出串流
19         }
20         dst.close();        // 關閉輸出串流
21         src.close();        // 關閉輸入串流
22     }
23 }
```

執行結果　可以由執行結果看到 ch23_1.txt 的檔案有變小了。

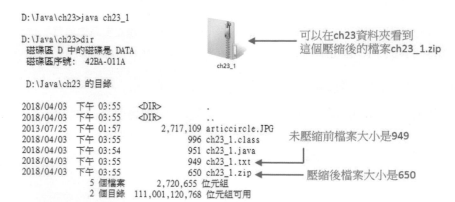

```
D:\Java\ch23>java ch23_1

D:\Java\ch23>dir
 磁碟區 D 中的磁碟是 DATA
 磁碟區序號： 42BA-011A

 D:\Java\ch23 的目錄

2018/04/03  下午 03:55    <DIR>          .
2018/04/03  下午 03:55    <DIR>          ..
2013/07/25  下午 01:57     2,717,109 articcircle.JPG
2018/04/03  下午 03:55           996 ch23_1.class
2018/04/03  下午 03:54           951 ch23_1.java
2018/04/03  下午 03:55           949 ch23_1.txt
2018/04/03  下午 03:55           650 ch23_1.zip
               5 個檔案         2,720,655 位元組
               2 個目錄   111,001,120,768 位元組可用
```

可以在 ch23 資料夾看到這個壓縮後的檔案 ch23_1.zip

未壓縮前檔案大小是 949

壓縮後檔案大小是 650

## 23-2-2 壓縮多個文件

這一節主要是敘述將多個文件壓縮成一個 zip 檔案,這一節介紹的實例是將多個文件放在字串陣列內。其實這樣的設計不難,可以使用 foreach 迴圈,遍歷字串陣列的元素就可以了。

程式實例 ch23_2.java:壓縮多個檔案的應用,要壓縮的 2 個檔案名稱是放在字串陣列 srcFiles 內,此例是要壓縮 ch23_1.txt 和 ch23_2.txt,壓縮結果是放在 ch23_2.zip 內。此程式的重點是第 9-23 行的 foreach 迴圈,這個迴圈會將 srcFiles 陣列元素 ( 欲壓縮的檔案名稱 ) 分別進行壓縮處理。

```java
1  import java.io.*;
2  import java.util.zip.*;
3  public class ch23_2 {
4      public static void main(String[] args) throws IOException {
5          String[] srcFiles = { "ch23_1.txt", "ch23_2.txt" };
6  // 建立壓縮目的位置物件
7          FileOutputStream zipToSave = new FileOutputStream("ch23_2.zip");
8          ZipOutputStream dst = new ZipOutputStream(zipToSave);
9          for ( String srcFile:srcFiles ) {
10 // 建立欲壓縮的檔案File的物件src
11             File fileToZip = new File(srcFile);
12             FileInputStream src = new FileInputStream(fileToZip);
13 // 在壓縮檔案內內建立壓縮項目
14             ZipEntry zipEntry = new ZipEntry(fileToZip.getName());
15             dst.putNextEntry(zipEntry);
16 // byte方式讀出未壓縮檔案src物件, 然後以zip格式寫入輸出串流dst物件
17             byte[] bytes = new byte[1024];              // 設定的byte陣列空間
18             int length;                                 // 紀錄讀取byte數
19             while((length = src.read(bytes)) >= 0) {
20                 dst.write(bytes, 0, length);            // 以zip格式寫入輸出串流
21             }
22             src.close();         // 關閉輸入串流
23         }
24         dst.close();             // 關閉輸出串流
25     }
26 }
```

執行結果 壓縮結果是 1.24KB,原先 2 個檔案是約 1.9KB,所以也達到壓縮的目的了。

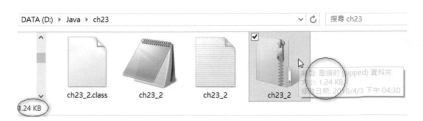

## 23-2-3　壓縮整個資料夾

想要壓縮整個資料夾，重點是要可以遍歷資料夾，這時我們將使用 22-11 節所介紹的 "File[ ] listFiles( ) 方法。下列我們先看程式內容，最後再做解說。

程式實例 ch23_3.java：壓縮整個資料夾的應用。

```java
1  import java.io.*;
2  import java.util.zip.*;
3  public class ch23_3 {
4      public static void main(String[] args) throws IOException {
5  // 建立欲壓縮的資料夾File物件fileToZip
6          File fileToZip = new File("zip23");
7  // 建立壓縮目的位置物件
8          FileOutputStream zipToSave = new FileOutputStream("ch23_3.zip");
9          ZipOutputStream dst = new ZipOutputStream(zipToSave);
10 // 呼叫方法處理整個資料夾的壓縮
11         zipFile(fileToZip, fileToZip.getName(), dst);
12         dst.close();                               // 關閉輸出串流
13     }
14 // Recursive function
15     private static void zipFile(File fileToZip, String fileName,
16                         ZipOutputStream dst) throws IOException {
17         if (fileToZip.isHidden()) {                 // 如果隱藏檔案則不壓縮
18             return;
19         }
20         if (fileToZip.isDirectory()) {              // 如果是資料夾則處理
21             File[] files = fileToZip.listFiles();   // 獲得資料夾內所有檔案
22             for (File file:files) {
23                 zipFile(file, fileName + "/" + file.getName(), dst);
24             }
25             return;
26         }
27 // 如果fileToZip不是隱藏檔案也不是資料夾則執行壓縮處理
28         FileInputStream src = new FileInputStream(fileToZip);
29 // 在壓縮檔案內內建立壓縮項目
30         ZipEntry zipEntry = new ZipEntry(fileToZip.getName());
31         dst.putNextEntry(zipEntry);
32 // byte方式讀出未壓縮檔案src物件, 然後以zip格式寫入輸出串流dst物件
33         byte[] bytes = new byte[1024];              // 設定的byte陣列空間
34         int length;                                 // 紀錄讀取byte數
35         while((length = src.read(bytes)) >= 0) {
36             dst.write(bytes, 0, length);            // 以zip格式寫入輸出串流
37         }
38         src.close();            // 關閉輸入串流
39     }
40 }
```

執行結果

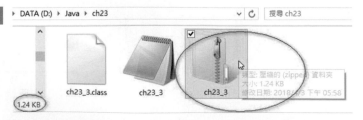

23-6

整個程式的重點是筆者自行設計 zipFile( ) 壓縮方法，這是一個遞迴式的呼叫 (recursive)，這個方法的所傳遞的參數意義如下：

zipFile(File fileToZip, fileToZip.getName( ), dst);　　　　// 第 15-39 行

fileToZip：欲壓縮的資料夾名稱 File 物件。

fileToZip.getName( )：資料夾或檔案名稱。

dst：ZipOutputStream 物件。

在這個方法中第 17-19 行檢查如果是隱藏檔案則 return 返回，因為這不是我們要壓縮的檔案。

程式關鍵是第 20-26 行，相關觀念可參考下圖。

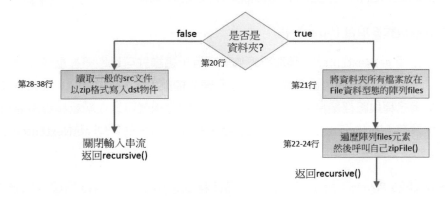

# 23-3　解壓縮 (Unzip) 檔案

所謂的解壓縮檔案是讀取已經被壓縮成 zip 格式的檔案，然後用一般方式將此檔案輸出。在 java.util.zip 類別有 ZipInputStream 類別，可以建立 ZipInputStream 物件，然後用這個物件讀取 zip 格式的檔案。

❑　建立 ZipInputStream 物件

程式關鍵是要建立 ZipInputStream 物件，然後用這個物件讀取 zip 格式的檔案，例如：如果想要建立 ZipOutputStream 物件 src。

1：　建立 FileInputStream 物件。

2：　將 FileInputStream 物件當作是 ZipInputStream 類別建構方法的參數，就可以建立 ZipInputStream 物件。

假設要解壓縮 ch23_3.zip，建立 ZipInputStream 物件名稱是 src，下列是程式碼實例：

```
FileInputStream srcFile = new FileInputStream("ch23_3.zip");
ZipInputStream src = ZipInputStream(srcFile); // src 物件
```

❑　讀取壓縮檔案項目 (zip entry)

可以使用 getNextEntry( ) 讀取壓縮檔案項目，這樣就可以取得被壓縮檔案的物件 ( 第 14 行 )，未來可以使用這個物件取得被壓縮的檔案名稱 ( 第 16 行 )。如果有需要還可以將檔案名稱與路徑結合 ( 第 17 行 )，有了這個名稱就可以在解壓縮後將結果用原來的名稱儲存 ( 第 18 行 )。如果已經讀到壓縮檔案項目末端，則 getNextEntry( ) 會傳回 null，如果參考第 14 和 24 行，這時物件 zipEntry 的內容是 null。

程式實例 ch23_4.java：解壓縮的實例，這個程式會將 ch23_3.java 所建立的 ch23_3.zip 檔案解壓縮，然後放在目前資料夾下的 myDir 資料夾內，同時保持原先的檔案名稱。需留意如果重複執行此程式需先將 myDir 刪除，程式才可以正常執行。

```
1  import java.io.*;
2  import java.util.zip.*;
3  public class ch23_4 {
4      public static void main(String[] args) throws IOException {
5          File mydir = new File("myDir");                        // 建立存放解壓縮檔案的資料夾
6          if (mydir.mkdir())                                     // 正式建立
7              System.out.println(mydir.getName() + "儲存解壓縮檔案的資料夾建立成功");
8          else
9              System.out.println(mydir.getName() + "資料夾已存在建立失敗");
10
11         byte[] buffer = new byte[1024];                        // 每次處理陣列空間大小是1024
12         FileInputStream srcFile = new FileInputStream("ch23_3.zip");//來源檔案串流物件
13         ZipInputStream src = new ZipInputStream(srcFile); // 建立ZipInputStream物件
14         ZipEntry zipEntry = src.getNextEntry();               // 讀取壓縮檔案內的項目
15         while(zipEntry != null){                              // 如果不是null則解壓縮
16             String fName = zipEntry.getName();                // 取得欲解壓縮的檔案名稱
17             File nName = new File(mydir + "/" + fName); // 設定解壓縮結果的路徑和檔名
```

```
19              int len;
20              while ((len = src.read(buffer)) > 0) {        // 讀取zip格式的檔案
21                  dst.write(buffer, 0, len);               // 用普通格式輸出
22              }
23              dst.close();                                 // 關閉輸出串流
24              zipEntry = src.getNextEntry();               // 取得下一個被壓縮檔案的項目
25          }
26          src.close();                                     // 關閉輸入串流
27      }
28 }
```

執行結果　D:\Java\ch23>java ch23_4
　　　　　 myDir儲存解壓縮檔案的資料夾建立成功

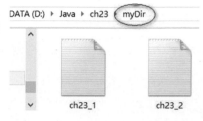

上述程式第 5-9 行是建立未來存放解壓縮檔案的資料夾,如果資料夾已經存在會有建立資料夾失敗的訊息。

### 習題實作題

1: 請重新設計程式實例 ch23_1.java,欲壓縮的檔案需由螢幕輸入,將壓縮結果存入 out23_1.zip。

```
D:\Java\ex>java ex23_1
請輸入來源檔案 : data23_1.txt
```

下列是壓縮結果檔案。

　out23_1　　　　　　　　　　　　2020/9/16 上午 0...　壓縮的 (zipped) ...

2: 請重新設計程式實例 ch23_3.java,欲壓縮的資料夾需由螢幕輸入。在 ex 資料夾下有示範的 data23 資料夾可以做壓縮,將壓縮結果存入 out23_2.zip。

```
D:\Java\ex>java ex23_2
請輸入來源資料夾 : data23
```

下列是壓縮結果的資料夾。

　out23_2　　　　　　　　　　　　2020/9/16 上午 0...　壓縮的 (zipped) ...

3： 請重新設計 ch23_4.java，請由螢幕輸入下列資訊：

A：解壓縮的檔案名稱。

B：解壓縮後的目錄位置。

```
D:\Java\ex>java ex23_3
請輸入被壓縮的資料夾檔案 : out23_2.zip
請輸入存放解壓縮的資料夾 : out23_3
out23_3儲存解壓縮檔案的資料夾建立成功
```

下列是解壓縮結果的資料夾。

    📁 out23_3                        2020/9/16 上午 0...　　檔案資料夾

# 第二十四章

# Java Collection

Collection 可以想成是一個聚集，在 Java 針對程式設計的需要設計了各種資料結構 (data structure) 或稱框架 (framework)，而將這些框架組織起來，這就是所謂的 Java Collection，有時候我們也將它翻譯為 Java 集合物件。由於集合所使用的觀念是泛型資料型態，因此本章第一節筆者將先介紹泛型 (Generic) 的知識，然後再進入 Java Collection。

# 24-0　認識泛型 Generic

## 24-0-1　泛型類別 (Generic class)

泛型主要目的是讓程式碼變的簡潔，假設一個類別 MyData 內含有變數成員 obj，在過去我們可以設定這個變數是整數或是字串，但是只能選擇一種當作 obj 的資料型態，然後我們可以設計 setobj( ) 方法設定這個變數 obj 的內容。

假設我們期待 MyData 內的變數可以是整數也可以是字串，同時適用時，這時多形的觀念無法派上用場，因為多形只適合在可以有相同資料型態的不同參數方法上，這時就是泛型上場的時機了。

泛型的觀念是用通用型態代表所有可能的資料型態，然後我們可以針對這個通用型態設計相關的變數成員和方法即可，在這種情況下即可解決多形無法處理的問題，下列將用程式解說。

程式實例 ch24_00.java：使用傳統方法設定整數值和取回整數值。

```
1  class MyData {                          // 整數資料
2      int obj;
3      void setobj(int obj) {
4          this.obj = obj;                 // 設定整數
5      }
6      int getobj() {
7          return this.obj;                // 回傳整數
8      }
9  }
10 public class ch24_00 {
11     public static void main(String[] args) {
12         MyData m = new MyData();        // 建立物件
13         m.setobj(10);                   // 設定整數值
14         System.out.println(m.getobj()); // 列印整數值
15     }
16 }
```

執行結果
```
D:\Java\ch24>java ch24_00
10
```

假設我們期待有相同程式，當我們輸入雙倍精度浮點數、字串 … 等也可以得到相同的結果。如果沒有泛型的觀念我們必須重新設計程式將所有的 int 改為 double 或是將所有的 int 改成 String。在泛型觀念中，我們可以將變數型態設為通用型態，例如：<T>，這時可以用下列方式定義類別。

```
class MyData <T> {                              // 又稱泛型類別 (Generic class)
    Xxx;
}
```

未來宣告 MyData 泛型類別物件時，可以用下列方式：

```
MyData<Integer> m = new MyData<Integer>();     // 通用型態是整數
MyData<Double> d = new MyData<Double>();        // 通用型態是雙倍精度浮點數
MyData<String> str = new MyData<String>();      // 通用型態是字串
```

程式實例 ch24_01.java：將整數、雙倍精度浮點數、字串應用在泛型設定。讀者可留意第 2 行變數的宣告方式這時沒有菱形符號，第 3 行參數傳遞時用 T 當作資料型態，第 6 行設定方法的傳回型態。

```
 1  class MyData<T>{                                   // 泛型資料
 2      private T obj;
 3      void setobj(T obj) {
 4          this.obj = obj;                            // 設定泛型
 5      }
 6      public T getobj() {
 7          return this.obj;                           // 回傳泛型
 8      }
 9  }
10  public class ch24_01 {
11      public static void main(String[] args) {
12          MyData<Integer> m = new MyData<Integer>();  // 建立整數物件
13          m.setobj(10);                               // 設定整數值
14          System.out.println(m.getobj());             // 列印整數值
15          MyData<Double> d = new MyData<Double>();     // 建立雙倍經度浮點數物件
16          d.setobj(10.0);                             // 設定雙倍經度浮點數值
17          System.out.println(d.getobj());             // 列印雙倍經度浮點數值
18          MyData<String> str = new MyData<String>();   // 建立字串物件
19          str.setobj("王者歸來");                      // 設定字串
20          System.out.println(str.getobj());           // 列印字串
21      }
22  }
```

執行結果
```
D:\Java\ch24>java ch24_01
10
10.0
王者歸來
```

在上述程式中我們使用大寫英文字 T，當作泛型資料型態，其實我們也可以用其它字母取代，其實 T 有 Type 的意思，所以一般程式設計師喜歡用 T 當作泛型的資料型態，其它常見的泛型英文字母如下：

E：Element

K：Key

N：Number

V：Value

## 24-0-2　泛型方法 (Generic Method)

泛型除了可以應用在類別外，也可以應用在方法，相當於方法內可以接受任何資料型態的參數。

程式實例 ch24_02.java：泛型方法的應用，這是一個列印陣列的程式，在這個程式筆者用 E 代表可以是任意元素，在實際程式中筆者讓程式列印整數陣列和字元陣列。

```
1  public class ch24_02 {
2      public static <E> void outputArray(E[] elements) {
3          for(E element:elements)
4              System.out.println(element);          // 列印元素
5      }
6      public static void main(String[] args) {
7          Integer[] intarray = {5, 10, 30, 50, 20};      // 定義整數陣列
8          Character[] chararray = {'J','A','V','A'};      // 定義字元陣列
9
10         System.out.println("整數陣列");
11         outputArray(intarray);                         // 列印整數陣列
12         System.out.println("字元陣列");
13         outputArray(chararray);                        // 列印字元陣列
14     }
15 }
```

執行結果
```
D:\Java\ch24>java ch24_02
整數陣列
5
10
30
50
20
字元陣列
J
A
V
A
```

## 24-0-3 泛型的萬用字元？

這節所介紹的觀念會用到 24-2 節的基本知識，建議讀者看完 24-2 節後再回到此節。

符號 "?" 是 Java 的萬用字元，它代表任何型態 (type)，例如："<? extends Number>"，代表任意 Number 的子類別皆可以被接受。

程式實例 ch24_03.java：這是泛型萬用字元的應用，整個程式的新觀念如下：

```
demoShapes(ArrayList<? extends Shapes> lists) {          // 第 17 行
```

上述方法所接受的參數是 ArrayList 資料型態，同時元素必須是繼承 Shapes 類別。

```
 1  import java.util.*;
 2  abstract class Shapes {                          // 抽象類別Shapes
 3      abstract void demo();                        // 抽象方法demo
 4  }
 5  class Square extends Shapes {                    // Square繼承Shapes
 6      void demo() {
 7          System.out.println("我是正方形");
 8      }
 9  }
10  class Circle extends Shapes {                    // Circle繼承Shapes
11      void demo() {
12          System.out.println("我是圓形");
13      }
14  }
15  public class ch24_03 {
16  // <? extends Shapes>表示所有衍生自Shapes的類別皆可以執行
17      public static void demoShapes(ArrayList<? extends Shapes> lists) {
18          for(Shapes list:lists)
19              list.demo();                         // 執行demo
20      }
21      public static void main(String[] args) {
22          ArrayList<Square> alist1 = new ArrayList<Square>();
23          alist1.add(new Square());
24          ArrayList<Circle> alist2 = new ArrayList<Circle>();
25          alist2.add(new Circle());
26          demoShapes(alist1);
27          demoShapes(alist2);
28      }
29  }
```

執行結果　D:\Java\ch24>java ch24_03
我是正方形
我是圓形

# 24-1 認識集合物件

　　Java 的集合物件是屬於 java.util 套件，它是由各種介面 (Interfaces) 或類別 (classes) 物件所組成，例如：有 Iterable、List、Queue、Set …等各種介面，也有 ArrayList、LlinkedList、Vector … 等各種類別。上述不論是介面物件或是類別物件，皆有各自的框架，我們可以針對這些框架特性執行搜尋 (searching)、排序 (sorting)、插入 (insertion)、刪除 (deletion) …等。下列是集合物件基本結構圖，其實還有一些細節未列出來。

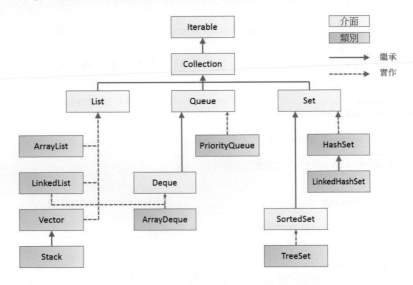

　　在上圖中黃色區塊是介面、綠色區塊是類別。這些介面定義了許多抽象方法，但是它不定義相關細節，所有實作均是由類別重新定義完成。

　　在 Java 我們將學習集合的操作統一稱 Java Collection Framework，可以將此架構分成 3 方面：

❏　介面 (Interface)

　　Collection 介面是所有 Java Colleciton 物件的父介面，在這個介面內有許多抽象方法定義了操作物件的基本方法。

❏　實作 (Implementations) 與類別 (Class)

　　我們使用類別繼承與實作的特性，在 Collection 類別底層除了實作介面方法，也依據自己的特性增加一些方法，可以很輕鬆使用這些方法操作集合物件。

❑ 演算法 (Algorithms)

在 java.util.* 內有一些應用在集合物件的有用方法,例如:排序、搜尋功能,這些方法是放在 Collections 類別內,請留意最後是有 s 字母。本章 24-5 節筆者將舉一個 shuffle( ) 方法,這個方法就是屬於 Collections 類別。

## 24-1-1 Iterable 介面

集合物件結構圖最上方的是 Iterable 介面,此介面有 3 個抽象方法。

| 方法 | 說明 |
| --- | --- |
| boolean hasNext( ) | 如果迭代器內還有元素傳回 true |
| Object next( ) | 傳回元素並將指標移至下一個元素 |
| void remove( ) | 刪除迭代器返回的最後一個元素 |

## 24-1-2 Collection 介面

下列是 Collection 介面定義的抽象方法,有些方法型態是 boolean,表示如果執行成功會傳會 true,否則傳回 false。

| 方法 | 說明 |
| --- | --- |
| boolean add(Object e) | 插入一個元素 e |
| boolean addAll(Collection c) | 將集合 c 的所有元素插入 |
| boolean remove(Object e) | 刪除元素 e |
| boolean removeAll(Collection c) | 將集合 c 的所有元素刪除 |
| boolean retainAll(Collection c) | 保存集合 c 所有元素,其它刪除 |
| int size( ) | 傳回所有元素總數 |
| void clear( ) | 刪除所有元素 |
| boolean conatins(Object e) | 如果含元素 e,傳回 true |
| boolean conatinsAll(Collection c) | 如果含集合 c 所有元素傳回 true |
| Iterator iterator( ) | 傳回迭代器,可想成傳回物件元素 |
| Object[ ] toArray( ) | 將物件轉成陣列 |
| boolean isEmpty( ) | 傳回是否為空 |
| boolean equals(Object e) | 匹配 2 個集合是否相同 |
| int hashCode( ) | 傳回哈希碼 |

由於所有集合類別 ( 或介面 ) 均是繼承或實作 Collection 介面，所以未來可以看到各個類別物件實作上述抽象方法。

## 24-2 List 介面

List 介面架構主要特色允許元素有重複，內部保持一定的資料順序，使用索引存取元素。由於是繼承 Collection 介面，因此它繼承了所有 Collection 介面的方法，但是也增加了可以處理索引操作元素的方法，可參考下表。

| 方法 | 說明 |
|------|------|
| void add(int index, Object o) | 在 index 位置增加物件 o |
| boolean addAll(int index, Collection c) | 在 index 位置增加 Collection c |
| Object get(int index) | 取得索引元素值 |
| Object set(int index, Object o) | 設定 index 索引位置的物件內容 |
| Object remove(int index) | 刪除 index 索引位置的元素 |
| ListIterator listIterator( ) | 傳回 ListIterator 類別的迭代器物件 |
| ListIterator listIterator(int index ) | 從指定索引開始傳回迭代器物件 |

以上方法需要使用類別實作，所以將在下一節開始說明上述方法。

### 24-2-1　ArrayList 類別

ArrayList 類別是一種動態陣列，可以利用索引方式存取元素，它的框架特色如下：

❑ 可以擁有重複元素。

❑ 內部會保持一定的序列。

❑ 可以使用索引方式存取、插入、刪除 ArrayList 內的元素。

❑ 當執行插入或刪除中間元素，會造成大量元素移位所以操作速度有時會較花時間。

它的建構方法如下：

| 建構方法 | 說明 |
|---------|------|
| ArrayList( ) | 建立空的 ArrayList |
| ArrayList(Collection c) | 建立含 Colleciton c 內容的 ArrayList |
| ArrayList(int capacity) | 建立特定容量的 ArrayList |

除了實作 Collection 介面或 List 介面方法外,它的其它常用方法如下:

| 方法 | 說明 |
|------|------|
| Object[ ] toArray( ) | 依順序將元素轉成陣列 |
| int indexOf(Object o) | 傳回最先發現物件 o 的索引,如果沒找到傳回 -1 |
| int lastIndexOf(Object o) | 傳回最後發現物件 o 的索引,如果沒找到傳回 -1 |
| void clear( ) | 刪除所有 ArrayList 元素 |
| void trimToSize( ) | 將 ArrayList 容量刪除為目前元素的數量 |

❏　早期 Java Collection 宣告:不建議採用

早期的 Java 在宣告 Collection 物件時可以不用宣告物件型態,例如可以使用下列方式宣告:

```
ArrayList obj = new ArrayList( );        // 早期宣告方式
```

上述宣告方式適用所有基本資料型態,但是在取得 ArrayList 內容時需要強制設定資料型態。

```
ArrayList obj = new ArrayList( );        // 已經不建議採用
obj.add("OK");
String str = (String) obj.get(0);        // 強制轉型 (typecasting) 不建議採用
```

延續上述程式碼舊式宣告,但是 add( ) 不同型態資料,會發生 runtime 的錯誤,可參考下列程式碼:

```
obj.add("OK" );
obj.add(50);                             // runtime 錯誤
```

❏　Java 5-9 版宣告:流行多年

從 Java 5 後 Collection 使用泛型 (Generic) 宣告,這個宣告格式進行宣告時需要加上資料型態,如下所示:

```
ClassOrInterface<Type>                   // 泛型 (Generic) 宣告
```

例如:如果想要宣告 ArrayList 內容是字串,方法如下:

```
ArrayList <String>
```

下列是完整宣告 ArrayList 字串物件 list 的實例：

　　ArrayList\<String> list = new ArrayList\<String> ( );

❑　Java 10 版宣告：增加 var 關鍵字，將是未來的主流

可以用 var 取代 ArrayList\<String>，同樣宣告，可以改成下列方法。

　　var list = new ArrayList\<String> ( );

上述可以簡化程式設計師開發體驗，也就是我們可以隨意定義變數，先不指出變數的類型。但是這是新功能，如果筆者整章皆用這個語法表達，未來讀者投入職場看到過去別人寫的程式可能會不懂，所以筆者整章會使用 Java 10 新語法與過去的舊語法交互使用。

需留意是如果使用 Java 10 的 var 關鍵字新語法，這個程式必須在 JDK 10 版本下才可正確執行。

程式實例ch24_1.java：遍歷 ArrayList 的應用，這個程式會使用 foreach 迴圈觀念 ( 第 9-10 行 ) 和建立迭代器物件的觀念 ( 第 12-14 行 )，列出 ArrayList 物件的內容。

```java
1  import java.util.*;
2  public class ch24_1 {
3      public static void main(String[] args) {
4          ArrayList<String> list = new ArrayList<String>();
5          list.add("北京");
6          list.add("香港");
7          list.add("台北");
8  // 遍歷ArrayList使用foreach
9          for(String obj:list)
10             System.out.println(obj);
11 // 遍歷ArrayList使用Iterator物件, 如果還有元素itr.hasNext會傳回true
12         Iterator<String> itr = list.iterator(); // 設定itr物件
13         while(itr.hasNext())                     // 遍歷完成迴圈會中止
14             System.out.println(itr.next()); // 傳回元素
15     }
16 }
```

執行結果
```
D:\Java\ch24>java ch24_1
北京
香港
台北
北京
香港
台北
```

| 北京 | 香港 | 台北 | ArrayList物件名稱是list |
|------|------|------|------|
| Index = 0 | 1 | 2 | |

程式實例 ch24_2.java：請留意筆者使用新語法設計 AddAll( ) 方法的應用，這個程式會建立 2 個 ArrayList 物件，然後將 list2 物件插入 list1 物件後面，在列印 ArrayList 時，也可以直接列印物件，可參考第 12 行，此外這個程式所增加的元素 " 台北 "，將促使元素有重複。

```
1  import java.util.*;
2  public class ch24_2 {
3      public static void main(String[] args) {
4          var list1 = new ArrayList<String>();
5          list1.add("北京");
6          list1.add("香港");
7          list1.add("台北");
8          var list2 = new ArrayList<String>();
9          list2.add("南京");
10         list2.add("上海");
11         list2.add("台北");
12         list1.addAll(list2);                    // addAll方法
13         System.out.println("list1 : " + list1);
14     }
15 }
```

執行結果
```
D:\Java\ch24>java ch24_2
list1 : [北京, 香港, 台北, 南京, 上海, 台北]
```

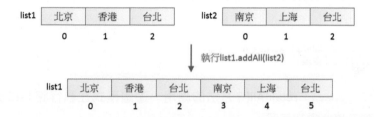

程式實例 ch24_3.java：在索引位置插入元素，以及取得特定索引元素的應用。

```
1  import java.util.*;
2  public class ch24_3 {
3      public static void main(String[] args) {
4          ArrayList<String> list = new ArrayList<String>();
5          list.add("北京");
6          list.add("香港");
7          list.add("台北");
8          System.out.println("list元素數量 : " + list.size());
9          System.out.println("list元素內容 : " + list);
10         list.add(1,"南京");                          // 插入索引1位置
11         System.out.println("list元素索引1 : " + list.get(1));// 列印索引1內容
12         System.out.println("插入元素後");
13         System.out.println("list元素數量 : " + list.size());
14         System.out.println("list元素內容 : " + list);
15     }
16 }
```

執行結果

```
D:\Java\ch24>java ch24_3
list元素數量　　：3
list元素內容　　：[北京, 香港, 台北]
list元素索引1 ：南京
插入元素後
list元素數量　　：4
list元素內容　　：[北京, 南京, 香港, 台北]
```

程式實例 ch24_4.java：removeAll( ) 方法的應用，這個程式會將要刪除的元素放在 list2 物件，在這個程式中發生了要刪除 " 上海 "，可是 list1 物件沒有這個元素，此時程式會不予理會。

```
1  import java.util.*;
2  public class ch24_4 {
3      public static void main(String[] args) {
4          ArrayList<String> list1 = new ArrayList<String>();
5          list1.add("北京");
6          list1.add("香港");
7          list1.add("台北");
8          ArrayList<String> list2 = new ArrayList<String>();
9          list2.add("北京");
10         list2.add("上海");
11         list2.add("台北");
12         list1.removeAll(list2);          // removeAll方法
13         System.out.println("list1 : " + list1);
14     }
15 }
```

執行結果
```
D:\Java\ch24>java ch24_4
list1 : [香港]
```

程式實例 ch24_5.java：retainAll( ) 方法的應用，這個程式在執行時 list1 元素中只有 list2 物件有的元素才會被保留。

```
1  import java.util.*;
2  public class ch24_5 {
3      public static void main(String[] args) {
4          ArrayList<String> list1 = new ArrayList<String>();
5          list1.add("北京");
6          list1.add("香港");
7          list1.add("台北");
8          ArrayList<String> list2 = new ArrayList<String>();
9          list2.add("北京");
10         list2.add("上海");
11         list2.add("台北");
12         list1.retainAll(list2);          // retainAll方法
13         System.out.println("list1 : " + list1);
14     }
15 }
```

執行結果
```
D:\Java\ch24>java ch24_5
list1 : [北京, 台北]
```

前面程式實例 ArrayList 的元素皆是 String，其實也可以是其它資料型態或是自訂的類別當作是元素，可參考下列實例。

程式實例 ch24_6.java：自建類別 Book，然後將 Book 類別當作 ArrayList 元素的應用。

```java
1  import java.util.*;
2  class Book {
3      int id;                    // 圖書編號
4      String bookTitle;          // 書籍名稱
5      String author;             // 作者
6      public Book(int id, String bookTitle, String author) {
7          this.id = id;
8          this.bookTitle = bookTitle;
9          this.author = author;
10     }
11 }
12 public class ch24_6 {
13     public static void main(String[] args) {
14         ArrayList<Book> list = new ArrayList<Book>();
15         Book b1 = new Book(1001, "Java王者歸來", "洪錦魁");
16         Book b2 = new Book(1002, "Python王者歸來", "洪錦魁");
17         Book b3 = new Book(1003, "HTML5+CSS3王者歸來", "洪錦魁");
18         list.add(b1);
19         list.add(b2);
20         list.add(b3);
21 // 遍歷ArrayList使用foreach
22         for(Book obj:list)
23             System.out.println(obj.id + " " + obj.bookTitle + " " + obj.author);
24     }
25 }
```

執行結果
```
D:\Java\ch24>java ch24_6
1001 Java王者歸來 洪錦魁
1002 Python王者歸來 洪錦魁
1003 HTML5+CSS3王者歸來 洪錦魁
```

Java 10 新觀念 var 變數也可以應用在自訂類別，可參考下列實例。

程式實例 ch24_6_1.java：使用 var 關鍵字重新設計 ch24_6.java。

```java
14         var list = new ArrayList<Book>();
```

執行結果 與 ch24_6.java 相同。

程式實例 ch24_7.java：以整數當作 ArrayList 的元素，特別注意是這是物件，所以整數是用 Integer 表示。這個程式同時執行更改了某個元素的內容，以及列出最先出現和最後出現元素值是 100 的索引位置。

```
 1  import java.util.*;
 2  public class ch24_7 {
 3      public static void main(String[] args) {
 4          ArrayList<Integer> list = new ArrayList<Integer>();
 5          for (int i=10; i<=50; i+=10)
 6              list.add(i);                    // 建立list
 7          System.out.println("插入元素前列印元素 : " + list);
 8          list.set(1, 100);                   // 更改索引1元素為100
 9          list.add(100);                      // 末端插入元素100
10          System.out.println("編輯後列印元素    : " + list);
11          System.out.print("第一次出現100的元素索引 : ");
12          System.out.println(list.indexOf(100));
13          System.out.print("最後一次出現100的元素索引 : ");
14          System.out.println(list.lastIndexOf(100));
15      }
16  }
```

| 執行結果 | D:\Java\ch24>java ch24_7 |
|---|---|

```
D:\Java\ch24>java ch24_7
插入元素前列印元素 : [10, 20, 30, 40, 50]
編輯後列印元素    : [10, 100, 30, 40, 50, 100]
第一次出現100的元素索引   : 1
最後一次出現100的元素索引 : 5
```

## 24-2-2　LinkedList 類別

LinkedList 類別又稱鏈結串列，這是學習資料結構非常重要的主題之一，可以利用索引方式存取元素，它的框架特色如下：

❑ 可以擁有重複元素。

❑ 內部會保持一定的序列。

❑ 可以使用索引方式存取、插入、刪除 LinkedList 內的元素。

❑ 當執行插入或刪除中間元素，不會有元素移位所以操作速度較快。

❑ LinkedList 架構可以應用在資料結構的 stack 和 queue，24-2-3 節會說明。

LinkedList 的結構圖觀念如下：

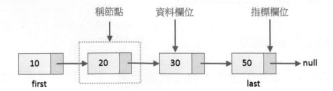

上圖是資料結構中 LinkedList 基本的結構圖，每個元素稱一個節點，每個節點至少有 2 個欄位紀錄節點內容與指標，此指標會指向下一個節點的位置，如果所指的位置

是 null，代表這是最後一個節點 (last)。Java 語言為了配合類別物件的資料成員定義，我們可以使用下列方式代表 LinkedList 結構。

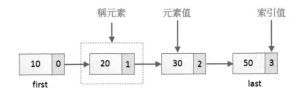

在上圖中每個元素有 2 個成員變數欄位，一個是存放元素值，另一個是存放索引值。索引值是 0 的元素稱第一個元素 first，最後一個元素可以稱 last。上述指標箭頭是虛構的，所以也可以用下列方式表達 LinkedList 結構。

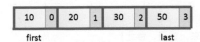

在 LinkedList 的結構中，最常用是在最前面或最後面位置插入元素，或是刪除最前面或最後面位置的元素，每次執行完後，LinkedList 的順序會改變，所以每個元素的索引值會更動。例如：在起始位置插入元素 100，則結構如下所示：

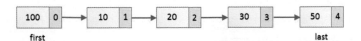

它的建構方法如下：

| 建構方法 | 說明 |
|---|---|
| LinkedList( ) | 建立一個空的 LinkedList |
| LinkedList(Collection c) | 建立包含 Collection 物件的 LinkedList |

除了實作 Collection 介面或 List 介面方法外，它的其它常用方法如下：

| 方法 | 說明 |
|---|---|
| void addFirst(Object o) | 將元素插入 LinkedList 最前面 |
| void addLast(Object o) | 將元素插入 LinkedList 最後面 |
| Object getFirst( ) | 取得 LinkedList 最前面元素內容 |
| Object getLast( ) | 取得 LinkedList 最後面元素內容 |
| Object removeFirst( ) | 刪除最前面元素並傳回此元素內容 |
| Object removeLast( ) | 刪除最後面元素並傳回此元素內容 |

程式實例 ch24_8.java：建立 LinkedList 串列的應用，同時這個程式會在 LinkedList 前面和後面插入元素，最後並列出第一筆元素和最後一筆元素的內容。

```java
1  import java.util.*;
2  public class ch24_8 {
3      public static void main(String[] args) {
4          LinkedList<String> list = new LinkedList<String>();
5          list.add("北京");
6          list.add("香港");
7          list.add("台北");
8          System.out.println("增加前list : " + list);
9          list.addFirst("上海");
10         list.addLast("廣州");
11         System.out.println("增加後list : " + list);
12         System.out.println("第一筆元素  : " + list.getFirst());
13         System.out.println("最後一筆元素: " + list.getLast());
14     }
15 }
```

執行結果
```
D:\Java\ch24>java ch24_8
增加前list : [北京, 香港, 台北]
增加後list : [上海, 北京, 香港, 台北, 廣州]
第一筆元素   : 上海
最後一筆元素 : 廣州
```

程式實例 ch24_9.java：使用 LinkedList 架構重新設計 ch20_6.java。

```java
1  import java.util.*;
2  class Book {
3      int id;                    // 圖書編號
4      String bookTitle;          // 書籍名稱
5      String author;             // 作者
6      public Book(int id, String bookTitle, String author) {
7          this.id = id;
8          this.bookTitle = bookTitle;
9          this.author = author;
10     }
11 }
12 public class ch24_9 {
13     public static void main(String[] args) {
14         var list = new LinkedList<Book>();
15         Book b1 = new Book(1001, "Java王者歸來", "洪錦魁");
16         Book b2 = new Book(1002, "Python王者歸來", "洪錦魁");
17         Book b3 = new Book(1003, "HTML5+CSS3王者歸來", "洪錦魁");
18         list.add(b1);
19         list.add(b2);
20         list.add(b3);
21 // 遍歷ArrayList使用foreach
22         for(Book obj:list)
23             System.out.println(obj.id + " " + obj.bookTitle + " " + obj.author);
24     }
25 }
```

執行結果
```
D:\Java\ch24>java ch24_9
1001 Java王者歸來 洪錦魁
1002 Python王者歸來 洪錦魁
1003 HTML5+CSS3王者歸來 洪錦魁
```

程式實例 ch24_10.java：這個程式會先用迴圈建立一個含 5 個元素的 LinkedList，然後使用 removeFirst( ) 和 removeLast( ) 分別刪除並傳回第一筆和最後一筆元素值，最後再列印一次 LinkedList 內容。

```java
1  import java.util.*;
2  public class ch24_10 {
3      public static void main(String[] args) {
4          LinkedList<Integer> list = new LinkedList<Integer>();
5          for (int i=10; i<=50; i+=10)
6              list.add(i);                             // 建立list
7          System.out.println("刪除前 list : " + list);
8          System.out.println("刪除第一筆元素   : " + list.removeFirst());
9          System.out.println("刪除最後一筆元素 : " + list.removeLast());
10         System.out.println("刪除後 list : " + list);
11     }
12 }
```

執行結果
```
D:\Java\ch24>java ch24_10
刪除前 list : [10, 20, 30, 40, 50]
刪除第一筆元素   : 10
刪除最後一筆元素 : 50
刪除後 list : [20, 30, 40]
```

## 24-2-3  資料結構堆疊

堆疊 (stack) 是資料結構的觀念，它的基本操作原則如下：

❏ 只從結構的一端存取資料。

❏ 所有資料皆是以後進先出 (last in, first out) 的原則或是又稱先進後出 (first in, last out) 的原則處理資料。

下列是堆疊觀念示意圖由左往右執行，在下圖筆者列出先建立一個元素內容是 10 的堆疊，然後分別加入 20、30、50 的堆疊結構圖。

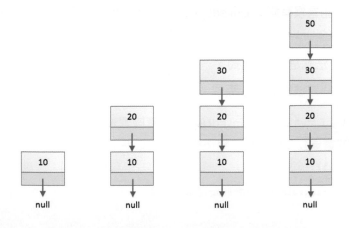

　　如果我們用 Java 觀念看上述堆疊結構圖，可以用下列方式重新繪製此圖。

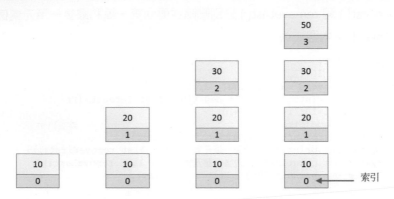

　　在堆疊觀念中將資料加入堆疊的動作稱 push，如果有更多元素要加入堆疊中，可以加在最上方。取得堆疊資料的動作稱 pop，此時是從最上方開始取得元素內容，每執行一次 pop，堆疊會少一個元素，下列是 pop 示意圖，由左往右執行，分別會傳回 50、30、20。

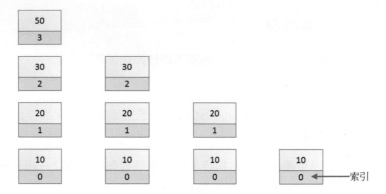

　　早期的程式語言沒有類似 LinkedList 架構，所以我們必須設計 push 和 pop 程式，其實使用了 Java 的 LinkedList 架構，可以知道下列結論。

❑ addLast( ) 方法就是 push 程式。

❑ removeLast( ) 方法就是 pop 程式。

程式實例 ch24_11.java：使用 LinkedList 架構模擬資料結構堆疊 stack 的 push 和 pop 動作，這個程式會建立 5 個元素，然後模擬 pop 取得這 5 筆元素。

```
1 import java.util.*;
2 public class ch24_11 {
3     public static void main(String[] args) {
```

```
4          LinkedList<Integer> stack = new LinkedList<Integer>();
5          for (int i=10; i<=50; i+=10) {                    // 模擬push
6              stack.addLast(i);                             // 建立stack
7              System.out.println("stack : " + stack);
8          }
9          int loop = stack.size();                          // 元素個數
10         for (int i=1; i<=loop; i++ ) {                    // pop迴圈
11             System.out.printf("pop第%d筆元素 %d : \n",i ,stack.removeLast());
12             System.out.println("stack : " + stack);
13         }
14     }
15 }
```

執行結果
```
D:\Java\ch24>java ch24_11
stack : [10]
stack : [10, 20]
stack : [10, 20, 30]
stack : [10, 20, 30, 40]
stack : [10, 20, 30, 40, 50]
pop第1筆元素 50 :
stack : [10, 20, 30, 40]
pop第2筆元素 40 :
stack : [10, 20, 30]
pop第3筆元素 30 :
stack : [10, 20]
pop第4筆元素 20 :
stack : [10]
pop第5筆元素 10 :
stack : []
```

## 24-2-4 資料結構佇列

佇列 (queue) 是資料結構的觀念，它的基本操作原則如下：

❏ 從串列某一端讀取資料，從另一端存入資料。

❏ 所有資料皆是以先進先出 (first in, first out) 的原則處理資料。

下列是佇列關念示意圖由上往下執行，在下圖筆者列出先建立一個元素內容是 10 的佇列，然後分別加入 20、30、50 的佇列結構圖。

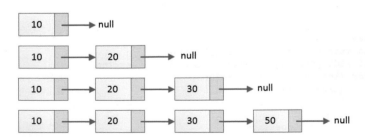

如果我們用 Java 觀念看上述佇列結構圖，可以用下列方式重新繪製此圖。

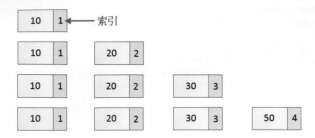

在佇列觀念中將資料加入佇列的動作稱 enqueue，如果有更多元素要加入佇列中，可以加在末端。取得佇列資料的動作稱 dequeue，此時是從前端開始取得元素內容，每執行一次 dequeue，佇列會少一個元素，下列是 dequeue 示意圖，由上往下執行，分別會傳回 10、20、30。

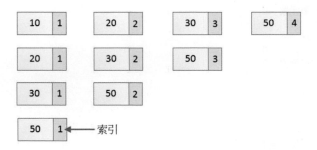

早期的程式語言沒有類似 LinkedList 架構，所以我們必須設計 enqueue 和 dequeue 程式，其實使用了 Java 的 LinkedList 架構，可以得到下列結論。

❑ addLast( ) 方法就是 enqueue 程式。

❑ removeFirst( ) 方法就是 dequeue 程式。

程式實例 ch24_12.java：使用 LinkedList 架構模擬資料結構佇列 queue 的 enqueue 和 dequeue 動作，這個程式會建立 5 個元素，然後模擬 dequeue 取得這 5 筆元素。

```
1  import java.util.*;
2  public class ch24_12 {
3      public static void main(String[] args) {
4          LinkedList<Integer> queue = new LinkedList<Integer>();
5          for (int i=10; i<=50; i+=10) {              // 模擬enqueue
6              queue.addLast(i);                        // 建立queue
7              System.out.println("queue : " + queue);
8          }
9          int loop = queue.size();                    // 元素個數
```

```
10              for (int i=1; i<=loop; i++ ) {                    // dequeue迴圈
11                  System.out.printf("dequeue第%d筆元素 %d : \n",i ,queue.removeFirst());
12                  System.out.println("queue : " + queue);
13              }
14      }
15 }
```

```
D:\Java\ch24>java ch24_12
queue : [10]
queue : [10, 20]
queue : [10, 20, 30]
queue : [10, 20, 30, 40]
queue : [10, 20, 30, 40, 50]
dequeue第1筆元素 10 :
queue : [20, 30, 40, 50]
dequeue第2筆元素 20 :
queue : [30, 40, 50]
dequeue第3筆元素 30 :
queue : [40, 50]
dequeue第4筆元素 40 :
queue : [50]
dequeue第5筆元素 50 :
queue : []
```

## 24-2-5  ListIterator 介面

在程式實例 ch24_1.java 筆者使用了 Iterator 物件遍歷 List( 子類別 ArrayList) 物件的元素，在 List 介面中有一個 ListIterator( ) 方法，可用它可以從前到後面或是從後到前面遍歷所有 List 相關子類別的物件元素。它的常用方法如下：

| 方法 | 說明 |
| --- | --- |
| boolean hasNext( ) | 往後遍歷時，如果還有元素傳回 true |
| Object next( ) | 傳回下一個元素，同時指向下一個元素 |
| boolean hasPrevious( ) | 往前遍歷時，如果還有元素傳回 true |
| Object previous( ) | 傳回前一個元素，同時指向前一個元素 |

程式實例 ch24_13.java：建立 ListIterator 物件，然後從前往後遍歷以及由後往前遍歷。

```
1 import java.util.*;
2 public class ch24_13 {
3      public static void main(String[] args) {
4          ArrayList<String> list = new ArrayList<String>();
5          list.add("北京");
6          list.add("香港");
7          list.add("台北");
8 // 建立ListIterator物件litr和遍歷
9          ListIterator<String> litr = list.listIterator();
10         System.out.println("從前面到後面遍歷");
```

```
11          while(litr.hasNext())
12              System.out.println(litr.next());
13          System.out.println("從後面到前面遍歷");
14          while(litr.hasPrevious())
15              System.out.println(litr.previous());
16      }
17 }
```

執行結果
```
D:\Java\ch24>java ch24_13
從前面到後面遍歷
北京
香港
台北
從後面到前面遍歷
台北
香港
北京
```

我們也可以將 var 關鍵字的觀念應用在 ListIterator 物件。

程式實例 ch24_13_1.java：使用 var 關鍵字重新設計 ch24_13.java。

```
9           var litr = list.listIterator();
```

執行結果 與 ch24_13.java 相同。

## 24-3 Set 介面

Set 介面架構其實類似數學的集合，主要特色不允許元素有重複。由於是繼承 Collection 介面，因此它繼承了所有 Collection 介面的方法，但是也增加了可以處理 Set 操作元素的方法，可參考下表。

| 方法 | 說明 |
|------|------|
| boolean add(Object o) | 增加物件 o，成功時傳回 true |
| void clear ( ) | 刪除所有元素 |
| boolean contains(Object o) | 如果物件包含 o 傳回 true |
| boolean isEmpyt( ) | 如果物件沒有元素傳回 true |
| Iterator iterator( ) | 傳回迭代物件 |
| boolean remove( Object o) | 刪除物件 o，成功時傳回 ture |
| int size( ) | 傳回物件的元素個數 |

以上方法需要使用類別實作，所以將在下一節開始說明上述方法。

## 24-3-1　HashSet 類別

前一節 List 介面其所衍生類別適用循序式將元素資料存入串列內，這種方式雖然簡單好用，但是若是串列資料有幾萬筆或更多時，整個操作串列的效率就會較差。

HashSet 類別是使用哈希碼 (hashcode) 表方式儲存資料，在這個架構下所有元素是唯一的，但是內部的排列順序和插入順序不一定相同。它的建構方法如下：

| 建構方法 | 說明 |
|---|---|
| HashSet( ) | 建立一個新的、空的 HashSet 物件 |
| HashSet(Collection c) | 建立一個含 Collection 物件的 HashSet 物件 |
| HashSet(int capacity) | 建立一個 capacity 容量的 HashSet 物件 |

程式實例 ch24_14.java：這是一個建立 HashSet 的應用，筆者在第 5 行和第 8 行故意加入 " 北京 "2 次，由於 HashSet 具有每一個元素是唯一的，所以列出元素內容時可以看到 " 北京 " 只出現一次。另外，由第 9 行的輸出可以看到 HashSet 的順序與輸入順序不同。

```
 1  import java.util.*;
 2  public class ch24_14 {
 3      public static void main(String[] args) {
 4          HashSet<String> set = new HashSet<String>();
 5          set.add("北京");
 6          set.add("香港");
 7          set.add("台北");
 8          set.add("北京");                              // 筆者故意重複
 9          System.out.println("HashSet內容      : " + set);
10          System.out.println("HashSet元素個數 : " + set.size());
11          System.out.println("HashSet是空的    : " + set.isEmpty());
12          System.out.println("HashSet包含香港 : " + set.contains("香港"));
13          set.remove("香港");                          // 刪除元素香港
14          System.out.println("刪除元素香港後");
15          System.out.println("HashSet包含香港 : " + set.contains("香港"));
16          System.out.println("HashSet內容      : " + set);
17          set.clear();                                  // 刪除所有元素
18          System.out.println("刪除所有元素後");
19          System.out.println("HashSet是空的    : " + set.isEmpty());
20          System.out.println("HashSet內容      : " + set);
21      }
22  }
```

執行結果　D:\Java\ch24>java ch24_14
　　　　　HashSet內容　　　：[香港, 台北, 北京]
　　　　　HashSet元素個數 : 3
　　　　　HashSet是空的　　: false
　　　　　HashSet包含香港 : true
　　　　　刪除元素香港後
　　　　　HashSet包含香港 : false
　　　　　HashSet內容　　　：[台北, 北京]
　　　　　刪除所有元素後
　　　　　HashSet是空的　　: true
　　　　　HashSet內容　　　：[]

程式實例 ch24_15.java：建立一個 HashSet 迭代物件，然後遍歷此物件，讀者可以發現遍歷內容時的順序與建立時的順序是不同的。

```java
1  import java.util.*;
2  public class ch24_15 {
3      public static void main(String[] args) {
4          var set = new HashSet<String>();
5          set.add("北京");
6          set.add("香港");
7          set.add("台北");
8          set.add("東京");
9          set.add("曼谷");
10         Iterator<String> itr = set.iterator();
11         while (itr.hasNext())
12             System.out.println("HashSet內容 : " + itr.next());
13     }
14 }
```

執行結果　D:\Java\ch24>java ch24_15
　　　　　HashSet內容 : 香港
　　　　　HashSet內容 : 曼谷
　　　　　HashSet內容 : 東京
　　　　　HashSet內容 : 台北
　　　　　HashSet內容 : 北京

## 24-3-2　LinkedHashSet 類別

這是 HashSet 類別的子類別，特色是可以有 null 元素，同時可以保存原始插入元素的順序。它的建構方法如下：

| 建構方法 | 說明 |
|---|---|
| LinkedHashSet( ) | 建立一個新的、空的 HashSet 物件 |
| LinkedHashSet(Collection c) | 建立一個含 Collection 物件 c 的 HashSet 物件 |
| LinkedHashSet(int capacity) | 建立一個 capacity 容量的 HashSet 物件 |

程式實例 ch24_16.java：使用 LinkedHashSet 類別重新設計 ch24_15.java，這時可以看到 LinkedHashSet 元素的插入順序有被保存與建立順序相同。

```java
1  import java.util.*;
2  public class ch24_16 {
3      public static void main(String[] args) {
4          LinkedHashSet<String> set = new LinkedHashSet<String>();
5          set.add("北京");
6          set.add("香港");
7          set.add("台北");
8          set.add("東京");
9          set.add("曼谷");
10         Iterator<String> itr = set.iterator();
11         while (itr.hasNext())
12             System.out.println("LinkedHashSet內容 : " + itr.next());
13     }
14 }
```

執行結果
```
D:\Java\ch24>java ch24_16
LinkedHashSet內容 : 北京
LinkedHashSet內容 : 香港
LinkedHashSet內容 : 台北
LinkedHashSet內容 : 東京
LinkedHashSet內容 : 曼谷
```

## 24-3-3 TreeSet 類別

這個類別使用了樹狀 (tree) 結構儲存資料，它在插入資料時就已經保持了從小到大的排列順序 (ascending)。它的幾個特色如下：

❑ 與 HashSet 一樣，每個元素皆是唯一的。

❑ 保持由小到大的排列順序。

❑ 存取速度非常快。

它的建構方法如下：

| 建構方法 | 說明 |
|---|---|
| TreeSet( ) | 建立一個新的、空的 TreeSet 物件 |
| TreeSet(Collection c) | 建立一個含 Collection 物件 c 的 TreeSet 物件 |

除了實作 Set 介面方法外，它的一般方法如下：

| 方法 | 說明 |
|---|---|
| Object first() | 取得第一個元素，相當於最小元素 |
| Object last( ) | 取的最後一個元素，相當於最大元素 |

程式實例 ch24_17.java：建立一個 TreeSet 物件，然後列出此物件的第一個元素和最後一個元素，同時遍歷此 TreeSet 物件。

```
1  import java.util.*;
2  public class ch24_17 {
3      public static void main(String[] args) {
4          TreeSet<Integer> set = new TreeSet<Integer>();
5          set.add(8);
6          set.add(3);
7          set.add(11);
8          set.add(1);
9          set.add(6);
10         System.out.println("first : " + set.first());    // 取得第一個元素
11         System.out.println("last  : " + set.last());     // 取得最後一個元素
12         Iterator<Integer> itr = set.iterator();
13         while (itr.hasNext())
14             System.out.println("TreeSet內容 : " + itr.next());
15     }
16 }
```

執行結果
```
D:\Java\ch24>java ch24_17
first : 1
last  : 11
TreeSet內容 : 1
TreeSet內容 : 3
TreeSet內容 : 6
TreeSet內容 : 8
TreeSet內容 : 11
```

# 24-4 Map 介面

Java 的 Map 介面並不是 Collection 介面的子介面，而是一個獨立的介面，如下所示：

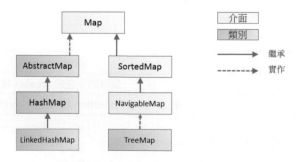

Map 的資料架構每個元素是用 " 鍵 (key)/ 值 (value)" 配對方式儲存，在 Map 資料結構中鍵 (key) 必須是唯一的。這個資料架構通常適合在以鍵 (key) 為基礎的操作，例如：

搜尋、更新、刪除元素。在原始的 Java 文件，可以看到 Map 的表達式是 Map<K,V>，K 是鍵 (key)，V 是值 (value)。下列是 Map 介面定義的抽象方法。

| 方法 | 說明 |
|---|---|
| Object put(Object key, Object value) | 將 " 鍵、值 " 對插入 Map |
| void putAll(Map map) | 將整個 Map 插入這個 Map 內 |
| Object remove(Object key) | 依據 " 鍵 " 刪除該 " 鍵、值 " 對 |
| Object get(Object key) | 依據 " 鍵 " 傳回該值 |
| boolean containsKey(Object key) | 如果 Map 有 " 鍵 " 傳回 true |
| Set keySet( ) | 將 Map 轉成含鍵 (key) 的 Set 物件 |
| Set entrySet( ) | 將 Map 轉成鍵 (key)、值 (value) 的 Set 物件 |

## 24-4-1　HashMap 類別

HashMap 基本上是實作 Map 介面，其資料架構的特色如下：

❑ 它的元素是唯一的。

❑ 它沒有維持插入次序 (order)。

❑ 每個元素包含鍵 (key) 和相對應的值 (value)。

❑ 它允許有 null 鍵和 null 值。

它的建構方法如下：

| 建構方法 | 說明 |
|---|---|
| HashMap( ) | 建立一個空的 HashMap 物件 |
| HashMap(Map m) | 建立一個包含 m 物件的 MashMap 物件 |
| HashMap(int capacity) | 建立一個 capacity 容量的 HashMap 物件 |

由於實作了 Map 介面的方法，所以我們可以直接使用。

程式實例 ch24_18.java：建立一個 HashMap 物件的應用，這個程式第 4-7 行筆者展示了建立 HashMap 物件的方法，同時也展示了 size( )、isEmpty( )、containsKey( ) 的方法。

```
1 import java.util.*;
2 public class ch24_18 {
3     public static void main(String[] args) {
4         HashMap<Integer, String> map = new HashMap<Integer, String>();
5         map.put(101, "明志科大");
```

```
6            map.put(102, "台灣科大");
7            map.put(103, "台北科大");
8
9            System.out.println("HashMap內容    : " + map);
10           System.out.println("HashMap元素個數 : " + map.size());
11           System.out.println("HashMap是空的  : " + map.isEmpty());
12           System.out.println("HashMap包含101  : " + map.containsKey(101));
13           map.remove(103);                          // 刪除鍵值103
14           System.out.println("刪除元素key=103後");
15           System.out.println("HashMap含key103 : " + map.containsKey(103));
16           System.out.println("HashMap內容    : " + map);
17           map.clear();                              // 刪除所有元素
18           System.out.println("刪除所有元素後");
19           System.out.println("HashMap是空的  : " + map.isEmpty());
20           System.out.println("HashMap內容    : " + map);
21      }
22 }
```

**執行結果**
```
D:\Java\ch24>java ch24_18
HashMap內容       : {101=明志科大, 102=台灣科大, 103=台北科大}
HashMap元素個數 : 3
HashMap是空的    : false
HashMap包含101   : true
刪除元素key=103後
HashMap含key103 : false
HashMap內容       : {101=明志科大, 102=台灣科大}
刪除所有元素後
HashMap是空的    : true
HashMap內容       : {}
```

　　Map 其實是可以用來做簡易字典的查詢，例如我們可以建立 " 英文 / 中文 " 字典以配對方式儲存在 Map 內，未來可以由英文字查詢到中文字。接下來的實例除了是字典查詢外，筆者也介紹了遍歷 Map 物件的方法，此時需使用 Map.Entry 介面。

　　在 Map 介面底下其實有一個子介面 Map.Entry，這個介面有提供方法可以讓我們遍歷 Map 物件的內容。

| 方法 | 說明 |
|------|------|
| Object getKey( ) | 取得鍵 Key |
| Object getValue( ) | 取得值 Value |

程式實例 ch24_19.java：筆者在這裡建立一個含 3 個 " 英文、中文 " 配對的字典，第 11 行則是列出英文單字 "Taipei" 的查詢。另外，程式第 13-14 行則是遍歷字典。

```
1  import java.util.*;
2  public class ch24_19 {
3      public static void main(String[] args) {
4          var map = new HashMap<String, String>();
5          map.put("Taipei", "台北");
6          map.put("Tokyo", "東京");
7          map.put("Singapore", "新加坡");
8
9          String str = "Taipei";                    //  搜尋字典內容
10         System.out.println("簡易字典查詢");
11         System.out.println("Key = Taipei : " + map.get(str));
12         System.out.println("遍歷字典");
13         for (Map.Entry m:map.entrySet())
14             System.out.printf("%12s : %s\n", m.getKey(), m.getValue());
15     }
16 }
```

執行結果
```
D:\Java\ch24>java ch24_19
簡易字典查詢
Key = Taipei : 台北
遍歷字典
   Singapore : 新加坡
       Tokyo : 東京
      Taipei : 台北
```

上述讀者可以留意，遍歷 Map 的順序不是當初建立 Map 的順序，下一節會介紹 LinkedHashMap( )，這個類別可以保持當初建立 Map 的順序。

## 24-4-2　LinkedHashMap 類別

LinkedHashMap 基本上是繼承 HashMap 類別，其資料架構的特色如下：

❑ 它的元素是唯一的。

❑ 它可以保持當初建立 Map 的次序 (order)。

❑ 每個元素包含鍵 (key) 和相對應的值 (value)。

❑ 它允許有 null 鍵和 null 值。

它的建構方法如下：

| 建構方法 | 說明 |
|---|---|
| LinkedHashMap( ) | 建立一個空的 LinkedHashMap 物件 |
| LinkedHashMap(Map m) | 建立一個包含 m 物件的 LinkedMashMap 物件 |
| LinkedHashMap(int capacity) | 建立一個 capacity 容量的 LinkedHashMap 物件 |

程式實例 ch24_20.java：使用 LinkedHashMap 類別重新設計 ch24_19.java。

```
1  import java.util.*;
2  public class ch24_20 {
3      public static void main(String[] args) {
4          var map = new LinkedHashMap<String, String>();
5          map.put("Taipei", "台北");
6          map.put("Tokyo", "東京");
7          map.put("Singapore", "新加坡");
8
9          String str = "Taipei";                    //  搜尋字典內容
10         System.out.println("簡易字典查詢");
11         System.out.println("Key = Taipei : " + map.get(str));
12         System.out.println("遍歷字典");
13         for (Map.Entry m:map.entrySet())
14             System.out.printf("%12s : %s\n", m.getKey(), m.getValue());
15     }
16 }
```

執行結果
```
D:\Java\ch24>java ch24_20
簡易字典查詢
Key = Taipei : 台北
遍歷字典
      Taipei : 台北
       Tokyo : 東京
   Singapore : 新加坡
```

## 24-4-3　TreeMap 類別

TreeMap 類別是使用了樹狀 (tree) 結構儲存資料，它使用了有效率的方法在儲存資料時就已經保持了從小到大的排列順序 (ascending)。它的幾個特色如下：

❑ 每個元素皆是唯一的。

❑ 保持由小到大的排列順序。

❑ 它不允許空的鍵 Key，但是可以有空的值 Value。

它的建構方法如下：

| 建構方法 | 說明 |
|---|---|
| TreeMap( ) | 建立一個空的 TreeMap 物件 |
| TreeMap(Map m) | 建立一個包含 m 物件的 TreeMap 物件 |
| TreeMap(SortedMap sm) | 建立一個包含 sm 物件的 TreeMap 物件 |

它的一般常用方法如下：

| 方法 | 說明 |
| --- | --- |
| Object firstKey( ) | 取得第一個鍵相當於最小鍵值 |
| Object lastKey( ) | 取得最後一個鍵相當於最大鍵值 |
| SortedMap subMap(fromK, toKey) | 取得大於或等於 fromK 但是小於 toKey 的 TreeMap 物件 |
| SortedMap tailMap(fromK) | 取得大於或等於 fromK 的 TreeMap 物件 |

程式實例 ch24_21.java：TreeMap 類別的應用，這個程式筆者第 4-8 行是建立 TreeMap 物件，第 10-11 行分別列印第一個和最後一個元素鍵值 Key，第 13-14 行是遍歷 TreeMap。第 16 行是取得子 Map，同時此子 Map 的鍵值是大於等於 1003，但是小於 1006。第 18 行是取得字 Map，同時此子 Map 的鍵值是大於等於 1003。

```java
1  import java.util.*;
2  public class ch24_21 {
3      public static void main(String[] args) {
4          TreeMap<Integer, String> map = new TreeMap<Integer, String>();
5          map.put(1001, "台北");
6          map.put(1003, "東京");
7          map.put(1009, "新加坡");
8          map.put(1005, "芝加哥");
9
10         System.out.println("第一個元素鍵值  : " + map.firstKey());
11         System.out.println("最後一個元素鍵值 : " + map.lastKey());
12         System.out.println("遍歷字典");
13         for (Map.Entry m:map.entrySet())
14             System.out.printf("%12s : %s\n", m.getKey(), m.getValue());
15         System.out.println("取得子TreeMap");
16         System.out.println("鍵值在1003-1006之間 : " + map.subMap(1003,1006));
17         System.out.println("取得子TreeMap");
18         System.out.println("鍵值大於1003        : " + map.tailMap(1003));
19     }
20  }
```

執行結果

```
D:\Java\ch24>java ch24_21
第一個元素鍵值    : 1001
最後一個元素鍵值 : 1009
遍歷字典
        1001 : 台北
        1003 : 東京
        1005 : 芝加哥
        1009 : 新加坡
取得子TreeMap
鍵值在1003-1006之間 : {1003=東京, 1005=芝加哥}
取得子TreeMap
鍵值大於1003        : {1003=東京, 1005=芝加哥, 1009=新加坡}
```

# 24-5 **Java Collections Framework 架構之演算法**

在 24-1 節筆者有提到 Java Collections Framework 架構有 3 大部分，其中之一是演算法 (Algorithm)，演算法是用 Collections 類別儲存，其中有 shuffle( ) 方法。

這個方法可以將集合元素重新排列，如果你欲設計樸克牌 (Porker) 遊戲，在發牌前可以使用這個方法將牌打亂重新排列，筆者將此觀念當作是讀者的習題。

程式實例 ch24_22.java：使用迴圈建立一個 ArrayList 物件，程式第 5-6 行的迴圈會執行 10 次，一次增加一個元素，所以最初會產生 1, … 10 順序的內容，然後第 8-9 行使用 shuffle( ) 方法將此物件重新排列 5 次。

```
1  import java.util.*;
2  public class ch24_22 {
3      public static void main(String[] args) {
4          ArrayList<Integer> list = new ArrayList<Integer>();
5          for (int i=1; i<=10; i++)
6              list.add(i);                // 建立list
7          System.out.println("處理shuffle()前list元素 : " + list);
8          for (int i=1; i<=5; i++) {      // 迴圈執行5次
9              Collections.shuffle(list);  // 重新排列
10             System.out.println("處理shuffle()後list元素 : " + list);
11         }
12     }
13 }
```

執行結果
```
D:\Java\ch24>java ch24_22
處理shuffle()前list元素 : [1, 2, 3, 4, 5, 6, 7, 8, 9, 10]
處理shuffle()後list元素 : [7, 3, 10, 1, 4, 2, 6, 8, 9, 5]
處理shuffle()後list元素 : [7, 1, 6, 10, 4, 9, 8, 3, 5, 2]
處理shuffle()後list元素 : [5, 2, 3, 6, 1, 9, 7, 4, 8, 10]
處理shuffle()後list元素 : [5, 8, 4, 1, 7, 10, 2, 3, 6, 9]
處理shuffle()後list元素 : [3, 6, 4, 5, 1, 9, 10, 8, 7, 2]
```

將集合元素打亂，很適合老師出防止作弊的考題，例如：如果有 50 位學生，為了避免學生有偷窺鄰座的考卷，建議可以將出好的題目處理成集合，然後使用 for 迴圈執行 50 次 shuffle( )，這樣就可以得到 50 份考題相同但是次序不同的考卷。筆者將這個觀念當作是習題。

## 習題實作題

1： 請使用迴圈建立一個含 1-100 的 ArrayList 物件 A，請處理這個物件，將可以用 13 整除的元素儲存為物件 B，然後用直接列印物件名稱方式輸出物件。

```
D:\Java\ex>java ex24_1
A物件 ： [1, 2, 3, 4, 5, 6, 7, 8, 9, 10, 11, 12, 13, 14, 15, 16, 17, 18, 19, 20,
21, 22, 23, 24, 25, 26, 27, 28, 29, 30, 31, 32, 33, 34, 35, 36, 37, 38, 39, 40,
41, 42, 43, 44, 45, 46, 47, 48, 49, 50, 51, 52, 53, 54, 55, 56, 57, 58, 59, 60,
61, 62, 63, 64, 65, 66, 67, 68, 69, 70, 71, 72, 73, 74, 75, 76, 77, 78, 79, 80,
81, 82, 83, 84, 85, 86, 87, 88, 89, 90, 91, 92, 93, 94, 95, 96, 97, 98, 99, 100

B物件 ： [13, 26, 39, 52, 65, 78, 91]
```

2： 請使用隨機數方法產生 10 筆 0-20 之間的隨機數，然後將這些結果建立為 LinkedList 物件 A，和 HashSet 物件 B，同時使用 for 方式列出物件 A 的結果、使用 iterator( ) 搭配 hadNext( ) 方式列出物件 B 結果。註：HasSet 物件不允許元素重複。

```
D:\Java\ex>java ex24_2
使用for對LinkedList物件A的輸出
1 2 16 0 4 16 2 18 20 6
使用iterarot對HashSet物件B的輸出
16 0 1 2 18 4 20 6
```

3： 請使用隨機數方法產生 10 筆 1-100 之間的隨機數，然後將這些結果建立為 TreeSet 物件，請列出最小值和最大值，請由小到大輸出元素。

```
D:\Java\ex>java ex24_3
最小值 ： 20
最大值 ： 82
TreeSet內容 ： 20
TreeSet內容 ： 32
TreeSet內容 ： 33
TreeSet內容 ： 46
TreeSet內容 ： 55
TreeSet內容 ： 58
TreeSet內容 ： 72
TreeSet內容 ： 78
TreeSet內容 ： 81
TreeSet內容 ： 82
```

4： 請參考 ch24_19.java，再擴充含 2 筆鍵 / 值配對的簡單中英文字典：

"Chicago", " 芝加哥 "

"Beijing", " 北京 "

然後由螢幕輸入英文，如果此英文在 Map 字典內則輸出配對的中文字，如果找不
到則輸出字典查無此字，這個程式是一個迴圈，如果輸入 n 則離開迴圈程式結束。

```
D:\Java\ex>java ex24_4
請輸入查詢鍵 : Taipei
台北
是否繼續(y/n) : y
請輸入查詢鍵 : Hisnchu
查無此字
是否繼續(y/n) : n
```

5： 請建立一個樸克牌 ArrayList 物件，請建立此物件內容是 1, … 10, J, Q, K，然後請
使用 shuffle( ) 方法，重新排列 10 次。

```
D:\Java\ex>java ex24_5
處理shuffle()前list元素 : [1, 2, 3, 4, 5, 6, 7, 8, 9, 10, 11, 12, 13]
處理shuffle()後list元素 : [3, 11, 10, 2, 12, 9, 1, 4, 8, 6, 13, 7, 5]
處理shuffle()後list元素 : [9, 1, 8, 5, 6, 4, 7, 13, 10, 2, 3, 12, 11]
處理shuffle()後list元素 : [13, 4, 2, 5, 9, 12, 11, 3, 6, 10, 8, 7, 1]
處理shuffle()後list元素 : [13, 2, 3, 4, 1, 6, 11, 10, 12, 5, 8, 7, 9]
處理shuffle()後list元素 : [3, 7, 11, 2, 8, 12, 10, 6, 5, 9, 4, 1, 13]
```

6： 請參考下列表格建立為 TreeMap 物件，同時執行下列操作。

| 水果 | 單價 |
|------|------|
| 蘋果 | 100 |
| 香蕉 | 30 |
| 芒果 | 50 |
| 西瓜 | 25 |

1：列出最貴的水果以及其單價。

2：列出最便宜的水果以及其單價。

3：請列出上述表格。

```
D:\Java\ex>java ex24_6
最便宜水果 : 西瓜     單價 : 20
最貴的水果 : 蘋果     單價 : 100
遍歷水果表
        西瓜 : 20
        香蕉 : 30
        芒果 : 50
        蘋果 : 100
```

# 第二十五章

# 現代 Java 運算

Java 語言自從 Java 8 或 9 後增加了許多功能，有些功能已經融合在前面章節以實例說明，在本章筆者將前面尚未介紹的新功能融合在實例內解說。

# 25-1 增強版的匿名內部類別

Java 9 設計匿名內部類別時增加了型態推斷的功能，在設計類別時可以使用泛型代表資料型態，例如：T 或 Type … 皆可，未來在宣告時才正式定義資料型態，暫定的資料型態可以使用菱形運算符號 "<" 和 ">" 括起來。

程式實例 ch25_1.java：類別型態推斷的應用。

```
1  abstract class StringAdd<T> {                              // 定義抽象類別
2      abstract T display(T x, T y);
3  }
4  public class ch25_1 {
5      public static void main(String[] args) {
6          StringAdd<String> obj = new StringAdd<String>() {   // 菱形符號有資料型態
7              String display(String x, String y) {
8                  return x + y;
9              }
10         };
11         System.out.println(obj.display("Java", "王者歸來"));
12     }
13 }
```

執行結果
```
D:\Java\ch25>java ch25_1
Java王者歸來
```

上述程式在設計時筆者沒有定義抽象方法的資料型態，但是在第 6 行設計匿名類別時有使用菱形符號設定資料型態，可以得到抽象方法 display( ) 會傳回字串 (String)。

同時如果它的資料型態可以推斷時，在第 6 行使用 new 關鍵字時，後方的菱形符號也可以省略資料型態的宣告。

程式實例 ch25_2.java：重新設計 ch25_1.java，但是在第 6 行 new 關鍵字後方的菱形符號內省略 "String"。

```
6          StringAdd<String> obj = new StringAdd<>() {  // 菱形符號沒有資料型態
```

執行結果　與 ch25_1.java 相同。

Lambda 表達式

　　這是 Java 8 以後才有的功能，這個功能主要是提供一個清楚簡潔的表達方式處理方法 (method) 的呼叫。有時我們設計介面 (Interface) 時，只設計一個抽象方法，這時這個抽象方法又稱功能介面 (functional interface)，我們可以在介面上方標註 @FunctionalInterface( 這是選項 optional)，這個標註可以未來提醒自己或是提醒未來參考此程式的人，此外程式設計時若是有這個標註，在同一介面中若是多設計了一個抽象方法時，編譯程式會指出錯誤。Lambda 表達式主要是應用在功能介面的呼叫，在 Java 中常看到的應用是 Java Collection 物件，例如：iterate 遍歷元素的處理 … 等。

　　它的語法如下：

```
(argument-list) -> { body }
( 參數列表 ) -> { Lambda 表達式主體 }
```

❑　參數列表：可以是有參數，也可以沒有參數。

❑　箭頭符號 ->：用於鏈結參數列表和 Lambda 表達式。

❑　Lambda 表達式主體內容。

　　在正式講解 Lambda 表達式前，我們先看一個沒有 Lambda 表達式處理匿名類別實作介面的方式。

程式實例 ch25_3.java：使用匿名類別實作介面。

```
1  interface Shapes {                          // 定義抽象類別
2      public void draw();
3  }
4  public class ch25_3 {
5      public static void main(String[] args) {
6          int r = 5;                          // 圓半徑
7          Shapes obj = new Shapes() {         // 匿名類別
8              public void draw() {            // 重新定義draw()
9                  System.out.println("繪半徑是 " + r + " 的圓");
10             }
11         };
12         obj.draw();
13     }
14 }
```

執行結果
```
D:\Java\ch25>java ch25_3
繪半徑是 5 的圓
```

在上述 Shapes 介面只有一個抽象方法所以這個方法是功能介面 (functional interface)，也就是可以使用 Lambda 表達式處理。

程式實例 ch25_4.java：使用 Lambda 表達式重新設計 ch25_3.java，讀者應該可以看到第 8 行相較匿名類別整個程式簡潔許多。

```
1  @FunctionalInterface                        // 這是選項optional
2  interface Shapes {                           // 定義抽象類別
3      public void draw();
4  }
5  public class ch25_4 {
6      public static void main(String[] args) {
7          int r = 5;                           // 圓半徑
8          Shapes obj = ()->{                   // Lambda表達式
9              System.out.println("繪半徑是 " + r + " 的圓");
10         };
11         obj.draw();
12     }
13 }
```

執行結果　與 ch25_3.java 相同。

上述實例的 Lambda 表達式如下：

( )-> { System.out.println(" 繪半徑是 " + r + " 的圓 ")};

## 25-2-1　Lambda 表達式有傳遞參數

使用 Lambda 時有時會需要傳遞參數，這時介面的抽象方法需要定義資料型態。

程式實例 ch25_5.java：Lambda 表達式有傳第一個參數的應用，這個介面的抽象方法基本上是執行回傳 name 字串功能。

```
1  @FunctionalInterface                        // 這是選項optional
2  interface Hi {                               // 定義抽象類別
3      public String talking(String name);
4  }
5  public class ch25_5 {
6      public static void main(String[] args) {
7          Hi obj = (name)->{                   // Lambda表達式
8              return "Hi! " + name;
9          };
10         System.out.println(obj.talking("Peter"));
11     }
12 }
```

執行結果
```
D:\Java\ch25>java ch25_5
Hi! Peter
```

上述程式第 7 行所傳遞的參數 name，有小括號，也可以省略小括號。

程式實例 ch25_6.java：重新設計 ch25_5.java，本程式第 7 行省略小括號。

```
7          Hi obj = name -> {                    // Lambda表達式省略小括號
```

執行結果 與 ch25_5.java 相同。

## 25-2-2 Lambda 表達式沒有 return

在 Lambda 表達式中如果只有一行也可以沒有 return，同時如果表達式主體只有一行，也可以省略主體的大括號。

程式實例 ch25_7.java：處理加法運算的 Lambda 表達式。

```
1  @FunctionalInterface                    // 這是選項optional
2  interface myMath {                       // 定義抽象類別
3      int add(int x, int y);
4  }
5  public class ch25_7 {
6      public static void main(String[] args) {
7          myMath obj = (x, y)-> (x + y);        // Lambda表達式
8          System.out.println(obj.add(10, 20));
9      }
10 }
```

執行結果
```
D:\Java\ch25>java ch25_7
30
```

在上述第 7 行參數列表筆者沒有標記 x,y 的資料型態，其實建議標註功能介面的資料型態。

程式實例 ch25_8.java：重新設計 ch25_7.java，這個程式標註 Lambda 表達式參數列表的資料型態。

```
7          myMath obj = (int x, int y)-> (x + y);   // Lambda表達式
```

執行結果 與 ch25_7.java 相同。

## 25-3 forEach( )

這是一個新的方法，主要是可以遍歷 Collection 元素，在 Iterable 介面中這是一個預設的方法，此方法內所傳遞的參數可以是 Lambda 表達式。

程式實例 ch25_9.java：使用 forEach( ) 方法，在這個方法內使用 Lambda 表達式。

```
1  import java.util.*;
2  public class ch25_9 {
3      public static void main(String[] args) {
4          ArrayList<String> list = new ArrayList<String>();
5          list.add("北京");
6          list.add("香港");
7          list.add("台北");
8  // 遍歷ArrayList使用forEach()
9          list.forEach(info->System.out.println(info));
10     }
11 }
```

執行結果
```
D:\Java\ch25>java ch25_9
北京
香港
台北
```

上述 Lambda 表達式內容如下：

info->System.out.println(info)

info 是所要傳遞的參數，System.out.println(info) 則是表達式主體。

## 25-4 方法參照 (method references)

這是 Java 8 後新增的功能，主要是使用方法參照 (method references) 功能介面 (functional interface) 的方法 (method)，也可以說這是一個緊湊簡易版的 Lambda 表達式。其實所有使用 Lambda 表達式的地方，也都可以使用方法參照完成。可以將方法參照應用在下列 3 種條件：

1： 參考靜態方法 static method

2： 參考實例方法 instance method

3： 參考構造方法 constructor

### 25-4-1 參考靜態方法 (static method)

參考靜態方法時方法參照的語法如下：

containingClass::staticMethodName

程式實例 ch25_10.java：方法參照應用在靜態方法。

```
 1  @FunctionalInterface                          // 這是選項optional
 2  interface Message {                           // 定義抽象類別
 3      void msg();
 4  }
 5  class Test {
 6      public static void talking() {
 7          System.out.println("這是static method");
 8      }
 9  }
10  public class ch25_10 {
11      public static void main(String[] args) {
12          Message obj = (Test::talking);        // 方法參照
13          obj.msg();
14      }
15  }
```

執行結果
```
D:\Java\ch25>java ch25_10
這是static method
```

有些靜態方法是內建在功能介面 (functional interface)，我們也可以引用。

程式實例 ch25_11.java：使用方法參考重新設計 ch25_9.java。

```
 1  import java.util.*;
 2  public class ch25_11 {
 3      public static void main(String[] args) {
 4          ArrayList<String> list = new ArrayList<String>();
 5          list.add("北京");
 6          list.add("香港");
 7          list.add("台北");
 8  // 遍歷ArrayList使用forEach()搭配method reference
 9          list.forEach(System.out::println);   // 方法參照
10      }
11  }
```

執行結果 與 ch25_9.java 相同。

## 25-4-2 參考實例方法 (instance method)

參考實例方法時方法參照的語法如下：

containingObject::instanceMethodName

程式實例 ch25_12.java：方法參照應用在實例方法。

```
1  @FunctionalInterface                          // 這是選項optional
2  interface Message {                           // 定義抽象類別
3      void msg();
4  }
5  class Test {
6      public void talking() {
7          System.out.println("這不是static method");
8      }
9  }
10 public class ch25_12 {
11     public static void main(String[] args) {
12         Test obj = new Test();
13         Message msgObj = obj::talking;      // 方法參照
14         msgObj.msg();
15     }
16 }
```

執行結果
```
D:\Java\ch25>java ch25_12
這不是static method
```

## 25-4-3　參考建構方法 (constructor)

參考建構方法時方法參照的語法如下：

ClassName::new

程式實例 ch25_13.java：方法參照應用在建構方法。

```
1  @FunctionalInterface                          // 這是選項optional
2  interface Message {                           // 定義抽象類別
3      Test getMsg(String msg);
4  }
5  class Test {
6      Test(String msg) {
7          System.out.println(msg);
8      }
9  }
10 public class ch25_13 {
11     public static void main(String[] args) {
12         Message msgObj = Test::new;          // 方法參照
13         msgObj.getMsg("Constructor");
14     }
15 }
```

執行結果
```
D:\Java\ch25>java ch25_13
Constructor
```

# 25-5 Java 的工廠方法 (Factory Methods)

這是 Java 9 後新增的功能，主要是應用在 Java Collection 可以很方便建立少量資料的 List、Set、Map。例如：如果參考 ch24_1.java，我們在第 5-7 行使用 "list.add()" 方法增加元素，相當於需要呼叫 3 次 add( ) 方法，使用 Java 的工廠方法可以用 of( ) 方法，一次就可以完成 5-7 行的工作，不過這只適合在建立少量元素。

使用工廠方法所建的物件，它是不可更改的 (unmodifiable)，嘗試增加元素在執行階段將拋出錯誤。

## 25-5-1 List 介面

工廠方法應用在 List 介面如下，E 是代表資料型態：

| 方法 | 說明 |
|---|---|
| static <E>List.Of( ) | 返回沒有元素 List |
| static <E>List.of(E e1) | 返回 1 個元素 |
| static <E>List.of(E e1, ⋯ , E en) | 返回 n 個元素 |

上述可以一次建立多個元素，可參考下列實例。

程式實例 ch25_14.java：使用工廠方法重新設計 ch24_1.java，然後輸出此 List 物件。

```
1 import java.util.*;
2 public class ch25_14 {
3     public static void main(String[] args) {
4         List<String> list = List.of("北京","香港","台北");
5 // 遍歷List使用forEach搭配method reference
6         list.forEach(System.out::println);   // 方法參照
7     }
8 }
```

執行結果
```
D:\Java\ch25>java ch25_14
北京
香港
台北
```

程式實例 ch25_15.java：繼續 ch25_14.java 筆者嘗試增加元素產生錯誤的實例。

```
5         list.add("kk");
```

執行結果
```
D:\Java\ch25>javac ch25_15.java        ←────── 編譯正常

D:\Java\ch25>java ch25_15        ←────── 執行錯誤
Exception in thread "main" java.lang.UnsupportedOperationException
        at java.base/java.util.ImmutableCollections.uoe(Unknown Source)
        at java.base/java.util.ImmutableCollections$AbstractImmutableList.add(Un
known Source)
        at ch25_15.main(ch25_15.java:5)
```

## 25-5-2　Set 介面

工廠方法應用在 Set 介面如下：

| 方法 | 說明 |
|---|---|
| static <E>Set.Of( ) | 返回沒有元素 List |
| static <E>Set.of(E e1) | 返回 1 個元素 |
| static <E>Set.of(E e1, ⋯. , E en) | 返回 n 個元素 |

上述可以一次建立多個元素，可參考下列實例。

程式實例 ch25_16.java：使用 Set 介面重新設計 ch25_14.java。

```
1 import java.util.*;
2 public class ch25_16 {
3     public static void main(String[] args) {
4         Set<String> set = Set.of("北京","香港","台北");
5 // 遍歷set使用forEach搭配method reference
6         set.forEach(System.out::println);    // 方法參照
7     }
8 }
```

執行結果　與 ch25_14.java 相同。

## 25-5-3　Map 介面

工廠方法應用在 Map 介面如下：

| 方法 | 說明 |
|---|---|
| static <K, V>Map.Of( ) | 返回沒有元素 List |
| static <K, V>Map.of(K k1, V v1) | 返回 1 個元素 |
| static <K, V>Map.of(K k1,V v1, ⋯. , K kn, V vn) | 返回 n 個元素 |

上述可以一次建立多個元素，可參考下列實例。

程式實例 ch25_17.java：使用 Map 介面建立資料再輸出。

```
1  import java.util.*;
2  public class ch25_17 {
3     public static void main(String[] args) {
4         Map<Integer,String> map = Map.of(101,"北京",102,"香港",103,"台北");
5         for (Map.Entry m:map.entrySet())
6             System.out.printf("%5s : %s\n", m.getKey(), m.getValue());
7     }
8  }
```

執行結果
```
D:\Java\ch25>java ch25_17
    103 : 台北
    102 : 香港
    101 : 北京
```

## 25-5-4　Map 介面的 ofEntries( ) 方法

在 Map 的使用中，我們也可以使用 Map.entry 建立相關 Map 物件，然後再使用 Map.ofEntries( ) 方法可以將實例的 Map.Entry( ) 物件物件組織起來。

程式實例 ch25_18.java：建立 Map.Entry 物件，然後使用 Map.ofEntries( ) 方法將物件組織起來，最後輸出。

```
1  import java.util.*;
2  public class ch25_18 {
3     public static void main(String[] args) {
4         Map.Entry<Integer, String> map1 = Map.entry(101, "明志科大");
5         Map.Entry<Integer, String> map2 = Map.entry(102, "長庚科大");
6  // 使用Map.ofEntries()建立Map
7         Map<Integer, String> map = Map.ofEntries(map1, map2);
8         for (Map.Entry m:map.entrySet())                      // 輸出內容
9             System.out.printf("%5s : %s\n", m.getKey(), m.getValue());
10
11    }
12 }
```

執行結果
```
D:\Java\ch25>java ch25_18
    101 : 明志科大
    102 : 長庚科大
```

## 25-6 Java 新的版本字串格式

這是 Java 9 後新增的版本字串格式，觀念如下：

$MAJOR.$MINOR.$SECURITY.$PATCH

❑ $MAJOR：主要版本訊息。

❑ $MINOR：次造版本訊息。

❑ $SECURITY：安全版本訊息，每次有修補安全問題時均會更新版本訊息，例如：
Java 9.2.6，表示主版本是 9，次版本是 2，安全版本訊息是 6。

❑ $PATCH：修補版本訊息，例如：Java 9.2.6+1，表示修補版本訊息是 1。每次
$MAJOR、$MINOR、$SECURITY 有更動時，它會被設為 0。

下列是常用 Runtime.Version 類別的方法。

| 方法 | 說明 |
| --- | --- |
| int major( ) | 主要版本訊息 |
| int minor( ) | 次造版本訊息 |
| int security( ) | 安全版本訊息 |
| Runtime.version Runtime.version( ) | 取得 Runtime version 物件 |

程式實例 ch25_19.java：取得目前所使用 Java 版本訊息。

```
1  public class ch25_19 {
2      public static void main(String[] args) {
3          Runtime.Version version = Runtime.version();
4          System.out.println("目前版本 "+version);
5          System.out.println("主要版本 "+version.major());
6          System.out.println("次要版本 "+version.minor());
7          System.out.println("安全版本 "+version.security());
8      }
9  }
```

執行結果
```
D:\Java\ch25>java ch25_19
目前版本 9.0.1+11
主要版本 9
次要版本 0
安全版本 1
```

## 習題實作題

1: 請利用隨機數建立 10 筆從 1-100 間的數字,然後儲存在 ArrayList 物件內,請參考 25-3 節使用 forEach( ) 方法輸出此物件。

```
D:\Java\ex>java ex25_1
65
49
78
86
2
95
81
77
10
78
```

2: 請使用工廠方法,配合 Map 介面,建立星期資訊,如下所示:

星期日　　　Sunday

星期一　　　Monday

…

星期六　　　Saturday

然後輸出上述資訊。

```
D:\Java\ex>java ex25_2
星期六 : Satursday
星期一 : Monday
星期五 : Friday
星期日 : Sunday
星期三 : Wednesday
星期四 : Thursday
星期二 : Tuesday
```

3: 輕繼續上述習題,請從螢幕輸入 " 星期三 ",然後可以列出相對應的英文字串,如果找不到則輸出輸入錯誤,這個程式是一個迴圈,如果輸入 q 則離開迴圈程式結束。最後輸出上述 Map 所有資訊。

```
D:\Java\ex>java ex25_3
請輸入星期中文字串 : 星期日
Sunday
是否繼續(y/n) : y
請輸入星期中文字串 : 星期九
輸入錯誤
是否繼續(y/n) : n
```

# 第二十六章

# 視窗程式設計使用 AWT

　　早期 Java 上市時應用在圖形介面的視窗程式設計所提供的是 AWT 套件，全名是 Abstract Window Toolkit，這是一個依賴平台套件，所設計的程式在不同的作業系統平台，所呈現的結果可能會有差異。也因此 AWT 受到了程式設計師大量的批評，Java 標榜 "write one, run everywhere"，可是網路流傳的是 "write one, test everywhere")。

　　目前使用 Java 設計視窗應用程式主流是 Swing，然而這個 Swing 的許多物件也是以 AWT 的 Container 類別為基礎開發，所以本書也決定介紹 AWT。

## 26-1 AWT 類別結構圖

　　AWT 類別的結構圖如下：

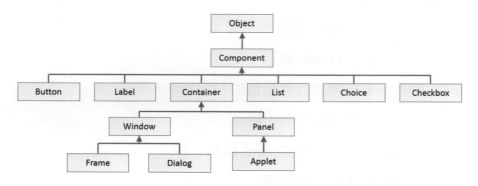

❑　　容器 (Container)

　　這是一個容器，可以在這個容器內放置功能鈕 (Buttons)、文字方塊 (TextArea)、標籤 (Label)，… 等。Window、框架 (Frame)、對話框 (Dialog) 和面板 (Panel) 皆是衍生自這個類別，

❑　　視窗 (Window)

　　Window 也是一個容器，它沒有邊框 (borders) 和功能表 (menu bars)，我們必須使用框架 (Frame)、對話框 (Dialog) 建立視窗。

❑　　面板 (Panel)

　　這是沒有邊框和功能表 (menu bars) 的容器 (menu bars)，但是可以有其它元件，例如：功能鈕、文字方塊。

❏ 框架 (Frame)

這個容器有標題欄、功能表，同時可以有其它元件，例如：功能鈕、文字方塊，⋯等，這也是建立視窗程式最常用的元件。

從上圖可以看到 Component 是所有視窗設計元件的最上層，所有類別均是衍生自此類別。下列是此類別常用的方法。

| 方法 | 說明 |
| --- | --- |
| void add(Component c) | 插入一個 Component 元件 |
| void setSize(int width, int height) | 設定元件大小 |
| String getName( ) | 取得物件名稱 |
| void setName(String name) | 設定物件名稱 |
| Color getBackground( ) | 取得背景顏色 |
| void setBackground(Color color ) | 設定背景顏色 |
| Color getForeground( ) | 取得前景顏色 |
| void setForeground(Color color ) | 設定前景顏色 |
| void setBounds(int x, int y, int w, int h) | 設定物件顯示區域，(x,y) 是左上角座標，寬 w，高 h) |
| int getHeight( ) | 取的物件高度 |
| int getWidth( ) | 取得物件寬度 |
| boolean isVisible( ) | 傳回物件是否可以顯示 |
| void setVisible(boolean status) | 更改元件是否可以顯示，預設是 false |
| void setEnabled(boolean b) | 設定物件為可使用狀態 |
| int getX( ) | 傳回物件的 x 軸座標 |
| int getY( ) | 傳回物件的 y 軸座標 |

上述方法一般都是給繼承的類別使用。

# 26-2 Frame 類別

建立視窗的步驟如下：

1: 設計 Frame 類別物件，建立空白視窗。

2: 建立此 Frame 物件的元件。

註 Frame 中文字意是框架，但是它主要功能是建立視窗，下列是它的建構方法。

| 建構方法 | 說明 |
|---|---|
| Frame( ) | 建立沒有標題的視窗 |
| Frame(String title) | 建立 title 為標題的視窗 |

下列是 Frame 類別常用的方法。

| 方法 | 說明 |
|---|---|
| String getTitle( ) | 取得視窗標題 |
| void setTitle(String title) | 設定視窗標題 |
| Image getIconImage( ) | 取得視窗最小化時的圖示 |
| void setIconImage(Image img) | 設定視窗最小化時圖示 |
| void setMenuBar(Menubar menubar) | 設定功能表物件為 menubar |
| void remove(Menubar menubar) | 移除功能表物件 menubar |
| boolean isResizeable( ) | 如果可更改視窗大小傳回 true |
| void setResizeable(boolean bool) | 設定是否可更改視窗大小 |

程式實例 ch26_1.java：建立一個標題是 " 我的第一個 AWT 視窗程式 "，width=200，
height=150 的空白視窗。

```
1 import java.awt.*;                         // 匯入類別庫
2 public class ch26_1 {
3     public static void main(String[] args) {
4         Frame frm = new Frame("我的第一個AWT視窗程式");
5         frm.setSize(200, 150);             // 寬200, 高150
6         frm.setVisible(true);              // 顯示視窗
7     }
8 }
```

執行結果 下方右圖是筆者放大視窗的結果。

上述視窗執行時預設是在螢幕左上角出現，由於寬度不夠所以標題沒有完整顯示，
在上述視窗我們可以放大或縮小視窗大小，也可以將視窗縮到最小。但是若是按關閉

鈕沒有作用,這是屬於視窗事件處理 (Event Handling) 將在下一章說明,如果現在想要關閉視窗可以返回命令提示訊息視窗,然後按 Ctrl+C 鍵。

上述程式筆者是將 Frame 物件放在 main( ) 內,對上述程式而言可以將 Frame 視為是 ch26_1 類別 main( ) 方法內的成員變數,設計視窗程式時也可以將 Frame 設為是 ch26_1 類別的成員變數,可參考下列實例:

程式實例 ch26_2.java:更改設計 Frame 物件方式,將 Frame 物件設為 ch26_2 類別的成員變數,這個程式同時將視窗位置設為 200,100,同時設定視窗背景顏色是黃色 (yellow),這個程式第 9 行設定視窗名稱,這並不是指視窗標題,而是未來執行更複雜視窗程式時調用的名稱,同時程式也會在命令提示視窗列出一些視窗的相關訊息。

```java
1  import java.awt.*;                              // 匯入類別庫
2  public class ch26_2 {
3      static Frame frm = new Frame("ch26_2");
4      public static void main(String[] args) {
5          frm.setSize(200, 152);                  // 寬200, 高152
6          frm.setBackground(Color.yellow);        // 視窗背景是黃色
7          frm.setLocation(200, 100);              // 左上角座標(200, 100)
8          frm.setVisible(true);                   // 顯示視窗
9          frm.setName("myWin");                   // 視窗名稱
10 // 取得視窗狀態圖
11         System.out.println("視窗x軸座標 : " + frm.getX());
12         System.out.println("視窗y軸座標 : " + frm.getY());
13         System.out.println("視窗高度    : " + frm.getHeight());
14         System.out.println("視窗寬度    : " + frm.getWidth());
15         System.out.println("視窗名稱    : " + frm.getName());
16         System.out.println("視窗背景色  : " + frm.getBackground());
17     }
18 }
```

執行結果 下列是命令提示字元視窗的結果,和所設計的視窗。

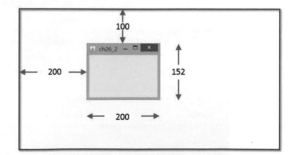

```
D:\Java\ch26>java ch26_2
視窗x軸座標 : 200
視窗y軸座標 : 100
視窗高度    : 152
視窗寬度    : 200
視窗名稱    : myWin
視窗背景色  : java.awt.Color[r=255,g=255,b=0]
```

# 26-3 視窗元件顏色的設定 Color 類別

在程式 ch26_2.java 第 6 行我們是使用 Color.yellow 設定背景顏色是黃色，Java 內有 java.awt.Color 類別是處理顏色，目前定義了 13 種顏色常數如下：

| RED (255,0,0) | GREEN (0,255,0) | BLUE (0,0,255) | YELLOW (255,255,0) | CYAN (0,255,255) | MAGENTA (255,0,255) | WHITE (255,255,255) |
|---|---|---|---|---|---|---|
| BLACK (0,0,0) | GRAY (128,128,128) | LIGHT_GRAY | DARK_GRAY (64,64,64) | ORANGE (255,192,0) | PINK (255,175,175) | |

在 JDK 1.1 版顏色常數是使用小寫，JDK 1.2 版後增加大寫，不過彼此是相容的。我們也可以使用 Color( ) 建構方法自行設定顏色，如下所示：

```
Color(int red, int green, int blue);
Color(float red, float green, float blue);
Color(int red, int green, int blue, float alpha);
Color(float red, float green, float blue, float alpha);
```

上述參數 red、green、blue 分別代表 0-255 之間的值，這些數值越大代表該色素越強。上述 alpha 是代表透明度，值在 0.0 至 1.0 間，0 代表完全透明，1 代表完全不透明。如果想取得個別元件的 RGB 值，可以使用 getRed( )、getGreen( )、getBlue( )、getAlpha( )。下列是常見色彩值組合的效果表，這些是 16 進位表達式，前 2 位數字是 red 色素，中間 2 位是 green 色素，後面 2 位是 blue。

| | | | | | |
|---|---|---|---|---|---|
| 000000 | 000033 | 000066 | 000099 | 0000CC | 0000FF |
| 003300 | 003333 | 003366 | 003399 | 0033CC | 0033FF |
| 006600 | 006633 | 006666 | 006699 | 0066CC | 0066FF |
| 009900 | 009933 | 009966 | 009999 | 0099CC | 0099FF |
| 00CC00 | 00CC33 | 00CC66 | 00CC99 | 00CCCC | 00CCFF |
| 00FF00 | 00FF33 | 00FF66 | 00FF99 | 00FFCC | 00FFFF |
| 330000 | 330033 | 330066 | 330099 | 3300CC | 3300FF |
| 333300 | 333333 | 333366 | 333399 | 3333CC | 3333FF |
| 336600 | 336633 | 336666 | 336699 | 3366CC | 3366FF |
| 339900 | 339933 | 339966 | 339999 | 3399CC | 3399FF |
| 33CC00 | 33CC33 | 33CC66 | 33CC99 | 33CCCC | 33CCFF |
| 33FF00 | 33FF33 | 33FF66 | 33FF99 | 33FFCC | 33FFFF |
| 660000 | 660033 | 660066 | 660099 | 6600CC | 6600FF |
| 663300 | 663333 | 663366 | 663399 | 6633CC | 6633FF |
| 666600 | 666633 | 666666 | 666699 | 6666CC | 6666FF |
| 669900 | 669933 | 669966 | 669999 | 6699CC | 6699FF |
| 66CC00 | 66CC33 | 66CC66 | 66CC99 | 66CCCC | 66CCFF |
| 66FF00 | 66FF33 | 66FF66 | 66FF99 | 66FFCC | 66FFFF |

| 990000 | 990033 | 990066 | 990099 | 9900CC | 9900FF |
|--------|--------|--------|--------|--------|--------|
| 993300 | 993333 | 993366 | 993399 | 9933CC | 9933FF |
| 996600 | 996633 | 996666 | 996699 | 9966CC | 9966FF |
| 999900 | 999933 | 999966 | 999999 | 9999CC | 9999FF |
| 99CC00 | 99CC33 | 99CC66 | 99CC99 | 99CCCC | 99CCFF |
| 99FF00 | 99FF33 | 99FF66 | 99FF99 | 99FFCC | 99FFFF |
| CC0000 | CC0033 | CC0066 | CC0099 | CC00CC | CC00FF |
| CC3300 | CC3333 | CC3366 | CC3399 | CC33CC | CC33FF |
| CC6600 | CC6633 | CC6666 | CC6699 | CC66CC | CC66FF |
| CC9900 | CC9933 | CC9966 | CC9999 | CC99CC | CC99FF |
| CCCC00 | CCCC33 | CCCC66 | CCCC99 | CCCCCC | CCCCFF |
| CCFF00 | CCFF33 | CCFF66 | CCFF99 | CCFFCC | CCFFFF |
| FF0000 | FF0033 | FF0066 | FF0099 | FF00CC | FF00FF |
| FF3300 | FF3333 | FF3366 | FF3399 | FF33CC | FF33FF |
| FF6600 | FF6633 | FF6666 | FF6699 | FF66CC | FF66FF |
| FF9900 | FF9933 | FF9966 | FF9999 | FF99CC | FF99FF |
| FFCC00 | FFCC33 | FFCC66 | FFCC99 | FFCCCC | FFCCFF |
| FFFF00 | FFFF33 | FFFF66 | FFFF99 | FFFFCC | FFFFFF |

假設我們想用上述 Color( ) 方法設定色彩時，需加上 new，因為 setBackground( ) 方法的參數需是物件。

程式實例 ch26_3.java：使用 Color( ) 方法重新設計 ch26_2.java。

```
6        frm.setBackground(new Color(255,255,0)); // 視窗背景是黃色
```

執行結果 與 ch26_2.java 相同。

## 26-4 標籤 Label 類別

設計視窗時難免需要在視窗位置建立標籤 (label)，這是一個單行的文字串，一般使用者無法編輯此文字串，但是程式設計師是可以編輯此文字的。它的建構方法如下：

| 建構方法 | 說明 |
|---------|------|
| Label( ) | 這是沒有文字的標籤 |
| Label(String text) | 以字串 text 當作標籤 |
| Label(String text, int align) | 以字串 text 當作標籤，同時設定對其方式，align 可以是 LABEL.LEFT、LABEL.CENTER、LABEL.RIGHT |

它的常用一般方法如下：

| 方法 | 說明 |
|------|------|
| String getText( ) | 傳回標籤內容 |
| void setText(String text) | 設定標籤內容 |
| int getAlignment( ) | 取得標籤對齊方式，可能值是 Label.LEFT、Label.CENTER、Label.RIGHT |
| void setAlignment(int align) | 設定標籤對齊方式，align 可能值是 Label.LEFT、Label.CENTER、Label.RIGHT |

程式實例 ch26_4.java：設計含標籤的視窗。

```java
1  import java.awt.*;                          // 匯入類別庫
2  public class ch26_4 {
3      static Frame frm = new Frame("ch26_4");
4      static Label lab = new Label("明志科技大學");
5      public static void main(String[] args) {
6          frm.setSize(300, 200);              // 寬300, 高200
7          frm.setBackground(Color.yellow);    // 視窗背景是黃色
8          lab.setForeground(Color.blue);      // 文字是藍色
9          frm.add(lab);                       // 將標籤加入視窗
10         frm.setVisible(true);               // 顯示視窗
11
12     }
13 }
```

**執行結果** 下方左 / 右圖分別是 ch26_4.java/ch26_5.java 的執行結果。

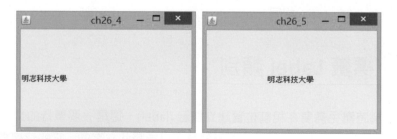

程式實例 ch26_5.java：使用 Label.CENTER 參數將標籤改為置中對齊。

```java
4          static Label lab = new Label("明志科技大學", Label.CENTER);
```

程式實例 ch26_6.java：設計視窗含多個標籤，同時使用 setBounds( ) 方法設定標籤的位置。

```
1   import java.awt.*;                              // 匯入類別庫
2   public class ch26_6 {
3       static Frame frm = new Frame("ch26_6");
4       static Label lab1 = new Label();            // Labe物件lab1
5       static Label lab2 = new Label();            // Labe物件lab2
6       public static void main(String[] args) {
7           frm.setLayout(null);                    // 取消版面配置
8           frm.setSize(300, 200);                  // 寬300, 高200
9           frm.setBackground(Color.yellow);        // 視窗背景是黃色
10          lab1.setText("Java");                   // 設定文字Java
11          lab1.setForeground(Color.blue);         // 文字是藍色
12          lab1.setBounds(50, 50, 100, 30);        // 設定文字位置與大小
13          lab2.setText("Python");                 // 設定文字Python
14          lab2.setForeground(Color.green);        // 文字是綠色
15          lab2.setBounds(50, 100, 100, 30);       // 設定文字位置與大小
16          frm.add(lab1);                          // 將標籤lab1加入視窗
17          frm.add(lab2);                          // 將標籤lab2加入視窗
18          frm.setVisible(true);                   // 顯示視窗
19
20      }
21  }
```

執行結果　

　　上述第 7 行筆者將版面配置設為 null，相當於取消版面配置，因為 Java 預設版面配置是邊界版面配置 (BorderLayout) 在這個配置下會將視窗的每一個物件放大到與視窗相同大小，這時會造成所建立的第 2 個標籤遮住第 1 個標籤。同時在上述程式筆者採用從程式使用 setText( ) 方法建立標籤內容，第 12 和 15 行則是設定標籤放置的位置，左上角分別是 (50, 50)、(50, 100)，區間則是相同寬是 100，高是 30。

## 26-5　字型設定 Font 類別

　　在設計視窗時可以使用 java.awt 類別庫的 Font 類別設定視窗顯示我們想要的字型，Font( ) 建構方法的語法如下：

　　　　public Font(String fontName, int style, int size)　　　　// Font 建構方法

❑ fontName：這是字型名稱，我們可以進入 Word 然後從中選擇所要的字型，一般常用的有 Serief、Times New Roman、Arial … 等。

❑ style：有一般 Font.PLAIN、粗體 Font.BOLD、斜體 Font.ITALIC，如果想要有粗體斜體特性，可以使用 Font.BOLD+Font.ITALIC。

❑ size：字型大小。

程式實例 ch26_7.java：Label 與 Font 搭配的應用。

```
1  import java.awt.*;                            // 匯入類別庫
2  public class ch26_7 {
3      static Frame frm = new Frame("ch26_7");
4      static Label lab = new Label("Java王者歸來");
5      public static void main(String[] args) {
6          frm.setLayout(null);                   // 取消版面配置
7          frm.setSize(300, 200);                 // 寬300、高200
8          frm.setBackground(Color.yellow);       // 視窗背景是黃色
9          lab.setForeground(Color.blue);         // 文字是藍色
10         lab.setBackground(Color.pink);         // 文字背景是粉紅色
11         lab.setAlignment(Label.CENTER);        // 文字置中
12         lab.setLocation(50, 80);               // 設定文字位置
13         lab.setSize(150, 50);                  // 設定文字區間
14         lab.setFont(new Font("Serief", Font.BOLD+Font.ITALIC, 18));
15         frm.add(lab);                          // 將標籤lab加入視窗
16         frm.setVisible(true);                  // 顯示視窗
17     }
18 }
```

執行結果

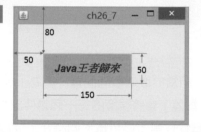

我們可以使用 GraphicsEnvironment 類別的 getAvailableFontFamilyNames( ) 方法獲得系統所有的字型名稱，getAllFonts( ) 方法則可獲得所有建構 Font 的方法。

程式實例 ch26_7_1.java：列出所有的字型名稱

```
1  import java.awt.*;                            // 匯入類別庫
2  public class ch26_7_1 {
3      public static void main(String[] args) {
4          GraphicsEnvironment graphicsEnv = GraphicsEnvironment.getLocalGraphicsEnvironment();
5  // 列出系統所有字型
6          String[] fontFamilyNames = graphicsEnv.getAvailableFontFamilyNames();
7          for (String fontFamilyName : fontFamilyNames) {
8              System.out.println(fontFamilyName);
9          }
10     }
11 }
```

下列是部分結果畫面。

```
Arial Narrow                        微軟正黑體
Arial Rounded MT Bold               微軟正黑體 Light
Arial Unicode MS                    新細明體
```

程式實例 ch26_7_2.java：列出 getAllFonts( ) 的建構方法。

```java
 1  import java.awt.*;                         // 匯入類別庫
 2  public class ch26_7_2 {
 3      public static void main(String[] args) {
 4          GraphicsEnvironment graphicsEnv = GraphicsEnvironment.getLocalGraphicsEnvironment();
 5  // 認識建構Font的方法
 6          Font[] fonts = graphicsEnv.getAllFonts();
 7          for (Font font : fonts) {
 8              System.out.println(font);
 9          }
10      }
11  }
```

執行結果
```
java.awt.Font[family=Onyx,name=Onyx,style=plain,size=1]
java.awt.Font[family=新細明體,name=PMingLiU,style=plain,size=1]
java.awt.Font[family=新細明體-ExtB,name=PMingLiU-ExtB,style=plain,size=1]
```

# 26-6　Button 類別

　　按鈕是視窗元件中使用頻率非常高的元件，可以設計按鈕執行特定個工作，下列是 Button 類別的建構方法。

| 建構方法 | 說明 |
|---|---|
| Button( ) | 建立一個沒有名稱的按鈕 |
| Button(String title) | 建立名稱是 title 的按鈕 |

下列常用的方法：

| 方法 | 說明 |
|---|---|
| String getLabel( ) | 取得按鈕名稱 |
| void setLabel(String title) | 設定按鈕名稱 |

程式實例 ch26_8.java：在視窗內建立按鈕。

```
 1  import java.awt.*;                          // 匯入類別庫
 2  public class ch26_8 {
 3      static Frame frm = new Frame("ch26_8");
 4      static Button btn = new Button("Click me");
 5      public static void main(String[] args) {
 6          frm.setLayout(null);                 // 取消版面配置
 7          frm.setSize(300, 200);               // 寬300, 高200
 8          frm.setBackground(Color.yellow);     // 視窗背景是黃色
 9          btn.setBounds(100, 80, 100, 50);     // 設定按鈕位置與大小
10          frm.add(btn);                        // 將btn加入視窗
11          frm.setVisible(true);                // 顯示視窗
12      }
13  }
```

執行結果

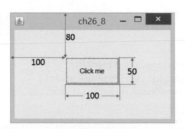

## 26-7　建立文字輸入物件

　　在 AWT 內有 2 個與文字輸入有關的類別 TextField 和 TextArea，它們之間的差異在於 TextField 是處理單行文字輸入，TextArea 則是允許多行文字輸入。不過這 2 個與文字輸入有關的類別均是繼承 java.awt.TextComponent 類別，這個類別有些方法可以繼承給 TextField 和 TextArea 使用，下列是 TextComponent 類別常用的方法。

| 方法 | 說明 |
| --- | --- |
| Color getBackground( ) | 取得背景顏色 |
| void setBackground(Color c) | 設定背景顏色 |
| String getText( ) | 取得文字區的文字 |
| String getSelectedText( ) | 取得文字區被選取的文字 |
| void select(int start, int end) | 選取 start 和 end 之間的文字 |
| void selectAll( ) | 選取所有文字 |
| boolean isEditable( ) | 傳回是否可編輯 |
| void setEditable(boolean b) | 設定是否可編輯 |

## 26-7-1　TextField 類別

這是一個單行輸入的文字方塊 (text field)，除了可以在此輸入文字，Java 也可以將文字改成特定符號，防止被偷窺。這個類別的建構方法如下：

| 建構方法 | 說明 |
| --- | --- |
| TextField( ) | 建立空白的文字方塊 |
| TextField(int columns) | 建立長度是 columns 的文字方塊 |
| TextField(String text) | 建立含 text 字串的文字方塊 |
| TextField(String text, int columns) | 建立長度是 columns 同時含 text 字串的文字方塊 |

它的一般方法如下：

| 方法 | 說明 |
| --- | --- |
| Boolean echoCharIsSet( ) | 傳回是否會顯示其它字元 |
| int getColumn( ) | 取得文字方塊長度 |
| void setColumn( ) | 設定文字方塊長度 |
| char getEchoChar( ) | 取得文字方塊回應的字元 |
| void setEchoChar( ) | 設定文字方塊回應的字元 |
| void setText(String text) | 設定文字方塊的文字 |

程式實例 ch26_9.java：建立 3 個 TextField 物件，第一個物件 txt1 是可以編輯，在執行結果中，筆者將原先字串從 Editable 改為 Java。第二個物件 txt2 是不可以編輯，所以執行結果無法更改內容。第三個物件 txt3 是輸入會用 * 取代。

```java
1  import java.awt.*;                              // 匯入類別庫
2  public class ch26_9 {
3      static Frame frm = new Frame("ch26_9");
4      static TextField txt1 = new TextField("Editable");
5      static TextField txt2 = new TextField("unEditable");
6      static TextField txt3 = new TextField("marked by symbol");
7      public static void main(String[] args) {
8          frm.setLayout(null);                    // 取消版面配置
9          frm.setSize(300, 200);                  // 寬300, 高200
10         frm.setBackground(Color.yellow);        // 視窗背景是黃色
11         txt1.setBounds(30, 40, 150, 20);
12         txt2.setBounds(30, 80, 150, 20);
13         txt3.setBounds(30, 120, 150, 20);
14         txt2.setEditable(false);                // 設定txt2不可編輯
15         txt3.setEchoChar('*');                  // 設定txt3以*取代輸入
16         frm.add(txt1);                          // 將txt1加入視窗
17         frm.add(txt2);                          // 將txt2加入視窗
18         frm.add(txt3);                          // 將txt3加入視窗
19         frm.setVisible(true);                   // 顯示視窗
20     }
21 }
```

執行結果　下方右圖是筆者嘗試編輯的結果。

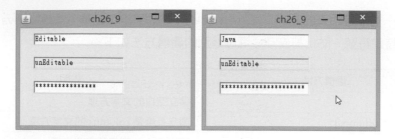

需留意上述 txt3 物件雖然我們使用 * 符號隱藏了原先內容，但是如果使用 getText( ) 方法仍可以獲得原先內容。

## 26-7-2　TextArea 類別

這是一個多行輸入的文字區 (text area)，這個類別的建構方法如下：

| 建構方法 | 說明 |
| --- | --- |
| TextArea( ) | 建立空白文字區 |
| TextArea(int rows, int cols) | 建立 rows 行數，cols 長度的文字區 |
| TextArea(String text) | 建立 text 內容的文字區 |
| TextArea(String text, int rows, int cols) | 建立 text 內容，rows 行數，cols 長度的文字區 |
| TextArea(String text, int rows, int cols, int scrollbars) | 建立 text 內容，rows 行數，cols 長度的文字區，這個文字區含捲軸 |

在 java.awt.TextArea 有關於設定是否含捲軸的資料成員定義如下，使用時前方要加上 TextArea，例如：TextArea.SCROLLBARS_VERTICAL_ONLY：

❑ SCROLLBARS_NONE：不含捲軸

❑ SCROLLBARS_HORIZONTAL_ONLY：僅含水平捲軸

❑ SCROLLBARS_VERTICAL_ONLY：僅含垂直捲軸

❑ SCROLLBARS_BOTH：含水平和垂直捲軸

需留意若是將水平捲軸加到文字區，文字區的自動換行功能會被取消，這個類別常用的一般方法如下：

| 方法 | 說明 |
|------|------|
| void append(String txt) | 在目前文字區的文字之後加新文字 txt |
| int getColumns( ) | 獲得文字區的長度，用字元數做單位 |
| void setColumns(int columns) | 設定文字區的長度，用字元數做單位 |
| int getRows( ) | 獲得文字區的行數 |
| void setRows( ) | 設定文字區的行數 |
| int getScrollbarVisibility( ) | 獲得捲軸的顯示狀態 |
| void setText(String text) | 設定文字區的文字是 text |

程式實例 ch26_10.java：建立文字區的應用，同時此文字區將含一個垂直捲軸，下列
建構方法是設定建立 2 行，每行有 20 個字元長度的文字區。

```java
 1  import java.awt.*;                              // 匯入類別庫
 2  public class ch26_10 {
 3      static Frame frm = new Frame("ch26_10");
 4      static TextArea txt = new TextArea("TextArea",2,20,
 5                          TextArea.SCROLLBARS_VERTICAL_ONLY);
 6      public static void main(String[] args) {
 7          frm.setLayout(null);                    // 取消版面配置
 8          frm.setSize(300, 200);                  // 寬300, 高200
 9          frm.setBackground(Color.yellow);        // 視窗背景是黃色
10          txt.setBounds(30, 40, 150, 50);         // 文字區位置與大小
11          frm.add(txt);                           // 將txt加入視窗
12          frm.setVisible(true);                   // 顯示視窗
13      }
14  }
```

執行結果

　　在上述執行結果讀者可能會覺得奇怪，在第 4 行我們設定文字區只有 2 行文字，
可是執行結果不是如此，這是因為我們在第 10 行設定了文字區的大小。其實如果不使
用版面配置 (layout，將在本章後面提到)，建構方法的 rows 和 cols 參數是虛構的，程
式填上此參數只是為了要滿足建立文字區時同時有捲軸建構方法的需求。

# 26-8 Checkbox 類別

Checkbox 類別可以建立核取方塊 (check box)，在 AWT 中核取方塊的特色是選取 (on) 或是沒有選取 (off)。下列是建構方法：

| 建構方法 | 說明 |
|---|---|
| Checkbox( ) | 建立一個核取方塊 |
| Checkbox(String text) | 建立一個名稱是 text 的核取方塊 |
| Checkbox(String text, boolean state) | 如果 state 是 true，則是建立一個名稱是 text 的核取方塊，此方塊是被選取 |
| Checkbox(String text, boolean state, CheckboxGroup cbg) | 建立核取方塊同時將它加入群集 cbg |

下列是常用方法。

| 方法 | 說明 |
|---|---|
| String getLabel( ) | 獲得核取方塊標籤 |
| boolean getState( ) | 獲得核取方塊是否被選取 |
| void setState(boolean state ) | 設定核取方塊狀態 |

一個群組的核取方塊是可以複選，例如：想了解學生曾經學過那些電腦語言，可以使用下列方式設計。

程式實例 ch26_11.java：列出學過那些電腦語言的核取方塊。

```java
1  import java.awt.*;                              // 匯入類別庫
2  public class ch26_11 {
3      static Frame frm = new Frame("ch26_11");
4      static Checkbox cb1 = new Checkbox("Java");
5      static Checkbox cb2 = new Checkbox("Python");
6      static Checkbox cb3 = new Checkbox("C++");
7      public static void main(String[] args) {
8          frm.setLayout(null);                     // 取消版面配置
9          frm.setSize(300, 200);                   // 寬300，高200
10         frm.setBackground(Color.yellow);         // 視窗背景是黃色
11         cb1.setBounds(30, 50, 150, 50);          // 核取方塊cb1位置與大小
12         cb2.setBounds(30, 90, 150, 50);          // 核取方塊cb2位置與大小
13         cb3.setBounds(30, 130, 150, 50);         // 核取方塊cb3位置與大小
14         frm.add(cb1);                            // 將cb1加入視窗
15         frm.add(cb2);                            // 將cb2加入視窗
16         frm.add(cb3);                            // 將cb3加入視窗
17         frm.setVisible(true);                    // 顯示視窗
18     }
19 }
```

執行結果　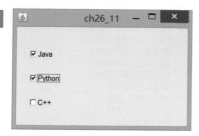

# 26-9 CheckboxGroup 類別

　　前一節所述的核取方塊是可以複選，可是我們常常會碰上群組選項中只能選一項，例如：要勾選學歷，有 3 個選項 " 研究所 "、" 大學 "、" 高中 "，這時一個人只能勾選一項，碰上這類問題，我們可以使用 CheckboxGroup 類別將多個選項組織起來，這時核取方塊就成了選項鈕，在選項鈕中同一時間只有一個選項被選取。下列是建構方法：

| 建構方法 | 說明 |
|---|---|
| CheckboxGroup( ) | 建立一個選項鈕群組 |

　　下列是一般方法：

| 方法 | 說明 |
|---|---|
| CheckboxGroup getCheckboxGroup( ) | 獲得核取方塊的群組名稱 |
| void setCheckboxGroup(CheckboxGroup cbg) | 設定核取方塊群組 |

程式實例 ch26_12.java：列出可以選擇學歷的選項鈕設計，這個程式的預設選項研究所是在第 18 行設定，讀者可以自行勾選，可以發現一次只有一項被選取。

```java
1  import java.awt.*;                              // 匯入類別庫
2  public class ch26_12 {
3      static Frame frm = new Frame("ch26_12");
4      static Checkbox cb1 = new Checkbox("研究所");
5      static Checkbox cb2 = new Checkbox("大學");
6      static Checkbox cb3 = new Checkbox("高中");
7      public static void main(String[] args) {
8          CheckboxGroup cbg = new CheckboxGroup();  // 建立選項鈕群組
9          frm.setLayout(null);                      // 取消版面配置
10         frm.setSize(300, 200);                    // 寬300, 高200
11         frm.setBackground(Color.yellow);          // 視窗背景是黃色
12         cb1.setBounds(30, 50, 150, 50);           // 核取方塊cb1位置與大小
```

```
13          cb2.setBounds(30, 90, 150, 50);      // 核取方塊cb2位置與大小
14          cb3.setBounds(30, 130, 150, 50);     // 核取方塊cb3位置與大小
15          cb1.setCheckboxGroup(cbg);           // 將cb1加入群組cbg
16          cb2.setCheckboxGroup(cbg);           // 將cb2加入群組cbg
17          cb3.setCheckboxGroup(cbg);           // 將cb3加入群組cbg
18          cb1.setState(true);                  // 設定預設選項是cb1
19          frm.add(cb1);                        // 將cb1加入視窗
20          frm.add(cb2);                        // 將cb2加入視窗
21          frm.add(cb3);                        // 將cb3加入視窗
22          frm.setVisible(true);                // 顯示視窗
23      }
24 }
```

執行結果

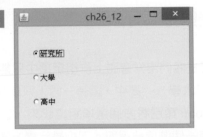

# 26-10　版面配置管理員 (LayoutManagers)

Java 的配置管理員主要是用於將視窗上的元件依據一定規則進行排列，同時也會依據視窗大小自動調整元件的大小和位置。在前面的程式實例中，筆者皆使用下列敘述將版面配置管理員設為 null：

frm.setLayout(null);

所以獲得的皆是元件的實際大小與位置，有時候使用版面配置管理員可以更方便設計元件大小以及與視窗的相對位置關係，這將是本節的主題。在 Java 版面配置管理員 (LayoutManagers) 是一個介面，有 5 個 AWT 相關的類別實作此介面。

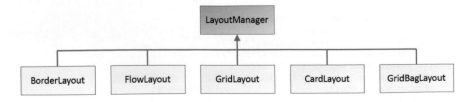

# 26-10-1 邊界版面配置 BorderLayout 類別

邊界版面配置 (BorderLayout) 是 Frame( 框架，由於一般皆是將 Frame 當作視窗元件使用，所以在正式內文皆將此解釋為視窗 ) 預設的邊界版面配置，在這個配置下整個版面被分成 5 個區域，east、west、south、north 和 center。每個區域只能包含一個元件，BorderLayout 類別為這 5 個區域設定了 5 個常數。

❑ public static final int EAST

❑ public static final int WEST

❑ public static final int SOUTH

❑ public static final int NORTH

❑ public static final int CENTER

BorderLayout 類別的建構方法如下：

| 建構方法 | 說明 |
|---|---|
| BorderLayout( ) | 建立 BorderLayout 物件 |
| BorderLayout(int hgap, int vgap) | 建立水平間距是 hgap，垂直間距是 vgap 的 BorderLayout 物件 |

它的一般方法如下：

| 方法 | 說明 |
|---|---|
| int getHgap( ) | 獲得 BorderLayout 的水平間距 |
| void setHgap(int hgap) | 設定 BorderLayout 的水平間距 |
| int getVgap( ) | 獲得 BorderLayout 的垂直間距 |
| void setVgap(int vgap) | 設定 BorderLayout 的垂直間距 |
| void removeLayoutComponent(Component comp) | 移除 BorderLayout 中的物件 |

特別需留意的是在 BorderLayout 版面配置下，由於會自動調整版面元件的大小或位置，所以無法使用 setSize( )、setBounds( ) … 等設定元件的大小。至於其他相關設計細節，筆者將用程式解說。

程式實例 ch26_13.java：設計一個視窗，然後使用 BorderLayout 將視窗自動分成 5 個部分。程式第 5 行是建立 BorderLayout 物件 obj，第 6 行是設定視窗採用 obj 當作邊界版面配置物件。第 8-12 行是將 5 個功能鈕加到視窗內，過程中也設定了功能鈕名稱和位置。

```
1  import java.awt.*;                              // 匯入類別庫
2  public class ch26_13 {
3      static Frame frm = new Frame("ch26_13");
4      public static void main(String[] args) {
5          BorderLayout obj =  new BorderLayout(4, 2);
6          frm.setLayout(obj);                      // 設定版面配置方式
7          frm.setSize(300, 200);                   // 寬300, 高200
8          frm.add(new Button("東"),  obj.EAST);
9          frm.add(new Button("西"),  obj.WEST);
10         frm.add(new Button("南"),  obj.SOUTH);
11         frm.add(new Button("北"),  obj.NORTH);
12         frm.add(new Button("中"),  obj.CENTER);
13         frm.setVisible(true);                    // 顯示視窗
14     }
15 }
```

執行結果 下方右圖是適度改變視窗大小的結果。

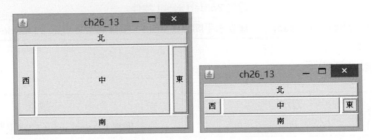

當我們使用 BorderLayout 管理員時，不一定是在有 5 個元件的情況，所以建議讀者可以嘗試使用不同元件數量和不同視窗寬與高的環境下測試這個版面配置功能。

程式實例 ch26_14.java：重新設計 ch26_13.java，然後使用東、西、中 3 個按鈕測試此版面配置。

```
7          frm.setSize(300, 200);                   // 寬300, 高200
8          frm.add(new Button("東"),  obj.EAST);
9          frm.add(new Button("西"),  obj.WEST);
10         frm.add(new Button("中"),  obj.CENTER);
11         frm.setVisible(true);                    // 顯示視窗
```

執行結果 下方右圖是適度改變視窗大小的結果。

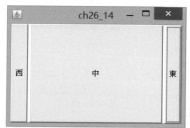

當然也建議讀者將不同元件加進 BorderLayout 做測試。

## 26-10-2 方格版面配置 GridLayout 類別

方格版面配置 (GridLayout) 是將視窗的物件用矩形方格方式排列，每個元件放在一個矩形方格內，其實計算機上的按鈕就是這種排列方式，下列是它的建構方法。

| 建構方法 | 說明 |
|---|---|
| GridLayout( ) | 建立一行的方格版面配置物件 |
| GridLayout(int rows, int cols) | 建立 rows 行 cols 欄數物件 |
| GridLayout(int rows, int cols, int hgap, int vgap) | 建立 rows 行 cols 欄數，水平間距是 hgap，垂直間距是 vgap 的物件 |

它的一般方法如下：

| 方法 | 說明 |
|---|---|
| int getColumns( ) | 取得欄位數 columns |
| void setColumn(int cols) | 設定欄位數 |
| int getRows( ) | 取得行數 rows |
| void setRows(int rows) | 設定行數 |
| int getHgap( ) | 取得物件水平間距 |
| void setHgap( ) | 設定物件水平間距 |
| int getVgap( ) | 取得物件垂直間距 |
| void setVgap( ) | 設定物件垂直間距 |

程式實例 ch26_15.java：建立 2 行 3 欄位按鈕的應用，這個程式設計時同時為每個鈕標註按鈕名稱。

```
1  import java.awt.*;                              // 匯入類別庫
2  public class ch26_15 {
3      static Frame frm = new Frame("ch26_15");
4      public static void main(String[] args) {
5          GridLayout obj = new GridLayout(2,3);   // rows=2,cols=3
6          frm.setLayout(obj);                     // 設定版面配置方式
7          frm.setSize(300, 200);                  // 寬300, 高200
8          frm.add(new Button("1"));
9          frm.add(new Button("2"));
10         frm.add(new Button("3"));
11         frm.add(new Button("4"));
12         frm.add(new Button("5"));
13         frm.add(new Button("6"));
14         frm.setVisible(true);                   // 顯示視窗
15     }
16 }
```

執行結果

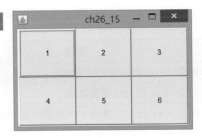

## 26-10-3　流動式版面配置 FlowLayout 類別

流動式版面配置 (FlowLayout) 是將視窗的物件由左到右排成一行，一行滿了則跳到下一行排列，這是面板 (panel) 或 applet 預設的配置，FlowLayout 類別預設了 5 個常數設定編排方式 (Alignment)。

❑ public static final int LEFT　　　　：可設定每行組件左側對齊

❑ public static final int RIGHT　　　 ：可設定每行組件右側對齊

❑ public static final int CENTER　　　：可設定每行組件置中對齊

❑ public static final int LEADING　　 ：可設定每行組件容器前端對齊

❑ public static final int TRAILING　　：可設定每行組件容器後端對齊

下列是它的建構方法。

| 建構方法 | 說明 |
|---|---|
| FlowLayout( ) | 建立置中對齊，水平和垂直間距皆是 5 個單位的流動版面配置 |
| FlowLayout(int align) | 依據 align 對齊方式，建立水平和垂直間距皆是 5 個單位的流動版面配置 |
| FlowLayout(int align, int hgap, int vgap) | 依據 align 對齊方式，建立水平 hgap 間距和垂直 vgap 間距的流動版面配置 |

下列是一般方法：

| 方法 | 說明 |
|---|---|
| int getAlignment( ) | 獲得版面對齊方式 |
| void setAlignment(int align) | 設定版面對齊方式 |
| int getHgap( ) | 獲得水平版面間距 |
| void setHgap(int hgap ) | 設定水平版面間距 |
| int getVgap( ) | 獲得垂直版面間距 |
| void setVgap(int vgap) | 設定垂直版面間距 |

程式實例 ch26_16.java：設計流動版面配置內含 6 個按鈕，這些按鈕是靠右對齊 ( 在第 5 行設定 )，建立讀者可以放大視窗寬度或縮小視窗寬度，這樣可以體會流動 (flow) 的意義。

```java
1  import java.awt.*;                          // 匯入類別庫
2  public class ch26_16 {
3      static Frame frm = new Frame("ch26_16");
4      public static void main(String[] args) {
5          FlowLayout obj = new FlowLayout(FlowLayout.RIGHT);
6          frm.setLayout(obj);                 // 設定版面配置方式
7          frm.setSize(300, 200);              // 寬300, 高200
8          frm.add(new Button("1"));
9          frm.add(new Button("2"));
10         frm.add(new Button("3"));
11         frm.add(new Button("4"));
12         frm.add(new Button("5"));
13         frm.add(new Button("6"));
14         frm.setVisible(true);               // 顯示視窗
15     }
16 }
```

執行結果

程式實例 ch26_16_1.java：是將第 5 行改為 FlowLayout(FlowLayout.LEFT) 的應用。

```
5           FlowLayout obj =  new FlowLayout(FlowLayout.LEFT);
```

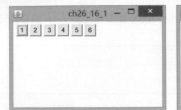 

程式實例 ch26_17.java：設計流動版面配置內含 4 個文字區域，這些是置中對齊 ( 在第 5 行設定 )，當分成 2 行顯示時水平間距是 4、垂直間距是 8，建立讀者可以放大視窗寬度或縮小視窗寬度，這樣可以體會流動 (flow) 的意義。

```
1 import java.awt.*;                              // 匯入類別庫
2 public class ch26_17 {
3     static Frame frm = new Frame("ch26_17");
4     public static void main(String[] args) {
5         FlowLayout obj =  new FlowLayout(FlowLayout.CENTER,4,8);
6         frm.setLayout(obj);                     // 設定版面配置方式
7         frm.setSize(300, 200);                  // 寬300, 高200
8         frm.add(new TextField("Java", 5));
9         frm.add(new TextField("入門邁向高手之路", 10));
10        frm.add(new TextField("王者歸來", 5));
11        frm.add(new TextField("深石數位科技股份有限公司", 16));
12        frm.setVisible(true);                   // 顯示視窗
13    }
14 }
```

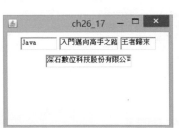 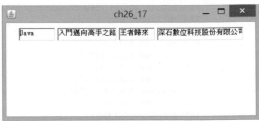

由上述執行結果可以看到，筆者設了每個元件的大小，但是 AWT 並沒有依照所設配置空間大小，對於英文內容配置了更多空間，中文內容空間顯得不足。

## 26-10-4 卡片式版面配置 CardLayout 類別

卡片式版面配置 (CardLayout) 是將每個視窗的元件當作一層，每個元件有一個名稱，同時元件會佈滿視窗區間，可以用元件名稱設定顯示的物件，下列是建構方法：

| 建構方法 | 說明 |
|---|---|
| CardLayout( ) | 建立卡片式版面配置 |
| CardLayout(int hgap, int vgap) | 建立卡片式版面配置,水平間距是 hgap、垂直間距是 vgap |

下列是常用的一般方法:

| 方法 | 說明 |
|---|---|
| void first(Container parent) | 顯示 Container 第一個物件 |
| void previous(Container parent) | 顯示前一個物件 |
| void next(Container parent) | 顯示下一個物件 |
| void last(Container parent) | 顯示最後一個物件 |
| void show(Container parent, String name) | 顯示 name 物件 |

程式實例 ch26_18.java:CardLayout 版面配置的應用,這個程式第 5 行設定視窗內的物件與視窗左右邊框的水平間距是 50、上下邊框的垂直間距是 30,這個視窗建立 3 個按鈕物件,第 11 行設定預設是顯示第 3 個按鈕。

```
1  import java.awt.*;                              // 匯入類別庫
2  public class ch26_18 {
3      static Frame frm = new Frame("ch26_18");
4      public static void main(String[] args) {
5          CardLayout obj =  new CardLayout(50,30);
6          frm.setLayout(obj);                      // 設定版面配置方式
7          frm.setSize(300, 200);                   // 寬300, 高200
8          frm.add(new Button("我是按鈕 1"), "b1");
9          frm.add(new Button("我是按鈕 2"), "b2");
10         frm.add(new Button("我是按鈕 3"), "b3");
11         obj.show(frm, "b3");                     // 顯示按鈕3
12         frm.setVisible(true);                    // 顯示視窗
13     }
14 }
```

執行結果

上述多層次版面每次只能顯示一個物件,如果想要顯示多個物件需使用面板 (panel),我們目前尚未介紹按鈕事件,讀者體會不出用途,下一章筆者會介紹這方面的應用。

## 習題實作題

1：　設計一個 600*300 的視窗，此視窗的標題是自己的名字，視窗底色是粉紅色。

2：　設計一個 300*180 的視窗，視窗標題是 "MyWin"，視窗左上方座標是 (400,200)，
　　　顯示視窗期間同時在命令提示訊息顯示視窗 x 軸座標、視窗 y 軸座標、視窗高度、
　　　視窗寬度、視窗名稱、視窗背景色。

```
D:\Java\ex>java ex26_2
視窗x軸座標 ：400
視窗y軸座標 ：200
視窗高度　　：180
視窗寬度　　：300
視窗名稱　　：frame0
視窗背景色　：java.awt.SystemColor[i=7]
```

3：　設計一個 600*400 的視窗，標題內容是 " 我的作業 "，視窗背景是黃色，在視窗建
　　　立一個標籤 (label)，標籤顏色是藍色，標籤內容是自己的名字，請讓標籤置中對齊，
　　　可參考 ch26_4.java。

4： 請參考 ch26_7.java，將視窗底色改為灰色 (gray)，字串內容改為 " 就讀學校名稱，字串的顏色是黑色，字串背景色是黃色。

5： 請建立一個 300*200 的視窗，此視窗含 1 個標籤 (label) 內容是自己的名字，2 個按鈕，一個按鈕名稱是 " 確定 "，另一個按鈕名稱是 " 取消 "。標籤大小與位置，以及按鈕大小與位置可以自行設定。

6： 請建立下列格式的視窗，視窗內部規格可以自行設計。

7： 請建立下列格式的視窗，視窗內部規格可以自行設計。

# 第二十七章

# 事件處理

　　上一章我們設計了視窗框架以及內部元件，但是並沒有教讀者如何更進一步操作它們。在使用所設計的視窗時我們會按一下功能鈕、選擇表單、滑鼠移動或點擊 … 等，這些動作在 Java 程式設計中稱事件 (event)，本章我們會將所產生的事件與所設計的元件結合，設計一系列相關的應用程式。

# 27-1 委派事件模式 (Delegation event model)

　　所謂的委派事件模式 (delegation event model) 是指當我們操作所設計的視窗應用程式時，會有操作的事件物件產生，此事件物件會被傳遞給事件傾聽者 (ActionListener)，事件傾聽者會依據事件的種類將工作交給適當的事件處理者 (Event Handler)。

　　Java 程式設計師扮演的角色就是將事件傾聽者與事件物件結合，最後設計事件處理者程式碼。所謂的結合在程式設計中是指事件傾聽者向事件物件註冊 (register)，這樣未來事件物件產生時事件傾聽者就會收到訊息，然後指派給適當的事件處理者，整個說明流程可以參考下列說明圖形。

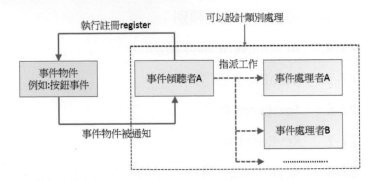

　　設計 Java 應用程式，當有按鈕或按功能表選項事件時，Java 的 ActionListener 介面將被通知，這是屬於 java.awt.event 套件，所以設計這類程式需在程式前面匯入 "java.awt.event.*"，這個介面只有一個方法 actionPerformed( )，事件處理程式就是設計在 actionPerformed( ) 方法內。這個抽象方法的宣告格式如下：

```
public abstract void actionPerformed(ActionEvent e);
```

簡單按鈕事件處理

當瞭解了前一節觀念後,本節將以一個簡單的實例說明應如何將觀念應用在程式設計,下列是一個先不考慮按鈕事件處理的按鈕程式設計。

程式實例 ch27_1.java:設計一個視窗,此視窗顯示一個按鈕,這個按鈕是採用流動式版面配置,按鈕名稱是 "請按我",視窗底色是黃色,視窗寬度與高度分別是 (300,200)。

```java
1  import java.awt.*;                        // 匯入類別庫
2  public class ch27_1 {
3      static Frame frm = new Frame("ch27_1");
4      static Button btn = new Button("請按我");
5      public static void main(String[] args) {
6          frm.setLayout(new FlowLayout());    // 流動式版面配置
7          frm.setSize(200, 120);              // 寬200, 高120
8          frm.setBackground(Color.yellow);    // 視窗背景是黃色
9          frm.add(btn);                       // 將功能鈕加入視窗
10         frm.setVisible(true);               // 顯示視窗
11     }
12 }
```

執行結果

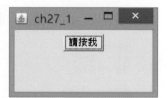

假設我們現在要擴充上述程式,當按一下請按我鈕時,可以將視窗背景設為灰色,這時可以知道 Button 物件 btn 將是事件物件。

❑　執行註冊

可以使用下列程式碼:

`事件來源者　　　　　　`事件傾聽者

❑　自行設計一個類別 MyListener( )

這個類別 MyListener 必須要實作 ActionListener 介面,然後用這個類別的物件當作事件傾聽者,下列是所設計的類別程式:

此類別實作ActionListener

```
6   // 擔任事件傾聽者和擁有事件處理者
7       static class MyListener implements ActionListener{   // 內部類別
8           public void actionPerformed(ActionEvent e) {      // 事件處理者
9               frm.setBackground(Color.gray);                  // 背景轉呈黃色
10          }
11      }
```

事件處理者也就是事件處理程式

從上述也可以看到所設計的類別程式，也必須設計事件處理程式，同時此程式的名稱是實作 ActionListener 介面唯一的方法 actionPerformed( )。上述我們設計的事件處理程式內容是第 9 行將視窗背景設為灰色 (gray)。

程式實例 ch27_2.java：實作當按一下請按我鈕時，可以將視窗背景設為灰色。

```
1   import java.awt.*;                                      // 匯入類別庫
2   import java.awt.event.*;                                // 因為有ActionEvent類別
3   public class ch27_2 {
4       static Frame frm = new Frame("ch27_2");
5       static Button btn = new Button("請按我");
6   // 擔任事件傾聽者和擁有事件處理者
7       static class MyListener implements ActionListener{   // 內部類別
8           public void actionPerformed(ActionEvent e) {      // 事件處理者
9               frm.setBackground(Color.gray);                  // 背景轉呈灰色
10          }
11      }
12      public static void main(String[] args) {
13          frm.setLayout(new FlowLayout());                   // 流動式版面配置
14          frm.setSize(200, 120);                             // 寬200, 高120
15          frm.setBackground(Color.yellow);                   // 視窗背景是黃色
16          btn.addActionListener(new MyListener());           // --- 註冊
17          frm.add(btn);                                      // 將功能鈕加入視窗
18          frm.setVisible(true);                              // 顯示視窗
19      }
20  }
```

執行結果

上述程式第 8 行的 "ActionEvent e"，其中 e 是一個參數名稱讀者可以自行決定名稱，ch27_4.java 會對此做實例說明。下列是 ch27_2.java 的工作流程圖形。

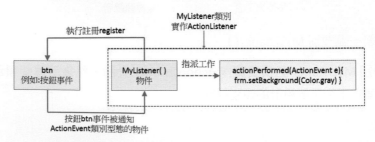

在 21-12 節筆者曾經介紹匿名類別 (Anonymous Class)，其實我們也可以使用此觀念重新設計 ch27_2.ajva。

程式實例 ch27_3.java：使用匿名類別重新設計 ch27_3.java。

```
1  import java.awt.*;                          // 匯入類別庫
2  import java.awt.event.*;
3  public class ch27_3 {
4      static Frame frm = new Frame("ch27_3");
5      static Button btn = new Button("請按我");
6      public static void main(String[] args) {
7          frm.setLayout(new FlowLayout());       // 流動式版面配置
8          frm.setSize(200, 120);                 // 寬200, 高120
9          frm.setBackground(Color.yellow);       // 視窗背景是黃色
10
11         btn.addActionListener(new ActionListener() {      // 註冊
12             public void actionPerformed(ActionEvent e) {  // 事件處理者
13                 frm.setBackground(Color.gray);
14             }
15         });
16
17         frm.add(btn);                          // 將功能鈕加入視窗
18         frm.setVisible(true);                  // 顯示視窗
19     }
20 }
```

執行結果 　與 ch27_2.java 相同。

上述程式的重點是第 11-15 行。

## 27-3　認識事件處理類別

在 Java 中所謂的事件 (event) 其實是指更改物件 ( 可將物件想成視窗元件 Component 或是事件來源者 ) 的狀態，例如：按一下按鈕、拖曳滑鼠 … 等，java.awt. event 套件提供了許多事件類別，也提供了事件處理 (event handling) 的事件傾聽者介面，本節將做說明。事件又可以分成 2 大類：

❑ 前景事件 (Foreground Events)：這些事件是由使用者直接互動產生，例如：按功能鈕、移動滑鼠、透過鍵盤輸入字元、選擇表單 (list)、捲動捲軸 … 等。這也是本書的主軸。

❑ 背景事件 (Background Events)：例如：作業系統中斷、軟體失敗、計時結束、作業完成 … 等。

　　上一節針對事件先做簡單實例說明，這一節將對事件做完整觀念敘述，下一節起則是對常用的事件作分類解說。

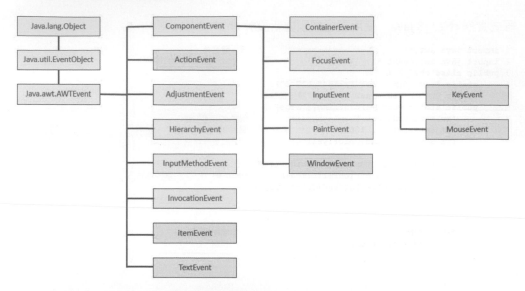

　　在 Java 中 java.awt.AWTEvent 類別是所有事件類別的最上層，如上所示，由於受限篇幅，本章將只介紹淺藍色底的部分。其實每一種事件類別又有屬於該事件類別的事件傾聽者介面，例如：前一節介紹 ActionEvent 事件類別的事件傾聽者介面是ActionListener。這些事件傾聽者介面是繼承 java.util.EventListener 介面，可參考下圖。

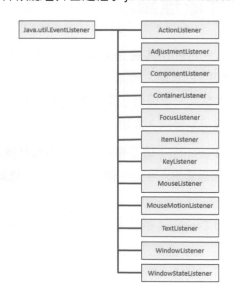

下表是事件來源者與事件類別關係表。

| 事件來源者 | 事件類別 |
|---|---|
| Button | ActionEvent |
| Label | ActionEvent |
| MenuItem | ActionEvent |
| Checkbox | ActionEvent, ItemEvent |
| TextArea | ActionEvent, TextEvent |
| TextField | ActionEvent, TextEvent |
| Component | ComponentEvent, FocusEvent, KeyEvent, MouseEvent |
| Scrollbar | AdjustmentEvent |
| Window | WindowEvent |

下表是事件類別與事件傾聽者介面關係表。

| 事件類別 | 事件傾聽者介面 |
|---|---|
| ActionEvent | ActionListener |
| ItemEvent | ItemListener |
| TextEvent | TextListener |
| KeyEvent | KeyListener |
| AdjustmentEvent | AdjustmentListener |
| WindowEvent | WindowListener |
| MouseEvent | MouseListener, MouseMotionListener |
| ComponentEvent | ComponentListener |
| ContainerEvent | ContainerListener |
| FocusEvent | FocusListener |

下表是常用事件來源者的註冊方法 (Registration Methods)。

| 事件來源者 | 註冊方法 |
|---|---|
| Button | addActionListener(ActionListener a) { } |
| Checkbox | addItemListener(ActionListener a) { } |
| Choice | addItemListener(ActionListener a) { } |
| Label | addActionListener(ActionListener a) { } |

| List | addActionListener(ActionListener a) { }<br>addItemListener(ActionListener a) { } |
|---|---|
| MenuItem | addActionListener(ActionListener a) { } |
| TextArea | addActionListener(ActionListener a) { }<br>addTextListener(ActionListener a) { } |
| TextField | addActionListener(ActionListener a) { }<br>addTextListener(ActionListener a) { } |

## 27-4　ActionEvent 事件類別

當使用者按下功能鈕、選擇表單、功能表物件、在文字方塊 (Text Field) 或文字區 (Text Area) 輸入字串按 Enter 鍵後皆會觸發 ActionEvent 事件，然後產生 ActionEvent 事件物件傳遞給事件傾聽者 ActionListener，我們可以使用此物件決定應該如何處理如何工作。這個類別有 2 個重要的方法。

❑ String getActionCommand( )：這是 ActionEvent 類別自己的方法，可以回傳字串資料型態，這是所按物件的字串名稱，可以參考 ch27_4.java。

❑ Object getSource( )：這是繼承 EventObject 類別的方法，可以回傳事件來源者資料型態，這是所按物件，可以參考 ch27_5.java。

同時這個 ActionEvent 類別有方法可以取得在發生 ActionEvent 期間有那一個修飾鍵 (modifier keys) 被按。

int getModifiers( )：可以獲得事件發生時所按的鍵，可以是 ALT、CTRL、SHIFT 或是這 3 個間的組合。下列是這 3 個修飾鍵的靜態常數。

static int ALT_MASK：值是 512

static int CTRL_MASK：值是 128

static int SHIFT_MASK：值是 64

程式實例 ch27_4.java：在視窗內設計 3 個鈕，有 2 個鈕可以更改視窗的背景顏色，另一個鈕可以結束視窗，第 17 行當按結束鈕時，執行第 17 行 "exit(0)" 可以關閉視窗結束程式，exit( ) 方法是在 java.lang.System 類別內，exit( ) 的參數必須是整數，通常 0 代表正常結束，若是其它數值代表非正常結束。

```
1  import java.awt.*;                                    // 匯入類別庫
2  import java.awt.event.*;                              // 因為有ActionEvent類別
3  public class ch27_4 {
4      static Frame frm = new Frame("ch27_4");
5      static Button btn1 = new Button("黃色");
6      static Button btn2 = new Button("綠色");
7      static Button btn3 = new Button("結束");
8  // 擔任事件傾聽者和擁有事件處理者
9      static class myListener implements ActionListener{  // 內部類別
10         public void actionPerformed(ActionEvent e) {    // 事件處理者
11             String str = e.getActionCommand();          // 取得所按物件名稱
12             if (str.equals("黃色"))
13                 frm.setBackground(Color.yellow);        // 背景轉呈黃色
14             else if(str.equals("綠色"))
15                 frm.setBackground(Color.green);         // 背景轉呈黃色
16             else
17                 System.exit(0);                         // 程式結束關閉視窗
18         }
19     }
20     public static void main(String[] args) {
21         frm.setLayout(new FlowLayout());                // 流動式版面配置
22         frm.setSize(200, 120);                          // 寬200, 高120
23         btn1.addActionListener(new myListener());       // --- 註冊
24         btn2.addActionListener(new myListener());       // --- 註冊
25         btn3.addActionListener(new myListener());       // --- 註冊
26         frm.add(btn1);                                  // 將黃色鈕加入視窗
27         frm.add(btn2);                                  // 將綠色鈕加入視窗
28         frm.add(btn3);                                  // 將結束鈕加入視窗
29         frm.setVisible(true);                           // 顯示視窗
30     }
31 }
```

執行結果

上述程式最重要是第 10-19 行的 actionPerformed(ActionEvent e) 方法，這個方法使用參數 e 定義事件物件變數名稱，可以 e 呼將 getActionCommand( ) 方法獲得事件來源這名稱。

程式實例 ch27_5.java：這是 getSource( ) 方法的應用，這個程式執行時會出現接受、拒絕、結束 3 個按鈕，當按按鈕時提示訊息視窗會列出相對應的訊息。同時這個程式使用 getSource( ) 判別是那一個功能鈕被按下。讀者須留意第 11 行取得按鈕物件的方式，內容如下：

**Button btn = (Button) e.getSource();**

↑

強制轉型

傳回值資料型態是 Button 物件，同時設定給 btn，我們可以由 btn 與 btn1 和 btn2 比較，就可以得到那一個鈕被按的資訊。另外由於 getSource( ) 有可能傳回父類別物件，所以我們使用 (Button) 強制轉型。

```java
1  import java.awt.*;                                    // 匯入類別庫
2  import java.awt.event.*;                              // 因為有ActionEvent類別
3  public class ch27_5 {
4      static Frame frm = new Frame("ch27_5");
5      static Button btn1 = new Button("接受");
6      static Button btn2 = new Button("拒絕");
7      static Button btn3 = new Button("結束");
8  // 擔任事件傾聽者和擁有事件處理者
9      static class myListener implements ActionListener{ // 內部類別
10         public void actionPerformed(ActionEvent e) {   // 事件處理者
11             Button btn = (Button) e.getSource();       // 取得所按物件
12             if (btn == btn1)
13                 System.out.println("你按了接受鈕, 感謝你");
14             else if(btn == btn2)
15                 System.out.println("你按了拒絕鈕, 很遺憾");
16             else {
17                 System.out.println("你按了結束鈕, 下回見");
18                 System.exit(0);                        // 程式結束關閉視窗
19             }
20         }
21     }
22     public static void main(String[] args) {
23         frm.setLayout(new FlowLayout());               // 流動式版面配置
24         frm.setSize(200, 120);                         // 寬200, 高120
25         btn1.addActionListener(new myListener());      // --- 註冊
26         btn2.addActionListener(new myListener());      // --- 註冊
27         btn3.addActionListener(new myListener());      // --- 註冊
28         frm.add(btn1);                                 // 將接受鈕加入視窗
29         frm.add(btn2);                                 // 將拒絕鈕加入視窗
30         frm.add(btn3);                                 // 將結束鈕加入視窗
31         frm.setVisible(true);                          // 顯示視窗
32     }
33 }
```

執行結果

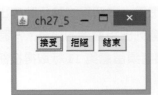

```
D:\Java\ch27>java ch27_5
你按了接受鈕, 感謝你
你按了拒絕鈕, 很遺憾
你按了結束鈕, 下回見
```

# 27-5 ItemEvent 類別

在 Windows 的選項被選取或取消選取時會觸發 ItemEvent 事件，例如：Checkbox 核取盒被選取時，會產生 ItemEvent 事件物件傳遞給事件傾聽者 ItemListener 介面，我們可以使用此物件決定應該如何處理如何工作。ItemListener 介面定義了下列 itemStateChanged( ) 方法：

> public abstract void itemStateChanged(ItemEvent e);

此外，ItemEvent 類別有提供靜態常數成員：

static int DESELECTED：選項物件未被選取。

static int SELECTED：選項物件有被選取。

下列是相關方法：

| 方法 | 說明 |
|------|------|
| Object getItem( ) | 取得觸發物件的 item |
| Int getStateChanged( ) | 傳回物件狀態是 DESELECTED 或 SELECTED |

程式實例 ch27_6.java：設計一個選項鈕，這個程式在執行最初視窗下方會顯示 " 你最愛的是： "，此字串是黃色底，然後當你執行選擇時會列出你的選擇，程式第 25 和 26 行呼叫 addItemListener( ) 是執行註冊。

```java
1  import java.awt.*;                                    // 匯入類別庫
2  import java.awt.event.*;                              // 因為有itemEvent
3  public class ch27_6 {
4      static Frame frm = new Frame("ch27_6");
5      static Label lab1 = new Label("請選擇你最愛的程式語言");
6      static Label lab2 = new Label("你最愛的是：        ");
7      static Checkbox cb1 = new Checkbox("Java");
8      static Checkbox cb2 = new Checkbox("Python");
9  // 擔任事件傾聽者和擁有事件處理者
10     static class myListener implements ItemListener{    // 內部類別
11         public void itemStateChanged(ItemEvent e) {     // 事件處理者
12             Checkbox cb = (Checkbox) e.getSource();      // 取得所按選項
13             if (cb == cb1)
14                 lab2.setText("你最愛的是：Java");
15             else if(cb == cb2)
16                 lab2.setText("你最愛的是：Python");
17         }
18     }
19     public static void main(String[] args) {
```

```
20        frm.setLayout(new FlowLayout(FlowLayout.LEFT));  // 流動式版面配置
21        frm.setSize(200, 130);                          // 寬200, 高130
22        CheckboxGroup cbg = new CheckboxGroup();        // 建立選項鈕群組cbg
23        cb1.setCheckboxGroup(cbg);                      // 將cb1加入群組cbg
24        cb2.setCheckboxGroup(cbg);                      // 將cb2加入群組cbg
25        cb1.addItemListener(new myListener());          // --- 註冊
26        cb2.addItemListener(new myListener());          // --- 註冊
27        lab2.setBackground(Color.yellow);               // 文字背景是黃色
28        frm.add(lab1);                                  // 將lab1加入視窗
29        frm.add(cb1);                                   // 將cb1加入視窗
30        frm.add(cb2);                                   // 將cb2加入視窗
31        frm.add(lab2);                                  // 將lab2加入視窗
32        frm.setVisible(true);                           // 顯示視窗
33    }
34 }
```

**執行結果**

上述程式剛開始執行時沒有預設選項，這不是好的設計，選項鈕通常會有預設選項，可參考 ch26_12.java，筆者將這個觀念當作本章習題。這個程式筆者使用 getSource( ) 取得選項，你也可以用其他方法。

## 27-6 TextEvent 類別

在 Windows 的 TextField 或 TextArea 物件內容更改時會觸發 TextEvent 或 ActionEvent 事件，這一節的重點是說明 TextEvent 事件。例如：TextField 或 TextArea 的內容更改時，會產生 TextEvent 事件物件傳遞給事件傾聽者 TextListener 介面，我們可以使用此物件決定應該如何處理如何工作。TextListener 介面定義了下列 textValueChanged( ) 方法：

> public abstract void textValueChanged(TextEvent e);

程式實例 ch27_7.java：這個程式會建立 2 個文字區 TextArea，分別設為 ta1 和 ta2 物件，然後可以在 ta1 文字區輸入，所輸入的內容會同步拷貝至 ta2 文字區。程式設計時會將 ta2 文字區設為不可編輯狀態、背景是黃色。這個程式筆者使用 GridLayout 版面配置方式，程式第 16 行呼叫 addTextListener( ) 是執行註冊。

```
1  import java.awt.*;                                    // 匯入類別庫
2  import java.awt.event.*;                              // 因為有TextEvent
3  public class ch27_7 {
4      static Frame frm = new Frame("ch27_7");
5      static TextArea ta1 = new TextArea("",10,40);      // 預設顯示垂直卷軸
6      static TextArea ta2 = new TextArea("",10,40);      // 預設顯示垂直卷軸
7  // 擔任事件傾聽者和擁有事件處理者
8      static class myListener implements TextListener{   // 實作TextListener
9          public void textValueChanged(TextEvent e) {    // 事件處理者
10             ta2.setText(ta1.getText());                // 複製ta1內容到ta2
11         }
12     }
13     public static void main(String[] args) {
14         frm.setLayout(new GridLayout(2, 1));           // 方格版面配置
15         frm.setSize(200, 140);                         // 寬200，高140
16         ta1.addTextListener(new myListener());         // --- 註冊
17         ta2.setEditable(false);                        // 設為不可編輯
18         ta2.setBackground(Color.yellow);               // 文字背景是黃色
19         frm.add(ta1);                                  // 將cb1加入視窗
20         frm.add(ta2);                                  // 將cb2加入視窗
21         frm.setVisible(true);                          // 顯示視窗
22     }
23 }
```

執行結果

程式啟動後畫面   筆者在上方視窗輸入
所輸入資料被複製到下方

程式實例 ch27_8.java：簡單加法與減法的應用，這個程式建立了 3 個文字方塊欄位，
我們可以在第 1 和 2 個文字方塊欄位輸入阿拉伯數字，然後可以按加法或減法鈕，最
後可以在第 3 個文字方塊看到執行結果。

```
1  import java.awt.*;                                        // 匯入類別庫
2  import java.awt.event.*;                                  // 因為有ActionEvent
3  public class ch27_8 {
4      static Frame frm = new Frame("ch27_8");
5      static TextField tf1 = new TextField();               // 建立TextField 1
6      static TextField tf2 = new TextField();               // 建立TextField 2
7      static TextField tf3 = new TextField();               // 建立TextField 3
8      static Button btnPlus = new Button("+");              // 建立加法button
9      static Button btnMinus = new Button("-");             // 建立減法button
10 // 擔任事件傾聽者和擁有事件處理者
11     static class myListener implements ActionListener{    // 實作ActionListener
12         public void actionPerformed(ActionEvent e) {      // 事件處理者
13             String str1 = tf1.getText();                  // 讀取第一個數字
14             String str2 = tf2.getText();                  // 讀取第二個數字
15             int x = Integer.parseInt(str1);               // 解析整數
16             int y = Integer.parseInt(str2);               // 解析整數
17             int result = 0;
18             if (e.getSource() == btnPlus)                 // 檢查是否按加法鈕
19                 result = x + y;                           // 執行加法
```

```
20              else if(e.getSource() == btnMinus)       // 檢查是否按減法鈕
21                  result = x - y;                        // 執行減法
22              tf3.setText(String.valueOf(result));       // 寫入結果
23          }
24      }
25      public static void main(String[] args) {
26          frm.setLayout(null);                           // 不使用版面配置
27          frm.setSize(350, 280);                         // 寬350, 高280
28          tf1.setBounds(100, 50, 150, 20);               // 設定文字方塊位置
29          tf2.setBounds(100, 100, 150, 20);
30          tf3.setBounds(100, 150, 150, 20);
31          btnPlus.setBounds(100, 200, 60, 60);           // 設定按鈕位置
32          btnMinus.setBounds(190, 200, 60, 60);
33          btnMinus.addActionListener(new myListener());  // --- 註冊
34          btnPlus.addActionListener(new myListener());   // --- 註冊
35          tf3.setBackground(Color.yellow);               // 文字背景是黃色
36          frm.add(tf1);frm.add(tf2);frm.add(tf3);        // 將3個文字方塊加入視窗
37          frm.add(btnMinus);frm.add(btnPlus);            // 將2個按鈕加入視窗
38          frm.setVisible(true);                          // 顯示視窗
39      }
40 }
```

執行結果

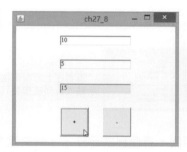 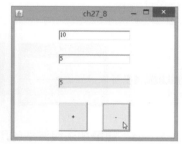

## 27-7 KeyEvent 類別

KeyEvent 類別基本上是繼承 InputEvent 類別，在操作 Windows 時若是有鍵盤按鍵發生會觸發 KeyEvent 事件，這時會產生 KeyEvent 事件物件傳遞給事件傾聽者 KeyListener 介面，我們可以使用此物件決定應該如何處理如何工作。KeyListener 介面定義了下列 3 個方法：

| KeyListener 介面函數 | 說明 |
| --- | --- |
| void keyPressed(KeyEvent e) | 按下鍵盤按鈕 |
| void keyReleased(KeyEvent e) | 放開鍵盤按鈕 |
| void keyTyped(KeyEvent e) | 按下與放開按鈕，不含 Action Key |

上述所謂的 Action Key 是指鍵盤上的功能鍵，例如：F1-F12、PgUp、PgDn、Del、Insert、Home、End、CapsLock、方向鍵 … 等。程式設計時須留意的是，我們必須實做上述 3 個方法，即使沒有用到也需要定義。

下列是 KeyEvent 類別常用的方法。

| KeyEvent 類別方法 | 說明 |
|---|---|
| char getKeyChar( ) | 傳回所按字元 |
| int getKeyCode( ) | 傳回所按字元碼 |
| public boolean isActionKey( ) | 傳回是否是 Action Key |

程式實例 ch27_9.java：這個程式建立了一個標籤和一個文字區 (Text Area)，在文字區輸入文字時，標籤區將顯示是觸發那一個事件處理器。程式執行過程好像沒有看到 keyPressed( ) 方法被啟動，其實不然，因為時間太短被遮蔽了。如果讀者刪除第 13 和 16 行就可以看到 "Key Pressed" 被列印的證明，程式第 24 和 25 行呼叫 addKeyListener( ) 是執行註冊。

```java
1  import java.awt.*;                                  // 匯入類別庫
2  import java.awt.event.*;                            // 因為有Event
3  public class ch27_9 {
4      static Frame frm = new Frame("ch27_9");
5      static Label lab = new Label();                 // 標籤
6      static TextArea ta = new TextArea();            // 文字區塊
7  // 擔任事件傾聽者和擁有事件處理者
8      static class myListener implements KeyListener{ // 實作KeyListener
9          public void keyPressed(KeyEvent e) {        // KeyPressed事件處理者
10             lab.setText("Key Pressed");             // 輸出Key Pressed
11         }
12         public void keyReleased(KeyEvent e) {       // KeyReleased事件處理者
13             lab.setText("Key Released");            // 輸出Key Released
14         }
15         public void keyTyped(KeyEvent e) {          // KeyTyped事件處理者
16             lab.setText("Key Typed");               // 輸出Key Typed
17         }
18     }
19     public static void main(String[] args) {
20         frm.setLayout(null);                        // 不設版面配置
21         frm.setSize(200, 160);                      // 寬200, 高160
22         lab.setBounds(30,50, 100, 20);              // 標籤位置與大小
23         ta.setBounds(30, 80, 140, 60);              // 文字區塊位置與大小
24         lab.addKeyListener(new myListener());       // --- 註冊
25         ta.addKeyListener(new myListener());        // --- 註冊
26         frm.add(lab);                               // 將lab加入視窗
27         frm.add(ta);                                // 將ta加入視窗
28         frm.setVisible(true);                       // 顯示視窗
29     }
30 }
```

執行結果

程式實例 ch27_10.java：這個程式基本上是修訂 ch27_9.java，當我們輸入句子時，會列出目前所輸入的文字數和字元數。

```java
1  import java.awt.*;                                    // 匯入類別庫
2  import java.awt.event.*;                              // 因為有Event
3  public class ch27_10 {
4      static Frame frm = new Frame("ch27_10");
5      static Label lab = new Label();                   // 標籤
6      static TextArea ta = new TextArea();              // 文字區塊
7  // 擔任事件傾聽者和擁有事件處理者
8      static class myListener implements KeyListener{   // 實作KeyListener
9          public void keyPressed(KeyEvent e) {}         // KeyPressed事件處理者
10         public void keyReleased(KeyEvent e) {         // KeyReleased事件處理者
11             String text = ta.getText();
12             String[] words = text.split("\\s");       // 空白分割句子
13             lab.setText("字數 : " + words.length + "  字元數 : " + text.length());
14         }
15         public void keyTyped(KeyEvent e) {}           // KeyTyped事件處理者
16     }
17     public static void main(String[] args) {
18         frm.setLayout(null);                          // 不設版面配置
19         frm.setSize(300, 160);                        // 寬300, 高160
20         lab.setBounds(30,50, 200, 20);                // 標籤位置與大小
21         ta.setBounds(30, 80, 240, 60);                // 文字區塊位置與大小
22         lab.addKeyListener(new myListener());         // --- 註冊
23         ta.addKeyListener(new myListener());          // --- 註冊
24         frm.add(lab);                                 // 將lab加入視窗
25         frm.add(ta);                                  // 將ta加入視窗
26         frm.setVisible(true);                         // 顯示視窗
27     }
28 }
```

執行結果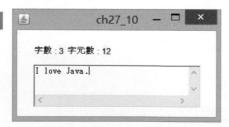

　　上述程式的關鍵是第 12 行，split("\\s") 方法，可以依空白分拆字串，然後將傳回字串，第 13 行的 words.length 可以傳回字串陣列元素數量，text.length( ) 可以傳回字串的長度。

# 27-8 KeyAdapter 類別

　　KeyAdapter 類別是抽象類別，主要用意是提供可以用更方便方式處理 KeyEvent 事件，這個類別是實作 KeyListener 介面，但是實作內容是空的，我們可以在設計傾聽者時繼承此類別，此例是讓 myListener 繼承 KeyAdapter，這樣可以只針對有需要的地方設計事件處理程式。

程式實例 ch27_11.java：使用繼承 KeyAdapter 類別重新設計 ch27_10.java，這個程式最大差異是只設計 keyReleased( ) 方法，不用像前一個程式須同時加上空的 keyPressed( ) 和 keyTyped( ) 方法。

```
1  import java.awt.*;                                    // 匯入類別庫
2  import java.awt.event.*;                              // 因為有Event
3  public class ch27_11 {
4      static Frame frm = new Frame("ch27_11");
5      static Label lab = new Label();                   // 標籤
6      static TextArea ta = new TextArea();              // 文字區塊
7  // 擔任事件傾聽者和擁有事件處理者
8      static class myListener extends KeyAdapter{       // 繼承KeyAdapter
9          public void keyReleased(KeyEvent e) {         // KeyReleased事件處理者
10             String text = ta.getText();
11             String[] words = text.split("\\s");       // 空白分割句子
12             lab.setText("字數 : " + words.length + "\t字元數 : " + text.length());
13         }
14     }
15     public static void main(String[] args) {
16         frm.setLayout(null);                          // 不設版面配置
17         frm.setSize(300, 160);                        // 寬300，高160
18         lab.setBounds(30,50, 200, 20);                // 標籤位置與大小
19         ta.setBounds(30, 80, 240, 60);                // 文字區塊位置與大小
20         lab.addKeyListener(new myListener());         // --- 註冊
21         ta.addKeyListener(new myListener());          // --- 註冊
22         frm.add(lab);                                 // 將lab加入視窗
23         frm.add(ta);                                  // 將ta加入視窗
24         frm.setVisible(true);                         // 顯示視窗
25     }
26 }
```

執行結果 與 ch27_10.java 相同。

## 27-9 MouseEvent 類別

MouseEvent 類別基本上是繼承 InputEvent 類別，在操作 Windows 時若是有滑鼠按鍵發生、移動滑鼠、拖曳滑鼠、滑鼠游標進入或離開來源物件皆會觸發 MouseEvent 事件。下列是 MouseEvent 類別常用的方法。

| 方法 | 說明 |
|------|------|
| int getX( ) | 傳回按滑鼠鍵時的 x 座標 |
| int getY( ) | 傳回按滑鼠鍵時的 y 座標 |
| Point getPoint( ) | 以 Point 類型傳回按滑鼠鍵時的座標 |

在 Java 是用 MouseListener 介面和 MouseMotionListener 介面當事件傾聽者，下列將分別說明。

### 27-9-1　MouseListener 介面

這個介面有 5 個方法，所以設計時需實作下列方法。

| 方法 | 說明 |
|------|------|
| void mouseClicked(MouseEvent e) | 在來源物件按一下，包含按下與放開 |
| void mouseEntered(MouseEvent e) | 滑鼠進入來源物件 |
| void mouseExited(MouseEvent e) | 滑鼠離開來源物件 |
| void mousePressed(MouseEvent e) | 滑鼠按下 |
| void mouseReleased(MouseEvent e) | 放開滑鼠 |

程式實例 ch27_12.java：這個程式的來源者是按鈕 btn，將滑鼠移入此按鈕、移出此按鈕、按一下 … 等，可以產生 MouseListener 事件，本程式會用標籤 lab 物件顯示你的滑鼠動作，程式第 30 行呼叫 addMouseListener( ) 是執行註冊。

```
1  import java.awt.*;                                   // 匯入類別庫
2  import java.awt.event.*;                             // 因為有Event
3  public class ch27_12 {
4      static Frame frm = new Frame("ch27_12");
5      static Label lab = new Label();                  // 標籤
6      static Button btn = new Button("Click Me");      // 按鈕
7  // 擔任事件傾聽者和擁有事件處理者
8      static class myListener implements MouseListener{ // 實作MouseListener
9          public void mouseClicked(MouseEvent e) {      // mouseClicked事件處理者
10             lab.setText("Mouse Clicked");
```

```
11            }
12        public void mouseEntered(MouseEvent e) {        // mouseEntered事件處理者
13            lab.setText("Mouse Entered");
14        }
15        public void mouseExited(MouseEvent e) {          // mouseExited事件處理者
16            lab.setText("Mouse Exited");
17        }
18        public void mousePressed(MouseEvent e) {         // mousePressed事件處理者
19            lab.setText("Mouse Pressed");
20        }
21        public void mouseReleased(MouseEvent e) {        // mouseReleased事件處理者
22            lab.setText("Mouse Released");
23        }
24    }
25    public static void main(String[] args) {
26        frm.setLayout(null);                             // 不設版面配置
27        frm.setSize(300, 160);                           // 寬300, 高160
28        lab.setBounds(30,50, 200, 20);                   // 標籤位置與大小
29        btn.setBounds(120, 120, 60, 20);                 // 按鈕位置與大小
30        btn.addMouseListener(new myListener());          // --- 註冊
31        frm.add(lab);                                    // 將lab加入視窗
32        frm.add(btn);                                    // 將btn加入視窗
33        frm.setVisible(true);                            // 顯示視窗
34    }
35 }
```

**執行結果**

## 27-9-2 MouseAdapter 類別

MouseAdapter 類別是抽象類別，主要用意是提供可以用更方便方式處理 MouseEvent 事件，這個類別是實作 MouseListener 介面，但是實作內容是空的，我們可以在設計傾聽者時繼承此類別，此例是讓 myListener 繼承 MouseAdapter，這樣可以只針對有需要的地方設計事件處理程式。

程式實例 ch27_13.java：這個程式的來源者是 frm，當按一下時會在提示訊息視窗顯示滑鼠游標位置。

```
1  import java.awt.*;                                    // 匯入類別庫
2  import java.awt.event.*;                              // 因為有Event
3  public class ch27_13 {
4      static Frame frm = new Frame("ch27_13");
5  // 擔任事件傾聽者和擁有事件處理者
6      static class myListener extends MouseAdapter{     // 繼承MouseAdapter
7          public void mouseClicked(MouseEvent e) {      // mouseClicked事件處理者
```

```
 8                    System.out.println("座標" + e.getX() + "," + e.getY());
 9             }
10        }
11        public static void main(String[] args) {
12             frm.setLayout(null);                           // 不設版面配置
13             frm.setSize(300, 160);                          // 寬300, 高160
14             frm.addMouseListener(new myListener());         // --- 註冊
15             frm.setVisible(true);                           // 顯示視窗
16        }
17 }
```

執行結果

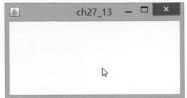

D:\Java\ch27>java ch27_13
座標111,110
座標111,104
座標92,91
座標145,82

## 27-9-3　MouseMotionListener 介面

這個介面有 2 個方法，所以設計時需實作下列方法。

| 方法 | 說明 |
|---|---|
| void mouseDragged(MouseEvent e) | 滑鼠在來源物件上方拖曳 |
| void mouseMoved(MouseEvent e) | 滑鼠在來源物件上方移動 |

程式實例 ch27_14.java：這個程式在執行時，上方的 xlab 和 ylab 標籤會列出滑鼠的 x 座標和 y 座標。Lab 標籤則是紀錄目前滑鼠是移動或拖曳，程式第 30 行呼叫 addMouseMotionListener( ) 是執行註冊。

```
 1 import java.awt.*;                                         // 匯入類別庫
 2 import java.awt.event.*;                                   // 因為有Event
 3 public class ch27_14 {
 4     static Frame frm = new Frame("ch27_14");
 5     static Label xlab = new Label();                       // 標籤紀錄x軸
 6     static Label ylab = new Label();                       // 標籤紀錄y軸
 7     static Label lab = new Label();                        // 紀錄事件
 8 // 擔任事件傾聽者和擁有事件處理者
 9     static class myListener implements MouseMotionListener{ // 實作MouseMotionListener
10        public void mouseDragged(MouseEvent e) {            // mouseDragged事件處理者
11             xlab.setText("x = " + e.getX());               // 輸出x座標
12             ylab.setText("y = " + e.getY());               // 輸出y座標
13             lab.setText("Mouse Dragged");                  // 輸出滑鼠被拖曳
14        }
15        public void mouseMoved(MouseEvent e) {              // mouseMoved事件處理者
16             xlab.setText("x = " + e.getX());               // 輸出x座標
17             ylab.setText("y = " + e.getY());               // 輸出y座標
18             lab.setText("Mouse Moved");                    // 輸出滑鼠被移動
19        }
20     }
```

```
21      public static void main(String[] args) {
22          frm.setLayout(null);                            // 不設版面配置
23          frm.setSize(200, 160);                          // 寬200，高160
24          xlab.setBounds(40, 50, 50, 20);                 // xlab位置和大小
25          ylab.setBounds(120, 50, 50, 20);                // ylab位置和大小
26          lab.setBounds(50, 120, 100, 20);                // lab位置和大小
27          frm.add(xlab);                                  // 將xlab加入視窗
28          frm.add(ylab);                                  // 將ylab加入視窗
29          frm.add(lab);                                   // 將lab加入視窗
30          frm.addMouseMotionListener(new myListener());   // --- 註冊
31          frm.setVisible(true);                           // 顯示視窗
32      }
33 }
```

執行結果

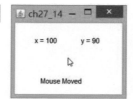

## 27-9-4　MouseMotionAdapter 類別

　　MouseMotionAdapter 類別是抽象類別，主要用意是提供可以用更方便方式處理 MouseEvent 事件，這個類別是實作 MouseMotionListener 介面，但是實作內容是空的，我們可以在設計傾聽者時繼承此類別，此例是讓 myListener 繼承MouseMotionAdapter，這樣可以只針對有需要的地方設計事件處理程式。

程式實例 ch27_15.java：使用 MouseMotionAdapter 類別重新設計 ch27_14.java，這個程式只有滑鼠拖曳時才會顯示滑鼠游標位置以及 "Mouse Dragged" 字串。

```
1  import java.awt.*;                                       // 匯入類別庫
2  import java.awt.event.*;                                 // 因為有Event
3  public class ch27_15 {
4      static Frame frm = new Frame("ch27_15");
5      static Label xlab = new Label();                     // 標籤紀錄x軸
6      static Label ylab = new Label();                     // 標籤紀錄y軸
7      static Label lab = new Label();                      // 紀錄事件
8  // 擔任事件傾聽者和擁有事件處理者
9      static class myListener extends MouseMotionAdapter{  // 實作MouseMotionAdapter
10         public void mouseDragged(MouseEvent e) {         // mouseDragged事件處理者
11             xlab.setText("x = " + e.getX());             // 輸出x座標
12             ylab.setText("y = " + e.getY());             // 輸出y座標
13             lab.setText("Mouse Dragged");                // 輸出滑鼠被拖曳
14         }
15     }
16     public static void main(String[] args) {
17         frm.setLayout(null);                             // 不設版面配置
18         frm.setSize(200, 160);                           // 寬200，高160
19         xlab.setBounds(40, 50, 50, 20);                  // xlab位置和大小
```

```
20          ylab.setBounds(120, 50, 50, 20);        // ylab位置和大小
21          lab.setBounds(50, 120, 100, 20);         // lab位置和大小
22          frm.add(xlab);                           // 將xlab加入視窗
23          frm.add(ylab);                           // 將ylab加入視窗
24          frm.add(lab);                            // 將lab加入視窗
25          frm.addMouseMotionListener(new myListener());    // --- 註冊
26          frm.setVisible(true);                    // 顯示視窗
27     }
28 }
```

執行結果

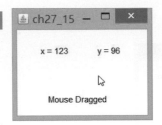

# 27-10 WindowEvent 類別

當我們關閉視窗、縮小視窗、啟動工作視窗 … 等皆會產生視窗事件 (WindowEvent)，這時會產生 WindowEvent 事件物件傳遞給事件傾聽者 WindowListener 介面，我們可以使用此物件決定應該如何處理如何工作。下列是 WindowEvent 類別的方法。

| 方法 | 說明 |
|---|---|
| Window getWindow( ) | 傳回觸發事件的視窗 |
| String paramString( ) | 傳會觸發事件的視窗參數字串 |

WindowListener 介面定義了下列 7 個方法：

| 方法 | 說明 |
|---|---|
| void windowActivated(WindowEvent e) | 非焦點視窗變焦點視窗 |
| void windowClosed(WindowEvent e) | 關閉視窗 |
| void windowClosing(WindowEvent e) | 正關閉視窗，可用此決定是否要關閉 |
| void windowDeactivated(WindowEvent e) | 由焦點視窗變非焦點視窗 |
| void windowDeiconified(WindowEvent e) | 視窗由最小化變一般狀態 |
| void windowIconified(WindowEvent e) | 視窗由一般變非最小化 |
| void windowOpened(WindowEvent e) | 開啟視窗 |

程式實例 ch27_16.java：這個程式只是實作 WindowListener 介面的方法，非常單純，當我們操作 Window 時，提示訊息視窗將列出視窗的操作項目，程式第 33 行呼叫 addWindowListener( ) 是執行註冊。

```java
1  import java.awt.*;                                           // 匯入類別庫
2  import java.awt.event.*;                                     // 因為有Event
3  public class ch27_16 {
4      static Frame frm = new Frame("ch27_16");
5  // 擔任事件傾聽者和擁有事件處理者
6      static class myListener implements WindowListener {  // 實作WindowListener
7          public void windowActivated(WindowEvent e) {     // windowActivated事件處理者
8              System.out.println("windowActivated");
9          }
10         public void windowClosed(WindowEvent e) {        // windowClosed事件處理者
11             System.out.println("windowClosed");
12         }
13         public void windowClosing(WindowEvent e) {       // windowClosing事件處理者
14             System.out.println("windowClosing");
15             frm.dispose();                               // 釋放frm視窗資源再關閉視窗
16         }
17         public void windowDeactivated(WindowEvent e) {   // windowDeactivated事件處理者
18             System.out.println("windowDeactivated");
19         }
20         public void windowDeiconified(WindowEvent e) {   // windowDeiconified事件處理者
21             System.out.println("windowDeiconified");
22         }
23         public void windowIconified(WindowEvent e) {     // windowIconified事件處理者
24             System.out.println("windowIconified");
25         }
26         public void windowOpened(WindowEvent e) {        // windowOpened事件處理者
27             System.out.println("windowOpened");
28         }
29     }
30     public static void main(String[] args) {
31         frm.setLayout(null);                             // 不設版面配置
32         frm.setSize(300, 160);                           // 寬300，高160
33         frm.addWindowListener(new myListener());         // --- 註冊
34         frm.setVisible(true);                            // 顯示視窗
35     }
36 }
```

執行結果

```
D:\Java\ch27>java ch27_16
windowActivated
windowOpened
windowIconified
windowDeactivated
windowDeiconified
windowActivated
windowClosing
windowDeactivated
windowClosed
```

# 27-11 WindowAdapter 類別

　　WindowAdapter 類別是抽象類別，主要用意是提供可以用更方便方式處理 WindowEvent 事件，這個類別是實作 WindowListener 介面，但是實作內容是空的，我們可以在設計傾聽者時繼承此類別，此例是讓 myListener 繼承 WindowAdapter，這樣可以只針對有需要的地方設計事件處理程式。

程式實例 ch27_17.java：重新設計 ch27_16.java，但是簡化為只重新定義 windowClosing( ) 方法。

```
1  import java.awt.*;                                    // 匯入類別庫
2  import java.awt.event.*;                              // 因為有Event
3  public class ch27_17 {
4      static Frame frm = new Frame("ch27_17");
5  // 擔任事件傾聽者和擁有事件處理者
6      static class myListener extends WindowAdapter {   // 繼承WindowAdapter
7          public void windowClosing(WindowEvent e) {    // windowClosing事件處理者
8              System.out.println("windowClosing");
9              frm.dispose();                            // 釋放frm視窗資源再關閉視窗
10         }
11     }
12     public static void main(String[] args) {
13         frm.setLayout(null);                          // 不設版面配置
14         frm.setSize(300, 160);                        // 寬300, 高160
15         frm.addWindowListener(new myListener());      // --- 註冊
16         frm.setVisible(true);                         // 顯示視窗
17     }
18 }
```

執行結果

```
D:\Java\ch27>java ch27_17
windowClosing
```

## 習題實作題

1： 請重新設計 ch27_4.java，增加白色與黑色功能鈕，若按白色功能鈕則背景是白色，
若按黑色功能鈕則背景是黑色。

2： 請重新設計 ch27_5.java，請在功能鈕下方建立文字區，當按接受、拒絕、結束時
對應的字串需在文字區顯示。

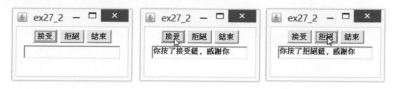

3： 請擴充 ch27_6.java，增加 C++ 選項，同時預設最愛程式語言是 Java。另外最下方
增加結束鈕，按此鈕可以結束程式。

4： 請重新設計 ch27_7.java，視窗分成左右 2 邊，在左邊輸入資料時，所輸入資料在
右邊顯示。

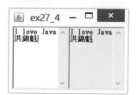

5： 請擴充 ch27_8.java，增加乘法和除法運算鈕。

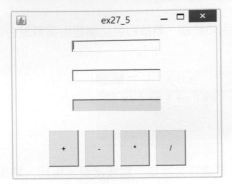 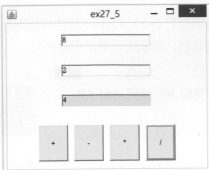

# 第二十八章

# 再談 AWT 物件

至今已經說明許多視窗元件了，AWT 仍有一些視窗元件尚未介紹，本章將作補充說明。

# 28-1 表單 List 類別

所謂的表單 (list) 是指一次可以顯示多個選項，同時一次也可以選擇多個選項，在 Java AWT 可以使用 List 類別建立表單，建好後可以使用 add( ) 方法將選項置入表單。

## 28-1-1 建立表單

List 類別繼承 Component 類別，下列是 List 類別的建構方法。

| 建構方法 | 說明 |
|---|---|
| List( ) | 預設顯示 4 行 (row) 的表單 |
| List(int rows) | 顯示 rows 行的表單 |
| List(int rows, boolean multipleMode) | 顯示 rows 行的表單，可設定單選或複選 |

下列是 List 常用的方法，其中表單索引 (index) 從 0 開始計數。

| 方法 | 說明 |
|---|---|
| void add(String item) | 將 item 加入選單末端 |
| void add(String item, int index) | 將 item 加入選單 index 位置 |
| void deselect(int index) | 取消 index 選項的選取 |
| String getItem(int index) | 傳回 index 選項的 item |
| int getItemCount( ) | 傳回選單的項目數 |
| String[ ] getItems( ) | 將選單項目以字串陣列傳回 |
| int getRows( ) | 傳回選單顯示的行數 (rows) |
| int getSelectIndex( ) | 傳回被選取項目的 index，如果沒有選取或多重選取則傳回 -1 |
| int[ ] getSelectIndexs( ) | 傳回被選取項目的 index |
| String getSelectedItem( ) | 傳回被選取項目 |
| String[ ] getSelectedItems( ) | 以字串陣列方式傳回所有被選取項目 |
| int getVisibleIndex( ) | 傳回最後用 makeVisible( ) 設定的項目 |
| boolean isIndexSelected(int index) | 傳回 index 項目是否被選取 |

| 方法 | 說明 |
|---|---|
| boolean isMultipleMode( ) | 傳回是否是複選模式 |
| void remove(int position) | 移除 position 位置的項目 |
| void remove(String item) | 移除 item 項目 |
| void removeAll( ) | 移除所有項目 |
| void replaceItem(String newValue, int i) | 用新 newValue 字串取代 i 位置項目 |
| void select(int index) | 選取 index 項目 |
| void setMultipleMode(boolean b) | 設定選單是否複選 |

程式實例 ch28_1.java：建立表單的基本應用，這個程式表單有 5 個項目，預設是 index 為 0 的選項，讀者可以自行體驗上下捲動表單。

```
1  import java.awt.*;                              // 匯入類別庫
2  public class ch28_1 {
3      static Frame frm = new Frame("ch28_1");
4      static List lst = new List();
5      public static void main(String[] args) {
6          frm.setLayout(null);                    // 不設版面配置
7          frm.setSize(200, 160);                  // 寬200, 高160
8          lst.setBounds(50, 50, 100, 60);         // 表單位置與大小
9          lst.add("明志科大");                     // 將項目加入表單
10         lst.add("台灣科大");
11         lst.add("台灣大學");
12         lst.add("清華大學");
13         lst.add("長庚大學");
14         lst.select(0);                          // 選取index 0項目
15         frm.add(lst);                           // 將表單加入視窗
16         frm.setVisible(true);                   // 顯示視窗
17     }
18 }
```

執行結果

程式實例 ch28_2.java：使用迴圈建立表單，此表單內含 6 個項目。

```
1  import java.awt.*;                              // 匯入類別庫
2  public class ch28_2 {
3      static Frame frm = new Frame("ch28_2");
4      static List lst = new List();
```

```
5       public static void main(String[] args) {
6           frm.setLayout(new FlowLayout(FlowLayout.CENTER,20,20));
7           frm.setSize(200, 160);                    // 寬200, 高160
8           for (int i=0; i < 6; i++)                 // 建立index 0-5
9               lst.add("Item" + i);                  // 將項目加入List
10          lst.select(0);                            // 選取index 0項目
11          frm.add(lst);                             // 將表單加入視窗
12          frm.setVisible(true);                     // 顯示視窗
13          System.out.println("Rows數量: " + lst.getRows());
14          System.out.println("Item數量: " + lst.getItemCount());
15      }
16 }
```

執行結果

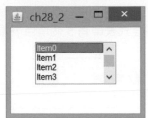

```
D:\Java\ch28>java ch28_2
Rows數量 : 4
Item數量 : 6
```

程式實例 ch28_2_1.java：將 ch26_7_1.java 所產生的字型放入單內。

```
1  import java.awt.*;                                 // 匯入類別庫
2  public class ch28_2_1 {
3      static Frame frm = new Frame("ch28_2_1");
4      static List lst = new List();
5      public static void main(String[] args) {
6          frm.setLayout(new FlowLayout(FlowLayout.CENTER,20,20));
7          frm.setSize(300, 160);                     // 寬300, 高160
8          GraphicsEnvironment graphicsEnv = GraphicsEnvironment.getLocalGraphicsEnvironment();
9          String[] fontFamilyNames = graphicsEnv.getAvailableFontFamilyNames();
10         for (String fontFamilyName : fontFamilyNames)
11             lst.add(fontFamilyName);               // 將字型加入List
12         lst.select(0);                             // 選取index 0字型
13         frm.add(lst);                              // 將表單加入視窗
14         frm.setVisible(true);                      // 顯示視窗
15      }
16 }
```

執行結果

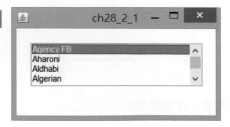

## 28-1-2 表單的事件處理

表單的項目被選取或取消選取時會產生 ItemEvent 事件，此事件相關細節可參考 27-5 節。

程式實例 ch28_3.java：重新設計 ch28_1.java，當選項有更改時在 TextField 欄位將顯示選項，同時這個程式採用流動版面配置 (FlowLayout)。

```
1  import java.awt.*;                                    // 匯入類別庫
2  import java.awt.event.*;                              // 因為有itemEvent
3  public class ch28_3 {
4      static Frame frm = new Frame("ch28_3");
5      static List lst = new List();                      // 建立List物件lst
6      static TextField tf = new TextField();             // 建立TextField物件tf
7  // 擔任事件傾聽者和擁有事件處理者
8      static class myListener implements ItemListener{   // 內部類別
9          public void itemStateChanged(ItemEvent e) {   // 事件處理者
10             String str = lst.getSelectedItem();        // 取得所按選項
11             tf.setText(str);                           // 將選項加入tf
12         }
13     }
14     public static void main(String[] args) {
15         frm.setLayout(new FlowLayout(FlowLayout.CENTER)); // 流動式版面配置
16         frm.setSize(200, 160);                         // 寬200, 高160
17         lst.add("明志科大");                            // 將項目加入表單
18         lst.add("台灣科大");
19         lst.add("台灣大學");
20         lst.add("清華大學");
21         lst.add("長庚大學");
22         lst.select(0);                                 // 選取index 0項目
23         lst.addItemListener(new myListener());         // --- 註冊
24         tf.setText(lst.getSelectedItem());             // 列出最初所選項目
25         frm.add(tf);                                   // 將tf加入視窗
26         frm.add(lst);                                  // 將lst加入視窗
27         frm.setVisible(true);                          // 顯示視窗
28     }
29 }
```

執行結果

# 28-2 下拉式選單 Choice 類別

　　下拉式選單 (choice) 與表單 (list) 類似，差別在於下拉式選單一次只顯示一個項目，同時一次也只能選取一個項目。它右邊有向下箭頭鈕，點選時可以看到系列選項，如下圖所示：

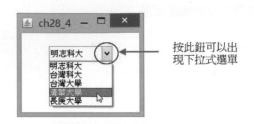

按此鈕可以出現下拉式選單

## 28-2-1 建立下拉式選單

　　Choice 類別繼承 Component 類別，下列是 Choice 類別的建構方法。

| 建構方法 | 說明 |
|---|---|
| Choice( ) | 建立下拉式選單 |

　　下列是 Choice 常用的方法，其中下拉式選單索引 (index) 從 0 開始計數。

| 方法 | 說明 |
|---|---|
| void add(String item) | 建立下拉式選單物件 |
| String getItem(int index) | 傳回 index 位置的項目 |
| int getSelectedIndex( ) | 傳回被選取項目的索引 |
| String getSelectedItem( ) | 傳回被選取項目 |
| void insert(String item, int index) | 在 index 位置插入 item 項目 |
| void remove(int position) | 刪除 position 位置的項目 |
| void remove(String item) | 刪除 item 項目 |
| void removeAll( ) | 刪除所有項目 |
| void select(int pos) | 選取 pos 位置的項目 |
| void select(String item) | 選取 item 項目 |

程式實例 ch28_4.java：建立下拉式選單的應用。

```
 1  import java.awt.*;                              // 匯入類別庫
 2  public class ch28_4 {
 3      static Frame frm = new Frame("ch28_4");
 4      static Choice ch = new Choice();
 5      public static void main(String[] args) {
 6          frm.setLayout(null);                     // 不設版面配置
 7          frm.setSize(200, 160);                   // 寬200, 高160
 8          ch.setBounds(50, 50, 100, 60);           // 表單位置與大小
 9          ch.add("明志科大");                       // 將項目加入表單
10          ch.add("台灣科大");
11          ch.add("台灣大學");
12          ch.add("清華大學");
13          ch.add("長庚大學");
14          ch.select(0);                            // 選取index 0項目
15          frm.add(ch);                             // 將表單加入視窗
16          frm.setVisible(true);                    // 顯示視窗
17      }
18  }
```

執行結果

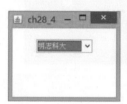 

## 28-2-2　下拉式選單的事件處理

下拉式選單的項目被選取或取消選取時會產生 ItemEvent 事件，此事件相關細節可參考 27-5 節。

程式實例 ch28_5.java：這個程式會建立下拉式選單，預設選項是黃色，視窗背景顯示選項的顏色是黃色。選項有更改時會依照所選的選項顏色更改視窗背景顏色，同時這個程式採用流動版面配置 (FlowLayout)。

```
 1  import java.awt.*;                              // 匯入類別庫
 2  import java.awt.event.*;                        // 因為有itemEvent
 3  public class ch28_5 {
 4      static Frame frm = new Frame("ch28_5");
 5      static Choice ch = new Choice();             // 建立Choice物件ch
 6  // 擔任事件傾聽者和擁有事件處理者
 7      static class myListener implements ItemListener{    // 內部類別
 8          public void itemStateChanged(ItemEvent e) {     // 事件處理者
 9              String color = ch.getSelectedItem();        // 取得所按選項
10              if (color == "Yellow")
11                  frm.setBackground(Color.yellow);        // 設背景是黃色
12              else if (color == "Gray")
```

```
13              frm.setBackground(Color.gray);          // 設背景是灰色
14          else if (color == "Green")
15              frm.setBackground(Color.green);          // 設背景是綠色
16      }
17    }
18    public static void main(String[] args) {
19      frm.setLayout(new FlowLayout(FlowLayout.CENTER)); // 流動式版面配置
20      frm.setSize(200, 160);                            // 寬200, 高160
21      ch.add("Yellow");                                 // 將項目加入表單
22      ch.add("Gray");
23      ch.add("Green");
24      ch.select(0);                                     // 選取index 0項目
25      frm.setBackground(Color.yellow);                  // 預設背景是黃色
26      ch.addItemListener(new myListener());             // --- 註冊
27      frm.add(ch);                                      // 將Choice加入視窗
28      frm.setVisible(true);                             // 顯示視窗
29    }
30 }
```

執行結果

## 28-3 功能表設計

想要設計功能表需要使用 MenuBar 類別、Menu 類別、MenuItem 類別，這 3 個
類別的繼承關係如下：

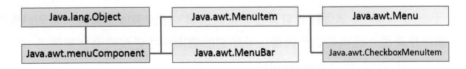

有關 MenuBar 物件、Menu 物件、MenuItem 物件的觀念如下：

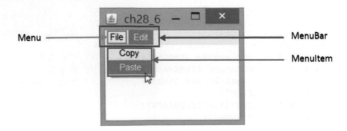

## 28-3-1 建立功能表

下列是 MenuBar 類別的建構方法。

| MenuBar 建構方法 | 說明 |
|---|---|
| MenuBar( ) | 建立 MenuBar 物件 |

下列是 MenuBar 類別的常用方法。

| 方法 | 說明 |
|---|---|
| Menu add(Menu m) | 將 Menu 物件加入 MenuBar 物件 |
| Menu getMenu(int index) | 傳回 index 位置的 Menu 物件 |
| int getMenuCount( ) | 傳回 Menu 物件總數 |
| void remove(int index) | 刪除 index 位置的 Menu 物件 |

下列是 Menu 類別的建構方法。

| Menu 建構方法 | 說明 |
|---|---|
| Menu( ) | 建立 Menu 物件 |
| Menu(String label) | 用 label 標籤建立 Menu 物件 |

下列是 Menu 類別的常用方法。

| 方法 | 說明 |
|---|---|
| MenuItem add(MenuItem m) | 將 MenuItem 物件加到 Menu 中 |
| void add(String label) | 將 label 標籤加到 Menu 中 |
| void addSeparator( ) | 在目前位置增加分隔線 |
| MenuItem getItem(int index) | 傳回 index 位置的 MenuItem 物件 |
| int getItemCount( ) | 傳回 MenuItem 物件總數 |
| void insert(MenuItem menuitem, int index) | 在 index 位置插入 menuitem 物件 |
| void insert(String label, int index) | 在 index 位置插入 label 的 MenuItem 物件 |
| void insertSeparator(int index) | 在 index 位置增加分隔線 |
| void remove(int index) | 在 index 位置刪除 MenuItem 物件 |
| void removeAll( ) | 刪除所有 MenuItem 物件 |

下列是 MenuItem 類別的建構方法。

| MenuItem 建構方法 | 說明 |
|---|---|
| MenuItem( ) | 建立 MenuItem 物件 |
| MenuItem(String label) | 建立 label 名稱的 MenuItem 物件 |
| MenuItem(String label, MenuShortcut s) | 建含快捷鍵以 label 為名的 MenuItem 物件 |

下列是 MenuItem 類別的常用方法。

| 方法 | 說明 |
|---|---|
| String getLabel( ) | 傳回 MenuItem 標籤 |
| boolean isEnabled( ) | 傳回 MenuItem 是否可以使用 |
| void setEnabled(boolean b) | 設定 MenuItem 是否可以使用 |
| void setLabel(String label) | 設定 MenuItem 標籤 |
| void setShortcut(MenuShortcut s) | 設定 MenuItem 標籤的快捷鍵 |

建立功能表的步驟如下：

1： 分別建立 MenuBar、Menu、MenuItem 物件。

2： 使用 add( ) 方法將 Menu 物件加到 MenuBar 物件中。

3： 使用 add( ) 方法將 MenuItem 物件加到 Menu 物件中。

程式實例 ch28_6.java：建立功能表的應用，這個程式會建立 File 和 Edit 功能表，每個功能表內有一系列相關項目，其中在 File 功能表中也增加了分隔線 (第 17 行)。

```java
1  import java.awt.*;                                // 匯入類別庫
2  public class ch28_6 {
3      static Frame frm = new Frame("ch28_6");
4      static MenuBar mb = new MenuBar();            // 建立MenuBar
5      static Menu menu1 = new Menu("File");         // 建立Menu
6      static Menu menu2 = new Menu("Edit");         // 建立Menu
7      static MenuItem mI1_1 = new MenuItem("New");  // 建立MenuItem
8      static MenuItem mI1_2 = new MenuItem("Save"); // 建立MenuItem
9      static MenuItem mI1_3 = new MenuItem("Exit"); // 建立MenuItem
10     static MenuItem mI2_1 = new MenuItem("Copy"); // 建立MenuItem
11     static MenuItem mI2_2 = new MenuItem("Paste");// 建立MenuItem
12     public static void main(String[] args) {
13         mb.add(menu1);                            // 在MenuBar加入File Menu
14         mb.add(menu2);                            // 在MenuBar加入Edit Menu
15         menu1.add(mI1_1);                         // 將New加入File Menu
16         menu1.add(mI1_2);                         // 將Save加入File Menu
17         menu1.addSeparator();                     // 增加分隔線
18         menu1.add(mI1_3);                         // 將Exit加入File Menu
```

```
19        menu2.add(mI2_1);                    // 將Copy加入Edit Menu
20        menu2.add(mI2_2);                    // 將Paste加入Edit Menu
21        frm.setSize(200, 160);               // 寬200, 高160
22        frm.setMenuBar(mb);                  // 設定frm功能表是mb物件
23        frm.setVisible(true);                // 顯示視窗
24    }
25 }
```

執行結果

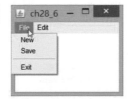 

程式實例 ch28_7.java：在功能表內建立次功能表的應用，若是和 ch28_6.java 相比較，這個程式將 Edit 功能表以次功能表方式呈現在 File 功能表內。

```
1  import java.awt.*;                                      // 匯入類別庫
2  public class ch28_7 {
3      static Frame frm = new Frame("ch28_7");
4      static MenuBar mb = new MenuBar();                  // 建立MenuBar
5      static Menu menu = new Menu("File");                // 建立Menu
6      static Menu submenu = new Menu("Edit");             // 建立SubMenu
7      static MenuItem mI1 = new MenuItem("New");          // 建立MenuItem
8      static MenuItem mI2 = new MenuItem("Save");         // 建立MenuItem
9      static MenuItem mI3 = new MenuItem("Exit");         // 建立MenuItem
10     static MenuItem smI1 = new MenuItem("Copy");        // 建立MenuItem
11     static MenuItem smI2 = new MenuItem("Paste");       // 建立MenuItem
12     public static void main(String[] args) {
13         mb.add(menu);                       // 在MenuBar加入File Menu
14         menu.add(mI1);                      // 將New加入File Menu
15         menu.add(mI2);                      // 將Save加入File Menu
16         menu.addSeparator();                // 增加分隔線
17         menu.add(submenu);                  // 增加submenu Edit
18         menu.addSeparator();                // 增加分隔線
19         menu.add(mI3);                      // 將Exit加入File Menu
20         submenu.add(smI1);                  // 將Copy加入Edit SubMenu
21         submenu.add(smI2);                  // 將Paste加入Edit SubMenu
22         frm.setSize(200, 160);              // 寬200, 高160
23         frm.setMenuBar(mb);                 // 設定frm功能表是mb物件
24         frm.setVisible(true);               // 顯示視窗
25     }
26 }
```

執行結果

## 28-3-2　功能表的事件處理

當我們選擇功能表的選項時是觸發 ActionEvent 事件，所以只要將相關事件處理寫入 actionPerformed( ) 方法即可。

程式實例 ch28_8.java：這個程式會在視窗中央顯示 Java 字串，然後可以使用 Font 功能表的 Bold、Italic、Plain 項目更改 Java 為粗體、斜體和正常字體，若是執行 Exit 則程式結束。

```java
1  import java.awt.*;                                      // 匯入類別庫
2  import java.awt.event.*;                                // 因為有Event
3  public class ch28_8 {
4      static Frame frm = new Frame("ch28_8");
5      static MenuBar mb = new MenuBar();                  // 建立MenuBar
6      static Menu menu = new Menu("Font");                // 建立Menu Font
7      static MenuItem mI1 = new MenuItem("Bold");         // 建立MenuItem
8      static MenuItem mI2 = new MenuItem("Italic");       // 建立MenuItem
9      static MenuItem mI3 = new MenuItem("Plain");        // 建立MenuItem
10     static MenuItem mI4 = new MenuItem("Exit");         // 建立MenuItem
11     static Label lab = new Label("Java",Label.CENTER);  // 建立Label
12 // 擔任事件傾聽者和擁有事件處理者
13     static class myListener implements ActionListener{  // 內部類別
14         public void actionPerformed(ActionEvent e) {    // 事件處理者
15             MenuItem item = (MenuItem) e.getSource();    // 取得所按選項
16             if (item == mI1)                             // 如果true建立BOLD
17                 lab.setFont(new Font("Times New Roman",Font.BOLD,36));
18             else if (item == mI2)                        // 如果true建立ITALIC
19                 lab.setFont(new Font("Times New Roman",Font.ITALIC,36));
20             else if (item == mI3)                        // 如果true建立PLAIN
21                 lab.setFont(new Font("Times New Roman",Font.PLAIN,36));
22             else if (item == mI4)
23                 frm.dispose();                           // 關閉視窗
24         }
25     }
26     public static void main(String[] args) {
27         mb.add(menu);                                   // 在MenuBar加入File Menu
28         menu.add(mI1);                                  // 將Bold加入File Menu
29         menu.add(mI2);                                  // 將Italic加入File Menu
30         menu.add(mI3);                                  // 將Plain加入File Menu
31         menu.addSeparator();                            // 增加分隔線
32         menu.add(mI4);                                  // 將Exit加入File Menu
33         mI1.addActionListener(new myListener());        // --- 註冊
34         mI2.addActionListener(new myListener());        // --- 註冊
35         mI3.addActionListener(new myListener());        // --- 註冊
36         mI4.addActionListener(new myListener());        // --- 註冊
37         lab.setFont(new Font("Times New Roman",Font.PLAIN,36));
38         frm.add(lab);                                   // 將Label加入視窗
39         frm.setSize(250, 160);                          // 寬250, 高160
40         frm.setMenuBar(mb);                             // 設定frm功能表是mb物件
41         frm.setVisible(true);                           // 顯示視窗
42     }
43 }
```

執行結果

# 28-4 捲軸 Scrollbar 類別

在 Windows 環境中常常可以看到捲軸方面的應用，在捲軸應用中使用者可以拖曳卷軸盒在一定的區間中移動，在 Java 可以用 Scrollbar 類別處理相關功能。下列是捲軸相關定義圖：

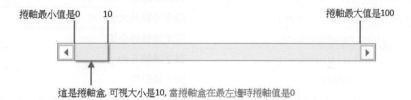

讀者需留意的是捲軸盒的大小會影響捲軸的最大值，例如一個 0-100 間的捲軸值，如果捲軸盒寬度是 10，此捲軸實際產生的最大值是 90。

下列是 Scrollbar 類別的建構方法。

| 建構方法 | 說明 |
|---|---|
| Scrollbar( ) | 建立垂直捲軸 |
| Scrollbar(int orientation) | 依方向建立捲軸 |
| Scrollbar(int orientation, int value, int visible, int minimum, int maximum) | 依方向建立捲軸，同時設定最初值、最大值、最小值和可視範圍 |

捲軸可以使用下列類別成員常數設定水平或垂直捲軸。

❏ HORIZONTAL：水平捲軸。

❏ VERTICAL：垂直捲軸。

下列是 Scrollbar 類別的常用方法。

| 方法 | 說明 |
|------|------|
| void addAdjustmentListener(AdjustmentListener I) | 加入 AdjustmentEvent 事件傾聽者 |
| int getMaximum( ) | 傳回捲軸最大值 |
| int getMinimum( ) | 傳回捲軸最小值 |
| int getOrientation( ) | 傳回捲軸方向 |
| int getValue( ) | 傳回捲軸值 |
| int getVisibleAmount( ) | 傳回捲軸盒可視大小 |
| void setMaximum(int newMaximum) | 設定捲軸最大值 |
| void setMinimum(int newMinimum) | 設定捲軸最小值 |
| void setOrientation( ) | 設定捲軸方向 |
| void setValue(int newValue) | 設定捲軸值 |
| void setValues(int value, int visible, int minimum, int maximum) | 設定捲軸值、捲軸盒可視大小、最小值與最大值 |
| void setVisibleAmount(int newValue) | 設定捲軸盒的可視大小 |

程式實例 ch28_9.java：建立垂直捲軸與水平捲軸的基本應用，讀者可以在視窗內看到這 2 個捲軸。

```
1  import java.awt.*;                                        // 匯入類別庫
2  public class ch28_9 {
3      static Frame frm = new Frame("ch28_9");
4      static Scrollbar scv = new Scrollbar();               // 建立垂直捲軸
5      static Scrollbar sch = new Scrollbar(Scrollbar.HORIZONTAL); //水平
6      public static void main(String[] args) {
7          frm.setLayout(null);                              // 不設版面配置
8          scv.setBounds(50,50,15,100);                      // 垂直捲軸位置與大小
9          sch.setBounds(100,75,100,15);                     // 水平捲軸位置與大小
10         frm.add(scv);                                     // 垂直捲軸加入視窗
11         frm.add(sch);                                     // 水平捲軸加入視窗
12         frm.setSize(250, 180);                            // 寬250，高180
13         frm.setVisible(true);                             // 顯示視窗
14     }
15 }
```

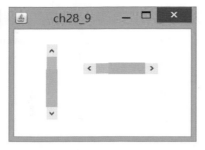

Scrollbar 類別相對應的事件類別是 AdjustmentEvent，此事件類別的事件傾聽者介面是 AdjustmentListener，這個事件傾聽者只有定義一個方法。

adjustmentValueChanged(AdjustmentEvent e)

Scrollbar 類別中若是想將事件來源者與事件傾聽者執行註冊，是使用下列方法。

sc.addAdjustmentListener(new MyListener ); // 可參考下列第 15 行

程式實例 ch28_10.java：捲動捲軸，標籤將列出目前的捲軸值，這個捲軸的初值是 50，最大值是 100，最小值是 0。由於捲軸的可視寬度是 10，所以在拖曳捲軸時最大值將只有 90。

```java
1  import java.awt.*;                                      // 匯入類別庫
2  import java.awt.event.*;                                // 因為有Event
3  public class ch28_10 {
4      static Frame frm = new Frame("ch28_10");
5      static Scrollbar sc = new Scrollbar();              // 建立垂直捲軸
6      static Label lab = new Label();                     // 建立標籤
7  // 擔任事件傾聽者和擁有事件處理者
8      static class myListener implements AdjustmentListener{
9          public void adjustmentValueChanged(AdjustmentEvent e) {
10             lab.setText("垂直捲軸 : " + sc.getValue());  // 取得捲軸值
11         }
12     }
13     public static void main(String[] args) {
14         frm.setLayout(null);                            // 不設版面配置
15         sc.addAdjustmentListener(new myListener());     // 註冊
16         sc.setBounds(115,80,20,150);                    // 設定捲軸位置與大小
17         sc.setValues(50,10,0,100);                      // 設定捲軸相關值
18
19         lab.setAlignment(Label.CENTER);                 // 設定標籤置中對齊
20         lab.setBounds(50,50,150,20);                    // 設定標籤位置與大小
21         lab.setText("垂直捲軸 : " + sc.getValue());      // 輸出標籤
22
23         frm.add(sc);                                    // 垂直捲軸加入視窗
24         frm.add(lab);                                   // 標籤加入視窗
25         frm.setSize(250, 250);                          // 寬250，高250
26         frm.setVisible(true);                           // 顯示視窗
27     }
28 }
```

執行結果

上述第 20 行雖然我們設定標籤位置是在 (50,50) 位置開始放，但是第 19 行有設定置中對齊，所以標籤會置中對齊。

## 28-5  對話方塊 Dialog 類別

對話方塊有是一種視窗，通常會在 Windows 作業系統的最上層顯示，使用者可以在此執行簡單的輸入。

有關對話方塊 AWT 類別的結構圖可參考 26-1 節，由該圖可以看到 Dialog 類別與 Frame 類別一樣均是繼承 Window 類別，所以可以知道 Dialog 類別與 Frame 類別有許多類似的特性，例如可以在對話方塊內放置視窗的元件，例如：功能、標籤 … 等。下列是 Dialog 類別的建構方法。

| 建構方法 | 說明 |
|---|---|
| Dialog(Dialog owner) | 建立沒有標題的對話方塊，擁有者是另一個對話方塊 (Dialog) |
| Dialog(Dialog owner, String title) | 與上述相同但有標題 |
| Dialog(Dialog owner, String title, boolean modal) | 與上述相同，但是可以由布林值 modal 設定主控 |
| Dialog(Frame owner) | 建立沒有標題的對話方塊，擁有者是視窗 (Frame) |
| Dialog(Frame owner, boolean modal) | 與上述相同但可由 modal 設定主控 |
| Dialog(Frame owner, String title) | 建立有標題的對話方塊擁有者是視窗 (Frame) |
| Dialog(Frame owner, String title, boolean modal) | 與上述相同但可由 modal 設定主控 |

下列是 Dialog 類別的常用方法。

| 方法 | 說明 |
|---|---|
| String getTitle( ) | 傳回對話方塊標題 |
| boolean isModal( ) | 傳回對話方塊是否主控 |
| boolean isResizable( ) | 傳回對話方塊是否可更改大小 |
| void setModal(boolean modal) | 設定對話方塊是否主控 |
| void setResizeable(boolean resizable) | 對話方塊是否可更改大小 |
| void setTitle(String title) | 設定對話方塊標題 |
| void setVisible(boolean b ) | 設定對話方塊是否顯示 |

有關對話方塊需留意下列幾點：

❑ 對話方塊需設定擁有者，可以是 Frame 或另一對話方塊。

❑ 對話方塊需用 setVisible(true) 設定顯示或 setVisible(false) 設定不顯示。

❑ 所謂主控 (modal) 對話方塊是指必須執行完成才可以回到擁有者視窗，非主控對話方塊則無此限制。

程式實例 ch28_11.java：這是一個建立對話方塊的基本應用，程式執行時按 Demo 鈕可以顯示 MyDialog 對話方塊，在對話方塊內按 Exit 鈕可以結束顯示對話方塊。

```
1  import java.awt.*;                              // 匯入類別庫
2  import java.awt.event.*;                        // 因為有Event
3  public class ch28_11 {
4      static Frame frm = new Frame("ch28_11");
5      static Button btn1 = new Button("Demo");
6      static Button btn2 = new Button("Exit");
7      static Dialog dialog = new Dialog(frm,"MyDialog");
8      static Label lab = new Label("歡迎使用對話方塊");
9  // 撰任事件傾聽者和擁有事件處理者
10     static class myListener implements ActionListener{
11         public void actionPerformed(ActionEvent e) {
12             Button btn = (Button) e.getSource( );
13             if (btn == btn1) {                   // 視窗按鈕被按
14                 dialog.setLayout(null);          // 不設定版面配置
15                 dialog.setSize(150,120);         // 對話方塊大小
16                 lab.setBounds(35,50,150,20);     // 標籤位置與大小
17                 dialog.add(lab);                 // 標籤加入對話方塊
18                 btn2.setBounds(70,80,30,20);     // 按鈕位置與大小
19                 dialog.add(btn2);                // 按鈕加入對話方塊
20                 dialog.setVisible(true);         // 顯示對話方塊
21             }
22             else if (btn == btn2) {              // 對話方塊按鈕被按
23                 dialog.setVisible(false);        // 隱藏對話方塊
24             }
25         }
26     }
27     public static void main(String[] args) {
```

```
28          frm.setLayout(new FlowLayout());            // 設定版面配置
29          btn1.addActionListener(new myListener());    // 註冊
30          btn2.addActionListener(new myListener());    // 註冊
31          frm.add(btn1);                               // 按鈕加入視窗
32          frm.setSize(200, 150);                       // 寬200, 高150
33          frm.setVisible(true);                        // 顯示視窗
34      }
35 }
```

執行結果

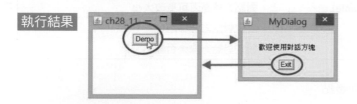

在這個程式設計中按視窗的 Demo 鈕或是對話方塊的 Exit 鈕皆會觸發 ActionEvent 事件，我們可以由第 13 行或 22 行的按鈕名稱比較，判別應執行那一段程式碼。這個程式的另一個重點是在對話方塊內建立元件，其觀念與在視窗 (frame) 建立元件是相同的。

# 28-6　檔案對話方塊 FileDialog 類別

Filedialog 類別是專門用來處理檔案的對話方塊，例如：檔案開啟、儲存 … 等，這個對話方塊內已經包含了一些常用的物件了。這個類別是繼承 Dialog 類別，如果參考 26-1 節的 AWT 類別結構圖，此類別的位置如下：

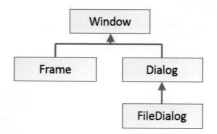

由於繼承了 Dialog 類別，所以 Dialog 類別的方法也可以使用，這個類別有 2 個成員常數：

static int LOAD：表示讀取檔案。

static int SAVE：表示儲存檔案。

下列是 FileDialog 類別的建構方法。

| 建構方法 | 說明 |
|---|---|
| FileDialog(Frame parent) | 建立讀取的檔案對話方塊 |
| FileDialog(Frame parent, String title) | 建立含標題讀取的檔案對話方塊 |
| FileDialog(Frame parent, String title, int mode) | 建立含標題讀取 (mode=LOAD) 或寫入的檔案對話方塊 (mode=SAVE) |

下列是 FileDialog 類別常用的一般方法。

| 方法 | 說明 |
|---|---|
| String getDirectory( ) | 傳回檔案對話方塊所選取的資料夾 |
| String getFile( ) | 傳回檔案對話方塊所選取的檔案名稱 |
| int getMode( ) | 傳回對話方塊為 LOAD 或 SAVE |
| void setDirectory(String dir) | 設定預設開啟的資料夾 |
| void setFile(String file) | 設定預設開啟的檔案 |
| void setMode(int mode) | 設定檔案對話方塊模式 LOAD 或 SAVE |

程式實例 ch28_12.java：使用檔案對話方塊開啟檔案的應用，筆者使用這個程式開啟 ch28 資料夾內的 28_12.txt 檔案。

```java
1  import java.awt.*;                                    // 匯入類別庫
2  import java.awt.event.*;                              // 因為有Event
3  import java.io.*;                                     // 檔案讀取
4  public class ch28_12 {
5      static Frame frm = new Frame("ch28_12");
6      static MenuBar mb = new MenuBar();                // 建立MenuBar
7      static Menu menu = new Menu("File");              // 建立Menu
8      static MenuItem open = new MenuItem("Open");      // 建立MenuItem
9      static FileDialog fd = new FileDialog(frm,"開啟檔案");
10     static TextArea ta = new TextArea();
11 // 擔任事件傾聽者和擁有事件處理者
12     static class myListener implements ActionListener{      // 內部類別
13         public void actionPerformed(ActionEvent event) {    // 事件處理者
14             MenuItem item = (MenuItem) event.getSource();   // 取得所按選項
15             if (item == open) {                             // 如果true讀檔案
16                 fd.setVisible(true);                        // 顯示檔案對話方塊
17                 String fileName = fd.getDirectory()+fd.getFile(); // 所選的檔案
18                 try {
19                     FileInputStream src = new FileInputStream(fileName);
20                     byte[] fn = new byte[src.available()];  // 建立fn陣列
21                     src.read(fn);                           // 從輸入串流讀取資料存入fn陣列
22                     ta.setText(new String(fn));             // 寫入文字區
23                     src.close();
24                 }
25                 catch (IOException e) {
26                     System.out.println(e);
27                 }
```

```
28                    }
29               }
30        }
31⊕     public static void main(String[] args) {
32          mb.add(menu);                                // 在MenuBar加入File Menu
33          menu.add(open);                              // 將open加入File Menu
34          open.addActionListener(new myListener());    // 註冊
35          BorderLayout br = new BorderLayout();         // 版面配置格式
36          frm.add(ta,br.CENTER);                        // 文字區在中央
37          frm.setSize(200, 160);                        // 寬200，高160
38          frm.setMenuBar(mb);                           // 設定frm功能表是mb物件
39          frm.setVisible(true);                         // 顯示視窗
40       }
41 }
```

執行結果

習題實作題

1：　請擴充設計 ch28_3.java，在表單內增加自己所讀的學校，此例：筆者增加明志工專。

2：　請擴充 ch28_8.java，增加 Color 功能表，這個功能表有 Blue、Green、Yellow 等 3 種顏色選單，選擇這些顏色時，可以更改文字的顏色。

# 第二十九章

# 視窗程式設計使用 Swing

Swing 是完全由 Java 語言設計的套件，它是 JFC(Java Foundation Classes) 的一部份，主要是用於圖形使用者介面 (GUI，Graphics User Interface) 的視窗應用程式設計，這是一個獨立於平台的套件，所設計的程式在所有平台會呈現相同結果，目前這也是主流程式設計師所使用的套件，這也將是本章的主題。

有關 Swing 使用可以留意下列事項：

❑ 每個 AWT 物件皆有相對應的 Swing 物件取代，Swing 還提供了一些 AWT 沒有的物件。

❑ AWT 所設計的視窗可能會因為作業系統不同而有不同的結果，Swing 所設計的視窗則是與平台無關，所有作業系統皆可看到相同結果。

❑ AWT 元件又稱重量級 (heavyweight) 元件，Swing 元件稱輕量級 (lightweight) 元件。

❑ 在 Swing 類別提供類似 AWT 類別相似的功能，但是 Swing 類別大都會在類別前方增加 J 字母，例如：AWT 是 Frame 類別，Swing 是 JFrame 類別。AWT 是 Button 類別，Swing 是 JButton 類別。

❑ Swing 事件的處理與 AWT 相同，所以可以將第 27 章的觀念完全應用在此章內容。

## 29-1 Swing 階層結構圖

下列是 Swing 階層結構的簡化版圖形。

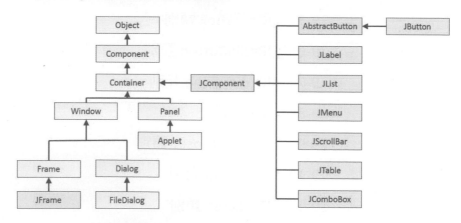

由上圖可以看到 Swing 的 JComponent 是繼承 java.awt.Container 類別，甚至 JFrame 類別是繼承 AWT 的 Frame 類別，這也是筆者先介紹 AWT 的原因。下列是 Swing 常用 JComponent 的方法。

| 方法 | 說明 |
|---|---|
| void add(Component c) | 加入一個元件 |
| void setSize(int width, int height) | 設定元件的大小 |
| void setLayout(LayoutManager m) | 設定元件的版面配置 |
| void setVisible(boolean b) | 設定元件是否可顯示，預設是不顯示 |

## 29-2 JFrame 類別

Swing 視窗的最基礎是 javax.swing.Jframe 類別，它繼承了 java.awt.Frame 類別，主要工作是扮演類似主視窗的角色，在這裡面可以有標籤 (Label)、按鈕 (Button)、文字區 (TextArea) … 等，組成一個圖形使用者介面 (GUI，Graphics User Interface)。若是和 Frame 比較，JFrame 可以有 setDefaultCloseOperation( ) 方法，當我們按視窗的關閉鈕時 ⊠ ，可以結束程式，可參考 ch29_1.java。

### 29-2-1 建立簡單的 JFrame 視窗

JFrame 類別的建構方法如下：

| 建構方法 | 說明 |
|---|---|
| JFrame( ) | 建立一個預設不顯示，不含標題視窗 |
| JFrame(String title) | 建立一個預設不顯示，含標題視窗 |

這個類別有成員常數 EXIT_ON_CLOSE，放在 setDefaultCloseOperation( ) 方法內，執行時可以結束程式。

程式實例 ch29_1.java：建立一個不含任何元件的 JFrame 視窗，按右上角的關閉鈕 ⊠ 可以結束程式，讀者須留意第一行，筆者匯入 Swing 的類別庫。

```
1 import javax.swing.*;                          // 匯入類別庫
2 public class ch29_1 {
3     static JFrame jfrm = new JFrame("ch29_1");
4     public static void main(String[] args) {
5         jfrm.setSize(200, 160);                // 寬200，高160
6 // setDefaultCloseOperation()可以讓使用者按關閉鈕時結束程式
7         jfrm.setDefaultCloseOperation(jfrm.EXIT_ON_CLOSE);
8         jfrm.setVisible(true);                 // 顯示視窗
9     }
10 }
```

執行結果

## 29-2-2　JFrame 窗格的基本觀念

坦白說 Swing 視窗若是和 AWT 視窗比較是比較複雜的，在 Swing 中我們可以將 JFrame、JDialog、JWindow 視為是一個容器 (container)，在裡面可以有各種窗格 (pane)，下列舉最簡單的內容窗格 (content pane) 做說明。

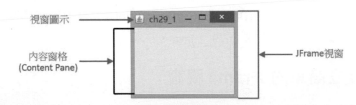

程式設計時我們一般不是將元件直接放在 JFrame 視窗，而是將元件放在內容窗格 (Content Pane)。Swing 又將視窗分成不同的內容窗格 (content pane)，例如：JRootPane、JTextPane、JDesktopPane、JScrollPane … 等。不同窗格會有不同的功能，若想更進一步獲得這方面的知識，可以參考 Java Swing 設計方面的書籍。

註　設計程式時若是和 AWT 方式，將元件放在 JFrame 也是可以。

下列是 JFrame 常用的方法。

| 方法 | 說明 |
|---|---|
| void setIconImage(Image image) | 設定視窗圖示 |
| Container getContentPane( ) | 取得內容窗格 |
| void setMenuBar(JmenuBar menubar) | 設定功能表 |

至今我們所看到的視窗圖示皆是，但是我們可以使用 setIconImage( ) 方法更改視窗圖示，在此方法中 Image 是一個物件，需用 java.awt.Toolkit 類別的下列方法將 gif 檔案轉成 Image 物件，下列是將 star.gif 轉成 im 物件的實例。

Image im = Toolkit.getDefaultToolkit( ).getImage("star.gif")

程式實例 ch29_2.java：更改 Java 視窗的預設圖示為 star.gif，讀者需留意第 2 行所匯入的類別庫。

```
 1  import javax.swing.*;                    // 匯入類別庫
 2  import java.awt.*;                        // Image使用
 3  public class ch29_2 {
 4      static JFrame jfrm = new JFrame("ch29_2");
 5      public static void main(String[] args) {
 6          jfrm.setSize(200, 160);              // 寬200，高160
 7  // 將star.gif轉成Image物件im
 8          Image im = Toolkit.getDefaultToolkit().getImage("star.gif");
 9          jfrm.setIconImage(im);               // 更改圖示
10  // setDefaultCloseOperation()可以讓使用者按關閉紐時結束程式
11          jfrm.setDefaultCloseOperation(jfrm.EXIT_ON_CLOSE);
12          jfrm.setVisible(true);               // 顯示視窗
13      }
14  }
```

執行結果

## 29-3 JButton 類別

在 Swing 中按鈕 JButton 的觀念與 AWT 的觀念是相同，不過更精緻，也增加了一些功能，同時按鈕也可以增加圖案，甚至可以設定滑鼠一般圖案、滑鼠進入按鈕時的圖案或滑鼠按下按鈕時的圖案。JButton 類別的建構方法如下：

| 建構方法 | 說明 |
|---|---|
| JButton( ) | 建立 JButton 物件 |
| JButton(Icon icon) | 建立 icon 為圖示的 JButton 物件 |
| JButton(String text) | 建立標題是 text 的 Jbutton 物件 |
| JButton(String text, Icon icon) | 建立標題是 text，icon 為圖示的 Jbutton 物件 |

由 29-1 節的階層圖可知 JButton 是繼承 AbstractButton，所以它的許多方法均是定義在 AbstractButton，下列是它的常用一般方法。

| 方法 | 說明 |
|---|---|
| Icon getIcon( ) | 傳回按鈕的圖示 |
| void setIcon(Icon icon) | 設定一般按鈕的圖示為 icon |
| Icon getPressedIcon( ) | 傳回按鈕被按的圖示 |
| void setPressedIcon(Icon icon) | 設定按鈕被按的圖示為 icon |
| Icon getRolloverIcon( ) | 傳回滑鼠在按鈕上方的圖示 |
| void setRolloverIcon(Icon icon) | 設定滑鼠在按鈕上方的圖示為 icon |
| String getText( ) | 傳回按鈕的標題 |
| void setText(String s) | 設定按鈕的標題為 s 字串 |
| void setEnabled(boolean b) | 可設定按鈕是否可用 |

程式實例 ch29_3.java：在內容窗格 (Content Pane) 加上按鈕的應用，這個程式最重要觀念是第 6 行，我們用 getContentPane( ) 方法取得內容窗格物件，然後在第 8 行將按鈕放入內容窗格。

```
1  import javax.swing.*;                          // 匯入類別庫
2  import java.awt.*;
3  public class ch29_3 {
4      static JFrame jfrm = new JFrame("ch29_3");
5      static JButton btn = new JButton("OK");
6      static Container ct  = jfrm.getContentPane();  // 取得內容窗格物件
7      public static void main(String[] args) {
8          ct.add(btn);                            // 在內容窗格建立按鈕
9          jfrm.setSize(200, 160);                 // 寬200, 高160
10         jfrm.setDefaultCloseOperation(jfrm.EXIT_ON_CLOSE);
11         jfrm.setVisible(true);                  // 顯示視窗
12     }
13 }
```

執行結果

在上述實例中，我們沒有設定 JButton 按鈕大小，預設是將整個內容窗格 (Content Pane) 當作是一個按鈕，下列是參考版面配置的觀念，讓 Java 自動配置按鈕的大小。

程式實例 ch29_3_1.java：將 Button 元件放在 JFrame 也是可以運作。

```
1  import javax.swing.*;                              // 匯入類別庫
2  import java.awt.*;
3  public class ch29_3_1 {
4      static JFrame jfrm = new JFrame("ch29_3_1");
5      static JButton btn = new JButton("OK");
6      public static void main(String[] args) {
7          jfrm.add(btn);                             // 在JFrame建立按鈕
8          jfrm.setSize(200, 160);                    // 寬200, 高160
9          jfrm.setDefaultCloseOperation(jfrm.EXIT_ON_CLOSE);
10         jfrm.setVisible(true);                     // 顯示視窗
11     }
12 }
```

執行結果 與 ch29_3.java 相同。

程式實例 ch29_4.java：使用版面配置觀念，重新設計 ch29_3.java，當讀者按 OK 鈕時，
應該可以明顯體會與 ch29_3.java 的差異。

```
1  import javax.swing.*;                              // 匯入類別庫
2  import java.awt.*;
3  public class ch29_4 {
4      static JFrame jfrm = new JFrame("ch29_4");
5      static JButton btn = new JButton("OK");
6      static Container ct = jfrm.getContentPane();   // 取得內容窗格物件
7      public static void main(String[] args) {
8          ct.setLayout(new FlowLayout());            // 設定流動版面配置
9          ct.add(btn);                               // 在內容窗格建立按鈕
10         jfrm.setSize(200, 160);                    // 寬200, 高160
11         jfrm.setDefaultCloseOperation(jfrm.EXIT_ON_CLOSE);
12         jfrm.setVisible(true);                     // 顯示視窗
13     }
14 }
```

執行結果

在 27-2 節我們學習了按鈕的事件處理，我們可以將該節的觀念應用在 Swing 的
JButton 內。

程式實例 ch29_5.java：將事件的觀念應用在 Swing 設計的視窗程式，這個程式執行時，內容窗格背景是綠色，按 Yellow 鈕後，內容窗格背景將呈黃色，

```java
1  import javax.swing.*;                                // 匯入類別庫
2  import java.awt.*;
3  import java.awt.event.*;
4  public class ch29_5 {
5      static JFrame jfrm = new JFrame("ch29_5");
6      static JButton btn = new JButton("Yellow");
7      static Container ct  = jfrm.getContentPane();     // 取得內容窗格物件
8  // 擔任事件傾聽者和擁有事件處理者
9      static class myListener implements ActionListener{   // 內部類別
10         public void actionPerformed(ActionEvent e) {      // 事件處理者
11             ct.setBackground(Color.yellow);               // 背景轉呈黃色
12         }
13     }
14     public static void main(String[] args) {
15         ct.setLayout(new FlowLayout());                   // 設定流動版面配置
16         ct.add(btn);                                      // 在內容窗格建立按鈕
17         btn.addActionListener(new myListener());          // --- 註冊
18         ct.setBackground(Color.green);                    // 內容窗格底色是綠色
19         jfrm.setSize(200, 160);                           // 寬200, 高160
20         jfrm.setDefaultCloseOperation(jfrm.EXIT_ON_CLOSE);
21         jfrm.setVisible(true);                            // 顯示視窗
22     }
23 }
```

執行結果

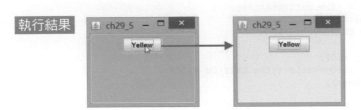

　　接下來筆者將介紹，在功能鈕內增加圖案的方法，首先需用 ImageIcon 類別建立物件，然後可以使用在功能鈕內增加圖片。

程式實例 ch29_6.java：重新設計 ch29_4.java，但是此程式會為一般按鈕 (icon.gif)、滑鼠進入按鈕區 (sun.gif) 和按一下按鈕 (moon.gif) 增加圖示。

```java
1  import javax.swing.*;                                // 匯入類別庫
2  import java.awt.*;
3  public class ch29_6 {
4      static JFrame jfrm = new JFrame("ch29_6");
5      static JButton btn = new JButton("OK");
6      static Container ct  = jfrm.getContentPane();     // 取得內容窗格物件
7      static ImageIcon icon =  new ImageIcon("star.gif");
8      static ImageIcon pressedIcon =  new ImageIcon("moon.gif");
9      static ImageIcon rolloverIcon =  new ImageIcon("sun.gif");
10     public static void main(String[] args) {
11         ct.setLayout(new FlowLayout());                   // 設定流動版面配置
```

```
12        ct.add(btn);                                    // 在內容窗格建立按鈕
13        btn.setIcon(icon);                              // 按鈕有star.gif圖
14        btn.setPressedIcon(pressedIcon);                // 按鈕有moon.gif圖
15        btn.setRolloverIcon(rolloverIcon);              // 按鈕有sun.gif圖
16        jfrm.setSize(200, 160);                         // 寬200，高160
17        jfrm.setDefaultCloseOperation(jfrm.EXIT_ON_CLOSE);
18        jfrm.setVisible(true);                          // 顯示視窗
19    }
20 }
```

執行結果 分別是一般按鈕、滑鼠進入按鈕區和按一下按鈕時的圖示。

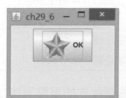  

# 29-4 JLabel 類別

Swing 的 JLabel 類別與 AWT 的 Label 功能類似，但是 JLbel 類別支援在標籤內加上影像，下列是建構方法。

| 建構方法 | 說明 |
|---|---|
| JLabel( ) | 建立 JLabel 物件 |
| JLabel(String s) | 建立標題是 s 的 JLabel 物件 |
| JLabel(Icon i) | 建立圖示是 i 的 JLabel 物件 |
| Jlabel(String s, Icon i, int horizontal alignent) | 建立水平對齊為 LEFT、CENTER、RIGHT，標題是 s，圖示是 i 的 JLabel 物件 |

下列是常用的一般方法。

| 方法 | 說明 |
|---|---|
| String getText( ) | 傳回標籤內容 |
| void setText(String text) | 設定標籤內容 |
| Icon getIcon( ) | 傳回標籤圖示 |
| void setIcon(Icon i) | 設定標籤圖示 |

| 方法 | 說明 |
|---|---|
| Icon getDisabledIcon( ) | 傳回無作用的標籤圖示 |
| void setDisabledIcon(Icon i) | 設定無作用的標籤圖示 |
| int getHorizontalAlignment( ) | 傳回標籤沿 x 軸對齊方式 |
| void setHorizontalAlignment(int align) | 設定標籤沿 x 軸對齊方式 |
| void setHorizontalTextPosition(int pos) | 設定標籤在圖示的 JLabel.LEFT、JLabel.CENTER 或 JLabel.RIGHT |
| void setVerticalTextPosition(int pos) | 設定標籤在圖示的 JLabel.TOP 或 JLabel.CENTER 或 JLabel.BOTTOM |
| int getIconTextGap( ) | 傳回標籤圖示和文字距離 |
| void setIconTextGap(int gap) | 設定標籤圖示和文字距離 |

程式實例 ch29_7.java：建立含圖示的標籤與按鈕，這個程式的重點是第 15-18 行，第 15 行是將檔案轉為 ImageIcon 物件，第 16 行是將 ImageIcon 物件設為標籤的圖示，第 17 行是設定標籤內容為 "snow0.jpg"，第 18 行是將標籤的文字內容放在圖示水平中央，第 19 行是將標籤的文字內容放在圖示垂直上方，讀者可以得到下列執行結果。另外，將元件放入內容窗格的順序會影響排列方式，由於先放標籤後放按鈕，所以上方先顯示標籤，下方顯示按鈕。

```java
1  import javax.swing.*;                              // 匯入類別庫
2  import java.awt.*;
3  public class ch29_7 {
4      static JFrame jfrm = new JFrame("ch29_7");
5      static Container ct  = jfrm.getContentPane();   // 取得內容窗格物件
6      static JLabel lab = new JLabel();               // 定義標籤
7  // 定義按鈕圖示和按鈕
8      static ImageIcon arrowLeft =  new ImageIcon("arrowleft.gif");
9      static ImageIcon arrowRight =  new ImageIcon("arrowright.gif");
10     static JButton btn1 = new JButton("Prev", arrowLeft);    // 往前
11     static JButton btn2 = new JButton("Next", arrowRight);   // 往後
12     public static void main(String[] args) {
13         ct.setLayout(new FlowLayout());             // 設定流動版面配置
14 // 設定標籤和圖示
15         ImageIcon labfig = new ImageIcon("snow0.jpg");   // 用在標籤的圖示
16         lab.setIcon(labfig);                        // 預設顯示圖示
17         lab.setText("snow0.jpg");
18         lab.setHorizontalTextPosition(JLabel.CENTER);    // 標籤顯示圖示水平中央
19         lab.setVerticalTextPosition(JLabel.TOP);         // 標籤顯示圖示垂直上方
20 // 將元件放入內容窗格
21         ct.add(lab);                                // 在內容窗格建立標籤
22         ct.add(btn1);                               // 在內容窗格建立按鈕
23         ct.add(btn2);                               // 在內容窗格建立按鈕
24 // 設定視窗大小和可以顯示與結束程式
25         jfrm.setSize(800, 580);                     // 寬800, 高580
26         jfrm.setDefaultCloseOperation(jfrm.EXIT_ON_CLOSE);
27         jfrm.setVisible(true);                      // 顯示視窗
28     }
29 }
```

執行結果

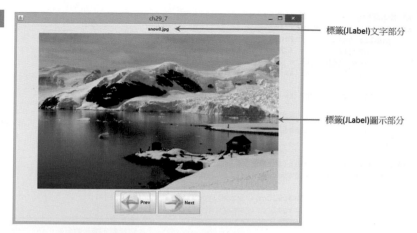

標籤(JLabel)文字部分

標籤(JLabel)圖示部分

如果讀者看上述按鈕可以發現另一個問題，對 Prev 按鈕而言圖示是在文字 Prev 的左邊，對 Next 按鈕而言圖示也是在文字 Next 的左邊，其實對這類的功能鈕的協調性而言，若是可以將 Next 按鈕的圖示放在 Next 的右邊將更佳，可參考下列實例。

程式實例 ch29_8.java：重新設計 ch29_7.java，將 Next 按鈕的圖示放在 Next 的右邊，整個程式是增加下列 2 行，執行結果只列印功能鈕部分。

```
20  // 設定功能鈕btn2的Next字串放在圖示的左邊
21          btn2.setHorizontalTextPosition(JButton.LEFT);    // 在Next字串右邊放圖示
```

執行結果

程式實例 ch29_9.java：設計按 Next 鈕可以顯示下一張圖片，按 Prev 鈕可以顯示上一張圖片，這個程式有 3 張圖片做測試。

```
1  import javax.swing.*;                                  // 匯入類別庫
2  import java.awt.*;
3  import java.awt.event.*;
4  public class ch29_9 {
5      static JFrame jfrm = new JFrame("ch29_9");
6      static Container ct  = jfrm.getContentPane();       // 取得內容窗格物件
7      static JLabel lab = new JLabel();                   // 定義標籤
8      static int index = 0;                               // 定義標籤圖示索引
9      static ImageIcon[] labfig = new ImageIcon[3];       // 用在標籤的圖示陣列
10 // 定義按鈕圖示和按鈕
11      static ImageIcon arrowLeft  = new ImageIcon("arrowleft.gif");
12      static ImageIcon arrowRight = new ImageIcon("arrowright.gif");
13      static JButton btn1 = new JButton("Prev", arrowLeft);   // 往前
14      static JButton btn2 = new JButton("next", arrowRight);  // 往後
```

```
15 // 擔任事件傾聽者和擁有事件處理者
16     static class myListener implements ActionListener{   // 內部類別
17         public void actionPerformed(ActionEvent e) {     // 事件處理者
18             JButton btn = (JButton) e.getSource();       // 獲得按鈕
19             int figLength = labfig.length;               // 圖示數量
20             if (btn==btn1 && index>0)                     // 按Prev鈕設定新索引index值
21                 index--;
22             if (btn==btn2 && index<figLength-1)          // 按Next鈕設定新索引index值
23                 index++;
24             lab.setText("snow" + index + ".jpg");        // 設定新標籤圖示
25             lab.setIcon(labfig[index]);                  // 設定新標籤字串
26         }
27     }
28     public static void main(String[] args) {
29         ct.setLayout(new FlowLayout());                  // 設定流動版面配置
30 // 設定標籤和圖示
31         labfig[0] = new ImageIcon("snow0.jpg");          // 圖示索引0
32         labfig[1] = new ImageIcon("snow1.jpg");          // 圖示索引1
33         labfig[2] = new ImageIcon("snow2.jpg");          // 圖示索引2
34         lab.setIcon(labfig[0]);                          // 預設顯示圖示索引0
35         lab.setText("snow0.jpg");
36         lab.setHorizontalTextPosition(JLabel.CENTER);    // 水平中央
37         lab.setVerticalTextPosition(JLabel.TOP);         // 垂直上方
38 // 設定功能鈕btn2的Next字串放在圖示的左邊
39         btn2.setHorizontalTextPosition(JButton.LEFT);    // 在Next字串右邊放圖示
40 // 將元件放入內容窗格
41         ct.add(lab);                                     // 在內容窗格建立標籤
42         ct.add(btn1);                                    // 在內容窗格建立按鈕
43         ct.add(btn2);                                    // 在內容窗格建立按鈕
44 // 執行註冊
45         btn1.addActionListener(new myListener());        // --- 註冊
46         btn2.addActionListener(new myListener());        // --- 註冊
47 // 設定視窗大小和可以顯示與結束程式
48         jfrm.setSize(600, 480);                          // 寬600, 高480
49         jfrm.setDefaultCloseOperation(jfrm.EXIT_ON_CLOSE);
50         jfrm.setVisible(true);                           // 顯示視窗
51     }
52 }
```

執行結果

## 29-5  JCheckBox 類別

在 Swing 中 JCheckBox 是專注處理核取方塊，對核取方塊而言是可以執行複選，它的建構方法如下：

| 建構方法 | 說明 |
|---|---|
| JCheckBox( ) | 建立核取方塊 |
| JCheckBox(String text) | 建立含 text 標題的核取方塊 |
| JCheckBox(String text, boolean b) | 建立含 text 標題的核取方塊，如果 b 是 true 則同時勾選此核取方塊 |
| JCheckBox(Icon icon ) | 建立圖示是 icon 的核取方塊 |

它的常用方法如下：

| 方法 | 說明 |
|---|---|
| void setText( ) | 設定核取方塊內容 |
| void setSelected(Boolean b) | 設定核取方塊是否勾選 |
| void setMnemonic(Char c) | 設定 Alt+c 快捷鍵 |
| Boolean isSelected(JCheckBox jcb) | 傳回是否勾選核取方塊 |

程式實例 ch29_10.java：建立核取方塊，其中旅遊核取方塊是在第 6 行宣告時直接使用建構方法設定內容和勾選，另一個核取方塊在第 7 行宣告時先不設內容與勾選在第 11-12 行才設定內容與勾選。

```
1  import javax.swing.*;                          // 匯入類別庫
2  import java.awt.*;
3  public class ch29_10 {
4      static JFrame jfrm = new JFrame("ch29_10");
5      static Container ct  = jfrm.getContentPane();    // 取得內容窗格物件
6      static JCheckBox jcb1 = new JCheckBox("旅遊",true);  // 定義核取方塊
7      static JCheckBox jcb2 = new JCheckBox();         // 定義核取方塊
8      public static void main(String[] args) {
9          ct.setLayout(new FlowLayout());          // 設定流動版面配置
10 // 設定核取方塊
11         jcb2.setText("籃球");                    // 設定核取方塊內容
12         jcb2.setSelected(true);                  // 勾選核取方塊
13 // 將元件放入內容窗格
14         ct.add(jcb1);                            // 核取方塊
15         ct.add(jcb2);                            // 核取方塊
16 // 設定視窗大小和可以顯示與結束程式
17         jfrm.setSize(200, 120);                  // 寬200，高120
18         jfrm.setDefaultCloseOperation(jfrm.EXIT_ON_CLOSE);
19         jfrm.setVisible(true);                   // 顯示視窗
20     }
21 }
```

執行結果　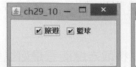

程式實例 ch29_11.java：重新設計 ch29_10.java，這個程式是建立 Travel 和 Reading 核取盒，同時設計 Alt+T 可以勾選或不勾選 Travel，Alt+R 可以勾選或不勾選 Reading。

```
1  import javax.swing.*;                                    // 匯入類別庫
2  import java.awt.*;
3  public class ch29_11 {
4      static JFrame jfrm = new JFrame("ch29_11");
5      static Container ct  = jfrm.getContentPane();         // 取得內容窗格物件
6      static JCheckBox jcb1 = new JCheckBox("Travel",true); // 定義核取方塊
7      static JCheckBox jcb2 = new JCheckBox();              // 定義核取方塊
8      public static void main(String[] args) {
9          ct.setLayout(new FlowLayout());                  // 設定流動版面配置
10 // 設定核取方塊
11         jcb2.setText("Reading");                         // 設定核取方塊內容
12         jcb2.setSelected(true);                          // 勾選核取方塊
13         jcb1.setMnemonic('T');                           // Alt+T可勾選
14         jcb2.setMnemonic('R');                           // Alt+R可勾選
15 // 將元件放入內容窗格
16         ct.add(jcb1);                                    // 核取方塊
17         ct.add(jcb2);                                    // 核取方塊
18 // 設定視窗大小和可以顯示與結束程式
19         jfrm.setSize(200, 120);                          // 寬200, 高120
20         jfrm.setDefaultCloseOperation(jfrm.EXIT_ON_CLOSE);
21         jfrm.setVisible(true);                           // 顯示視窗
22     }
23 }
```

執行結果　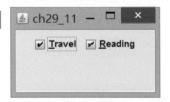

程式實例 ch29_12.java：餐飲計價系統的設計。

```
1  import javax.swing.*;                                    // 匯入類別庫
2  import java.awt.*;
3  import java.awt.event.*;
4  public class ch29_12 {
5      static JFrame jfrm = new JFrame("ch29_12");
6      static Container ct  = jfrm.getContentPane();         // 取得內容窗格物件
7      static JLabel lab1 = new JLabel();                    // 定義標題標籤
8      static JLabel lab2 = new JLabel();                    // 定義總金額標籤
9      static JCheckBox jcb1 = new JCheckBox();              // 定義牛肉麵核取方塊
```

```
10      static JCheckBox jcb2 = new JCheckBox();          // 定義肉絲麵核取方塊
11      static JButton btn = new JButton("買單");          // 定義買單按鈕
12 // 擔任事件傾聽者和擁有事件處理者
13      static class myListener implements ActionListener{  // 內部類別
14          public void actionPerformed(ActionEvent e) {    // 事件處理者
15              int amount = 0;
16              if (jcb1.isSelected())                      // 牛肉麵
17                  amount += 150;
18              if (jcb2.isSelected())                      // 肉絲麵
19                  amount += 100;
20              lab2.setText("總金額 : "+Integer.toString(amount));
21          }
22      }
23      public static void main(String[] args) {
24          ct.setLayout(null);                             // 設定流動版面配置null
25 // 設定標籤
26          lab1.setText("餐飲計價系統");
27          lab2.setText("總金額 : ");
28 // 設定核取方塊
29          jcb1.setText("牛肉麵 : 150元");                  // 設定牛肉麵核取方塊內容
30          jcb2.setText("肉絲麵 : 100元");                  // 設定肉絲麵核取方塊內容
31 // 設定版面
32          lab1.setBounds(50,50,150,20);
33          jcb1.setBounds(100,100,150,20);
34          jcb2.setBounds(100,130,150,20);
35          lab2.setBounds(100,170,150,20);
36          btn.setBounds(200,220,80,20);
37 // 將元件放入內容窗格
38          ct.add(lab1);                                   // 在內容窗格建立標題標籤
39          ct.add(lab2);                                   // 在內容窗格建立總金額標籤
40          ct.add(jcb1);                                   // 在內容窗格建立牛肉麵核取方塊
41          ct.add(jcb2);                                   // 在內容窗格建立肉絲麵核取方塊
42          ct.add(btn);                                    // 在內容窗格建立按鈕
43 // 執行註冊
44          btn.addActionListener(new myListener());        // --- 註冊
45 // 設定視窗大小和可以顯示與結束程式
46          jfrm.setSize(450, 300);                         // 寬450, 高300
47          jfrm.setDefaultCloseOperation(jfrm.EXIT_ON_CLOSE);
48          jfrm.setVisible(true);                          // 顯示視窗
49      }
50 }
```

**執行結果**

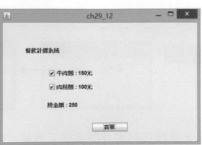

# 29-6　JRadioButton 類別

在 Swing 中 JRadioButton 是處理選項鈕，對選項鈕而言是只能執行單選，它的建構方法如下：

| 建構方法 | 說明 |
|---|---|
| JRadioButton( ) | 建立選項鈕 |
| JRadioButton(String text) | 建立含 text 標題的選項鈕 |
| JRadioButton(String text, boolean b) | 建立含 text 標題的選項鈕，如果 b 是 true 則同時勾選此選項鈕 |
| JRadioButton(Icon icon ) | 建立圖示是 icon 的選項鈕 |

程式實例 ch29_13.java：建立可以選男性與女性的選項鈕。

```
1  import javax.swing.*;                              // 匯入類別庫
2  import java.awt.*;
3  public class ch29_13 {
4      static JFrame jfrm = new JFrame("ch29_13");
5      static Container ct  = jfrm.getContentPane();   // 取得內容窗格物件
6      static JRadioButton jrb1 = new JRadioButton("男性",true); // 定義選項鈕
7      static JRadioButton jcb2 = new JRadioButton("女性");       // 定義選項鈕
8      public static void main(String[] args) {
9          ct.setLayout(new FlowLayout());            // 設定流動版面配置
10 // 將元件放入內容窗格
11         ct.add(jrb1);                              // 選項鈕
12         ct.add(jcb2);                              // 選項鈕
13 // 設定視窗大小和可以顯示與結束程式
14         jfrm.setSize(200, 120);                    // 寬200, 高120
15         jfrm.setDefaultCloseOperation(jfrm.EXIT_ON_CLOSE);
16         jfrm.setVisible(true);                     // 顯示視窗
17     }
18 }
```

執行結果

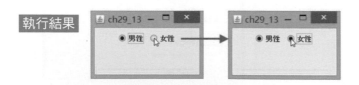

上述程式的確有選項鈕的效果，但是有發現 Java 的 Swing 在處理選項鈕時與處理核取盒相同可以複選。如果想處理單選必須使用 ButtonGroup 類別，將選項鈕組成群組，一個群組內的選項鈕只能單選一個物件。

程式實例 ch29_14.java：重新設計 ch29_13.java，讓只能選取單一男性或女性，這個程式最重要是第 10-12 行使用 ButtonGroup 類別建立群組，同時將選項鈕放入此群組。

```
1  import javax.swing.*;                              // 匯入類別庫
2  import java.awt.*;
3  public class ch29_14 {
4      static JFrame jfrm = new JFrame("ch29_14");
5      static Container ct  = jfrm.getContentPane();   // 取得內容窗格物件
6      static JRadioButton rb1 = new JRadioButton("男性",true); // 定義選項鈕
7      static JRadioButton rb2 = new JRadioButton("女性");      // 定義選項鈕
8      public static void main(String[] args) {
9          ct.setLayout(new FlowLayout());             // 設定流動版面配置
10         ButtonGroup bg = new ButtonGroup();         // 建立群組
11         bg.add(rb1);                                // 選項鈕1放入群組
12         bg.add(rb2);                                // 選項鈕2放入群組
13 // 將元件放入內容窗格
14         ct.add(rb1);                                // 選項鈕
15         ct.add(rb2);                                // 選項鈕
16 // 設定視窗大小和可以顯示與結束程式
17         jfrm.setSize(200, 120);                     // 寬200, 高120
18         jfrm.setDefaultCloseOperation(jfrm.EXIT_ON_CLOSE);
19         jfrm.setVisible(true);                      // 顯示視窗
20     }
21 }
```

執行結果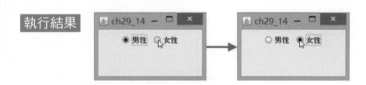

## 29-7 JOptionPane 類別

這個類別具有扮演對話方塊的角色，它的建構方法如下：

| 建構方法 | 說明 |
|---|---|
| JOptionPane( ) | 建立一個對話方塊物件 |
| JOptionPane(Object msg ) | 建立一個顯示 msg 的對話方塊物件 |

它的常用一般方法如下：

| 方法 | 說明 |
|---|---|
| void showMessageDialog(Component parentComponent, Object msg) | 在父元件內顯示此對話方塊的 msg 訊息 |

程式實例 ch29_15.java：延續 ch29_14.java，增加 Clicked 按鈕，如果選擇男性再按 Clicked 鈕將出現對話方塊告知 " 你是男生 "，如果選擇女性再按 Clicked 鈕將出現對話方塊告知 " 你是女生 "

```
1  import javax.swing.*;                               // 匯入類別庫
2  import java.awt.*;
3  import java.awt.event.*;
4  public class ch29_15 {
5      static JFrame jfrm = new JFrame("ch29_15");
6      static Container ct  = jfrm.getContentPane();     // 取得內容窗格物件
7      static JRadioButton rb1 = new JRadioButton("男性",true); // 定義選項鈕
8      static JRadioButton rb2 = new JRadioButton("女性");      // 定義選項鈕
9      static JButton btn = new JButton("Clicked");      // 定義按鈕
10 // 擔任事件傾聽者和擁有事件處理者
11     static class myListener implements ActionListener{  // 內部類別
12         public void actionPerformed(ActionEvent e) {    // 事件處理者
13             if (rb1.isSelected())
14                 JOptionPane.showMessageDialog(ct,"你是男生");
15             if (rb2.isSelected())                       // 肉絲麵
16                 JOptionPane.showMessageDialog(ct,"妳是女生");
17         }
18     }
19     public static void main(String[] args) {
20         ct.setLayout(null);                            // 設定不用版面配置
21         ButtonGroup bg = new ButtonGroup();            // 建立群組
22         bg.add(rb1);                                   // 選項鈕1放入群組
23         bg.add(rb2);                                   // 選項鈕2放入群組
24 // 設定版面
25         rb1.setBounds(100,50,100,20);
26         rb2.setBounds(100,100,100,20);
27         btn.setBounds(100,150,80,20);
28 // 將元件放入內容窗格
29         ct.add(rb1);                                   // 選項鈕
30         ct.add(rb2);                                   // 選項鈕
31         ct.add(btn);                                   // 按鈕
32 // 執行註冊
33         btn.addActionListener(new myListener());       // --- 註冊
34 // 設定視窗大小和可以顯示與結束程式
35         jfrm.setSize(300, 260);                        // 寬300, 高260
36         jfrm.setDefaultCloseOperation(jfrm.EXIT_ON_CLOSE);
37         jfrm.setVisible(true);                         // 顯示視窗
38     }
39 }
```

執行結果

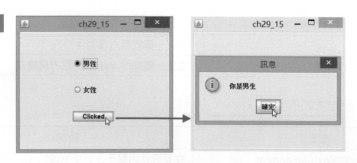

## 29-8　JList 類別

JList 類別與 AWT 的 List 類別功能類似，可以在系列選單中執行單選或是複選。下列是其建構方法。

| 建構方法 | 說明 |
|---|---|
| JList( ) | 建立一個 JList 物件 |
| JList(ary[ ] listData) | 使用 listData 建立一個 JList 物件 |
| JList(ListModel<ary> listData) | 使用各類別物件建立一個 JList 物件 |

下列是常用方法。

| 方法 | 說明 |
|---|---|
| void addListSelectionListener(ListSelectionList listener) | 註冊，未來選項有更改可以呼叫事件處理者 |
| Color getSelectionForeground( ) | 傳回前景顏色 |
| void setSelectionForeground(Color selectionForeground) | 設定前景顏色 |
| Color getSelectionBackground( ) | 傳回背景顏色 |
| void setSelectionBackground(Color selectionBackoreground) | 設定背景顏色 |
| int getSelectedIndex( ) | 傳回被選取最小的索引值 |
| void setSelectedIndex(int index) | 設定選取的索引值 |
| Object getSelectedValue( ) | 傳回被選取的值 |
| void setListData(Object[] listdata) | 使用陣列建立表單內容 |

程式實例 ch29_16.java：使用陣列建立表單內容。

```
1  import javax.swing.*;                                  // 匯入類別庫
2  import java.awt.*;
3  public class ch29_16 {
4      static JFrame jfrm = new JFrame("ch29_16");
5      static Container ct  = jfrm.getContentPane();       // 取得內容窗格物件
6      static JList<String> jlst = new JList<>();          // 建立JList
7      public static void main(String[] args) {
8          ct.setLayout(new FlowLayout());                 // 設定流動版面配置
9          String[] str = {"明志科大","台灣科大","台北科大","台灣大學","清華大學"};
10         jlst.setListData(str);                          // 使用字串陣列str建立表單
11         jlst.setSelectedIndex(0);                       // 設定預設選取
12 // 將元件放入內容窗格
13         ct.add(jlst);                                   // 表單
14 // 設定視窗大小和可以顯示與結束程式
15         jfrm.setSize(200, 160);                         // 寬200, 高160
```

```
16        jfrm.setDefaultCloseOperation(jfrm.EXIT_ON_CLOSE);
17        jfrm.setVisible(true);                          // 顯示視窗
18    }
19 }
```

執行結果

　　上述使用字串陣列簡單好用，但是表單所顯示的項目就被固定了。如果我們在程式執行期間想要增加或刪除操作時，上述方法將無法工作，此時需使用 JList 的數據模型 ListModel 介面。使用 ListModel 介面建立表單項目時，所有項目是和 ListModel 捆綁在一起，此時進行項目的增加與操作皆是在 ListModel 內執行。在 Java 中 ListModel 預設的實作類別是 DefaultListModel，所以我們需使用此類別建立表單的項目資料，操作細節可參考下列實例。

程式實例 ch29_17.java：使用 ListModel 觀念重新設計 JList 表單，讀者可留意第 9-15 行，使用 ListModel 建立表單項目方式。

```
1  import javax.swing.*;                              // 匯入類別庫
2  import java.awt.*;
3  public class ch29_17 {
4      static JFrame jfrm = new JFrame("ch29_17");
5      static Container ct  = jfrm.getContentPane();   // 取得內容窗格物件
6      static JList<String> jlst = new JList<>();
7      public static void main(String[] args) {
8          ct.setLayout(new FlowLayout());             // 設定流動版面配置
9          DefaultListModel<String> lst = new DefaultListModel<>();
10         lst.addElement("明志科大");
11         lst.addElement("台灣科大");
12         lst.addElement("台北科大");
13         lst.addElement("台灣大學");
14         lst.addElement("清華大學");
15         jlst = new JList<>(lst);                     // 建立表單
16         jlst.setSelectedIndex(0);                    // 設定預設選取
17 // 將元件放入內容窗格
18         ct.add(jlst);                                // 表單
19 // 設定視窗大小和可以顯示與結束程式
20         jfrm.setSize(200, 160);                      // 寬200, 高160
21         jfrm.setDefaultCloseOperation(jfrm.EXIT_ON_CLOSE);
22         jfrm.setVisible(true);                       // 顯示視窗
23     }
24 }
```

執行結果　與 ch29_16.java 相同。

在上述實例中讀者可能好奇，AWT 的 List 會自動建立捲軸，但是 JList 則不會自動建立捲軸。如果表單資料量夠大，應如何建立捲軸，方便捲動表單項目，方法是使用 JScrollPane 類別，實際使用方式可以參考下列實例。

程式實例 ch29_18.java：重新設計 ch29_17.java，讓表單產生捲軸，其實整個程式除了第 15-19 行增加項目，只是更改將元件放入窗格方式可參考第 23 行。第 23 行觀念是將表單 lst 先加入捲軸窗格 (ScrollPane)，再將捲軸加入內容窗格。

```java
 1  import javax.swing.*;                              // 匯入類別庫
 2  import java.awt.*;
 3  public class ch29_18 {
 4      static JFrame jfrm = new JFrame("ch29_18");
 5      static Container ct  = jfrm.getContentPane();   // 取得內容窗格物件
 6      static JList<String> jlst = new JList<>();      // 表單物件
 7      public static void main(String[] args) {
 8          ct.setLayout(new FlowLayout());             // 設定流動版面配置
 9          DefaultListModel<String> lst = new DefaultListModel<>();
10          lst.addElement("明志科大");
11          lst.addElement("台灣科大");
12          lst.addElement("台北科大");
13          lst.addElement("台灣大學");
14          lst.addElement("清華大學");
15          lst.addElement("長庚科大");
16          lst.addElement("雲林科大");
17          lst.addElement("虎尾科大");
18          lst.addElement("交通大學");
19          lst.addElement("中央大學");
20          jlst = new JList<>(lst);                    // 建立表單
21          jlst.setSelectedIndex(0);                   // 設定預設選取
22  // 將元件放入內容窗格
23          ct.add(new JScrollPane(jlst));              // 表單增加捲軸
24  // 設定視窗大小和可以顯示與結束程式
25          jfrm.setSize(300, 220);                     // 寬300, 高220
26          jfrm.setDefaultCloseOperation(jfrm.EXIT_ON_CLOSE);
27          jfrm.setVisible(true);                      // 顯示視窗
28      }
29  }
```

執行結果

程式實例 ch29_19.java：上一個程式版面配置是使用 FlowLayout，如果使用不同版面配置將看到不一樣的風貌，本程式 19 行改為使用 BorderLayout 版面配置。

```
8              ct.setLayout(new BorderLayout());          // 設定邊界版面配置
```

執行結果

程式實例 ch29_20.java：這個程式是在內容窗格內建立 2 個表單，左邊表單有捲軸和資料，右邊表單是空的。連按左邊表單某項目 2 下，此項目將被送到右邊表單。

```
1  import javax.swing.*;                                  // 匯入類別庫
2  import java.awt.*;
3  import java.util.*;
4  import java.awt.event.*;
5  public class ch29_20 {
6      static JFrame jfrm = new JFrame("ch29_20");
7      static Container ct = jfrm.getContentPane();        // 取得內容窗格物件
8      static JList<String> jlst1 = new JList<>();         // 表單物件1
9      static JList<String> jlst2 = new JList<>();         // 表單物件2
10     static Vector<String> vector = new Vector<String>(); // 表單2的項目
11 // 擔任事件傾聽者和擁有事件處理者
12     static class myListener extends MouseAdapter{       // 內部類別
13         public void mouseClicked(MouseEvent e) {        // 事件處理者
14             if (e.getSource() == jlst1)
15                 if (e.getClickCount() == 2) {           // 連按2次
16                     vector.add(jlst1.getSelectedValue()); // 取得選項
17                     jlst2.setListData(vector);          // 設定表單2
18                 }
19         }
20     }
21     public static void main(String[] args) {
22         ct.setLayout(new GridLayout());                 // 設定方格版面配置
23         DefaultListModel<String> lst1 = new DefaultListModel<>();
24         lst1.addElement("明志科大");
25         lst1.addElement("台灣科大");
26         lst1.addElement("台北科大");
27         lst1.addElement("台灣大學");
28         lst1.addElement("清華大學");
29         lst1.addElement("長庚科大");
30         lst1.addElement("雲林科大");
31         jlst1 = new JList<>(lst1);                       // 建立表單
32 // 將元件放入內容窗格
33         ct.add(new JScrollPane(jlst1));                 // 表單1增加捲軸
34         ct.add(new JScrollPane(jlst2));                 // 表單2
35 // 註冊傾聽者
36         jlst1.addMouseListener(new myListener());       // 註冊
```

```
37  // 設定視窗大小和可以顯示與結束程式
38       jfrm.setSize(300, 160);                          // 寬300，高220
39       jfrm.setDefaultCloseOperation(jfrm.EXIT_ON_CLOSE);
40       jfrm.setVisible(true);                           // 顯示視窗
41     }
42  }
```

連按2下項目將拷貝到右邊

## 29-9 JColorChooser 類別

　　這是一個顏色選擇器類別，可以建立一個顏色選擇面板對話方塊，使用者可以利用它選擇想要的顏色。下列是此對話方塊內容，有 5 個標籤選擇，它的標題是筆者程式 ch29_21.java 所建的標題，讀者可以字型設定此標題。除了調色板標籤讀者可以在 ch29_21.java 看到外，下列是其它 4 個標籤。

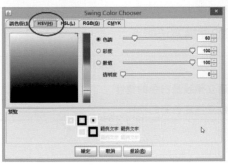 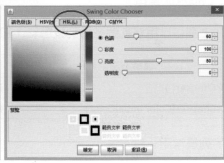

　　上圖左方是 HSV 標籤，所謂 HSV 是指色相 (Hue)、飽和度 (Saturation)、明度 (Value)：

❑ 色相 (H)：是色彩基本屬性，也就是顏色名稱。例如：黃色。

❑ 飽和度 (S)：是指色彩純度，越高越純，越低則變灰，值在 0-100% 間。

❑ 明度 (V)：值在 0-100% 間。

上圖右方是 HSL 標籤，所謂 HSL 是指色相 (Hue)、飽和度 (Saturation)、亮度 (Lightness)：

● 亮度 (L)：值在 0-100% 間

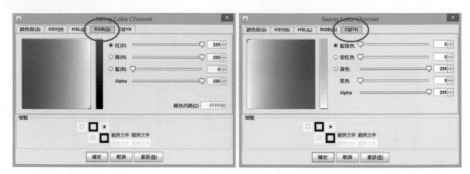

上圖左方是 RGB 標籤，RGB 分別代表 Red( 紅色 )、Green( 綠色 )、Blue( 藍色 )，可以利用這 3 種顏色調製想要的顏色。上圖右方是 CMYK 標籤，這是色印刷的套色模式，利用色料三色混合，再加上黑色油墨，如此形成 4 色全彩印刷。這 4 個顏色如下：

❑ C：Cyan，是指青色。

❑ M：Magenta，桃紅色。

❑ Y：Yellow，黃色。

❑ K：blacK，黑色。

在上圖可以用移動個捲軸調整色彩，它的建構方法如下：

| 建構方法 | 說明 |
| --- | --- |
| JColorChooser( ) | 建立預設是白色的物件 |
| JColorChooser(Color initialColor) | 建立指定色彩的物件 |

下列是常用一般方法。

| 方法 | 說明 |
| --- | --- |
| Color getColor( ) | 傳回顏色選擇面板所選的顏色 |
| void serColor( ) | 設定顏色選擇面板的顏色 |
| void serColor(int r, int g, int b) | 使用 r、g、b 設定顏色選擇面板的顏色 |
| Color showDialog(Component c, String title, Color initialColor) | 顯示視窗上層是 c，標題是 title，色彩是 initialColor 的顏色選擇面板 |

程式實例 ch29_21.java：建立一個視窗，此視窗下方有 My Color 按鈕，按一下此按鈕可以出現色彩選擇面板對話方塊，然後可以選擇顏色。

```java
 1  import javax.swing.*;                              // 匯入類別庫
 2  import java.awt.*;
 3  import java.awt.event.*;
 4  public class ch29_21 {
 5      static JFrame jfrm = new JFrame("ch29_21");
 6      static Container ct  = jfrm.getContentPane();   // 取得內容窗格物件
 7      static JButton btn = new JButton("My Color");   // 建立My Color按鈕
 8      static JColorChooser jcc = new JColorChooser(); // 建立jcc色彩物件
 9      static Color mycolor;                           // 定義色彩
10  // 擔任事件傾聽者和擁有事件處理者
11      static class myListener implements ActionListener{  // 內部類別
12          public void actionPerformed(ActionEvent e) {    // 事件處理者
13              mycolor = jcc.showDialog(jfrm,"Swing Color Chooser",Color.yellow);
14              ct.setBackground(mycolor);              // 設定內容窗格背景
15          }
16      }
17      public static void main(String[] args) {
18          ct.setLayout(new BorderLayout());           // 設定邊界版面配置
19  // 將元件放入內容窗格
20          ct.add(btn, BorderLayout.NORTH);            // 按鈕在下方
21  // 註冊傾聽者
22          btn.addActionListener(new myListener());    // --- 註冊
23  // 設定視窗大小和可以顯示與結束程式
24          jfrm.setSize(200, 160);                     // 寬200，高160
25          jfrm.setDefaultCloseOperation(jfrm.EXIT_ON_CLOSE);
26          jfrm.setVisible(true);                      // 顯示視窗
27      }
28  }
```

執行結果

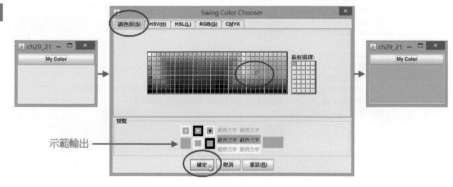

示範輸出

## 29-10 JTextField 類別

這個類別的觀念與 AWT 的 TextField 觀念相同，它是繼承 JTextComponent 類別，下列是建構方法。

| 建構方法 | 說明 |
|---|---|
| JTextField( ) | 建立空白文字方塊 |
| JTextField(String text) | 建立含 text 的文字方塊 |
| JTextField(int column) | 建立 columns 長度的文字方塊 |
| JTextField(String text, int columns) | 建立含 text 與 columns 長度的文字方塊 |

下列是常用一般方法。

| 方法 | 說明 |
|---|---|
| void addActionListener(ActionListener i) | 增加監聽動作 |
| int getColumns( ) | 獲得長度數 |
| void setFont(Font f) | 設定字型 |
| void setHorizontalAlignment(int pos) | 設定水平對齊方式 |

程式實例 ch29_22.java：使用 JTextField 類別處理基本文字方塊輸出的應用。

```
1  import javax.swing.*;                              // 匯入類別庫
2  import java.awt.*;
3  public class ch29_22 {
4      static JFrame jfrm = new JFrame("ch29_22");
5      static Container ct  = jfrm.getContentPane();   // 取得內容窗格物件
6      static JTextField tf1 = new JTextField("歡迎"); // 建立文字方塊
7      static JTextField tf2 = new JTextField("深石"); // 建立文字方塊
8      public static void main(String[] args) {
9          ct.setLayout(null);                         // 不設版面配置
10         tf1.setBounds(50,30,100,20);
11         tf2.setBounds(50,80,100,20);
12 // 將元件放入內容窗格
13         ct.add(tf1);
14         ct.add(tf2);
15 // 設定視窗大小和可以顯示與結束程式
16         jfrm.setSize(260,200);                      // 寬260, 高200
17         jfrm.setDefaultCloseOperation(jfrm.EXIT_ON_CLOSE);
18         jfrm.setVisible(true);                      // 顯示視窗
19     }
20 }
```

執行結果

程式實例 ch29_23.java：這個程式是 ch29_22.java 的擴充，這個程式增加 Changed 鈕，
當按此鈕時，可以讓文字區塊的內容對調。

```java
1  import javax.swing.*;                                // 匯入類別庫
2  import java.awt.*;
3  import java.awt.event.*;
4  public class ch29_23 {
5      static JFrame jfrm = new JFrame("ch29_23");
6      static Container ct  = jfrm.getContentPane();     // 取得內容窗格物件
7      static JTextField tf1 = new JTextField("歡迎");    // 建立文字方塊
8      static JTextField tf2 = new JTextField("深石");    // 建立文字方塊
9      static JButton btn = new JButton("Changed");      // 建立按鈕
10 // 擔任事件傾聽者和擁有事件處理者
11     static class myListener implements ActionListener{ // 內部類別
12         public void actionPerformed(ActionEvent e) {   // 事件處理者
13             String str1 = tf1.getText();               // 取得文字方塊1內容
14             String str2 = tf2.getText();               // 取得文字方塊2內容
15             if (e.getSource() == btn) {
16                 tf1.setText(str2);                     // 設定文字方塊1內容
17                 tf2.setText(str1);                     // 設定文字方塊2內容
18             }
19         }
20     }
21     public static void main(String[] args) {
22         ct.setLayout(null);                            // 不設版面配置
23 // 設定元件在版面位置
24         tf1.setBounds(50,30,120,20);
25         tf2.setBounds(50,80,120,20);
26         btn.setBounds(50,140,100,30);
27 // 將元件放入內容窗格
28         ct.add(tf1);
29         ct.add(tf2);
30         ct.add(btn);
31 // 執行註冊
32         btn.addActionListener(new myListener());       // --- 註冊
33 // 設定視窗大小和可以顯示與結束程式
34         jfrm.setSize(260,220);                         // 寬260, 高220
35         jfrm.setDefaultCloseOperation(jfrm.EXIT_ON_CLOSE);
36         jfrm.setVisible(true);                         // 顯示視窗
37     }
38 }
```

執行結果

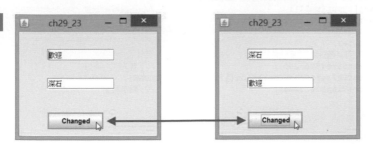

## 29-11 JTextArea 類別

這個類別的觀念與 AWT 的 TextArea 觀念相同，它是繼承 JTextComponent 類別，其實這個文字區好好應用就是文書編輯軟體的編輯區。下列是建構方法。

| 建構方法 | 說明 |
| --- | --- |
| JTextArea( ) | 建立空白文字區 |
| JTextArea(String text) | 建立顯示 text 字串的文字區 |
| JTextArea(int row, int column) | 建立 row 行，column 長度的文字區 |
| JTextArea(String text, int row, int column) | 同上一個但是含 text 字串 |

下列是常用的方法。

| 方法 | 說明 |
| --- | --- |
| void append(String s) | 將字串 s 插入文字區末端 |
| void setRows(int rows) | 設定 rows 數 |
| void setColumns(int cols) | 設定 cols 數 |
| void insert(String s, int pos) | 在 pos 位置插入字串 s |
| void setFont(Font f) | 設定字型 |

程式實例 ch29_24.java：使用 JTextArea 類別建立文字區的應用。

```
1  import javax.swing.*;                              // 匯入類別庫
2  import java.awt.*;
3  public class ch29_24 {
4      static JFrame jfrm = new JFrame("ch29_24");
5      static Container ct  = jfrm.getContentPane();   // 取得內容窗格物件
6      static JTextArea ta = new JTextArea("歡迎光臨"); // 建立文字區
7      public static void main(String[] args) {
8          ct.setLayout(null);                         // 不設版面配置
9          ta.setBounds(20,30,240,160);
10 // 將元件放入內容窗格
11         ct.add(ta);
12 // 設定視窗大小和可以顯示與結束程式
13         jfrm.setSize(300,260);                       // 寬300, 高260
14         jfrm.setDefaultCloseOperation(jfrm.EXIT_ON_CLOSE);
15         jfrm.setVisible(true);                       // 顯示視窗
16     }
17 }
```

執行結果

程式實例 ch29_25.java：這個程式主要是可以在文字區輸入句子，然後按 Count 鈕後，可以在文字區上方看到有多少字和多少字元。

```java
 1  import javax.swing.*;                              // 匯入類別庫
 2  import java.awt.*;
 3  import java.awt.event.*;
 4  public class ch29_25 {
 5      static JFrame jfrm = new JFrame("ch29_25");
 6      static Container ct  = jfrm.getContentPane();   // 取得內容窗格物件
 7      static JTextArea ta = new JTextArea();          // 建立文字方塊
 8      static JLabel lab = new JLabel("字數與字元數");    // 建立標籤統計資訊
 9      static JButton btn = new JButton("Count");      // 建立按鈕
10  // 擔任事件傾聽者和擁有事件處理者
11      static class myListener implements ActionListener{  // 內部類別
12          public void actionPerformed(ActionEvent e) {    // 事件處理者
13              String text = ta.getText();
14              String[] words = text.split("\\s");          // 空白分割句子
15              lab.setText("字數 : " + words.length + "  字元數 : " + text.length());
16          }
17      }
18      public static void main(String[] args) {
19          ct.setLayout(null);                          // 不設版面配置
20  // 設定元件在版面位置
21          lab.setBounds(50,30,200,20);
22          ta.setBounds(20,70,280,160);
23          btn.setBounds(100,260,100,25);
24  // 將元件放入內容窗格
25          ct.add(ta);
26          ct.add(lab);
27          ct.add(btn);
28  // 執行註冊
29          btn.addActionListener(new myListener());     // --- 註冊
30  // 設定視窗大小和可以顯示與結束程式
31          jfrm.setSize(350,350);                       // 寬350, 高350
32          jfrm.setDefaultCloseOperation(jfrm.EXIT_ON_CLOSE);
33          jfrm.setVisible(true);                       // 顯示視窗
34      }
35  }
```

執行結果

## 29-12　JPasswordField 類別

這個類別的使用方式與 JTextField 類別相似，但是這個類別輸入資訊會隱藏，主要是用在設計密碼欄位。它的建構方法如下：

| 建構方法 | 說明 |
|---|---|
| JPasswordField( ) | 建立密碼欄位 |
| JPasswordField(int columns) | 建立 columns 長度的密碼欄位 |
| JPasswordField(String text) | 建立含 text 字串的密碼欄位 |
| JPasswordField(String text, int columns) | 同上但是含 columns 長度 |

程式實例 ch29_26.java：使用 JPasswordField 類別建立密碼欄位的應用，執行輸入時所有輸入資料將被隱藏。

```java
1  import javax.swing.*;                        // 匯入類別庫
2  import java.awt.*;
3  public class ch29_26 {
4      static JFrame jfrm = new JFrame("ch29_26");
5      static Container ct  = jfrm.getContentPane();   // 取得內容窗格物件
6      static JPasswordField pwd = new JPasswordField();// 建立文字區
7      static Label lab = new Label("Password : ");
8      public static void main(String[] args) {
9          ct.setLayout(null);                  // 不設版面配置
10         lab.setBounds(20,50,60,20);          // 密碼欄左邊的標籤
11         pwd.setBounds(85,50,100,20);         // 密碼欄
12 // 將元件放入內容窗格
13         ct.add(lab);
14         ct.add(pwd);
15 // 設定視窗大小和可以顯示與結束程式
16         jfrm.setSize(240,160);               // 寬240, 高160
17         jfrm.setDefaultCloseOperation(jfrm.EXIT_ON_CLOSE);
18         jfrm.setVisible(true);               // 顯示視窗
19     }
20 }
```

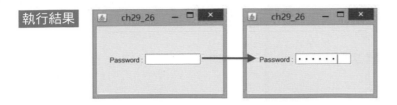

執行結果

## 29-13　JTabbedPane 類別

當資料量很多時可以用這個類別將資料以頁次 ( 或稱標籤 ) 窗格方式分類，它的建構方法如下：

| 建構方法 | 說明 |
|---|---|
| JTabbedPane( ) | 建立頁次 |
| JTabbedPane(int tabPlacement) | 建立頁次時同時設定位置 |

頁次可以在 TOP、BOTTOM、RIGHT、LEFT 等 4 個邊，預設是在上邊。

程式實例 ch29_27.java：在這個程式中筆者在第 6-8 行使用了 JPanel 類別建立 3 個面板，這個程式的觀念就是將這 3 個面板放入頁次窗格，在放入時同時設定頁次名稱分別是個人學歷、經歷、著作，可參考 13-15 行。同時這個程式第 12 行筆者將文字區放入第一個面板，所以讀者點選第一個面板與 2-3 個面板所獲得的畫面是不同的。有文字區的面板未來才可以用程式存取資料。

```
1  import javax.swing.*;                        // 匯入類別庫
2  public class ch29_27 {
3      static JFrame frm = new JFrame("ch29_27");
4      static JTextArea ta = new JTextArea(200,200);
5      static JTabbedPane tp = new JTabbedPane();
6      static JPanel p1 = new JPanel();
7      static JPanel p2 = new JPanel();
8      static JPanel p3 = new JPanel();
9      public static void main(String[] args) {
10         frm.setLayout(null);                  // 不設版面配置
11         tp.setBounds(50,50,200,200);
12         p1.add(ta);                           // 文字區放入Jpanel
13         tp.add("個人學歷", p1);                // JPanel放入JTabbedPane
14         tp.add("經歷", p2);                    // JPane2放入JTabbedPane
15         tp.add("著作", p3);                    // JPane3放入JTabbedPane
16         frm.add(tp);                          // 將JTabbedPane放入Frame
17  // 設定視窗大小和可以顯示與結束程式
18         frm.setSize(350,350);                 // 寬350, 高350
19         frm.setDefaultCloseOperation(frm.EXIT_ON_CLOSE);
20         frm.setVisible(true);                 // 顯示視窗
21     }
22  }
```

執行結果

## 29-14 本章結尾

這一章筆者將解了使用 Swing 設計 GUI 視窗應用程式的最基礎部分，其實相關的應用還有許多，如果讀者有需用可以參考官方手冊，或是相關 Java Swing 方面的書籍。

習題實作題

1： 請參考 ch29_2.java，修改 Java 的預設圖示，請將圖示改為自己學校的 Logo。

2： 請參考 ch29_5.java，請將視窗寬度改為 300，在內容窗格增加綠色和藍色鈕，每個鈕代表一種顏色，按一下鈕可以更改視窗背景顏色。

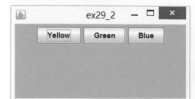 

3： 請參考 ch29_6.java，設計具有個人特色的按鈕，例如，將星星、月亮、太陽改成
自己不同時期的相片。

4： 請重新設計 ch29_12.java，增加陽春麵 60 元，皮蛋豆腐 30 元，豆干 10 元。

# 第三十章

# 繪圖與動畫

Java 有 Graphics 類別或是子類別 Graphics2D，這 2 個類別主要是提供使用者可以在視窗內繪製圖形，讀者可以選擇在 AWT 視窗、Swing 視窗。

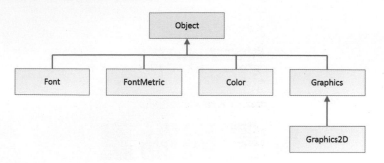

繪圖實作其實與工作平台或可想成作業系統有關，但是 Graphics 介面已經有提供獨立於個別平台的的方法，可以使用它們繪製文字、圖像，然後可以在所有平台運行，是另外本章也會說明字型 (Font) 和色彩 (Color) 的處理。

# 30-1 認識座標系統

Java 系統所使用的座標觀念與傳統數學的座標觀念不同，Java 繪圖座標的原點 (x=0,y=0) 是視窗的左上角。

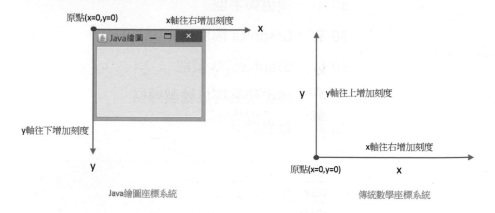

如果更細的拆解座標，可以將每個像素 (pixel) 視為一個座標點，可以用下方左圖表示。下方右圖是從 (3,0) 繪一條線至 (3,5) 的示意圖。

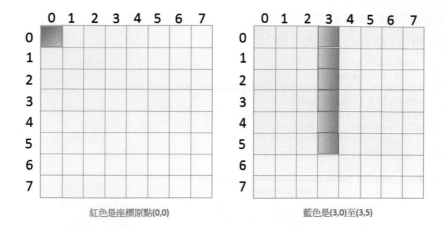

紅色是座標原點(0,0)　　　　　　　　藍色是(3,0)至(3,5)

本書程式實例 ch27_13.java 執行時當讀者按一下視窗內區域，隨即列出滑鼠座標 (x,y)，建議讀者可以重新執行，如此可以更加體會 Java 的繪圖座標系統。

## 30-2 AWT 繪圖

本節將一步一步說明在 AWT 視窗繪圖實例。

### 30-2-1 取得繪圖區與繪圖實例

在 Java 雖然是使用 Graphics 類別內的方法執行繪圖，但是繪圖區卻不是透過此類別建立。在 java.Component 類別有 getGraphics( ) 方法，我們可以使用這個方法取得繪圖區，取得後未來就可以使用 Graphics 類別的方法在此繪圖區繪圖了，或是執行每個座標點的顏色修訂。

```
Graphics g = getGraphics( );          // 取得繪圖區物件 g
```

在 Graphics 類別內有 drawRect( ) 方法可以執行繪矩形圖。

```
void drawRect(int x, int y, int width, int height);
```

上述 (x,y) 是矩形左上角座標，width 是矩形的寬，height 是矩形的高。

程式實例 ch30_1.java：這個程式會建立一個視窗，當我們按 Rect 鈕後，此視窗將繪製矩形左上角在 (50,50)，寬 200，高 100 的矩形。

```
1  import java.awt.*;                              // 匯入類別庫
2  import java.awt.event.*;
3  public class ch30_1 extends Frame implements ActionListener {
4      static ch30_1 frm = new ch30_1();
5      static Button btn = new Button("Rect");       // Rect鈕
6      public void actionPerformed(ActionEvent e) {  // 事件處理者
7          Graphics g = getGraphics();               // 取得繪圖區物件g
8          g.drawRect(50,100,200,100);               // 繪製矩形
9      }
10     public static void main(String[] args) {
11         FlowLayout fl = new FlowLayout();
12         frm.setLayout(fl);                        // 流動式版面配置
13         frm.setTitle("ch30_1");                   // 視窗標題
14         frm.setSize(300, 250);                    // 寬300, 高250
15         frm.add(btn);                             // 將功能鈕加入frm
16         btn.addActionListener(frm);               // 註冊
17         frm.setVisible(true);                     // 顯示視窗
18     }
19 }
```

執行結果

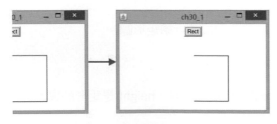

上述只要按 Rect 鈕就可以繪製一個矩形，但是現在如果我們將視窗移到螢幕顯示器外再移回時可以發現原先移出矩形部分會消失，如果將視窗縮小 / 放大也將發現矩形會有缺失，或是將視窗先轉成圖示放在視窗下方工具列再復原時會發現矩形消失了，下列是示範圖形。

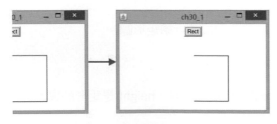

移出螢幕顯示器外再移回

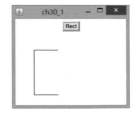

放大與縮小造成的矩形缺失

讀者可能覺得奇怪，AWT 視窗與元件 ( 例如：Rect 按鈕 ) 皆不會有此現象，這是因為Java 會為 AWT 視窗與元件執行修補功能，至於我們所繪製的矩形Java 則不做處理。

不過 Java 有提供 paint( ) 方法，讓我們執行修補功能。這是一個特殊的方法，我們不必在程式內呼叫它，發生下列狀況時系統會調用它自動執行。

❑ 新建立視窗時。

❑ 視窗由圖示復原為視窗時。

❑ 更改視窗大小時。

paint( ) 方法的格式如下：

```
public void paint(Graphics g)
```

程式實例 ch30_2.java：重新設計 ch30_1.java，增加 paint( ) 方法設計，這個程式執行時不論是將視窗移出螢幕範圍、更改視窗大小或是縮成圖示再復原，可以看到所繪製的矩形不會受到影響。這個程式重點是第 6-12 行，筆者設計了 paint( ) 方法，由第 8 行呼叫。

```java
1  import java.awt.*;                                      // 匯入類別庫
2  import java.awt.event.*;
3  public class ch30_2 extends Frame implements ActionListener {
4      static ch30_2 frm = new ch30_2();
5      static Button btn = new Button("Rect");             // Rect鈕
6      public void actionPerformed(ActionEvent e) {        // 事件處理者
7          Graphics g = getGraphics();                     // 取得繪圖區物件g
8          paint(g);
9      }
10     public void paint(Graphics g) {                     // paint()方法
11         g.drawRect(50,100,200,100);                     // 繪製矩形
12     }
13     public static void main(String[] args) {
14         FlowLayout fl = new FlowLayout();
15         frm.setLayout(fl);                              // 流動式版面配置
16         frm.setTitle("ch30_2");                         // 視窗標題
17         frm.setSize(300, 250);                          // 寬300，高250
18         frm.add(btn);                                   // 將功能鈕加入frm
19         btn.addActionListener(frm);                     // 註冊
20         frm.setVisible(true);                           // 顯示視窗
21     }
22 }
```

執行結果 　與 ch30_1.java 相同。

上述程式改良了視窗大小更改時矩形被遮蔽的問題，但是讀者可以發現我們不必按 Rect 鈕，只要一啟動程式，就自動繪製矩形了。原因是新建視窗時，系統也會自動調用 paint( ) 方法。

如果希望沒有按 Rect 鈕，系統無法繪製矩形，也就是新建視窗時系統即使調用 paint( ) 方法也無法繪製矩形，可以在 paint( ) 方法內增加 Boolean 變數做遮蔽動作。

程式實例 ch30_3.java：重新設計 ch30_2.java，設定只有按 Rect 鈕才可繪製矩形。也就是程式啟動時，無法繪製矩形。

```java
1  import java.awt.*;                                    // 匯入類別庫
2  import java.awt.event.*;
3  public class ch30_3 extends Frame implements ActionListener {
4      static ch30_3 frm = new ch30_3();
5      static Button btn = new Button("Rect");            // Rect鈕
6      static Boolean rect = false;                       // Rect鈕是否被按
7      public void actionPerformed(ActionEvent e) {       // 事件處理者
8          Graphics g = getGraphics();                    // 取得繪圖區物件g
9          rect = true;                                   // Rect鈕被按了
10         paint(g);
11     }
12     public void paint(Graphics g) {                    // paint()方法
13         if (rect)                                      // 如果Rect鈕被按
14             g.drawRect(50,100,200,100);                // 繪製矩形
15     }
16     public static void main(String[] args) {
17         FlowLayout fl = new FlowLayout();
18         frm.setLayout(fl);                             // 流動式版面配置
19         frm.setTitle("ch30_3");                        // 視窗標題
20         frm.setSize(300, 250);                         // 寬300, 高250
21         frm.add(btn);                                  // 將功能鈕加入frm
22         btn.addActionListener(frm);                    // 註冊
23         frm.setVisible(true);                          // 顯示視窗
24     }
25 }
```

執行結果 與 ch30_1.java 相同。

## 30-2-2　省略觸發機制繪圖

其實讀者應該發現既然 Java 可以在程式啟動時，自動調用 paint( ) 方法，這也代表設計繪圖程式時可以省略功能鈕部分，只要將欲繪製的敘述寫在 paint( ) 方法內就可以了。

程式實例 ch30_4.java：使用省略 Rect 功能鈕的觸發機制，重新設計 ch30_3.java。

```
1  import java.awt.*;                          // 匯入類別庫
2  public class ch30_4 extends Frame {
3      static ch30_4 frm = new ch30_4();
4      public void paint(Graphics g) {          // paint()方法
5          g.drawRect(50,100,200,100);          // 繪製矩形
6      }
7      public static void main(String[] args) {
8          frm.setTitle("ch30_4");              // 視窗標題
9          frm.setSize(300, 250);               // 寬300, 高250
10         frm.setVisible(true);                // 顯示視窗
11     }
12 }
```

執行結果 除了沒有 Rect 鈕其它與 ch30_1.java 相同。

## 30-3-3 認識視窗的繪圖區空間

我們現在將所繪的圖形放在 Frame 類別所建的視窗內，由執行結果可以看到視窗有上、下、左、右邊框，所以真正的繪圖區不是從 (0,0) 開始，我們所建的視窗扣除上、下、左、右邊框才是真正的繪圖區，Java 有提供 jawa.awt.Insets 類別，我們可以使用 getInsets( ) 方法取得上、下、左、右邊框的大小，所傳回參數意義是 left( 左邊框 )、right( 右邊框 )、top( 上邊框 )、bottom( 下邊框 )。

程式實例 ch30_5.java：依據繪圖區的大小，真正繪製一個最大可能範圍的矩形，同時這個程式會在提示訊息視窗傳回上、下、左、右邊框的大小。

```
1  import java.awt.*;                              // 匯入類別庫
2  public class ch30_5 extends Frame {
3      static ch30_5 frm = new ch30_5();
4      public void paint(Graphics g) {              // paint()方法
5          Insets ins = getInsets();                // 取得繪圖區
6          int width = getWidth() - (ins.left+ins.right);   // 取得繪圖區寬度
7          int height = getHeight() - (ins.top+ins.bottom); // 取得繪圖區高度
8          System.out.println("左邊框 : " + ins.left);
9          System.out.println("右邊框 : " + ins.right);
10         System.out.println("上邊框 : " + ins.top);
11         System.out.println("下邊框 : " + ins.bottom);
12         g.drawRect(ins.left,ins.top,width-1,height-1);   // 繪製矩形
13     }
14     public static void main(String[] args) {
15         frm.setTitle("ch30_5");                  // 視窗標題
16         frm.setSize(200, 160);                   // 寬200, 高160
17         frm.setVisible(true);                    // 顯示視窗
18     }
19 }
```

執行結果 由執行結果可以看到除了上邊框是 31，其他皆是 8。

這個執行結果視窗適度放大，也可以產生有趣的圖案效果。

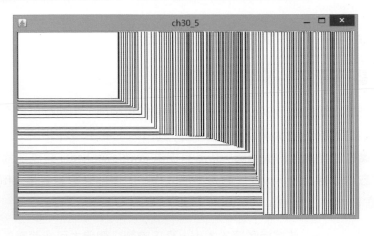

# 30-3 Swing 繪圖

使用 Swing 繪圖通常會用 JPanel 的子類別當作畫布，然後將此畫布設為 JFrame 視窗的內容窗格 (Content Panel)，這時繪圖的座標原點 (0,0)，將改為內容窗格 (Content Panel) 的左上角。在繪圖方面可以使用 JComponent 類別的 paintComponent( ) 方法取代 AWT 的 paint( ) 方法。

在 Swing 繪圖中，除了可以使用 JPanel 當作元件外，在 JComponent 子類別的其它元件，例如：JButton、JLabel … 等皆可以當作畫布。

程式實例 ch30_6.java：使用 Swing 繪圖的實例，這個程式的重點是讀者需留意畫布左上角與 JFrame 左上角是不同，這個觀念與 AWT 視窗繪圖不一樣。另外，筆者也在提示訊息視窗列出畫布的寬部與高度。

```
1  import java.awt.*;                                    // 匯入類別庫
2  import javax.swing.*;
3  public class ch30_6 extends JPanel {                  // JPanel類別
4      public void paintComponent(Graphics g) {          // 繪圖方法
5          super.paintComponent(g);                       // 上層容器清除原先內容
6          g.drawRect(5,5,100,100);                       // 繪製矩形
7      }
8      public static void main(String[] args) {
9          JFrame frm = new JFrame("ch30_6");
10         Container ct = frm.getContentPane();           // 內容窗格
11         ct.add(new ch30_6());                          // 將畫布載入內容窗格
12         frm.setSize(200, 160);                         // 寬200, 高160
13         frm.setDefaultCloseOperation(frm.EXIT_ON_CLOSE);
14         frm.setVisible(true);                          // 顯示視窗
15 // 列出畫布寬度與高度
16         System.out.println("畫布寬度 : " + ct.getWidth());
17         System.out.println("畫布高度 : " + ct.getHeight());
18     }
19 }
```

執行結果

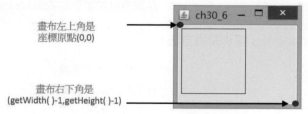

畫布左上角是
座標原點(0,0)

畫布右下角是
(getWidth( )-1,getHeight( )-1)

```
D:\Java\ch30>java ch30_6
畫布寬度 : 184
畫布高度 : 121
```

由於視窗寬度是 200，2 個邊框是 8，所以畫布寬度是 184。視窗高度是 160，上邊框是 31，下邊框是 8，所以畫布高度是 121。

# 30-4 顏色與字型

當我們繪圖時若是不特別設定顏色，將使用系統預設顏色繪圖，有關顏色的相關知識可以參考 26-3 節，下列是與顏色有關常用方法。

getColor( );                                          // 取得繪圖顏色
setColor(Color c);                                    // 設定繪圖顏色
setBackground(Color c);                               // 設定背景顏色

當我們在繪圖區輸出文字時若是不特別設定字型，將使用系統預設字型輸出字串，有關字型的相關知識可以參考 26-5 節，下列是與字型有關常用方法。

getFont( );                                           // 取得字型
setFont(Font f);                                      // 設定字型

與字型有關的另一個重要類別是 java.awt.FontMetrics，這個類別可以用於取得字串的實際寬度和高度，這樣可以方便我們將字串安置在視窗正確位置，下列是此類別相關名詞的定義：

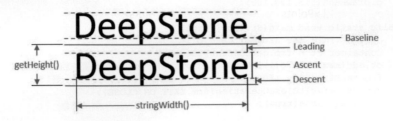

下列是 Graphics 類別相關的方法：

FontMetrics getFontMetrics(Font f)　　　　　// 取得指定字型的 FontMetrics
FontMetrics getFontMetrics( )　　　　　　　// 取得目前字型的 FontMetrics

下列是 java.awt.FontMetrics 類別常用方法。

int getHeight( )　　　　　　　　　　　　// 取得字串的高度
int getLeading( )　　　　　　　　　　　 // 取得 Leading 高度
int getAscent( )　　　　　　　　　　　　// 取得 Ascent 高度
int getDecent( )　　　　　　　　　　　　// 取得 Descent 高度
int stringWidth(String str)　　　　　　　// 取得字串寬度

## 30-5　Graphics 類別與 Graphics2D 類別

Java 的繪圖類別有 Graphics 和 Graphics2D 類別，其中 Graphics2D 是 Graphics 類別的子類別，也是 Java 新的 2D 繪圖類別，筆者前幾節之所以先用 Graphics 類別說明繪圖，是因為如果讀者在網路上看一些繪圖程式，會發現仍有相當多的程式使用 Graphics 類別的繪圖方法，為了讀者可以順利學會新舊繪圖方法，所以筆者 2 種繪圖方法均做說明，同時指出差異。

使用 Graphics 繪圖的基本步驟如下：

1：　取得 Graphics 物件。

2：　設定繪圖線條顏色，或是設定字型 (Font)，如果沒設定則用預設。

3：　繪製圖形。

下列是 Graphics 繪圖常用的方法。

❑ 繪製線條

drawLine(int x1, int y1, int x2, int y2);

drawPloyline(int[ ] xPoints, int[ ] yPoints, int numPoints);

❑ 繪製幾何形狀

drawRect(int xTopLeft, int yTopLeft, int width, int height);

drawOval(int xTopLeft, int yTopLeft, int width, int height);

drawArc(int xTopLeft, int yTopLeft, int width, int height, int startAngle, arcAngle);

draw3DRect(int xTopLeft, int yTopLeft, int width, int height, boolean raised);

drawRoundRect(int xTopLeft, int yTopLeft, int width, int height, int arcWidth, int arcHeight);

drawPolygon(int[ ] xPoints, int[ ] yPoints, int numPoints);

❑ 填充原始形狀

fillRect(int xTopLeft, int yTopLeft, int width, int height);

fillOval(int xTopLeft, int yTopLeft, int width, int height);

fillArc(int xTopLeft, int yTopLeft, int width, int height, int startAngle, arcAngle);

fill3DRect(int xTopLeft, int yTopLeft, int width, int height, boolean raised);

fillRoundRect(int xTopLeft, int yTopLeft, int width, int height, int arcWidth, int arcHeight);

fillPolygon(int[ ] xPoints, int[ ] yPoints, int numPoints);

❑ 顯示圖片 ( 上方是用原圖大小，下方是可調整大小 )

drawImage(Image img, int xTopLeft, int yTopLeft, ImageObserver obs);

drawImage(Image img, int xTopLeft, int yTopLeft, int width, int height, ImageObserver obs);

❑ 輸出文字

drawString(String str, int xBaseLeft, int yBaselineLeft)

❑ 清除與顯示

clearRect(int xTopLeft, int yTopLeft, int weight, int height);          // 清除

clipRect(int xTopLeft, int yTopLeft, int weight, int height);           // 顯示

setClip(int xTopLeft, int yTopLeft, int weight, int height);            // 設定裁剪區域

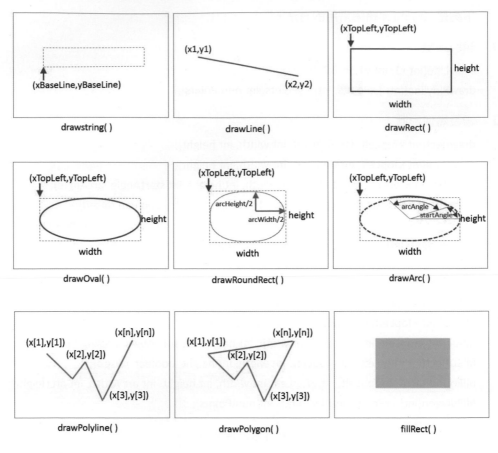

drawstring( )　　　　drawLine( )　　　　drawRect( )

drawOval( )　　　　drawRoundRect( )　　　　drawArc( )

drawPolyline( )　　　　drawPolygon( )　　　　fillRect( )

程式實例 ch30_7.java：在指定位置字串輸出與繪製實心矩形的應用。

```java
 1  import java.awt.*;                                    // 匯入類別庫
 2  import java.awt.event.*;
 3  import javax.swing.*;
 4  public class ch30_7 extends JPanel {                  // JPanel類別
 5      public void paintComponent(Graphics g) {          // 繪圖方法
 6          super.paintComponent(g);                      // 上層容器清除原先內容
 7          setBackground(Color.white);                   // 畫布背景是白色
 8          g.setColor(Color.blue);                       // 畫布是用藍色繪圖
 9          g.setFont(new Font("Arial",Font.ITALIC,18));   // 字型設定
10          g.drawString("I love Java", 30, 30);          // 字串在(30,30)輸出
11          g.setFont(new Font("Old English Text MT",Font.BOLD,20));// 字型設定
12          g.drawString("I love Java", 150, 30);         // 字串在(150,30)輸出
13          g.fillRect(30,50,180,120);                    // 繪製矩形
14      }
15      public static void main(String[] args) {
16          JFrame frm = new JFrame("ch30_7");
17          Container ct = frm.getContentPane();          // 內容窗格
18          ct.add(new ch30_7());                         // 將畫布載入內容窗格
19          frm.setSize(300, 250);                        // 寬200, 高160
```

```
20          frm.setDefaultCloseOperation(frm.EXIT_ON_CLOSE);
21          frm.setVisible(true);                    // 顯示視窗
22      }
23 }
```

執行結果

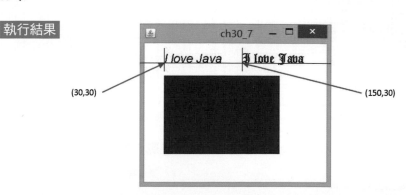

程式實例 ch30_8.java：在畫布內產生不同大小與位置的矩形，這是使用隨機數產生的
矩形，帶一些藝術化的效果。。

```
1  import java.awt.*;                              // 匯入類別庫
2  import java.awt.event.*;
3  import javax.swing.*;
4  import java.util.Random;
5  public class ch30_8 extends JPanel {            // JPanel類別
6      public void paintComponent(Graphics g) {    // 繪圖方法
7          super.paintComponent(g);                // 上層容器清除原先內容
8          Random ran = new Random();              // 隨機數物件
9          for ( int i = 0; i < 50; i++ ) {
10             int x1 = ran.nextInt(620);          // (x1,y1)是矩形左上角座標
11             int y1 = ran.nextInt(420);
12             int x2 = ran.nextInt(620);          // (x1,y1)是矩形右下角座標
13             int y2 = ran.nextInt(420);
14             if (x1 > x2) {
15                 int tmp = x1; x1 = x2; x2 = tmp;
16             }
17             if (y1 > y2) {
18                 int tmp = y1; y1 = y2; y2 = tmp;
19             }
20             g.drawRect(x1,y1,(x2-x1),(y2-y1));   // 繪製矩形
21         }
22     }
23     public static void main(String[] args) {
24         JFrame frm = new JFrame("ch30_8");
25         Container ct = frm.getContentPane();      // 內容窗格
26         ct.add(new ch30_8());                     // 將畫布載入內容窗格
27         frm.setSize(640, 480);                    // 寬640, 高480
28         frm.setDefaultCloseOperation(frm.EXIT_ON_CLOSE);
29         frm.setVisible(true);                     // 顯示視窗
30     }
31 }
```

執行結果　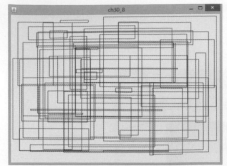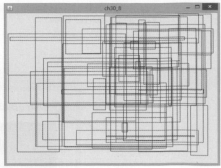

程式實例 ch30_9.java：使用 drawImage( ) 將圖片 snow.jpg 載入畫布。

```
1  import java.awt.*;                                    // 匯入類別庫
2  import javax.swing.*;
3  public class ch30_9 extends JPanel {                  // JPanel類別
4      private Image bgImage = Toolkit.getDefaultToolkit().getImage("snow.jpg");
5      public void paintComponent(Graphics g) {          // 繪圖方法
6          super.paintComponent(g);                      // 上層容器清除原先內容
7          g.drawImage(bgImage,0,0,this);                // 將圖片載入
8      }
9      public static void main(String[] args) {
10         JFrame frm = new JFrame("ch30_9");
11         Container ct = frm.getContentPane();           // 內容窗格
12         ct.add(new ch30_9(), BorderLayout.CENTER);     // 將畫布載入內容窗格
13         frm.setSize(640, 480);                         // 寬640, 高480
14         frm.setDefaultCloseOperation(frm.EXIT_ON_CLOSE);
15         frm.setVisible(true);                          // 顯示視窗
16     }
17 }
```

執行結果　

　　上述程式最重要的是第 7 行的 drawImage( ) 方法，這個方法是將圖片從 (0,0) 位置載入，我們也可以使用 drawImage( ) 方法將圖片載入時填滿畫布。

程式實例 ch30_10.java：用圖片填滿畫布，相當於將圖片當作視窗背景，這個程式只有修改第 7 行。

```
7              g.drawImage(bgImage,0,0,this.getWidth(),this.getHeight(),this);
```

執行結果

程式實例 ch30_11.java：使用 draw3DRect( ) 設計 3D 矩形，在使用 draw3DRect( ) 時，如果第 5 個參數是 false 將產生內凹的 3D 圖形，如果第 5 個參數是 true 將產生外凸的 3D 圖形。

```
1  import java.awt.*;                              // 匯入類別庫
2  import javax.swing.*;
3  public class ch30_11 extends JPanel {           // JPanel類別
4      public void paintComponent(Graphics g) {    // 繪圖方法
5          super.paintComponent(g);                // 上層容器清除原先內容
6          g.setColor(Color.LIGHT_GRAY);           // 繪製淺灰色
7          g.draw3DRect(50,50,100,50,false);       // 內凹
8          g.draw3DRect(200,50,100,50,true);       // 外凸
9      }
10     public static void main(String[] args) {
11         JFrame frm = new JFrame("ch30_11");
12         Container ct = frm.getContentPane();     // 內容窗格
13         ct.add(new ch30_11(),BorderLayout.CENTER); // 將畫布載入內容窗格
14         frm.setSize(350, 200);                   // 寬350, 高200
15         frm.setDefaultCloseOperation(frm.EXIT_ON_CLOSE);
16         frm.setVisible(true);                    // 顯示視窗
17     }
18 }
```

執行結果

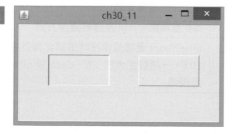

# 30-6 Graphics2D 類別

Java 在 Graphics 類別提供基本繪圖方法，另外也擴充了 Graphics 類別功能增加 Graphics2D 繪圖類別，由於繼承了 Graphics 類別，所以所有 Graphics 的繪圖方法均可以使用，另外此類別又增加更強大的處理圖形能力的方法。

使用 Graphics2D 繪圖基本步驟如下：

1： 取得 Graphics2D 物件。

2： 設定畫筆樣式、粗細大小、顏色、繪圖內部顏色，如果沒設定則使用預設用不填色畫圖。

3： 繪製圖形。

取得 Graphics2D 繪圖物件方法如下：

```
public void paintComponent(Graphics g) {
    Graphics2D g2d = (Graphics2D) g;            // 繪圖物件 g2d
    xxx;
}
```

## 30-6-1 Graphics2D 的新觀念

在 Graphics2D 繪圖中，它提供了下列有關圖形屬性，這些屬性都是以類別方式存在。

❏ stroke 屬性

這個屬性可以控制線條寬度、畫筆樣式、線段連接方式。使用前須先建立 BasicStroke 物件，再使用 setStroke( ) 方法執行進階設定。下列是建構方法。

| 建構方法 | 說明 |
|---|---|
| BasicStroke(float width) | width 是線條寬度 |
| BasicStroke(float width, int cap, int join) | cap 是端點，join 是線條連接方式 |
| BasicStroke(float width, int cap, int join float miterlimit, float[] dash, float phase) | Miterlimet 是線條連接時限制尖角長度，預設是 10.f，一般設定大於 1.0，dash 與 offset 可參考下面說明 |

- cap 端點樣式：可以有 3 種 CAP_SQUARE( 這是預設方形末端 )、CAP_ROUND( 半圓形末端 )、CAP_BUTT( 沒有修飾 )。

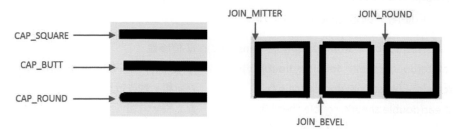

- join 線條交會方式：JOIN_MTTER( 這是預設尖型末端 )、JOIN_ROUND( 圓形末端 )、JOIN_BEVEL( 無修飾 )。

- dash[ ]：可以設定虛線格式，虛線由 " 線長度 + 缺口長度 + 線長度 + 缺口長度 … " 組成。

- phase：表示繪製虛線時從那一偏移量開始。

❏ paint 屬性

這個屬性主要是可以建立填充效果，下列是實例。

GradientPaint(float x1,float y1,Color c1,float x2,float y2,Color c2)

上述是指從 (x1,y1) 到 (x2,y2)，顏色從 c1 變化到 c2。如果想讓顏色從位置起點到位置終點的變化，顏色有回到起點顏色，則可以增加參數 Boolean cycle 是 true。

GradientPaint(float x1,float y1,Color c1,float x2,float y2,Color c2,Boolean cycle)

❏ clip 屬性

setClip( ) 可以增加設定裁減的外型 Shape。

❏ composite 屬性

這個屬性可以設定圖片重疊的效果。可以用下列獲得 AlphaComposite 物件。

AlphaComposite.getInstance(int rule, float alpha)

alpha 是透明參數，從 0.0( 完全透明 ) 到 1.0( 完全不透明 )，可以使用 setComposite( ) 設定混合效果。

❑ transform 屬性

Graphics2D 可以用於將圖形縮放 (scale)、平移 (translate)、旋轉 (rotate)、斜切 (shear)，它使用下列方法執行這些工作。

```
translate(double translateX, double translateY);   // 位移量
rotate(double theta, double x, double y);          // 在 (x,y) 為中心旋轉 theta 弧度
scale(double scaleX, double scaleY);               // x 和 y 軸梭放比
shear(double shearX, souble shearY);               // x 和 y 斜切
```

## 30-6-2 繪圖類別

Graphics2D 的繪圖類別是屬於 java.awt.geom 套件，所以程式執行前需匯入類別庫。下列是常見的繪圖類別。

線段：Line2D.Float、Line2D.Double
矩形：Rectangle2D.Float、Rectangle2D.Double
圓角矩形：RoundRectangle2D.Float、RoundRectangle2D.Double
圓或橢圓 Ellipse2D.Float、Ellipse2D.Double

上述 Float 是浮點數，Double 是雙倍精度浮點數，表示未來參數的資料型態。

程式實例 ch30_12.java：繪製 3 條不同寬度與顏色的線條。

```
1  import java.awt.*;                                  // 匯入類別庫
2  import javax.swing.*;
3  import java.awt.geom.*;
4  public class ch30_12 extends JPanel {               // JPanel類別
5      public void paintComponent(Graphics g) {        // 繪圖方法
6          Graphics2D g2d = (Graphics2D) g;
7          super.paintComponent(g);                     // 上層容器清除原先內容
8          g2d.setColor(Color.red);                     // 紅色
9          Stroke stroke = new BasicStroke(3f);         // 線條寬度3f
10         g2d.setStroke(stroke);
11         g2d.drawLine(50,30,250,30);
12
13         g2d.setColor(Color.green);                   // 綠色
14         g2d.setStroke(new BasicStroke(6f));          // 線條寬度6f
15         g2d.draw(new Line2D.Float(50.0f,80.0f,250.0f,80.0f));
16
17         g2d.setColor(Color.blue);                    // 藍色
18         g2d.setStroke(new BasicStroke(9f));          // 線條寬度9f
19         g2d.draw(new Line2D.Double(50.0d,130.0d,250.0d,130.0d));
20     }
21     public static void main(String[] args) {
22         JFrame frm = new JFrame("ch30_12");
23         Container ct = frm.getContentPane();         // 內容窗格
24         ct.add(new ch30_12(),BorderLayout.CENTER);   // 將畫布載入內容窗格
```

```
25        frm.setSize(350, 200);                          // 寬350，高200
26        frm.setDefaultCloseOperation(frm.EXIT_ON_CLOSE);
27        frm.setVisible(true);                           // 顯示視窗
28    }
29 }
```

執行結果

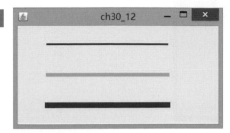

程式實例 ch30_12_1.java：使用虛線觀念重新設計 ch30_12.java，這個程式筆者設計下列虛線樣式。

| {5f, 5f} | // 第 9 行，5 pixel 實線，5 pixel 空白 |
| {10f, 3f} | // 第 16 行，10 pixel 實線，3 pixel 空白 |
| {10f,3f,3f,3f} | // 第 23 行，10 pixel 實線，3 pixel 空白，3 pixel 實線，3 pixel 空白 |

```
1  import java.awt.*;                                    // 匯入類別庫
2  import javax.swing.*;
3  import java.awt.geom.*;
4  public class ch30_12_1 extends JPanel {               // JPanel類別
5      public void paintComponent(Graphics g) {          // 繪圖方法
6          Graphics2D g2d = (Graphics2D) g;
7          super.paintComponent(g);                      // 上層容器清除原先內容
8          g2d.setColor(Color.red);                      // 紅色
9          float[] dashPattern1 = {5f,5f};               // 虛線樣式
10         Stroke stroke1 = new BasicStroke(3f,BasicStroke.CAP_BUTT,
11             BasicStroke.JOIN_MITER,1.0f,dashPattern1,0.0f);
12         g2d.setStroke(stroke1);
13         g2d.drawLine(50,30,250,30);
14
15         g2d.setColor(Color.green);                    // 綠色
16         float[] dashPattern2 = {10f,3f};              // 虛線樣式
17         Stroke stroke2 = new BasicStroke(3f,BasicStroke.CAP_BUTT,
18             BasicStroke.JOIN_MITER,1.0f,dashPattern2,0.0f);
19         g2d.setStroke(stroke2);
20         g2d.draw(new Line2D.Float(50.0f,80.0f,250.0f,80.0f));
21
22         g2d.setColor(Color.blue);                     // 藍色
23         float[] dashPattern3 = {10f,3f,3f,3f};        // 虛線樣式
24         Stroke stroke3 = new BasicStroke(3f,BasicStroke.CAP_BUTT,
25             BasicStroke.JOIN_MITER,1.0f,dashPattern3,0.0f);
26         g2d.setStroke(stroke3);
27         g2d.draw(new Line2D.Double(50.0d,130.0d,250.0d,130.0d));
28     }
29     public static void main(String[] args) {
30         JFrame frm = new JFrame("ch30_12_1");
31         Container ct = frm.getContentPane();          // 內容窗格
32         ct.add(new ch30_12_1(),BorderLayout.CENTER);  // 將畫布載入內容窗格
33         frm.setSize(350, 200);                        // 寬350，高200
```

```
34          frm.setDefaultCloseOperation(frm.EXIT_ON_CLOSE);
35          frm.setVisible(true);                          // 顯示視窗
36      }
37 }
```

執行結果

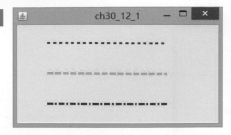

程式實例 ch30_13.java：繪製矩形的應用。

```
1  import java.awt.*;                                      // 匯入類別庫
2  import javax.swing.*;
3  import java.awt.geom.*;
4  public class ch30_13 extends JPanel {                   // JPanel類別
5      public void paintComponent(Graphics g) {            // 繪圖方法
6          Graphics2D g2d = (Graphics2D) g;
7          super.paintComponent(g);                        // 上層容器清除原先內容
8          g2d.setColor(Color.red);                        // 紅色
9          Stroke stroke = new BasicStroke(3f);            // 矩形線條寬度3f
10         g2d.setStroke(stroke);
11         g2d.drawRect(20,20,300,120);
12
13         g2d.setColor(Color.green);                      // 綠色
14         g2d.setStroke(new BasicStroke(6f));             // 矩形線條寬度6f
15         g2d.draw(new Rectangle2D.Float(50.0f,50.0f,240.0f,60.0f));
16
17         g2d.setColor(Color.blue);                       // 藍色
18         g2d.setStroke(new BasicStroke(9f));             // 矩形線條寬度9f
19         g2d.draw(new Rectangle2D.Double(70.0d,70.0d,190.0d,20.0d));
20     }
21     public static void main(String[] args) {
22         JFrame frm = new JFrame("ch30_13");
23         Container ct = frm.getContentPane();             // 內容窗格
24         ct.add(new ch30_13(),BorderLayout.CENTER);       // 將畫布載入內容窗格
25         frm.setSize(350, 200);                           // 寬350，高200
26         frm.setDefaultCloseOperation(frm.EXIT_ON_CLOSE);
27         frm.setVisible(true);                            // 顯示視窗
28     }
29 }
```

執行結果

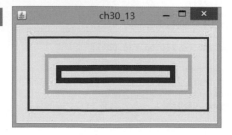

程式實例 ch30_13_1.java：將星星圖形 (star.gif) 執行位移、縮放與旋轉。

```
1  import java.awt.*;                                    // 匯入類別庫
2  import javax.swing.*;
3  import java.awt.geom.*;
4  public class ch30_13_1 extends JPanel {               // JPanel類別
5      private Image bgImage = Toolkit.getDefaultToolkit().getImage("star.gif");
6      public void paintComponent(Graphics g) {          // 繪圖方法
7          super.paintComponent(g);                       // 上層容器清除原先內容
8          Graphics2D g2d = (Graphics2D) g;
9          g2d.drawImage(bgImage,0,0,this);               // 第一次圖片載入
10 // 圖像位移
11         AffineTransform transform = new AffineTransform();  // 定義物件
12         int bgImageWidth = bgImage.getWidth(this);     // 圖的寬
13         int bgImageHeight = bgImage.getHeight(this);   // 圖的高
14         int x = 100;
15         int y = 100;
16         transform.translate(x-bgImageWidth/2, y-bgImageHeight/2);
17         g2d.drawImage(bgImage,transform,this);         // 第二次圖片載入
18 // 圖像位移與旋轉
19         for (int i = 0; i < 5; i++ ) {
20             transform.translate(100,30);               // 位移
21             transform.rotate(Math.toRadians(15),bgImageWidth/2,bgImageHeight/2);
22             transform.scale(0.85,0.85);                // 縮小至85%
23             g2d.drawImage(bgImage,transform,this);     // 迴圈圖片載入
24         }
25     }
26     public static void main(String[] args) {
27         JFrame frm = new JFrame("ch30_13_1");
28         Container ct = frm.getContentPane();           // 內容窗格
29         ct.add(new ch30_13_1(), BorderLayout.CENTER);  // 將畫布載入內容窗格
30         frm.setSize(640, 400);                         // 寬640, 高400
31         frm.setDefaultCloseOperation(frm.EXIT_ON_CLOSE);
32         frm.setVisible(true);                          // 顯示視窗
33     }
34 }
```

執行結果

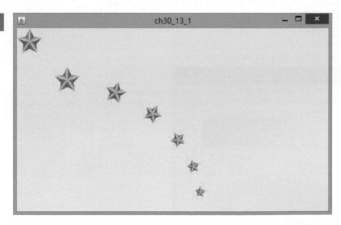

## 30-6-3　Graphics2D 著色

假設我們想在圖案內著色，可以先使用 setPaint( ) 方法設定顏色，然後再使用 fill( ) 方法，可參考下列程式碼。

```
g2d = setPaint(Color.blue);
g2d.fill(new Rectangle2D.Float(float x1, float y1, float width, float height));
```

程式實例 ch30_14.java：設計不同填充效果的程式設計，其中第 8 行是設定矩形填充效果是從黃色到紅色，第 11 行是設定橢圓形填充效果是從綠色到黃色。

```
1  import java.awt.*;                                        // 匯入類別庫
2  import javax.swing.*;
3  import java.awt.geom.*;
4  public class ch30_14 extends JPanel {                     // JPanel類別
5      public void paintComponent(Graphics g) {              // 繪圖方法
6          Graphics2D g2d = (Graphics2D) g;
7          super.paintComponent(g);                          // 上層容器清除原先內容
8          g2d.setPaint(new GradientPaint(50,150,Color.yellow,290,250,Color.red));
9          g2d.fill(new Rectangle2D.Float(50.0f,50.0f,240.0f,50.0f));  // 填充矩形
10
11         g2d.setPaint(new GradientPaint(50,150,Color.green,290,250,Color.yellow));
12         g2d.fill(new Ellipse2D.Double(50.0d,150.0d,240.0d,100.0d)); // 填充橢圓
13     }
14     public static void main(String[] args) {
15         JFrame frm = new JFrame("ch30_14");
16         Container ct = frm.getContentPane();              // 內容窗格
17         ct.add(new ch30_14(),BorderLayout.CENTER);        // 將畫布載入內容窗格
18         frm.setSize(350, 300);                            // 寬350, 高300
19         frm.setDefaultCloseOperation(frm.EXIT_ON_CLOSE);
20         frm.setVisible(true);                             // 顯示視窗
21     }
22 }
```

執行結果

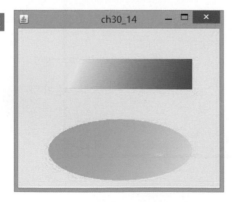

# 30-7　專題拖曳滑鼠可以繪製線條

這一節筆者筆者將講解拖曳滑鼠可以繪製藍色線條的實例，所謂的拖曳滑鼠是指按著滑鼠左邊鍵再移動滑鼠，這個動作會產生下列 2 個關鍵事件。

1：　mousePressed( ) 事件，可以由這個事件取得滑鼠按下時的座標 (x1,y1)，可參考程式 ch30_15.java 的第 15-18 行。

2：　mouseDragged( ) 事件，在拖曳時我們可以得到新的滑鼠座標 (x2,y2)，此時可以參考程式 ch30_15.java 的第 8-9 行，第 10-11 行是設定使用藍色繪線條。繪完線調可以將 (x2,y2) 設為新的 (x1,y1)，當 mouseDragged( ) 週而復始即可達到繪製線條的目的。

程式實例 ch30_15.java：拖曳滑鼠繪製線條的應用。

```
1  import java.awt.*;                                      // 匯入類別庫
2  import java.awt.event.*;
3  public class ch30_15 extends Frame implements MouseListener, MouseMotionListener {
4      static ch30_15 frm = new ch30_15();
5      static int x1,y1,x2,y2;
6      public void mouseDragged(MouseEvent e) {             // 事件處理者
7          Graphics g = getGraphics();                      // 取得繪圖區物件g
8          x2 = e.getX();                                   // 取得拖曳滑鼠時x座標
9          y2 = e.getY();                                   // 取得拖曳滑鼠時y座標
10         g.setColor(Color.blue);                          // 設定繪製藍色線條
11         g.drawLine(x1,y1,x2,y2);                         // 繪製線條
12         x1 = x2;                                         // 更新x1座標
13         y1 = y2;                                         // 更新y1座標
14     }
15     public void mousePressed(MouseEvent e) {
16         x1 = e.getX();                                   // 取得滑鼠按下時x座標
17         y1 = e.getY();                                   // 取得滑鼠按下時y座標
18     }
19     public void mouseMoved(MouseEvent e) {}
20     public void mouseEntered(MouseEvent e) {}
21     public void mouseExited(MouseEvent e) {}
22     public void mouseClicked(MouseEvent e) {}
23     public void mouseReleased(MouseEvent e) {}
24     public static void main(String[] args) {
25         frm.setTitle("ch30_15");                         // 視窗標題
26         frm.setSize(300, 250);                           // 寬300, 高250
27         frm.addMouseListener(frm);                       // 註冊
28         frm.addMouseMotionListener(frm);                 // 註冊
29         frm.setVisible(true);                            // 顯示視窗
30     }
31 }
```

執行結果

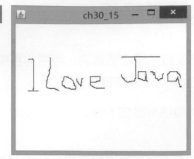

讀者在執行上述程式時會發現，當視窗改為圖示再復原時所繪製得圖形將不被重新繪製，其實可以將繪製的點儲存成陣列，視窗復原時重新將所有的點陣列連接即可，這將是讀者的習題。

## 30-8 動畫設計

這一節我們主要是設計一個反彈球，基本觀念是我們用執行緒執行此工作，首先設定反彈球的位置，然後使用下列觀念執行動畫設計。

1： 繪製反彈球。

2： 顯示此反彈球一段時間。

3： 更改反彈球位置，然後重新繪製反彈球。

程式設計時可以使用 repaint( ) 方法，此方法會調用 paint( ) 方法，達到重新繪製反彈球的目的，由於在不同位置重新繪製反彈球，這樣就達到動畫的反彈球設計。

程式實例 ch30_16.java：反彈球的設計，這個程式執行時反彈球在視窗上方，然後會上下移動，每此移動大小是 10 pixels 在第 8 行定義，這個程式是由執行緒啟動，可參考第 10-13 行。第 7 行的 yDir 如果是正值 1 表示球往下移動，如果是負值 -1 表示球是往上移動。球的直徑是 20 pixel。反彈球設計的另一個重點是如何判斷球碰觸視窗上邊或是下邊，第 23-25 行是反彈球觸底的判斷，如果觸底則讓未來 yDir 是負值，相當於未來球往上移動。第 26-28 行是反彈球觸頂的判斷，如果觸頂則讓未來 yDir 是正值，相當於未來球往下移動。第 29 行是設定反彈球 y 位置，30 行是繪製反彈球。

這個程式第 3 行實作了 Runnable 介面 ( 可參考 21-4 節 )，這個介面只定義一個 run( ) 方法，第 11 行的執行緒 t 物件會調用 Runnable 介面的 run( ) 方法，然後執行此方法的敘述。

```
 1 import java.awt.*;                                      // 匯入類別庫
 2 import javax.swing.*;
 3 public class ch30_16 extends JComponent implements Runnable {
 4     Thread t;                                           //執行緒
 5     static boolean ballRun = true;                      //是否移動
 6     static int x = 140, y = 0;                          //圓最初座標
 7     static int yDir = 1;                                //正值表示往下移動
 8     static int dy = 10;                                 //移動大小
 9     static int ballSize = 20;                           //圓大小
10     ch30_16(){
11         t = new Thread(this);                           // 建立一個執行緒
12         t.start();
13     }
14     public void run() {
15         while(ballRun){
16             repaint();                                  // 重新繪製
17             try {
18                 Thread.sleep(100);                      // 休息0.1秒
19             } catch (InterruptedException e) { e.printStackTrace();
20         }
21     }
22     public void paint(Graphics g){
23         if (y > (this.getSize().height - ballSize)){    // 反彈球觸底
24             yDir = -1;
25         }
26         if (y <= 0){                                    // 反彈球觸頂
27             yDir = 1;
28         }
29         y += dy * yDir;                                 // 反彈球y位置
30         g.setColor(Color.blue);                         // 設定反彈球顏色
31         g.fillOval(x, y, ballSize, ballSize);           // 繪製反彈球
32     }
33     public static void main(String[] args){
34         JFrame frm = new JFrame("ch30_16");
35         Container cp = frm.getContentPane();
36         cp.add(new ch30_16());
37         frm.setSize(300,240);
38         frm.setDefaultCloseOperation(frm.EXIT_ON_CLOSE);
39         frm.setVisible(true);
40     }
41 }
```

執行結果

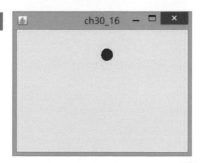

在更進一步的反彈球設計中，我們可以設計反彈球可以在視窗四週移動，此時就需要設定 x 軸的移動。

程式實例 ch30_17.java：反彈球可以在視窗四周移動，下列是有關 x 軸資料的設定。第 6 行是設定球最初座標位置，第 7 行是設定 x 軸位移的大小，第 8 行的 xDir 如果是正值 1 表示球往右移動，如果是負值 -1 表示球是往左移動。

```
6      static int x = 140, y = 110;                            //圖最初座標
7      static int dx = 10;                                     //移動x軸大小
8      static int xDir = 1;                                    //正值表示往下移動
```

下列是有關判斷球是否碰觸最左邊與最右邊，以及計算實際球在 x 軸位置。

```
31         if (x > (this.getSize().width  - ballSize)){    // 反彈球觸右
32             xDir = -1;
33         }
34         if (x <= 0){                                    // 反彈球觸左
35             xDir = 1;
36         }
37         x += dx * xDir;                                 // 反彈球x位置
```

執行結果

如果要更進一步設計上述反彈球，可以在下方增加球拍，當球碰觸球拍則球往上反彈，如果球碰觸視窗底邊則遊戲結束，可參考下列圖形，這將是讀者的作業。

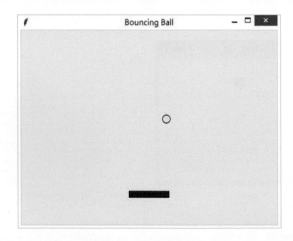

## 習題實作題

1: 請參考 ch30_1.java，將程式改為產生藍色 150x150 的正方形。

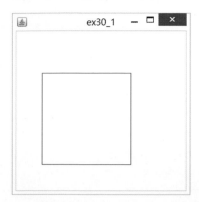

2: 請參考 ch30_5.java，將程式改為隨機產生 red、green、blue、yellow、gray 顏色的框線。

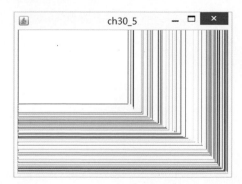

3: 請參考 ch30_12_1.java 的虛線設計，自行重新設計 ch30_13.java，設計虛線的矩形。

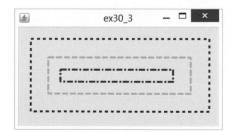

4：　請參考 ch30_14.java，調整色彩與位置，同時將橢圓改為圓。

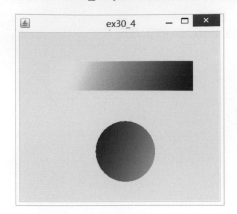

# 第三十一章

# 網路程式設計

　　Java 的網路觀念主要是將 2 個或多個電腦連接，達到資源共享的目的。本章也將介紹 socket 程式設計觀念，教導讀者設計一個主從架構與 UDP 架構的網路程式，最後也將講解設計簡單了網路聊天室。

# 31-1 認識 Internet 網址

　　在 Internet 世界，各電腦間是用 IP(Internet Protocol) 位址當作識別，每一台電腦皆有唯一的 IP 位址，IP 位址是 4 個 8 位元的數字所組成，通常用 10 進位表示，例如：臉書 (facebook) 的 IP 位址是：

31.13.87.36

所以我們使用下列方式，也可以連上 facebook 的網頁。

https://31.13.87.36

　　注意：為了安全理由，目前許多公司的網頁皆無法使用上述 IP 方式做訪問，以臉書為例，首先可以看到下列畫面：

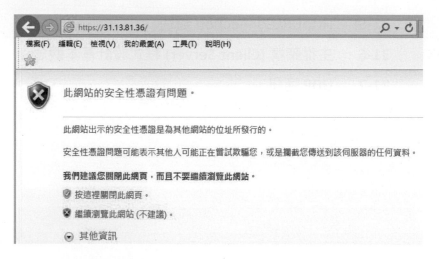

　　這時筆者按繼續瀏覽此網站 ( 不建議 )，才進入網頁。許多單位筆者嘗試用 IP 瀏覽網頁時，是無法進入網站。

由於 IP 位址不容易記住，所以就發展出主機名稱 (host name) 的觀念，例如：facebook 的主機名稱是 www.facebook.com，下列也是我們常用連上 facebook 網頁的方式。

https://www.facebook.com

每台電腦只能有一個 IP 位址，但是主機名稱則是可以有多個，或是沒有主機名稱也可以，因為只要有 IP 位址就可以連接了。

主機名稱 (host name) 雖然容易記住，但是各電腦間是用 IP 位址做識別，因此電腦專家們又開發了 DNS(Domain Name Service) 系統，這個系統會將主機名稱轉成相對應的 IP 位址，這樣我們就可以使用主機名稱傳遞資訊，其實隱藏在背後的是 DNS 將我們輸入的主機名稱轉成 IP 位址，執行與其他電腦互享資源的目的。

## 31-2　Java InetAddress 類別

Java 的 java.net.InetAddress 類別有提供方法讓我們可以獲得所有主機名稱的名稱。這個類別沒有建構方法，它的常用方法如下：

| 方法 | 說明 |
|---|---|
| static InetAddress getByName(String host) throws UnknownHostException | 給主機名稱可以傳回 IP 位址 |
| static InetAddress getByAllName(String host) throws UnknownHostException | 給主機名稱可以傳回所有提供服務的 IP 位址 |
| Static InetAddress getLocalHost( ) throws UnknownHostException | 傳回本機的主機名稱和 IP 位址 |
| public String getHostName( ) | 傳回主機名稱 |
| public String getHostAddress( ) | 傳回 IP 位址 |

讀者設計程式時需留意上述前 3 個方法會拋出例外。

程式實例 ch31_1.java：取得目前筆者電腦的主機名稱與 IP 位址。

```
1  import java.net.*;                                    // 匯入類別庫
2  public class ch31_1 {
3      public static void main(String[] args){
4          try {
5              InetAddress ip =  InetAddress.getLocalHost();
6              System.out.println("主機名稱：" + ip.getHostName());
7              System.out.println("IP位址 ：" + ip.getHostAddress());
8              System.out.println(ip);
9          }
10         catch(UnknownHostException e)
11         {
12             System.out.println(e);
13         }
14     }
15 }
```

執行結果
```
D:\Java\ch31>java ch31_1
主機名稱 ：GrandTime
IP位址   ：192.168.11.199
GrandTime/192.168.11.199
```

程式實例 ch31_2.java：由特定主機名稱，取得 IP 位址。

```
1  import java.net.*;
2  public class ch31_2 {
3      public static void main(String[] args){
4          try {
5              InetAddress ip;
6              ip = InetAddress.getByName("www.facebook.com"); // 取得IP
7              System.out.println("臉書facebook IP：" + ip);
8          }
9          catch(UnknownHostException e)
10         {
11             System.out.println(e);
12         }
13     }
14 }
```

執行結果
```
D:\Java\ch31>java ch31_2
臉書facebook IP：www.facebook.com/31.13.87.36
```

註　為了防止網路惡意攻擊，許多單位的 IP 是浮動，也就是我們可能每次執行上述程式皆獲得不同的 IP，所傳回的 IP 也可能是假 IP，所以無法正常使用此傳回的 IP 正常訪問此網站。

# 31-3　URL 類別

　　URL 全名是 Universal Resource Locator，可以解釋為全球網路資源的位址。URL 是由下列資訊所組成。例如：若是網站網址如下：

http://aaa.24ht.com.tw:80/travel.jpg

　　則 URL 將包含下列資訊：

1：　Protocol：傳輸協定，一般網站的傳輸協定是 https( 安全性高 ) 或 http。

2：　Server name 伺服器名稱或 IP 位址，" aaa.24ht.com.tw"。

3：　Port Number：傳輸埠編號，這是選項屬性。一台電腦可能有好幾個應用程式在執行，所以如果指定 IP，可能無法是和此 IP 的那一個程式連線，此時可以用傳輸埠編號，http 通訊協定的傳輸埠編號是 80，https 通訊協定的傳輸埠編號是 443，telnet 是 23，ftp 是 21。

4：　File Name 或 Directory Name：檔案或目錄名稱是 travel.jpg。

　　Java 有 URL 類別，可以讓我們處理以上 URL 資訊，下列是建構方法。

| 建構方法 | 說明 |
| --- | --- |
| URL(String spec) | 使用字串 spec 建立 URL 物件 |
| URL(URL context, String spec) | 使用 URL 和字串建立 URL 物件 |
| URL(String protocol, String host, String file) | 用 protocol 通訊協定，host 主機名稱，file 檔案名稱建立 URL 物件 |

　　以上方法均會拋出異常 MalformedURLException，下列是常用一般方法。

| 方法 | 說明 |
| --- | --- |
| String getPath( ) | 傳回 URL 路徑 |
| String getAuthority( ) | 傳回 URL 管理單位 |
| String getPort( ) | 傳回 URL 傳輸埠編號 |
| int getDefaultPort( ) | 傳會 URL 預設傳輸埠編號 |
| String getProtocol( ) | 傳回 URL 通訊協定 |
| String getHost( ) | 傳回 URL 主機名稱 |
| String getFile( ) | 傳回 URL 檔案名稱 |
| URLConnection openConnection thorws IOException | 建立一個可以與 URL 資源連接的 URL 物件。 |

程式實例 ch31_3.java：取得 URL 資訊。

```
1  import java.net.*;
2  public class ch31_3 {
3      public static void main(String[] args){
4          try {
5              URL url = new URL("https://aaa.24ht.com.tw/travel.jpg");
6              System.out.println("URL 是 " + url.toString());
7              System.out.println("protocol 是 " + url.getProtocol());
8              System.out.println("authority 是 " + url.getAuthority());
9              System.out.println("file name 是 " + url.getFile());
10             System.out.println("host 是 " + url.getHost());
11             System.out.println("path 是 " + url.getPath());
12             System.out.println("port 是 " + url.getPort());
13             System.out.println("default port 是 " + url.getDefaultPort());
14         }
15         catch(MalformedURLException e)
16         {
17             System.out.println(e);
18         }
19     }
20 }
```

執行結果
```
D:\Java\ch31>java ch31_3
URL 是 https://aaa.24ht.com.tw/travel.jpg
protocol 是 https
authority 是 aaa.24ht.com.tw
file name 是 /travel.jpg
host 是 aaa.24ht.com.tw
path 是 /travel.jpg
port 是 -1
default port 是 443
```

上述我們在設定 URL 時沒有指定埠號，所以傳回是 -1。

## 31-4 URLConnection 類別

前一節所介紹的 URL 類別可以讓我們很輕鬆的取得 URL 相關資訊，如果我們想要取得網站內部資料，這時要使用 URL 的 openConnection( ) 方法，然後會傳回 URLConnection 類別型態的物件，這時我們可以使用下列方法解析所取得的內容。

下列是此類別常用方法。

| 方法 | 說明 |
|---|---|
| int getContentLength( ) | 傳回檔案大小 |
| int getContentType( ) | 傳回資料型態 |
| InputStream getInputStream( ) | 使用串流傳回指定 URL 的資料 |

設計程式取得別人電腦的資料從好的方面說是資源共享，但是也成為駭客竊取資

料的方法之一，我們常看到有所謂的網路爬蟲，其實指的就是從網路擷取資料。

程式實例 ch31_4.java：在第 7 行筆者指定讀取網路的一個檔案，這個程式除了列出這個檔案的大小、檔案類型外，也輸出此檔案內容。程式第 8 行是使用 URL 類別的 openConnection( ) 方法，然後可以傳回 URLConnection 類別物件指定給 uC，第 9 行是將 uC 物件轉成串流 stream，第 10/11 行分別列出檔案大小與類型，第 12-15 行則是讀取檔案內容然後輸出。我們所要讀取的 ch31Example.txt 內容如下：

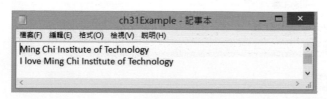

```
1  import java.net.*;                                    // 匯入類別庫
2  import java.io.*;
3  public class ch31_4 {
4      public static void main(String[] args){
5          String str;
6          try {
7              URL url = new URL("https://aaa.24ht.com.tw/ch31Example.txt");
8              URLConnection uC = url.openConnection();
9              InputStream stream = uC.getInputStream();
10             System.out.println("檔案大小是 : " + uC.getContentLength());
11             System.out.println("檔案類型是 : " + uC.getContentType());
12             int i;
13             while((i=stream.read())!=-1) {             // 讀取檔案直到最後
14                 System.out.print((char) i);            // 輸出所讀取的資料
15             }
16         }
17         catch(Exception e)
18         {
19             System.out.println(e);
20         }
21     }
22 }
```

執行結果
```
D:\Java\ch31>java ch31_4
檔案大小是 : 73
檔案類型是 : text/plain
Ming Chi Institute of Technology
I love Ming Chi Institute of Technology
```

　　讀者需留意的是執行第 8 行的 openConnection( ) 還沒有執行將本應用程式與 URL 的網路連線，它只是傳回 URLConnection 物件。上述程式是在第 9 行獲得輸入串流時才真正進行隱式的網路連線。

　　上述程式好像很完美，可是如果第 7 行 ch31Example.txt 檔案內容含有中文資料所列印的中文字會有亂碼產生。

程式實例 ch31_5.java：讀取含中文資料產生亂碼的實例，我們所要讀取的檔案內容如下：

```
1  import java.net.*;                            // 匯入類別庫
2  import java.io.*;
3  public class ch31_5 {
4      public static void main(String[] args){
5          String str;
6          try {
7              URL url = new URL("https://aaa.24ht.com.tw/ch31Chinese.txt");
8              URLConnection uC = url.openConnection();
9              InputStream stream = uC.getInputStream();
10             int i;
11             while((i=stream.read())!=-1) {       // 讀取檔案直到最後
12                 System.out.print((char) i);      // 輸出所讀取的資料
13             }
14         }
15         catch(Exception e)
16         {
17             System.out.println(e);
18         }
19     }
20 }
```

執行結果

```
D:\Java\ch31>java ch31_5
Ming Chi Institute of Technology
```
亂碼 ——————▶ `??§??u±M`
```
I love Ming Chi Institute of Technology
```
亂碼 ——————▶ `§?·R??§??u±M`

　　上述亂碼原因是第 9 行內容：

　　InputStream stream = uC.getInputStream( );

　　所獲得的是處理 Byte 資料的串流物件 stream，處理中文字需要採用 char 資料型態，所以我們必須將 byte 轉換為 char。在這個實例中我們必須將 byte 串流的 stream 物件轉成處理 char 資料型態的 Reader 物件。Reader 是一個抽象類別所以實務上我們可以用它的衍生類別 BufferedReader，再配合此類別的 readLine( ) 方法一次讀取一行方式處理。

上述觀念好像我們是需要將小口徑的管線轉成大口徑的管線，在實作上我們可以使用 InputStreamReader 類別當作中間接頭。

下列是將 byte 串流轉成 InputStreamReader 物件的方法：

InputStream stream = Uc.getInputStream( );
InputStreamReader isr = new InputStreamReader(stream);

下列是將 InputStreamReader 物件 isr 轉成 BufferedReader 物件 br 的方法：

BufferedReader br = new BufferedReader(isr);

未來就可以使用 br 物件呼叫 readLine( ) 讀取整行資料了。

程式實例 ch31_6.java：使用上述觀念重新設計 ch31_5.java，這次將可以輸出正常結果。

```
1  import java.net.*;                                    // 匯入類別庫
2  import java.io.*;
3  public class ch31_6 {
4      public static void main(String[] args){
5          String str;
6          try {
7              URL url = new URL("https://aaa.24ht.com.tw/ch31Chinese.txt");
8              URLConnection uC = url.openConnection();
9              InputStream stream = uC.getInputStream();
10             InputStreamReader isr = new InputStreamReader(stream);
11             BufferedReader br = new BufferedReader(isr);
12             while ((str=br.readLine())!=null)          // 讀取整行
13                 System.out.println(str);                // 輸出
14             br.close();                                 // 關閉
15         }
16         catch(Exception e)
17         {
18             System.out.println(e);
19         }
20     }
21 }
```

執行結果
```
D:\Java\ch31>java ch31_6
Ming Chi Institute of Technology
明志工專
I love Ming Chi Institute of Technology
我愛明志工專
```

程式實例 ch31_7.java：讀取網頁資料然後輸出，讀者可以參考第 7 行，與 ch31_6.java 相比較，只有此行不一樣。

```
7              URL url = new URL("https://aaa.24ht.com.tw/"); // 網頁
```

執行結果　亂碼 ← D:\Java\ch31>java ch31_7
　　　　　　　　喔?<!doctype html>
　　　　　　　　<html>
　　　　　　　　<head>
　　　　　　　　　<meta charset="utf-8">
　　　　　亂碼 ← <title>瘋芷擶 ？ ??</title>
　　　　　　　　　<style>
　　　　　　　　　　h1#author { width:400px; height:50px; text-align:center;
　　　　　　　　　　　　background:linear-gradient(to right,yellow,green);
　　　　　　　　　　}
　　　　　　　　　　　h1#content { width:400px; height:50px;
　　　　　　　　　　　　　background:linear-gradient(to right,yellow,red);
　　　　　　　　　　}

上述產生原因主要是我們所讀的是 HTML 格式的檔案，HTML 格式檔案是使用 "UTF-8" 的格式，如果要避開亂碼，我們在第 10 行需註明這是 UTF-8 格式的串流物件。

程式實例 ch31_8.java：重新設計 ch31_7.java，可以正常顯示含中文字的網頁。

```
10             InputStreamReader isr = new InputStreamReader(stream,"UTF-8");
```

執行結果　D:\Java\ch31>java ch31_8
　　　　　?<!doctype html>
　　　　　<html>
　　　　　<head>
　　　　　　<meta charset="utf-8">
　　　　　　<title>洪錦魁著作</title>
　　　　　　<style>
　　　　　　　h1#author { width:400px; height:50px; text-align:center;
　　　　　　　　　background:linear-gradient(to right,yellow,green);
　　　　　　　}
　　　　　　　　h1#content { width:400px; height:50px;
　　　　　　　　　　background:linear-gradient(to right,yellow,red);
　　　　　　　}

# 31-5　HttpURLConnection 類別

HttpURLConnection 類別僅是用在 HTTP 通訊協定，它是 URLConnection 類別的子類別，在這個類別內我們可以獲得標題訊息 (header information)、狀態碼 (status code)、響應代碼 (response code) … 等。

　　至於 HTTP 通訊協定的標題有那些內容可以使用 getHeaderFieldKey(int n) 方法獲得，而每一個標題內容則可以使用 getHeaderField(int i) 獲得。

程式實例 ch31_9.java：獲得 HTTP 通訊協定的標題，同時列出筆者所連接網頁的標題內容。

```
1  import java.net.*;                              // 匯入類別庫
2  import java.io.*;
3  public class ch31_9 {
4      public static void main(String[] args){
5          String str;
6          try {
7  // 下列2行是獲得HttpURLConnection物件的方法
8              URL url = new URL("https://aaa.24ht.com.tw/");
9              HttpURLConnection huc = (HttpURLConnection) url.openConnection();
10             for (int i=1; i<=8; i++) {           // 取得http網頁的標題資訊
11                 System.out.println(huc.getHeaderFieldKey(i) +  " = " +
12                                    huc.getHeaderField(i));
13             }
14             huc.disconnect();
15         }
16         catch(Exception e)
17         {
18             System.out.println(e);
19         }
20     }
21 }
```

執行結果
```
D:\Java\ch31>java ch31_9
Date = Wed, 02 May 2018 19:20:42 GMT
Server = Apache
Last-Modified = Tue, 24 Oct 2017 03:22:31 GMT
Accept-Ranges = bytes
Content-Length = 872
Vary = Accept-Encoding,User-Agent
Connection = close
Content-Type = text/html
```

## 31-6　主從架構 (Client-Server) 程式設計基本觀念

　　所謂的主從架構的程式是指 Client-Server 的架構，伺服器 (server) 端的 Server 程式可能會有好幾個，每一個 Server 程式會使用不同的埠號與外界溝通，當屬於自己的埠號發現有 Client 端發出的請求時，相對應的 Server 程式會對此做回應。

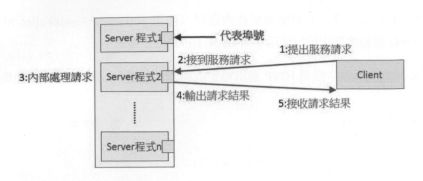

不論是 Server 端或 Client 端若是想要透過網路與另一端連線傳送資料或是接收資料，需透過 socket。這 Server 端和 Client 端透過 socket 通訊所遵循的協定稱 TCP(Transmission Control Protocol)，在這個機制下除了資料傳送，也會確保資料傳送的正確。下列將分別說明。

## 31-6-1　Java Socket Client 端的設計

Java 有 Socket 類別，Client 端可以建立此類別物件與 Server 做溝通，可能是傳送資料給 Server 或接收從 Server 端傳來的訊息。下列是 Client 端與 Server 端溝通的步驟。

1： Client 端透過主機 /IP 和埠號啟動與 Server 端連線。

2： 透過 OutputStream 將資料送給 Server 端。

3： 透過 InputStream 接收 Server 端傳來的資料。

4： 完成工作後關閉連線。

　　上述步驟 2-3 可以重複執行。

❑ 建立 Socket 物件開啟最初化的連線

　　下列是 Socket 類別常用的建構方法。

| 建構方法 | 說明 |
|---|---|
| Socket(String host, int port) | 建立與 host 和 port 編號連線的物件 |
| Socket(InetAddress address, int port) | 建立與 IP 位址和 port 編號連線的物件 |

上述建構方法會拋出下列異常：

IOException：如果建立 socket 時 I/O 有錯誤。

UnknownHostException：如果主機的 IP 位址無法確定。

例如：下列是我們嘗試連接 google.com 的敘述：

```
Socket socket = new Socket("google.com", 80);
```

❏   Client 端送資料到 Server 端

首先要用 socket 物件建立 OutputStream 物件，可以使用下列程式碼。

```
OutputStream output = socket.getOutputStream( );
```

有了 output 物件後，如果所傳送的是陣列 byte 資料可以使用下列 write( ) 方法將資料送至 Server 端。

```
byte[ ] data = XXX;
output.write(data);
```

如果想用文字格式 (char) 將資料送至 Server 端，這時可以透過 PrintWriter 類別，我們可以將 OutputStream 物件包裝在此類別物件內，可以參考下列程式碼。

```
PrintWriter writer = new Printer(output, true)
writer.println("messgae");              // 可在此輸入欲傳送至 Server 端的訊息
```

❏   讀取 Server 端傳來的資料

如果想要讀取 Server 端傳來的資料必須先建立 InputStream 物件，可以使用下列程式碼。

```
InputStream input = socket.getInputStream( );
```

有了 input 物件後，如果所讀取的是陣列 byte 資料，可以使用下列 read( ) 方法將資料讀取。

```
byte[ ] data = xxx;
input.read(data);
```

如果想要用字元 (char) 或字串 (string) 方式讀取可以使用 InputStreamReader 或 BufferedReader，下列是使用 InputStreamReader。

```
InputStreamReader reader = new InputStreamReader(input);
int ch = reader.read( );              // 讀取一個字元
```

下列是使用 BufferedReader。

```
BufferedReader reader = new BufferReader(new InputStreamReader(input));
String line = reader.readLine( );        讀取一行
```

❑ 關閉連線

若是想關閉 Client 端與 Server 端的連線，可以呼叫 close( ) 方法，下列是參考語法。

```
socket.close( );
```

上述同時會關閉 socket 的 InputStream 和 OutputStream，如果有 I/O 錯誤會拋出 IOException 異常

程式實例 ch31_10.java：美國 interNIC(The NetWork Information Center) 有提供查詢網址服務，這項服務的英文名稱是 Whois，使用的埠號是 43，我們可以設計 Client 端程式連線至此服務，然後此服務會傳回一系列訊息，下列是筆者傳送 "google.com"，由於版面有限筆者執行結果只列出部分訊息。

```
 1  import java.net.*;                                      // 匯入類別庫
 2  import java.io.*;
 3  public class ch31_10 {
 4      public static void main(String[] args){
 5          String outstr = "google.com";                   // 要送至Server的資料
 6          String hostname = "whois.internic.net";         // Server網址
 7          int port = 43;                                   // Server port
 8          try  {
 9  // 建立連線
10          Socket socket = new Socket(hostname, port);      // 建立socket
11  // 傳送資料給Server
12          OutputStream output = socket.getOutputStream(); // 建立output物件
13          PrintWriter writer = new PrintWriter(output, true);
14          writer.println(outstr);                          // 送出資料
15  // 取得Server端資料
16          InputStream input = socket.getInputStream();     // 建立input物件
17          BufferedReader reader = new BufferedReader(new InputStreamReader(input));
18          String line;
19          while ((line = reader.readLine()) != null) {     // 讀取Server傳來的資料
20              System.out.println(line);                    // 輸出Server傳來的資料
21              }
22          } catch (UnknownHostException ex) {
23              System.out.println("找不到Server : " + ex.getMessage());
```

```
24            } catch (IOException ex) {
25
26                System.out.println("I/O錯誤: " + ex.getMessage());
27        }
28    }
29 }
```

執行結果
```
D:\Java\ch31>java ch31_10
    Domain Name: GOOGLE.COM
    Registry Domain ID: 2138514_DOMAIN_COM-VRSN
    Registrar WHOIS Server: whois.markmonitor.com
    Registrar URL: http://www.markmonitor.com
    Updated Date: 2018-02-21T18:36:40Z
    Creation Date: 1997-09-15T04:00:00Z
    Registry Expiry Date: 2020-09-14T04:00:00Z
    Registrar: MarkMonitor Inc.
    Registrar IANA ID: 292
```

## 31-6-2　Java Socket Server 端的設計

Java 有 ServerSocket 類別，可以建立 Server 端的物件，然後用此物件傾聽連線需求然後接受，下列是 Server 端服務程序設計的觀念。

1： 建立一個綁定特定埠號的 ServerSocket 物件。

2： 傾聽連線和接受 (accept)，結果將傳回新建的 socket 物件。

3： 讀取 Client 端透過 InputStream 傳來的資料。

4： 透過 OutputStream 傳送資料到 Client 端。

5： Client 端關閉連線。

上述步驟 3-4 可以重複執行。

❑ 建立 Server Socket

可以使用下列建構方法建立 Server Socket 物件。

| 建構方法 | 說明 |
|---|---|
| ServerSocket(int port) | 建立一個綁定 port 號的 Server Socket |
| ServerSocket(int port, int backlog) | 建立一個綁定 port 號的 Server Socket，backlog 則是最大數目的排隊連線 |
| ServerSocket(int port, int backlog, IntAddress bindAddr) | 同上但是增加綁定到指定 IP |

上述最常用是最上方的建構方法，下列是建立 Socket Server 並將它綁訂到 2255 的實例。

```
ServerSocket serverSocket = new ServerSocket(2255);
```

上述如果錯誤會拋出 IOException，可以設的埠號是 0-65535，其中 0-1023 是系統保留，另外，proxy 是 3128，也不宜使用。

❏　傾聽連線 (Listen for a connection)

當建立完成 ServerSocket 物件後，就可以使用此物件呼叫 accept( ) 方法，傾聽從 Client 端來的請求。

```
Socket socket = serverSocket.accept( );
```

需留意是 accept( ) 方法會阻塞當前的執行緒，直到建立連線，傳回的則是 Socket 物件，未來可以由此物件接收與傳送從 Client 端來的資料。

❏　讀取 Client 端資料

可以使用 InputStream 讀取 Client 端傳來的資料。

```
InputStream input = socket.getInputStream( );
```

InputStream 可以讀取 byte 陣列資料，如果我們想讀取較高層級的資料，例如：字元 (char) 或字串 (String)，需將資料包裝到 InputStreamReader 中，下列是程式碼。

```
InputStreamReader reader = new InputStreamReader(input)
int character = reader.read( );              // 讀取字元
```

如果想用字串方式讀取，可以將 InputStream 包裝在 BufferedReader 內。

```
BufferedReader reader = new BufferedReader(new InputStreamReader(input));
String line = reader.readLine( );            // 讀取一行字串
```

❏　傳送資料到 Client 端

可以使用 socket 呼叫 getOutputStream( ) 方法，如下所示：

```
OutputStream output = socket.getOutputStream( );
```

由於 OutputStream 只有提供 byte 資料的傳送，所以可以將此包裝在 PrintWriter 中以發送字元 (character) 或字串 (String) 方式傳送資料。

```
PrintWriter writer = new PrintWriter(output, true);
write.println("message");    // 可以在此輸入欲傳送到 Client 端的資料
```

參數 true 表示每次呼叫後會更新串流資料。

❑ 關閉連接

在 Client 端使用 socket 呼叫 close( ) 方法，可以關閉連線。

❑ 終止 Server 端的服務

Server 端理論上應該持續運作，如果某些因素應該終止，可以使用 close( ) 方法。

```
serverSocket.close( );
```

在服務終止後所有目前的連線也將中止。

❑ Server 端使用多執行緒工作

理論上 Server 端程式設計方法如下：

```
ServerSocket serverSocket = new ServerSocket(port);
while (true) {
    Socket socket = serverSocket.accept( );
    // 讀取 Client 端傳來的資料
    // 內部處理資料
    // 輸出資料到 Client 端
}
```

上述 while(true) 代表這是永遠執行，但是如果第一個 Client 連線服務在執行時，程式無法處理下一個要求的服務，為了解決這方面的問題，可以將流程改成下列方式：

```
while (true) {
    Socket socket = serverSocket.accept( );
    // 建立新的執行緒處理 Client 端的請求
    ...
}
```

程式實例 ch31_11.java：設計一個 Server 端程式，當有外部連線時，這個程式會回傳現在系統日期與時間。同時按 Ctrl+C 才可以結束此程式。

```
 1  import java.net.*;                                         // 匯入類別庫
 2  import java.io.*;
 3  import java.util.*;
 4  public class ch31_11 {
 5      public static void main(String[] args){
 6          int port = 2255;                                   // Server port
 7          try  {
 8  // Server端的設計
 9              ServerSocket serverSocket = new ServerSocket(port);
10              System.out.println("Server服務程式正在傾聽 port " + port);
11              while (true) {
12                  Socket socket = serverSocket.accept();
13                  System.out.println("Server與Client端連線成功");
14                  OutputStream output = socket.getOutputStream();
15                  PrintWriter writer = new PrintWriter(output, true);
16                  writer.println("現在日期" + new Date().toString());
17              }
18          } catch (IOException ex) {
19              System.out.println("I/O錯誤: " + ex.getMessage());
20          }
21      }
22  }
```

執行結果　下列是剛執行時的畫面，可以同時按 Ctrl+C 結束程式。

```
D:\Java\ch31>java ch31_11
Server服務程式正在傾聽 port 2255
```

程式實例 ch31_12.java：設計一個 Client 端的程式，這個程式會去連線 ch31_11.java 的 Server 端程式，當程式一執行時即可以獲得 Server 端傳來的目前系統日期與時間。另外，由於這是自己電腦的測試，所以第 6 行筆者設定 localhost，在第 9 行建立 socket 物件時，第一個參數實際內容是 "localhost"。

```
 1  import java.net.*;                                         // 匯入類別庫
 2  import java.io.*;
 3  public class ch31_12 {
 4      public static void main(String[] args){
 5          String hostname = "localhost";                     // 這是本機執行
 6          int port = 2255;                                   // Server port
 7          try  {
 8  // 建立連線
 9              Socket socket = new Socket(hostname, port);     // 建立socket
10  // 取得Server端資料
11              InputStream input = socket.getInputStream();    // 建立input物件
12              BufferedReader reader = new BufferedReader(new InputStreamReader(input));
13              String line = reader.readLine();                // 讀取資料
14              System.out.println(line);                       // 輸出Server傳來的資料
15          } catch (UnknownHostException ex) {
```

```
16              System.out.println("找不到Server : " + ex.getMessage());
17          } catch (IOException ex) {
18
19              System.out.println("I/O錯誤: " + ex.getMessage());
20          }
21      }
22 }
```

執行結果　下列是 Server 端和 Client 端的畫面。

```
D:\Java\ch31>java ch31_11          D:\Java\ch31>java ch31_12
Server服務程式正在傾聽 port 2255    現在日期Thu May 03 20:38:17 CST 2018
Server與Client端連線成功
```

## 31-7　UDP 通訊

UDP 的全名是 User Datagram Protocol，這是非連線式 (connectionless) 的通訊協定，在這個通訊協定下資料是被封裝在數據包 (datagram) 內，這種通訊協定雖然可以將數據包傳送，但是數據包是否傳送到達目的地則不受保證，同時即使傳送遺失也不重新傳送，但是也有優點就是速度快。所以常可以看到使用它設計網路的聊天室。

在使用 UDP 通訊時會使用下列 2 個類別：

DatagramPacket：這是數據容器。

DatagramSocket：這是傳送和接收數據容器的機制。

下列將分別說明。

❑　DatagramPacket 類別

可以使用下列建構方法建立 DatagramPacket 物件。

```
DatagramPacket(byte[ ] buf, int length)                // length 是數據包長度
DatagramPacket(byte[ ] buf, int length, InetAddress address, int port)
```

上述第一個方法主要是建立要接收的 DatagramPacket 物件，第二個方法則是建立要發送的 DatagramPacket 物件，所以需要指定主機 IP 和埠號 port。

❑　DatagramSocket 類別

在 Java 我們使用 DatagramSocket 傳送和接收 DatagramPacket，在這個通訊協定

下，DatagramSocket 同時被用在 Server 端和 Client 端，下列是建立 DatagramSocket 物件的建構方法。

DatagramSocket( )：可以綁定任意埠號。

DatagramSocket(int port)：綁定特定 port 埠號。

DatagramSocket(int port, InetAddress address)：綁定特定埠號和主機 IP。

如 果 以 上 建 立 DatagramSocket 失 敗 將 拋 出 SocketException。 下 列 是 DatagramSocket 類別的主要方法。

| 方法 | 說明 |
|---|---|
| send( ) | 傳送數據包 |
| received( ) | 接收數據包 |
| setSoTimeout( ) | 設定毫秒為單位的暫停，可以限制接收數據時等待時間，如果超過時間則拋出 SocketTimeoutException |
| close( ) | 關閉連線 |

程式實例 ch31_13.java：設計簡單的聊天室程式，設計一個 UDP 通訊協定的接收端程式，這是一個簡單的接收端程式，所以只有接收訊息然後在螢幕輸出。

```java
1  import java.net.*;                                        // 匯入類別庫
2  import java.io.*;
3  public class ch31_13 {
4      public static void main(String[] args) throws Exception {
5          int port = 2255;                                  // 接收端port
6          byte[] buf = new byte[1024];                      // byte陣列
7          System.out.println("接收端程式執行中 ... ");
8  // 接收端端設計
9          while (true) {
10             DatagramSocket socket = new DatagramSocket(port);    // 建立socket
11             DatagramPacket data = new DatagramPacket(buf,buf.length);
12             socket.receive(data);
13             String msg = new String(buf,0,data.getLength());
14             System.out.println("傳來的訊息：" + msg);        // 輸出傳來的資料
15             socket.close();
16         }
17     }
18 }
```

執行結果 下列是剛執行時的畫面，可以同時按 Ctrl+C 結束程式。

```
D:\Java\ch31>java ch31_13
接收端程式執行中 ...
```

下列是傳送方的程式設計。

程式實例 ch31_14.java：這是聊天室的傳送方程式，這個程式會將輸入資料傳送給接收端 ch31_13.java，如果輸入 "quit" 則結束程式。這個程式在執行時需輸入 IP 位址，下列是執行方式：

    java ch31_14 192.168.11.199

其中 192.168.11.199 是筆者測試的電腦 IP，讀者執行時需輸入自己的 IP，取得自己 IP 的方法可以參考 ch31_1.java。這個程式筆者也使用了一個尚未介紹的方法 getBytes( ) 可以參考第 22 行，這個方法會將字串轉成 byte 陣列。

```java
1  import java.net.*;                                          // 匯入類別庫
2  import java.io.*;
3  import java.util.Scanner;
4  public class ch31_14 {
5      public static void main(String[] args) throws Exception {
6          Scanner scanner = new Scanner(System.in);
7          int port = 2255;                                     // 接收端的port
8          if (args.length < 1) {
9              System.out.println("請輸入IP");
10             return;
11         }
12         String receiverIP = args[0];                         // 設定IP
13         InetAddress addr = InetAddress.getByName(receiverIP);
14 // 傳送端的設計
15         while (true) {
16             System.out.print("訴說心聲 : ");
17             InputStreamReader ir = new InputStreamReader(System.in);
18             BufferedReader br = new BufferedReader(ir);
19             String txt = br.readLine();                // 讀取整行資料
20             int txtLength = txt.length();              // 字串長度
21             byte[] buf = new byte[txtLength];          // 建立指定長度的byte陣列
22             buf = txt.getBytes();                      // 將字串存成byte陣列
23             DatagramPacket datagram = new DatagramPacket(buf,txtLength,addr,port);
24             DatagramSocket socket = new DatagramSocket();
25             if (txt.equalsIgnoreCase("quit"))
26                 break;
27             socket.send(datagram);
28             socket.close();
29         }
30     }
31 }
```

執行結果
```
D:\Java\ch31>java ch31_13          D:\Java\ch31>java ch31_14 192.168.11. 199
接收端程式執行中 ...                訴說心聲 : Hi!
傳來的訊息 : Hi!                    訴說心聲 : How are you?
傳來的訊息 : How are you?           訴說心聲 : quit
```

## 習題實作題

1: 請設計一個 Client 程式，此程式可以連線下列網址的 port 13：

time.nist.gov

上述字串 nist 是 National Institute of Standards and Technology 的縮寫，當連上後，可以得到目前格林威治時間。

```
PS D:\java\ex> java ex31_1
59111 20-09-19 10:43:19 50 0 0 342.5 UTC(NIST) *
```

2: 請設計一個 TCP/IP 的 Server 程式，執行此程式時需要輸入 Port 號碼，當有 Client 端連線時，可以回傳目前系統時間，執行後可以看到下方左邊畫面，當有 Client 端連線時，會輸出新的 client connected。

```
PS D:\java\ex> java ex31_2 6060
Server is listening 使用 port : 6060
```

```
PS D:\java\ex> java ex31_2 6060
Server is listening 使用 port : 6060
新的 client connected
```

3: 請設計 TCP/IP 的 Client 程式，連接習題 2，執行此程式時需要輸入 Port 號碼，連線後可以得到目前系統時間。

```
PS D:\Java\ex> java ex31_3 6060
現在時間 : Sat Sep 19 19:10:55 CST 2020
```

# 第三十二章

# JavaFX 最基礎解說

JavaFx 是新一代的 GUI(Graphic User Interface) 介面，可以翻譯為新的使用者介面，這個介面支援手持式裝置、桌上電腦，可以支援跨平台作業。JavaFX 的功能非常多，這一章節只介紹最基礎入門，更多這方面的知識讀者可以參閱相關書籍或原廠使用說明。

# 32-1　使用 JavaFX 建立系列簡單的 Java 視窗程式

## 32-2-1　基本架構 – 建立舞台 (Stage)

每個 JavaFX 程式皆是繼承 javafx.application.Application 類別，所以每個 JavaFX 程式開始需要加上下列敘述。

```
import javafx.application.Application
```

建立 JavaFX 應用程式啟點是 start( ) 方法，因此我們需要重寫 (Override)start( ) 方法，所以整個 JavaFx 的初始架構如下：

```
import javafx.application.Application
....
Public class 程式名稱 extends Application {
    @Override
    public void start(Stage primaryStage) {
        ....
    }
}
```

在 JavaFX 程式中首先要建立 javafx.stage.Stage 類別的物件，Stage 可以翻譯為舞台，Stage 其實本質就是一個視窗框架，Stage 物件需要傳遞給 start( ) 方法，所以我們可以擴充 JavaFX 初始架構如下：

```
import javafx.application.Application
import javafx.stage.Stage
....
Public class 程式名稱 extends Application {
    @Override
    public void start(Stage primaryStage) {
        ....
```

```
        }
    }
```

有了舞台 (Stage)，上述程式是使用 primaryStage 物件，可以使用 setTitle( ) 方法定義物件標題：

primaryStage.setTitle(" 名稱 ");

程式要顯示舞台 (stage)，須使用 show( ) 方法，語法如下：

primaryStage.show( );

程式實例 ch32_1.java：最簡單的 JavaFx 程式。

```
1  import javafx.application.Application;
2
4  public class ch32_1 extends Application {
5      @Override                                    // Override Application類別的start()
6      public void start(Stage primaryStage) {
7          primaryStage.setTitle("ch32_1");         // 設定stage標題
8          primaryStage.show();                     // 顯示stage
9      }
10
11     public static void main(String[] args) {
12         launch(args);
13     }
14 }
```

上述程式第 11 – 13 行是 main( ) 方法，第 12 行的 launch( ) 方法是啟動此程式。

## 32-1-2 建立場景 (Scene)

有了 Stage 後，我們需要使用 javafx.scene.Scene 類別建立場景 (Scene)，所以需要導入場景類別。

import javafx.scene.Scene;

## 32-1-3　在場景內建立按鈕

在場景內建立按鈕需要 javafx.scene.control.Button 類別，所以需要導入此類別。

import javafx.scene.control.Button;

整個 32-1-1 節至 32-1-3 節的 Stage、Scene 和 Button 內容觀念如下：

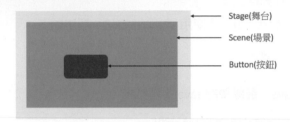

程式實例 ch32_2.java：建立含按鈕的 JavaFX 程式，此按鈕寬與高分別是 300 和 200，按鈕名稱是 JavaFX。

```
1  import javafx.application.Application;
5  public class ch32_2 extends Application {
6      @Override                                    // Override Application類別的start()
7      public void start(Stage primaryStage) {
8          Button btn = new Button("JavaFX");
9          Scene scene = new Scene(btn, 300, 200);
10         primaryStage.setTitle("ch32_2");         // 設定stage標題
11         primaryStage.setScene(scene);            // 將scene放在stage
12         primaryStage.show();                     // 顯示stage
13     }
14
15     public static void main(String[] args) {
16         launch(args);
17     }
18 }
```

執行結果

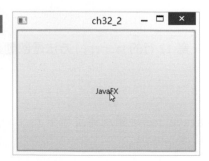

上述第 11 行是將場景 (scene) 放在舞台 (stage) 內，上述程式另一個特色是按鈕 JavaFX 保持在視窗的中央，同時佔據整個視窗，32-2 節會更進一步解釋與更改此現象。

## 32-1-4　建立多個舞台 stage

先前實例筆者說明建立一個舞台 stage 的實例，其實相同觀念也可以建立多個舞台，只需建立不同名稱的 stage 物件即可。

程式實例 ch32_3.java：擴充 ch32_2.java，再多建立一個 stage，此新建立的 stage 內含寬 200 高 50 的 OK 按鈕。

```java
1  import javafx.application.Application;
5  public class ch32_3 extends Application {
6      @Override                                // Override Application類別的start()
7      public void start(Stage primaryStage) {
8          Scene scene = new Scene(new Button("JavaFX"), 300, 200);
9          primaryStage.setTitle("ch32_3");      // 設定stage標題
10         primaryStage.setScene(scene);         // 將scene放在stage
11         primaryStage.show();                  // 顯示stage
12
13  // 建立第2個stage
14         Stage stage = new Stage();            // 建立新的stage
15         stage.setTitle("stage 2");            // 設定stage標題stage 2
16         stage.setScene(new Scene(new Button("OK"), 200, 50));
17         stage.show();
18     }
19
20     public static void main(String[] args) {
21         launch(args);
22     }
23  }
```

執行結果

## 32-2　Pane 容器方格

### 32-2-1　在 Pane 容器方格內建立按鈕

　　從先前按鈕程式可以看到按鈕佔據了整個視窗，為了避免這個現象，可以先建立 Pane 容器物件，將此 Pane 容器物件放在場景 scene 物件內，未來再將所建立的節點 (Nodes) 放在 Pane 容器內，Pane 的特色是可以自動佈置節點的位置與大小。下列是整個觀念圖。

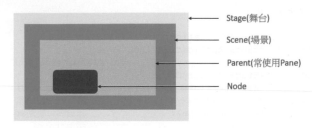

　　上述所謂的 Node 一般有下列 3 大類別，ImageView、Control 和 Shape 類別。ImageView 是 指 影 像。Shape 則 是 指 Line、Circle、Ellipse、Rectangle、Polygon、Polyline 和 Text。Control 則是視窗元素的元件，如下所示。

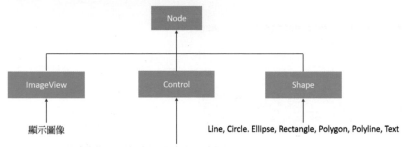

程式實例 ch32_4.java：在場景 scene 內建立 Stackpane 的 pane 容器物件，然後在 pane 內建立按鈕 JavaFX。

```
1  import javafx.application.Application;
2  import javafx.stage.Stage;
3  import javafx.scene.Scene;
4  import javafx.scene.control.Button;
5  import javafx.scene.layout.StackPane;
6  public class ch32_4 extends Application {
7      @Override                                  // Override Application類別的start()
8      public void start(Stage primaryStage) {
```

```
9            StackPane pane = new StackPane();          // 建立pane物件
10           pane.getChildren().add(new Button("JavaFX"));   // 在pane物件內建立按鈕
11           Scene scene = new Scene(pane, 300, 200);        // 將pane物件放入scene
12           primaryStage.setTitle("ch32_4");           // 設定stage標題
13           primaryStage.setScene(scene);              // 將scene放在stage
14           primaryStage.show();                       // 顯示stage
15       }
16
17       public static void main(String[] args) {
18           launch(args);
19       }
20   }
```

執行結果

從上述可以看到按鈕不再佔據整個視窗，pane 容器的特色是物件將在容器中央出現。

## 32-2-2 在 Pane 容器方格內建立圓物件

在容器方格內可以存放按鈕等 Control 元件，也可以存放外形 Shape 物件。

程式實例 ch32_5.java：在場景 scene 內建立 StackPane 的 pane 容器物件，然後在 pane 內建立圓形物件，建立方式可以參考下列第 10 ~ 15 行。

```
1  import javafx.application.Application;
2  import javafx.stage.Stage;
3  import javafx.scene.Scene;
4  import javafx.scene.layout.Pane;
5  import javafx.scene.shape.Circle;
6  import javafx.scene.paint.Color;
7  public class ch32_5 extends Application {
8      @Override                                 // Override Application類別的start()
9      public void start(Stage primaryStage) {
10         Circle circle = new Circle();         // 建立Circle物件
11         circle.setCenterX(150);               // 設定圓中心x座標
12         circle.setCenterY(100);               // 設定圓中心y座標
13         circle.setRadius(50);                 // 圓半徑
14         circle.setStroke(Color.BLUE);         // 圓外框藍色
15         circle.setFill(Color.YELLOW);         // 圓內部填上黃色
```

```
16
17          Pane pane = new Pane();                     // 建立pane物件
18          pane.getChildren().add(circle);             // 在pane物件內建立circle
19          Scene scene = new Scene(pane, 300, 200);            // 將pane物件放入scene
20          primaryStage.setTitle("ch32_5");            // 設定stage標題
21          primaryStage.setScene(scene);               // 將scene放在stage
22          primaryStage.show();                        // 顯示stage
23      }
24
25      public static void main(String[] args) {
26          launch(args);
27      }
28 }
```

執行結果

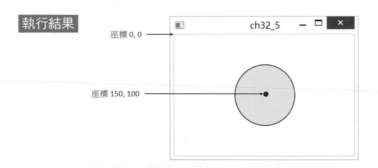

座標 0, 0

座標 150, 100

上述在建立圓時，圓物件是在視窗中央，但是若是更改視窗大小，此圓將不再是在視窗中央。

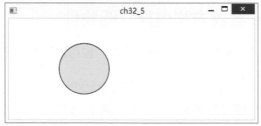

## 32-2-3　屬性連結

所謂的屬性連結是將來源物件與目標物件相結合，如果來源物件改變，目標物件也將隨著改變，可以使用 bind( ) 方法執行此工作。

程式實例 ch32_6.java：這個程式是改良 ch32_5.java，主要是將圓中心設在視窗中央，設定方式可以參考第 13 ~ 14 行，當視窗大小改變時，也不影響圓在視窗的中心。

```
1 import javafx.application.Application;
2 import javafx.stage.Stage;
3 import javafx.scene.Scene;
4 import javafx.scene.layout.Pane;
```

```
 6  import javafx.scene.paint.Color;
 7  public class ch32_6 extends Application {
 8      @Override                                    // Override Application類別的start()
 9      public void start(Stage primaryStage) {
10          Pane pane = new Pane();                   // 建立pane物件
11
12          Circle circle = new Circle();            // 建立Circle物件
13          circle.centerXProperty().bind(pane.widthProperty().divide(2));  // 圓中心x座標
14          circle.centerYProperty().bind(pane.heightProperty().divide(2)); // 圓中心y座標
15          circle.setRadius(50);                    // 圓半徑
16          circle.setStroke(Color.BLUE);            // 圓外框藍色
17          circle.setFill(Color.YELLOW);            // 圓內部填上黃色
18
19          pane.getChildren().add(circle);          // 在pane物件內建立circle
20
21          Scene scene = new Scene(pane, 300, 200);     // 將pane物件放入scene
22          primaryStage.setTitle("ch32_6");         // 設定stage標題
23          primaryStage.setScene(scene);            // 將scene放在stage
24          primaryStage.show();                     // 顯示stage
25      }
26
27      public static void main(String[] args) {
28          launch(args);
29      }
30  }
```

 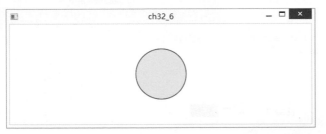

## 32-2-4　節點或 pane 的屬性與方法

本節將介紹 2 個常用的方法，同時也介紹屬性。

物件旋轉 setRotate(angle)

在 setRotate(angle) 的參數可以設定物件順時針旋轉的角度。

樣式屬性 setStyle( )

假設是圓物件，樣式屬性的設定觀念如下：

circle.setStyle("-fx-stroke:blue; -fx-fill:yellow");

當有設定多個屬性時，彼此用 ";" 隔開。

程式實例 ch32_7.java：在 pane 物件內建立按鈕，然後使用 setStyle( ) 設定按鈕和 pane 物件顏色屬性，同時使用 setRotate( ) 旋轉 pane 物件 30 度。

```java
 1 import javafx.application.Application;
 2 import javafx.stage.Stage;
 3 import javafx.scene.Scene;
 4 import javafx.scene.control.Button;
 5 import javafx.scene.layout.StackPane;
 6 public class ch32_7 extends Application {
 7     @Override                                  // Override Application類別的start()
 8     public void start(Stage primaryStage) {
 9         StackPane pane = new StackPane();           // 建立pane物件
10         Button btn = new Button("JavaFX");          // 建立按鈕JavaFX
11         btn.setStyle("-fx-border-color: green;");   // 建立屬性
12         pane.getChildren().add(btn);                // 在pane物件內建立按鈕
13
14         pane.setRotate(30);                         // 順時鐘轉30度
15         pane.setStyle("-fx-border-color: blue; -fx-background-color: yellow;");
16
17         Scene scene = new Scene(pane, 300, 200);        // 將pane物件放入scene
18         primaryStage.setTitle("ch32_7");            // 設定stage標題
19         primaryStage.setScene(scene);               // 將scene放在stage
20         primaryStage.show();                        // 顯示stage
21     }
22
23     public static void main(String[] args) {
24         launch(args);
25     }
26 }
```

執行結果

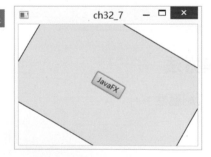

## 32-2-5　設定字型

與字型有關的類別是 javafx.scene.text.Font，下列是設定字型方式：

Font.font("Time New Roman", FontWeight.BOLD, FontPosture.ITALIC, 20);

上述 20 是字型大小，你也可以設定其他值，FontPosture.ITALIC 是斜體，如果不設定則是正常字體，或是可以使用 FontPOsture.REGULAR。

程式實例 ch32_8.java：字型設定的應用。

```java
1  import javafx.application.Application;
2  import javafx.stage.Stage;
3  import javafx.scene.Scene;
4  import javafx.scene.layout.StackPane;
5  import javafx.scene.shape.Circle;
6  import javafx.scene.paint.Color;
7  import javafx.scene.text.*;
8  import javafx.scene.control.*;
9  public class ch32_8 extends Application {
10     @Override                              // Override Application類別的start()
11     public void start(Stage primaryStage) {
12         StackPane pane = new StackPane();
13
14         Circle circle = new Circle();        // 建立Circle物件
15         circle.setCenterX(150);              // 設定圓中心x座標
16         circle.setCenterY(100);              // 設定圓中心y座標
17         circle.setRadius(50);                // 圓半徑
18         circle.setStroke(Color.BLUE);        // 圓外框藍色
19         circle.setFill(Color.YELLOW);        // 圓內部填上黃色
20
21         pane.getChildren().add(circle);      // 在pane物件內建立circle
22
23         Label label = new Label("Java");     // 建立標籤
24         label.setFont(Font.font("Times New Roman", FontWeight.BOLD, FontPosture.ITALIC, 30));
25         pane.getChildren().add(label);       // 將標籤加入pane
26
27         Scene scene = new Scene(pane, 300, 200);   // 將pane物件放入scene
28         primaryStage.setTitle("ch32_8");     // 設定stage標題
29         primaryStage.setScene(scene);        // 將scene放在stage
30         primaryStage.show();                 // 顯示stage
31     }
32
33     public static void main(String[] args) {
34         launch(args);
35     }
36 }
```

執行結果

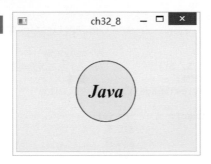

## 32-3 Pane 的佈局

JavaFX 提供許多 Pane 的佈局方式,可以參考下表。

| 類別 | 說明 |
|------|------|
| Pane | 基礎類別,有 getChildren( ) 方法將節點置放方格局內 |
| StackPane | 將節點放在方格中央 |
| HBox | 水平放置節點 |
| VBox | 垂直放置節點 |
| FlowPane | 以水平一列一列或垂直一行一行方式配置 |
| GridPane | 將節點放置二維方格 |
| BorderPane | 將節點放置上、右、下、左、中 |

Pane 是基礎類別,其他則衍生於此類別,如下所示:

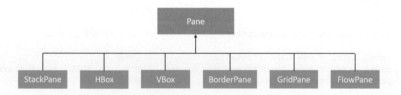

程式實例 ch32_9.java:使用 Hbox 佈局放置影像檔案。

```
1  import javafx.application.Application;
2  import javafx.stage.Stage;
3  import javafx.scene.Scene;
4  import javafx.scene.layout.Pane;
5  import javafx.scene.layout.HBox;
6  import javafx.geometry.Insets;
7  import javafx.scene.image.Image;
8  import javafx.scene.image.ImageView;
9  public class ch32_9 extends Application {
10     @Override                                      // Override Application類別的start()
11     public void start(Stage primaryStage) {
12         Pane pane = new HBox(10);                   // HBox布局
13         pane.setPadding(new Insets(5, 5, 5, 5));    // 上下左右邊界距離
14         Image image = new Image("hung.gif");        // 圖檔
15         pane.getChildren().add(new ImageView(image)); // 加入image
16
17         ImageView iv2 = new ImageView(image);   // 建立iv2
18         iv2.setFitHeight(50);                   // 設定高
19         iv2.setFitWidth(50);                    // 設定寬
20         pane.getChildren().add(iv2);            // 加入iv2
21
```

```
22          Scene scene = new Scene(pane);              // 將pane物件放入scene
23          primaryStage.setTitle("ch32_9");            // 設定stage標題
24          primaryStage.setScene(scene);               // 將scene放在stage
25          primaryStage.show();                        // 顯示stage
26      }
27
28      public static void main(String[] args) {
29          launch(args);
30      }
31 }
```

執行結果

上述程式第 13 行是使用 Insets( )，設定上 top、下 bottom、左 left、右邊界 right 的距離。

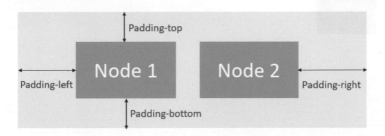

本書有關 JavaFX 方面的知識介紹至此，更多有關 JavaFX 的知識讀者可以參考相關書籍。

## 習題實作題

1： 請修改 ch32_7.java，旋轉 90 度，按鈕外框改為藍色，pane 物件底色是淺灰色 (lightgray)，外框是綠色。

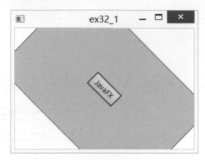

2： 請修改 ch32_9.java，圖檔左右位置對調。

# 附錄 A

# Java 下載、安裝與環境設定

## A-1 下載 Java

請輸入下列網址：

https://www.oracle.com/java/technologies/javase-downloads.html

可以進入 Java 下載視窗。

請參考上圖點選 JDK DOWNLOAD 鈕，先出現下列是窗，請依自己作業系統點選適當的 JDK。

接著出現要求是否接受授權條款，請點選接受就可以下載 JDK。

## A-2　安裝 Java

點選所下載的檔案,可以看到下列安裝畫面,正式安裝。

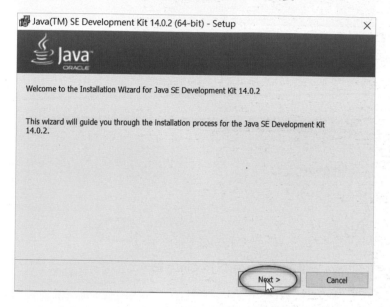

上述請按 Next 鈕。

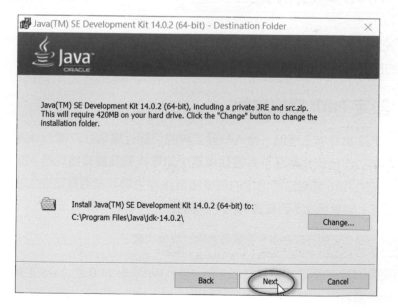

上述是選擇安裝路徑，請使用預設，請按 Next 鈕。

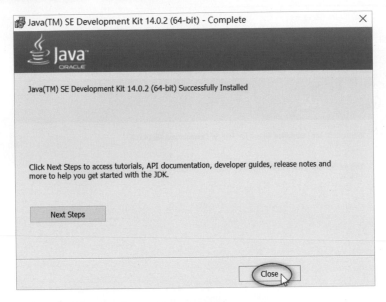

上述告訴你 Java 安裝完成了，可以按 Close 鈕。

## A-3　Java 環境設定

Java 安裝程式並沒有為我們設定環境變數，為了要讓將來在 Windows 作業系統下可以順暢的使用 Java，接下來需要設定 Path 和 Classpath 環境變數。

### A-3-1　設定 Path 環境變數

一般我們在命令字元環境，輸入一般工具的可執行檔或批次檔 (exe 或 bat)，作業系統會在目前工作目錄找尋是否有這個檔案，如果找到就會直接執行。如果找不到就會到作業系統的 Path 變數區所指定的環境變數路徑去尋找是否有這個工具檔案，如果找到就去執行，如果也找不到就會列出下列錯誤。

'xxxx' 不是內部或外部命令、可執行的程式或批次檔。

我們安裝 Java 的路徑是在 C:\Program Files\Java\jdk-14.0.2，Java 工具程式是在安裝路徑的 \bin 資料夾，如下所示：

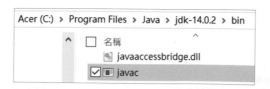

由於我們所設計的程式是在別的資料夾,所以為了簡化未來所設計的程式可以輕鬆的使用 Java 工具程式,所以我們須將 Java 工具程式所在的資料夾設定在 Path 環境變數內。設定 Path 環境變數主要目的是為了我們可以在任意的路徑可以啟動 Java 工具程式。

不同的 Windows 作業系統設定方式大致相同,細部則有一點差異,下列是以 Windows 10 為例做說明。

❑ 步驟 1:拷貝路徑

請先複製 javac 所在路徑,可以點選此檔案,再執行內容。

請複製上述位置。

❑　步驟 2：從控制台進入環境變數區

在 Windows 作業系統請開啟控制台。

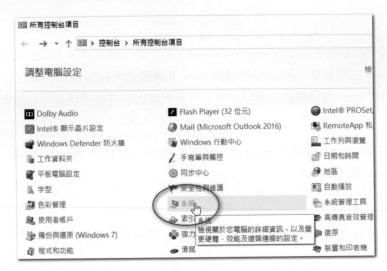

然後點選系統。

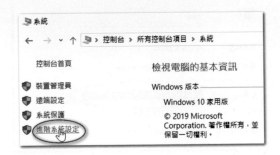

請點選進階系統設定。

❑ 步驟 3：設定環境變數

出現環境變數對話框，在 User 的使用者變數框點選 Path。

上述請按編輯鈕，此時會出現編輯環境變數對話框，請按新增鈕，然後將步驟 1
所複製的路徑拷貝到環境變數區，如下所示：

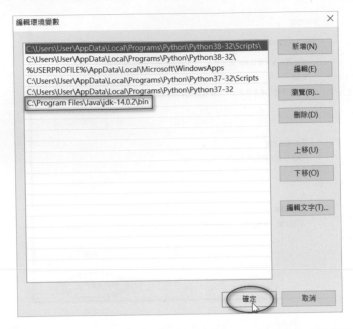

上述請按確定鈕，返回環境變數對話框請再按一次確定鈕，返回系統內容對話框請再按一次確定鈕。

## A-3-2　驗證 Path 環境變數

請將滑鼠游標移至 Windows 視窗左下方，按一下滑鼠右鍵，執行命令提示字元，可以開啟命令提示字元視窗，請輸入 "javac -version"，這是 JDK 的一個工具程式，可以列出 javac 的版本訊息，如下所示：

```
PS C:\Users\User> javac -version
javac 14.0.2
PS C:\Users\User>
```

如果可以看到上述結果，表示 Path 設定成功了。其實由上述可以得到，筆者目前工作資料夾是 "C:\Users\User"，這個資料夾內沒有 javac.exe 工具程式，但是當作業系統在目前工作路徑找不到 javac.exe 時，會去 Path 環境變數內所指定的每個路徑去尋找，因為我們已經設定 C:\Program Files\Java\jdk-14.0.2\bin，所以可以在這個路徑找到 javac.exe 檔案，所以可以得到上述結果。如果設定失敗，你將看到下列訊息。

'javac' 不是內部或外部命令、可執行的程式或批次檔。

這時請仔細參考筆者所述的步驟，重新設定。

## A-3-3 設定 classpath 環境變數

環境變數 classpath 可以引導 JVM 找尋 Java 的可執行檔 (*.class)，接下來筆者講解設定自動在目前工作目錄搜尋可執行檔，在 Windows 作業系統請開啟控制台，將滑鼠游標移至左下方，按一下滑鼠右鍵，可以啟動控制台，然後點選系統。

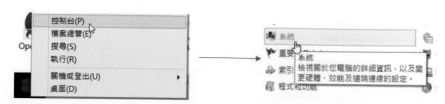

出現系統視窗，請點選進階系統設定。

出現系統內容對話框內容，請按環境變數鈕。出現環境變數對話框，請按新增鈕。請在變數名稱欄位輸入 classpath，請在變數值欄位輸入：

classpath=.;

上述請按確定鈕，可以返回環境變數對話框。

在系統變數可以看到新增加 classpath 環境變數了，未來執行 Java 程式時，JVM 會先在目前工作目錄找尋 *.class 可執行檔。

# 附錄 B

# 函數或方法索引表

以出現章節編號為索引

附錄 C

# 關鍵字或專有名詞索引表

以出現章節編號為索引

Python
第二版
最強入門
邁向頂尖高手之路
北京清華大學同步發行
王者歸來
洪錦魁 著
全彩印刷
最新語法
1101 個程式實例
+
500 個函數
+
126 頁習題電子書
第一版榮登
博客來、天瓏書局、Momo
電腦圖書暢銷排行榜第一名
本書程式實例可至深智官網下載
https://deepmind.com.tw
深智
DM2039